北京市社会科学理论著作出版基金重点资助项目

马克思主义研究丛书

唯物史观视野中的生态文明

WEIWU SHIGUAN SHIYEZHONG DE SHENGTAI WENMING

张云飞◎著

中国人民大学出版社
·北京·

总　序

　　马克思主义是我们立党立国的根本指导思想，是我们认识世界、改造世界的强大理论武器。当前，国际形势正在发生深刻复杂的变化，我国改革发展进入新的关键阶段。时代变迁呼唤理论创新，实践发展推动理论创新。我们正逢马克思主义理论发展的一个大好时机。

　　从国际来看，马克思主义研究正处于热潮阶段。尽管苏东剧变后，国外有许多人在鼓吹"告别马克思""抛弃马克思"等论调，但也有不少有识之士在研究马克思，主张"走近马克思"、"重读马克思"、"回到马克思"、"反思马克思"、以新的理论成果"超越马克思"。国际范围内有关马克思主义的理论研讨会在世界各地频繁召开，会议规模越来越大，会议形式越来越灵活，参会人数越来越多，研讨领域越来越宽，讨论问题越来越深入，研究成果越来越丰富。尤其是 2008 年国际金融危机爆发以后，国际范围内涌动着一股研究马克思的热潮。这一切说明，"马克思是对的"，马克思主义的历史并没有终结，马克思主义的影响并没有消除，马克思主义的生机并没有停止。马克思主义仍然是人们认识世界、改造世界的强大思想武器。

　　从国内来看，中央正在实施的马克思主义理论研究和建设工程处在承前启后、继往开来、与时俱进的重要时期。马克思主义中国化理论成果的形成和发展，为加强马克思主义理论研究和建设指明了正确方向，积累了宝贵经验，奠定了扎实的理论基础；建设中国特色社会主义的伟大实践，为马克思主义理论研究提供了坚实的实践基础；加强党的执政能力建设、推进决策科学化民主化，为理论工作提供了广阔舞台；全党全社会的关心和支持，为理论工作创造了良好的社会环境；马克思主义理论一级学科的设立，为马克思主义理论研究提供了良好的平台；全面建设小康社会，推进中国特色社会主义事业进一步发展，对马克思主义理论研究提出了新的要求。

为了推进马克思主义理论研究，中国人民大学马克思主义学院和中国特色社会主义理论体系研究中心，编写了这套"马克思主义研究丛书"。编写出版这套丛书，只有一个目的，就是回应时代变迁提出的新挑战，抓住实践发展提出的新课题，加强对马克思主义的研究，展示我们在马克思主义基础理论研究和中国化马克思主义理论研究方面的最新成果，为推进马克思主义中国化、时代化和大众化，为推进马克思主义理论学科建设，为着力培养造就一支宏大的、高素质的马克思主义理论队伍作出我们应有的贡献。

马克思主义是与时俱进、不断发展的理论，所以我们希望这套丛书能够伴随着马克思主义的不断发展，一直出版下去，最后真正成为一套名副其实的"丛书"；马克思主义是开放包容、博采众长的理论，所以我们希望，这套丛书的作者队伍不断扩大，能够进入此套丛书的著作越来越多；马克思主义是十分严肃的科学，是颠扑不破的真理，所以我们也希望进入此套丛书的著作质量越来越高。

本套丛书的出版，得到了中国人民大学"211 工程"和"985 工程"的资金支持，首次进入丛书的著作，大都属于"211 工程"科研项目——"马克思主义在当代的发展与创新"和"985 工程"科研项目"马克思主义基础理论研究"的最终研究成果。

本套丛书的出版，也得到了中国人民大学出版社的大力支持。中国人民大学出版社社长贺耀敏先生非常关注此书的编写出版事宜。中国人民大学出版社政治与公共管理分社社长郭晓明先生，以及丛书的每位责任编辑，都为丛书的出版付出了艰辛的劳动。在此，一并表示感谢。

编写出版此套丛书，对于我们来说，只是一个初步尝试。为了使丛书编得更好，恳请读者提出宝贵意见。

中国人民大学马克思主义学院

2011 年 11 月

目　录

序　言

　　生态文明既是全球性的潮流和方向，更是中国人民在中国共产党的领导下在建设中国特色社会主义伟大实践中做出的自主性选择和创造性贡献。党的十七大在新的历史起点上，在十六大确定的可持续发展目标的基础上，高屋建瓴地将生态文明确立为实现全面小康奋斗目标的新要求之一，必将推动我国进一步走上生产发展、生活富裕、生态良好的文明发展道路，必将对人类文明作出重大的贡献。将生态文明鲜明地写入执政党的政治报告中，在人类文明发展史上具有拓荒性的里程碑意义。这样，就需要我们在新的起点上，在马克思主义的指导下，展开对生态文明的全方位的新的研究，以为生态文明建设提供强有力的理论支撑。

（一）

　　随着生态文明的建设实践和理论研究的深入发展，首先需要对生态文明的发生领域和问题领域做出科学的界定和说明。面对作为科学的理论创新概念的生态文明，不能简单地按照形式逻辑的属加种差的方式来界定其含义，而应该按照辩证逻辑的要求，"必须把人的全部实践——作为真理的标准，也作为事物同人所需要它的那一点的联系的实际确定者——包括到事物的完整的'定义'中去"①。因此，我们可以通过多

---

　　① 《列宁选集》，3 版，第 4 卷，419 页，北京，人民出版社，1995。

种途径来走向对生态文明的科学的理解。只有这样，才能完整地展示出生态文明的丰富的生动的发展着的内涵和外延。

1. 从发生领域来看，生态文明是一个关系到人类整体的可持续生存和永续性发展的基础性和普遍性的问题

人类要维持自己的生存和发展、社会要保持自己的存在和进步，一刻也离不开人与自然之间的物质变换。人是通过劳动实现人与自然之间的物质变换的。作为人的自由自觉活动的实践（劳动），是物的尺度（自然规律）和人的尺度（人的需要和目的）相统一的过程，是合规律性和合目的性相统一的过程。在这个过程中，不仅实现了自然向人的生成，而且实现了人向自然的生成；不仅实现了客体的主体化，而且实现了主体的客体化。这种建立在实践（劳动）基础上的、以实践（劳动）为中介的人与自然的辩证作用过程及主体和客体的辩证作用过程，就构成了人类生存和发展、社会存在和进步的基础内容和基本要求。可以将之称为社会的生态结构，即社会的自然物质条件经过社会实践进入社会有机体形成的特定的层次结构。这就形成了生态文明的发生领域和问题领域。当然，人们总是按照一定社会方式处理人与自然的关系的。人与自然的关系事实上是一种社会建构的关系，总是受人与人的关系、人与社会关系的制约和影响。这样，从实践的高度、从社会的视角来看待人与自然的和谐发展、来规定生态文明的科学内涵，是我们必须坚持的一个总体原则和基本要求。在这个意义上，生态文明就是人们在社会实践的过程中处理人（社会）和自然之间的关系以及与之相关的人和人、人和社会之间的关系方面所取得的一切积极、进步成果的总和。

2. 从问题指向来看，生态文明是人类解决全球性问题、统筹人与自然和谐发展、贯彻和落实可持续发展战略过程中形成的一切理论努力和实践探索的总和

在总体上，可持续发展、统筹人与自然和谐发展、生态文明是高度一致的。可持续发展是解决社会经济发展与自然物质条件（人口、资源、能源、环境、生态等）矛盾做出的一种理性的战略选择，其基本内涵是：既满足当代人的需求又不对后代人满足其需求的能力构成危害的发展。不仅后代人需求的满足最终还得依赖自然物质条件、还得依赖人与自然的和谐，而且后代人满足其需求的手段和能力也得依赖自然、依赖人与自然的和谐。因此，可持续发展战略的核心是统筹人与自然的和

谐发展，其最终的成果表现为生态文明。生态文明就是贯彻和落实可持续发展战略中形成的一切成果的总和。通俗一点讲，生态文明就是一个囊括一切与生态环境问题相关的实践成就和理论成果的"大口袋"。

3. 从最终结果来看，生态文明就是作为合规律性和合目的性相统一的人类实践的成果在作为主体和客体关系的人与自然关系领域的积淀和升华，集中体现为人与自然的和谐发展

（1）生态文明同样是人类实践成果的积淀和深化，而实践是合规律性和合目的性的统一；这里的合规律性和合目的性的统一就自然地包括人与自然和谐发展的要求。

（2）与其他文明形式不同的是，生态文明是人类实践成果在人与自然关系领域的积淀和深化；人与自然的关系领域构成了生态文明的发生领域和问题领域。

（3）生态文明集中体现为人与自然的和谐发展，是对人与自然辩证关系的总体性把握，是人对自然的开发、利用和改造与保护、修复和完善的统一。

（4）生态文明也包括与人和自然关系相关的人与人、人与社会的关系。因此，生态文明就是通过人类实践在社会发展的过程中表现出来的人与自然和谐发展的程度和水平，其中包括与之相关的人与人、人与社会的和谐发展的程度和水平。这一点是与第一点相一致的。第一点是发生领域和现实要求，这一点是最终结果和理想追求。

4. 从哲学实质来看，生态文明是人化自然和人工自然的积极进步成果的总和

在通过实践建构的人与自然的关系中，自然已经成为由原初自然、人化自然和人工自然构成的复杂整体。在这个过程中，人们只有通过不断调节自己的行为，有效地克服改造自然、征服自然中的盲目性、自发性和滞后性，使自然向人的生成和人向自然的生成实现良性互动和功能互补，才能实现人与自然的和谐发展，才能最终保证人的持续生存和社会的永续发展。因此，生态文明的哲学实质是人化自然和人工自然的积极进步成果的集中体现。

在一般的意义上，"文明是实践的事情，是社会的素质"[1]；同样，

---

[1] 《马克思恩格斯选集》，2 版，第 1 卷，27 页，北京，人民出版社，1995。

生态文明也是实践的事情，也是社会的素质。科学的生态文明概念应该是立足于实践基础上的开放的创新的概念。

（二）

在全球性问题愈演愈烈，我国现代化的生态环境压力越来越大的情况下，生态文明从隐性走向了显性、从理论走向了实践，日益显示出了自己在解决全球性问题、协调人与自然的和谐发展、贯彻和落实可持续发展战略过程中的重大作用和价值。但是，生态文明要提升自己的理论内涵、增强自己的实践功效，必须从既有的哲学中汲取智慧，必须强化自己的哲学基础。但是，这里存在着一个以什么哲学为基础的问题。

1. 不能将生态文明建立在东方传统哲学的基础上

逻辑和历史是一致的。我们应该在发生学的意义上，肯定东方传统哲学在现代生态文明建构中的思想文化资源价值。以儒释道为主流的东方传统哲学具有典型的"天人合一"（就自然之天而言）的理论思维特征，包含着丰富的生态文明意识，内在地超越了西方近代哲学的"主客二分"的思维方式，在构建生态文明的过程中具有自己独特的作用。但是，东方传统哲学不能成为生态文明的哲学基础。这在于：这种有机论思维是建立在经验、直观甚至是宗教的基础上的；更为重要的是，在思维方式上，只有将"天人合一"和"主客二分"统一起来，我们才能真正建构起生态文明。因此，在建设生态文明的过程中同样必须要高度警惕文化保守主义。

2. 不能将生态文明建立在后现代主义的基础上

后现代主义看到了现代性所造成的包括生态异化在内的一系列严重的问题，要求实现部分和整体的统一、事实和价值的统一、男性和女性的统一（生态后现代主义）。无疑，这种思想是走向生态文明的一种重要的思想资源。但是，无论是解构性的后现代主义还是建设性的后现代主义，都把解构现代性作为自己目的，而现代性恰好是广大的发展中国家所缺乏的，同时，后现代主义只局限在知识（文化）的领域来解构现代性，而没有看到现代性所造成的异化其实是有复杂的社会历史根源的。因此，后现代主义不能成为生态文明的哲学基础。

3. 不能将生态文明建立在生态中心主义的基础上

生态中心主义是对极端的人类中心主义（人类沙文主义）的反动，

有助于恢复人和自然的系统联系，是建构生态文明的重要的思想资源。但是，作为其思想基础的生态机能整体主义存在着严重的问题。机能整体主义或整体主义（holism）最早是作为一个科学概念出现的。"科学的机能整体主义主张所有生物都是互相依赖的"，"它能够在进化、营养网络和生态系统的意义上得到表达。也能够在亲属关系、家庭、市民共同体和自然的经济制度的意义上得到表达"①。后来，这一概念被引申到了价值论和道义论的领域，形成了价值论的机能整体主义和道义论的机能整体主义。机能整体主义在环境伦理学中的运用就形成了环境机能整体主义或环境整体主义（environmental holism）。这是生态中心主义的最基本和最根本的哲学基础。从表面上来看，环境机能整体主义似乎就是生态思维，似乎就是生态总体性（生态辩证法）。但是，二者存在着本质的区别。事实上，作为生态中心主义哲学基础的"生态机能整体主义也是生态民族主义的一种形式，因为它是一种包含了与种族线相关的自然的生态的区分的机能整体主义"②。而提出"生态机能整体主义"概念的《机能整体主义和进化》（*Holism and Evolution*）一书的作者斯马茨，曾任南非种族主义隔离政府的总理、国防部长和内务部长，不仅是种族隔离制度的主要构建人之一，而且策划和指挥了对劳工运动和种族解放运动的残酷镇压，以拘捕流落在南非的圣雄甘地而臭名昭著。况且，在理论上，"被抽象地理解的，自为的，被确定为与人分隔开来的**自然界**，对人来说也是无"③。因此，我们不能将生态文明置于生态中心主义的基础之上。作为激进生态学的社会生态学、生态女性主义在批评生态中心主义的过程中，也没有发现自然支配的深层原因，因此，激进生态学也不能成为生态文明的哲学基础。

4. 不能将生态文明建立在生态马克思主义的基础上

作为生态社会主义中与无政府主义等传统相区分的思想流派的生态马克思主义，对资本主义社会中由异化消费造成的生态异化（生态危机）问题进行了激烈的批评，将人与自然的和谐作为未来理想社会的重

---

① Don E. Marietta，Jr.，Environmental Holism and Individuals，*Environmental Ethics*，Volume 10，Number 3（Fall 1988）.

② John Bellamy Foster，Marx's Ecology in Historical Perspective，*International Socialism*，Issue 96（Winter 2002）.

③ 《马克思恩格斯全集》，中文 2 版，第 3 卷，335 页，北京，人民出版社，2002。

要特征，认为共产主义是解决生态危机的最终方案，因此，成为一种重要的绿色思潮。但是，生态马克思主义在一定程度上认为马克思主义存在着生态学的"空场"，试图用异化消费理论补充马克思主义的劳动异化理论、用生态危机理论补充马克思主义的经济危机理论、用资本主义的第二类矛盾理论（生产力/生产关系与资本主义生产条件——自然的矛盾）补充马克思主义的资本主义矛盾理论（生产力和生产关系的矛盾，生态马克思主义称之为资本主义的第一类矛盾），而没有看到是劳动异化造成了消费异化、是经济危机造成了生态危机、是资本主义的第一类矛盾造成了第二类矛盾，因此，生态马克思主义是存在着致命的内在缺陷的。显然，生态文明是不能建立在这种理论基础上的。

这样，就需要我们在科学的世界观和方法论的基础上来审视、建构和规范生态文明，而只有马克思主义哲学才能担当起这样的重任。

（三）

唯物史观在生态文明的形成和发展过程中同样具有科学的世界观和方法论的意义，同样构成了生态文明的指导思想和哲学基础。过去，人们惯常是在自然辩证法的意义上审视生态文明的，其实，不能简单地将生态文明看作一个只涉及自然辩证法或辩证唯物主义的问题，同样必须从唯物史观的视野来考问生态文明。

1. 从理论地位来看，历史唯物主义是马克思主义哲学的制高点，具有普遍的指导意义

世界是一个客观存在的统一整体。因此，在理论体系方面，整体性是马克思主义的本质特征，哲学、政治经济学、科学社会主义是统一的。在哲学中，辩证唯物主义和历史唯物主义，历史唯物主义和自然辩证法，辩证法、认识论和逻辑学，真理观和价值观，都是统一的。在马克思主义哲学"这块整钢"中，唯物史观是马克思主义总体性的集中体现，是马克思主义哲学的制高点。作为马克思两个伟大的科学发现之一，唯物史观科学地揭示出物质生产力的状况是一切社会现象的基础和根源、是社会发展的根本动力，这样，就不仅将唯心主义从其最后的避难所中驱逐出去了，而且向上提升了唯物主义，使马克思主义哲学成为完备的哲学唯物主义。哲学史上最伟大的革命变革就是这样发生的。因此，当恩格斯将马克思主义哲学称为"在劳动发展史中找到了理解全部

社会史的锁钥的新派别"① 的时候，当列宁认为"马克思的**历史唯物主义是科学思想中的最大成果**"② 的时候，都突出强调的是历史唯物主义在整个马克思主义哲学中的制高点的问题。在这个意义上，唯物史观具有普遍的指导意义。这里的普遍，不仅指唯物史观是适用于所有的社会结构和所有的社会形态的，而且指唯物史观也是适用于自然领域和思维领域的。在自然领域，自然辩证法揭示了自然发展的一般规律，但是，如果没有唯物史观，就不可能完全揭示出自然界从原初自然向人化自然和人工自然的生成过程；在人类实践的过程中，自然已经成为一个社会建构的过程；在这个意义上，唯物史观也是适用于自然领域的。生态文明恰好就是在从原初自然向人化自然和人工自然生成的过程中产生的。在思维领域，革命的能动的反映论和辩证逻辑揭示了思维发展的一般规律，但是，如果没有唯物史观，就不可能完全揭示出从一般动物的感觉和心理到人的意识产生的辩证过程。事实上，意识一开始就是社会的产物，而且只要人们还存在着，它就仍然是这种产物。在这个意义上，唯物史观也是适用于思维领域的。同样，在思维中展示出的人对自然的认识和把握的成果，也是生态文明应有的内容。当唯物史观适用于自然领域和思维领域的时候，也就提出了辩证唯物主义和历史唯物主义相统一的问题了。

2. 从理论对象来看，历史唯物主义不仅是研究社会发展一般规律的科学，而且是研究自然规律和社会规律辩证关系的科学

在马克思恩格斯看来："我们仅仅知道一门唯一的科学，即历史科学。历史可以从两方面来考察，可以把它划分为自然史和人类史。但这两方面是不可分割的；只要有人存在，自然史和人类史就彼此相互制约。"③在这个意义上，唯物史观具有狭义和广义的区分。狭义唯物史观就是马克思主义的社会历史观，主要研究在生产力和生产关系、经济基础和上层建筑的矛盾推动下的社会形态更替的过程和规律。广义唯物史观是一种大社会历史观，主要是从由实践（劳动）规定的社会历史的视野来科学地分析问题和解决问题的世界观和方法论。当然，历史唯物主义也是一个科学的有机的整体，不能将狭义的方面和广义的方面割裂开

① 《马克思恩格斯选集》，2 版，第 4 卷，258 页，北京，人民出版社，1995。
② 《列宁选集》，3 版，第 2 卷，311 页，北京，人民出版社，1995。
③ 《马克思恩格斯选集》，2 版，第 1 卷，66 页脚注②，北京，人民出版社，1995。

来。在唯物史观整体中，狭义的方面是其核心内容和基本要求，突出的是社会发展的基本规律，反映的是马克思在哲学上的最伟大的发现；广义的方面是其扩展和运用，突出的是历史唯物主义的一般方法论意义，反映的是历史唯物主义的总体作用。显然，自然物质条件在社会存在和社会发展中的前提条件和基础作用、自然史和人类史彼此相互制约的规律（人与自然和谐发展的规律），就构成了唯物史观的基本内容。这样，唯物史观就直接地成为了生态文明的指导思想。

3. 从理论内容来看，历史唯物主义科学地展现出人与自然的辩证图景尤其是其社会历史性质

唯物史观之所以能够成为生态文明的哲学基础和指导思想，就在于她科学地展现出了人与自然的辩证图景尤其是这种关系的社会历史性质。

（1）人（社会）和自然的关系问题是社会历史领域中的主客体关系问题。

在过去的一切社会历史观中，社会历史总是遵照在它之外的某种尺度来编写的；现实的生活生产被看成是某种非历史的东西，而历史的东西则被看成是某种脱离日常生活的东西、某种处于世界之外和超乎世界之上的东西。这样，就把人对自然界的关系从社会历史中排除出去了，因而造成了自然界和社会历史之间的对立。而唯物史观是从社会历史的现实基础出发的，在发现人类社会历史的秘密的同时，认为人（社会）和自然的关系问题是与社会历史观基本问题属于同一序列的问题。这就是，"主体是人，客体是自然，这总是一样的，这里已经出现了统一"①。

（2）人（社会）和自然的关系是建立在社会实践基础上的系统性关系。

在以往的社会历史理论看来，人对自然的关系首先并不是实践的即以活动为基础的关系，而是理论的关系；这样，这两种关系在第一句中就已经混淆不清了。但是，人们决不是首先处在这种对外界物的理论关系中的。正如任何动物一样，人们首先必须吃喝等等，也就是说，并不处在某一种关系中，而是积极地活动，通过活动来取得一定的外界物，

---

① 《马克思恩格斯全集》，中文2版，第30卷，26页，北京，人民出版社，1995。

从而满足自己的需要。由于这一过程的重复，自然物能够满足人们需要的属性，就永远铭记在人们的头脑中了，人们就学会从理论上把满足自己需要的外界物同一切其他的外界物区别开来。因此，人们"是从生产开始的"①。这样，在人（社会）和自然的实践关系的基础上，也展开了其理论关系和价值关系。于是，包含实践、理论和价值等因素的人（社会）和自然的关系就在总体上成为一种系统性的关系。

（3）人（社会）和自然关系的失衡是影响社会存在和社会发展的重大问题。

唯物史观在从哲学上揭示人（社会）和自然关系的本质的同时，也说明和揭示了这种关系的社会表现形式，看到由于人类的盲目活动造成的人（社会）和自然关系的失衡、冲突是制约社会存在和社会发展的重大问题。这样，唯物史观事实上已经看到了全球性问题的端倪及其危害。

（4）协调人（社会）和自然的关系是一项复杂的社会系统工程。

由于人（社会）和自然的关系是一种建立在社会实践基础上的复杂的社会性的系统关系，涉及实践、理论和价值等一系列复杂的因素，而破坏人（社会）和自然的关系会制约社会发展甚至会毁灭社会存在。因此，在调节这种关系的过程中，需要人类调整自己的生产方式、生活方式、思维方式和价值观念，需要人类促进科技进步和经济增长。但是，更需要人类变革现存的不合理的社会关系和社会制度。这样，"瓦解一切私人利益只不过替我们这个世纪面临的大转变，即人类与自然的和解以及人类本身的和解开辟道路"②。这事实上是一个总体的社会进步过程。因此，以实现人与自然和谐为目标的生态文明，是不能脱离无产阶级解放的总体历史进程的。上述思想是唯物史观的基本内容，是自然史和人类史彼此相互制约的规律的具体展开，自然应该成为生态文明的科学的哲学基础。

4. 从理论特征来看，唯物史观关于人与自然辩证关系的思想具有一切哲学思想和社会思潮不具有的鲜明的科学性和阶级性

（1）物本和人本的统一。

与生态中心主义和人类中心主义不同，在唯物史观看来，人和自然

---

① 《马克思恩格斯全集》，中文 1 版，第 19 卷，405 页，北京，人民出版社，1963。

② 《马克思恩格斯全集》，中文 2 版，第 3 卷，449 页，北京，人民出版社，2002。

是矛盾统一的整体。在自然观上，当然是以自然为本；在社会历史观上，要以人为本。但在实践中，人与自然是相互规定的。自然人化和人的自然化相统一的基础，是也只能是实践。

（2）目的和工具的统一。

与单纯强调自然的内在价值的生态中心主义或者单纯强调自然的工具价值的人类中心主义不同，唯物史观认为，自然是满足人的需要、实现人的目的的工具，但是，自然的优先性是始终存在的，人在自己活动过程中必须将物的尺度和人的尺度统一起来。

（3）利用和保育的统一。

针对单纯强调"人定胜天"的机械论，唯物史观强调指出，如果人类不注意对自然的保育，那么，最终会威胁到人类自身的生存。人类在开发和利用自然的过程中必须放弃征服自然的观念，追求人与自然的和谐。这样，唯物史观就与复古主义和浪漫主义也划清了界限。

（4）男性和女性的统一。

生态女性主义认为马克思主义没有注意到支配女性和支配自然之间的关系。事实上，唯物史观早已揭示出，在支配自然和支配女性之间确实存在着一种内在的关联，但是，从根本上来看，这不是由父权制而是由私有制造成的。在消灭私有制以后，在两性都获得解放的同时，才能实现自然的解放。

在总体上，唯物史观认为，只有在从必然王国到自由王国飞跃的过程中，人类才可能真正自觉地调节人与自然的关系，并且保证这种关系向着合理的人性的方向发展。这些特征和要求，同样是唯物史观成为生态文明的指导思想和哲学基础的科学保证。

因此，尽管人们以这样或者那样的方式提出马克思主义存在着生态学的"空场"，或者批评马克思主义是造成现代反生态文明问题的渊薮，但是，最保守的估计也是，历史唯物主义"**的确**持续地传播人类社会依赖于既定的自然物质条件的观点。它也接受不同的地理条件决定人们在其中改造自然的不同方式，因而，历史唯物主义可以无可非议地被描述为'人类生态学'"①。作为"人类生态学"的历史唯物主义，也就是指

---

① ［英］戴维·佩珀：《生态社会主义：从深生态学到社会正义》，146～147 页，济南，山东大学出版社，2005。

唯物史观具有生态规定。因此，只有把生态文明置于唯物史观的基础上，生态文明才能真正获得自己的科学的理论规定和实践规定，才能真正发挥自己在社会可持续发展过程中的重大作用。

（四）

强调历史唯物主义是生态文明的指导思想和哲学基础，并不是要排斥甚至是否定自然辩证法在生态文明建设中的指导地位。

1. 在整个马克思主义理论体系中，自然辩证法和历史唯物主义是互补的

同样，在生态文明的理论建构和生态文明的实践推进方面，二者是相辅相成的。它们都要揭示人与自然和谐发展的规律，从而构成了生态文明的指导思想和哲学基础。自然辩证法主要从自然的整体性、统一性的角度揭示人与自然的和谐，突出强调尊重自然规律对于人类活动的价值和意义，着重强调自然观、科学技术观、科学技术方法论、科学技术价值观，尤其是科学技术自身的生态变革在协调人与自然和谐发展过程中的作用。历史唯物主义主要从社会发展进程中的人与自然的关系角度揭示人与自然的和谐，突出强调的是人与人的关系、人与社会的关系对人与自然关系的制约和影响，着重强调社会的生产方式、生活方式、思维方式、价值观念的生态化变革在协调人与自然和谐发展过程中的作用。其实，在解决生态环境问题、协调人与自然的关系、贯彻和落实可持续发展战略的过程中，涉及了一系列超出自然辩证法领域的问题。例如发展模式、发展道路、社会关系、社会制度对人与自然关系的影响等，这样，就需要唯物史观的积极介入。同样，在生态文明的理论研究和实践建设的过程中，有一些最基本的问题也是超出了自然辩证法领域的。例如，生态文明到底是与物质文明、政治文明、精神文明和社会文明相并列的一种文明结构呢，还是一种继渔猎社会、农业文明、工业文明之后的一种新的文明形态呢？生态文明与智能文明（知识—信息文明）到底是一种什么关系？显然，这些问题已经是属于社会结构、社会形态等唯物史观范围内的议题了。再如，生态环境问题是一种关系到全人类利益的问题呢，还是一种由特定的社会关系和社会制度引发的问题？生态文明是一种普遍性的要求呢，还是只有社会主义生态文明代表着生态文明的未来和方向？显然，这些问题已经是属于阶级、社会制度

等唯物史观的固有问题了。因此，在生态文明问题上，自然辩证法不能代替历史唯物主义，同样，历史唯物主义也不能代替自然辩证法。所以，从实践上来看，如果脱离唯物史观的指导，没有形成科学合理的人与人、人与社会的关系，人们就不可能实现人与自然的和谐，这样，生态文明就是不可能的；从理论上来看，如果将生态文明只看作是一个单纯的自然辩证法领域的问题，那么，不仅涉及生态文明的一系列的基本问题无从得到解决，而且历史唯物主义的整体性也被人为地肢解了。

2. 在实际中，自然辩证法和历史唯物主义是交叉、互补的

作为马克思主义哲学组成部分的自然辩证法，不仅要把握自然规律，而且要注意社会规律对自然规律的影响；不仅要把握人与自然的关系问题，而且要关注人与社会的关系对人与自然关系的影响。同样，作为马克思主义哲学组成部分的历史唯物主义，不仅要把握社会规律，而且要注意自然规律对社会规律的影响；不仅要把握人与社会的关系，而且要关注人与自然的关系在社会发展中的基础性地位。自然辩证法和历史唯物主义的分工毕竟只是作为整体的马克思主义理论体系内部的分工，既不能无视这种分工的客观存在，也不能无限夸大这种分工。我们应该在自然史和人类史彼此相互制约的高度来看待自然辩证法和历史唯物主义在生态文明问题上的关系。近年来，随着生态环境问题的日益严重，随着科学技术生态化趋势的迅速发展，随着对人与自然关系问题研究的不断深入，在哲学领域中出现了生态自然观、社会自然观、生态哲学、社会生态学等新领域和新思潮。这在一定程度上是以学科分工的形式实现的学科综合的新的努力和新的形式。这其实在一定程度上体现出马克思当年的设想："自然科学往后将包括关于人的科学，正像关于人的科学包括自然科学一样：这将是**一门科学**"，"自然界的**社会的**现实和**人的**自然科学或**关于人的自然科学**，是同一个说法"①。因此，突出强调历史唯物主义在生态文明建设的指导地位，不是对自然辩证法的地位和作用的否定。

随着生态文明实践的发展和生态文明理论的深化，马克思主义生态文明理论将会以横断的形式实现自然辩证法和历史唯物主义的新的综合。马克思主义生态文明理论既是对关于人类史和自然史的辩证关系的

---

① 《马克思恩格斯全集》，中文 2 版，第 3 卷，308 页，北京，人民出版社，2002。

"一门科学"的理论确认，也是我们统筹人与自然和谐发展的生态文明实践的指导思想。当然，这是一个需要在实践上确证、在理论上认同的问题。与马克思主义社会发展理论、马克思主义社会建设理论等理论一样，马克思主义生态文明理论当然是马克思主义理论研究领域或研究方向的一种横断性或者横贯性的划分，而不是要取代自然辩证法和历史唯物主义在生态文明问题上的指导地位。

在我国社会主义现代化建设的过程中，始终面临着各种生态压力，经济建设的环境代价和成本也日益增大，这样，就需要我们转变自己的发展观，用科学发展观来统领经济社会发展的全局。科学发展观是指导发展的世界观和方法论的集中体现。它所提出的统筹人与自然和谐发展、贯彻和落实可持续发展、构建人与自然和谐的社会主义和谐社会等一系列重大的战略思想，其实就是马克思主义生态文明理论在当代中国的具体运用和创造性发展。因此，只有在马克思主义生态文明理论的指导下，全面贯彻和落实科学发展观，大胆地推动生态环境方面的理论创新、科技创新、文化创新和制度创新，同时批判地借鉴和吸收人类创造的一切生态文明成果，我们才能最终走上生产发展、生活富裕、生态良好的文明发展道路，才能对人类文明尤其是世界生态文明作出自己应有的贡献。

（五）

方法是推动内容前进的动力。在唯物史观的指导下，我们试图科学地回答生态文明的内在本质、发展规律和发展方向等一系列重大问题。

1. 坚持文本研究和理论研究的统一

我们要在深入地发掘马克思主义文本尤其是《德意志意识形态》、《资本论》及其"三大手稿"和《家庭、私有制和国家的起源》中的生态文明思想的基础上，参照《1844年经济学哲学手稿》和《自然辩证法》等文献，坚持马克思主义的立场、观点和方法的统一，突出强调唯物史观在生态文明的理论研究和现实实践中的指导价值。在探讨唯物史观关于人（社会）与自然关系理论的生态文明意蕴的过程中，既要说明自然生态系统是社会存在和社会发展的自然物质条件，也要揭示人与自然的关系是以人类实践为基础和中介的社会关系，同时，要运用唯物史观的对象化活动、社会形态、社会结构和社会有机体等理论，来科学地规定生态文明的历史发生、历史演进、现实构成和自身结构等一系列基本问题。此外，按照科学发展观的基本要求，还要探讨在中国特色社会主义现代化中建设生态文明的原则问题。在这个过程中，在坚持历史唯物主义和自然辩证法的统一的前提下，也要吸收哲学诠释学、生态学和系统科学等成果和方法，以增强问题的说服力。

2. 坚持比较研究和本土研究的统一

从全球性生态环境问题的现实出发，我们要注意国外的一些重要思潮〔生态马克思主义和生态社会主义、生态中心主义、后现代主义、生态现代化理论、激进生态学（西方学界将深层生态学、生态女性主义、社会生态学看作是激进生态学）等〕在生态文明理论研究中的思想价值，同时，根据唯物史观的基本原理，尤其是马克思主义的阶级分析方法，也要充分说明这些思潮的历史和阶级的局限性。在此前提下，还要充分注意到中国传统文化在生态文明形成中的历史价值，同时要指出其固有的历史和阶级的局限性。在说明西方思潮和传统思想各自得失的基础上，我们要运用"文明多样性是文明的发展动力"的中国特色社会主义理论思想，突出强调在生态文明研究的过程中坚持古为今用、洋为中用、推陈出新的必要性和重要性。在生态文明建设的过程中，我们既要从民族的传统生态智慧中汲取营养，也要学习国外的现代生态文化的长处。但是，只有在马克思主义的指导下批判地吸收各种生态思想，才能实现生态文明的理论创新和实践创新。中国特色社会主义伟大实践既需要这种创新，也是这种创新的实践基础。唯有坚持"综合创新"，才能保证我们走上生产发展、生活富裕、生态良好的文明发展道路。

3. 坚持历史研究和现实研究的统一

在坚持理论联系实际的原则，科学地说明生态文明的问题领域和理论规定的同时，我们要着力探讨当代中国的生态文明建设的原则性问题。全面建设小康社会的过程就是中国特色的生态变革之路，我们必须要围绕着经济建设这个中心来开展生态文明建设，必须将节约发展、清洁发展和安全发展作为科学发展的内在规定和基本要求；在生态文明建设的过程中，必须要坚持以人为本的原则，要将生态文明看作是促进人的全面发展的内在规定和基本要求，要将人民群众作为生态文明建设的主体，必须超越人类中心主义和生态中心主义的抽象争论，促进人的全面发展、和谐发展。要按照统筹兼顾的要求，从战略上来统筹人与自然的和谐发展。我们也要看到，尽管生态文明是人类文明发展过程中的普遍趋势和一般要求，但是，只有在消灭私有制和"三大差别"的共产主义条件下，才能实现人与自然、人与社会、人与自身的全面和谐，而社会主义和谐社会是将现实和理想联系起来的桥梁，因此，将人与自然的和谐作为自身基本原则和要求的社会主义和谐社会，是我们建设生态文明的现实的制度选择。

按照上述思路，本书试图从唯物史观的高度描绘生态文明的整体图景。除了序言之外，共由三篇内容构成。上篇"生态文明的问题视阈"，由生态文明的概念建构、研究方法、理论基础和文化之根等四章内容构成，主要研究的是生态文明概念形成和发展中的一些基本理论问题。中篇"生态文明的理论规定"，由生态文明的发生机制、历史演进、结构定位和系统构成等四章组成，主要按照唯物史观的基本原理对生态文明的基本问题进行一般哲学分析。下篇"生态文明的实践指向"，由生态文明的小康目标、发展支柱、价值诉求和制度依托等四章构成，主要是根据作为唯物史观最新成果的科学发展观的基本要求，探讨在中国特色社会主义现代化建设过程中推进生态文明建设的一些基本原则性问题。

从唯物史观的高度揭示生态文明的规律，有助于进一步拓展唯物史观研究的领域，对于建构马克思主义生态文明理论具有重要的学术价值；有助于人们形成科学的生态文明观念，对于社会主义生态文明建设具有重要的参考价值。

但是，由于笔者才疏学浅，在涉及从唯物史观的高度来审视生态文明这个高难度的课题上，力不胜任，仍然有许多需要进一步改进和提高的地方，希望大家对书中存在的不足和错误批评指正！同时，在这个过程中，也参考了同行的一些研究成果，由于篇幅所限，未能在参考文献中一一列出，在此一并表示诚挚的谢意！

上　篇

生态文明的问题视阈

第一章　生态文明的概念建构

无论就其实践形态还是就其理论形态来说，生态文明都有久远的历史。但是，作为一个流行的学术术语，它是在全球性问题的背景下被明确地建构起来的。作为一个响亮的政治口号，它是在建设中国特色社会主义的伟大实践中被鲜明地提出来的。在总体上，尽管生态文明集中体现了人类反思工业文明的弊端、探求文明发展的未来等方面的艰辛努力和科学探求，但是，在实质上，生态文明是中国特色社会主义的内生性的原创性问题。

一、全球问题的文明悖论

生态文明是人类在反思全球性问题的过程中就自己的基本的生存和发展问题做出的理性选择和科学回答。全球性问题是指人类所面临的那些性命攸关的、决定着人类发展方向的一系列问题的总称，如人口爆炸、土地荒芜、资源枯竭、能源匮乏、环境恶化、生态危机、粮食短缺、贫困加剧、军备升级等。只要这些问题没有得到妥善解决，它们就会以其严重的后果威胁着作为整体的人类未来。为了有效地解决这些问题，必须自觉地建构新的生态文明。

（一）全球性问题的出现条件

人口、土地、粮食、生态、环境、资源、能源、军备和贫困等问题之所以在 20 世纪达到了全球性的水平，是由全球化决定的。

全球化是金融资本主导下的世界一体化的现象。大工业之前的历史是地域的民族的历史，工业文明却凭借市场经济、殖民贸易和殖民战争等力量开辟了"世界历史"。这样，"资产阶级，由于开拓了世界市场，使一切国家的生产和消费都成为世界性的了"[①]。在此基础上，各种力量促成了全球化。

（1）世界经济一体化是全球化出现的经济条件。

随着资本主义世界经济体系的出现，国际贸易得到了空前的发展，统一的世界市场开始形成，其标志就是跨国公司的出现和不断壮大、大量的经济集团的涌现。

（2）方兴未艾的新科技革命是全球化出现的科技条件。

除了现代交通工具外，信息革命正在使地球成为一个网络，再加上其他高科技的发展，就使地球的空间距离被大大地缩小了。

（3）战争的国际化是全球化出现的军事条件。

由于核技术被大规模地、集成化地运用于军事上，使现代战争真正达到了国际化的水平。现在地球上的地区和民族的冲突也具有了国际性的意义。

（4）国际政治组织的涌现是全球化出现的政治条件。

第二次世界大战之后，国际性的政治组织迅猛增长。作为当今世界上最大的国际组织，联合国在推进世界一体化方面发挥了独特而巨大的作用。

（5）世界上各民族的普遍交往是全球化出现的文化条件。

随着民族交往的普遍化和扩大化，大家开始意识到了自己只不过是地球村里的村民而已。现在的文化交往决不是西学东渐的单向过程，同时也存在着东学西渐的方向。其实，全球化并不意味着平等化或均一化，而是加剧了不平等的发展（依附）。事实上，像国际货币基金组织（IMF）、世界银行（WB）和世界贸易组织（WTO）等世界性的经济组

---

① 《马克思恩格斯选集》，2 版，第 1 卷，276 页，北京，人民出版社，1995。

织，只是金融资本控制世界经济的一种工具，例如，美国在 IMF 中拥有 19.66％的表决权，在 WB 中拥有 20％左右的表决权。显然，全球化在实质上是资本扩张尤其是金融资本扩张的结果。

在全球化的背景下，地球上人们的行为具有了牵一发而动全身的后果，人们的不当行为使局部的、区域性的问题放大成为全球性问题。

（二）全球性问题的主要表现

随着全球化的发展，人类活动的破坏性效应也在全球性的水平上得以扩展，这样，就形成了全球性问题。全球性问题是一种总体性的问题。主要表现为：

（1）人口失控。

由于缺乏适当的人口控制机制，导致了全球人口的指数式增长。公元初期，世界人口大约 2 亿～3 亿人；当哥伦布发现新大陆时，全球人口还不到 5 亿；19 世纪初达到 10 亿，20 世纪 30 年代达到 20 亿，60 年代达到 30 亿，80 年代达到 50 亿，90 年代末达到 60 亿。预计到 21 世纪中叶，世界人口将达到 90 亿至 100 亿。随着人口激增，资源缺乏、能源紧张、生态恶化等一系列环境问题将愈加严重。

（2）资源枯竭。

随着人类活动的发展，加快了对自然资源的开采力度，造成了日益严重的资源枯竭问题。自工业革命开始，全球已进入最大规模的物种灭绝时代。与地球史上前五次因自然灾害而导致的大灭绝所不同的是，人类在这场过早到来的第六次危机里扮演了举足轻重的角色。这就是，由于人的活动，把其他物种的自然灭绝速度提高了 100～1 000 倍。据预测，如果按现在每小时 3 个物种灭绝的速度，到 2050 年，地球上 1/4～1/2 的物种将会灭绝或濒临灭绝。

（3）能源短缺。

工业革命以来，由于以粗放的方式开发和利用矿物燃料等不可再生的能源，致使能源储备大量下降。21 世纪的世界人口比 19 世纪末期增加了 2 倍多，但能源消费却增加了 16 倍多。目前世界上常规能源的储量有的只能维持半个世纪左右的需要（如石油），最多的也只能维持一两百年人类生存的需求（如煤）。现在，由于能源危机引发的国际争端，已经成为威胁世界持久和平的重大问题。

（4）环境污染。

随着工业革命的发展，工业污染使环境污染成为一种重要的全球性问题。例如，人类自工业化以来向大气中排入的 CO_2 等吸热性强的温室气体逐年增加，大气的温室效应也随之增强。在过去两百年中，CO_2浓度增加 25％，地球平均气温上升 0.5℃。科学家预测，今后大气中 CO_2 每增加 1 倍，全球平均气温将上升 1.5～4.5℃，而两极地区的气温升幅要比平均值高 3 倍左右。海平面上升对人类社会具有十分严重的影响。如果海平面升高 1 m，直接受影响的土地约 $5 \times 10^6 \, km^2$，人口约10 亿，耕地约占世界耕地总量的1/3。

（5）生态恶化。

由于人类活动强度不断加大，导致世界生态状况持续恶化。例如，由于过度放牧、过度垦殖、过度樵采和不合理地利用水资源等原因，使沙漠化的面积不断扩大。现在，地球上受到沙漠化影响的土地面积有3 800 多万平方公里，全世界每年约有 600 万公顷土地发生沙漠化。

（6）灾害频发。

现在，自然灾害已经严重威胁到全球安全。例如，2000 年至 2006年的自然灾害数量比 20 世纪 70 年代多 4 倍，平均每年经济损失达 830亿美元，比 70 年代高 7 倍。未来自然灾害严重的年份，经济损失可高达 1 万亿美元。自然灾害对发展中国家的经济打击比发达国家更加严重，这些国家的人民的自然灾害死亡率比发达国家高 20 倍，家庭经济生活因自然灾害而下降的可能性高 80 倍。更为要命的是，这些问题是缠绕在一起的。

可见，人类活动造成的生态破坏性已经成为全球性问题，已经成为阻碍人的发展、社会发展的重大问题。

（三）全球性问题的识别标尺

全球性问题是资本主义工业化以来诸多矛盾的集中体现，事实上是一个问题集合体。

全球性问题既不是单纯的社会学问题，也不是单纯的生态学问题，而是生态问题、社会问题、国际问题和人自身的问题综合发挥作用而产生的大问题，是在"人（社会）—自然"这个复合系统中产生的巨问题。它具有以下特征：

（1）全人类性。

全球性问题是涉及世界上所有民族、国家和地区的问题，是与地球上的全体人类利益密切相关的问题。尽管这些问题的发生是与发展水平相关的，但这些问题的威胁性和解决这些问题的迫切性是与发展水平无关的。尽管这些问题的形成是有其社会历史原因的，但这些问题的威胁性和解决这些问题的迫切性需要全人类的合作。

（2）威胁性。

全球性问题源于人类社会生活中诸如生态危机、经济危机、社会政治危机等各种危机，对全人类具有明显的威胁性。如果这个问题得不到妥善的解决，将对整个全球构成严重的、无可挽回的损失。

（3）整体性。

全球性问题是由各种不同的问题构成的一个复杂的整体。这些问题是相互联系、相互依存、相互作用的，存在着一种此消彼长、盘根错节的关系，结成一个复杂的整体。全球性问题的整体性呼吁一种整体性的解决全球性问题的方法论。

（4）协作性。

为了有效解决全球性问题，要求世界上的所有国家、民族和地区的协作，要求世界上的各国政府、国家集团和国际性组织的协调行动。同时，解决全球性问题是一项庞大而复杂的社会系统工程。只有将经济、政治、文化、社会和科技等一系列的手段协调起来，才能有效地解决问题。

可见，全球性问题是"如此具有范围上的广阔性、性质上的深刻性和相互作用上的关切性，以致人类的任何事情都被它们打乱，而变得更加危险"[1]。事实上，生态危机、生态环境问题等说法都是对全球性问题的描述。全球性问题就是广义的自然生态环境问题。

（四）全球性问题的发展动向

尽管人类为解决自工业革命以来的全球性问题已付出了诸多的努力，但这些问题不仅没有得到妥善的解决，而且有愈演愈烈的趋势。从20世纪80年代末期开始，全球性问题出现了一些新的动向。

---

① ［美］詹姆斯·博特金等：《回答未来的挑战》，13 页，上海，上海人民出版社，1984。

1. 从其规模来看，已经从中等规模向大规模发展

由于人口激增、经济活动迅速扩展和消费水平向两极化的方向发展，全球性问题的规模越来越大。一方面是广大的南方国家贫困加剧，为了解决众多人口的吃饭问题，不得不加大了开发和利用自然资源的步伐，从而加速了资源耗竭；另一方面，发达国家的人均消费水平在不断提高，为了满足日益膨胀的需要，加剧了对自然的索取，并增加了向环境排放废弃物的数量，这样，就使得环境污染、森林减少和荒漠化的规模在不断扩大。

2. 从其破坏性来看，已经从宏观损伤发展到了微观毒害

由于化学工业和核工业的迅猛发展，在发达国家中，公害的重点已经由工业化早中期造成的烟尘和废弃物的污染，转变为有毒化学废料和核废料的污染。而这两类污染对人类健康的损害是长期的、微妙的，并且使全球性问题的涵盖面和辐射面越来越大。尤其是核废料的处置成为一个国际性的难题。即使切尔诺贝利核电站事件已结束多年，它所造成的危害仍然是存在的。美国在海湾战争中使用贫铀弹也造成了同样的问题。

3. 从其转移方向来看，正在从发达国家向发展中国家扩展

为了转移国内公众的视线和获得剩余价值，在援助和人道的幌子下，发达国家将一些污染严重的企业和项目向发展中国家转移，而广大的发展中国家为了摆脱贫困和债务危机，加速本国的工业化发展水平，不惜以牺牲环境和人民健康为代价，引进了这些企业和项目。

4. 从其影响范围来看，已经从"由点到面"的危害发展到"由面到点"的威胁

由于人类不适当的活动所引起的臭氧层耗竭、温室效应、酸雨和生物多样性的丧失，一开始就是在世界性的规模上发生的，其危害性也是直接针对整个人类的。这些全球性问题，是目前人类面临的重大的全球性问题，是全球性问题新特点的集中体现，已引起了国际社会的普遍关注。

在总体上，全球性问题的出现和加剧进一步表明，"文明是一个对抗的过程，这个过程以其至今为止的形式使土地贫瘠，使森林荒芜，使土壤不能产生其最初的产品，并使气候恶化"[①]。这样，面对和化解全

---

① 恩格斯：《自然辩证法》，311 页，北京，人民出版社，1984。

球性问题就构成了生态文明自觉发生的现实领域。

二、生态科学的理论提升

新科技革命的生态化趋势，不仅是当代科学技术发展中的一个重要方向，而且改变了工业化以来的社会发展和文明进步的方式。

（一）科学技术生态化的历史趋势

科学技术的生态化是以科学的生态化为先导的。"生态学"一词最早是由德国动物学家海克尔于1866年提出来的，其基本含义是关于有机体与周围环境关系的整体科学。但是，由于缺乏专有的固定的概念以及定量分析不够等原因，它始终处在"前科学"水平，对社会生活的影响也很微弱。从新科技革命爆发的前后开始，这种状况发生了根本性的变化。

1. "生态系统"概念是科学技术生态化的概念基础

针对当时生态学发展过程中出现的"生态演替"和"机能整体主义"等反唯物主义的思想，1935年，英国生态学家坦斯莱（Tansley）在《植被概念和术语的使用问题》一文中提出了"生态系统"概念。在生态演替论看来，特定区域中的植物"群落"的发展的演替阶段是与某种居于统治地位的物种"顶级"或成熟阶段相关的，而生态机能整体主义是生态民族主义的一种形式，包含了与种族线相关的自然的生态的区分的机能整体主义。坦氏则从唯物主义和辩证法相统一的立场出发指出，我们对生物体的基本看法是，必须从根本上认识到，有机体不能与其环境分开，而是与其环境形成一个自然系统；在自然意义上，整个系统不仅包括生物复合体，而且包括所谓环境的全部复杂的自然因素。坦氏之所以能够在生态学领域中坚持唯物主义和辩证法相统一的立场并在此基础上提出生态系统的概念，一个重要的原因是得益于其师兰基斯特（Lankester）。兰氏是当时最有生态学意识的思想者之一，曾写过一些论述由于人为原因而引起物种灭绝的很有说服力的文章，并且探讨了伦敦的污染问题和其他的一些直到20世纪晚期才被发现的生态问题。在马克思生命的最后几年里，兰氏一直是出入马克思家的一位常客。马克思及其爱女艾琳娜也曾去兰氏在伦敦的住宅拜访过他。兰氏曾说，自己被"《资本论》这部伟大的著作所吸引，它带给我无比的喜悦，受益匪浅"。显然，唯物主义是马克思和兰基斯特的最重要的共同之处。这样，我们就可以发现事实上存在着"马克思→兰基斯特→坦斯莱"这样的学术图谱。显然，从坦斯莱对生态学的贡献可以看出，"既是唯物主义的又是辩证法的这种分析，必然为理解生态学和社会、自然历史和人类历史提供一种更为有力的洞察工具。马克思唯物主义的视野就是与这种方法联结在一起的"①。这样，凭借生态系统概念，生态学才走上了从经验性的描述说明到科学性的数量分析的道路。

2. 现代科学技术方法是科学技术生态化的方法基础

随着新科技革命的发展，生态学也开始采用现代的一些数学的、物理的和化学的方法应用于自然界的观测；在取得进展的同时，生态学又使其显得陈腐的研究工作复兴了。首先，生态学极大地提高了数学水平。在马克思看来，"一种科学只有在成功地运用数学时，才算达到了真正完善的地步"②。现代生态学几乎运用了现代数学的全部成果。它通过运用矩阵代数、差分和微分方程、集论和变换等现代数学手段来描述和说明生态系统，建立起了很多适用而有效的数学模型。这样，现代生态学不仅可以从单因素分析过渡到多因素分析，所获得的知识具有概率—统计性质，而且通过集中运用数学尤其是现代数学成果将自己提高到一个成熟化的水平。同时，对各种试样的正确分析已能在实验室中，或在汽车式的活动实验室中，或在野外的实验室中顺利进行。此外，由于人工气候室和试验园地的出现和利用，生态学已成为一门可以进行实验的科学了。在这个过程中，光电管、质量化学（光谱测定法、比色法、色层分析法）、遥感、自动监测、计算机技术等科技成果都为生态学提供了有效的科学工具。正是在集成地运用现代科技方法的基础上，生态学才成为现代科技发展的领头学科。

3. 全球性问题是促使科学技术生态化的现实根源

全球性问题具有典型的生态学特征，反映出人和自然之间的物质变

① John Bellamy Foster，Marx's Ecology in Historical Perspective，*International Socialism Journal*，Issue 96，Winter 2002.

② 转引自［法］保尔·拉法格等：《回忆马克思恩格斯》，7页，北京，人民出版社，1973。

换的波动超过了自然生态系统可持续性的域限，这就要求人们要扩展生态学范围，使生态学成为解决全球性问题、管理大自然的一种手段。其中，由美国女海洋学家蕾切尔·卡逊撰写的《寂静的春天》（1962 年），不仅开启了生态学研究现代生态环境问题的历史进程，而且预示着生态学春天的来临。该书要求人们要在大尺度的视野内来看待环境污染问题，认为污染存在着一个滞后性的过程。"在大自然的尺度来看，去适应这些化学物质是需要漫长时间的；它不仅需要一个人的终生，而且需要许多代。即使借助于某些奇迹使这种调整成为可能也是无济于事的，因为新的化学物质像涓涓溪流不断地从我们的实验室里涌出"①。这就要求人们在环境污染问题上应该有一种长远的眼光。以此为契机，关注和研究现实的生态环境问题成为生态学发展的一个重要的趋势。例如，在国际生态学界先后开展过"人与生物圈计划"（MAB）和"国际地圈—生物圈计划"（IGBP）等研究。

正是在这个过程中，生态学在走向社会的同时，也扩大了自己的学科边界，成为当代科学技术发展的领头羊。

（二）生态化科学技术的现实成果

由于生态学将有机体与其环境的关系作为自己的研究对象，并用生态系统的概念概括了这种内在的联系，这样，就在有机运动和无机运动之间架起了桥梁，从而成为科学技术领域中的又一场"哥白尼革命"。这种"范式"的转换是通过以下形式表现出来的：

1. 全球性问题和可持续发展成为跨学科研究的对象

全球性问题和可持续发展在实质上具有典型的生态特征，反映了作为生物有机体的人类同作为其环境的自然的矛盾达到了全球性的水平，因此，生态学在解决全球性问题、建构和实施可持续发展中具有主力军的作用。同时，全球性问题和可持续发展又具有整体性的特征。全球性问题是岩石圈、土圈、生物圈、大气圈、科学技术圈和社会圈等圈层的相互影响和相互作用的产物，可持续发展涉及"人（社会）—自然"这个复合系统的各个方面，这样，全球性问题和可持续发展就成为跨学科研究的对象。例如，从 1992 年联合国环境与发展大会开始，国际生态

---

① ［美］蕾切尔·卡逊：《寂静的春天》，5～6 页，长春，吉林人民出版社，1997。

学界一般将全球气候变化、生物多样性、森林问题和可持续生态系统等问题作为研究的重点。显然，这些问题与人类的生活和生产具有密切的关系，而要进行这些研究就必须要动员生态学各层次的研究（从个体与群体生理生态、种群、群落、生态系统到全球系统），巧妙地把宏观、中观、微观研究结合在一起，同时又要紧密地把生态学理论研究和应用研究结合在一起；在这个过程中，在发挥生态学作为核心领域作用的同时，促进了生态学与自然科学、社会科学的交流和合作、协作和渗透，最终推动了新的交叉学科的发展。

2. 生态学的概念、原理和方法被移植到了不同的领域之中

由于生态学的研究对象涉及物质运动的各种形式，因而，生态学的概念、原理和方法就成为科学体系中的一种共同"范式"。今天，几乎每门科学都在运用生态学的概念，"生态系统"成为科学文献中出现频率较高的一个概念；每门学科都在运用生态学原理进行思维，如用有机体和环境关系的整体原则来考察事物；每门学科都在运用生态学方法来研究和解决问题，如生态设计、生态论证等。当代科学技术的发展表明，只有当每一门学科都能自觉地按照生态学的概念、原理和方法思维和工作时，它们才有可能自觉、有效地避免科学技术发展的负效应，才能增强和优化其正效应，这样，科学技术就不仅能够在控制全球性问题的扩展中发挥自己的作用，而且可以为人与自然的和谐发展作出自己的贡献。事实上，"生态系统发展的原理，对于人类与自然的相互关系，有重要的影响：生态系统发展的对策是获得'最大的保护'（即力图达到对复杂生物量结构的最大支持），而人类的目的则是'最大生产量'（即力图获得最高可能的产量），这两者是常常发生矛盾的。认识人类与自然间这种矛盾的生态学基础，是确定合理土地利用政策的第一步"①。显然，生态系统概念不仅可以说明一切与有机体和环境关系有关的问题，而且甚至可以说明一切具有主客体关系的事物。在此基础上，更为重要的是，"目前，在发展这一概念中又补充了一个新的内容：人类与其环境的关系。这就是说，随着科学，技术和工程学的发展，人类反而进入到了一个较困难的时期。发达国家的经济增长如同世界人口的增长一样在成倍地增加。但是食物（可更新的资源）的增长未能跟上，而不

---

① ［美］E. P. 奥德姆：《生态学基础》，261页，北京，人民教育出版社，1981。

可更新的资源又日趋耗尽。"①事实上，这就是可持续发展的思想。可持续发展最初是由生态学家提出来的。这主要表现在 1980 年颁布的主要是由生态学家们撰写的《世界自然保护大纲》中。该书从生态学的角度强调人类对生物圈的管理，认为如果自然和自然资源得不到保护，作为自然组成一个部分的人类就是前途渺茫的；而如果不进行发展，减缓数亿人的贫困，就不可能对自然资源进行有效的保护。

3. 生态学成为科学体系中的一组学科群

众所周知，生态学最早是作为生物学的一个分支学科存在的，现在，它却超越了这个学科边界，已经成为一个学科群。在科学体系中，已出现了一系列生态学化的新学科。除了作为生物学分支学科的生态学的客体在不断扩展、生态学从生物学中的一门分支学科发展成为生物学中的一种基本观念和方法、生态学从生物学扩展到了其他自然科学、生态学和横断科学发生了交叉和渗透、在生态学的支撑和牵引下出现了像环境科学这样的综合性学科等表现形式外，生态学与哲学、人文社会科学的交叉和渗透的趋势已经成为当代知识发展的重要现象。（1）生态学从自然科学扩展到了社会科学，在与社会科学结合的过程中产生了生态经济学、环境政治学、环境法学、人口生态学、生态伦理学、生态美学、生态史学等学科。生态学还与这些学科中的分支学科结合了起来。例如，生态经济学已成为一类或一组学科的总称。它包括农业生态经济学、草原生态经济学、森林生态经济学、城市生态经济学、工业生态经济学等学科。（2）在哲学的层次上，产生了生态哲学。生态哲学不仅是指对生态学中的哲学问题进行研究的哲学分支学科，而且是对人（社会）和自然关系进行研究的哲学部门学科。假如将人作为哲学研究的中心，而人又是处在与自然、社会和自身的复杂关系中的，那么，可以将生态哲学、社会哲学、个体哲学看作是哲学的部门学科。可见，现代生态学已成为学科门类齐全、层次分工明确的一系列学科的总称，打破了原有的学科结构和门类，成为与自然科学、社会科学、思维科学、数学科学、系统科学、行为科学、军事科学等相平行的科学——生态科学。

科学生态化在应用科学尤其是技术科学中也产生了重要影响，其标志就是出现了"技术生态学"这样一门新学科。近年来，在国外的技术

---

① ［比］P. 迪维诺：《生态学概论》，324 页，北京，科学出版社，1987。

哲学和生态哲学文献中，形成了"技术生态学"的概念。事实上，马克思早就指出过，"在生产过程中究竟有多大一部分原料变为废料，这取决于所使用的机器和工具的质量。最后，这还取决于原料本身的质量。而原料的质量又部分地取决于生产原料的采掘工业和农业的发展（即本来意义上的文化的进步）"①。这里，马克思将环境改善看作技术进步和产业进步的结果，将之看作文明的成果。而技术生态学概念的出现，就使马克思关于技术生态化的思想成为技术发展的自身逻辑。

总之，科学技术的生态化是指，生态学的概念、原理和方法日益渗透到了科学技术体系中，使科学技术的结构和功能出现了一场全面生态化的过程，最终实现了科学技术活动、社会发展和进步、自然生态环境的共同的协调进化。

正是在科学技术的生态化和生态化的科学技术形成的辩证张力中，才为生态文明从隐性走向显性提供了科学技术的支撑，而它们自身成为了生态文明的内在的组成部分。事实上，生态科学不仅是生态文明的科学基础，而且是生态文明的基本内容。生态文明则是生态科学成果的理论提升。

三、生态战略的实践整合

在对全球性问题进行反思的过程中，人们日益意识到，全球性问题所表现出来的人与自然的矛盾和冲突事实上折射的是环境和发展的矛盾和冲突。因此，为了彻底而有效地解决全球性问题，人类必须在发展观和发展战略上来一次彻底的革命性的变革。

（一）把握环境和发展关系的整体性视野

为了有效地解决日益恶化的生态环境问题，1972 年 6 月 5 日，联合国人类环境会议在瑞典斯德哥尔摩举行。这次会议是在精心准备的情况下召开的，其中一项很重要的工作就是为大会提供了一份背景材料，即众所周知的《只有一个地球》。因此，"只有一个地球"成了这次会议

---

① 《马克思恩格斯全集》，中文 2 版，第 46 卷，117 页，北京，人民出版社，2003。

的口号。会议最后通过了《人类环境会议宣言》，呼吁大家为维护和改善人类环境，造福全体人民，造福子孙后代而共同努力。

会议要求将环境和发展的关系看作一个整体问题。这次会议在发展战略上的主要思想是：

（1）环境问题是在发展过程中产生的全球性问题。

对于发展中国家和发达国家来说，产生环境问题的原因是不尽相同的。在发展中国家，环境问题在很大程度上是由于发展不足造成的，因此，其必须致力于发展工作，同时要牢记保护及改善环境的必要性。在发达国家中，环境问题是与工业化和技术发展有关的，因此，其必须支持发展中国家缩小发展差距的努力。由于环境构成了发展的基础，因此，在发展的过程中都必须要保护环境。

（2）确立关于环境统一性的知识是建立新战略的第一步。

由于人类不知道地球是一个整体，不承认世界的多样性和整体性而一味地强调国家利益，这样，就在发展经济的过程中产生了环境问题。因此，建立保护地球战略的第一步，就是要求各国以集体的责任感去发现更多的关于自然界的知识，以及自然界与人类活动如何相互影响的知识。同时，应该进行广泛的环境教育。

（3）解决环境问题需要全球性的解决方法。

现在的环境问题的威胁是针对整个人类的，这是与传统的国家主权观念无关的一个问题。这种情况不可否认地存在于全球的大气层、海洋和气象体系中，这三个领域中的问题都需要各国领导人采取全球性的解决方法。一种体现出更多地了解人类和环境关系的具有集体责任感的全球战略，必然能为解决大气、海洋和气象问题开辟道路。在承认各国对自己国土内的自然资源拥有主权的前提下，各国应该在环境问题上进行国际合作，支持和保证国际组织在保护和改善环境问题方面所起的协调、有效和能动的作用。

（4）解决环境问题需要价值观上的革命。

只有将环境问题扩展到地球和我们的子孙后代，才能使我们对共享的和相互依赖的生物圈的理解日益深刻，才能触动人类的生活。在这个问题上，"我们所珍视的多样性感情，并不影响我们企图发展全球性思想的努力，这就是要培育一种对地球这个行星作为整体的合理的忠诚。我们已进入了人类进化的全球性阶段，每个人显然地有两个国家，一个是自己的祖国，另一个是地球这颗行星"①。其实，这里提出的地球伦理学也就是生态伦理学，要求将作为整体的地球作为人类道德关怀的对象。在这个过程中，人类必须担负起地球管理员的责任。地球管理员当然意味着为其他一些人服务。

人类环境会议是人类文明史上第一次由世界各国政府共同讨论当代环境问题、探讨保护全球环境战略的国际会议，因此，国际社会将会议召开的 6 月 5 日确定为国际环境日。这次会议的最大贡献就是在环境和发展的关系问题上确立了整体性的视野。但是，在民族国家和阶级国家仍然存在的今天，所谓突破国家主权的说法只能是一个神话。

（二）把握环境和发展关系的长远性视野

人类环境会议以后，尽管国际社会为解决全球性问题做出了不懈的努力，但是，全球性问题仍然呈现出扩大的态势。在进一步思考和解决这个问题的过程中，人们形成了可持续发展的思想，并且开始被国际社会广泛接受。

1. 可持续发展的提出

20 世纪 80 年代，为了有效地应对人类所面临的环境与发展问题、南北问题和裁军与安全问题等全球性问题，联合国分别组织了环境与发展委员会、南北问题委员会、裁军与安全委员会，就上述三个问题进行了广泛、深入、细致的研究，在其最终报告《我们共同的未来》、《我们共同的危机》和《我们共同的安全》中，不约而同地提出了可持续发展的思想，将之作为解决上述问题的对策。其中，最为世人所熟知的是由《我们共同的未来》（1987 年）中给出的可持续发展的定义。

环境与发展委员会（布伦特兰委员会）关于可持续发展问题的基本看法是：可持续发展是既满足当代人的需要，又不对后代人满足其需要的能力构成危害的发展。具体来看：

（1）环境与发展是处在一个复杂的因果关系网中的。

环境与发展决不是两种孤立的挑战，它们是紧密相关的。因此，发展不能以破坏环境资源基础为条件。如果以破坏环境作为代价，发展就是不可持续的。

---

① ［美］芭芭拉·沃德等：《只有一个地球——对一个小小行星的关怀和维护》，前言 17 页，长春，吉林人民出版社，1997。

（2）可持续发展战略的目标。

各国要根据自己的国情，将可持续发展作为基本的发展战略。它具体包括恢复增长，改变增长的质量，满足就业、粮食、能源、水和卫生的基本需要，保证人口的持续水平，保护和加强资源基础，重新调整技术和控制危险，把环境和经济融合在决策中等具体要求。可持续性要求对决策的后果承担更大的责任，这就要求对法律和机构进行改革，以强调共同的利益。

（3）实施可持续发展战略的要求。

为了有效地实施可持续发展战略，必须保证公民有效地参与决策的政治体系；在自力更生和持久的基础上能够产生剩余物资和技术知识的经济体系；为不和谐发展的紧张局面提供解决方法的社会体系；尊重、保护发展的生态基础的义务的生产体系；不断寻求新的解决方法的技术体系；促进可持续性方式的贸易和金融的国际体系；具有自身调整能力的管理体系。这些要求更多地体现在目标的性质上，重要的是追求这些目标时的真诚性和纠正偏离目标时的有效性。

显然，可持续发展将人类利益关注的视野从眼前扩展到了未来、从当代扩展到了后代，高度地体现了人类的理性精神。尽管它通过“需要”和“限制”对自身做了补充和限制，但是，其立足点仍然是代际公正。事实上，我们需要的是全方位的立体的公正。

2. 可持续发展的完善

为了进一步推进全球性的可持续发展，纪念斯德哥尔摩会议召开20周年，1992年，联合国在巴西里约热内卢召开了世界环境与发展大会。会议通过和签署了《里约环境与发展宣言》、《21世纪议程》、《关于森林问题的原则声明》、《联合国气候变化框架公约》和《生物多样性公约》等一系列的重要文件。

里约会议深化了对可持续发展的认识。会议将可持续发展进一步阐述为：人类“应享有以与自然相和谐的方式过健康而富有生产成果的生活的权利”，并“公平地满足今世后代在发展与环境方面的需要，求取发展的权利必须实现”[①]。具体来看：

（1）人是可持续发展问题的中心。

人类处于普遍受关注的可持续发展问题的中心，他们有权利过健康

---

① 联合国环境与发展大会：《里约环境与发展宣言》，见《迈向21世纪——联合国环境与发展大会文献汇编》，29页，北京，中国环境科学出版社，1992。

而又富有生产成果的生活，不过，这种生活同时又是以与自然相和谐的方式进行的。因此，消除贫困是实施可持续发展的一个必不可少的条件。同时，可持续发展战略的制定和实施依赖于广大公众的支持和参与。可见，可持续发展其实就是以人为中心的发展观和发展战略。

（2）环境问题与发展问题是一个不可分割的整体。

为了实现可持续发展，必须将环境保护工作放在发展进程中来考虑，应该将环境保护看作发展进程的一个内在的和不可分割的组成部分。因此，必须加强环境管理和规划工作，对于拟议中的可能对环境产生重大不利影响的活动进行环境影响评价。

（3）实现可持续发展依赖于国际社会的良好合作。

在环境问题成为全球性问题的背景下，必须建立一种新的、公平的全球伙伴关系。这并不是要否认和否定每一个主权国家的利益，而是以承认每一个国家的主权为前提的。同时，应该看到，和平、发展和环境保护是相互依存和不可分割的，必须阻止战争这种破坏力的发展。

可见，在确认可持续发展的长远性视野的同时，环境与发展大会明确地将人作为可持续发展的中心，要求国际社会在解决环境发展问题的过程中应该采取共同而区别的责任。可以说，这种看法进一步完善了可持续发展。但是，在现有的国际政治经济格局当中，推行这种思想也遇到了很大的挑战。突出的问题是美国在全球气候变化问题上的傲慢立场，挫伤了国际社会实施可持续发展战略的积极性。

（三）把握环境和发展关系的现代性视野

在国际社会对环境和发展的关系进行反思的过程中，西方发达国家对环境与发展的关系也进行了检讨。其中，生态现代化是近年来影响较大的一种选择。

生态现代化（ecological modernization）的概念，最早是由德国学者约瑟夫·胡伯在 20 世纪 80 年代初期提出来的。在 1984 年经济合作与发展组织（OECD）主办的环境与经济会议上，胡伯等人对生态现代化在德国的发展作了评述和解说，得到了与会的英国、荷兰等西欧专家的响应。后来有许多学者对这一理论的发展作出了自己的贡献，例如，荷兰的莫尔等人。在研究和讨论的过程中，他们运用系统理论、论证分析、制度化理论、结构理论和新社会运动分析等方法，对环境和发展的关系进行了研究，认为生态化和现代化是可以包容共存的，并且提出了生态现代化的概念。在一些论者看来，生态现代化的世界观是一种彻底的后现代主义和人类中心主义观点。其实，根据胡伯的观点，生态现代化的精华是"经济生态化"和"生态经济化"的双重过程。资本主义的动力能够被用来实现可持续的生产和消费（"绿色资本主义"），而国家的作用只是现代社会形成的引起环境改革的多样化议题和战略中的一个要素。事实上，生态现代化是现代性的一种辩护。

1. 生态现代化是生态化和现代化的互利耦合

对于生态现代化的概念，生态现代化论者有不同的认识。大体上有以下观点：

（1）生态现代化是环境保护和经济增长之间不断增长的和谐共存性或兼容性。在这个意义上，生态现代化作为一种结果和目标指的是生态型的现代化。即，它所指的现代化社会不仅有着发达的经济水平、高素质的人群和合理高效的社会架构，而且应具备良好的生态环境。

（2）技术是任何形式的现代环境变革方案的关键，即生态现代化是通过技术进步而减少资源消耗和提高资源利用效率、并促进经济社会发展的环境议程（environmental discourse）。在这个意义上，生态现代化作为一种过程指的是生态化的现代化。即，现代化进程同时也是生态理念的贯彻、生态工程技术的广泛应用以及生态环境的保护和建设过程。

（3）生态现代化是促使社会实践和现代社会制度围绕着生态利益、生态观念和生态意识而进行的过程，这里，环境（生态）利益、环境（生态）视野和环境（生态）理性是理解生态现代化的关键。综合这些意见，在较为宽泛的意义上，生态现代化致力于防止环境污染，技术创新和产业结构的改变，以求实现生态上健全的工业的发展；它依赖于清洁技术，资源回收利用，以及可更新的资源；为了把这一概念引进经济，必须协调工业、财政、能源、运输和环境政策等各个政策领域。可见，在生态现代化问题上是存在着不同的模式的。就它与可持续发展的关系来看，"生态现代化是更为普遍流行的可持续发展概念的更明确的阐释"①。在一般的意义上，可以将生态现代化看作是西方现代化向生态化的转型。

---

① Arthur P. J. Mol，Environment and Modernity in Transitional China：Frontiers of Ecological Modernization，*Development and Change*，Vol. 37，No. 1，2006.

2. 生态现代化是一个容易引起分歧的概念

一些论者认为，可以在发达国家推进生态现代化，但是，它在第二、三世界国家不是环境议程的一部分，可持续发展是这些国家的关键术语。在生态马克思主义和生态社会主义看来，生态现代化只是对资本主义工业化模式的一种生态学修正。这样看来，生态现代化只是属于一种技术性的方案，具有一定的技术决定论和实用主义的色彩。对于我们来说，只有在社会形态发生变革的前提下（从资本主义向社会主义的过渡），才可能实现生态化和现代化的统一。

可见，人类在反思机械发展观的弊端、探讨实现环境和发展的协调的过程中，形成了许多方案。这样，就需要我们在建设中国特色社会主义的过程中，根据我国的基本国情，进行创造性的整合。生态文明就是在综合各种生态战略的过程中实现的战略创新。

四、生态思潮的话语融合

全球性问题在人们的思想观念中也引起了震荡，从而引发了形形色色的"绿色"（生态）思潮。生态文明就是在科学地考察生态思潮之思想成果的过程中形成的。

（一）生态悲观主义与生态乐观主义的争论

围绕全球性问题的成因和后果，罗马俱乐部（1970 年成立于意大利罗马的一个非官方的、国际性的未来学研究中心）和赫德森研究所（于 1961 年成立的一个重要的美国思想库），从不同的方面进行了探讨，最后形成了悲观派和乐观派两个阵营。

1. 生态悲观主义的基本观点

这一观点集中反映在罗马俱乐部的第一个研究报告《增长的极限》（1972 年）中。在该报告中，美国学者丹尼斯·米都斯等人将系统动力学引入自己的研究中，列出人口、经济、粮食、环境和资源五个影响全球系统的因子，并探索了其反馈回路结构，最后形成了"零增长"的结论。他们发现，全球系统中的五个因子是按照不同的方式发展的，人口、经济是按照指数方式发展的，属于无限制的系统；人口、经济所依赖的粮食、资源和环境却是按照算术方式发展的，属于有限制的系统。这样，人口爆炸、经济失控，必然会引发和加剧粮食短缺、资源枯竭和环境污染等问题，这些问题反过来就会进一步限制人口和经济的发展。面对这个问题，唯一可行的办法是采用全球均衡的战略。这就是人口和资本要保持基本稳定，倾向于增加或者减少它们的力量也处于认真加以控制的平衡之中。即，要按照"零增长"甚至是"负增长"的方式来约束人口和经济的增长。

2. 生态乐观主义的基本观点

围绕着"零增长"论，在全球范围内展开了一场关于人类社会发展前景的大讨论。其中对《增长的极限》提出系统批评的是赫德森研究所所长赫尔曼·卡恩。在其职员的协助下，卡恩于 1976 年完成了《下一个二百年》的报告，提出一种有异于"零增长"论的乐观主义理论。从长期性的视野出发，他认为，人类目前正处于大过渡的转折点上，而全球性问题正是在社会发展的转折点上产生的暂时性问题。同样，现在世界上不同的国家和地区还存在着发展水平的差异，上述问题是贫穷地区向富裕过渡过程中产生的问题。随着发展中国家（地区）的日益发展，这些问题就会迎刃而解。总之，增长是必不可少的，同时也有机会增长，如果能运用合情合理的经营技巧来处理目前的种种问题，那么，对人类有益无害的经济增长必能持续相当长的一段时间。

3. 罗马俱乐部的"有机增长"和"新人道主义"理论

针对卡恩等人的批判，罗马俱乐部经过进一步的分析和研究，在其后来的一系列报告中改变了自己的立场。1974 年，他们发表了由美国学者 M·梅萨罗维克等人撰写的第二份研究报告——《人类处于转折点》。该报告比第一个报告有重大的突破，突破的核心就是提出了"有机增长"的概念。在他们看来，增长是存在着不同的类型的，一是无差异的或指数式的增长，二是有差异的或有机的增长，这是客观世界存在的普遍现象。前一类增长只是数量的增长，忽略了事物的多样性和差异性，只是为了增长而增长。如果按照这种方式持续下去，那么，一切增长将不得不停止。有机增长就是承认世界的多样性，承认在决定世界发展的进程中物理、生态、技术、经济、社会等诸多因素的作用，从而立足于地区的相互依存来描述世界体系，立足于诸因素的相互作用来寻求摆脱人类困境的良策。这种增长是注重质量的增长。因此，有机增长是摆脱全球性危机的唯一出路。在罗马俱乐部思想发生转向的过程中，其创始人奥雷利奥·佩西（又译为佩切依）对环境与发展的关系问题也进行了独立的反思，最后提出了"新人道主义"的理论。这就是要将以需要为中心的发展观转到以人为中心的发展观上来。

显然，悲观派和乐观派都有自己的片面性。悲观派只看到社会发展进程中的阴影，而乐观派只相信光明的未来，他们都以不同的方式暗示人类放弃努力，人们不应该上当。最后形成的"有机增长"和"新人道主义"的思想对于解决问题有一定的价值。这就是，科学的发展应该是追求人与自然和谐的、注重质量的、以人为中心的发展。

（二）人类中心主义与生态中心主义的交锋

在西方学界，深层生态学被看作是激进生态学（Radical Ecology）的典型，但是，它遭到了同样作为激进生态学的生态女性主义和社会生态学的批评。这种批评事实上折射出了人类中心主义和生态中心主义的新的交锋。

1. 深层生态学的基本观点

深层生态学是由挪威哲学家阿·奈斯（Naéss）于 1972 年提出的一个重要概念。相对于浅层生态学，深层生态学主要突出了生态智慧的重要性。生态智慧是关于生态和谐或生态平衡的一种哲学。作为智慧的哲学显然是一种规范性的东西，它包括规范、准则、基本原理、价值优先权的判定和关于我们世界的事态情况的假设。

其一，最高原则。深层生态学有两条最高原则：

（1）自我实现。这里的自我不是"小我"而是"大我"。这就是要把自我扩展到人类共同体和大地共同体中去。

（2）生态中心平等主义。作为整体的组成部分，生物圈中的所有生物和实体，都有内在价值；这种价值是平等的。最高原则构成了深层生态学的内核。

其二，基本原理。基本原理是最高原则的进一步展开，包括八条原理：

（1）人类的福利和繁荣以及地球上非人类的生命都有自己的价值（同义词：内在价值、固有价值）。这些价值不依赖于非人类世界对于人类目的的有用性。这一原理包括生物圈，或者更精确地说是作为一个整体的生态圈。

（2）生命形式的丰富性和多样性有助于这些价值的实现，同时也实现了它们自身的价值。这一原理更为技术性地阐述了关于多样性和复杂性的问题。

（3）除了满足生命的需要，人类无权减少生命形式的丰富性和多样性。"生命的需要"这一术语，允许在判断的范围中有更多的选择。

（4）人类生活和文化的繁荣与人口的稳步减少是相一致的。非人类生命的繁荣要求减少人口。

（5）现存的人与非人类世界的冲突是严重的，情形正在急剧地恶化。根据这一原理，保护和扩展荒野或荒野周边地区的战斗应该继续下去，应该关注这些区域的一般的生态功能。

（6）政策必须得到改革。"自我决断"、"地方共同体"和"全球性的思考、地区性的行动"将在人类社会的生态学中成为关键性的术语。

（7）意识形态变化的主要问题，是追求生活质量的提高（在有固有价值的境遇中生存），而不是追求生活水平的提高。将会有一种对大量和伟大之间区别的意识。

（8）同意上述论点的人直接或间接地有一种实现必要的变革的义务。此外，深层生态学还包括一些规范性的内容。在一些论者看来，深层生态学可能会被确定为人与自然和谐的本体论的规则。其实，自然既是价值的源泉，也是人类在将"自我"扩展的过程中赋予自然的。

2. 生态女性主义的基本观点

"生态女性主义"（Ecofeminism）是由法国女性主义者奥波尼（Françoise d'Eaubonne）在 20 世纪 70 年代提出的一个重要概念。现在，生态女性主义已经成为西方社会的一种重要思潮。

生态女性主义主张恢复女性和自然的联系。针对现代性所确立的二元论（dualism，绝对的二分法）的立场，生态女性主义在哲学上是主张彻底的非二元论的。非二元论的最低要求是：人与其他实在物从本性上讲是自主的实体，它们以某种与他物相互依赖的关系而存在。彻底的非二元论走得更远，其断言存在是统一的整体，是形式、运动、空间和时间微妙一体的格式塔。因此，生态女性主义者将"盖娅"（Gaia）或"伟大的母神"（The Great Mother Goddess）作为自己的精神象征。在他们看来，人与自然是有机的整体；这种整体不是一种以人为中心的男尊女卑的等级体系，而是人与人、男性与女性、人与自然万物相互平等、相互依赖、相互关心、和谐互利的整体。在此基础上，沃伦进一步从八个方面揭示了女性与自然的联系：历史的、概念的、经验的、符号的、认识的、政治的（实践的）、伦理的及理论的。例如，在伦理的层次上，其发现，"主流的环境伦理学是不充分的，他们或者具有成问题的人类中心主义立场，或者具有令人绝望的男性中心主义的立场"；事实上，"人类中心主义和男性中心主义是联系在一起的"①。在总体上，环境问题事实上是一个女性问题。

生态女性主义对父权制和深层生态学进行了批评。在父权制中，女性往往被分派于从事人类生物性再生产以及与自然直接相关的工作（如饲养家禽、家畜，取得柴薪、处理食物等），这使得女性被认为是较接近自然的。而男性主导着主要的社会"发展"历程，因而，相对于女性，男性自认为是较接近"文化"的。在这种"发展"的格局中，就形成了"女性—自然""男性—文化"的历史与社会的连接。本来，这是自然分工的一种体现。但是，在早期的历史"发展"的过程中，社会发展被二分地认为是逐步以人类"文化"（"文明"）克服自然限制的历程，因此，"文化"被认为是高于且优于自然的。这样，在文化高于自然的社会价值之下，男尊女卑的价值也被对应地建立起来了。根据这种认识，生态女性主义对深层生态学进行了批评。在其看来，深层生态学在谴责人类中心主义时没有严肃考虑男性中心主义和父权制的构成机制，"自我"的概念包含着父权观念。其指出："深层生态学将人和自然关系中的关键问题置于了一种分离人和自然的境遇中，将在自然界中进行自我'识别'作为解决问题的办法。而'识别'经常被有意地模糊起来，相应地对自我的解释也不是首尾一贯、始终如一的。"②在总体上，取消权力的中心位置是更有希望的解决问题的办法。

生态女性主义揭示了女性和自然联系的哲学意义。通过对女性和自然的内在联系的考察，其认为恢复女性和自然的内在联系具有重大的哲

---

① Karen J. Warren, Introduction to Ecofeminism, *Environmental Philosophy：From Animal Rights to Radical Ecology*, edited by Michael E. Zimmerman etc., New Jersey Prentice-Hall, Inc., 1993, pp. 261, 263.

② Val Plumwood, Nature, Self, and Gender：Feminism, Environmental Philosophy, and the Critique of Rationalism, *Environmental Philosophy：From Animal Rights to Radical Ecology*, edited by Michael E. Zimmerman etc., New Jersey Prentice-Hall, Inc., 1993, p. 293.

学意义。

（1）在历史联系方面表明，从关于妇女、发展和环境的社会科学中获得的资料对于哲学的许多领域是重要的保证。例如，在伦理学中，这些资料提出了人类中心主义和男性中心主义偏见这样的重要问题。可以从主流的规范伦理学的理论中产生一种不带有男性偏见的环境伦理吗？

（2）在认识论上，关于妇女在采摘、取水、耕种和粮食生产的过程中形成的"本土技术知识"的事实，提出了妇女在"认识上的优先权"和确立"女性主义立场的认识论"的需要等问题。

（3）在形而上学方面，关于妇女—自然联系的跨文化变异性质的资料提出了这样的问题：至少在主流西方哲学中，关于女性和自然、人与自然的二元论等概念的社会建构的问题。

（4）在政治哲学上，基于全球妇女处于社会下等水平的事实提出了以下政治理论问题：什么在不平等的分配的过程中发挥作用，特权在维护支配妇女和支配自然的系统中发挥了什么作用？其是如何影响政治理论的内容和政治理论化的方法论的？

（5）在哲学史方面，将女性和自然均看作是卑劣的资料提出了这样的问题：在任何特定的时间内，哲学理论均带有人类中心主义和男性中心主义的偏见。

（6）在科学哲学尤其是生物学哲学方面，这种事实提出了女性主义和科学特别是生态科学之间关系的问题。这些都是在主流哲学的传统领域中提出的各种各样的生态女性主义的问题。这事实上是要在颠覆主流哲学的基础上要按照生态女性主义的方式重构哲学。例如，在环境伦理学方面，"生态女性主义环境伦理学的目的是发展一种不是以男性偏好为基础的关于人类与自然环境的理论和实践，并要为前女性主义提供行动向导。这可能包括发展一种关爱的和适当互惠的生态女性主义伦理学，生态女性主义的血亲关系伦理学，生态女性主义的动物权利立场，生态女性主义的社会生态学，生态女性主义的生物区划主义"[①]。显然，在生态女性主义和生态系统生态学之间存在着重要的平行线。

生态女性主义也将自己的主张引向了实践，从而在实践的基础上将

---

① Karen J. Warren, Introduction to Ecofeminism, *Environmental Philosophy*：*From Animal Rights to Radical Ecology*, edited by Michael E. Zimmerman etc., New Jersey Prentice-Hall, Inc., 1993, p. 261.

女性主义和生态运动有机地结合了起来。例如，美国学者斯普瑞特奈克将生态女性主义与建设性后现代主义结合起来，提出了生态后现代主义。这种思想以自然里的自由代替了自然外的自由，要求人们尤其是第三世界在谋求发展的过程中要注意现代性的经济增长万能论和完全自主的个人的概念的陷阱，应该走向生态社会。在生态社会里，身体、生态和社区是有机统一的。显然，这些努力有助于克服生态女性主义的单纯的理论色彩。

总之，生态女性主义展示出了人类中心主义和男性中心主义的内在连接，从而有助于对"人"进行具体的历史的分析。但是，其将父权制（男性中心主义）作为了产生支配的最终根源同样没有发现问题的真实根源。事实上，只有在彻底铲除私有制的基础上，才能消除父权制并进而实现性别解放和自然解放。

3. 社会生态学的基本观点

社会生态学是由默里·布克钦提出的一个重要概念。布氏长久以来一直是无政府主义和乌托邦政治理论的重要代表人物。在他看来，"作为社会性存在物的人们处理相互之间关系的方式对于解决生态危机是至关重要的。除非我们清醒地意识到这一点，否则，我们肯定看不到等级意识和阶级关系是如此彻底地遍布于整个社会，以至于最终产生了支配自然世界这样一个绝对的观念"①。具体来看：

第一，从辩证自然主义出发，社会生态学批判了生态中心主义。辩证自然主义就是承认自然本身是发展的，具有主动性或能动性。人类不仅隶属于自然，而且是自然的长期的进化过程的产物。在这个过程中，人类获得了革新、远见和创造等一系列的品质。显然，辩证自然主义是一种根本性的思维方式。在这个意义上，根据"内在价值"不加区分地将人与甲虫等同起来，确实是犯了还原论的错误。同样，把自然浪漫化为"荒野"（wilderness）、把人类创造的"第二自然"（second nature）排斥在自然之外，要么会陷入极端的二元论，要么会走向极端的还原论。事实上，生态中心主义都具有神学的假定前提。

第二，从等级和支配的角度出发，社会生态学揭示出了生态危机的

① Murray Bookchin, What Is Social Ecology? *Environmental Philosophy*: *From Animal Rights to Radical Ecology*, edited by Michael E. Zimmerman etc., New Jersey Prentice-Hall, Inc., 1993, pp. 354-355.

原因。决不是单纯的阶级、国家这样的政治问题造成了生态危机，其实，最为根本的原因是在等级制基础上产生的支配观念。在一个"无阶级"或"无国家"的社会中，等级和支配照样存在。这里，等级制泛指文化、传统、心理上的屈从和命令的制度，支配指的是老人对青年、男性对女性、城市对乡村、白人对黑人、以"社会利益最高代表"自居的官僚对大众的控制。事实上，等级和支配是人类创造的第二自然制造的病态现象。它不仅使人类陷入战争、种族灭绝、无情的压迫当中，而且肆意地掠夺自然界中一切美丽的、有创造性的、有活力的东西。这样，随着等级和人类支配地位的上升，不仅将自然作为世界存在的独立部分的信仰、而且将自然看作分等级组织起来的并能被人类支配的观点，就产生了。

第三，从理性和自由的角度出发，社会生态学揭示出了走向生态社会的途径。生态社会就是要沿着生态路线重建社会，就是要使人类重新融入自然界的进化当中。这更多的是一个自然的人道主义化的过程，而不是人类的自然主义化。为此，必须要彻底铲除等级和支配。理性和自由是解决所有问题的出路。这里的理性和自由当然是要恢复无政府主义的权威。例如，在经济上尤其是财产关系上，应该是高度自治化的，而不是国有化的或私有化的；在政治上，民主应该是恢复公民权的面对面的直接参与的民主，而不是成为国家合法化的空洞形式。在这个过程中，"现今的把人类与其他生命形式按照等级界线划分为尊贵和卑劣的思想状态，将让位于以一种按照生态方式即按照互补性的道德标准来解决差异性的思想"①。这样，在消灭人对人的支配的过程中（社会自由），就可以消灭人对自然的支配（自然自由）。正是在这种社会自由和自然自由的生态性的相互作用的过程中，生态社会将得以形成。因此，社会生态学事实上是自由生态学（Ecology of Freedom）。可见，社会生态学的社会不同于其他思想流派尤其是马克思主义的地方在于，等级、支配、理性和自由是社会生态学的独有的概念。事实上，社会生态学就是无政府主义生态学。

总之，深层生态学、生态女性主义和社会生态学之间的交锋给我们

---

① Murray Bookchin，What Is Social Ecology? *Environmental Philosophy*：*From Animal Rights to Radical Ecology*，edited by Michael E. Zimmerman etc.，New Jersey Prentice-Hall, Inc.，1993，p. 355.

的重大启迪是：必须从社会支配的角度来认识自然支配，必须从社会解放的高度来促进自然解放，必须在实现社会自由的过程中实现自然自由。但是，生态女性主义和深层生态学都不懂得阶级分析的价值，这样，就要求我们从绿色的思潮走向红色的思想——马克思主义。

（三）生态社会运动与传统社会运动的分别

由于全球性问题尤其是生态环境问题对人们日常生活造成了严重的影响，随着公众生态环境意识的提高，他们采取社会运动的方式表达了自己对问题的关注和价值诉求，这样，在传统社会运动之外就产生了一种新社会运动——生态（环境）运动。

1. 欧洲的生态运动

继 20 世纪 60 年代的"五月风暴"之后，声势浩大的生态运动在欧洲主要发达国家开始兴起，成为新社会运动的重要力量。此外，生态运动也深入到了国际的层次。其突出标志是"绿色和平"和"地球之友"的形成。作为这一现实的反映，在欧洲生态运动发展的过程中，出现了绿党等新的"生态—政治"现象。

绿党是生态运动制度化的重要形式。继新西兰"价值党"成立之后，进入 20 世纪 80 年代后，主要发达国家都相继成立了绿党。绿党是生态运动的制度化部分，但不是生态运动的唯一部分。生态运动还存在着草根（grassroots）的形式。各国的绿党并没有统一的指导思想和行动纲领，但是，它们在以下问题上达成了共识：

（1）生态学。这里的生态学不仅包括普通生态学，而且包括深层生态学和社会生态学。尤其后者对绿党影响较大。根据这些思想，绿党突出强调的是事物的相互关联性和永恒发展性，要求人们阻止对自然资源的破坏、阻止对生态环境的污染、避免放射性元素在生活环境中的积累。

（2）社会责任感。在绿党看来，生态问题和社会问题是联系在一起的，它们共属于一个不可分割的领域。在更多的情况下，绿党将其看作是一个社会正义问题，强调不能由于按照生态学的要求重建经济体制和消费社会的行动，使穷人和工人阶级尤其是女性和少数民族受到损害。

（3）基层民主。基层民主意味着要更多地实现分散化的直接民主。绿党认为，在原则上必须优先考虑基层的决定，应给予分散化的、易于管理的基层单位以具有深远意义的独立和自治的权力。在绿党的运作过程中，必须遵循基层民主的原则。

（4）非暴力。绿党崇信甘地非暴力思想，反对统治者使用暴力，尤其是反对核军备竞赛。同时，它们自己也不实行暴力，甚至不赞成"正义暴力与非正义暴力"的区分。这些就构成了绿党的"四大支柱"。德国绿党是第一个在国家性选举中进入国家议会的绿党。但是，在将生态运动制度化的过程中也引起了传统政党政治所面临的一些问题。例如，2001 年，德国绿党决定保持在联盟政府中支持德国加入 2001 年阿富汗战争，这样，就与其非暴力的价值目标发生了冲突。

尽管欧洲生态运动具有一定的改良的和空想的色彩，有时会成为孕育生态法西斯主义（绿色暴力）的温床，但是，它们在动员社会力量参与生态环境保护方面积累了有益的经验。

2. 美国的生态运动

尽管美国在晚期资本主义发展的过程中没有出现像"五月风暴"那样的洗礼。但是，以《寂静的春天》的出版为契机，也掀起了轰轰烈烈的生态运动，并且形成了自己的特色。

第一，环境正义运动是美国重要的基层生态运动。

1982 年，北卡罗来纳州华伦县的居民，在联合基督教会的支持下举行游行示威活动，抗议在一个黑人社区附近建造多氯联苯废物填埋场，500 多名黑人示威者试图阻止填埋场的施工，遭到逮捕；由于声援并参加了市民们的抗议活动，一位众议员也遭逮捕。获释后，该议员要求有关当局进行调研，分析环境污染与少数民族社区之间的关系。美国会计总署于 1983 年提出了一份报告，指出美国东南地区四座最大的填埋场有三座建在穷苦的非洲裔美国人社区。这次游行示威和这份报告引起了人们对这一种族歧视新现象的关注，由此正式拉开了环境正义运动的序幕。

1991 年 10 月，全美有色人种环境保护领导人峰会在华盛顿特区举行，会上通过了《环境正义原则》。它主要由以下原则构成：

（1）环境正义承认大地母亲的神圣、生态统一和所有物种的相互依存，并有权从生态破坏中解放出来。

（2）环境正义要求公共政策必须建立在对所有人民的相互尊重和正义的基础上，不受任何形式的歧视或偏见的束缚。

（3）环境正义要求，为了作为人类和其他生物栖息地的地球的可持续性，人类有权利以伦理的、平衡的和负责任的方式利用土地和可再生资源。

（4）环境正义要求从威胁到人类对清新的空气、土地、水和食物的基本权利的核试验，有毒/有害废物及毒药的提取、生产和处置等方面中得到普遍的保护。

（5）环境正义确认所有人民的政治、经济、文化和环境的自决权等方面的基本权利。

（6）环境正义要求，停止所有有毒、有害废物和放射性材料的生产，所有过去和现在的生产者要严格为人民负责，要解除危害和关闭所有有害的生产点。

（7）环境正义要求每个人作为平等的参与者在各个层次上参与决策的权利，包括所需的评估、规划、执行、实施和评价。

（8）环境正义承认所有工人的安全和健康工作环境的权利，而没有被强迫在不安全的生计和失业之间作出选择。它也承认那些在家庭工作的人们免受环境危害的权利。

（9）环境正义保护环境不公平的受害者得到充分补偿和赔偿损失以及高质量的医疗服务的权利。

（10）环境正义认为政府的环境不公正行为违反了国际法、《世界人权宣言》和《防止及惩治灭绝种族罪公约》。

（11）环境正义必须承认，土著人民向美国政府提出的，通过谈判、协定、协约和盟约等方式达成的，肯定其主权和自决权的一种特殊的法律和自然的关系。

（12）环境正义承认，为了以一种与自然保持平衡、尊重所有社区的文化完整性和公平地给所有人提供资源，需要关于清理和重建我们的城市和农村地区的生态政策。

（13）环境正义呼吁知情同意原则的严格执行，停止对有色人种的实验性生殖测试、医疗程序和预防接种。

（14）环境正义反对跨国公司破坏性行动。

（15）环境正义反对军事占领，反对对土地、人民、文化和其他生命形式的压迫和剥削。

（16）环境正义呼吁，当代人和后代人的教育应特别关注社会和环境问题，应建立在我们的经验和对多元文化观点赞赏的基础上。

（17）环境正义要求，作为个人的我们要能够作出低消耗、低污染的个体的和消费方面的选择；为了当代和子孙后代并确保自然界的健康，要作出明智的决定和应该采用的生活方式。①

显然，美国的环境正义运动绝不仅仅是一种文化多元主义的体现，而是开辟了一条新的生态学路线——"穷人生态学"。

第二，美国绿党是美国生态运动中有特色的部分。

为了建立一个健全、民主和可持续的世界，美国绿党于1984年成立。

尽管美国绿党没有像欧洲绿党那样进入议会，但是，作为其组织原则的"十大核心价值"构成了其重要的特色。

（1）草根民主。每个人在影响其生活的决策上都有发言权，任何人都不能屈从他人的意愿，因此，应通过将公民直接包括在决策过程中来扩展参与式民主。

（2）生态智慧。人类社会必须按照将我们看作是大自然的一部分而不是相分离的知识来运作，为此，必须按照尊重自然生态系统的完整性的方式生活。

（3）社会正义和机会平等。所有的人都应该有权利和机会从社会和环境提供给我们的资源中平等地受益，因此，必须清除那些在法律的名义下拒绝公平的待遇和平等的正义的障碍。

（4）非暴力。必须寻求一种能够有效地代替目前存在的从家庭到社区、从国家到世界的各个层次上的暴力模式的方式，并将人类的行动引向持久的个人、社区和全球的和平。

（5）地方分权。财富和权力的集中助长了社会和经济的不正义、环境破坏和穷兵黩武，因此，必须建立一个民主的而较少官僚政治的制度。

（6）以社区为基础的经济。创造一个充满活力的和可持续的、能够为所有人民创造就业机会并提供体面的生活标准、保持健康的生态平衡的经济体系的必要性和重要性，因此，地方社区必须正视经济发展。

（7）女性主义。必须用尊重不同的意见和性别的互动的更加合作的方式来替换支配和控制的文化伦理。必须以更具有道德良知的方式发展像性别平等、人际关系的责任、诚实等价值。

---

① Cf. The United Church of Christ Commission for Racial Justice，*Principles of Environmental Justice*，from the Proceedings to the First National People of Color Environmental Leadership Summit，http://saepej.igc.org/Principles.html.

（8）尊重多样性。重视文化的、民族的、种族的、性别的、宗教的和精神的多样性是很重要的，必须承认和鼓励那些尊重其他生命形式和维护生物多样性的思想和行动。

（9）个人和全球的责任。必须鼓励那些既改善个人福祉又加强生态平衡与社会和谐的个人行动。

（10）未来焦点和可持续性。行动和政策应该建立在长远目标的基础上，必须鼓励大家承认所有生命的尊严和内在价值，并及时去了解和欣赏这个世界自身、其社区和高尚的美。①

虽然美国绿党只是一个小党派，但是，自从 1996 年和 2000 年绿党成员参选美国总统后，该党开始受到社会的关注。

在总体上，尽管美国的生态运动没有达到欧洲那样的程度，但是，环境正义运动的出现和绿党绿色价值的提出雄辩地表明，生态中心主义即使是在美国也不是生态文明的唯一范式。

3. 生态社会主义的兴起

在生态运动如火如荼开展的情况下，一些左翼人士开始认真总结生态运动的经验和教训，调整自己的战略。生态社会主义就是在这种情况下兴起的。

生态社会主义是新的社会主义思潮。在生态运动中，一些运动分子认为，资本主义制度不可能为解除生态危机提供根本出路。这样，就形成了生态运动中的激进派——生态社会主义。在严格的意义上，生态社会主义不是一个统一的流派，它既包括参与生态运动的马克思主义者，也包括参与生态运动的社会民主主义者、无政府主义者。因此，在宽泛的意义上，可以将生态社会主义看作将解决生态环境问题与争取实现社会主义联系起来考虑的社会思潮和社会运动。尽管如此，我们可以挑选一些反复出现的主题——在任何反全球化、赞成环境著述或抗议示威中最经常出现的主张，作为生态社会主义的基本观点。它们包括：真正基层性的广泛民主；生产资料的共同所有（共同体成员所有，而不一定是国家所有）；面向社会需要的生产，而不是主要为了市场交换和利润；面向地方需要的地方化生产；结果的平等；社会与环境公正；相互支持的社会—自然关系。显然，"生态社会主义试图证明，这些主题不多不少构

---

① Cf. The Greens/Green Party USA, *Ten Key Values of The Greens/Green Party USA*, http://www.greenparty.org/values.php.

成了一个**社会主义**社会的基础。它们是**社会主义的**原则与条件，而且，它们恰恰是解决晚期资本主义产生的环境与社会难题所需要的"[①]。在总体上，生态社会主义不同意将生态危机的根本原因归结为工业主义和技术主义，而认为资本主义制度是造成生态危机的根本原因，生态危机不是一般的生态环境危机，而是全球资本主义制度的危机，因此，建立一个生态和谐、社会公正的社会主义社会是解决危机的唯一出路。

在宽泛的意义上，可以将生态马克思主义看作生态社会主义的一个派别或一个发展阶段。在严格的意义上，二者是不同的。从地域来看，欧洲生态运动中具有"红色"（马克思主义、社会主义）成分的派别一般被称为生态社会主义，而北美尤其是美国生态运动中的"红色"派别一般被称为生态马克思主义。从理论内容来看，生态社会主义探讨的是解决生态危机的社会制度的问题，将社会主义作为解决生态危机的出路；生态马克思主义探讨的解决生态危机的理论方案的问题，认为在马克思主义理论中就包括解决问题的方案。从实践倾向来看，生态社会主义与生态运动的关系较为密切，但是，运动成员的身份较为复杂，生态马克思主义主要是在学理的层面上展开的，成员的学术色彩较浓厚。当然，在实际发展进程中，二者的关系是比较复杂的。

生态社会主义的出现和发展，改变了西方社会主义的发展趋势，在一定程度上促进了社会主义与晚期资本主义现实的接近。

尽管在国外尤其是在西方社会中出现了形形色色的"绿色"（生态）思潮，以自己的方式对生态文明的发展作出了贡献，但是，它们并没有直接提出生态文明的概念。同时，这些思想不仅有自己特定的利益指向（新社会运动并非能够超越阶级利益），而且在哲学上有自己特定的理论倾向。因此，我们必须对西方"绿色"（生态）思潮进行具体的历史的阶级的实事求是的分析。这就构成了生态文明自觉发生的对话领域。

五、特色理论的开拓创新

生态文明决不是将外部资源机械地引入到中国的，也不是将历史资

---

①　［英］戴维·佩珀：《生态社会主义：从深生态学到社会正义》，前言 3～4 页，济南，山东大学出版社，2005。

源简单地延伸到现实的，而是在建设中国特色社会主义伟大实践中形成的一个创新成果。

（一）注重人与自然和谐发展是我国现代化的优良传统

在可持续发展成为国际潮流之前，我们在开拓社会主义现代化道路尤其是中国特色社会主义道路的过程中，就意识到了妥善处理人口、资源和环境等问题对于现代化的重要性。

生态文明是在中国特色社会主义实践中建构起来的。通过现代化实现中华民族的复兴，是中国人百年来的梦想和追求。在付出血和泪的代价的过程中，我们才认识到只有社会主义才能救中国，只有社会主义才能发展中国。这样，选择社会主义现代化就成为历史的必然。但是，社会主义建设不能脱离中国的基本国情，尤其是不能脱离社会主义初级阶段的具体实际，这样，如何走一条有中国特色的社会主义道路同样成了一个历史高难度问题。在这个艰辛探索的过程中，我们把马克思主义基本原理和我国的具体实际结合起来，终于形成了中国特色社会主义理论，终于找到了中国特色社会主义道路。而自然生态环境情况是国情的基本要件。这样，在现代化的过程中如何统筹人与自然和谐发展就成为一个重大的问题。但是，在制度变革完成以后，如果将生态环境问题仅仅看作资本主义的"文明病"，或者天真地认为社会主义制度会自动地避免这个问题，那么，社会主义现代化同样会付出生态代价甚至是沉重的生态代价。

在我国社会主义现代化的起飞阶段，就十分重视人与自然的协调发展。

（1）在人口问题上，我们认识到了人口多具有二重性，提出对人类自身的生产也应该实行计划管理。在 20 世纪 50 年代的设想是，"政府可能要设一个部门，或者设一个节育委员会，作为政府的机关。人民团体也可以组织一个"①；同时提出，"计划生育，也来个十年规划"②。在总结历史经验的基础上，党的十一届三中全会以后，我们明确地将计划生育作为基本国策。

（2）在资源问题上，我们对人多地少的矛盾一直有清醒的意识，要

①　《毛泽东著作专题摘编》（上），970 页，北京，中央文献出版社，2003。
②　《毛泽东文集》，第 7 卷，308 页，北京，人民出版社，1999。

求在国民经济和社会发展的过程中要厉行节约，认为"节约是社会主义经济的基本原则之一"①。而提出社会主义初级阶段理论的基本根据之一，就是我国人多地少的基本国情。我国国情有一个基本特点，即"土地面积广大，但是耕地很少。耕地少，人口多特别是农民多，这种情况不是很容易改变的。这就成为中国现代化建设必须考虑的特点"②。因此，中国的现代化不能走资源高消耗尤其是土地资源高消耗的发展道路。

（3）在生态问题上，我们认为森林是宝贵的资源，应该做好绿化工作，这对工农业的发展是很有利的。在 20 世纪 50 年代就提出了要注意水土流失造成的灾害问题。在农村地区，"短距离的开荒，有条件的地方都可以这样做。但是必须注意水土保持工作，决不可以因为开荒造成下游地区的水灾"③。在转向经济建设中心的同时，我们明确提出要"植树造林，绿化祖国，造福后代"④。这里，将植树造林看作造福后代的事业，事实上就是一种可持续发展的要求。

（4）在环境问题上，我们在 20 世纪六七十年代就明确地意识到了西方工业化先污染后治理模式的弊端，提出了经济建设、城乡建设和环境建设要同步规划、同步实施、同步发展的"三同步"方针，并且在国务院设立了相应的机构来处理这方面的问题。同时，我们积极开展了环境外交和环境合作等方面的工作。例如，1972 年，我国派代表参加了联合国人类环境会议，中国学者还参与了《只有一个地球》报告制定的有关工作。改革开放以来，我们明确地将环境保护作为基本国策，开始颁布相关的法律，并在政府机构设置中进行了相应的制度安排。

事实表明，我们是在没有外部压力的情况下主动开始人口控制、资源节约、环境保护和生态建设的。在我国现代化起飞的过程中，这种干预和治理事实上就是要预防自然生态环境等问题对现代化的制约和影响，谋求人与自然的和谐发展。

（二）可持续发展是我国社会主义现代化的重大发展战略

在从我国社会主义初级阶段的基本国情出发实现社会主义现代化的

---

① 《毛泽东文集》，第 6 卷，447 页，北京，人民出版社，1999。
② 《邓小平文选》，2 版，第 2 卷，164 页，北京，人民出版社，1994。
③ 《毛泽东文集》，第 6 卷，466 页，北京，人民出版社，1999。
④ 《邓小平文选》，第 3 卷，21 页，北京，人民出版社，1993。

过程中，我们积极主动地融入国际可持续发展的潮流中，明确地将可持续发展确立为我国的重大发展战略。

可持续发展是伴随我国社会主义现代化的一个重要主题。在积极主动参与联合国环境与发展大会的基础上，根据对我国国情的科学判断，我国于1994年颁布了世界上第一个国家级的"21世纪议程"，明确地将可持续发展作为我国的发展战略。这充分履行了我国对国际社会的庄重承诺。在此基础上，党的十五大报告提出："我国是人口众多、资源相对不足的国家，在现代化建设中必须实施可持续发展战略。坚持计划生育和保护环境的基本国策，正确处理经济发展同人口、资源、环境的关系。"①这样，我们就将可持续发展和科教兴国一同确立为我国现代化的重大战略。在党的十六大上，我们把增强可持续发展能力与经济、政治和文化相并列，作为我国全面建设小康社会的重要目标。会议提出，全面建设小康社会的基本目标之一是："可持续发展能力不断增强，生态环境得到改善，资源利用效率显著提高，促进人与自然的和谐，推动整个社会走上生产发展、生活富裕、生态良好的文明发展道路。"②这里，将生产发展、生活富裕和生态良好作为可持续发展的基本要求和目标，就揭示出了可持续发展和生态文明的内在关联。

在将可持续发展确立为我国社会主义现代化重大战略的过程中，我们就贯彻和落实可持续发展的原则也作出了科学规定。这就是要努力做到：

（1）代表先进生产力的发展要求。我们贯彻和落实可持续发展，不是要阻止发展，而是要促进发展。在这个过程中，既要通过发展先进生产力促进经济发展，从而为可持续发展提供雄厚的物质基础，也要看到自然物质条件在生产力发展尤其是先进生产力发展过程中的作用，要通过可持续发展带动先进生产力的发展。在总体上必须认识到，"破坏资源环境就是破坏生产力，保护资源环境就是保护生产力，改善资源环境就是发展生产力"③。这事实上就将生态化作为先进生产力的一个基本规定和要求。

---

① 《江泽民文选》，第2卷，26页，北京，人民出版社，2006。
② 《江泽民文选》，第3卷，544页，北京，人民出版社，2006。
③ 《江泽民论有中国特色社会主义（专题摘编）》，282页，北京，中央文献出版社，2002。

（2）代表先进文化的前进方向。在可持续发展成为国际潮流的新形势下，要看到："环境意识和环境质量如何，是衡量一个国家和民族的文明程度的一个重要标志。"①这样，就必须将可持续发展与发展社会主义先进文化联系起来。在建设精神文明的过程中，我们既要通过大力发展先进文化，为可持续发展提供精神动力、智力支持和价值导向，也要通过贯彻和落实可持续发展战略来丰富先进文化的内涵。在总体上，这就是要注重环保宣传教育和舆论监督工作，努力提高广大干部群众的人口意识、环保意识和生态意识。

（3）代表中国最广大人民的根本利益。中国最广大人民的根本利益是我们搞好一切工作的出发点和落脚点，也是搞好可持续发展工作的目的和归宿。我们要看到："环境问题直接关系到人民群众的正常生活和身心健康。如果环境保护搞不好，人民群众的生活条件就会受到影响，甚至会造成一些疾病流传。对于已经产生的严重危害人民群众正常生活和身心健康的环境污染，必须抓紧治理。"②显然，在这个问题上，抽象地谈"全人类利益"或者自然的"内在价值"，都不符合我国的基本国情。同时，在贯彻和落实可持续发展战略的过程中，必须充分发挥人民群众的主力军作用。

可见，将可持续发展确立为我国社会主义现代化重大战略和全面建设小康社会的基本目标，就进一步丰富和发展了党在社会主义初级阶段的基本路线和基本纲领。

（三）生态文明是我国现代化奋斗目标的新要求和新境界

在全面建设小康社会的继往开来的历史征程中，我们在科学地总结我国改革开放和现代化建设经验的过程中，实现了发展观上的革命变革，提出了科学发展观。科学发展观事实上是社会主义现代化建设规律的科学总结，是指导社会发展的世界观和方法论的集中体现。生态文明就是科学发展观的基本要求和重大成果。

1. 生态文明是贯彻和落实科学发展观的基本要求

在应对国际挑战和解决国内难题的过程中，我们也会受机械发展观的影响，为此也会付出一定的生态代价。因此，在科学发展观形成和发

---

① 《江泽民文选》，第1卷，534页，北京，人民出版社，2006。
② 《江泽民文选》，第1卷，535页，北京，人民出版社，2006。

展的过程中，我们对自然生态环境问题始终给予了高度的关注。2003年10月，在《中共中央关于完善社会主义市场经济体制若干问题的决定》中，我们第一次明确地提出了以经济建设为中心，以人为本，全面、协调和可持续发展的科学发展观。2004年3月10日，在中央人口资源环境工作座谈会上，我们进一步明确地阐述了科学发展观的基本内涵、精神实质、科学体系和实践要求，将统筹人与自然和谐发展、贯彻和落实可持续发展战略、建设生态文明作为一个科学的整体。科学发展观提出："可持续发展，就是要促进人与自然的和谐，实现经济发展和人口、资源、环境相协调，坚持走生产发展、生活富裕、生态良好的文明发展道路，保证一代接一代地永续发展。"①这里，生态文明是目标，可持续发展是手段，人与自然和谐是灵魂。在党的十七大上，将科学发展观纳入到中国特色社会主义理论体系中，并进一步科学地揭示了人与自然和谐发展、可持续发展、生态文明之间的内在联系。这就是，要坚持生产发展、生活富裕、生态良好的文明发展道路，建设资源节约型、环境友好型社会，实现速度和结构质量效益相统一、经济发展与人口资源环境相协调，使人民在良好生态环境中生产生活，实现经济社会永续发展。

2. 生态文明是构建社会主义和谐社会的基本要求

构建社会主义和谐社会是科学发展观在社会形态上的具体体现和基本要求。2004年9月，在《中共中央关于加强党的执政能力建设的决定》中，我们第一次明确地提出了构建社会主义和谐社会的任务。2005年2月，在省部级主要领导干部提高构建社会主义和谐社会能力专题研讨班上，我们进一步对社会主义和谐社会的科学含义、基本特征和建设途径等问题作出了明确规定。这样，就使中国特色社会主义总体布局从社会主义经济建设、政治建设和文化建设三位一体更明确地发展为社会主义经济建设、政治建设、文化建设和社会建设四位一体。在构建社会主义和谐社会的过程中，只有把人与自然的和谐、人与社会的和谐、人与自身的和谐统一起来，我们才能构建一个完整的和谐社会。作为社会主义和谐社会的基本特征，"人与自然和谐相处，就是生产发展，生活富裕，生态良好"②。显然，作为社会主义和谐社会基本特征的人与自

---

① 《十六大以来重要文献选编》（上），850页，北京，中央文献出版社，2005。
② 《十六大以来重要文献选编》（中），706页，北京，中央文献出版社，2006。

然和谐的内涵，是与作为社会主义现代化基本要求的可持续发展的内涵是一致的。

3. 生态文明是全面建设小康社会奋斗目标的新要求

为了适应国内外形势的新变化，顺应各族人民过上更好生活的新期待，把握经济社会发展趋势和规律，坚持中国特色社会主义经济建设、政治建设、文化建设、社会建设的基本目标和基本政策构成的基本纲领，在十六大确立的全面建设小康社会目标的基础上，党的十七大进一步从经济、政治、文化、社会和生态五个方面提出了全面建设小康社会奋斗目标的新要求。在生态方面，我们的奋斗目标是："建设生态文明，基本形成节约能源资源和保护生态环境的产业结构、增长方式、消费模式。循环经济形成较大规模，可再生能源比重显著上升。主要污染物排放得到有效控制，生态环境质量明显改善。生态文明观念在全社会牢固树立。"[①]这表明，我们将作为科学发展和社会和谐的基本要求的可持续发展、统筹人与自然的和谐发展已经上升到了生态文明的高度。

总之，生态文明是在总结我国社会主义现代化建设经验、概括社会主义现代化建设规律的过程中提出的一个科学思想。

（四）生态文明是中国特色社会主义的创新成果

尽管在人类文明史上有丰富的生态文明思想，但是，只有科学发展观才第一次明确地提出了生态文明的概念；尽管苏联有关研究社会主义文明、全球性问题的理论文章运用过生态文明的概念，在我国学术界从20 世纪 80 年代开始也一直在探讨这个问题，但是，只有科学发展观才第一次把生态文明上升到了国家意志的高度。显然，生态文明是作为中国特色社会主义理论体系构成部分的科学发展观的重大创新成果。

1. 在实践上，生态文明进一步拓展了中国特色社会主义道路

生态文明是立足于完善中国特色社会主义现代化内容而独立地自觉地提出来的，突出了在整个社会主义建设事业中加强生态文明建设的必要性和重要性。这就表明，社会主义建设事业是由经济建设、政治建设、文化建设、社会建设和生态建设构成的系统工程，社会主义文明是由物质文明、政治文明、精神文明、社会文明和生态文明构成的立体系

---

① 胡锦涛：《高举中国特色社会主义伟大旗帜　为夺取全面建设小康社会新胜利而奋斗》，20 页，北京，人民出版社，2007。

统。这样，生态文明就进一步拓展了中国特色社会主义道路，即在坚持党的基本路线的基础上，我们的目标是要建设一个经济富强（物质文明）、政治民主（政治文明）、文化繁荣（精神文明）、社会和谐（社会文明）和生态良好（生态文明）的社会主义现代化国家。因此，只有通过社会主义建设的系统工程的途径，建立起社会主义文明系统，我们才能实现人的自由而全面发展的共产主义理想。

2. 在理论上，生态文明进一步扩展了中国特色社会主义理论

在这个理论体系中，科学发展观从总体的角度突出了建设生态文明的必要性和重要性。

（1）经济建设是我们一切工作的中心，但是，经济建设是以自然界提供的自然物质条件为前提和基础的，因此，坚持以经济建设为中心，就必须走可持续发展道路。

（2）以人为本是科学发展观的本质和核心，而自然界是包括人类在内的一切生物的摇篮，因此，促进人的全面发展，就必须注重人与自然的和谐发展。

（3）全面发展规定了社会主义现代化内容的完整性，而社会系统既包括社会要素也包括自然要素，因此，坚持社会的全面发展，就是要在大力推进社会主义经济建设、政治建设、文化建设和社会建设的同时，要加强生态建设。

（4）协调发展规定了社会主义现代化机制的有机性，社会有机体事实上是由人和自然的关系、人和社会的关系、人和自身的关系构成的有机体，因此，坚持协调发展，就必须坚持人与自然和谐的发展。

（5）可持续发展是实现社会主义现代化的条件保证，只有在经济发展和人口、资源、环境等自然物质条件相互协调的情况下，才能保证经济社会的可持续性，因此，坚持可持续发展，必须坚持走生产发展、生活富裕、生态良好的文明发展道路。

（6）统筹兼顾，包括协调人与自然的关系、眼前利益与长远利益关系的要求，而这恰好是生态文明的基本要求。显然，生态文明是渗透在整个科学发展观理论体系中的，是中国特色社会主义理论的一个重要构成部分。在这个意义上，科学发展观就是科学的生态文明观。

其实，将生态文明第一次明确地写进作为执政党的共产党的政治报告中，本身就是对整个人类文明的重大贡献。它向世人昭示：生态文明

将保证社会主义发展的永续未来，社会主义将开辟生态文明发展的光明前景。

　　总之，没有对全球性问题的深刻洞察、没有对基本国情的科学把握、没有对发展实践的理论反思、没有对民族传统的高度认同、没有对西方经验的科学借鉴、没有对科学理论的自觉实践，我们是不可能提出生态文明这一科学概念的。

第二章 生态文明的研究方法

　　方法是推动内容前进的动力。唯物史观的立场、观点和方法是统一的。在唯物史观形成和发展的过程中，马克思恩格斯立足于无产阶级和人类解放的伟大事业，从"实践的唯物主义"的总体思想方法出发，对文明进行了总体性的考察和审视，建构起了唯物史观的文明论。唯物史观的文明论即马克思主义文明论，是关于文明总体问题的科学理论和科学方法。在生态文明研究的过程中，同样必须坚持唯物史观文明论的科学方法。

一、文明研究的实践视野

　　实践的观点同样是唯物史观文明论的首要的基本的观点。马克思恩格斯将实践引入到了文明论中，认为"文明是实践的事情，是社会的素质"①。这样，科学实践观就提供了打开文明秘密宝库的钥匙，要求人们从"实践的唯物主义"的高度来看待文明的属性和本质。

（一）科学实践观及其方法论意义

　　针对旧唯物主义的缺陷，在向上发展唯物主义的过程中，马克思恩

---

　　① 《马克思恩格斯选集》，2 版，第 1 卷，27 页，北京，人民出版社，1995。

格斯形成了"实践的唯物主义"的哲学立场。"对**实践的**唯物主义者即**共产主义者**来说，全部问题都在于使现存世界革命化，实际地反对并改变现存的事物。"① 在此基础上，马克思恩格斯完成了哲学史上的伟大变革——创立了唯物史观，而唯物史观的创立进一步强化了"实践的唯物主义"的科学性和革命性。科学实践观的确立是哲学革命变革的关键。"实践的唯物主义"确立了实践在整个新唯物主义理论体系中的核心地位。马克思恩格斯的实践观具有以下基本特征：

1. 受动和能动的统一

作为人类自觉变革世界的客观的物质活动，实践是受动性（客观性）和能动性（主体性）的统一。一方面，它突出了人对客观世界的改造，强调的是作为主体的人的能动性，从而确立了能动性（主体性）的原则；另一方面，它始终强调实践的客观前提、历史条件、现实环境等一系列因素对实践的制约性，尤其是强调客观规律在实践中是始终存在的，从而确立了受动性（客观性）的原则。这样看来，在人的实践过程中，客观尺度和主体尺度是辩证统一的。如果忽视主体性原则，那么，在理论上就不可能将旧唯物主义提升为新唯物主义，在实践上就不可能展开满足人类需要的生产活动。但是，主体能动性的发挥始终是有条件的。因此，如果不承认客观性原则，那么，在理论上就可能走向唯实践主义（实践本体论只是其中一种形态），在实践上就可能在违背客观规律的过程中遭受客观规律的报复和惩罚。在这个意义上，新唯物主义就是辩证唯物主义。

2. 自然和社会的统一

旧唯物主义是半截子唯物主义。其之所以不能将唯物主义的原则贯彻到社会历史领域中，就在于不了解革命的、实践批判活动的意义，因此，只能达到对单个人和市民社会的直观。唯物史观看到全部社会生活在本质上是实践的，物质生产是人类社会存在的基础和发展的动力。尽管物质生产是人的主体性的高度的集中的体现，但是，物质生产本身是一种客观的力量。这就是，物质生产是有其客观的物质前提的，物质生产的构成因素是客观的物质力量，物质生产制约着其他一切社会活动，决定着社会发展的方向。这样，新唯物主义就把实践即人的感性活动作

① 《马克思恩格斯选集》，2 版，第 1 卷，75 页，北京，人民出版社，1995。

为自己的出发点。"现实的人"是为现实的物质资料生产所规定的人，决不是抽象的"现实的人"。在这个意义上，新唯物主义就是历史唯物主义。同时，社会领域的唯物主义在科学实践观的基础上进一步确立了自然领域的唯物主义的地位。旧唯物主义之所以是抽象的唯物主义，一个重要的方面是超越一切社会历史条件来抽象地谈论物质和运动、物质和意识、时间和空间等问题。因此，马克思恩格斯在批判费尔巴哈时指出，"他没有看到，他周围的感性世界决不是某种开天辟地以来就直接存在的、始终如一的东西，而是工业和社会状况的产物，是历史的产物，是世世代代活动的结果"①。显然，实践是从自然领域的唯物主义走向社会领域的唯物主义的桥梁。这样，通过科学实践观就使辩证唯物主义和历史唯物主义成为一个不可分割的统一的有机的整体。

3. 理论和实践的统一

旧唯物主义之所以停步不前，就在于其割裂了理论和实践的关系。正如马克思在批判费尔巴哈的错误时指出的那样：正是在共产主义的唯物主义者看到改造工业和社会结构的必要条件的地方，他却重新陷入了唯心主义。新唯物主义所讲的实践同时也包括社会实践尤其是社会革命。"实践的唯物主义"是直接服从和服务于无产阶级和人类解放的伟大事业的。在这个问题上，假如说旧唯物主义尤其是爱尔维修、洛克式的旧唯物主义是空想社会主义的哲学基础的话，那么，"实践的唯物主义"则是科学社会主义的哲学基础。这里的本质差别在于，旧唯物主义只是一个单纯的解释社会生活的理论体系，而且是一个不全面的不科学的体系；新唯物主义却是对反动秩序进行革命变革的实践体系，而且是一个全面的科学的体系。显然，"在劳动发展史中找到了理解全部社会史的锁钥的新派别，一开始就主要是面向工人阶级的"②。这样，"实践的唯物主义"就走向了科学社会主义，成为马克思主义哲学和科学社会主义联系的中介。

以"实践的唯物主义"为基础、核心和使命的历史唯物主义，是站在实践的高度看待自然史和人类史的辩证关系的。于是，它超越了单纯的社会领域的唯物主义（狭义历史唯物主义），而成为整个马克思主义新世界观和新方法论的高度的有机的统一（广义历史唯物主义）。因此，

---

① 《马克思恩格斯选集》，2版，第1卷，76页，北京，人民出版社，1995。
② 《马克思恩格斯选集》，2版，第4卷，258页，北京，人民出版社，1995。

"如果不了解马克思的唯物主义自然观及其与唯物主义历史观之间的关系，就不可能全面理解马克思的著作。换句话说，马克思的社会思想是与生态学世界观不可分割地联系在一起的"①。在这个意义上，广义历史唯物主义即大唯物史观同样是研究包括生态文明在内的文明论的科学世界观和科学方法论。

（二）文明的实践本质和社会属性

对文明问题的探讨有悠久的传统，但是，人们长期没有将"文明"（civilization）和"文化"（culture）区分开来。唯物史观则站在科学实践观的高度科学地解决了这个问题。

1. 文明是一个反映实践活动过程及其成果的实践范畴

实践是人的自由自觉的创造财富的社会活动。其中，劳动是实现人和自然之间物质变换的基本形式，是最基本的实践形式。文明就是在这个过程中形成和发展的。一方面，实践是文明存在的基础。文明不是自然的馈赠，也不是精神的结晶，更不是上帝的恩赐，而是在人和自然的实际的物质变换的过程中形成的。在这个问题上，"最文明的民族也同最不发达的未开化民族一样，必须先保证自己有食物，然后才能去照顾其他事情；财富的增长和文明的进步，通常都与生产食品所需要的劳动和费用的减少成相等的比例"②。这样，随着实践的发展，在满足人类需要的过程中，直接的目的消失了，而实践的成果作为人的能动性的确证被保留下来了。因此，文明就是实践成果的积淀和升华。另一方面，实践是文明发展的动力。文明的形成不是文化的没落，更不是历史的终结，而是随着实践的发展而不断发展的。例如，"文明程度的提高，这是工业中一切改进的无可争议的结果，文明程度一提高，就产生新的需要、新的生产部门，而这样一来又引起新的改进"，于是，"我们到处都会看出，使用机械辅助手段，特别是应用科学原理，是进步的动力"③。这样看来，文明不是单纯地产生于实践的末端，而是追随着实践的步履而不断发展和完善的。甚至可以说，文明和实践是系统发生、协同演进的。

---

① ［美］约翰·贝拉米·福斯特：《马克思的生态学——唯物主义与自然》，24 页，高等教育出版社，2006。

② 《马克思恩格斯全集》，中文 1 版，第 9 卷，347 页，北京，人民出版社，1961。

③ 《马克思恩格斯选集》，2 版，第 1 卷，32 页，北京，人民出版社，1995。

在这个意义上，文明是实践本身的丰富和发展的集中体现与系统表达。

2. 文明是一个反映文化活动过程及其成果的文化范畴

随着人类实践的出现和发展，导致了自然界向人的生成，这样，就出现了一种新的进化的突显——人化。**"整个所谓世界历史不外是人通过人的劳动而诞生的过程，是自然界对人来说的生成过程"**①。人化即文化。文化是一个含义复杂的立体范畴。在宏观的意义上，文化是与自然相对的范畴。一般而言，"自然产物是自然而然地由土地里生长出来的东西。文化产物是人们播种之后从土地里生长出来的"②。因此，文化反映的是人通过劳动对自然界的影响程度和状态，包括精神、物质和制度等因素。在中观的意义上，文化是与政治、经济相对的范畴。在社会有机体中，一定的文化是一定社会的政治和经济在观念形态上的反映。这里，文化专指精神文化，是社会有机体中的一个特定的结构层次。在微观的意义上，文化是与思想相对的范畴。与经济、政治相对的文化领域同样具有复杂的构成，大体上包括思想层次和文化层次两个方面的内容。思想战线上的理论工作大体构成了前一方面的内容，具有鲜明的意识形态性；文化战线上的文化工作大体构成了后一方面的内容，其意识形态性或者不明显或者是通过隐蔽的形式表现的。在这个层次上，除了一般的知识形态的东西外，文学艺术、新闻出版、广播影视等文化事业和文化产业就构成了最狭义的文化。但是，实践总是在一定的历史条件下进行的，因此，人化的后果和影响是复杂的。它既可以保证和促进整个世界的进化朝着有利于人类的方向进行，也可以扰乱甚至是威胁和破坏人的生存和发展。因而，文化不是单纯的鲜活、上升的过程，同时也泥沙俱下，具有复杂的二重性。这样，就需要对文化进行提升、肯定、巩固和壮大其积极进步的方面，避免、防范和化解其消极落后的方面。文明就是在一般的总体的文化范畴的基础上承担这样功能的范畴。在这个意义上，文明是指人化（文化）活动的积极进步成果的方面及其提升和扩展过程，是一个建设性的范畴。

3. 文明是一个反映人的全面发展和社会的全面进步的社会范畴

人们只有以一定的方式共同活动和互相交换其活动，才能进行生产。这样，以实践为基础和中介，实践自身、人类和社会就联结成为一

① 《马克思恩格斯全集》，中文 2 版，第 3 卷，310 页，北京，人民出版社，2002。

② ［德］H. 李凯尔特：《文化科学和自然科学》，20 页，北京，商务印书馆，1986。

种具有内在关系的整体。而文明就是在这个总体结构中产生和发展的。

（1）实践是作为社会存在物的人的现实的变革对象和客体的活动。

生产实际有它的条件和前提，这些条件和前提构成生产的要素。这些要素最初可能表现为自然发生的东西。通过生产过程本身，它们就从自然发生的东西变成历史的东西，并且对于这一个时期表现为生产的自然前提，对于前一个时期就是生产的历史结果。这些历史的东西和生产的历史结果就积淀成为文明。

（2）人类通过实践将自己确立为一种社会存在物。

人首先是一种感性存在物，要求多方面的享受。但是，"要多方面享受，他就必须有享受的能力，因此他必须是具有高度文明的人"①。这种高度文明的人，不仅要求人有高度的文化教养，而且要求通过人的高度文化教养来科学有效地进行实践。这样，才能在满足人的需要的过程中，全面地提升人的主体素质和能力，实现人的全面发展。因此，文明是人的全面发展的标志。

（3）社会是一个通过人类的实践活动而形成的有机体。

社会无非是追求其目的的人的实践过程而已。全部社会生活在本质上是实践的。但是，并不是社会的任何结构和任何形态在任何情况下都能保证人的正常存在和发展。这样，"为了不致失掉文明的果实，人们在他们的交往〔commerce〕方式不再适合于既得的生产力时，就不得不改变他们继承下来的一切社会形式"②。这种改变不仅要弃恶扬善，而且要革故鼎新。

这就是"实践的唯物主义"所要求的对现实的革命变革。因此，文明是社会的全面进步的标志。可见，正是在由实践、人类和社会构成的整体结构中，文明才获得了社会的素质，成为一个反映人的全面发展和社会的全面进步的总体范畴。

总之，在科学实践观的基础上，马克思恩格斯科学地揭示出了文明的基础、本质和内涵：文明是实践的事情，是社会的素质。

（三）生态文明的实践基础和规定

作为历史唯物主义内容和要求的"实践的唯物主义"提供了一种普

---

① 《马克思恩格斯全集》，中文 2 版，第 30 卷，389 页，北京，人民出版社，1995。
② 《马克思恩格斯选集》，2 版，第 4 卷，533 页，北京，人民出版社，1995。

遍的科学的视野。只有按照唯物史观的实践论的要求，从实践系统的角度来考察生态文明，我们才能把握住生态文明的实践基础和丰富内涵。

1. 物质生产是决定文明产生和发展的根本力量，也是生态文明产生和发展的根本力量

正是在物质生产发展的过程中，人类才创造了巨大的物质财富和精神财富，从而才使文明成为可能。在这个过程中，不仅产生了物质文明，而且产生了生态文明。事实上，物质生产本身是人与自然之间的现实的物质变换的过程。一方面，自然构成了物质生产的前提，进入生产力系统成为生产力的构成因素，因此，物质生产要顺利进行，必须以协调生产力的物的因素和人的因素的关系为前提条件。另一方面，随着生产力的发展，历史的自然和自然的历史成为同一个过程的两个相互依赖的方面，这样，在促进人与自然和谐的同时，可以为优化人与自然的关系创造经济物质条件。因此，"根据马克思的观点，我们应该通过行动，也就是说，通过我们的物质实践来改变我们同自然界的关系，并超越我们与自然界的异化——从而创造出我们自己独特的**人类—自然**的关系"①。这样，就要求我们必须从由生产实践引发变化的人与自然的辩证关系中来发现生态文明产生的秘密。因此，我们建设生态文明必须要立足于经济建设的中心，要服从和服务于社会主义经济建设，同时，社会主义建设应该向生态化的方向发展，以实现自身的可持续发展。

2. 人自身的生产是文明产生和发展的基本力量，也是生态文明产生和发展的基本力量

在社会有机体中，每天都在重新生产自己生命的人也在生产着另外一些人，这即是人自身的生产。人自身的生产同样是一种客观的物质的力量，是一种复杂的社会现象，受着多方面因素的影响。其中既有地理环境、医疗卫生等自然的和技术的因素，也有社会经济和政治的因素，还有思想、文化、历史、传统等社会意识的因素。其中，在人自身的生产和自然物质条件的关系上，"假如不扩大生活资料的基础，人类就不可能繁殖到那些不出产原有食物的外地去，更不可能最后繁殖遍于全球；归根到底，假如人类对食物的品种和数量不能绝对掌握，就不可能繁衍为许多人口稠密的民族。因此，人类进步过程中每一个重要的新纪

---

① ［美］约翰·贝拉米·福斯特：《马克思的生态学——唯物主义与自然》，6 页，北京，高等教育出版社，2006。

元大概多少都与生活资源的扩大有着相应一致的关系"①。这样看来，协调人和自然的关系是直接关系到人自身的生产的基础性问题。今天，我们不能仅仅局限在环境的或生态的范围内来建设生态文明，而必须将计划生育、提升人的素质作为生态文明建设的基本内容。事实上，有计划地控制人口增长并全力提升人的素质，使人自身的生产与物质生产和精神生产保持协调，既是促进经济社会协调发展的重要途径，也是促进人与自然和谐发展的基本方式。生态文明发生的秘密同样体现在人自身生产的过程中。

3. 精神生产是影响文明产生和发展的重要理论，也是生态文明产生和发展的重要力量

社会生活中的精神产品不仅是在物质生产的基础上产生的，而且有其特殊的生产方式和方法。专门从事精神产品生产的社会实践活动就是精神生产。在这个问题上，"思想、观念、意识的生产最初是直接与人们的物质活动，与人们的物质交往，与现实生活的语言交织在一起的。人们的想象、思维、精神交往在这里还是人们物质行动的直接产物。表现在某一民族的政治、法律、道德、宗教、形而上学等的语言中的精神生产也是这样。人们是自己的观念、思想等等的生产者，但这里所说的人们是现实的、从事活动的人们，他们受自己的生产力和与之相适应的交往的一定发展——直到交往的最遥远的形态——所制约。意识在任何时候都只能是被意识到了的存在，而人们的存在就是他们的现实生活过程"②。可见，尽管作为精神领域中观念地改造对象世界并创造新的观念世界的生产形式的精神生产有其特殊性，但是，与物质生产和人自身的生产一样，它同样是现实的人进行的现实的活动。在精神生产的过程中，不仅创造了精神文明，而且创造了生态文明。此外，精神生产同样是以遵循客观规律为前提的。自然界事实上构成了人的精神的无机界，人的精神生活同样是与自然界联系在一起的。因此，我们不仅要凭借精神文明建设活动来开展生态文明建设，而且要通过科学、教育和艺术等精神生产的特殊形式来创造生态文明的具体形式，这样，才能增强生态文明的有效性和针对性。显然，精神生产也构成了生态文明的发生之源。

---

① ［美］路易斯·亨利·摩尔根：《古代社会》上册，18 页，北京，商务印书馆，1977。
② 《马克思恩格斯选集》，2 版，第 1 卷，72 页，北京，人民出版社，1995。

总之，从实践尤其是实践系统出发，是研究生态文明必须坚持的第一个方法论原则。事实上，生态文明就是人类社会实践的成果在人与自然关系领域中的积淀和升华。

二、文明研究的过程视野

实践是一种生生不息的能动力量。在实践的推动下，社会表现为一个发展的和进步的过程。人类文明就是在这个自然史的过程中产生的。这样，过程观点就成为唯物史观的基本观点，过程方法就成为唯物史观的基本方法。在总体上，过程视野是唯物辩证法和唯物史观相统一的高度的集中的体现，为把握一切社会现象提供了科学的基础和方法。

（一）科学过程观及其方法论意义

马克思恩格斯看到过程是为客观事物自身所具有的。随着近代科技革命的发展，自然科学日益成为关于过程、关于这些事物的发生和发展以及关于联系的科学。这样，人类对客观世界的过程本性就有了进一步的科学认识，从而形成了过程这一伟大的思想。"一个伟大的基本思想，即认为世界不是既成**事物**的集合体，而是**过程**的集合体，其中各个似乎稳定的事物同它们在我们头脑中的思想映象即概念一样都处在生成和灭亡的不断变化中，在这种变化中，尽管有种种表面的偶然性，尽管有种种暂时的倒退，前进的发展终究会实现"①。这样，马克思恩格斯就在客观事物的过程本性的基础上确立了唯物辩证法。在此基础上，他们不仅将过程的观点确立为唯物辩证法的基本观点，而且确立为唯物史观的基本观点。

1. 人类社会是一个过程的集合体

人类社会之所以展现为一个不断发展的过程，是由其内部的深刻的物质根源决定的。随着社会基本矛盾的发展，"历史同认识一样，永远不会在人类的一种完美的理想状态中最终结束；完美的社会、完美的'国家'是只有在幻想中才能存在的东西；相反，一切依次更替的历史

---

① 《马克思恩格斯选集》，2 版，第 4 卷，244 页，北京，人民出版社，1995。

状态都只是人类社会由低级到高级的无穷发展进程中的暂时阶段。每一个阶段都是必然的，因此，对它发生的那个时代和那些条件说来，都有它存在的理由；但是对它自己内部逐渐发展起来的新的、更高的条件来说，它就变成过时的和没有存在的理由了；它不得不让位于更高的阶段，而这个更高的阶段也要走向衰落和灭亡"①。显然，社会的过程性决不是社会的循环性。这样，唯物史观也就成为社会历史辩证法。

2. 社会形态是社会过程的统一体

社会形态是在总体上反映总体社会过程的范畴。在社会有机体中，"社会生产过程既是人类生活的物质生存条件的生产过程，又是一个在特殊的、历史的和经济的生产关系中进行的过程，是生产和再生产着这些生产关系本身，因而生产和再生产着这个过程的承担者、他们的物质生存条件和他们的互相关系即他们的一定的经济的社会形式的过程。因为，这种生产的承担者同自然的关系以及他们互相之间的关系，他们借以进行生产的各种关系的总体，就是从社会经济结构方面来看的社会"②。显然，社会形态是由一定的生产力、生产关系、上层建筑等所有社会要素构成的完整的社会系统。正是在社会基本矛盾的推动下，社会形态的变化才体现出了社会发展的过程性，因此，任何社会形态都是具体的、历史的。

3. 过程思想是一种普遍的方法论

无论是自然世界还是社会世界，无论是客观世界还是主观世界，都不是既成事物的集合体，而是过程的集合体。这样，过程思想就将唯物辩证法和唯物史观、辩证唯物主义自然观和辩证唯物主义认识论等统一了起来，成为一种普遍的科学的方法论。马克思主义的过程思想和过程方法是统一的，是立足于物质世界的过程本性而形成的，与怀特海的"过程哲学"存在着本质的区别。怀氏把宇宙事物分为"事件世界"和"永恒客体"。在事件世界中，一切事物都处于变化的过程之中。但是，在过程的背后并不存在不变的物质实体，其唯一的持续性就是活动的结构。这种结构是进化的，所以自然界是活生生的、有生机的。同样，永恒客体并非人们意识之外的客观实在。它能否转变为现实，要受到实际存在客体的限制，并最终受上帝的限制。于是，从过程哲学到过程神学

---

① 《马克思恩格斯选集》，2 版，第 4 卷，216～217 页，北京，人民出版社，1995。
② 《马克思恩格斯全集》，中文 2 版，第 46 卷，927 页，北京，人民出版社，2003。

的过渡就是"自然发展"的逻辑。在唯物辩证法看来，不存在任何最终的东西、绝对的东西、神圣的东西。这样，唯物辩证法的过程范畴就提供了一种透视所有事物的辩证的整合性的眼光。

这样，将过程尤其是社会过程的思想和方法运用到文明领域中来，就要求人们从社会形态定位的高度来认识文明的定位，要从社会形态变革的高度来促进文明的建设。

（二）文明的过程本性和关系属性

在社会发展的过程中，文明是相对于野蛮而言的。马克思恩格斯根据唯物史观的社会形态理论，将文明和文明时代联系起来考虑，将文明时代看作社会进化的最新阶段。文明时代产生的总体进化图景是："蒙昧时代是以获取现成的天然产物为主的时期；人工产品主要是用作获取天然产物的辅助工具。野蛮时代是学会畜牧和农耕的时期，是学会靠人的活动来增加天然产物生产的方法的时期。文明时代是学会对天然产物进一步加工的时期，是真正的工业和艺术的时期。"①我们可以把前两个时期统称为史前时期，将该时期的社会统称为史前社会，将该时期所取得的进步和成就统称为史前文化。文明就是在文明时代成为可能的。同样，文明时代本身是一个不断发展的历史过程。文明时代不是凝固的、同质的，而是随着社会基本矛盾的发展而不断发展变化的，同样表现为一个历史过程。马克思恩格斯立足于社会基本矛盾的发展，从多个角度揭示了社会形态演进的基本规律。

1. 从生产关系的性质看社会形态的演进

从蒙昧时代到野蛮时代过渡的关键是出现了生产资料的私有制，因此，唯物史观十分注重从生产关系的性质来看社会形态的演进。从生产关系尤其是生产资料所有制的性质来看，"随着在文明时代获得最充分发展的奴隶制的出现，就发生了社会分成剥削阶级和被剥削阶级的第一次大分裂。这种分裂继续存在于整个文明期。奴隶制是古希腊罗马时代世界所固有的第一个剥削形式；继之而来的是中世纪的农奴制和近代的雇佣劳动制。这就是文明时代的三大时期所特有的三大奴役形式；公开的而近来是隐蔽的奴隶制始终伴随着文明时代"②。在此基础上，可以

① 《马克思恩格斯选集》，2 版，第 4 卷，24 页，北京，人民出版社，1995。
② 同上书，176 页。

将整个社会形态的演进划分为原始社会、奴隶社会、封建社会、资本主义社会以及社会主义社会和共产主义社会等五种社会形态。显然，文明时代就是指"五种社会形态"演进过程中的私有制的发展过程。当然，这种文明时代的形成和发展是以极端的不文明（剥削和异化）为代价而实现的。既然这样，那么，我们就不能脱离生产资料的所有制来抽象地考察生态文明。事实上，由于生产关系尤其是生产资料所有制的不同，决定了人们对待自然的态度和方式也是不同的。在这个问题上，尽管无产阶级的历史使命是要彻底消灭私有制，但是，埋葬私有制并不意味着要终结文明，而是要为文明的发展开辟新的更为广阔的道路。

2. 从生产力和技术发展的水平看社会形态的演进

生产力是人类社会存在的基础和发展的动力，在生产力中就包括科学技术。因此，从生产力尤其是生产力发展的技术水平可以看出社会发展的程度。技术水平对生产力的影响主要体现在劳动资料尤其是生产工具上。因此，各种经济时代的区别，不在于生产什么，而在于怎样生产，用什么劳动资料生产。按照这个标准，将人类社会形态的演进划分为渔猎社会、农业社会、工业社会和智能社会（知识社会、信息社会）等几个发展阶段是能够成立的。除了渔猎社会大体上属于史前文化外，其他社会形态都是文明时代的具体发展阶段，因此，我们可以将人类文明的发展划分为农业文明、工业文明和智能文明（知识文明、信息文明）等几个发展过程。从私有制产生到资本主义之前的社会形态在技术上大体属于农业社会和农业文明阶段。资本主义开启了工业社会和工业文明的历史进程，但是，存在着社会主义工业化和资本主义工业化两种不同的工业化道路。在这个意义上，我们不能简单地认为生态文明是代替工业文明的新文明。在智能社会和智能文明的基础上，随着生产资料所有制的革命变革，人类社会就将进入共产主义社会。在这个过程中，生态文明将开始新的科学进化。因此，考察生态文明必须坚持历史主义的眼光。

3. 从人的关系和发展程度来看社会形态的演进

社会发展的过程、社会形态演进的过程，不是无主体的自发过程，而是随着人的关系的丰富性和人的发展程度的提高而不断进步的过程。从这个角度来看，"人的依赖关系（起初完全是自然发生的），是最初的社会形式，在这种形式下，人的生产能力只是在狭小的范围内和孤立的地点上发展着。以**物**的依赖性为基础的人的独立性，是第二大形式，在这种形式下，才形成普遍的社会物质变换、全面的关系、多方面的需要以及全面的能力的体系。建立在个人全面发展和他们共同的、社会的生产能力成为从属于他们的社会财富这一基础上的自由个性，是第三个阶段"①。这样，我们就可以把社会形态的演进划分为人对人的依赖、人对物的依赖和人的全面发展等三个阶段。其中，人对人的依赖阶段，大体上对应于奴隶社会和封建社会；人对物的依赖阶段，就是资本主义社会；人的全面发展阶段，是指共产主义社会。在这个意义上，人与自然的关系事实上是受人的关系和人的发展程度影响的。因此，不能脱离人的关系和人的发展来考察生态文明。事实上，建设生态文明与促进人的自由而全面的发展是一致的。人的全面发展是一个历史过程，同样，生态文明也是一个历史过程。

显然，生态文明是随着社会的生产关系尤其是生产资料所有制的性质、生产力的发展水平尤其是技术进步的水平、人的关系的丰富性和人的全面发展的程度而逐步建构起来的。

（三）生态文明的过程属性和规定

从唯物史观的过程视野出发来看生态文明，不只是在一般的逻辑的意义上要坚持逻辑和历史的一致，更重要的是要将生态文明看作社会形态演进过程中的一种历史建构。

1. 必须在社会和环境的辩证关系的框架结构中建设生态文明

社会是由人组成的，而人总是处在一定的环境当中的。这种环境既包括社会环境也包括自然环境。这样，整个社会就是处在人与社会环境（社会关系）、人与自然环境（生态关系）的关系网中的，同时，这两类关系也具有复杂的相互作用。

（1）在总体方向上，社会和环境的关系是处在以实践为基础和中介的双向作用过程中的。

作为社会主体的人是通过实践活动与外部环境发生关系的。一方面，人要改造环境，这样，才能使外部环境朝着有利于人的生存和发展的方面发展，这个过程就是主体的对象化、客体化的过程。另一方面，

---

① 《马克思恩格斯全集》，中文 2 版，第 30 卷，107～108 页，北京，人民出版社，1995。

环境存在着其内在规定，表现为客观规律，这样，就需要人类通过实践活动将客观规律作为自己的前提和条件，这个过程就是客体的人化、主体化的过程。这样，主体的客体化和客体的主体化就成为实践的不可分割的两个方面。显然，脱离后者的前者是人的盲目的行动；脱离前者的后者是自然界的盲目的必然性。正是以实践为基础和中介，在人与社会环境、人与自然环境的相互作用的过程中，才使人类社会表现为一个发展的过程。可见，唯物史观的实践视野和过程视野是统一的。人与自然的关系同样是这样。因此，生态文明就是在实践的过程中通过人创造自然、自然创造人的双向作用过程形成的。

（2）人与社会环境的关系同人与自然环境的关系是通过实践联结成为一个整体的。

在实践的过程中，人与自然之间的生态关系同人与社会之间的社会关系也是处在相互联系和相互作用的过程中的。一方面，生态关系的展开是通过社会关系来实现的。人不是以单个的个体的方式与自然发生联系的，而是以群体的方式与自然发生物质变换的。没有社会关系就没有生态关系。另一方面，社会关系是在生态关系的基础上形成的。人与自然的关系主要是要解决人的需要尤其是生存性需要的满足问题。因此，这是社会生活中的一种基础性的关系。社会关系就是在维护生态关系的过程中产生的，同样要以人与自然之间的物质变换关系为基础。这样看来，就不能将生态文明看作一个单纯的人与自然关系领域中发生的问题，而要看到人与社会之间的关系对生态文明的重大影响。例如，单纯讲人与自然之间的道德关系（生态道德）的生态伦理学肯定是不全面的，只有把人与人（社会）之间的道德关系（社会道德）作为生态道德的环境、中介和实现机制的生态伦理学才是完整的；单纯讲生态道德而不讲生态正义的生态伦理学同样是不全面的，只有在生态道德和生态正义形成的"双螺旋"结构的基础上才能形成全面的生态伦理学。

总之，承认社会的普遍联系的辩证本性，才能科学把握生态文明的发生秘密和立体结构。怀特海从"共生"（合生，concrescence）推出自然和生命的不可分割性，进而形成生态命题的看法，印证了这一点。

2. 必须从社会基本矛盾的高度来推进生态文明的建设和发展

由于社会基本矛盾的运动是一种客观的物质力量的运动，在这种力量推动下的社会发展如同自然运动一样，也是一个不以人的意志为转移的客观过程。因此，自然运动规律与社会运动规律是一致的。

（1）不能脱离生产力的发展来建设生态文明。

生产力是推动人类社会发展的根本动力，也是推动生态文明发展的根本动力。存在一定水平的生产力，就有反映这种生产力水平中所体现的人与自然关系成果的生态文明；随着生产力水平的提高，人与自然之间物质变换的水平也会相应提高，这样，生态文明就处在不断的历史建构过程中。当然，生态文明的水平也会影响生产力的发展。例如，"当自然资源被用完，或者被毁坏的时候，现存的财产关系往往就会发生变化，同时，生产力的本质也会发生变化"①。在这个意义上，生态文明其实是涉及生产力自身可持续性的根本问题。

（2）不能脱离生产关系来建设生态文明。

如前所述，生产关系尤其是生产资料的所有制性质对人类文明同样具有重大的影响。在人与自然的关系问题上也是如此。例如，在资本主义生产关系中，"实际上，'开采'资源——获取它们的价值而不考虑对未来生产率的影响——在资本主义经济中是一种不可抗拒的趋势，而成本外在化部分地是将其转嫁给未来：后代不得不为今天的破坏付出代价。这就产生了约翰斯顿所说的'生态帝国主义'。它喜欢剥削新的土地和资源，因为后者为初始的利润和迅速增长的生产率提供了很大的潜力"②。显然，不变革不合理的生产关系尤其是不变革占主导地位的不合理的生产关系（经济基础），就不可能形成人与自然的和谐关系。在这个意义上，如何防止生产关系上的改革导致的利益分化对人和自然关系的影响，是我们目前建设生态文明必须关注的一个问题。

（3）不能脱离上层建筑来建设生态文明。

马克思的《资本论》就将上层建筑看作社会形态的重要组成部分，并阐述了上层建筑对人类文明的影响。例如，"要研究精神生产和物质生产之间的联系，首先必须把这种物质生产本身不是当作一般范畴来考察，而是从**一定的历史的**形式来考察。例如，与资本主义生产方式相适应的精神生产，就和与中世纪生产方式相适应的精神生产不同。如果物

---

① ［美］詹姆斯·奥康纳：《自然的理由——生态学马克思主义研究》，75 页，南京，南京大学出版社，2003。

② ［英］戴维·佩珀：《生态社会主义：从深生态学到社会正义》，136 页，济南，山东大学出版社，2005。

质生产本身不从它的**特殊的历史的**形式来看，那就不可能理解与它相适应的精神生产的特征以及这两种生产的相互作用。从而也就不能超出庸俗的见解。这一切都是由于'文明'的空话而说的"，"只有在这种基础上，才能够既理解统治阶级的意识形态组成部分，也理解一定社会形态下自由的精神生产"①。事实上，社会的政治上层建筑和意识形态对生态文明都有重大影响。这样，不仅需要从上层建筑中获得支持生态文明的力量，同时要促使上层建筑的生态化。

显然，着眼于人类社会基本矛盾的运动引起的社会形态的变化来考察生态文明，就不能简单地将生态文明看作一种新的伦理形态的形成问题，而应该看作一个整个社会形态构成的合理性、演进的有序性的问题。

总之，从过程尤其是社会过程（社会形态）出发，是研究生态文明必须坚持的第二个方法论原则。事实上，生态文明是贯穿所有社会形态、文明形态始终的一种基本结构和要求。

三、文明研究的结构视野

在实践的基础上展开的社会过程是处在普遍联系当中的，这些联系的方式和方法就构成了社会结构。唯物史观立足于实践来看待社会的构成，不仅全面地揭示出了人类社会的系统性的构成，而且科学地揭示出了这种结构的客观基础。这样，唯物史观的社会结构理论就成为唯一科学的社会结构理论，同时成为最科学的社会结构分析方法。当用结构视野来审视文明系统的构成时，才能确立生态文明的独立地位。

（一）科学结构观及其方法论意义

任何事物都有一定的结构。人类社会也是存在结构的。当唯物史观看到社会基本矛盾在推动社会发展过程中的决定作用时，事实上已经揭示出生产力、生产关系、经济基础和上层建筑等要素是社会系统的基本结构。这样看来，结构观点是唯物史观的基本观点，结构分析方法是唯

---

① 《马克思恩格斯全集》，中文 1 版，第 26 卷 I 册，296 页，北京，人民出版社，1972。

物史观的基本方法。

1. 社会结构是人类社会系统的构成方式

与生物有机体不同，社会有机体是社会自身生命的存在方式（自组织性），是在各种客观的物质力量相互作用的基础上引起的各种社会要素的相互作用（系统性）。社会要素的内在的相互作用就构成了社会有机体。社会有机体是指由社会系统的各个环节、要素、方面等构成并同时存在而又互相依存和互相作用的连续发展过程的有机整体。在前资本主义社会中，存在着的是机械整体性；在资本主义社会中，由于生产和交往的日益发达，社会才真正成为有机整体。在社会有机体中，各种社会要素是同时存在又相互依存的，这种相互作用是不可分割的，需要从整体上做出把握。在这个有机运动的过程中，不仅一切社会要素从属于这个总体，而且总体能够通过自身的能力将总体需要的但现实中还缺乏的要素从社会中创造出来。这其实是社会的自组织性基础上形成的社会系统性。显然，社会有机体是一个反映人类社会的诸环节、要素、方面之间的全面性联系与有机性互动的整体性范畴，即唯物史观的社会系统概念。在此基础上，唯物史观形成了其社会结构理论。在一般的意义上，社会结构是社会有机体的组织方式和其要素的结合方式。

2. 社会结构是社会基本矛盾的表现形式

人类社会是凭借自身矛盾的发展而不断完善自己的结构并强化自己的功能的，从而展现为一个具体的历史的过程。

（1）社会结构是两对矛盾构成的整体。

生产力和生产关系的矛盾、经济基础和上层建筑的矛盾是人类社会的基本矛盾。只有生产关系不断适合生产力的发展要求、上层建筑不断适合经济基础的性质，才能维护社会有机体的正常存在。这样，生产力、生产关系、经济基础和上层建筑就成为社会有机体的四个基本要素，构成了社会结构的支点。

（2）社会结构是四大基本领域构成的整体。

在社会基本矛盾的运动过程中，"物质生活的生产方式制约着整个社会生活、政治生活和精神生活的过程"[①]。这样，就形成了四种基本的社会结构：在物质生活的基础上形成的经济结构，在政治生活的基础

---

① 《马克思恩格斯全集》，中文 2 版，第 31 卷，412 页，北京，人民出版社，1998。

上形成的政治结构，在精神生活的过程中形成的文化结构，在社会生活的基础上形成的社会生活的结构。社会有机体就是由这四个方面构成的整体。

（3）社会结构是两大基本过程形成的整体。

从根本性质上来看，整个社会生活包括物质生活过程和精神生活过程两个方面。因此，在考察社会变革时，必须把生产的经济条件方面所发生的物质的、可以用自然科学的精确性指明的变革同人们借以意识到这个冲突并力求把它克服的那些意识形态的形式区别开来。这样，社会存在和社会意识就成为两种最基本的社会结构。可见，"马克思有一个结构主义方面"，"因为，马克思把属于现实的'基础'与意识形态的上层建筑区分开来"①。

3. 社会结构是社会形态变迁的内在机制

社会结构是社会有机体的构成单位，社会形态是社会有机体的变迁单位，二者在社会实践的基础上共同构成了社会系统及其有机发展。

（1）从静态的角度来看，有什么样的社会结构就有什么样的社会形态。

一定的经济结构、政治结构、文化结构和社会生活结构的特定的结合方式，就形成了社会基本矛盾一定的形式，这样，就形成了社会发展的一个特定的阶段或一种特定的类型，即社会形态。

（2）从动态的角度来看，在社会结构的变更和转换的过程中就形成了新的社会形态。

由于社会生产力是社会有机体中的能动的、活跃的因素，而其他社会结构要素是建立在这个要素的基础上的，因此，生产力要素的变动必然会促进社会结构的变迁。显然，社会形态就是在社会结构的变迁过程中得以更替的，并且获得了新的内容。

（3）从整体的角度来看，社会有机体的结构、性质和功能是统一的。

在社会有机体中，社会结构是其性质和功能的内在根据，社会性质和社会形态是其结构的外在表现。同时，社会形态的变迁同样会对社会结构产生重大的影响。每当新的革命的阶级在政治上占据统治地位的时候，必然要求形成与之相适应的社会结构。而没落的社会形态必然要求

---

① ［瑞士］皮亚杰：《结构主义》，87～88 页，北京，商务印书馆，1984。

维持既有的社会结构。因此，唯物史观要求人们从社会结构的建构、重组和解构的冲突与融合中来推进社会形态的变迁。

显然，社会有机体构成了社会结构的逻辑前提，社会基本矛盾构成了社会结构的划分依据，社会形态构成了社会结构的表现形式。这样，唯物史观的社会结构理论就使我们对社会现象和社会问题的认识也能达到精确化、科学化的水平。

（二）文明的总体规定和结构属性

社会结构不是预成的，而是在实践的过程中逐步建构起来的。

1. 生产物质资料的生产活动是经济结构形成的客观基础，其成果集中体现为物质文明

第一个历史活动就是生产满足人类物质需要的资料的生产活动，即生产物质生活本身。为了更有效地生产物质生活本身，就进一步展开了生产物质资料的生产活动。因此，生产物质资料的生产活动是人类实践的最基本的形式。这种生产活动本身就形成了社会的经济结构领域。而其他社会结构就是在此基础上通过其他物质活动而形成的。因此，"社会结构和国家总是从一定的个人的生活过程中产生的。但是，这里所说的个人不是他们自己或别人想象中的那种个人，而是**现实中的**个人，也就是说，这些个人是从事活动的，进行物质生产的，因而是在一定的物质的、不受他们任意支配的界限、前提和条件下活动着的"①。这样，生产实践的成果就形成了物质文明，具体体现在物质生产的进步和人们物质生活水平的提高上。

2. 生产政治关系的生产活动是政治结构形成的客观基础，其成果集中体现为政治文明

生产的进一步发展引起了社会分工。随着分工的发展也产生了单个人的利益或单个家庭的利益与所有互相交往的个人的共同利益之间的矛盾，而且这种共同利益不是仅仅作为一种"普遍的东西"存在于观念之中，而首先是作为彼此有了分工的个人之间的相互依存关系存在于现实之中。这样，"正是由于特殊利益和共同利益之间的这种矛盾，共同利益才采取**国家**这种与实际的单个利益和全体利益相脱离的独立形式，同

---

① 《马克思恩格斯选集》，2 版，第 1 卷，71～72 页，北京，人民出版社，1995。

时采取虚幻的共同体的形式，而这始终是在每一个家庭集团或部落集团中现有的骨肉联系、语言联系、较大规模的分工联系以及其他利益的联系的现实基础上，特别是……已经由分工决定的阶级的基础上产生的，这些阶级是通过每一个这样的人群分离开来的，其中一个阶级统治着其他一切阶级"①。于是，人们的社会活动尤其是政治活动的领域就构成了社会的政治结构。这样，社会实践主要是政治活动的成果就形成了政治文明，主要体现在人们政治生活的民主化和法制化上。

3. 生产精神生活资料的生产活动是文化结构形成的客观基础，其成果集中体现为精神文明

在整个社会发展的过程中，分工只是从物质劳动和精神劳动分离的时候起才真正成为分工。从这时候起，意识才能现实地想象：自己是独立于实践的某种东西；能以自己的方式"创造"世界。从这时候起，意识才能摆脱世界而去构造"纯粹的"理论、神学、哲学、道德等等。这就是精神生产的出现。精神生产活动的领域就构成了社会的文化结构。这样，精神生产的成果就形成了精神文明，具体体现在人们精神素质的提高和文化生活水平的提高上。

4. 生产人自身的生产活动和生产社会关系的生产活动是狭义社会结构形成的客观基础，其成果集中体现为社会文明

人自身的生产既是一种自然关系，也是一种社会关系。在后一个方面的基础上，就形成了人们共同活动的方式，这种共同活动方式本身就是一种"生产力"。这些生产活动就形成了社会生活领域。在这个领域中，存在着各种社会关系的复杂的相互作用，从而形成了具体的社会结构或狭义的社会结构。狭义社会结构是人类社会生活的具体形式。在整个社会形态变迁的过程中，狭义的社会结构一直发挥着重要的作用。这样，就形成了社会的社会文明。在西方市场经济的发展过程中，社会文明主要体现在市民社会的发达上。在当代中国，社会文明具体体现在改善民生问题、促进社会和谐等方面上。

5. 生产生存条件的生产活动是生态结构形成的客观基础，其成果集中体现为生态文明

社会有机体是一个开放的动态的体系，与自然生态环境持续不断地

---

① 《马克思恩格斯选集》，2 版，第 1 卷，84 页，北京，人民出版社，1995。

进行着密切的物质、能量和信息的交换。一方面，自然界本身所具有的"生产力"（自然生产力）成为社会生产力发挥作用的一种前提条件和自然物质基础。"这个生产率，这个作为出发前提的生产率阶段，必定首先存在于农业劳动中，因而表现为**自然的赐予，自然的生产力**。在这里，在农业中，自然力的协助——通过运用和开发自然力来提高人的劳动力——总的来说从一开始就是自行发生作用的。在制造业中，自然力的这种大规模的利用只是随着大工业的发展才出现的"①。即使在生产力水平获得极大提高的今天，仍然需要这种帮助。另一方面，社会生产力日益将自然生产力整合到生产力系统中。在这个过程中，原初自然的结构、性质和面貌在社会生产力的作用下发生了极大的改变，自然日益成为原初自然、人化自然和人工自然的统一体。在后一个意义上，作为人类生存条件的自然生态环境也是经过人类的生产力"生产"出来的。这样，在自然生产力发生作用的基础上，生产人化自然和人工自然的活动领域就进一步强化了作为社会存在和发展的自然物质条件的自然界在社会有机体的地位，并且将之建构为社会的一个独特领域——生态结构。在这个层次上积淀的成果就形成了生态文明。

可见，社会有机体结构的整体性、层次性和开放性决定了文明系统是一个由物质文明、政治文明、精神文明、社会文明和生态文明构成的"五位一体"的整体。

（三）生态文明的结构属性和规定

由于事物普遍存在着结构，事物的功能是结构的体现，这样，对事物进行结构分析就成为科学研究中的基本方法。唯物史观的社会结构理论就提供了分析社会结构的科学方法。所谓"结构分析就是研究成分的组成以及成分关系被组合的方式"②。在生态文明研究的过程中，运用结构分析方法主要应该注意以下问题：

1. 要坚持总体性和结构性相统一的原则

事物都是整体性的存在。整体都是存在结构的。在对总体性和结构性关系的认识上，斯特劳斯认为，社会生活是由经济、技术、政治、法律、伦理、宗教等各方面因素构成的一个有意义的复杂整体，其中某一

---

① 《马克思恩格斯全集》，中文 2 版，第 33 卷，22 页，北京，人民出版社，2004。
② ［比］J. M. 布洛克曼：《结构主义》，18 页，北京，商务印书馆，1980。

方面除非与其他方面联系起来考虑，否则便不能得到理解。在唯物史观的社会结构理论看来，关键的问题是要看到社会系统和社会结构是统一的。

（1）必须从整个社会系统的结构出发来确定生态文明。

从宏观发生的背景来看，生态文明是在整个社会系统的结构分化和整合的过程中在生态结构的领域中产生的。但是，不能仅仅局限在生态结构即人与自然的关系领域来确定生态文明。事实上，社会的经济结构、政治结构、文化结构和社会生活结构都对生态结构的产生有重大的影响。

（2）必须从整个人类实践的结构出发来确定生态文明。

单纯的自然生产力只是社会有机体存在的一种天然的条件，是一种外在的盲目的必然性；只有在社会生产力发展的基础上，将人和自然的关系纳入到社会有机体中，才能形成生态结构。但是，生态文明的形成不是单纯的维持正常的人与自然之间的物质变换的要求的体现，而是反映了人类实践的总体要求。

（3）必须从整个文明系统的结构出发来确定生态文明。

人类文明系统是由物质文明、政治文明、精神文明、社会文明和生态文明构成的整体。这五种文明形式之间存在着复杂的相互联系、相互影响、相互作用和相互推进。其中，生态文明是其他文明存在的自然前提，物质文明是其他文明存在的经济基础，政治文明是其他文明存在的政治保障，精神文明是其他文明存在的智力支持，社会文明是其他文明存在的社会条件。事实上，任何一种文明的形成和发挥作用都是以其他文明形式为前提和补充的。

总之，我们必须"在周围世界的总体上，在周围世界一切方面的内部联系上去把握周围世界的发展"①。这就是要在生态文明研究的过程中把总体性和结构性统一起来。

2. 要坚持共时性和历时性相统一的原则

系统的存在既是各种要素同时存在构成的结构（共时性），也是各种要素及其关系历史发展的结果（历时性）。唯物史观对社会结构的认识是建立在对社会时间和社会空间的对立统一关系的科学认识的基础上

① 《毛泽东选集》，2版，第1卷，286页，北京，人民出版社，1991。

的。在一般的意义上，"**时间**实际上是人的积极存在，它不仅是人的生命的尺度，而且是人的发展的空间"①。这里，共时性是指系统处于相互作用中的一种状态，历时性指系统处于历史发生的过程中。

（1）坚持共时性原则就是要在交互作用中来确定生态文明。

在一般的意义上，共时性强调的是"在交互作用中"。在社会结构的形成过程中，共时性的交互作用指向涉及人的实践活动的全部因素。从时间的角度来看，包括已有的和正逐步地出现于实践活动中的因素；从关系的角度，包括人与自然的关系、人与人（社会）的关系、人与自身的关系；从内容来看，涵盖经济的、政治的、文化的、社会的和生态的多个方面。生态文明就是在社会结构要素的交互作用中产生的。

（2）坚持历时性原则就是要在过程性绵延中来确定生态文明。

历时性是交互作用状态的"过程性绵延"。在社会结构的形成过程中，历时性是指在社会结构要素的交互作用中，各种要素不仅改变了自身的状态，并在改变自身的同时也改变着相互作用的状态，进而在总体上使交互作用的状态处于转变不断发生的状态之中。这样，时间便具有了历史含义，成为社会时间。在方法论上，这就提出了逻辑和历史相一致的要求。具体到生态文明来看，具有三层含义：一是在解决人与自然的矛盾的过程中，人类所积累的协调人与自然的关系的经验构成了生态文明的生生不息的发生之流。二是在面对现代性危机的过程中，人们建构起了生态文明的概念。三是在克服现代性危机、走向后现代的过程中，必须以一种建设性的态度开辟人类的未来。总之，社会时间是社会结构的本质，也是生态文明的本质性要求。

最终，在实践的基础上，交互作用就成为过程性绵延，过程性绵延就成为交互作用。显然，"矛盾即是运动，即是事物，即是过程，也即是思想"②。因此，在社会时间中形成的生态文明必须成为民族国家和"世界历史"的普遍要求，在社会空间中确定的生态文明必须成为现实存在和未来发展的普遍原则。

在总体上，坚持总体性和结构性的统一、共时性和历时性的统一，也就是要坚持开放性和有序性的统一。社会结构是在人类实践活动不断完善的基础上而不断嬗变的，这种嬗变进一步强化和巩固了社会有机体

① 《马克思恩格斯全集》，中文1版，第47卷，532页，北京，人民出版社，1979。
② 《毛泽东选集》，2版，第1卷，319页，北京，人民出版社，1991。

的有序性。对于生态文明来说，这就是要在人和自然的开放性结构中实现人与自然的和谐发展。

总之，从结构尤其是社会结构出发，是研究生态文明必须坚持的第三个方法论原则。事实上，生态文明是与物质文明、政治文明、精神文明、社会文明并列的文明形式（结构）。

四、文明研究的多样视野

在实践基础上展开的社会发展具有统一性和多样性相统一的辩证特征。在"世界历史"的环境中，各种文明的并存更突出了承认和尊重文明多样性的重要性。这样，唯物史观关于文明多样性的思想就为文明比较研究提供了科学的方法论，在生态文明研究的过程中同样必须坚持这一原则。

（一）社会多样性及其方法论意义

统一性和多样性是并行不悖的。承认社会发展的多样性就是要在社会发展问题上坚持具体问题具体分析的唯物辩证法原则，即要在社会历史领域中坚持科学的比较方法。

1. 社会发展多样性选择是科学比较的客观根据

社会发展规律所具有的统一性和多样性相统一的辩证特征，是进行社会历史比较的客观根据。在遵循社会客观规律的前提下，社会发展的道路和方式事实上存在着多种多样的选择的可能性。例如，单就作为"未来景象"的资本主义的发展来看，就不是一个整齐划一的过程。在原始积累的过程中，普遍存在着对农民土地的剥夺。但是，"这种剥夺的历史在不同的国家带有不同的色彩，按不同的顺序、在不同的历史时代通过不同的阶段"①。同样，尽管东方社会已经被强制地纳入世界资本主义体系中了，但是，并不是所有的公社都是按照同一形式建立起来的，也不会按照同一的方式解体。正是由于东方社会的社会结构存在着特殊性，因此，东方社会的发展前景就存在着多种选择的可能性。根据

① 《马克思恩格斯全集》，中文 2 版，第 44 卷，823 页，北京，人民出版社，2001。

这种情况，马克思明确反对将《资本论》中对资本主义生产起源的分析抽象地运用于俄国。在这个意义上，由于每个民族的具体情况不同、民族国家的国情不同、选择的社会发展道路不同，因此，其文明必然是有差异的。

2. 反对一般的历史哲学是科学比较的思想前提

比较是主体的一种思想认识活动，必然要受到比较主体的世界观和方法论的影响。同样，对于东西方文化和文明的比较研究也是受主体的情况影响的。这样，在开展文明比较研究的过程中，主体就必须在世界观和方法论上是"敞开"的，这样，才能达到对文明的"澄明"境界。这即是说，真理总是具体的，没有抽象的真理。唯物史观同样如此。因此，在文明比较研究的过程中，必须在坚持唯物史观基本精神的前提下，要具体问题具体分析。例如，我们不能将文化多样性简单地比附于生物多样性。和保护生物多样性相对应的，应该是尊重文化多样性。保护文化多样性是要维持既有的生产方式、生活方式、思维方式和价值观念，而不顾及民族文化的向上发展的需要。尊重文化多样性则是要尊重民族文化的同时，要尊重民族文化自主发展的权利。在这个问题上，文化的主体是有尊严有意识的活生生的人，而不是动植物，因此，外人对他人的文化应该持尊重的态度，而不应该自以为高人一等，要当他人的保护者。更不能只允许自己发展，而不准他人也谋求发展。事实上，解构性的后现代主义、生态中心主义的弊病即在这里。

3. 坚持历史主义的原则是科学比较的内在灵魂

任何事物都是一定历史过程的产物，同时处于一定的历史联系当中，因此，事物都是历史性的事物（具体性）。这样，在比较的过程中，最为重要的是要坚持历史主义的原则。这样，就需要将时间、地点、条件等因素引入到比较的过程中。例如，工业文明是在冲破西方封建制度束缚的过程中兴起的。东方社会也经历了一个漫长的封建社会。但是，在西方封建化的过程中所产生的土地逐级分级制、领主庄园制和分级割据状况的现象，同东方封建社会所特有的土地公社所有制、农村公社和专制主义三位一体的特殊社会结构，是绝对不同的。既然东西方的历史基础不同，那么，我们就不能用一个简单的模式来套纷繁复杂多变的实际，就不能不加分析地用西方文明来分析和说明东方社会的实际。因此，我们不能抽象地议论东西方文明的优劣、长短问题，而应该将各种文明类型置于时间、地点、条件构成的立体坐标中来进行实事求是的比较分析，这样，才能达到取长补短的目的。可见，这里的比较是辩证逻辑意义上的比较。

总之，承认社会发展多样性的辩证特征就是要在文明问题上坚持科学的比较原则，要探讨一般文明发展规律的具体实现形式，在求同存异的基础上走向和谐世界。

（二）文明的多样性特征及其属性

文明总是通过一定的民族共同体或地域单位形成和体现出来的，这样，文明在其样态上就具有多样性的特征。马克思恩格斯则在唯物史观和唯物辩证法相统一的基础上，从"世界历史"的物质内容出发，科学地说明了文明的多样性和统一性的辩证关系。

1. 规律多样性是文明多样性的客观物质基础

在社会发展的进程中，客观规律是唯一的。但是，规律的实现方式却是多样的。社会基本矛盾各个方面运动的规律是社会发展的普遍规律。这样，就需要从这些规律为整个社会结构发现最隐蔽的秘密，发现隐藏着的基础。"不过，这并不妨碍相同的经济基础——按主要条件来说相同——可以由于无数不同的经验的情况，自然条件，种族关系，各种从外部发生作用的历史影响等等，而在现象上显示出无穷无尽的变异和彩色差异"①。于是，每个民族在谋求自身发展的实践过程中就必然会有多种多样的选择，使整个世界的发展表现出不同的进化路线和形式。这里，规律多样性是指统一的规律实现形式的具体性。同时，即使是同一规律在不同的条件下产生的后果也是不尽相同的。显然，文明多样性就是社会发展规律的特殊性和具体性的集中体现。

2. 民族多样性是文明多样性的民族主体条件

当不同的人自身生产与不同的地域条件相遇时，必然会形成不同的民族特性。在世界民族发展的过程中，每个民族的人口条件、自然条件、经济条件是不尽相同的，而民族的心理、语言、文学艺术、生活方式和生产方式更是纷繁多彩的，这样，就形成了民族的多样性及其文化的多样性。例如，在对生态规律的把握上，农业民族对季节节律形成了

---

① 《马克思恩格斯全集》，中文 2 版，第 46 卷，894 页，北京，人民出版社，2003。

早熟性的认识;而游牧民族可能对空间方位更为敏感。在人类文明的发展过程中,每个民族都作出了自己重大的贡献,都有自己的优越之处。这种优越是不可代替的。因此,从历史发展的角度来看,**"古往今来每个民族都在某些方面优越于其他民族"**,因此,"任何一个民族都永远不**会优越于其他民族"**①。即使在今天的"世界历史"的格局中,人们以西方资本主义工业文明的发展作为标尺将世界民族区分为先进民族和落后民族也只具有相对的意义。同时,随着各个民族的发展,先进的民族也有可能成为后进的民族,落后的民族也能够成为先进的民族。在最保守的意义上,世界民族只有发展程度上的差异问题,而不存在品质等级上的优劣问题。显然,文明多样性也是民族多样性的集中表现。

3. 文化的多样性是文明多样性的文化历史条件

由于每个民族的历史起源、地理环境和生产方式不同,因此,具有不同的生活方式、思维方式和价值观念,这样,就形成了不同的民族文化。正像基因多样性保证了生物多样性并最终保证了世界的进化一样,文化多样性是人类文化永续发展的基本保证。在这个问题上,"你们赞美大自然令人赏心悦目的千姿百态和无穷无尽的丰富宝藏,你们并不要求玫瑰花散发出和紫罗兰一样的芳香,但你们为什么却要求世界上最丰富的东西——精神只能有**一种**存在形式呢?"②在唯物史观看来,文化的多样性是每个民族所从事的生产特性的具体表现。目前,在世界范围内,维护文化多样性面临着双重挑战:一方面,要确保和谐共存,确保来自不同文化背景而生活在同一国家内部的个人及群体愿意和平地共同生活的愿望;另一方面,要维护创造性的多样性,即各种文化表达自我的多种形式。显然,文明多样性是在文化多样性的基础上形成和发展起来的。

因此,在文明问题上,我们不能武断地断定"宗教信仰是区分文明的主要特征",并认为"宗教不是一个'小差异',而可能是人与人之间存在的最根本的差异"③。事实上,宗教信仰本身只是社会意识的一种要素。它不仅与其他社会意识具有复杂的关系,而且最终要从社会的物

---

① 《马克思恩格斯全集》,中文 1 版,第 2 卷,194、195 页,北京,人民出版社,1957。

② 《马克思恩格斯全集》,中文 2 版,第 1 卷,111 页,北京,人民出版社,1995。

③ [美] 塞缪尔·亨廷顿:《文明的冲突与世界秩序的重建》,285 页,北京,新华出版社,1999。

质生产中获得说明。在整个文化多样性中，宗教充其量只是其中的一个变量而已。事实上，文明多样性是一种客观存在的事实，是为文明自身所具有的一种内在的特性。

（三）生态文明的多样性选择方略

在生态文明中对人类文明的多样性进行比较研究，不是一个单纯地运用比较方法的问题，而是要在"世界历史"的视野中来确认生态文明的多样性规定和存在。在这个问题上，"具体之所以具体，因为它是许多规定的综合，因而是多样性的统一"①。这就是要通过在东西方文明之间展开创造性的对话和交流，来建构生态文明。

1. 必须树立科学的自觉的民族意识

在生态文明建设的过程中，承认和尊重文明的多样性就是要树立科学的自觉的民族意识，要通过努力复兴民族文化来促进人与自然的和谐发展。在中华文明五千年的发展过程中，已经积淀了深厚的生态文明的历史资源。现在，我们需要的是推陈出新，而不是妄自菲薄。但是，我们要看到，随着"世界历史"（全球化）的发展，西方中心论思潮在一定程度上正在消解着中华民族的民族精神。在人和自然的关系领域中，突出的表现就是否认在中华民族固有文化中存在着生态文明的思想资源。这样，树立科学的自觉的民族意识就要求我们必须自觉地抵制西方中心论思潮。

（1）"世界历史"的二重性。

其实，作为现代西方中心论思潮的社会历史基础的"世界历史"（全球化）本身就具有二重性。除了其建设性的使命外，它是凭借殖民贸易尤其是殖民战争等卑鄙的方式进行的，给殖民地国家和人民造成了深重的灾难。因此，由殖民主义开辟的世界历史在带来文明的同时也出现了野蛮的复辟。这种情况不仅暴露了现代西方文明的局限性和野蛮性，而且有力地说明西化绝不是东方文明的出路。同样，在由"世界历史"发展而来的全球化对于广大发展中国家来说并不是"福音"，而是灾难。在由金融资本主导的全球化的过程中，尽管将发展中国家进一步纳入到世界资本主义体系中，但是，却进一步加剧了发展中国家的发展

---

① 《马克思恩格斯全集》，中文2版，第30卷，42页，北京，人民出版社，1995。

危机。事实上，"新自由主义的全球化工程加大了发展中国家的贫富差距，只有新的经理和领导精英才从这种发展中受益。'第三世界'的大规模贫困并不能被克服，充其量在大规模贫困中创造出几个富裕的小岛罢了。经济学家们所支持的'渗透理论'——根据这一理论，已经产生的工业中心会影响到周围地区，这样地区差别就会逐渐消失——看来在这里并未见效"①。事实上，在全球化的过程中也造成了环境污染在全球的传播，加剧了第三世界的能源资源的紧张局面。这样看来，全球化并不能带来同质化和平等化，更不可能带来国际关系的民主化。

（2）要高度防范西方中心论。

西方中心论是根本不可能成立的。从某种程度上说，认为西方文化优于、高于非西方文化，或者认为人类的历史围绕西方文化展开，或者认为西方文化的特征、价值或理想带有某种普世性，从而代表非西方未来发展方向，所有这些看法，都带有明显的西方中心论的色彩。种族优越论是其最极端、粗劣的形式，现代化理论是其"科学化"、概念化的形式。显然，前者是一种令人反感的甚至是反动的思潮，而后者则较为隐蔽。在晚期资本主义阶段，以解构现代性为宗旨的后现代主义、以自然界的内在价值为基础的生态中心主义，都是根据西方社会的具体情况而形成的。对于晚期资本主义来说，都是有其价值的。但是，假如将之作为反思中国发展的坐标、作为中国建设生态文明的理论支撑，那么，不仅会重蹈西方中心论的覆辙，而且会剥夺中华民族谋求幸福生活的发展权利。

因此，我们必须根据唯物史观关于社会发展规律的统一性和多样性的辩证关系，来确认生态文明多样性的重大价值。这就是，中国应该从自己的实际出发、运用自己的历史资源、以自己的方式实现人与自然的和谐发展。

2. 必须树立科学的主动的开放意识

在生态文明建设的过程中，承认和尊重文明的多样性就是要利用"世界历史"（全球化）提供的有利机遇，避免西方工业化的生态弊端，学习和借鉴西方文明的经验，在包容和开放中来促进人与自然的和谐发展。现在，我们需要的是洋为中用，而不是夜郎自大。其实，任何一种

①　[德]格拉德·博克斯贝格等：《全球化的十大谎言》，146～147页，北京，新华出版社，2000。

有生命力的文明都会通过与其他文明的交往来扬长避短，通过融合来化解冲突，在保持自身特色和相对独立性的同时实现自身的发展和创新。在这个意义上，"世界文明"是可能的。

（1）文明交往是传播、保持文明成果的重要途径。

文明的产生都是以一定的地域为单位进行的，因此，每一种文明的成果都需要在不同的地域分别进行，这样，同一成果的重复发明和创造不仅增加了文明的"成本"，而且更容易导致文明的失传和断绝。可见，某一地域创造出来的生产力，特别是发明，在往后的发展中是否会失传，完全取决于交往扩展的情况。当然，"只有当交往成为世界交往并且以大工业为基础的时候，只有当一切民族都卷入竞争斗争的时候，保持已创造出来的生产力才有了保障"①。这样，不同文明之间的交往就成为传播和保持文明成果的重要途径。因此，我们的对外开放不仅要学习西方的科学技术和管理经验，而且要学习西方生态治理的经验。这样，才能降低我们在生态文明创新上的成本，以又好又快的方式促进生态文明建设。

（2）文明交往是实现文明成果增殖的重要方式。

不同文明之间确实存在着发展程度的差异，而通过文明交往可以使先进的文明成果在发展程度不同的民族之间传递和移植，这样，就可以使一些民族和地区实现跨越式的发展，实现文明成果的增殖。例如，资本主义工业文明就是通过移植中国传统的科学技术发明而得以实现的。马克思将火药、指南针、印刷术称为预告资产阶级社会到来的三大发明。火药把骑士阶层炸得粉碎，指南针打开了世界市场并建立了殖民地，而印刷术则变成新教的工具，总的来说变成科学复兴的手段，变成对精神发展创造必要前提的最强大的杠杆。而当资本主义工业文明的成果凭借世界历史而向东方社会扩展的时候，对东方文明提出了严峻的挑战。这反过来也刺激了东方文明的新的发展。今天，我们就是要利用西方社会在自然生态环境方面形成的先进的科技成果和严格的技术标准来提升我们的生态环境管理方面的水平。在这个意义上，"生态现代化"就可能成为我们现实的一种选择。

（3）文明交往是形成世界文明的重要机制。

整个世界是一个不可分割的有机统一体，尤其是随着世界历史的发

---

① 《马克思恩格斯选集》，2版，第1卷，108页，北京，人民出版社，1995。

展，各种文明之间在发生矛盾和碰撞的同时，也发生着交流和对话。这样，各种文明在实现"和而不同"的同时，也可能通过理解和吸收其他文明的优点而逐步地改变和完善自己，于是，在各种文明的相互接近的过程中有可能相互融合而形成一种具有新质的文明。这就是"世界文明"的设想。"资产阶级，由于开拓了世界市场，使一切国家的生产和消费都成为世界性的了"，"过去那种地方的和民族的自给自足和闭关自守状态，被各民族的各方面的互相往来和各方面的互相依赖所代替了。物质的生产是如此，精神的生产也是如此。各民族的精神产品成了公共的财产。民族的片面性和局限性日益成为不可能，于是由许多种民族的和地方的文学形成了一种世界的文学"①。这里，德文的"文学"（Lite-ratur）泛指科学、艺术、哲学、政治等方面的著作，可以将之看作"文明"的意思。"世界文明"的思想事实上是由文明多样性的思想中产生出来的。目前，尽管生态文明不可能达到世界文明的水平，但是，人类可以通过对话、交流和合作在一系列具体的问题上达成共识。

显然，文明的多样性并不一定导致文明的冲突。在追求人与自然和谐的过程中，每一种文明不仅要学会与其他文明共处，而且要在文明的对话和合作的过程中建设具有"世界文明"意义的生态文明。

总之，立足于文明多样性的辩证比较，是研究生态文明必须坚持的第四个方法论原则。在生态文明问题上，不存在绝对的中心，更不存在唯一的范式。

五、文明研究的阶级视野

文明时代是随着阶级社会的出现而出现的。在消灭阶级的基础上，共产主义文明将成为未来文明的发展方向。这样看来，唯物史观的阶级分析方法在文明问题上仍然是有效的。在生态文明研究的过程中，同样必须坚持马克思主义的阶级分析方法。

（一）阶级分析方法的文明论意义

自从有文字以来的历史都是阶级斗争的历史。马克思恩格斯在唯物

---

① 《马克思恩格斯选集》，2 版，第 1 卷，276 页，北京，人民出版社，1995。

史观的基础上形成了自己的阶级理论、阶级观点和阶级分析方法，从而为科学认识文明时代的社会现象和社会规律提供了科学的世界观和方法论。

1. 阶级性是文明时代的根本的社会属性

随着私有制的出现，产生了剥削阶级和被剥削阶级的对抗，这样，至今一切人类社会的历史都成了阶级斗争的历史。在这种情况下，作为社会素质的文明必然会打上阶级的烙印。

（1）阶级社会是文明时代产生的社会基础。

随着私有制的出现，人类社会就告别了没有阶级对抗的原始社会而进入了阶级社会。阶级社会也就是文明时代的开始。"当文明一开始的时候，生产就开始建立在级别、等级和阶级的对抗上，最后建立在积累的劳动和直接的劳动的对抗上。没有对抗就没有进步。这是文明直到今天所遵循的规律。到目前为止，生产力就是由于这种阶级对抗的规律而发展起来的。如果硬说由于所有劳动者的一切需要都已满足，所以人们才能创造更高级的产品和从事更复杂的生产，那就是撇开阶级对抗，颠倒整个历史的发展过程。"①这样，私有制以及在这个基础上产生的对财富的贪欲（剥削），就成为文明时代产生的现实社会基础。

（2）文明时代是阶级统治不断发展的时代。

由于文明时代是阶级对抗的时代，而阶级矛盾和阶级结构是随着阶级斗争的发展而逐步变化的，这样，一部人类文明史就成为了一部阶级斗争的发展史。国家就是适应剥削阶级维护剥削秩序的需要而产生的，并且进一步巩固了这种秩序。作为文明社会概括的国家始终是阶级统治的工具。这样，**在为时较短的文明时期中**在很大程度上统治着社会的**财产因素**，给人类带来了**专制政体、帝国主义、君主制、特权阶级**，最后，带来了**代议制的民主制**"②。可见，国家是文明社会的概括。

（3）阶级斗争是文明时代发展的动力。

由于文明时代的基础是阶级剥削，这样，阶级社会中的文明只能通过阶级斗争的方式来为其进一步发展开辟道路。在这个过程中，"自由民和奴隶、贵族和平民、领主和农奴、行会师傅和帮工，一句话，压迫者和被压迫者，始终处于相互对立的地位，进行不断的、有时隐蔽有时公开的斗争，而每一次斗争的结局都是整个社会受到革命改造或者斗争

---

① 《马克思恩格斯全集》，中文1版，第4卷，104页，北京，人民出版社，1958。

② 《马克思恩格斯全集》，中文1版，第45卷，558页，北京，人民出版社，1985。

的各阶级同归于尽"①。显然，阶级斗争是阶级社会发展的直接动力和社会变革的巨大杠杆。但是，当阶级社会中的文明的进步将人们从旧有的剥削和支配关系中解放出来的同时，又将人们带入了新的剥削和支配关系。只有无产阶级反对资产阶级的阶级斗争，才能真正结束这种局面，从而才能为人类文明的更高的发展开辟广阔的道路。

总之，不论人们喜欢还是厌恶，文明的阶级性是一种客观存在的社会历史现象。

2. 阶级分析方法是唯物史观的基本方法

马克思主义之前的一些思想家已经意识到了阶级、阶级斗争的重要性，而马克思"所加上的新内容就是证明了下列几点：（1）**阶级的存在仅仅同生产发展的一定历史阶段**相联系；（2）阶级斗争必然导致**无产阶级专政**；（3）这个专政不过是达到**消灭一切阶级**和进入**无阶级社会**的过渡"②。因此，阶级分析方法就是运用马克思主义的阶级理论和阶级观点，观察和分析阶级社会中各种社会现象的基本方法。

（1）阶级分析方法的客观依据和基本内容。

在阶级社会中，由于各阶级的经济地位、生活条件、物质利益和现实要求是不同的，因而产生出了各种矛盾和斗争，并呈现出错综复杂的社会现象，这样，只有坚持用阶级分析方法观察社会和分析问题，才能透过现象看出本质。对社会现象进行阶级分析，必须遵循其固有的逻辑规则：必须要考察社会现象产生的阶级条件和阶级背景；必须要分析社会现象的阶级归属和阶级本性；必须考察社会现象在阶级结构中的地位以及对阶级矛盾和阶级斗争的影响；等等。例如，在意识形态领域中，"统治阶级的思想在每一时代都是占统治地位的思想"，"占统治地位的思想不过是占统治地位的物质关系在观念上的表现，不过是以思想的形式表现出来的占统治地位的物质关系；因而，这就是那些使某一个阶级成为统治阶级的关系在观念上的表现，因而这也就是这个阶级的统治的思想"③。因此，在文化霸权（领导权）上，我们必须当仁不让。

（2）阶级分析方法的政治原则和现实意义。

无论是在政治领域中还是在文化领域中，只有服从和服务于无产阶

---

① 《马克思恩格斯选集》，2版，第1卷，272页，北京，人民出版社，1995。
② 《马克思恩格斯选集》，2版，第4卷，547页，北京，人民出版社，1995。
③ 《马克思恩格斯选集》，2版，第1卷，98页，北京，人民出版社，1995。

级和劳动人民解放的阶级分析方法，才是科学的有效的方法。随着生产资料所有制社会主义改造任务的完成，阶级矛盾已经不是社会主义社会的主要矛盾。但是，我们不能放弃阶级分析方法。一方面，对于私有制产生到社会主义建设之前的全部社会历史和社会问题，必须始终坚持阶级分析方法。这在于，这段历史本来就是阶级斗争发展的历史。另一方面，在涉及现实社会主义的一些问题时，阶级分析方法仍然是有效的。这在于，"社会主义社会中的阶级斗争是一个客观存在，不应该缩小，也不应该夸大"[①]。当然，在研究社会主义现实问题的过程中，这种方法不是绝对的唯一的方法。

总之，"以为阶级范畴多少有些过时和多少有些斯大林主义色彩而放弃这一极其丰富和事实上尚未涉及的分析领域，将是马克思主义的一个极大错误。作出以下的结论也许是适当的：阶级是这样一个分析范畴，依靠它可以轻易地把社会理解为只有通过激进的和体制的方式才能加以变革的系统性整体（systemic entity）"[②]。既然文明时代的外延与阶级社会是等值的，那么，将阶级分析方法用于研究文明问题就是适当的。

（二）文明的阶级特征和政治属性

将阶级分析方法运用于文明领域，关键是要看到文明的阶级特征和政治属性，要在批判资本主义旧文明的基础上，建设社会主义和共产主义新文明。

1. 资本主义文明是文明发展进程中的一个暂时阶段

资本主义文明是建立在工业文明和市场经济的基础上的，或者说三者是系统发生的，这样，就使资本主义文明成为文明发展进程中的一个新的阶段。资本主义社会所具有的辩证特点和其固有的阶级利益是一致的，这样，就使资本主义社会具有文明和野蛮并存的典型的二重性。

一方面，资本主义极大地促进了人类文明的发展。工业文明是在资本主义条件下首先成为现实的。在这个过程中，社会的财富得到了极大的丰富。资本主义的文明成果不仅奠定了资本主义战胜封建主义的强大

---

① 《邓小平文选》，2 版，第 2 卷，182 页，北京，人民出版社，1994。
② ［美］弗里德里克·詹姆逊：《论现实存在的马克思主义》，见《全球化时代的马克思主义》，79 页，北京，中央编译出版社，1998。

的经济物质基础，而且为资本主义的不断发展准备了持续的经济物质条件。即使在今天，资本主义之所以能够在晚期资本主义阶段盘桓，与其凭借新科技革命的成果提升生产力的发展水平从而创造出新的更大的物质财富有着直接的密切关系。其实，精神文化尤其是消费文化不可能成为晚期资本主义的主要矛盾。同样，资本主义文明的发展也为未来文明的产生提供了一定的物质准备。

另一方面，资本主义文明极大地引起了全面异化。在资本主义条件下，社会生活各个方面的进步是服从和服务于资本家追求剩余价值的特殊的阶级利益的，这样，资本主义社会就同时复活了野蛮。在这个过程中，"因为资本是工人的对立面，所以文明的进步只会增大支配劳动的**客体的权力**"①。在这个过程中，资本逻辑的扩展造成了全面的异化。在国内的层面上，异化不仅包括人的异化，而且包括自然异化和生态异化。这样，就将资本主义的野蛮行为也扩展到了自然界、人与自然关系的领域中。在国际的层面上，资本逻辑在全球的扩展导致的异化同样是双重的，既拉大了南北之间的贫富差距，也使全球化成为转嫁公害的工具。显然，资本主义制度陷入了总体性危机当中，即使是晚期资本主义也是如此。

总之，生产资料的私人占有制和社会化的大生产的矛盾，暴露出了资本主义的历史局限性，说明资本主义文明是一种野蛮的文明，这样，就迫使它不得不让位于未来的新文明。

2. 共产主义文明是代表人类文明未来发展方向的新文明

共产主义是一个人的自由而全面发展的社会。我们不能也不会对这一崇高的目标进行详尽的描述，因为这是一个需要长期奋斗才能实现的目标。

（1）无产阶级革命是实现共产主义新文明的必由之路。

掌握生产资料的剥削阶级不会自动地放弃其既得利益，而总是想方设法地维护其特权，因此，"每当资产阶级秩序的奴隶和被压迫者起来反对主人的时候，这种秩序的文明和正义就显示出自己的凶残面目。那时，这种文明和正义就是赤裸裸的野蛮和无法无天的报复。占有者和生产者之间的阶级斗争中的每一次新危机，都越来越明显地证明这一事

---

① 《马克思恩格斯全集》，中文 2 版，第 30 卷，267 页，北京，人民出版社，1995。

实"①。这样，面对资产阶级的野蛮，只能通过无产阶级革命的方式才能保证文明的成果为所有社会成员共享。无产阶级革命是一种总体性革命，不仅包括经济斗争、政治斗争、文化斗争，也包括社会斗争和生态斗争。当然，夺取政权是无产阶级革命的核心。同时，尽管暴力革命是无产阶级革命的普遍原则，但是，随着具体情况的差异，无产阶级革命可能会采取更为灵活的策略。

（2）大力发展先进生产力是实现共产主义新文明的物质基础。

在贫穷的基础上是不可能建立起共产主义文明大厦的。共产主义新文明首先应该表现为社会物质财富的极大丰富上，这样，才能为实现人的自由而全面的发展提供强有力的物质保障。因此，建设共产主义新文明需要物质生产力的极大发展。在实行无产阶级专政的过程中，"无产阶级将利用自己的政治统治，一步一步地夺取资产阶级的全部资本，把一切生产工具集中在国家即组织成为统治阶级的无产阶级手里，并且尽可能快地增加生产力的总量"②。因此，在整个社会主义建设的过程中，必须始终坚持以经济建设为中心，实现生产力的又好又快的发展。同时，需要大力推进科学技术革命，将科技革命的最新成果运用到生产力中来，实现生产力的巨大发展。

（3）无产阶级是建设共产主义新文明的阶级力量。

无产阶级是社会化大生产的代表，是先进生产力的开拓者和承担者，是人类文明史上最大公无私的革命阶级，是唯一一个在意识到客观规律基础上（科学意识）而意识到自己阶级使命（阶级意识）的阶级，因此，其是埋葬资本主义旧文明、建设共产主义新文明的主体。当然，承认无产阶级的历史主体作用并不是要赋予无产阶级在整个阶级结构中的特殊性，更不会导致阶级结构中的新的不平等。在这个过程中，由科学意识和阶级意识激发的无产阶级主体意识是无产阶级发挥其主体作用的重要前提，但是，在自发的工人运动中是不可能产生这些意识的，这样，就需要对无产阶级进行马克思主义理论教育。这样，"历史是会把我们文明社会的这些'野蛮人'变成人类解放的实践因素的"③。因此，在整个社会主义建设的过程中，我们必须始终尊重和充分发挥无产阶级

①　《马克思恩格斯选集》，2版，第3卷，74页，北京，人民出版社，1995。
②　《马克思恩格斯选集》，2版，第1卷，293页，北京，人民出版社，1995。
③　《马克思恩格斯全集》，中文1版，第27卷，451页，北京，人民出版社，1972。

的历史主体作用。

总之,只有经过无产阶级革命和社会主义建设,人类才能真正从必然王国走向自由王国。共产主义的胜利意味着阶级社会的最终消亡,也就意味着文明时代的结束,但是,它并不意味着人类文明的终结,而是为人类文明的新发展开辟了广阔的道路。

显然,作为社会素质的文明,在阶级社会里具有鲜明的阶级性。只有共产主义文明才能成为为大家共享的全新的文明。这样,就需要我们将生态文明置于从资本主义向社会主义和共产主义过渡的历史必然性中来进行建设,而不能侈谈所谓的"全人类利益"。

(三)生态文明的阶级属性和规定

由于我们仍然处于从资本主义向社会主义过渡的历史大转变时期,因此,生态文明不能也不可能超越这个历史进程,这样,就要求我们必须在克服资本主义生态弊端的过程中来建设社会主义生态文明。

1. 自然资本主义是非持续的绿色方案

针对资本主义造成的生态危机,"自然资本主义"(Natural Capitalism)是一个将生态足迹方面的代价考虑在内的反思资本主义的方案。保罗·霍肯等人在《自然资本主义——掀起下一次工业革命》(Natural Capitalism:Creating the Next Industrial Revolution,1999)中提出了这一概念。这种思想认为,以机器大工业为代表的第一次工业革命极大地解放了生产力,但是,造成了人力资源的过剩和自然资源的短缺。其出路在于再搞一次工业革命。下一次工业革命的关键取决于四个核心战略:通过更有效的制造过程实现节约资源,根据自然生态系统建立物质再利用的体系,从注重数量到注重质量的价值观念的改变,投资于自然资本或恢复和维持自然资源。显然,这种选择是在不触及资本主义制度的前提下希望通过技术层面的变革来实现资本主义的可持续性。

其实,建立在自然资本(Natural Capital)基础上的自然资本主义并不能保证资本主义的可持续性。在资本主义经济发展的过程中,存在着"商品——货币——资本"这样的发展公式。作为资产阶级社会的"细胞"的商品是各对立规定的统一。正如它在生产力的发展阶段中所表现出来的那样,在它自身里面反映着自然和历史过程的关系。事实上,商品包含着"自在存在"和"为他存在"的自然。更为重要的是,正像不能脱离自然来看商品一样，也不能脱离劳动来看商品。事实上，商品的二重性是由劳动的二重性决定的。这样，我们在看待资本的时候，就不能单纯地考察人和自然的关系，而必须考虑人和人（社会）的关系以及这种关系对前一种关系的影响。其实，商品是自恋的，只看到反映为金子的自身；资本是吝啬的，不会将货币投向自然界。因此，资本不仅是在商品拜物教的基础上产生的，而且强化了商品拜物教。自然界是不费资本分文的财富。同时，尽管自然资源在价值增殖的过程中可以作出自己的贡献，我们可以将之称为自然资本，但是，自然资本与货币资本不是同一个层次意义上的东西。假如认为自然资本与货币资本具有同样的属性和价值，那么，必然会得出这样的结论：资本逻辑向自然界的扩展是合理的。而这恰好是造成生态危机的根本原因。

总之，"不论描述自然资本的修辞如何动听，资本主义体系的运行却没有本质上的改变，也不能期望它改变"①。在这个意义上，自然资本主义是不可持续的。

2. 社会主义生态文明是新文明的基础

只有在社会主义条件下才可能真正开始生态文明的科学历程。在对社会主义和生态文明关系的认识上，应该注意两个问题：

（1）生态社会主义是非科学社会主义的选择。

有的论者认为，生态文明的社会形态是生态社会主义。其实，生态社会主义是当代国外社会主义的一个重要的流派。充其量，它只是众多环境主义、生态主义流派中一种带有红色的思潮而已。这种思潮是否认无产阶级专政的。在其看来，"当资本家控制国家时，试图暴力地击溃资本主义可能不会奏效，因而，国家必须以某种为所有人服务的方式被接受并解放出来。试图通过教育和示范性生活方式实现的一种大众意识的革命是有局限的。介入管理资本主义生产不能形成解决环境危机的根本方法，而由一个先锋队发动然后成为独裁者的无产阶级专政也是不可接受的"②。因此，如果将生态社会主义作为生态文明的社会形态，那么，就会混淆科学社会主义和生态社会主义的原则界限。在这个意义

---

① ［美］约翰·贝拉米·福斯特：《生态危机与资本主义》，28页，上海，上海译文出版社，2006。

② ［英］戴维·佩珀：《生态社会主义：从深生态学到社会正义》，357页，济南，山东大学出版社，2005。

上，真正完全的生态文明的社会形态只能是在科学社会主义指导下建立的社会主义和共产主义制度。就现实来看，生态文明的社会形态是社会主义和谐社会；就未来发展来看，生态文明的社会形态是共产主义社会。

（2）社会主义生态文明不是生态乌托邦。

有的论者认为，生态文明是我们站在后现代文明时代背景上对过去的批判性超越和对未来状态的激情想象，因此，"社会主义生态文明"概念构成了一个完整意义上的绿色乌托邦。事实上，历史和现实、目标和工具、价值和事实是统一的。在社会发展的过程中，任何社会形态都会遇到作为影响人类生存和发展的重大问题的人和自然的关系。在处理这种关系的过程中，都会在一定程度上形成生态文明的成果。这就是说，资本主义生态文明和社会主义生态文明都是可能的。尽管我们说资本主义制度在本质上是与生态文明不相融的，但是，在资本主义的发展过程中尤其是在晚期资本主义发展的过程中，也积累了丰富的生态文明的历史经验，形成了资本主义生态文明。它们对于现实的社会主义也具有重要的价值。但是，资本逻辑的本性决定了资本主义生态文明只是浅层的生态文明。因此，我们只能选择社会主义的方式来建设生态文明。这里，社会主义生态文明中的社会主义决不是一个简单的修饰，而是反映了社会主义社会的和谐本性。正像不能否认社会主义物质文明等文明形式的客观存在一样，我们也不能更不可能否认社会主义生态文明的客观存在。同样，生态文明不能也不可能超越社会主义和资本主义的意识形态和政治分野。在现实中，尽管存在着"公地悲剧"，但是，我们不能解构地球的控制权和所有权的问题。这在于，"地球的控制权和所有权问题就是阶级问题"①。在这一点上，恰好显示出社会主义生态文明的合理性和合法性。

因此，在社会主义生态文明基础上发展起来的共产主义生态文明，才是真正深层的生态文明。

在最保守的意义上，"对阶级社会的生态学理解以及对生态社会的阶级分析是潜在可能的"②。这样，阶级分析就成为我们在研究生态文明的过程中必须坚持的第五个方法论原则。因此，在社会主义条件下加

---

①② ［加］杰夫·尚茨：《激进生态学与阶级理论》，载《国外理论动态》，2006（1）。

强生态文明建设就成为建设生态文明的必然选择。我们要建设的生态文明只能也只能是社会主义生态文明。

在总体上，唯物史观文明论科学地回答了文明的内在本质、一般规律和发展方向等一系列重大的问题，成为唯一科学的文明论。这种文明论兼具世界观和方法论的意义。在唯物史观的视野中，实践性、过程性、结构性、多样性、阶级性既是关于一般文明问题的要点，也是关于生态文明问题的哲学支点。这就是：生态文明是人类实践活动在人与自然关系领域以及与之相关的人与人、人与社会关系领域的积极进步成果的集中体现（实践性）；由于人与自然的关系问题是关系到人类持续生存和社会永续发展的基本问题，因此，生态文明是贯穿于所有文明形态（渔猎社会→农业文明→工业文明→智能文明）始终的基本结构和基本要求（过程性）；经过人类实践，人与自然的关系已经被建构到了社会有机体的构成中，因此，生态文明与物质文明、政治文明、精神文明、社会文明一起，共同构成了人类文明系统（结构性）；在处理人与自然关系的过程中，各个民族、国家都形成了自己的生态文明形式，因此，建设生态文明需要不同文明之间开展创造性的对话和交流（多样性）；由于人与自然的关系是一个社会建构的过程，因此，生态文明总是一定社会和一定阶级的生态文明，从社会主义生态文明到共产主义生态文明的发展是生态文明的未来和方向（阶级性）。换言之，实践性、过程性、结构性、多样性、阶级性，就是唯物史观在生态文明问题上的基本立场、基本观点和基本方法。

第三章　生态文明的理论基础

　　整体性是马克思主义理论的最显著的特征。唯物史观折射出了整个马克思主义理论体系的光芒，因此，可以将唯物史观作为整个马克思主义生态文明理论的典型。追求人与自然的和谐发展是唯物史观的重要论题，在唯物史观中就内在地存在着一个支持人与自然和谐发展的理论领域——生态文明理论。当然，只有立足于整个马克思主义发展史和马克思主义理论体系，才能真正科学地说明唯物史观的生态命意。

一、唯物史观的生态命运

　　由于马克思主义是我们时代不可超越的哲学，这样，在走向生态文明的过程中，人们自然绕不过马克思主义与生态文明的关系问题。西方社会是以"马克思主义与生态危机""马克思主义与自然""马克思主义与生态学"等形式提出这一问题的。在这个问题上，这些看法经历了一个复杂的过程。在这当中，自然包含着对唯物史观与生态文明关系的看法。

（一）西方学者对马克思主义生态文明理论的误解

　　由于受意识形态尤其是冷战思维的影响，在马克思主义理论体系中是否具有生态意识的问题上，西方学者存在着诸多的误解甚至是曲解。因此，要在唯物史观的基础上建构生态文明，必须首先廓清这个问题上的理论地平线。在这个问题上的基本观点有：

1. 空白论

一些论者认为，在马克思主义中同样存在着一个生态学的"空场"。在他们看来，不需要为马克思缺少生态意识进行辩护，不必判断马克思是否是一个生态学家，也不需要隐匿马克思主义的传统和环境问题之间存在的距离。然而，现在并非简单地随意地指责马克思，批评者通常采用如下紧密相连的论据：

（1）马克思著作中的生态观点与其著作的主体内容没有系统性的联系，因此被作为"说明性旁白"而抛弃。

（2）马克思的生态思想被认为是不成比例地源于他早期对异化现象的批判，而在其后期作品中则较少出现。

（3）马克思最终没有解决对自然的掠夺问题，而是采取了一种"普罗米修斯主义的"（支持技术的、反生态的）观点。

（4）作为"普罗米修斯主义的"论据的一种必然结果，资本主义的技术和经济进步已经解决了生态限制的所有问题，并且生产者联合起来的未来社会将存在于物质极大丰富的条件之中。

（5）马克思对自然科学或者技术对环境的影响不感兴趣，因此他并不具备研究生态问题所需要的真正的自然科学基础。

（6）马克思一直被视为"物种主义者"，即把人类与动物彻底分开，并认为前者优于后者。[①]其实，之所以会出现"空白论"的看法，是与卢卡奇、葛兰西和柯尔施等人发起的西方马克思主义传统密切相关的。西方马克思主义认为，辩证法仅仅与人类的实践活动有关，在自然界中是不存在辩证法的。这样，不仅将自然辩证法和历史唯物主义割裂了，而且导致了对整个马克思主义整体性的肢解。因此，在一些人的意识中就种植下了马克思主义缺乏自然思想的种子。

2. 过时论

这种观点认为，马克思是在 19 世纪进行自己的研究的，而这是一个前原子能、前印刷电路板、前氟氯碳化物和前 DDT 的时代，而且，

---

① 参见［美］约翰·贝拉米·福斯特：《马克思的生态学——唯物主义与自然》，12 页，北京，高等教育出版社，2006。

他从未在其著作中使用过"生态学"一词。因此，在生态学意义上对马克思著作的任何讨论都成为一个耗费一百多年进行生态学思考的案例，因为马克思已经死亡而我们把它置于"马克思脚下"。

3. 灾祸论

一些论者把马克思主义看作造成全球性问题的罪魁祸首，尤其是对唯物史观的基本观点进行了责难。

（1）对唯物史观关于人的本质观点的责难。在人学问题上，西方某些人认为唯物史观关于人的本质的理论导致了人对自然的紧张关系。在他们看来，将马克思关于"人的本质在其现实性上是一切社会关系的总和"简化为社会性，认为唯物史观只强调人的社会性而对人的自然性关注不够。这样，在唯物史观那里就没有对人的必要的约束，最终导致了紧张关系，并给个人的、社会的和政治的现实生活带来实际后果。在这些论者看来，这种紧张关系与那种认为人类从唯我主义出发去渴求自由的自由主义观点导致的紧张关系同样严重。这样，对强调人的社会性的唯物史观来说，各种各样的人类意志对非人类的自然界就拥有一种绝对的特权。有的论者根据这种看法认为包括唯物史观在内的整个马克思主义就是人类中心主义。其实，社会关系是一个总体性范畴，社会性只是其中的一个方面。

（2）对唯物史观生产力理论的责难。在生产力理论方面，西方某些人认为唯物史观的生产力概念造成了人对自然的污染和破坏。他们认为，马克思主义只强调用各种方式改变世界，而现在的事情是要避免更多的失误。在此基础上，有的论者进一步对唯物史观的生产力概念进行了批评。在他们看来，唯物史观的生产力概念主要存在两个缺陷：一是关于生产力的观念忽视或轻视了这样一个事实，即这些生产力从本质上来说是社会的，包含着人们的协作模式。这些模式是深深植根于特定的文化规范和价值观之中的。二是关于生产力的观念还轻视或忽视了另一个事实，即这些生产力既具有社会的特征，又具有自然的特征。因此，他们认为："历史唯物主义在两个重大方面是有缺陷的。马克思倾向于把他对社会劳动即劳动分工的讨论从文化和自然中抽象出来。在马克思或传统历史唯物主义那里，是不可能找到将社会的文化和自然系统这两者都包含在内的某种内涵丰富的、成熟的社会劳动概念的。"[1]显然，这

---

① ［美］詹姆斯·奥康纳：《自然的理由——生态学马克思主义研究》，436 页，南京，南京大学出版社，2003。

种看法根本没有考虑马克思关于劳动是人与自然之间物质变换思想所具有的生态学意义。

（3）对唯物史观阶级斗争理论的责难。在阶级理论方面，一些论者认为唯物史观关于阶级斗争的理论造成了严重的损耗而毫无成效，对唯物史观的阶级理论也提出了怀疑。他们或者认为马克思主义阶级斗争以及革命理论对于文化或环境运动实际上没有任何有实际内容的评论，或者认为阶级斗争在造成人与人关系紧张的同时也会造成人与自然关系的紧张，或者认为在转向后工业社会的过程中阶级斗争尤其是无产阶级的阶级斗争的重要性已经极大地降低。在此基础上，他们对唯物史观关于无产阶级和人类解放的思想进行了责难。例如，有的学者指出，"马克思自然观与生态学相去甚远……由于其人类中心论、对待自然的工具论、通过技术统治而获得解放等思想，使他在超越西方传统的致命的反生态的二元论方面是失败的。最终，他的成功只在于，在上述这些与前生态时代相符合的人本主义、启蒙理性和革命性变革的意识形态中强化了这种二元论"①。换言之，马克思主义的人本主义、启蒙理性和革命性变革的意识形态造成了人和自然的对立，从而引发了生态危机。更有甚者，一些论者将马克思看作物种主义者，认为马克思强调人的解放取决于对自然的控制和征服。尽管也有的论者表明赞成马克思主义关于工人阶级的解放应是工人阶级本身的事情的论断，但是，他们否认这种解放在本质上也会带来妇女解放或能够创造出可持续发展的模式。显然，这些论调都没有看到阶级剥削和阶级支配对人和自然关系的影响。

正是根据这些考虑，有的论者抛出了马克思主义"无用论"的结论，"马克思主义范式的一般结构、智力结构以及提出的关键的解决问题的方法，必须被抛弃；为了真的有用，必须彻底重新检查马克思主义思想的每个方面"②。可见，在生态文明问题上是不可能超越意识形态的斗争的。

---

① John Clark, Marx's Inorganic Body, *Environmental Philosophy：From Animal Rights to Radical Ecology*, edited by Michael E. Zimmerman etc., Prentice Hall, 1993, p. 402.

② Alain Lipietz, Political Ecology and the Future of Marxism, *Capitalism*, *Nature*, *Socialism*, Vol. 11, No. 1, （Issue 41）, March 2000.

4．补充论

生态马克思主义认为，在马克思主义中存在着生态学的空白，应该用生态学来补充马克思主义。在他们看来，当代垄断资本主义已经导致了"过度生产"和"过度消费"。一方面，生产一味以追求利润为动机，技术规模越来越大，能源需求越来越多，生产和人口也越来越集中，这样，就产生了过度生产。另一方面，人们往往根据消费的多少来衡量自己幸福的程度，其结果便是造成了这种需求超出了自然界所能承担的限度，这样，就产生了过度消费。在实际过程中，二者是相互促进的，这样，在造成人的异化的同时也造成了生态异化，最终使生态危机取代了马克思所讲的经济危机，成为了当代资本主义无法解决的主要的社会矛盾。因此，生态马克思主义宣称，"我们的中心论点是，历史的变化已使原本马克思主义关于只属于工业资本主义生产领域的危机理论失去效用。今天，危机的趋势已转移到消费领域，即生态危机取代了经济危机"；这样，就"要在马克思主义政治传统之外去寻求可导致我们所期望的有组织的阶级激进主义意识形态的新基础"[①]。显然，只要熟悉马克思主义发展史和马克思主义文本的读者就可以发现，上述这些看法是根本不成立的。

在总体上，面对在西方意识形态领域中展开的对"红色"（马克思主义）的"绿色"（生态思潮）批评，要求我们回到马克思主义那里去，对此做出实事求是的回应。

（二）西方学者对马克思主义生态文明理论的发现

进入 20 世纪 90 年代以来，随着整个国际局势的变化和可持续发展的深入人心，尤其是马克思主义理论研究热的再度抬头，在认真回归马克思主义文本的科学研究的基础上，西方学者"发现"了一个作为生态学家的马克思，而马克思主义生态文明理论也开始得以"澄明"。

1．在新的语境中，西方学者开始了一些新的研究

主要标志是：

（1）在各种杂志上发表了一批有影响的文章。除了像《每月评论》、

---

① ［加］本·阿格尔：《西方马克思主义概论》，486、510 页，北京，中国人民大学出版社，1991。

《新左派评论》这样的左翼杂志不时发表这方面的文章之外，一些杂志还出版了这方面的专刊。例如，《科学与社会》杂志的1996年秋季号专门以"马克思主义和生态学"为题发表了一组文章。主要有：桑德拉杰的《从马克思主义生态学到生态学马克思主义》，伯克特的《价值、资本和自然：马克思政治经济学批判的生态含意》，等。尤其是像《资本主义，自然，社会主义》（1990年开始）这样的生态社会主义的专门杂志开始发行。前几年，在该杂志的讨论中，有许多论者就马克思可能对生态学思想的发展没有作出任何基础性的贡献的问题展开了热烈的讨论。

（2）出版了一些专门研究马克思主义生态文明理论的著作。一方面，在一些生态经济学、政治生态学、生态哲学、生态伦理学和环境社会学的著作中，专门有章节探讨马克思主义与这些学科关系的文章。例如，在《价值、冲突和环境》这样的环境伦理学著作中，专门有章节探讨了"马克思主义与环境价值"的问题。另一方面，有一批专著问世。除了戴维·佩珀的《生态社会主义：从深生态学到社会正义》之外，生态马克思主义近年来出版了一系列引人注目的著作。其中一些著作已经被译成中文在我国出版，国内学者对之也进行了大量研究。

2. 在哲学的层面上，西方学者进一步发掘了马克思主义哲学的生态文明意蕴，从整体上认识到了马克思主义哲学的生态维度（生态哲学）

（1）马克思主义生态哲学的理论来源。在这个问题上，西方学者通过对马克思"博士论文"的研究，认为马克思一开始就是站在伊壁鸠鲁唯物主义的立场上开始自己的理论征程的，对伊壁鸠鲁的了解为理解马克思在自然哲学领域中的深度唯物主义提供了一种方法。这种哲学不仅影响到马克思对人和自然关系的看法，也影响到了恩格斯。在总体上，由于受伊壁鸠鲁的影响，马克思和恩格斯关注的是进化和突显，并且在起点上使自然脱离了神灵的左右。

（2）马克思主义生态哲学的理论立场。现在，通过阅读和诠释辩证唯物主义和自然辩证法方面的哲学文本，一些学者开始注意到了辩证唯物主义和自然辩证法的生态哲学意义。例如，在编入《马克思主义的绿化》（1996年）论文集中的题为《马克思和生态学：本尼迪克特教的而非圣芳济会的》论文中，瓦廉康特专门挑选恩格斯的《反杜林论》和

《自然辩证法》作为研究的对象。他也注意到了马克思和恩格斯在该问题上的"差异",但是,最终还是承认马克思鼓励和支持恩格斯对自然辩证法的研究。现在,大家对《劳动在从猿到人的转变中的作用》一文的生态意蕴和生态价值的认同度在不断提高,尤其是其中的几个关键段落被反复引证,认为该文提出了一系列重要的生态学观点。这就是说,辩证唯物主义和自然辩证法同样能够成为生态文明的哲学基础。如西方学者所言,人类之所以难免于这个过程,是由物质本身的发展规律决定的。这就是为什么由恩格斯《自然辩证法》开创的工作值得我们理解和构建的原因。我们不能离开自然界,因为我们自身是由物质组成的;我们把物质转变成商品所用的能量最终会改变自然界和人类社会自身。所有的过程都是相互交织的辩证过程。当然,也有一些学者认识到了历史唯物主义的生态意蕴和生态价值,认为马克思恩格斯对历史的辩证和唯物的理解认识到了人类与其创造的环境之间的持续的相互作用。此外,一些学者尤其是日本的学者,对马克思主义的实践唯物主义所具有的环境思想也给予了高度的评价,其中一些学者将实践唯物主义表述为辩证的实践唯物主义。

　　(3)马克思主义生态哲学的理论含义。在上述提及的论文中,桑德拉拉杰提出了马克思主义的"生态哲学"的含义问题。她强调"形成中的自然"和"形成了的自然"之间的区别,并且把概念追溯到了文艺复兴时期。例如,自然的人化采取了两种形式:"形成了的自然"是建立在人类技术对自然的改造性的影响上的,而"形成中的自然"把自然法则看作富有意义的秩序。在她看来,生态学马克思主义将承认这两个概念的辩证统一,如同承认自然具有内在价值的关于自然的非生产性的观点一样。这样理解马克思主义哲学中的人和自然的关系,就为给马克思主义贴上生态中心主义或人类中心主义标签的做法画上了一个休止符。现在,大家逐渐认识到马克思主义是主张自然主义和人文(人道)主义的统一的。

　　此外,西方学者对马克思主义的自然、异化、解放等概念的生态意蕴和生态价值也进行了科学诠释。这些努力就为构建马克思主义生态文明理论廓清了哲学地平线。

　　过去,有不少西方学者认为马克思主义哲学、政治经济学和科学社会主义等马克思主义理论是与生态学不相融的,甚至是冲突的,现在,对这个问题的看法出现了一些变化，一些学者认为生态问题至少是一个贯穿于马克思主义理论始终的附属马克思主义理论主题的一个重要问题，并从哲学、经济学、政治学、社会学等多个学科的角度探讨了马克思主义生态文明理论的有关问题。但是，他们从总体上对这个问题的研究力度是远远不够的。现在，一些学者也意识到了这个问题，提出了建立统一的"一门科学"的思想："在敏锐洞察某些实在的因果过程方面，马克思显然是一个'科学先知'。实际上他的科学唯物主义就是一种以自然科学的形式描绘社会世界的一种方式。但是对自然科学和社会科学（他称之为'哲学'）这种严格的二分法最终在如下情形下会显示出不足：'自然'正在逐渐为'人类'所影响。马克思认为，最终会出现一种专门的科学描述人与自然之间越来越多的相互作用。"① 显然，这一看法抓住了这个问题的要害。这其实就是要建构"马克思主义生态文明理论"。

通过这些努力，西方学者在一定程度上解除了对马克思主义生态文明理论的"遮蔽"，并开始从科学的、哲学的、经济的和政治的等维度来建构马克思主义生态文明理论。

事实上，社会理论领域出现的意义深远的转折点通常是对扭转社会危机的回应，日益增长的全球生态灾难的威胁正在迅速传播并形成马克思主义批判性的视点。

二、生态议题的整体历程

马克思恩格斯在致力于创立科学共产主义理论的过程中，对人和自然的辩证图景进行了"哲学—经济学—政治学"的整体描绘，尤其是从劳动的角度确定了人类史和自然史的辩证关系在整个科学共产主义理论体系中的地位。这样，唯物史观的生态文明理论不仅是在唯物史观文本中呈现的，而且是在整个马克思主义理论体系中展现的。这两种情况往往是交叉在一起的。

---

① Peter Dickens, Beyond Sociology: Marxism and the Environment, *The International Handbook of Environmental Sociology*, edited by Michael Redclift etc., Northampton Edward Elgar, 1997, p. 182.

（一）走向科学理论过程中的生态文明理论

从青年时期就立志选择最能为人类而工作之职业的马克思和恩格斯，在关注无产阶级和劳动人民切实利益的过程中，对自然问题尤其是人与自然关系背后的人与人（社会）的关系给予了高度的关注。

马克思一登上理论舞台的时候，其世界观和政治观就是与青年黑格尔派有所区别的。一开始，他就从承认原子偏斜的伊壁鸠鲁那里接受了非决定论的唯物主义或者承认能动性的唯物主义。在其博士论文《德谟克利特的自然哲学和伊壁鸠鲁的自然哲学的差别》中，已经表明了这一点。同时，围绕着"林木盗窃"问题，马克思站在同情穷人的立场上看到了人和自然关系背后的社会利益问题。从远古的公社开始，人们就捡拾公共林地上的枯枝以取暖做饭。但是，随着工业化的发展和私有制的形成，穷人的这一传统的权利正在被剥夺。马克思发现，捡拾枯枝现在已经被归于偷窃的范畴之中，并将同砍伐和偷盗木材一样受到严厉指控。通过这种方式，森林所有者试图使枯木成为有"价值"（私有财产的一种来源）的，虽然以前从未被卖过也从未有过市场价值。马克思无情地批判了这些私人森林看守的两面性，尽管他们表面上是森林的守卫者，即林务员，实际上却只是一个"估价员"——他们在誓言下的估价只是留给了森林所有者自己，因为利益使然。这样，"对费尔巴哈自然主义的关注反过来进一步加强了马克思逐渐增长的对政治经济学的关注，继他的关于林木盗窃问题的文章之后，他意识到，政治经济学是解决人类对自然的物质占有问题的钥匙"①。这样，哲学的革命变革和经济学的革命变革都是要导向无产阶级和人类解放的。

《1844年经济学哲学手稿》是马克思主义生态文明理论的真正诞生地和秘密。针对"**劳动**在国民经济学中仅仅以**谋生活动**的形式出现"的问题，马克思在"手稿"中提出了两个问题："（1）把人类的最大部分归结为抽象劳动，这在人类发展中具有什么意义？（2）主张细小改革的人不是希望**提高**工资并以此来改善工人阶级的状况，就是（像蒲鲁东那样）把工资的**平等**看作社会革命的目标，他们究竟犯了什么错误？"②全

---

① ［美］约翰·贝拉米·福斯特：《马克思的生态学——唯物主义与自然》，80页，北京，高等教育出版社，2006。

② 《马克思恩格斯全集》，中文2版，第3卷，232页，北京，人民出版社，2002。

部"手稿"就是围绕着这两个问题展开的。马克思恩格斯正是在科学地回答上述问题的过程中，通过深化批判"异化劳动"、肯定劳动价值的逻辑，才逐步创立了马克思主义。在这个过程中，马克思已经深入到人与自然关系的生态性、辩证性和社会性的层次上了。

（1）人和自然的生态关联。人的肉体生活和精神生活都是同自然界相联系的，这不仅表明人是自然界的一部分，而且说明自然界是人的无机的身体。自然界既是人的直接的生活资料，也是科学和艺术的对象，还是人的生命活动的对象和工具。

（2）人和自然的辩证关联。尽管自然界是先在的，但是，孤立的与人分离的自然界对人来说也是无。这在于，人是通过生产劳动与自然界发生联系的。在生产劳动的过程中，人使自然界成为了真正的人本学的自然界，即人化自然。

（3）人和自然的社会关联。人和自然的关系总是受劳动的社会性质制约的。在资本主义条件下，"异化劳动"不仅造成了人的异化，而且造成了自然异化；不仅造成了人与人（社会）关系的异化，而且造成了人与自然关系的异化（生态异化）。自然异化和生态异化就构成了生态危机。这是资本主义总体危机的重要构成方面。

（4）人和自然的未来前景。人和自然的关系的最终解决依赖于共产主义的历史进程。共产主义是人同自然界的完成了的本质的统一，是自然界的真正复活，是人的实现了的自然主义和自然界的实现了的人道主义。这样，人和自然的辩证矛盾的展示过程就已经孕育了科学的生态文明理论的胚胎。

《英国工人阶级的状况》是马克思主义生态文明理论产生的另一源头。在该书中，恩格斯揭露和批判了在资本主义机器大生产体制中，资本家对工人正常的生活和工作的生态条件的剥夺，充分揭示了工业革命时期英国城市的主要环境问题，即工人住所与工作场地的恶劣状况、河流污染和空气污染等。这些问题在剥夺自然的同时也严重地剥夺了工人的身体健康和精神健康。例如，肺结核、猩红热和伤寒等是在工人中最常见的疾病，这种灾害之所以到处蔓延，是直接由于工人的住宅很差、通风不良、潮湿和肮脏而引起的。再如，工人所患的各种各样的职业病，更是由工厂劳动的性质和劳动本身的环境直接造成的。在恩格斯看来，与此有关的灾难之所以集中在工人身上，固然与爱尔兰人的生活习性有关，但是，更为重要的是，这与工厂主的唯利是图密不可分的。对资产者来说，金钱具有一种它本身所固有的特殊的价值，即偶像的价值，这样，它就使资产者变成了卑鄙龌龊的"财迷"。资产者为了多赚钱不惜采取任何手段，认为生活的目的就是装满自己的钱袋。这种情况同样会导致阶级矛盾的加剧。这样，随着阶级的分化日益尖锐，反抗的精神日益深入工人的心中，愤怒在加剧，个别的游击式的小冲突在扩展成较大的战斗和示威，不久的将来，一个小小的推动力就足以掀起翻天覆地的浪涛。

可见，马克思主义生态文明理论的发生是有强烈的现实针对性和鲜明的社会批判性的。

（二）唯物史观创立过程中的生态文明理论

唯物史观是马克思主义发展史上的第一个理论制高点。马克思恩格斯在创立唯物史观的过程中，从科学实践观的高度揭示了人和自然关系的辩证性质，从而确定了生态文明问题在唯物史观中的应有的科学位置。

1. 把握人与自然关系的科学实践观视野的确立

从 1844 年夏天的历史性会面开始，马克思恩格斯便开始了并肩创立唯物史观的新时期。在 1845 年出版的《神圣家族》中，马克思恩格斯就清算了青年黑格尔派的唯心史观，科学地阐述了一系列新哲学的基本观点。其中，实践的观点即历史整体的观点已经具有比较突出的意义，而且物质生产也在理论上第一次具有人的生活构成和历史构成的意义。因此，与鲍威尔完全抹杀人的生活的物质要素的思辨哲学不同，马克思指出："难道批判的批判以为，只要它从历史运动中排除掉人对自然界的理论关系和实践关系，排除掉自然科学和工业，它就能达到即使是才**开始**的对历史现实的认识吗？难道批判的批判以为，它不去认识（比如说）某一历史时期的工业和生活本身的直接的生产方式，它就能真正地认识这个历史时期吗？诚然，唯灵论的、**神学的**批判的批判仅仅知道（至少它在自己的想象中知道）历史上的政治、文学和神学方面的重大事件。正像批判的批判把思维和感觉、灵魂和肉体、自身和世界分开一样，它也把历史同自然科学和工业分开，认为历史的发源地不在尘世的粗糙的**物质**生产中，而是在天上的云雾中。"①在物质生产的基础上，人和自然的关系是以理论的和实践的双重形式展开的。人对自然的理论关系不仅体现为自然科学，而且表现为人对人和自然关系的其他理论形式的把握；人对自然的实践关系不仅体现为生产力，而且表现为人对人和自然关系的实践形式的把握。进而，在针对费尔巴哈旧唯物主义缺陷而科学表述新世界观萌芽的《关于费尔巴哈的提纲》（1845 年）中，马克思将之明确地表述为："环境的改变和人的活动或自我改变的一致，只能被看作是并合理地理解**为革命的实践**。"②这样，将人和自然的关系理解为一种实践建构的关系，就成为马克思主义把握人和自然关系的科学视野。

2. 唯物史观视野中的生态文明的科学建构

由马克思和恩格斯于 1945 年秋至 1846 年 5 月共同撰写的《德意志意识形态》是马克思主义哲学尤其是唯物史观创立的基本标志。这种历史观在思维方式上的根本特点是，不是从观念出发来解释实践，而是从物质实践出发来解释观念的形成。在此基础上，马克思恩格斯科学地阐述了人和自然的辩证图景，将人和自然的关系问题确立为唯物史观的一个重大的主题。

3. 人和自然关系的辩证图景

全部人类历史的第一个前提无疑是有生命的个人的存在。因此，第一个需要确认的事实就是这些个人的肉体组织以及由此产生的个人对其他自然的关系。这里的自然既包括人们自身的生理特性，也包括人们所处的各种自然条件——地质条件、山岳水文地理条件、气候条件以及其他条件。作为肉体的有自然力、生命力和意识力的自然存在物的人，是无法脱离自然界而独立存在的。但是，人与自然的关系不同于有机体与其环境的关系。人是以实践的方式同自然界发生关系的。但是，费尔巴哈没有看到，他周围的感性世界决不是某种开天辟地以来就直接存在的、始终如一的东西，而是工业和社会状况的产物，是历史的产物，是世世代代活动的结果，其中每一代都立足于前一代所达到的基础上，继续发展前一代的工业和交往，并随着需要的改变而改变它的社会制度。当然，在这个过程中，"外部自然界的优先地位仍然会

---

① 《马克思恩格斯全集》，中文 1 版，第 2 卷，191 页，北京，人民出版社，1957。
② 《马克思恩格斯选集》，2 版，第 1 卷，55 页，北京，人民出版社，1995。

保持着"①。事实上，在实践尤其是生产实践的过程中，存在着人与自然的双向作用，这样，自然就成为历史的自然，历史就成为自然的历史。显然，人和自然的统一或人和自然的和谐是在实践中得以完成的。在工业中，向来就有一个很著名的公式——"人和自然的统一"。因此，任何历史记载都应当从这些自然基础以及它们在历史进程中由于人们的活动而发生的变更出发。

4. 唯物史观的生态文明意蕴

在实践基础上展开的自然的历史和历史的自然的统一，构成了人类生存和社会发展的自然物质条件和基础。在这个过程中，就蕴藏着作为社会存在的经济物质基础和社会发展的经济物质动力的生产力发生的秘密。但是，迄今为止的一切历史观不是完全忽视了历史的这一现实基础，就是把它仅仅看成与历史过程没有任何联系的附带因素。因此，历史总是遵照在它之外的某种尺度来编写的；现实的生活生产被看成是某种非历史的东西，而历史的东西则被看成是某种脱离日常生活的东西，某种处于世界之外和超乎世界之上的东西。这样，就把人对自然界的关系从历史中排除出去了，因而造成了自然界和历史之间的对立。现在我们只来谈谈一个论点：鱼的"本质"是它的"存在"，即水。河鱼的"本质"是河水。但是，一旦这条河归工业支配，一旦它被染料和其他废料污染，河里有轮船行驶，一旦河水被引入只要简单地把水排出去就能使鱼失去生存环境的水渠，这条河的水就不再是鱼的"本质"了，对鱼来说它将不再是适合生存的环境。假如把所有这类矛盾宣布为不可避免的反常现象，实质上，同圣麦克斯·施蒂纳对不满者的安抚之词没有区别。事实上，"所有这些都指向这样一种事实：鱼的存在在某种意义上被人类实践的结果所异化。存在与本质之间的这些矛盾，因而需要用纯粹的实践来解决"②。这样，在实践上就必须使现存世界革命化，实际地反对并改变现存的事物；在理论上就必须将人和自然的关系纳入唯物史观中，使唯物史观成为研究和把握自然史和人类史的辩证关系的历史科学。

总之，马克思恩格斯在唯物史观的基础上科学地描绘了人的生存与

---

① 《马克思恩格斯选集》，2版，第1卷，77页，北京，人民出版社，1995。
② ［美］约翰·贝拉米·福斯特：《马克思的生态学——唯物主义与自然》，124页，北京，高等教育出版社，2006。

自然环境的辩证图景，确立了人创造环境、环境也创造人的科学思想，并主张依靠积极的、能动的实践活动来实现环境的改变和人的活动的一致的社会理想。这样，"历史唯物主义可以无可非议地被描述为'人类生态学'"①。在这个意义上，唯物史观不仅从哲学基本理论问题的层面上科学地解决了人和自然关系的具体历史统一的问题，而且在以实践为基础和中介的人类史和自然史的辩证关系中确立了生态文明在唯物史观中的科学位置。

以《德意志意识形态》为科学的起点，在《致帕·瓦·安年科夫（1846 年 12 月 28 日）》和《共产党宣言》（1848 年）等一系列的科学文献中，马克思恩格斯进一步确立了唯物史观的基本思想。这样，就完成了哲学史上最伟大的革命变革。当然，这一变革是借助于革命的批判的政治经济学尤其是剩余价值理论而最后完成的。

（三）剩余价值理论创立进程中的生态文明理论

剩余价值理论是马克思主义发展史上的第二个理论制高点。这既是一个自觉运用唯物史观研究社会经济问题的过程，也是一个在社会经济领域中检验唯物史观的过程。在这个过程中，马克思在科学上的两个伟大的发现凝聚成为一个科学的整体。因此，《〈政治经济学批判〉序言》（1859 年）在唯物史观的发展史上同样具有里程碑的意义。

1. 走向剩余价值理论途中的生态关注

在马克思对资本主义进行哲学批判的同时，恩格斯在关注现实问题的同时对资本主义进行了经济学批判。在《国民经济学批判大纲》中，恩格斯在阐述资本主义私有制必然灭亡的过程中，对人和自然的关系问题也给予了应有的关注。他将自然和人作为生产的两个基本要素，后者还包括人的人体活动和精神活动。在自然方面，土地是人类的一切，是人类生存的首要条件；而土地无人施肥就会荒芜，成为不毛之地。在这个过程中，恩格斯强调经济学家政治立场的重要性，认为瓦解私人利益不仅要为人类本身的和解开辟道路，而且要为人类与自然的和解开辟道路。在关注由林木盗窃引起的物质利益的过程中，马克思也开始了政治

---

① ［英］戴维·佩珀：《生态社会主义：从深生态学到社会正义》，147 页，济南，山东大学出版社，2005。

经济学的研究，最终发现了资本主义剥削的秘密，创立了剩余价值理论。在这个过程中，《资本论》的"三大手稿"不仅是科学的革命政治经济学的路标，而且是科学的革命哲学的路标。其中，在人和自然的关系问题上，有两个突出的思想：

（1）人和自然的关系是主体和客体的关系。人和自然的关系是建立在劳动基础上的关系。一方面，生产的原始条件表现为自然前提，这既是主体的自然，也是客体的自然。另一方面，人不是同自己的生产条件发生关系，而是人双重地存在着：从主体上说作为他自身而存在着，从客体上说又存在于自己生存的这些自然无机条件中。显然，作为主体和客体关系的人和自然是一种统一的关系。

（2）废物的循环利用可以实现劳动的节约。在生产的过程中，一个生产部门的废料是另一个生产部门的原材料。其中，大规模生产中的废料比小工业分散的废料更容易变成新产业的材料，结果生产的费用也会减少。同时，由于大规模生产时产生的肥料比较多，因此，可以将之作为农业和其他生产部门的原料来进行交易。这样，通过劳动，人和自然的关系问题也进入了政治经济学当中。

2. 生态文明的"哲学—经济学"的构建

在发现资本主义生产秘密的过程中，马克思首先是对国民经济学的哲学基础进行了革命清算。在此基础上，马克思开始将"人对自然的关系"这一"深奥的哲学问题"放入经济的和历史的经验事实中加以考察。这样，将哲学和经济学看作一个科学的有机整体，就成为马克思主义理论整体性的一个重要的特征。于是，以《资本论》为代表的"哲学—经济学—政治学"的总体性视野就成为建构科学的生态文明理论的新的理论基础。

3. 劳动是人和自然之间的物质变换过程

劳动首先是人和自然之间的过程，是人以自身的活动为中介来调整和控制人与自然之间的物质变换过程。在劳动中，作为独立的客观存在的自然界，不仅是人类活动的作用对象，而且是人类生存的基础和环境。没有自然界，没有自然界提供的自然物质条件，劳动就无法进行，人类也就无法生存下去。当然，人也不是在自然界面前完全被动的。一方面，他能够通过自己的活动把自然物质变成适合人类需要的物质生活生产资料。另一方面，人们在劳动过程中，不仅改变了作为客体的身外的自然，也改变了自身的自然，促进了自身的新进化。但是，在劳动的过程中，人不能仅仅按照自己的欲望作用于自然，更不能任意地对自然进行宰割。事实上，人只能像自然本身那样发挥作用，也就是说，只能改变物质的形态，并在这种劳动中还常常需要依靠自然的帮助。可见，只有尊重自然规律来进行物质生产，才能顺利实现人与自然之间的有效的物质变换。同时，劳动过程不可能由单独的个人绝对孤立地来进行。为了进行生产，人和人之间必然发生现实的关系。人类在劳动过程中，对过去劳动成果的占有状况必然影响着人们进一步改造自然的活动，而对自然的进一步的改造也会反过来影响人与人之间的关系的发展。因此，在劳动的基础上，人与自然的关系同人与人（社会）的关系是互为中介的。这样，要调节人与自然之间的物质变换关系，就必须调节人与人（社会）之间的关系。

4. 资本主义条件下的人和自然关系的二重性

马克思不仅一般地阐明了人与自然的系统联系及其丰富内涵，而且还深入细致地剖析了资本主义社会这个"历史规定形式"下的人与自然的关系。于是，马克思转向了对生态批判背后的社会原因分析，将生态批判和社会批判统一了起来。在马克思看来，在资本主义社会中，人与自然的关系具有二重性。一方面，它提升了人与自然之间物质变换的水平。但是，这种对自然的更为深入和广阔的占有，不是也不可能是全人类的占有，而只能是资本的占有；不是也不可能是人类最高水平的占有，而只是某一历史阶段的占有。另一方面，自然界在资本逻辑的眼中不过是有用物，不过是人的对象。尤其是随着资本对物质财富的贪欲、对高额利润的贪婪，人与自然之间的物质变换被破坏了，人类生存的永恒的自然条件被剥夺了，这样，就形成了严重的生态危机。同时，竞争的无政府状态必然造成人类向自然界索取和占有的无政府状态，从而造成对自然的破坏。不仅如此，在资本主义社会中，一切关系都被异化为物的关系，人与人的关系也因此被颠倒地表现出来，表现为物与物之间的社会关系。这就是资本逻辑主导下的人与自然关系、人与人（社会）关系的真实面貌。

5. 共产主义条件下人与自然关系的光明前景

虽然资本主义也会由于自身利益受到损失而采取协调人与自然关系的措施，但是，只要资本追逐剩余价值的本性不变，那么，人与人之间的对立和人与自然之间的对立是不可能消除的。因此，只有将人从其社会关系中提升出来，实现生产资料所有制的革命变革，使人成为自己的社会结合的主人，那么，联合起来的生产者，才会合理地调节他们和自然之间的物质变换，把它置于他们的共同控制之下，而不让它作为盲目的力量统治自己，靠消耗最小的力量，在最无愧于和最适合于人类本性的条件下进行人与自然的物质变换。显然，只有到了共产主义社会，人与人之间的社会关系处于人们有意识、有计划的控制之下的时候，人们才会揭掉社会关系的物的外衣，真正成为社会关系的主人。这样，人与自然的关系才能以合理的人性的方式展现出来。这就是生态文明的光明前景。

显然，《资本论》是辩证法、逻辑学和认识论的统一，是科学的哲学、经济学和政治学的统一。在此基础上，人和自然的关系成了一种现实的可理解的关系，这样，马克思不仅向我们呈现出了生态文明实践的社会图景，而且向我们展示出了生态文明理论的科学面貌。

在实践需要和理论深化的双重逻辑的格局中，马克思不断科学地推进着政治经济学的发展。其中，在写于 1879 年下半年至 1880 年 11 月的《评阿·瓦格纳的"政治经济学教科书"》中，马克思在再一次集中地表述其经济学说的基本原理并加以具体化的过程中，对科学世界观也进行了集中的表述，同时阐述了人和自然关系的基本类型。在马克思看来，建立在实践基础上的人和自然的关系，可以区分为实践关系、认识关系和价值关系等基本类型。这样，实践、认识和价值就成为影响和调节人与自然关系的基本方式和途径。

在政治经济学与生态思维的关系问题上，生态马克思主义认为："马克思主义的政治经济学（就像马克思主义的一般理论一样）并不具有明显的生态思维的痕迹。"[1]显然，这是没有事实根据的。事实上，革命的科学的政治经济学与唯物史观一起成为观察和分析人与自然关系的科学视野，同时也构成了马克思主义生态文明理论的科学基石。

（四）完善马克思主义理论体系过程中的生态文明理论

唯物史观和剩余价值理论是无产阶级革命实践经验的科学总结，反

---

① ［美］詹姆斯·奥康纳：《自然的理由——生态学马克思主义研究》，193 页，南京，南京大学出版社，2003。

过来，又推动了无产阶级革命实践的发展。马克思主义理论在新的实践的基础上又进一步得以丰富和发展。在这个过程中，作为新的哲学视野的唯物史观不断扩展自己的领域，在进一步强化马克思主义整体性的同时，也丰富和发展了关于人和自然关系的科学理论。

1. 辩证唯物主义和自然辩证法视野中的生态文明的理论建构

在马克思创立唯物史观和发现剩余价值的过程中，恩格斯主要致力于新哲学理论体系的完善工作，着重阐述了辩证唯物主义和自然辩证法在马克思主义哲学中的地位和作用。在《反杜林论》这部马克思主义的百科全书中，恩格斯主要从辩证唯物主义的角度阐述了人和自然的辩证关系。在恩格斯看来，"自由不在于幻想中摆脱自然规律而独立，而在于认识这些规律，从而能够有计划地使自然规律为一定的目的服务。这无论对外部自然的规律，或对支配人本身的肉体存在和精神存在的规律来说，都是一样的。这两类规律，我们最多只能在观念中而不能在现实中把它们互相分开"①。这里，恩格斯不仅突出了尊重客观规律的重要性，而且认为自然规律和社会规律是统一的。当然，要确立辩证的同时又是唯物主义的自然观，需要具备数学和自然科学的知识。这样，在确立和深化辩证唯物主义的过程中，恩格斯就在马克思主义哲学中开辟出了一个专门领域——自然辩证法。

在《自然辩证法》中，恩格斯在总结当时科学技术成就的基础上，系统地阐述了马克思主义的自然观、科学技术观、科学方法论、科学技术社会学等一系列的问题，用自然辩证法学科的形式确立了生态文明在马克思主义哲学的地位，尤其是其中的著名科学论文《劳动在从猿到人的转变中的作用》是马克思主义生态文明理论的代表作。其主要思想有：

（1）促进人与自然和谐发展的理论途径。动物仅仅利用自然界，简单地通过自身的存在在自然界中引起变化，而人通过他所作出的改变来使自然界为其目的服务，来支配自然界。但是，人类不能站在自然之外去统治和主宰自然，否则必遭自然的无情报复。这样，尊重自然规律就成为协调人与自然关系的理论途径。人类必须时刻铭记：我们连同我们的肉、血和头脑都是属于自然界和存在于自然之中的；我们对自然界的

①　《马克思恩格斯选集》，2版，第3卷，455页，北京，人民出版社，1995。

全部统治力量，就在于我们比其他一切生物强，能够认识和正确运用自然规律。

（2）促进人与自然和谐发展的社会途径。一切旧的生产方式，都仅仅以取得劳动的最近的、最直接的效益为目的。那些只是在晚些时候才显现出来的、通过逐渐的重复和积累才产生效应的较远的结果，则完全被忽视了。在资本主义生产方式中，这一点表现得最为充分。为了最大限度地获取剩余价值，资产阶级丝毫不顾及由此而造成的水土流失、农业破坏的严重后果。这样，社会变革就成为了协调人与自然关系的实践途径。为此，需要对我们的直到目前为止的生产方式，以及同这种生产方式一起对我们的现今的整个社会制度实行完全的变革。

事实上，辩证唯物主义和自然辩证法不只是局限在自然领域的，也指向了社会历史领域，对建立在实践基础上的社会和自然的辩证关系给予了高度的关注。

2. 史前社会理论和东方社会理论视野中的生态文明的理论建构

随着国际范围内无产阶级同盟军问题的突出、被压迫民族的民族解放斗争的深入，随着《资本论》研究的深化和唯物史观理论体系的完善，马克思从 1871 年巴黎公社革命以后，对人类学、东方学、世界历史、俄罗斯社会问题等一系列全新的问题进行了深入研究，尤其是对史前社会问题和东方社会问题进行了具体的研究，由此形成了作为唯物史观的具体组成部分的史前社会理论和东方社会理论。《人类学笔记》（《古代社会史笔记》）、《历史学笔记》、"关于俄国问题的通讯和札记"就是这方面的代表作。

在人类文明起源的问题上，马克思认为文明是人类物质生产实践的产物，同时，他又非常重视地理生态环境和人自身的生产在文明形成中的作用。

（1）在物质生产方面，人类在地球上获得统治地位的问题完全取决于他们（即人们）在这方面——生存的技术方面——的巧拙。人类进步的一切伟大时代，是跟生存资源扩充的各时代多少直接相符合的。

（2）在地理生态环境方面，不同的文明有其自身存在的特殊生态环境。例如，两个半球的自然资源不一样：东半球拥有一切适于驯养的动物和大部分谷物；西半球则只有一种适于种植的作物，但却是最好的一种（玉蜀黍）。但是，到野蛮时代中期开始之时，东半球最先进的部落已驯养了提供肉类和乳类的动物，那里的人们虽然不知道谷物，但他们的情况却远胜于有玉蜀黍和其他作物但却没有家畜的美洲土著。

（3）在人自身生产方面，家庭是一个能动的要素，它从来不是静止不动的，而是由较低级的形式进到较高级的形式。反之，亲属制度却是被动的，"同样，**政治的、宗教的、法律的以至一般哲学的体系，都是如此**"①。在总体上，文明的形成是在物质生产的基础上受多种多样因素影响的结果。可见，史前社会理论在丰富和发展唯物史观的同时，也从历史发生的角度科学地说明了人与自然的关系。

在东方文明的特殊性上，马克思在论述亚细亚生产方式的时候就注意到了其地理生态环境的特殊性对社会结构的影响。随着资本主义农业的发展，土地退化和农业可持续发展问题日益突出。在马克思的晚年，这些问题对他来说越来越重要，那时，作为他研究俄罗斯农村公社所具有革命可能性的一种结果，他提出了这样一种观点：通过使用在资本主义条件下不能充分或者理性应用的各种现代"农艺方法"，能够形成"大规模组织起来的、实行合作劳动的"农业耕种制度。他认为，这样一种制度的优点是它能够"享用资本主义制度的一切肯定成果"，而不用经受资本主义对土地的纯粹剥削关系之害。这样，"马克思通过他的著作——特别是《政治经济学批判手稿（1857—1858）》以及他最后十年的著作当中——持续地强调传统公社关系以及与土地的非异化关系的重要性，这被一些人类生态学家看作是这一新兴领域继续发展所必需的根本而重要的出发点"②。在这个过程中，马克思把精力集中在农业的欠发达状况以及更加理性的农业耕种制度所必需的生态条件上。

在马克思《人类学笔记》的基础上，恩格斯撰写了《家庭、私有制和国家的起源》一书。在这部唯物史观的科学名著中，恩格斯将马克思《人类学笔记》中的一些思想加以系统化，在科学地阐述家庭、私有制和国家的起源的过程中，纠正了过去对社会历史的一些表述不准确的论述，阐明了社会历史的分期问题和文明发展的一般规律，强调了人自身生产在社会发展中的重大作用，最后说明规律是普遍的、适用于自然界的，也适用于人类社会。

---

① 《马克思恩格斯全集》，中文1版，第45卷，354页，北京，人民出版社，1985。
② ［美］约翰·贝拉米·福斯特：《马克思的生态学——唯物主义与自然》，247页，北京，高等教育出版社，2006。

可见，在与时俱进地推进马克思主义整体性的过程中，结合多个学科的成果，唯物史观不断扩展自己的学科领域，从而使人们对人和自然的辩证关系的认识更为科学和系统了，并进一步确立了生态文明问题在唯物史观以至于整个马克思主义理论体系中的重要位置。

在由马克思恩格斯实现的社会主义从空想到科学发展的基础上，社会主义又相继发生了从理论到行动、从行动到制度、从一国到多国的发展等波澜壮阔的历史演变。在这个过程中，尽管有曲折和反复，但是，马克思主义的强大生命力得到了充分的证实。同样，马克思主义生态文明理论在这个过程中也得以进一步丰富和发展。中国特色社会主义理论提出的生态文明的思想，就是马克思主义生态文明理论在当代中国的理论创新成果。

三、生态理论的科学性质

作为研究人类史和自然史辩证关系的科学的唯物史观，不仅科学地展现出了人与自然关系的辩证图景，而且奠定了生态文明的科学基础。

（一）马克思主义生态文明理论的科学来源

马克思主义生态文明理论绝不是单纯的哲学想象，而是建立在对自然科学最新成就的深刻的哲学领悟上的。

马克思主义生态文明理论是近代自然科学成就的集中体现。马克思恩格斯进行科学研究和革命活动的时代，是近代科技革命迅速发展的时代。达尔文的进化论、海克尔的生态学、李比希的农业化学、摩尔根的人类学等科学成果都对生态科学的形成作出了自己的贡献。

1. 达尔文的进化论

生物进化论完成了自然界生成演化的最高阶段的理论探索，不仅是整个马克思主义哲学的科学基础，而且是马克思主义生态文明理论的直接的科学基础。马克思站在唯物主义的立场上研究了达尔文的进化论，并进一步阐述了人类史和自然史的辩证关系。在马克思看来，"达尔文注意到自然工艺史，即注意到在动植物的生活中作为生产工具的动植物器官是怎样形成的。社会人的生产器官的形成史，即每一个特殊社会组织的物质基础的形成史，难道不值得同样注意吗？而且，这样一部历史不是更容易写出来吗？因为，如维科所说的那样，人类史同自然史的区别在于，人类史是我们自己创造的，而自然史不是我们自己创造的。工艺学揭示出人对自然的能动关系，人的生活的直接生产过程，从而人的社会生活关系和由此产生的精神观念的直接生产过程"①。这样，就进一步加深了对人和自然辩证关系的科学认识。

2. 海克尔的生态学

德国学者海克尔在其著作《普通有机体形态学》（1866 年）中界定了"生态学"（ecology）的含义，那一年是马克思出版《资本论》的前一年。海氏是达尔文在德国的主要追随者，他把卢克莱修作为其科学前辈之一。在海克尔看来，生态学和达尔文在《物种起源》中所说的"自然经济学"相关联。马克思和恩格斯非常熟悉海氏的著作，他们运用进化论的观点把人类看作动物界的一部分（拒绝了那种把人类看成是世界中心的目的论观点），后来采纳了"自然历史"这个旧概念，把人类的"自然历史"集中在与生产的关系上。海克尔认为，这一概念是他所创造的"生态学"的同义词。

3. 李比希的农业化学

李比希开创了农业化学的研究，提出植物需要氮、磷、钾等基本元素，而土地肥力丧失的主要原因是植物消耗了土壤里的生命所必需的这些矿物成分，因此，他大力提倡用无机肥料来提高收成。所以，他被农学界称为"农业化学之父"。马克思在《资本论》中不仅多次引用了李比希的科学成果，而且认为"李比希的不朽功绩之一，是从自然科学的观点出发阐明了现代农业的消极方面"②。围绕着这一问题，马克思进一步揭示出了资本主义农业掠夺土地肥力导致的农业不可持续的问题。

4. 摩尔根的人类学

摩尔根将进化论引入了人类学，开创了文化人类学中的进化论学派。他对文化和社会进化过程中技术改革及其他纯物质因素的重视，引起了马克思和恩格斯的高度注意。马克思 1881 年 5 月至 1882 年 2 月细心研读了该书，并写出了十分详细的摘录和批语——《摩尔根〈古代社

---

① 《马克思恩格斯全集》，中文 2 版，第 44 卷，429 页脚注（89），北京，人民出版社，2001。

② 同上书，580 页脚注（325）。

会〉一书摘要》（摩氏笔记）。"摩氏笔记"是马克思《人类学笔记》（《古代社会史笔记》）的重要组成部分。他本打算进一步阐述摩氏的研究成果，但没来得及就去世了。后来，恩格斯根据马克思的"摩氏笔记"写出了《家庭、私有制和国家的起源》，并对摩尔根的研究成果作出了科学评价。恩格斯在1884年指出："原来，摩尔根在美国，以他自己的方式，重新发现了40年前马克思所发现的唯物主义历史观，并且以此为指导，在把野蛮时代和文明时代加以对比的时候，在主要点上得出了与马克思相同的结果。"①

在这些科技成就面前，马克思恩格斯不仅感到衷心喜悦，而且都进行了深入的研究。

这样，随着自然科学领域中的这些革命性变革，唯物主义不仅需要将自己改变成为辩证唯物主义，而且需要在历史唯物主义中开辟出生态文明的新领域。

（二）马克思主义生态文明理论的内容架构

经过劳动形成的人与自然的和谐发展问题是认识社会历史客观规律的关键之一。这样，唯物史观为自己提出的艰巨任务就是要展现这种关系的必须清楚区分而又深刻地相互联系着的两个方面。一方面，人本身是一种自然的存在，而他的劳动能力仅仅是自然能力的一种形式；另一方面，人努力去改变自然以满足自己日益增长的需要。在科学解决这个问题的过程中，马克思主义生态文明理论就在唯物史观的平台上成为了可能。国外一些学者对马克思主义文本中的生态学思想体系已经进行了诸多的集中概括。② 参考这些资料，以马克思主义文本为依据，可以将马克思主义生态文明的科学体系的基本支点简单地概括如下：

1. 从自然辩证法到社会辩证法的发展

自然界在事实上是先在的。辩证法是为自然界本身所具有的。自然是一个绵延不绝的对立统一的系列，是能够相互创造、相互破坏和相互

---

① 《马克思恩格斯选集》，2版，第4卷，1页，北京，人民出版社，1995。

② Cf. Marx and Engels on Ecologg，edited and compiled by Howard L. Parson，pp. 121-223，London，Green Wood Press，1977。同时参见［德］霍斯特·保尔：《马克思、恩格斯和生态学》，载《国外社会科学动态》1986（1）；［英］N·帕森斯：《自然生态与社会经济的相互关系——马克思和恩格斯的有关论述》，载《生态经济》，1991（2）。

转化的。在自然物质运动的基础上，以劳动为基础和中介，产生了社会运动。这样，劳动就将自然和社会整合了起来。这里，存在着一个从原初自然向人化自然和人工自然的生成过程。其实，同恩格斯一样，马克思也是承认自然辩证法的。

2. 作为生物的人类同自然的相互依赖

在自然演化的过程中，作为生物的人类与自然之间存在着相互依赖的关系。

（1）自然界是人类生存的主体。自然界是人为了不致死亡而必须与之不断交往的、人的身体。

（2）人同自然在本质上的相互依存。一方面，人具有自然力、生命力，是能动的自然存在物；另一方面，人作为自然的、肉体的、感性的、对象性的存在物，和动植物一样，是受动的、受制约的和受限制的存在物。

（3）人与其客体的相互验证。通过吃、喝、对象的加工等等活动，人与作为客体的自然是相互验证的。

（4）在物质的固有的特性中，运动是第一个特性而且是最重要的特性。运动不仅是机械的和数学的运动，而且更是趋向、生命力、紧张。或者说，是物质内部所固有的、活生生的、本质的力量。作为生物的人类同自然的相互依赖是从原初自然向人化自然和人工自然的生成过程的重要环节。

3. 创造生活的人类同自然的相互依赖

人类还能创造出自然界的一种新生活。

（1）人类生存依赖于和自然的不断发展的相互作用。任何历史记载都应当从人的生存的自然基础以及它们在历史进程中由于人们的活动而发生的变更出发。

（2）人类通过手和脑给自然留下标记。人们不仅变更了植物和动物的位置，而且也改变了自己所居住的地方的面貌、气候，甚至还改变了植物和动物本身，使自己活动的结果只能和地球的普遍死亡一起消失。

（3）人对自然的反作用。地球的表面、气候、植物界、动物界以及人类本身都不断地变化，这一切都是由于人的活动造成的。

（4）人类生存的规律和动物生存的规律是不同的。动物所能做到的最多是搜集，而人则从事生产，他制造最广义的生活资料，这是自然界离开了人便不能生产出来的。

（5）从动物必然到人类自由的道路。随着生产资料私有制的消灭，人才能最终地脱离动物界，从动物的生存条件进入到真正人的生存条件。

（6）人类与自然界休戚相关。自然界中物体的相互作用中既包含斗争，也包含合作。人类与自然的关系同样如此。

（7）人的大脑与思维是自然界的产物并且与之相符合。人脑的产物，归根到底亦即自然界的产物，并不同自然界的其他联系相矛盾，而是相适应的。

（8）洞察和支配自然界必然性的自由。自由是对必然的认识和改造。这样，就从生物辩证法进入到了社会辩证法。唯物史观既克服了唯心主义轻视和低估社会的自然生存条件，也克服了自然主义的过高估计。

4. 自然物质是人类劳动先决的必要条件

唯物史观是立足于人类劳动的条件性来看自然物质对人类活动的制约性的。

（1）人不能创造物质。人并没有创造物质本身。甚至人创造物质的这种或那种生产能力，也只是在物质本身预先存在的条件下才能进行。

（2）物质是劳动的必备条件。在不同的使用价值中，劳动和原材料的比率的变化是巨大的，但是，使用价值总有一个自然物质基础。

（3）与劳动无关的物质没有价值。尤其是在资本主义条件下，自然是不费资本分文的东西。

（4）土地是人类通过共同劳动进行再生产并向前发展的客观先决条件。劳动的主要客观条件并不是劳动的产物，而是自然。

（5）自然条件对劳动生产力的影响。撇开社会生产的不同发展程度不说，劳动生产率是同自然条件相联系的。

（6）在东方为什么土地私有制从不发展：气候和土壤。这是马克思在解释亚细亚生产方式的特殊性时思考的一个重要问题。当然，唯物史观不否认独立于人类的外部自然力量的存在。

5. 人和自然通过劳动的相互变换

劳动是人与自然之间的物质变换过程。

（1）劳动力是由物质所孕育的人类能力；

（2）劳动和自然原料的结合产生了使用价值；

（3）人类的工具应用于自然就是生产使用价值的劳动过程；

（4）自然的生产手段和人类的生产手段；

（5）共产主义促使人和自然的统一；

（6）历史和自然是不可分的；

（7）产业中的人类同自然的统一和斗争；

（8）人同自然关系从崇拜到理智的演进；

（9）人类和自然界联系的发展阶段。

显然，人和自然的关系是在劳动的过程中建构起来的，最终实现了从原初自然向人化自然和人工自然的生成。这样，就使马克思主义生态文明理论具有了唯物史观的性质。

6. 人类应用科学技术于自然

科学技术是理解人与自然的关系、指导协调人与自然关系行动的枢纽。

（1）关于自然与人的科学技术。要注意从动植物的器官的形成到人的科学技术形成的本质差别，要看到工艺学的社会作用。

（2）机器的动力是自生的或天然的。作为所有发达的机器的重要组成部分的发动机是整个机构的动力，除了自己产生的动力外，它接受外部某种现成的自然力的推动。

（3）人类机器的生产力像自然力一样无偿地发生作用。如果不算机器和工具二者每天的平均费用，即不算由于它们每天的平均损耗和机油、煤炭等辅助材料的消费而加到产品上的那个价值组成部分，那么，它们的作用是不需要代价的，同未经人类加工就已经存在的自然力完全一样。其实，马克思反对自然的经济价值是为了反对将自然财富私有化，而与现代生态经济学所讲的生态价值不是一个层次上的问题。此外，科技进步能够促进废物的循环利用，能够提高土地的肥力。

7. 前资本主义社会中人和自然的关系

由于人和自然的关系是在劳动的基础上成为了一种社会建构，这样，社会关系尤其是生产资料的所有制成为制约人和自然关系的重要因素。这样，就要从考察前资本主义社会中的人和自然的关系开始。这包括史前社会和东方社会等具体的情况，也包括西欧私有制社会发展的情况。当然，马克思恩格斯考察这些问题不是浪漫主义的复古情绪的流露，主要是为了与资本主义对比而进行的，是一种历史发生学的考察。

8. 资本主义社会对自然的污染和破坏

这是马克思主义对资本主义进行生态—社会批判的主要问题。主要包括以下问题：

（1）人的生产力、科学和自然界都是无须资本花费的；

（2）资本家对人和自然的出卖；

（3）资本主义制度下人和自然的分离；

（4）资本主义制度割裂工农业的统一，扰乱人和土地的关系，浪费人力，劫掠劳动者和土壤；

（5）资本家缺少对工农业和人类消费所产生的废物的利用，也缺少利用废物的方法；

（6）在变革自然的过程中产生了人们预想之外的有害结果；

（7）资本主义浪费和耗尽了土壤；

（8）资本主义制度下的森林采伐；

（9）资本主义制度毁灭劳动者的财富和土壤的肥力。

可见，资本主义生产是不可持续的，它对自然的关系是以征服和掠夺为特征的。

9. 资本主义社会中人们工作和居住场所的污染

马克思恩格斯从无产阶级和人类解放的高度对生活环境的污染问题给予了高度的关注。

（1）当人们征服自然时，他也被别人奴役；

（2）工厂和工人住所的受剥削和有害健康的条件；

（3）产业工人悲惨的健康状况；

（4）城市住房改善和贫民窟的永久存在；

（5）童工状况；

（6）空气、居住场所、光线、清洁的环境和食物被污染，工人们的活动和友谊被损害。

在这个问题上，"根据马克思的观点，标志着大工业城市的'普遍污染'就是工人阶级的居住环境。无产阶级因此就成为一个遭受'普遍污染'和普遍苦难的阶级，一个遭到失去人类本性威胁的阶级，一个只有通过全人类的解放才能够解放其自身的阶级"①。这样，事实上提出

---

① ［美］约翰·贝拉米·福斯特：《马克思的生态学——唯物主义与自然》，123 页，北京，高等教育出版社，2006。

了这样一个问题：无产阶级的阶级斗争是否存在生态斗争的形式。在这个问题上，需要对资本主义社会中的环境运动的阶级属性做出科学估计。

10. 共产主义条件下人类对自然关系的变化

马克思主义是把人与自然的和谐放在从必然王国到自由王国飞跃的整个历史进步过程中来看待的。

（1）资本主义在发展生产力的同时，遇到了创造作为过程的历史概念的世界市场同重视作为人类身体的自然的矛盾。

（2）人类的自然主义和自然的人道主义的统一是共产主义的重要特征。

（3）当劳动成为对自然的社会性的普遍的管理时，人类劳动就被解放出来。

（4）人类通过认识和控制自然过程来发展自动化，作为社会财富的新基础，必须反驳资本主义对劳动时间的过时宣传。

（5）创造财富的是劳动生产率和生产条件，而不是剩余劳动时间，但是，只有当社会化的人合理地管理他们与自然的交往时，劳动生产率和生产条件才是将真正的人类自由置于必然性之上的基础。显然，只有在共产主义条件下才能真正实现人与自然的和谐。

正是根据这些情况，作为生态马克思主义代表人物的美国学者福斯特提出了"马克思的生态学"的概念。其实，"马克思的生态学"就是马克思主义生态文明理论的内在的科学基础和核心概念的问题，突出强调的是马克思主义生态文明理论的科学维度的问题。

（三）马克思主义生态文明理论的核心概念

通过对上述自然科学成就尤其是对李比希著作的系统研究，马克思形成了"物质变换"［"新陈代谢"（Stoffwechsel）］的科学概念，并用"物质变换断裂"展开了对资本逻辑的生态批判。这样，人与自然的物质变换就成为马克思主义生态文明理论的核心概念。

在19世纪40年代至今，物质变换概念已经成为研究有机体与其环境之间相互作用的系统论方法中的关键范畴。这一范畴抓住了新陈代谢交换的复杂的生物化学过程。通过新陈代谢交换，有机体（或者一个特定的细胞）从其环境中吸取物质、能量和信息，并通过各种形式的新陈代谢反应把它们转化为生长发育所需要的组织成分。此外，新陈代谢概念过去经常被用于表示一种特殊的调节过程，这种调节过程控制着有机体与其环境之间复杂的相互交换。在《资本论》中，马克思将劳动看作人和自然之间的物质变换的过程。马克思指出，劳动过程"是制造使用价值的有目的的活动，是为了人类的需要而对自然物的占有，是人和自然之间的物质变换的一般条件，是人类生活的永恒的自然条件，因此，它不以人类生活的任何形式为转移，倒不如说，它为人类生活的一切社会形式所共有。因此，我们不必来叙述一个劳动者与其他劳动者的关系。一边是人及其劳动，另一边是自然及其物质，这就够了"①。这里，物质变换表明的是人与自然之间的生态学关联，即在人与自然之间进行着物料、能量和信息的变换；动物是靠本能实现与环境的物质变换的，而人是通过劳动实现与自然界的物质变换的。显然，劳动具有典型的生态学意义和价值。以后，尽管背景有所不同，但是，在马克思的成熟著作中始终贯穿着物质变换（新陈代谢）的概念。在《评阿·瓦格纳的"政治经济学教科书"》中，马克思强调了新陈代谢概念在他对政治经济学进行全面批判中的中心地位。他指出：在说明生产的"自然"过程时，自己也使用了这个名称，即人与自然之间的物质变换。马克思强调指出，在商品流通的过程中，以后形式变换的中断，也是作为物质变换的中断。在马克思的分析当中，经济循环是与物质变换（生态循环）紧密联系在一起的，而物质变换又与人类和自然之间新陈代谢的相互作用相联系。他认为，在化学过程中，在由劳动调节的物质变换中，到处都是等价物（自然的）相交换。在作为《资本论》手稿的政治经济学批判"1857—1858 年手稿"中，马克思说道，在一般的商品生产中才形成普遍的社会物质变换，全面的关系，多方面的需求以及全面的能力的体系。这是他在广义上使用物质变换的概念。但是，在资本主义生产方式发展的过程中，造成了人和自然之间的物质变换的严重"断裂"（"新陈代谢断裂"），由此形成了一系列的生态环境问题。同样，在物质变换的普遍特性基础上展开的资本主义经济中的正常的经济等价物的形式交换，只不过是异化的一种表现形式。因此，马克思不仅对这种"断裂"造成的人和自然的双重异化进行了科学的批判，而且认为共产主义就是

① 《马克思恩格斯全集》，中文 2 版，第 44 卷，215 页，北京，人民出版社，2001。

要对这种物质变换进行自觉的科学的符合人性的调控。显然，对马克思而言，可持续性问题就是超越资本主义社会及其造成的人和自然之间的物质变换断裂的不断加剧和扩大的态势，而对物质变换进行自觉的科学的符合人性的调控的结果就形成了生态文明。这样，"物质变换断裂"就成为马克思批判生态异化的成熟的科学的工具。

在这个意义上，"马克思关于'物质变换断裂'的概念是其生态学批评的核心要素"①。现在，像尤金·奥德姆这样的最重要的系统生态学家对"新陈代谢"概念的运用涉及了从单个的细胞到整个的生态系统的所有的生态层次。

总之，以科学的实践观为哲学基础，以科技进步的最新成果为科技基础，以物质变换为核心概念，马克思恩格斯科学地揭示出人与自然的辩证关系的整体情况，并通过革命批判和生态建设的角度展示出这种关系，最后形成了人与自然和谐的思想。这就是马克思主义生态文明理论的基本面貌。

四、生态理论的世界图景

当人们追寻全球性问题的根源的时候，在理论思维上往往指向支配的逻辑，将"支配自然"（domination of nature）作为终极批判的对象。支配自然即征服自然。在一些论者看来，马克思主义不过是近代启蒙理性的延续，支配自然的逻辑同样存在于马克思主义当中。其实，反支配逻辑背后的深层次哲学问题是如何看待规律的问题。马克思主义不仅科学地阐述了发挥人的主观能动性和尊重客观规律的关系，而且辩证地说明了自然规律和社会规律的总体面貌。这样，唯物的辩证决定论就形成了马克思主义生态文明理论的世界图景。

（一）科学处理发挥主观能动性和尊重客观规律的关系

包括唯物史观在内的整个马克思主义都始终要求人们在实践的过程中把发挥主观能动性和尊重客观规律统一起来。在马克思看来，"不以

---

① John Bellamy Foster, Marx's Ecology in Historical Perspective, *International Socialism Journal*, Issue 96，Winter 2002.

伟大的自然规律为依据的人类计划，只会带来灾难"①。这事实上是一个如何处理原初自然、人化自然、人工自然三者之间关系的问题。在这个问题上，马克思主义决定论是唯物辩证的决定论。

1. 发挥人的主观能动性的过程就是实现客观规律的过程

主观能动性是人所具有的能动地认识和改造世界的能力和活动，具有目的性、改造性和创造性等三个特征。但是，在规律之外寻找人的主观能动性，就是把人放在了偶然性的王国中。这样，就必须要回到规律上来。

（1）规律尤其是规律的实现不是无主体的过程。

社会运动规律和思维运动规律是直接通过人的活动表现和实现的。即使在自然运动规律的实现过程中，同样渗透着人的参与。例如，核裂变和核聚变规律是一种客观的自然规律，但是，这种规律要在产业上得以实现，则必须通过建立核电站，而这就需要人的主观能动性。当然，人对自然规律的主体性影响丝毫没有改变外部自然的优先性和规律的客观性。

（2）规律与受规律支配的事物运动之间存在着差别。

规律实际发挥作用的条件总是具体的，而规律自身则是一种同一性。因此，规律的实现不可能永远与规律的要求丝毫不差，甚至会存在着阻碍规律实现的力量。这样，就需要一种矫正的力量，而人的主观能动性正是要发挥这种矫正的作用。

（3）规律是在偶然性中为自己开辟道路的。

没有大量的重复的偶然性，规律就无法表现和实现自己。人的主观能动性就是要在偶然性中为必然性（客观规律）的实现开辟道路。在这个意义上，正是由于规律存在着内在的矛盾，或者说规律是不完善的，才需要充分发挥人的主观能动性。这就是在实现和利用客观规律的过程中需要充分发挥人的主观能动性的根本原因。

显然，"一切事情是要人做的"，"做就必须先有人根据客观事实，引出思想、道理、意见，提出计划、方针、政策、战略、战术，方能做得好。思想等等是主观的东西，做或行动是主观见之于客观的东西，都是人类特殊的能动性。这种能动性，我们名之曰'自觉的能动性'，是

---

① 《马克思恩格斯全集》，中文1版，第31卷，251页，北京，人民出版社，1972。

人之所以区别于物的特点"①。在总体上，主体性的张扬应该是对规律的理性的支配，其实质就是主观能动性与客观规律性在实践基础上的互相转化。

2. 发挥人的主观能动性同样是一个受客观规律支配的过程

主体性的弘扬是以承认和尊重规律的客观性为前提条件的。规律是事物在自我构成、自我运动和自我发展过程中呈现出来的本质的、必然的和稳定的联系。承认规律的客观性是包括唯物史观在内的整个马克思主义的最基本的哲学立场。

（1）活动对象和材料的客观性。

人的认识活动、改造活动和创造活动，都是需要可供作用的物质对象和物质材料的。不仅巧妇难为无米之炊，而且物质对象和物质材料的结构、功能和属性本身作为客观规律的体现在事前就以特定的方式规定着主观能动性发挥的程度和方向。例如，同样的煤矿企业由于煤田的地质构造的不同，就决定了必须采用不同的采掘方式。

（2）活动过程的客观性。

人的"创造"活动，不可能无中生有，而是物质形态的变换过程。这样，物质要素及其关系就成为人类"创造"活动的转换的基质和中介。事实上，即使完全的人工事物也是在既有的物质要素和物质形态的基础上转换、"嫁接"甚至是"拼凑"出来的。

（3）活动手段和工具的客观性。

人的认识和实践都是凭借一定的手段和工具进行的，而这些手段和工具或者是客观规律在思维上的积淀（如认识过程中所要遵循的逻辑法则），或者是客观规律的物化成果（如改造世界过程中的工具、机器和设备等）。

显然，"人们要想得到工作的胜利即得到预想的结果，一定要使自己的思想合于客观外界的规律性，如果不合，就会在实践中失败"②。这样，是否尊重客观规律、这种尊重的程度如何，事实上已经决定了人的主观能动性发挥自己作用的后果了。

可见，"解放等于非压制性的控制自然，就是说，控制是受人的需要指导的，这种需要是由联合的个人在合理性的、自由的和独立的气氛

---

① 《毛泽东选集》，2 版，第 2 卷，477 页，北京，人民出版社，1991。

② 《毛泽东选集》，2 版，第 1 卷，284 页，北京，人民出版社，1991。

中提出的。然而控制自然也可能——和确实——有助于使统治和非理性永久化和强化。根本的东西是，在表达控制自然的特殊目标时要联系人的自由而不是人的权力"①。在马克思主义看来，自由是对必然的认识和对世界的改造。事实上，这指向的是两个问题：在理论思维上，要求人类必须将客观规律内化到自己的思想中；在实践上，要求人类必须铲除支配逻辑背后的不合理的社会逻辑。前者突显出了辩证唯物主义在自觉建构生态文明中的指导意义，而后者突显出了历史唯物主义在自觉建构生态文明中的指导意义。只有将二者统一起来，才能达到对人与自然关系的整体把握。

（二）科学处理自然运动规律和社会运动规律的关系

面对客观规律，还必须要正确处理自然运动规律（自然规律）和社会运动规律（社会规律）的关系。这在于，"我们不仅生活在自然界中，而且生活在人类社会中"②。这样，就需要对自然规律和社会规律进行具体的分析，并要在实践的过程中将二者协调起来。

1. 自然规律和社会规律的特点和作用方式

自然规律和社会规律在运行方式上各有特点。

（1）从物质运动的规律到人的活动的规律。

自然规律和社会规律是在不同的领域中按照不同的方式产生的。自然规律是一种客观存在的规律，是先于社会和人而存在的，是不依人的主观意志为转移的，是物质运动自身的规律。当然，人为活动有可能诱发一些自然规律的发生。与之不同，社会规律要依存于人的活动。人的实践活动体现出的新的为自然运动所不具有的特殊运动规律，也就是包括物质运动在内的人的实践活动规律。社会规律就是在人的实践活动以及个体之间的交互作用中形成的。总之，规律与物质进化的直接关联是自然规律的特点，而规律与实践的直接关联是社会规律的特点。

（2）从自发实现的运动规律到自觉实现的运动规律。

自然规律作为一种盲目的无意识的力量起作用的，具有不以人的意志为转移的客观性。同时，无论人们认识与否，它都在发挥作用。当然，从价值的观点来看，人类的认识状况对自然规律的作用状况有一定

---

① ［加］威廉·莱斯：《自然的控制》，186 页，重庆，重庆出版社，1993。
② 《马克思恩格斯选集》，2 版，第 4 卷，230 页，北京，人民出版社，1995。

的影响。而社会规律是通过抱有一定目的和意图的人的有意识的活动实现的。一般来讲，社会规律得以存在并发生作用的必不可少的条件是人的有目的有意识的社会活动。当然，即使选择和创造本身也是有条件的。总之，主要以自发的方式产生作用是自然规律的特点，而主要以自觉的方式产生作用是社会规律的特点。

（3）从实然性规律到概率性规律。

从表现形式来看，自然规律一般具有实然性的特征。宏观自然规律一般是动态规律，存在着严格的因果关系和数量依存关系。因此，只要具备了同样的客观物质条件，自然规律就可以以完全相同的形式反复出现。而社会规律通常具有概率性的特征，主要表现为统计学规律，揭示的是一种必然性和多种随机现象之间的规律性关系。所以，人们不可能准确地预见社会事件的发生，而只能预见社会发展的大概趋势。同时，社会规律是具体的，在不同的社会、国家、民族以及不同的历史阶段都有不同的表现形式。在这个意义上，社会发展是不允许对历史进行假设的。同时，社会规律的概率性与其重复性和客观性也是不矛盾的。可见，通常以实然性的方式表现自己是自然规律的特征，通常以概率性的方式表现自己是社会规律的特征。

这样，问题就在于使关于社会的科学，即所谓历史科学和哲学科学的总和，同唯物主义的基础协调起来，并在这个基础上加以改造。这个任务恰好是由唯物史观完成的。"唯物主义提供了一个完全客观的标准，它把**生产关系**划为社会结构，并使人有可能把主观主义者认为不能应用到社会学上来的重复性这个一般科学标准，应用到这些关系上来。"①由于人类社会的发展同样是一个自然历史过程，因此，社会规律和自然规律一样都是客观的。这样，就奠定了将自然规律和社会规律协调起来的客观基础。在这个意义上，唯物史观在向上提升唯物主义的同时，也具有了一般世界观和方法论的意义。

2. 社会生态运动规律的方法论意义和价值

今天，由于人类活动正面效应的作用和负面效应的激发，社会运动和自然运动正在日益嵌套成一个巨系统，二者的相互影响、相互作用和相互推进的不可分割性正在形成一种综合自然规律和社会规律的"新"

---

① 《列宁选集》，3版，第1卷，8页，北京，人民出版社，1995。

的运动规律——"社会生态运动规律"。社会生态运动规律是指"人（社会）—自然"或"环境—发展"这一复合生态系统所具有的整体协调规律，或者可以将之表述为人与自然和谐发展的规律。社会生态运动规律不是在自然运动和社会运动之上的或之外的一种运动规律，而是反映出自然运动和社会运动在物质运动过程中通过物质系统的"递阶秩序"而形成的一种自然和社会高度契合或相关的状况，是由于人类劳动在物质运动中的地位和作用增强而使物质运动趋向有序和统一的一种表现。递阶秩序也就是系统的叠加方式。建设生态文明的根本途径就在于要对客观世界的一般规律作全面、具体的把握，生态文明的世界图景只能是社会生态运动规律。社会生态运动规律是一种客观的物质运动规律，要将这一运动规律内化为生态文明的世界图景，必须要对之有一定的具体的和全面的把握。

（1）社会生态运动规律的发生机制。

在物质运动的各种形式之间存在着一种相互依赖、相互渗透的关系，共同构成了"世界系统"。由于自然和社会都是世界系统的构成部分，都反映世界系统的特征，彼此又互为中介，这样，自然运动和社会运动就共同构成了一种新的运动形式——社会生态运动。但是，从其现实发生来看，社会生态运动是由人类劳动引发的一系列变化而造成的。通过作为实现人与自然之间物质变换形式的劳动，自然运动和社会运动之间就形成了一种环状结构，存在着控制和反馈的机制。社会生态运动规律就是在这一背景下形成的自然界各层次的统一，是自然界各层次彼此相关而形成的整体。

（2）社会生态运动规律的构成方式。

社会运动和自然运动之间具有协同学所讲的协同的属性。"可把协同学看作是安排有序的、自组织的集体行为的科学"①。人的进化以凝聚的方式展示了物质演化和进化的过程，并构成了物质演化和进化的一个新的阶段。在这个过程中，人的劳动尺度的丰富性、整体性和统一性使社会生态运动规律成为现实。人的劳动是按照外在尺度和内在尺度、自然尺度和人的尺度、合规律性和合目的性相统一的方式进行的，因此，人也按照美的规律建造。这样，劳动就将自然运动和社会运动协调

① ［德］H. 哈肯：《协同学——自然成功的奥秘》，9页，上海，上海科学普及出版社，1988。

为社会生态运动。社会生态运动规律就是这种统一的集中体现，事实上就是一种美的规律——人与自然和谐发展之美的规律。

（3）社会生态运动规律的发展趋向。

在社会发展过程中，随着人的需要的扩大，社会与自然之间的联系不是减弱了，而是变得更加深刻和广泛了，社会越来越需要自然，使自然不仅成为生活资料和生产资料的来源，而且成为人的全面发展的进程。社会生态运动就是由此扩展自己的范围的，并随着劳动的不断进步而完善和优化。劳动经历了一个由前劳动（潜在劳动）转变到人的劳动（现实劳动）的过程。随着劳动由潜在劳动进入现实劳动，社会生态运动才真正得以产生。现实劳动又可分为被动劳动、异化劳动和自由劳动三个阶段或三种形式。只有劳动真正成为自由劳动的时候，只有劳动的社会经济价值、生态价值、作为人的肉体和精神享受的价值统一起来的时候，社会生态运动规律的有序发展才是真正可能的，从而，人才能真正自觉有效地掌握和运用社会生态运动规律，这便是共产主义。共产主义是社会同自然完成了的本质统一。

总之，社会生态运动规律的本质特点要求人们在一切活动中都要自觉而有效地将社会运动规律和自然运动规律协调起来，用之来规范人们的一切行为。这样，促进和实现人与自然的和谐发展就成为处理自然运动规律和社会运动规律的最佳选择。生态文明就是在这样的世界图景下建构起来的。

在总体上，人类要真正解除全球性问题、实现人与自然的和谐发展，必须科学认识、有效把握和正确运用客观规律，处理好发挥主观能动性和尊重客观规律的关系，协调好自然运动规律和社会运动规律的关系，走生态文明的发展道路。这就是马克思主义生态文明理论的最基本的要求。

五、生态理论的性别维度

在将人和自然的关系看作一个社会建构的过程中，唯物史观从"浅生态学"走向了"深生态学"，发现社会关系尤其是社会制度（社会形态）是影响人与自然关系的最深层的原因，一切问题都可以在这里找到答案；因此，只有在实现社会制度的革命变革的过程中，彻底消灭私有制，才能在实现合理的人与人（社会）关系的基础上，展现出科学的人性的人和自然关系的面貌，实现人与自然的和谐发展。显然，唯物史观同样体现了唯物辩证法的批判的革命的本性。在生态文明问题上必须确立一个社会批判的方向。但是，在这个问题上，对马克思主义尤其是唯物史观同样存在着各种非议和批评。性别问题就是一个重要的方面。

作为社会建构的人与自然的关系，自然会受到社会性别（gender）的影响。或者说，社会性别是社会地建构人与自然的一个重要的维度。在西方激进生态学的发展过程中，存在着对性别支配和自然支配内在关联的社会批评问题。围绕着这个问题，生态女性主义向马克思主义提出了批评和挑战。在其看来，"传统马克思主义是生态女性主义的肥沃土壤吗？同时，这部分地取决于是在什么意义上运用生态女性主义的。如果将生态女性主义看作是一种承认自然除了其对人的使用价值外仍然有其价值的立场，如果将生态女性主义看作是在解释支配女性和支配自然的交织方面更需要性别等级分析的断言，那么，从生态女性主义的视野来看，传统的马克思主义女性主义存在着自己的不足"①。这就是说，在马克思主义和生态女性主义之间是存在着距离的。事实上，在马克思主义生态文明理论中同样存在着一个性别维度。这个维度实质上是科学理性维度和社会批判维度的高度统一。通过考察马克思主义生态文明理论的性别维度，我们就可以发现马克思主义生态文明理论的社会批判本性。

（一）劳动之父和自然之母的双向互动

生态女性主义认为，在占主导地位的文化中，存在着一种贬低自然和贬低女性的某种历史性的、象征性的和政治性的关系，这是造成支配自然和支配女性的重要根源。受生态女性主义思想的影响，一些论者认为，"人（男人）消灭作为决定性力量的自然的必要性，暴露了马克思对作为有限的母性力量的自然的敌视"②。其实，唯物史观也强调劳动

---

① Karen J. Warren, Introduction to Ecofeminism, *Environmental Philosophy：From Animal Rights to Radical Ecology*, edited by Michael E. Zimmerman etc., New Jersey Prentice-Hall, Inc. 1993, p. 255.

② John Clark, Marx's Inorganic Body, *Environmental Philosophy：From Animal Rights to Radical Ecology*, edited by Michael E. Zimmerman etc., New Jersey Prentice-Hall, Inc., 1993, p. 400.

和自然的"联姻"才能形成物质财富。在马克思主义那里，同样对自然作了女性化的比喻，同样用"男人"（man）来指认人类。在他们看来，"劳动是财富之父，土地是财富之母"，但是，"劳动并不是它所生产的使用价值即物质财富的惟一源泉"①。具体来看：

1. 作为劳动主体的人同样是自然的一部分

全部人类社会的首要前提是有生命的个人存在，因此，第一个需要确认的事实就是这些个人的肉体组织以及由此产生的个人对其他自然的关系。一方面，作为一种自然存在物，人要维持自己的生活，就必须同自然界进行物质变换。人和动物相比越具有普遍性，人赖以生活的自然界的范围就越广阔。这样，无论是从理论上看还是从实践上看，无论是从肉体生活上看还是从精神生活上看，都是这样。另一方面，作为一种社会性的存在物，实践是人的自由而自觉的活动。但是，人的劳动过程只不过是运用自身的自然力作用于另外的自然力的过程而已。同时，他在改变着外部自然的同时也在改变着内在的自然。显然，人和自然的关系不是同自己的生产条件发生关系。而是人双重地存在着，从主体上说，人作为他自身而存在着；从客体上说，人又存在于自己生存的自然条件中。因此，不仅在自然进化的意义上，而且在社会发展的意义上，自然界都构成了人类的"母体"，人是自然之子。而用"男人"来指认"人"，只不过是西方文化的约定俗成而已。

2. 作为劳动客体的自然是一种客观的物质力量

劳动客体是一个由原初自然、人化自然和人工自然构成的复合系统。原初自然、人化自然和人工自然都是客观存在的物质力量。没有自然这个天然的储藏库，劳动既不可能发生，也不可能发展。在这个基础上，经过劳动的作用，在原初自然的基础上产生了人化自然和人工自然。今天，人化自然和人工自然已经大规模地进入了生产力系统，在生产力发展的过程中发挥着越来越大的作用。尽管人化自然和人工自然体现了人的能动性和劳动的创造性，但是，它们与原初自然一样具有物质性和客观性，也没有脱离客观的自然规律的支配。例如，人造化学元素就是典型的人工自然，但是，它们也服从一般的化学运动规律。显然，没有自然界，没有感性的外部自然界，即使科学技术和劳动生产力再进步，人

---

① 《马克思恩格斯全集》，中文 2 版，第 44 卷，56 页，北京，人民出版社，2001。

类也什么都不能创造。因此，自然界是人的劳动得以实现、在其中活动、从中生产出和借以生产出自己的产品的材料。在这个意义上，自然不仅不是外在于人类和人类社会的，而是成为社会系统的内在的构成部分。

3. 劳动过程只是自然界的物质形式的变换过程

与生命有机体和自然环境及自然条件的关系一样，人和自然的关系同样是建立在物质变换基础上的生态关系，但是，人类是通过劳动来实现这种物质变换的。人以自身的活动为中介来调整和控制人和自然之间的物质变换，从而维系着人自身的生存和发展。一方面，人在生产的过程中只能像自然界本身那样发挥作用，就是说，只能改变物质的形式。不仅如此，他在这种改变形式的劳动中还要经常依靠自然界的帮助。另一方面，如果人类在劳动的过程中违背自然规律，进而在其他方面片面弘扬自己的主体性，那么，人类的行为必然会成为一种盲目的甚至是破坏性的行为，必然会遭受自然界的"报复"和"惩罚"，最终会危及自身的生存和发展。这就是我们目前所面临的生态异化或生态危机的认识根源和思想实质。因此，只有尊重和遵循自然规律，人类才能通过劳动实现物质变换，维持自身的生存并且在此基础上进一步发展。当然，在这个过程中，人也应该按照"美的规律"来进行这种物质变换。这样，就需要人类去爱护和保护自然，在人和自然之间建立起一种人道的理性的和谐的关系。

总之，马克思主义并不认为人和自然的关系就是人对自然（男性对女性）的支配关系，更没有敌视作为人类"母亲"的自然，而是要求人类要人道地合理地调整和控制人和自然的关系。

（二）人的生产和物质生产的合力作用

在生态女性主义看来，女性所从事的一切活动和劳动，不仅在维持家庭的正常运转方面有自己的重大作用，而且直接参与了价值的形成，同时更有益于自然和环境。于是，其对马克思主义也提出了自己的批评："在马克思所设计的共产主义蓝图中，自由联合起来的生产者具有多重的身份，他们'早晨是猎人，下午是渔夫，晚上是文学批评家'。但是，奇怪的是，马克思没有讲到清洁和熨烫方面的工作由谁来承担。"①事实上，这是对马克思主义社会分工理论和社会发展动力理论的

---

① Alain Lipietz, Political Ecology and the Future of Marxism, *Capitalism*, *Nature*, *Socialism*, Vol. 11, No. 1 (Issue 41), March 2000.

严重误解和误读。在唯物史观看来，人自身的生产和物质生产都是客观的物质力量，都在社会发展的过程中发挥着动力作用。按照两种生产理论，我们必将生殖活动和家务劳动等性别问题放在整个劳动分工和社会发展中来看待。

1. 作为历史发展的第三种关系的家庭本身具有自然和社会的双重属性

在发生学的意义上，正是在解决人和自然的矛盾的过程中，产生了生产活动、历史活动、生殖活动和社会关系，最后产生了意识和精神生产。其中，家庭不是在物质生产和历史活动之后产生的第三阶段，而是与其平行的第三种形式。在人们进行物质生产和历史活动的同时，人们每日都在重新生产自己生命的同时开始生产另外一些人。这就是繁殖，即夫妻之间的关系、父母和子女之间的关系，也就是家庭。家庭是重要的社会关系形式，在社会发展的过程中具有重大的作用。在社会运行的意义上，家庭的存在和发展总是受社会的生产方式制约。不仅在一定的生产发展阶段上就会有一定的家庭形式，而且家庭是随着所有制关系和发展时期而经历着变动的。这样，生命的生产，无论是通过劳动而达到的自己生命的生产，或是通过生育而达到的他人生命的生产，就立即表现为双重关系：一方面是自然关系，另一方面是社会关系。显然，作为具有自然属性和社会属性的家庭，本身是"生产力"的构成因素，因为它通过生命的再生产为生产力生产着生产者，从而保证了生产力和整个社会的可持续发展。如果没有人这个"活"的生产力，就不可能点燃劳动这个"塑造形式的活火"。

2. 作为物质性力量的人自身的生产同样是历史发展的决定性因素

社会发展动力是一个系统。其中，人自身的生产是个体生命和人类总体的生产和再生产过程。

（1）这种生产不是单纯的血缘关系问题，其本身就是一种经济因素。

在史前社会中，作为以血族关系为纽带组成的社会团体的氏族，也是一个经济单位。随着动产的私有化，产生了现代家庭。而"现代家庭在萌芽时，不仅包含着 *servitus*（奴隶制），而且也包含着**农奴制**，因为它从一开始就是同田野耕作的**劳役**有关的"①。即使在文明社会中，家

---

① 《马克思恩格斯全集》，中文1版，第45卷，366页，北京，人民出版社，1985。

庭的生产功能依然是存在的，只不过其形式发生了重大的变化。

（2）人自身的生产对物质生产具有重大的反作用。

不仅物质生产决定和支配着人自身的生产，而且后者对前者也具有能动的反作用。这就是：人自身的生产为物质生产的发展而生产着生产者，这样，"死"的物的要素才能在"活"的人的要素的作用下成为生产力的构成要素；人的需要和消费成为推动物质生产的内在动力，物质生产的最终目的是满足人的各种需要；人本身是物质生产成果的享有者，舍此，物质生产是没有存在的意义和价值的。

（3）人自身生产的方式和方法是影响物质生产的可持续发展的物质前提。

现在人类面临的生态环境危机在一定程度上是由于盲目的人自身生产的方式造成的。可持续发展，就包含着有计划地调节和控制人自身的生产并协调两种生产发展的要求。可持续的人口结构是实现人自身生产的良性发展的基本条件和要求，也是物质生产的可持续发展的基本条件和要求。总之，人自身的生产不仅是一种客观的物质力量，而且在社会发展的进程中发挥着动力作用。

3. 作为重要劳动形式的家务劳动融化在公共事业中是妇女获得解放的第一个先决条件

在古代共产制的家户经济中，与男性获得食物的工作一样，委托女性料理的家务，同样是一种公共的、为社会所必需的劳动。这样，就确保了女性在社会生活中的应有的受尊敬的地位。随着家长制家庭尤其是专偶制家庭的发展，产生了包括男女之间的分工在内的劳动分工。但是，这种分工是在私有制中进行的，从而产生了异化劳动。异化劳动进一步造成了各种劳动分工的严重的对立，这样，不仅产生了对自然的支配，而且产生了对人的支配；不仅产生了对女性的支配，也产生了对男性的支配。在这种异化了的劳动分工的框架中，料理家务成为一种单纯的私人性的服务。这样，妇女就被排除于社会的生产劳动之外，只限于从事家庭的私人劳动。因此，不消除这种劳动分工，妇女的解放、男女的平等，在任何情况下都是不可能的。只有在妇女可以大量地、社会规模地参加生产，其解放才有可能。现代大工业不仅容许大量的妇女劳动，而且真正要求这样的劳动。但是，当女性被卷入到大工业的劳动大军中去的时候，却要同时承担工作和家务两个方面的工作，从而增加了自己的负担。这样，事实上使女性陷入到了新的支配当中。因此，必须减少家务劳动所占用的女性的时间，把私人的家务劳动融化到社会的公共事业中。一旦女性重新回到社会的公共事业中，并且消除了个体家庭作为社会的经济单位的属性，那么，才能增加女性的自由时间，才能为她们的全面发展创造条件。这样，只有在包括女性在内的人的全面发展的过程中，才能真正把自然当作人的身体来认识和对待，自然和妇女才能获得真正的解放和自由。

显然，唯物史观不仅高度肯定了女性的各种劳动和活动的固有的重大价值，而且认为只有在包括女性在内的人的自由而全面的发展过程中，才能实现人与自然的和谐发展。

（三）自然支配和性别支配的同步消除

在生态女性主义看来，在父权制下形成了一种"支配逻辑"，形成了文化和自然、男性和女性等一系列的二元对立，并认为前者的价值高于后者的价值，前者对后者的支配是正当的。可见，消除父权制是消除这些支配的前提条件。于是，其将马克思主义也作为了口诛笔伐的靶子，"如果女性主义要避免重蹈像马克思主义这样的简化论的覆辙，那么，对一种更为复杂的支配者身份的认同就是必要的。在马克思主义那里，把某一种形式的支配作为中心和目的，而将所有其他形式简化为附属的形式。一旦'基本的'形式被克服，其他形式自然会'消亡'"①。那么，在不消除阶级支配的情况下真的能够彻底消除其他支配形式吗？

其实，唯物史观在生态女性主义之前已经科学地揭示出了自然支配和性别支配的内在关联，并且将之上升到社会制度和社会文明的高度来认识。在马克思看来，"把妇女当作共同淫欲的**掳获物**和婢女来对待，这表现了人在对待自身方面的无限的退化，因为这种关系的秘密在**男人**对**妇女**的关系上，以及在对**直接的、自然**的类关系的理解方式上，都**毫不含糊地**、确凿无疑地、**明显地**、露骨地表现出来。人对人的直接的、自然的、必然的关系是**男人**对**妇女**的关系。在这种**自然**的类关系中，人对自然的关系直接就是人对人的关系，正像人对人的关系直接就是人对自然的关系，就是他自己的**自然的**规定"，"因此，从这种关系就可以判

---

① Val Plumwood，*Feminism and the Mastery of Nature*，London and New York，Routledge，1993，p. 5.

断人的整个文化教养程度"①。进而，在马克思主义看来，不仅自然概念和女性概念都是社会建构的产物，而且自然支配和性别支配也都是社会建构的产物。从人的主体性演进的社会形式中可以看出，私有制才是一切支配得以产生和发展的最终根源。

随着生产力的发展和财产的私有化，专偶制家庭的胜利乃是文明时代开始的标志之一。这种家庭形式是建立在丈夫的统治之上的（父权制），其明显的目的就是生育有确凿无疑的生父的子女；确定这种生父之所以必要，是因为子女以后要以亲生继承人的资格去继承其父亲的财产。这样，当有的人以物的形式占有社会权力，那么，必然会产生支配。现代文明的一切逻辑都是围绕着支配展开的。资本主义私有制不仅是以支配为前提的，而且将之发展到了极致。在生态关系上，受无限追逐剩余价值本性的驱使，资本主义生产方式破坏了人和自然之间的正常的物质变换，这样，就造成了严重的全球性的自然异化和生态异化。在性别关系上，女性在生产和家庭两个方面都处于受支配的地位。在工厂中，她们沦落为生产工具；在家庭中，由于权衡利害的婚姻的存在使婚姻成为最粗鄙的卖淫。这样，女性就成为生产工具和生育工具的双重异化的存在物。可见，"人同自身和自然界的任何自我异化，都表现在他使自身和自然界跟另一些与他不同的人所发生的关系上"，而**私有财产是外化劳动**即工人对自然界和对自身的外在关系的产物、结果和必然后果"②。显然，私有制不仅是产生父权制的"经济基础"，而且是强化父权制的"上层建筑"。正是在私有制的基础上，才产生了父权制，进而才产生了包括性别支配在内的一切支配。

代替那存在着阶级和阶级对立的资产阶级旧社会的，将是这样一个联合体，在那里，每个人的自由发展是一切人的自由发展的条件。这里的"每个人"既包括男性也包括女性。人的自由发展和人的全面发展是不可分割的。在彻底消除私有制以后，才能形成全面的合理的社会关系。在生态关系方面，共产主义彻底消除了急功近利地对待自然的生产方式，将在最无愧于和最适合于人类本性的条件下来进行人和自然之间的物质变换。在性别关系方面，只有在废除了资本对男女双方的剥削并把私人的家务劳动变成一种公共的行业以后，男女的真正平等才能实

---

① 《马克思恩格斯全集》，中文 2 版，第 3 卷，296 页，北京，人民出版社，2002。

② 同上书，276、277 页。

现。显然，"这种共产主义，作为完成了的自然主义＝人道主义，而作为完成了的人道主义＝自然主义，它是人和自然界之间、人和人之间的矛盾的**真正**解决，是存在和本质、对象化和自我确证、自由和必然、个体和类之间的斗争的真正解决。它是历史之谜的解答，而且知道自己就是这种解答"①。这里，自然主义和人道主义的统一，就是要实现人与自然的和谐，而人和人的统一、个体和类的统一，不仅要实现个体与社会的和谐（社会支配尤其是阶级支配的消除），而且要实现女性与男性的和谐（性别支配的消除）。可见，消除私有制（阶级支配）是消除一切形式的支配的条件和基础。

在唯物史观看来，在消除阶级支配（阶级解放）的整体进程和总体框架中，消除自然支配（自然解放）和消除性别支配（妇女解放）等一系列的解放才是真正可能的。当然，消除阶级支配（消除私有制）并不能代替其他支配的自动消除。因此，女性运动和女性解放、环境运动和自然解放都是有其固有的价值和作用的。但是，只有将消除其他支配形式纳入到消除阶级支配的进程和框架中，才能真正实现其他支配形式的消除。否则，只能舍本逐末。

这样，在消除阶级支配基础上的消除自然支配和消除性别支配的结合和统一，使马克思主义生态文明理论的科学理性维度和社会批判维度有机地统一了起来。这样，不仅使马克思主义生态文明理论内在地超越了生态女性主义，而且获得了生态女性主义根本不可能具有的全面的彻底的批判的革命的本性。

窥一斑可以见全豹。通过上面的简略考察，我们可以发现："马克思的批判现实主义表现在他对人类和世界（即它的本体论基础）的客观性的认识上，表现在他对相互联系的自然历史和人类历史的认识上。"②这样，就建构起了马克思主义生态文明理论的革命维度，从而在生态环境问题上体现出了马克思主义的革命的批判的本性。

总之，在广义的唯物史观的科学体系中，确实形成了一个科学的完整的并富有时代意义的生态文明理论体系。在这个理论看来，人与自然

---

① 《马克思恩格斯全集》，中文2版，第3卷，297页，北京，人民出版社，2002。

② ［美］约翰·贝拉米·福斯特：《马克思的生态学——唯物主义与自然》，88页，北京，高等教育出版社，2006。

的关系是通过劳动实现的系统关系，是一种社会建构的过程；人与自然的和谐发展是社会发展的基本规律；在理论上自觉认知和科学把握人与自然和谐发展的规律，在实践上自觉、科学、人性地调节人与自然之间的物质变换，是建设生态文明的基本任务和途径。显然，唯物史观是生态文明不可超越的哲学。

第四章 生态文明的文化之根

尽管我们是在中外文化形成的文化张力中提出生态文明概念的，但是，当我们立足于中国国情而建构新生态文明的时候，无疑更多地打上了中华文明自身的烙印。中华传统文化是中国国情的固有组成部分，在各个方面都体现出了对人与自然和谐的不懈追求，从而构成了今天我们建构生态文明的文化之根。当然，只能在历史发生学的意义上来理解这一点。

一、生态文化的历史流变

人类思维经过了史前思维、有机思维、辩证思维和生态思维等几个发展阶段或类型，从而展现出了人与自然关系的不同面貌。人类的生态文化就是在这个过程中呈现出来的。

（一）史前思维中的人与自然

史前思维是人类思维发展的第一个阶段，以混沌整体的方式展示出了人与自然关系的形象，形成了互渗的生态文化。

互渗的生态文化是围绕着人与自然的关系形成和发展起来的。从其一般特征来看，史前思维服从于互渗律。这种思维拥有许许多多世代相传的神秘性质的"集体表象","集体表象"之间的关联不受逻辑思维的任何规律所支配,对矛盾采取了完全不关心的态度,这样,"在原始民族的思维中,逻辑的东西和原逻辑的东西并不是各行其是、泾渭分明的。这两种东西是互相渗透的,结果形成了一种很难分辨的混合物"[①]。在这个意义上,史前思维在本质上是综合的思维。在这种思维惯性中,就形成了人们对客体的尊敬、恐惧和崇拜等感情。

总之,在史前思维中,人们往往把一切自然事物都看作有生命的、有活动能力的东西。这事实上就是"物活论"的源头。

(二) 有机思维中的人与自然

随着人类进入文明社会,在农业发展的基础上,就形成了有机思维。中国古代哲学和古希腊哲学是这种思维的典型和代表。之所以将之称为有机的,就在于它将"作为一个整体的宇宙中的所有的组成部分看作是隶属于一个有机整体的,它们都作为自发地产生生命的过程的参与者而相互作用"[②]。追求人与自然的和谐与统一是有机思维的基本要求和特征。

古希腊罗马哲学不仅包含着往后一切哲学的萌芽,也包含了生态文化的萌芽。古希腊的自然概念包含着生长发育的意思,具有有机整体的含义。

(1) 人与自然和谐的科学展示。

在古希腊科学繁荣的基础上,人们对一些基本的生态学规律已有一定程度的把握。从正面来看,希波克拉底就强调心、身和环境之间的相互联系,代表了一种高超的医学哲学的观点。其中,《空气》、《水》和《住所》就是《希波克拉底全集》中的几个重要分册。它们详细地表述了环境因素对个体状况的影响,论述了空气、水、食物、地形以及生活习惯对健康的作用。因此,可以将这些医学文献同时看作生态学文献。从负面来看,希罗多德记载过由于人为原因造成的自然环境中的许多异常变化,并描述了其消极后果。他认为,桥梁和沟渠这类大工程显示了人类的骄傲和自大,有可能招致神明的报复和惩罚。此外,修昔底德提

---

① [法] 列维-布留尔:《原始思维》,100 页,北京,商务印书馆,1986。
② Frederick W. Mote, *Intellectual Foundations of China*, New York, Alfred A. Knopf, 1971. pp. 17−18.

出了一种关于环境对历史影响的理论。

（2）人与自然和谐的哲学展现。

有机思维事实上是一种朴素的辩证思维。从德谟克利特到伊壁鸠鲁再到卢克莱修的古代原子论，就是这样看待人与自然的关系的。例如，伊氏认为，人类的本质也只是接受环境的教训。同时，亚里士多德把自然区分为"由于自然"（自然产生或给予的天然存在）、"按照自然"（不仅指这些自然物而且也指那些由于自然而属于这些事物的属性）和"具有自然"（自身之内具有运动和静止本性的事物）三个方面。显然，亚氏的思想就包括强调人与自然的和谐与统一的意思。

可见，"当恩格斯阐述我们将知道我们与'自然界的统一性'时，他真的是向后追寻到了马克思主义经典唯物主义的根源。毕竟，马克思的博士论文《德谟克利特的自然哲学和伊壁鸠鲁的自然哲学的差别》就是研究这个问题的。这些哲学家是属于其一百多年前由巴门尼德和赫拉克利特开创的唯物主义传统的阵营。这种传统在希波克拉底、亚里士多德和泰奥弗拉斯托斯的哲学中继续着，而这些哲学家是自然科学甚至是科学生态学本身的先驱。"①这就是有机思维对生态文明的重大贡献。

（三）机械思维中的人与自然

近代以来，在西方社会占主导地位的思维方式是机械思维（形而上学）。在人与自然的关系问题上，机械思维的主要特征就是在社会中形成和传播了支配自然（人定胜天）的信念。

1. 机械思维形成的社会历史条件

机械思维是在以下因素的基础上形成的：

（1）基督教。

在基督教看来，上帝操纵历史，自然是上帝的杰作，人被赐予利用和照管自然的权利，从而显示了上帝的仁慈。这样，上帝和《圣经》就横亘在人与自然之间，形成了不同的等级秩序，从而割裂了人与自然的有机联系。

（2）科学革命。

牛顿力学的发展，实现了以力学为中心的科学知识的第一次大综

---

① Louis Proyect，*Dialectical Materialism and Ecology*，http://www.columbia.edu/~lnp3/mydocs/ecology/diamat_ecology.htm.

合，带来了一场科学革命。把有机的整体的自然界分解为各个部分，把统一的自然界的各种过程和事物分解为一定的门类，对有机体的内部按其多种多样的解剖形态进行研究，这是近代科学革命的基本范式。但这种做法也容易给人们留下一种孤立地、静止地、片面地思考问题的印象。

（3）产业革命。

从 18 世纪的后 30 年起，在西欧国家开始了一场以机器生产代替手工生产的产业革命。这次产业革命在大大提高社会生产力的同时，也增强了人们改造和征服自然的能力。在这样的背景下，就给人们"留下了一种习惯：把自然界中的各种事物和各种过程孤立起来，撇开宏大的总的联系去进行考察，因此，就不是从运动的状态，而是从静止的状态去考察；不是把它们看作本质上变化的东西，而是看作永恒不变的东西；不是从活的状态，而是从死的状态去考察"①。这种方法被英国哲学家培根和洛克移植到哲学中后，就形成了近代特有的一种思维方式——形而上学（机械思维）。

2. 生态危机形成的思维原因

在机械思维的影响下，人们对自然采取了以下不当的态度：

（1）忽视自然规律的客观性。

随着人的能动性的提高，客观规律被人们遗忘了，"人定胜天"成为近代经济和社会发展的主旋律，"人为自然立法"成为基本的哲学理念。

（2）消解自然规律的系统性。

人们不是将自然界看作一个活的机体，而是将它看作一个个的孤立的现象。正是由于忘记了这种多方面的运动和相互作用，就妨碍人们看清最简单的事物。

（3）肢解自然规律的价值性。

自然变成了达到目的一种手段，没有得到应有的价值评价。例如，采矿商只看到矿石的商业价值，而非其美学价值或自然性质。

（4）割裂自然规律和社会规律的关联性。

由于人和自然的关系是以支配自然为特征的，这样，就造成了二者之间物质变换的严重"断裂"。显然，当资本主义工业化将机械思维确立

---

① 《马克思恩格斯选集》，2 版，第 3 卷，360 页，北京，人民出版社，1995。

为主导思维方式并由此确立起近代的主体性的时候，就形成了生态危机。

在这一时期，也形成了一些有益于人与自然和谐的思想因素。例如，培根就意识到"要命令自然就必须服从自然"的重要性。再如，孟德斯鸠提出了"气候王国才是一切王国的第一位"的论断。尽管这种观点是不科学的，但是，有助于人们深入认识自然地理因素在社会发展中的作用。总之，生态危机不仅宣告了机械思维的破产，而且宣告了主体性黄昏的来临。

（四）辩证思维中的人与自然

在自然科学向辩证思维复归的基础上，德国古典哲学确立了辩证思维在人类理论思维中的应有地位。这样，人与自然的和谐与统一就以新的方式展现了出来。

1. 黑格尔辩证法视野中的人与自然

在机械思维尤其是僵化的自然观上打开第一个缺口的是康德的"星云假说"。接着，地质进化论、人工合成尿素、能量守恒和转化定律、细胞学说和生物进化论等一系列科学革命相继涌现。这就为确立辩证思维提供了坚实的自然科学条件。黑格尔辩证法是辩证思维的集大成者，通过绝对精神的自我运动展示出了人与自然的辩证关系。

（1）自然界是一个由各个阶段组成的系统。

由于自然界是绝对精神自己设定的一个他者，这其中充满了矛盾，这样，就必须将自然看作一种由各个阶段组成的系统；在这个过程中，较前的阶段一方面通过进化得到了扬弃，另一方面作为背景继续存在着。这样看来，自然（界）是存在着辩证法的。

（2）地球是人类的故乡。

地球既是人类的肉体故乡，也是精神的故乡。例如，"每一个世界历史民族所寄托的特殊原则，同时在本身中也形成它自然的特性。'精神'赋形于这种自然方式之内，容许它的各种特殊形态采取特殊的生存；因为互相排斥乃是单纯的自然界固有的生存方式。这些自然的区别第一应该被看作是特殊的可能性，所说的民族精神便从这些可能性里滋生出来，'地理的基础'便是其中的一种可能性"[1]。当然，不应该把自

---

[1]　［德］黑格尔：《历史哲学》，123 页，北京，三联书店，1956。

然估计得太高或太低。

（3）人以自己满足需要的手段和方式而超越于自然。

像动物一样，人类有一系列的需要，但是，动物满足需要的手段和方式是有局限的，而人类能够证实自己能超越这种局限性，而"借以证实的首先是需要和满足手段的殊多性"①。显然，人类不是随遇而安的。

（4）人类是以理论的和实践的态度把握自然的。

人类对待自然有理论的和实践的两种态度。实践态度是由利己的欲望决定的，人们发明了不计其数的征服自然的方式，但是，"人用这种方式并不能征服自然本身，征服自然中的普遍东西，也不能使这种东西服从自己的目的"②。理论态度是从抑制欲望开始的，力图掌握自然、理解自然，"于是这里就出现了困难：我们作为主体如何过渡到客体？"③这样，通过理论和实践的方式，作为主体和客体关系的人与自然就得到了统一。当然，这里的实践仍然是绝对精神自身的认识活动，而不是改造世界的客观的物质活动。

2. 从唯心辩证法到唯物辩证法的飞跃

黑格尔的辩证思维在理论上是唯心的，在政治上是保守的。在科学实践观的基础上，马克思对之进行了科学的颠倒，在拯救辩证法的基础上进一步发展了辩证法。在这个过程中，马克思深刻地意识到包括生态异化在内的整个异化的社会根源，将批判的矛头对准了资本逻辑，要求通过建设新社会来实现人与自然的和谐与统一。这样，"按照马克思的观点，伊壁鸠鲁已经发现了来自自然界的异化，而黑格尔揭示了人类从其自身劳动中的异化，于是既从社会也尤其从人与自然的关系上，马克思整合了这些观点，再结合从李嘉图的经济学、李比希的化学和达尔文的进化论那里得到的批判性知识，由此进入到一种革命的哲学，这种哲学所指向的不是别的，而是在所有方面对异化的超越：一种具有现实基础的理性生态学和人类自由——生产者联合起来的社会"④。在这个意义上，唯物辩证法就是"实践的唯物主义"，就是唯物史观，就是共产主义。

---

① ［德］黑格尔：《法哲学原理》，205 页，北京，商务印书馆，1961。

② ［德］黑格尔：《自然哲学》，7 页，北京，商务印书馆，1980。

③ 同上书，10 页。

④ ［美］约翰·贝拉米·福斯特：《马克思的生态学——唯物主义与自然》，287 页，北京，高等教育出版社，2006。

这样，如何使唯物辩证法贯穿整个统筹人与自然和谐发展过程的始终，就成为推进生态文明建设的关键。

（五）生态思维中的人与自然

现在，现代西方哲学也日益意识到了机械思维的危害性，开始转向生态思维（以追求人和自然的和谐为特征）。生态思维是在转向辩证思维过程中产生的一种具体的思维类型。

1. 存在主义的生态转向

关注生态危机是存在主义的一个新议题。例如，在海德格尔后期思想的转折过程中，就深入地思考了这一问题。在他看来，在主客二分的思维方式的支配下，人取得了一种特殊的地位，任意地利用和剥削地球，致使人面临地球毁灭和人自身毁灭的双重危险。本来，自然本身具有多重的价值，而主客二分的思维方式却使自然的多重价值丧失掉了，只将自然看作一种具有某种功能的物质，运用人的意愿来使自然千篇一律，运用计算来对自然进行生产和加工，这样，就造成了对自然的损耗和替代。海氏批评矛头所指向的主客二分法其实就是机械思维。在他看来，要克服这种思维方式，必须进行"转折"，应转向"诗"，人应该诗意地存在于地球上；应转向"思"，人应该沉思地生活在地球上。海氏的主要意图是，克服主客二分的思维方式，促成人和外部世界建立新的和谐的关系，以有利于"在地球上的居住"。在此基础上，"五月风暴"以后，出现了以高兹为代表的将存在主义和生态学结合起来的做法，提出了"作为政治学的生态学"的问题。

2. 法兰克福学派的生态批判理论

生态批判也成为号称社会批判理论的法兰克福学派思想的一个重要部分。例如，弗洛姆将资本主义条件下的生态异化称为一个"幽灵"，一个完全机械化的社会服从于计算机的命令，致力于大规模的生产和消费，造成了掠夺地球上的原料、污染大地等问题。之所以这样，就在于，"在追求科学的真理的过程中，人获得了知识，他能够利用这些知识来驾驭自然。他获得了巨大的成功。然而，由于片面地强调工艺与物质消费，人丧失了与他自己、与生命的接触"，"他制造的机器变得如此的强大有力，以至于它竟产生了目前正在支配着人的思想的计划"①。在这种情况下，工业化社会正处于一个十字路口：一条是技术的滥用造成的环境污染和资源破坏，一条是工艺社会的人道化。因此，人应该放弃以"占有"为特征的生存方式，而转向以"生存"（爱）为特征的生存方式。弗洛姆的著作受到了西方环境运动和"绿党"的青睐，成为了它们的"圣经"。在此之后，马尔库塞的弟子莱斯提出了一种融合生态学和马克思主义的新理论——生态马克思主义。

3. 生态马克思主义的新趋向

该派别论述的是批判性思想和在历史过程中重复出现的长期的矛盾的根源的问题：人类是自然的一部分；人类不是自然的一部分。他们通过辩证思维去评论和面对这一问题。尽管他们早期具有明显的补充论的痕迹，但是，20 世纪 90 年代以来的生态马克思主义的"几部新书正在使生态社会主义范式有力地对抗着已丧失生机的资本主义的文化和思想意识"（西方书评语）。

（1）奥康纳的《自然的理由——生态学马克思主义研究》（1998 年）。

该书的真正新颖的方面在于，对关系到空间危机和时间危机的"不平衡和联合的发展"的思考。这种危机影响到了从水龙头到水槽、从资源开采到污染物和垃圾处理的流动过程中的有限的使用价值的问题。奥氏建议使用一种审视全球资本主义的不可持续性的新方法。这种方法在帝国的中心和外围两个方面都把严谨的生态学分析与抵抗的理论基础联结起来。

（2）福斯特的《马克思的生态学——唯物主义与自然》（1999 年）。

福氏已经发表过《马克思的物质变换的裂缝的理论：环境社会学的经典理论》一文，在该书中着重对可持续性的物质变换基础进行最深入的调查分析，并提出了"马克思的生态学"的概念。

（3）伯克特的《马克思和自然：一种红色和绿色的视野》（1999 年）。

正如福斯特所说的那样，伯克特的绝技，完全转变了马克思和"人类—自然"的物质变换意义上的谈话领域，而且把商品使用价值形式的争议作为生态危机的中心。

（4）科韦尔的《自然的敌人》（2000 年）。

对科氏来说，自然的解放与劳动的解放，或者马克思所说的生产者

---

① 《弗洛姆著作精选》，478 页，上海，上海人民出版社，1989。

的自由联合是不可分离的。在生态劳动或者实践的过程中，与商品生产的抽象劳动不同，具体劳动是不同于其目标的，但也不是与之相分裂的。显然，在把反对环境退化的抗议中的各种各样和经常不一致的声音连接成一种跨民族的泛文化的团结一致的运动中，生态马克思主义将发挥重要的作用。

当然，现代西方哲学的生态批评是存在着特定的世界观视野和阶级倾向的，不过，其探讨成为当今生态文化发展进程中的一道独特的风景，成为当代生态文化的一个部分。

这样，生态文化的历史流变就构成了我们今天建构生态文明的整体的文化源头和宏观的历史背景。我们不能脱离这个历史进程，但也不能仅仅局限于这个过程。

二、生态危机的文化反思

在资本逻辑扩张的过程中，欧洲中心论也侵入到了非欧社会的意识和行为中。但是，全球性问题充分暴露出了工业革命以来西方文化的弊端。生态危机事实上是一场文化危机。在某种意义上，生态文明就是在反思东西方文化关系的过程中建构起来的。

（一）对西方文化传统的生态批评

面对日益严重的全球性问题，有的论者将批评的矛头指向了作为西方文化根源的犹太教—基督教传统，尤其是基督教传统。在这个过程中，他们在揭示由西方文化危机引发的生态危机的过程中，也探讨了西方文化的未来出路问题。

1. 对生态危机的宗教根源的揭示

既然基督教是整个西方文化尤其是哲学的支柱和道德的源泉，那么，它是否是生态危机的根源、是否要为生态危机承担责任？最先对这个问题进行系统反思并试图作出回答的是美国历史学家怀特。1967 年，他在《科学》杂志上发表了《我们时代生态危机的历史之根》一文，对现代西方人的宗教——基督教传统进行了猛烈的批评。他将基督教称为世界上从未见过的最具有人类中心主义色彩的宗教；与异教的"万物有灵论"不同，基督教确信人和自然之间所形成的对立的二元论；在上帝的委任下，人类获得了精神上的垄断，这样，不管他运用什么样的方式和手段，人类都获得了统治和开发自然的特权。正如在现代科学中一样，大自然在基督教中被世俗化了。这样，人对自然的非自然的态度导致了悲惨的后果。《圣经》关于人和自然关系的观点清楚地表达了这种主仆关系的思想。这就是生态问题的最根本的宗教根源。这种批评最初是在神学的和宇宙论的意义上进行的，但是，也具有清楚的道德含义和暗示。此外，还有的论者对"新教伦理"也进行了批评。显然，具有生态学思想的基督教思想家已经意识到，基督教是一种人类中心主义的宗教，为西方人统治自然提供了一种精神上的灵感。

2. 对基督教的生态学批评在基督教内外引起了强烈的反响

围绕着怀特的论文，一些论者认为，不能将生态危机的根源归之于宗教尤其是基督教。另一些论者却认为，它提出了一个重要的问题，即如何使基督教和生态学结合的问题。其实，在其论文的最后，怀特已经提出了这个问题。他将弗朗西斯看作"生态学家"守护神，因为他发现这是一个真正的基督教的圣人。西方人是赞成自然界中的所有部分的灵魂自治的，弗朗西斯是西方人认为的人对自然界具有绝对的精神统治的敌人。这样看来，"我们对生态学究竟能够做出什么取决于我们关于人与自然关系的思想。除非我们发现了一种新的宗教或者重构旧的宗教，再多的科学技术也是不能使我们摆脱目前的生态危机的。"[1]沿着这条思路，在神学内部出现了生态神学的发展趋势，在宗教外部出现了宗教生态学的发展潮流，二者共同构成了宗教生态运动。其中，过程生态神学是值得关注的一种动向。1972 年，美国神学家科布教授出版了《太晚了吗？一种生态学的神学》一书，开启了生态神学尤其是过程生态神学的新方向。过程生态神学是将生态学引入到过程神学中产生的一种新的神学，其哲学基础是怀特海的过程哲学。在这种理论看来，"每一个事件都来自整体的环境，并由于所有未来事件的生成而成为这种环境的组成部分。在一个事件的构成中，一些其他的事件起着一种特别重大的作用，因而可能区分相对的重要性。但是，对任何事件之完备的因果解释

---

① Lynn White, Jr., The Historical Roots of Our Ecological Crisis, *Earth Ethics*（*Second Edition*），edited by James P. Sterba, New Jersey Prentice-Hall, Inc., 2000, p. 25.

都是无限复杂的，正如其完备的因果结论是无限复杂的一样。"①显然，上帝、人和自然在这个过程中是无法分开的，是没有上下等级之分的。作为过程生态神学创立者的科布和格里芬师徒二人，同时也是建设性后现代主义的发起者和急先锋。建设性后现代主义承认现代性的二重性。其中一个重要的方面是，其认为生态学已经成为了一种世界观。建设性后现代主义是建立在生态世界观的基础上的。"生态世界观要求我们对于每一个实在的个体都采取这种双重的观点。每一个个体都是因为我的具体的思想和体验而存在，但它也是作为它自己体验的中心而存在的。在多数情况下，这种体验不是**有意识的**体验，但它是一种考虑其世界的活动，因而它在关系之外塑造自我。"②这种生态世界观并不是源于西方传统，而是提倡一种科学和宗教的改良，与现存的趋势保持了明显的连续性，并从某些方面回归到了古典宗教的源头。显然，对基督教的生态学批评开辟了有益于生态学的基督教改革的道路。

这样，通过对基督教的生态学批评和改造，不仅揭示出了生态危机的文化根源，而且在一定程度上看到了克服生态危机的文化之路。

（二）对中华传统文化的生态评价

正当我们沉迷于西方中心论和生态中心论的时候，在西方社会却出现了一个重新评价东方文明尤其是中华文明的潮流。在这个过程中，他们意识到了中华文明中的追求人与自然和谐的世界观和价值观有助于医治西方"文明病"、有助于克服生态危机。

1. 中华传统文化生态价值的发现

早在作为西方环境伦理学创立者施韦泽提出"敬畏生命"的伦理学时，就发现了东方思想的生态价值。他在 1950 年指出，自由的思想不仅在于爱人，而且也在于爱动物，但是，"动物保护运动从欧洲哲学那里得不到什么支持。在欧洲哲学看来，同情动物的行为是与理性伦理无关的多愁善感，它只有很次要的意义"；相反，"在中国和印度思想中，

---

① ［美］小约翰·B·科布、大卫·R·格里芬：《过程神学》，164 页，北京，中央编译出版社，1999。
② ［美］大卫·R·格里芬：《后现代科学——科学魅力的再现》，151 页，北京，中央编译出版社，1998。

人对动物的责任具有比在欧洲哲学中大得多的地位"①。在这个过程中，施韦泽看到了中国善待一切生命的道德行为的哲学基础，领悟到了中国传统哲学中"天人合一"的思想对于塑造中国敬畏生命的伦理学的重大作用。

1972 年，美国政治学学者荣格教授发表了《生态学、禅宗和西方宗教思想》《生态危机：一种哲学的视野，东方和西方》等论文，开始在现代生态危机的意义上讨论东西方文化。

面对西方文化引发的生态危机，几乎所有的"激进生态学"都希望从东方文化尤其是中国文化中得到灵感和启发，他们开启了发现中国传统文化生态价值的学术之旅。当奈斯在论证深层生态学的多重文化之根时，他也将佛教和道教作为深层生态学的哲学和宗教的家园。在他看来，"在佛教的规范和深层生态学之间存在着密切的联系。佛教的理论和实践的历史，尤其是非暴力、不杀生的原理，可以使佛教徒比基督教徒更为容易地理解和评价深层生态学运动"②。斯普瑞特奈克将中华传统文化作为建构生态女性主义和生态后现代主义的重要思想资源。在她看来，"孔子和老子都认为，与自然保持和谐是最重要的，这比单单谈'环境保护'要深刻多了。我所提出的'生态后现代主义'在很大程度上与老子关注自然的精妙过程，与孔子强调培养道德领袖及人类对更大的生命共同体的责任感有共同之处。"③

在开辟过程生态神学和建设性后现代主义的过程中，科布认为中华文明和生态文明之间存在着相融性。

如果说这些论述是西方有教养的知识分子对中国人讲的"客套话"的话，那么，像由环境伦理学家加利考特等人编辑的《亚洲传统思想中的自然：环境哲学论文集》（1989 年）一书，就开始将这个问题作为一个严肃的学术论题来认真对待了。

显然，在人类反思全球性生态危机的文化根源、谋求人与自然和谐

---

① ［法］阿尔贝特·施韦泽：《敬畏生命》，72 页，上海，上海社会科学院出版社，2003。

② Arne Naess, The Deep Ecological Movement：Some Philosophical Aspects, *Environmental Philosophy：From Animal Rights to Radical Ecology*, edited by Michael E. Zimmerman etc., New Jersey Prentice-Hall, Inc., 1993, p. 208.

③ ［美］查伦·斯普瑞特奈克：《真实之复兴：极度现代的世界中的身体、自然和地方》，中文版序言 5 页，北京，中央编译出版社，2001。

发展的过程中，我们不能也不可能绕过中华传统文化。

2. 中华传统文化生态价值的评价

当然，西方学界对中华传统文化的生态价值的评价是不尽一致的。

一种观点认为，在中华传统文化中就包含了生态智慧，但是，这是需要进一步丰富和发展的。或者说，还不是成熟的。例如，施韦泽在指认出人和动物的问题在中国和印度哲学中具有重要地位的同时，也认为中国思想中存在着僵化和静止的问题。他指出："中国伦理学的伟大在于，它天然地、并在行动上同情动物。但是，它距在整个范围内探讨人和动物的问题还很远。它也不能够教导民众真正对动物行善。中国思想的静止状态出现得太早了，它僵化在经学中，停留在古代流传下来的爱动物的思想上，没有进一步发展它。"[①]

另一种观点认为，中国古代的生态智慧与现代生态智慧是高度契合的。例如，一些深层生态学论者就是这样看待深层生态学与中国古代生态智慧的关系的。在他们看来，中国的思维习惯是在儒家、道家和佛教（尤其是禅宗）中得以表达的。作为生态哲学的深层生态学的目的就是解构技术文明，恢复人和自然之间的和谐关系。为此目的，重要的是要挑选出中国思维习惯的中心主题——"天人合一"即人与自然的和谐。和谐不仅是中国思维习惯的基本原理，而且也是深层生态学的关键词。什么是和谐？和谐不是无差别的统一，而是许多声音的"和音"。

（1）在思维方式上，和谐体现为有机思维。

作为中国宇宙论的有机原理的同时发生的思想是关于宇宙中万事万物相互关联的首要的原理。它以阴阳图的形式被表达了出来（环形思维），相反，科学的因果联系是以线性的方式引申出来的（线性思维）。环形思维优越于线性思维的地方在于，提供了一种有机的或全方位的视野。

（2）在道德观念上，和谐体现为生态虔诚（生态道德）。

在中国古代哲学中，存在着这样的公式：生态虔诚＝人类虔诚＋地球虔诚（ECOPIETY＝HOMOPIETY＋GEOPIETY）。这里，人类虔诚是指人和人之间的虔诚，地球虔诚是指人和自然之间的虔诚。我们可以将《易经》当中关于相互关联的中国逻辑作为结论，生态虔诚的统一

---

① ［法］阿尔贝特·施韦泽：《敬畏生命》，75 页，上海，上海社会科学院出版社，2003。

是作为统一体的人类虔诚的阴和地球虔诚的阳的互补。一个人不能毫不顾及他人，因为他与其他人是处在相互关联当中的。因此，可将"中国的习俗传统或中国的世界观作为替代深深扎根于西方世界的技术文明的可供选择的哲学"①。在这个意义上，中国古代的智慧——儒释道——可能会被提出来作为建构生态文明的重要思想资源。

可见，西方学者提出了一个严肃的问题，在建构生态文明的过程中，中华传统文化到底能够起什么作用？当然，对于我们来讲，这是中华文明发展进程中的一个内生性的问题。

（三）文明多样性的生态方法论价值

在全球性生态危机的语境中讨论东西方文化的关系，就是要祛除欧洲中心论的话语霸权。在我们看来，"祛欧洲中心论"，恐怕才是后现代主义在"祛中心"的过程中应该注意的首要的问题。在这个问题上，一些学者提出的"生态普世主义"（Ecological Ecumenism）在一定程度上是对"文明多样性是文明发展的动力"的注解，有一定的启发价值。

走向全球伦理是普世主义的最新发展动向。"普世主义"（Ecumenism）是希腊化时期出现的一种不具有任何宗教含义的思想理念。从其希腊文词根（oikoumene）来看，普世主义是"凡是人所居住的地方"的意思，引申为指希腊罗马文明影响下的"整个世界"。显然，它与生态学具有同样的词根。可以将之简洁地表达为："人同此心，心同此理"。后来，这个词被基督教赋予了新的含义：一是针对基督教内部教会和派别林立的情况，普世主义成为促进基督教会或各派别大联合的运动；二是针对世界上宗教多元并存的实际，普世主义成为一种通过更多合作与增进理解而使全球宗教大联合的运动。这种含义的普世主义具有承认文化多样性和文明多元性的前提下促进不同文化和文明在对话中增进理解和信任的意思。现在讲的普世主义主要是在这个意义上运用的。根据这种普世主义的思想，有的论者提出了全球伦理的问题。在这种背景下，1993年，世界宗教议会通过并签署了《走向全球伦理宣言》。这种全球伦理不是说存在着一种适用于一切时间、一切地点的具有普遍性的和世界性的伦理，而是讲各世界宗教（文明）中所倡导的道德律令具有相同性或

---

① Hwa Yol Jung, The Harmony of Man and Nature: A Philosophic Manifesto, *Philosophical Inquiry*, 1986, Vol. Ⅷ, No. 1-2.

相通性，可以作为人们的道德底线而得到大家的共同认可和普遍遵循。全球伦理也是适用于人和自然的关系领域的，因此，《走向全球伦理宣言》提出：整个宇宙，尤其是我们生活其上的地球及地球上的动物、植物、空气、水、土壤都应当得到保护和照顾。这就是说，必须将生态伦理上升为全球伦理，这样，才能有效地解决全球性问题。

生态普世主义是达成人与自然关系领域的思想道德共识的基本途径。在讨论生态学、禅宗和西方宗教思想的过程中，荣格教授于1972年提出了"生态普世主义"的概念。按照他的理解，所谓生态普世主义是指，"生态哲学的中心在世界各地，而其环境无所不在。建立在生态虔诚或深层生态学基础上的生态普世主义的目的是，通过收集我们在人类的过去和现在的历史中发现的生态哲学的思想的百科全书式的财富，来创造一种终结技术恐怖主义的世界范围的联合"①。显然，他的这种思想也是建立在宗教的基础上的。现在，有越来越多的学者开始在多元主义的立场上来看待世界宗教和生态学的关系。例如，哈佛大学世界宗教研究中心编辑了一套"世界宗教与生态学"丛书，其中包括《儒教与生态学》、《佛教与生态学》和《道教与生态学》这样三个专辑，反映出作者对东方宗教（文明）中生态意识的认同。

其实，承认和尊重文明多样性可能更有助于问题的解决。文明多样性是文明发展的动力的思想，在生态问题上也是有指导价值的。

（1）生态文明的中心无所不在。

由于人和自然的关系是人类日常生活和生产中所面对的基本问题，这是各种文化、各种文明都需要解决的首要问题。在这个过程中，不同的民族、文化、文明都形成了自己的生态文明思想，并有其相应的实践成果，因此，在世界上是不存在生态文明的中心的。或者说，生态文明的中心存在于各个民族的文化中。在这个过程中，各种文明对生态文明都有自己的价值和贡献。所以，在国际的层面上，生态文明应该是多元共存的。

（2）人类过去和现存的文化和文明都是生态文明的资源。

生态文明是一个连续的历史之流，存在着一个从自发到自觉、从隐性到显性的演变过程。现代生态文明是在全球性问题的激发下在这个过

---

①　Hwa Yol Jung，The Harmony of Man and Nature：A Philosophic Manifesto，*Philosophical Inquiry*，1986，Vol. Ⅷ，No. 1−2.

程中凸显出来的，但是，不能简单地认为生态文明是单纯的新质的涌现。因此，否认东方社会存在生态文明、否认农业社会存在生态文明，都是割断历史的历史虚无主义的表现。当然，我们是在发生学的意义上来理解这一点的。决不是像老子和卢梭那样，主张复古主义。

（3）不同文明之间的对话和理解是建设新生态文明的基本途径。

尽管"世界历史"（全球化）是由资本逻辑主导的，但是，在这个过程中还是有可能形成"世界文学"的。当然，这需要一系列的条件。从历史上来看，文明之间是互动的，既有西学东渐的过程，也有东学西进的过程。在西方工业文明兴起的过程中，中国传统文化中的理性主义传统和人文主义传统对西方的思想家们产生了重大影响。在发展中国家谋求现代化的过程中，也需要虚心学习和借鉴西方先进的科学技术和经营管理经验。今天，在防止全球化陷阱的同时，在生态文明问题上同样需要在不同的文化和文明之间进行创造性的对话、交流和合作。

总之，我们要看到："文明多样性是人类社会的基本特征，也是人类文明进步的重要动力。在人类历史上，各种文明都以自己的方式为人类文明进步作出了积极贡献。存在差异，各种文明才能相互借鉴、共同提高；强求一律，只会导致人类文明失去动力、僵化衰落。各种文明有历史长短之分，无高低优劣之别。历史文化、社会制度和发展模式的差异不应成为各国交流的障碍，更不应成为相互对抗的理由。"①显然，只有坚持"和而不同"的原则，才能保证生态文明成为具有一般意义的文明形式。在这个过程中，我们要将中华文明的生态智慧作为我们建设社会主义生态文明的历史资源，要强调中华文明的生态智慧对于处于历史形成过程中的世界生态文明的历史贡献。当然，对于我们来说，必须站在辩证思维所要求的逻辑和历史相一致的高度来具体地分析中国古代生态智慧和生态文明的关系。

三、中华农业的生态之基

在一万多年的农业生产发展的基础上，我们按照"经世致用"的实

---

① 《十六大以来重要文献选编》（中），997页，北京，中央文献出版社，2006。

用理性的精神，将农学发展成为中华传统文化中的"四大实学"之一（兵、农、医、算）。在这一漫长的农业生产和农学研究的过程中，中华民族的祖先注重运用事物之间的相生相克的生态关联来发展农业生产，由此形成了一套精耕细作、集约经营的有机农业模式，从而保证了中华民族的生息繁衍，成为现代生态农业的雏形。

（一）生态知识的科学发生

在中国古代，尽管还没有形成"生态学"的专门术语，但中华民族的生态学意识却同样具有早熟性。仅就先秦时代来看，就形成了一定的生态学知识。大体有以下几个方面：

1. 关于生物体的结构问题

对种群和群落的研究构成了生态学的重要内容。在孔子的思想中就已经形成了"群"和"类"的概念；荀子看到，单个物种的生存是根本不可能的，生物的生存和发展必须要以种群的方式进行，"物类之起，必有所始"，"草木畴生，禽兽群焉，物各从其类也"（《荀子·劝学》）。这里的类、畴、群就是相当于现代生态学所讲的种群概念。庄子在描述"至德之世"中的人和自然关系时指出，"至德之世，同与禽兽居，族与万物并"（《庄子·马蹄》）；并对异鹊、螳螂、蝉之间存在的取食与重复取食的关系作出了这样的概括："物固相累，二类相召也"（《庄子·山木》）；这里的"族""类"也是接近现代生态学所讲的种群的概念。可见，尽管中国传统文化还没有形成统一的生物体结构的概念，但其对自然界存在的这种现象还是进行了大量的经验性记述和概括。

2. 关于生境对于生物的价值问题

老子看到生物的生存是离不开生境的。从植物的生长来说，离开了根土，就是不可能的，而这正是植物生长的一般规律。"夫物芸芸，各复归其根。归根曰静，是曰复命，复命曰常。"（《老子·道德经》第十六章）植物的生长也离不开天空大气提供的保护。"长之育之，亭之毒之，养之覆之。"（《老子·道德经》第五十一章）不仅植物如此，动物也是这样。例如，"鱼不可脱于渊"（《老子·道德经》第三十六章）。庄子进一步将之概括为，"万物皆出于机，皆入于机"（《庄子·至乐》）。所谓的"机"也就是细微的物质。在庄子看来，一切物质都是依赖一定的物质条件而产生的，最终又要复归于其他物质。荀子看到生境从两个方面制约着生物的生存和发展。一是生物只有在生境达到一定水平时才可能生存。例如，山林是鸟兽生存的生境，但只有在山林茂密的情况下鸟兽才能存在，"山林者，鸟兽之居也"，"山林茂而禽兽归之"（《荀子·致士》）。二是恶劣的生境可以迫使生物迁徙、减少或灭绝。例如，"川渊枯则龙鱼去之"，"山林险则鸟兽去之"（《荀子·致士》）。可见，中国传统文化充分估计到了生境在生物生存中的重要性，并对生物和生境的辩证关系进行了一定的揭示。

3. 关于食物链的问题

先秦文化不仅看到了生物之间存在食物链的关系，而且看到了它们的多样性。

（1）捕食性食物链关系。

荀子指出，草木为动物提供了食物，而当动物的数量减少时，植物就会茂密地生长，"养长时，则六畜育；杀生时，则草木殖"（《荀子·王制》）。庄子对自然界存在的捕食性食物链有一段相当精彩的描述。他在园子中看到，"蝉方得美荫而忘其身；螳蜋（螂）执翳而搏之，见得而忘其形；异鹊从而利之，见利而忘其身"（《庄子·山木》）。

（2）腐蚀性食物链关系。

荀子看到了"肉腐出虫"和"鱼枯生蠹"（《荀子·劝学》）这样两种腐蚀性食物链现象。庄子也描述了自然界中的这种现象。这里，古人只是对腐蚀性食物链的现象作了记述，他们还不懂得其中内在的生态学机理。

4. 关于生态学的季节节律的问题

《夏小正》和《诗经·豳风·七月》等农事诗，是反映当时农业生产状况的重要的农学文献。追求与"时令"的和谐，已经成为当时农业生产的自觉意识，并成为当时农学的一个重要主题。约成书于战国早期的《夏小正》记载了夏代对农业生产的季节节律的认识成果。它用夏历的月份，分别在十二个月中记载着各个月份中的物候、气象、天文，以及各个月份应该进行的政事，如渔猎、农耕、蚕桑、制衣、养马等等。它之所以以时系事，主要是为了进行农业生产，看到了遵循自然界的季节节律对于农业生产的重大意义。在此基础上，《豳风·七月》进一步认识到星象、物候和农事节令之间的系统关联。一方面，它看到物候与星象是相对应的，"七月流火，九月授衣"，"春日载阳，有鸣仓庚"，

"四月秀葽，五月鸣蜩"。即随着天上星象位置的变化，动植物也要出现相应的变化。另一方面，它看到了农事与时令也是相对应的，"六月食郁及薁，七月亨（烹）葵及菽。八月剥枣，十月获稻"，"九月筑场圃，十月纳禾稼"。即随着时令的变化，人们要进行不同的农事活动。由此，《诗经》确立了"时"在农业生产中的主导地位，"率时农夫，播厥百谷"（《周颂·噫嘻》）。后来，《礼记》的作者在这种思想的指导下，将"时"的内容扩展为根据天文变化来确定季节更替、气象变化和物候，然后按照十二月的顺序来合理安排农事活动、利用和保护自然资源的措施等，规定一定的农事必须在一定的季节完成，某种特定的自然资源只能在某个特定的季节采伐和利用，并论述了乖桀"时"的生态学后果，形成了"顺时"、"得时"、"失时"和"违时"等一系列的概念，由此形成了所谓的"时禁"（按照一定的季节节令规定人们应该干什么不应该干什么），这就是著名的《月令》。之后，"月令"成为中国农学理论、生态学理论以及自然保护理论的一种独特文体。

5. 关于人和自然的系统关联

在中华传统文化中，也从生态学的角度揭示了人和自然的系统关联。例如，在荀子看来，世界上的万事万物是有差异性的统一体，"万物同宇而异体"（《荀子·富国》）；它们都是大自然的一个部分或一个方面，而每一具体的事物又是万事万物这个整体的一个方面或一个部分，即"万物为道一偏，一物为万物一偏"（《荀子·天论》）。正由于每一个事物都各有长短，以自己的特点来审视其他事物就很容易陷入片面性中而不能自拔，而这正是认识上的致命之处。"凡万物异则莫不相为蔽，此心术之公患也。"（《荀子·解蔽》）因而，正确的做法是力求全面性、避免片面性。"圣人知心术之患，见蔽塞之祸，故无欲无恶，无始无终，无近无远，无博无浅，无古无今，兼陈万物而中县（悬）衡焉。是故众异不得相蔽以乱其伦也。"（《荀子·解蔽》）这里，之所以既应看到己又应看到他，既应看到人又应看到物（兼陈万物），就是为了避免因为自己的存在的特殊性（众异）而陷于片面性，或只见己不见他、只见人不见物（相蔽以乱其伦）。"兼陈万物"就是系统性的要求（衡）。可见，中华传统文化是认同人和自然的系统关联的，强调的是人和自然之间的协调与一致。

既然在先秦时代就形成了这样高的生态学知识水平，那么，中华传统文化中提出的生态文明思想就不是什么神秘主义的东西，而是从生态学出发得出的正确结论，这样，他们就为农业文明中的生态文明的理论和实践提供了生态学上的支持和说明。

（二）有机农业的生态智慧

在中华农业的发展过程中，自觉地把农业生产放在天、地、人构成的复合系统中来认识，注重在这三个要素的和谐中来促进农业生产的发展，从而在"天—地—人"构成的复合系统的基础上建立起了有机农业的最早模式。

人和自然的和谐是农业丰收的基本保证。中国哲学是用"三才"来指认人和自然的和谐关系的，这是中国古代自然观的一个基本特征。《管子》将农业生产看成是一个天地人三个因素和谐的过程，从而将中国古代哲学中"三才"思想引入到了农学当中，提出了"三度"的思想。《管子》并非是管子本人的著作集，而是齐国稷下学者的著作总集。《管子》的很多篇章是专门讲农事问题的，是典型的农学著作。在这个过程中，《管子》提出了"三度"的思想。"所谓三度者何？曰：上度之天祥，下度之地宜，中度之人顺，此所谓三度。故曰：天时不祥，则有水旱；地道不宜，则有饥馑；人道不顺，则有祸乱。此三者之来也，政召之。曰：审时以举事，以事动民，以民动国，以国动天下。天下动，然后功名可成也。"（《管子·五辅》）即农业丰收离不开天时提供的阳光普照、风调雨顺等气象物理条件，土地提供的化学元素和营养物质等生化物理循环条件，人力提供的耕、耘、收、藏等田间管理条件。正是这三种要素的匹配与和谐，才能保证农业丰收。

（1）"天"主要指"天时"。

由于自然界的季节变化是影响农业生产的一个基本的因素，并由此形成了农业生产春种、夏耘、秋收和冬藏的季节节律，因此，如何在农业生产中有效地遵循农业生产的季节节律（天时），就不仅成为中华有机农业的一种自觉追求，而且成为中华有机农学的一种理性探究。《管子》首先肯定了春夏秋冬四季的变化是一个客观的过程，是自然界本身具有的一种运行节律，"春秋冬夏，阴阳之推移也。时之短长，阴阳之利用也。日夜之易，阴阳之化也。然则阴阳正矣，虽不正，有余不可损。不足不可益也。"（《管子·乘马》）这就是说，四季的变化推移之所以是一个自然的过程，就在于它们是自然界本身所具有的阴阳矛盾相互节制的体现，在阴阳相互节制的过程中体现了季节的运行节律，这样，农业生产才具备了春耕夏耘秋收冬藏的节律。显然，与天时的协调是获得农业丰收的基本保证。《管子·四时》篇是专门讲农业生产的季节节律的。

（2）"地"主要指"地利"。

"地利"即"土宜"，指农业生产的土壤条件。在《尚书·禹贡》对九州地宜进行地理学和生态学研究的基础上，《管子》通过对植物与土地关系的生态学研究，突出强调了地利因素对农业生产的制约性，发现了"草土之道，各有谷造"（《管子·地员》）的生态农学法则。即土地的生化物理性能的不同，决定了在它上面生长的植物也是不同的。在《管子》中，《度地》篇是专门讲土地规划和水利建设的，《地员》篇是专门探讨植物与土地关系的。

（3）"人"主要指"人和"。

"人和"即"人力"，指人的主体作用在农业生产过程中的作用。《管子》从重农主义的角度突出了人的主体作用的重要性，并且将之与社会稳定联系了起来。"德有六兴。所谓六兴者何曰，辟田畴，利坛宅，修树艺，劝士民，勉稼穑，修墙屋，此谓厚其生。发伏利，输墆积，修道途，便关市，慎将宿，此谓输之以财。导水潦，利陂池，决潘渚，溃泥滞，通幽闭，慎津梁，此谓遗之以利。薄徵敛，轻征赋，弛刑罚，赦罪戾，宥小过，此谓宽其政。养长老，慈幼孤，恤鳏寡，问疾病，吊祸丧，此谓匡其急。衣冻寒，食饥渴，匡贫窭，赈罢露，资乏绝，此谓赈其穷。凡此六者，德之兴也。"（《管子·五辅》）可见，《管子》看到了天地人三者在农业生产中都具有其独特作用，农业丰收正是它们和谐发展的结果。

这样，《管子》第一次将"三才"的哲学思想引入了农学当中，为确立以"三才"为核心的有机农学模式提供了理论说明。

尽管在中华传统农学中还没有形成科学的完整的农业生态系统的概念，但是，人们用"三才"表达了对农业生态系统的科学认识。在后来农学的发展过程中，都很注意这个问题。例如，作为战国末年一部重要的重农主义和农学著作的《吕氏春秋》指出："夫稼，为之者人也，生之者地也，养之者天也。"（《士容论·审时》）北魏农学家贾思勰在其农学名著《齐民要术》中也强调："上因天时，下尽地利，中用人力，是以群生遂长，五谷蕃殖。"（《种谷第三》）。元代重要的农学家、木活字印刷术的发明者王祯总结和概括了我国有机农业的"三才"模式，将之明确表示为"顺天之时，因地之宜，存乎其人"。正是从这种生态农业的整体意识出发，在中国有机农业中形成了一系列实用而有效的生态农业模式。

（三）有机农业的现代转型

中华有机农业是在生产力发展水平比较低的情况下形成的，这样，如何将中华传统农业的高持续性与现代农业的高生产力结合起来，实现农业生产的可持续发展，就成为整个现代生态农业要解决的基本问题。

1. 要科学认识传统有机体农业存在的问题

尽管中国有机农业具有高持续性的特征，但是，也存在着一些天然的不足和局限。主要是：

（1）中国幅员辽阔，各地的自然地理情况不尽相同，这样，传统有机农业模式都具有地域性的特点，从而就影响了在更大范围上的推广和应用。

（2）传统有机农业模式受一定的社会经济条件的制约，在最穷和最富的地区推广价值不大。中国传统社会的经济社会发展水平是不均衡的，发展有机农业必须考虑其投入条件和综合效益，还必须考虑到制度因素对发展有机农业的制约。显然，传统有机农学不可能考虑到这些情况。

（3）传统有机农业模式缺乏严格而系统的评价指标体系，缺乏对有机农业的原理和方法的充足的科学的分析和说明。与中国传统科技一样，有机农学也是擅长"黑箱"式的总体把握，缺乏严格的具体的数量分析。这样，就影响到了其自身的可持续发展。

（4）传统有机农业的综合效益比较低。有机农业技术的持续性水平较高，较好地维持了地力和生产的综合平衡，但是，其生产力水平比较低，存在着高持续性和低生产力的矛盾。即使在生态效益方面，由于缺乏数量分析，对资源能源利用的综合效益仍然有很大的提高空间。因此，中国有机农业还有待进一步深化和优化。

2. 在中华传统农业发展的过程中也探讨过传统农业的现代转型的问题

可以说，这股风气是由徐光启开启的。徐光启农学思想的主要特点是，在某种程度上融汇了中西文化，并按照兼容并蓄的方式探讨了农业生产和农学研究的一系列重大的问题。

（1）将观察的方法援入了农学研究当中，从而使农学理论建立在了坚实的经验基础之上。例如，在荒政问题上，徐光启注意在观察中进行必要的数量分析，最终发现了蝗灾发生的时间和地点的规律。

（2）将试验的方法援入了农学研究当中，从而为破除农业生产上的保守思想提供了事实依据。在注重试验的基础上，徐光启对"风土不宜论"进行了批判。他说，"余故深排风土之论，且多方购得诸种，即手自树艺，试有成效，乃广播之"（《农政全书》卷二十五，《树艺》）。

（3）将数学方法援入了农学研究当中，从而为中国传统农学的理论化提供了理论武器。徐光启认为，世界上的一切事物都存在着数量的规定性。只有掌握了事物的数量关系，才能把握自然规律。"盖凡物有形有质，莫不资于度数"（《徐光启集》卷七，《条议历法修正岁差疏》），因而，数学具有很强的普遍实用性。

（4）在天时的问题上，徐光启提出了使中西历法"会通归一"的要求。"会通归一"就是中西历法的结合问题。同时，修订历法还必须坚持"事事密合"的原则。"事事密合"也就是要求历法必须要与天文现象相符合，不能让天文现象牵强于陈腐的历法，而应该使历法符合天文现象。由徐光启审阅、修改过的《崇祯历书》已经开始接受近代天文学和数学的知识。此外，徐光启承认天地人是农业生产的三个基本因子，但他更为关注的是人的作用，认为天时、地利是被动的因素，而人则是积极的因素。

3. 将传统农业科学技术和现代农业科学技术结合起来是生态农业发展的科学选择

这里的传统科学技术主要是指有机农业的科学技术，现代科学技术主要是指石油农业科学技术。在这个问题上，"传统的耕作方法并不是不科学的，实际上它们根据的是最重要的科学方法，就是实验，在农业上则被简单地称之为经验。但是传统耕作方法的生产力是受到限制的"。这样，就要看到，"科学革命可能使农业在产量上发生另一次飞跃。但不容置疑的成果，却有赖于人们深谋远虑的研究工作。因此，农民必须更多地懂得掌握新技术的效果"①。假如我们同时能用现代科技的长处

---

① ［美］芭芭拉·沃德等：《只有一个地球——对一个小小行星的关怀和维护》，82页，长春，吉林人民出版社，1997。

来弥补传统科技的一些固有的不足的话，那么，传统和现代就会相得益彰，成为推动农业可持续发展的强大技术动力。其实，这本身就是支持生态农业的科技创新。科技创新其实就是要把各种影响科技的因素按照某些新的结构要求结合起来实现整体功能变化的过程。这样，发挥中国传统农业科学技术精华并实现与现代农业科学技术的有机结合，就成为当代生态农业的一项重要的任务。

建设生态文明必须坚持以人为本的原则，将满足人们的物质需要作为首要目标，这样，就必须高度重视农业生产，保证农业的可持续发展。在这方面，有机农业和生态农业有相通的方面，因此，我们必须在科学分析有机农业价值的基础上推进生态农业的发展。

总之，在中国古代的科技文化中，生态学与农学是密切联系在一起的，生态学是农学的科学基础，从而保证了有机农业的持续性；农学是生态学的实践领域，从而保证了生态学的经世致用的实践理性。

四、中华医学的生态之法

中医大体上由中医学和中药学两个部分构成。它是在中华民族与自然和疾病的长期斗争中产生的，反映了中华民族在化解自身与自然和疾病的冲突中所作的一种科学努力，是中华民族追求自身身体状况与自然和谐的一种科学产物。在世界各地的传统医学大都失传的今天，中医仍然是与现代西方医学并行的医学体系之一，并日益展示出了其超时代的迷人魅力。

（一）中华医学的生态理念

中医不仅将气、阴阳、五行等哲学概念运用、发挥得淋漓尽致，成为指导医学研究和实践的重大理论武器，而且通过自身的努力，推进了人们对这些哲学问题的认识，使气、阴阳、五行等成为治疗疾病、维护身体健康的重要方法。在这个过程中，人与自然的和谐成为贯穿中医始终的要求和灵魂。

人与自然的和谐是中医的基本理念。中医是将人置于气、阴阳、五行等物质运动的过程中来认识身体健康的规律的。"和"是气、阴阳、五行运行的基本法则。西周末年的史伯就论述了"和"的医学价值。在他看来，"夫和实生物，同则不继。以他平他谓之和，故能丰长而物归之，若以同裨同，尽乃弃矣。故先王以土与金木水火杂以成百物。是以和五味以调口，刚四支以卫体，和六律以聪耳，正七体以役心，平八索以成人，建九纪以立纯德，合十数以训百体……周训而能用之，和乐如一。夫如是，和之至也"（《国语·郑语》）。这里，只有金木水火土五种物质元素形成和谐的结构，才能保证人的正常的饮食起居（和五味以调口）和身体健康（刚四支以卫体）。春秋时期，以"气"为本的医理思想开始正式形成。尤其是在病因学方面，春秋末年的秦国医家医和从人自身的心理失衡、人和自然之间关系的生态失衡两个方面说明了疾病的成因。他认为，"天有六气，降生五味，发为五色，徵为五声，淫生六疾。六气曰阴、阳、风、雨、晦、明也。分为四时，序为五节，过则为灾。阴淫寒疾，阳淫热疾，风淫末疾，雨淫腹疾，晦淫惑疾，明淫心疾。"（《左传·昭公元年》）这一论述不仅反映了当时巫、医分化的科学趋势，而且从人自身的行为与环境的关系来认识疾病的成因。后来的医家基本上是按照这种思路来认识医学问题的。例如，东汉末年张仲景指出："夫天布五行，以运万类；人禀五常，以有五藏。经络府俞，阴阳会通；玄冥幽微，变化难极。自非才高识妙，岂能探其理致哉！"（《伤寒论·序》）在认同人和自然的统一性的前提下，张仲景认为人本身是阴阳五行和谐的产物。只有阴阳和谐（阴阳会通），生命的健康才能得到保证。再如，唐代孙思邈也认同人和自然一致性的重要性，将"和"作为这种一致性的基础。他说，"吾闻善言天者，必质之于人，善言人者，亦本之于天。天有四时五行，寒暑迭代，其转运也，和而为雨，怒而为风，凝而为霜雪，张而为虹蜺，此天地之常数也。人有四支五藏，一觉一寝，呼吸吐纳，精气往来，流而为荣卫，彰而为气色，发而为音声，此人之常数也。阳用其形，阴用其精，天人之所同也。及其失也，蒸则生热，否则生寒……良医导之以药石，救之以针剂，圣人和之以至德，辅之以人事，故形体有可愈之疾，天地有可消之灾"（《旧唐书·孙思邈传》）。即"和"既是自然界运行的法则，也是人体生理的法则；既保证了自然界的稳定和有序，亦保证了人体的健康和有序。而阴阳失调既会造成自然界的无序和混乱，也会致使人生病。因此，只要协调好阴阳的关系，就可化灾消病。

总之，在医家看来，"和"也就是对五味、五谷、五药、五气、五声、五色的调和，是通过它们之间的相反相成来保证具有新质的生命得以存在和延续的过程。正如庄子所言："我守其一，以处其和，故我修身千二百岁矣，吾形未常衰。"（《庄子·在宥》）这样看来，和谐尤其是人与自然的和谐，是人类延年益寿必须遵循的基本原则。

（二）中医学的生态智慧

就中医学的职能来看，就是要在深入诊断疾病的基础上，通过"齐和"的方法来调和药物，从而使人体得到康复。约产生于战国时期的《黄帝内经》（《内经》）是我国现存最早的中医著作。现在流传的《内经》包括《素问》和《灵枢》两部分。《内经》是气和阴阳五行学说与医学实践相结合的产物，奠定了中医学的理论基础，被历代医家作为演绎推理的根据和治疗的依据。

1. 在本体论方面，认为和谐是包括人在内的万事万物的产生方式

它认为，充盈在天地之间的无非是气而已。从其性质来看，这就是阴阳二气。天气清轻在上，地气浑浊在下，天地之气的交感便产生出世界上的万事万物："本乎天者，天之气也；本乎地者，地之气也。天地合气，六节分而万物化生矣。"（《素问·至真大要论》）万物都是在天地之气的和谐过程中产生的，但它们本身是有所区别的，反映了进化的不同等级（天地合气，六节分而万物化生）。在此基础上，它认为人同样是天地之气交感的产物："夫人生于地，悬命于天，天地合气，命之曰人。人能应四时者，天地为之父母。"（《素问·宝命全形论》）正由于《内经》在和谐的意义上认同了人和自然的一致性和统一性，所以，它十分强调遵循自然规律的重要性，向人们提出了这样的要求："此人之所以参天地而应阴阳也，不可不察。"（《灵枢·经水》）可见，在中华文明中，和谐是贯通宇宙论和生理学的哲学构架。

2. 在生理学上，将和谐作为人体正常、有序运行的基本保证

在身心问题上，《内经》强调二者的一致性。它认为，人的生理和心理是相一致的，人的生理状态的和谐、有序是心理得以产生的基础和健康的基本保证，"气和而生，津液相成，神乃自生"（《素问·六节脏象论》）。即人的心理是依赖于生理的，正是作为人的生理状态表现的"气"的和谐才使作为人的心理表现的"神"成为了可能。但是，"神"

并不是要一味地"同"。"两神相搏，合而成形，常先身生，是谓精"（《灵枢·决气》）。这里强调的是心理对于生理的制约性。所谓的"两神相搏"强调的就是和谐所具有的相反相成的意义。总之，无论是从生理和心理哪一个方面来看，人都是融差异和冲突为新质的一个过程。

3. 在保健学问题上，认为人体各方面的和谐是养生卫体的基本方法

人本身是生活在各种矛盾和冲突之中的，而通过"和"就可化解这些矛盾和冲突，最终达到延年益寿的目的。

（1）天地构成了人类生存的基本条件和环境，因此，人必须与天地和谐。这样，"处天地之和，从八风之理"（《素问·上古天真论》）就成为养生的基本原则。即与自然界的和谐是养生的一项重要内容。如果气候反常，就会使人生病，因此，"圣人遇之，和而不争"（《素问·六元正纪大论》）。

（2）五脏六腑是人体生理的基本构成部分，因此，人的身体中的各种器官必须和谐。这样，养生的另一条基本原则是，"气得上下，五脏安定，血脉和利，精神乃居"（《灵枢·平人绝谷》）。这就是要保证身体的各种器官的和谐和有序的关系状态。

（3）人的心理对健康亦具有重大的影响和制约作用，因此，人的心理必须要和谐。据此，《内经》将心理的"阴阳和平"作为养生的一条重要原则，"故智者之养生也，必顺四时而适寒暑，和喜怒而安居处，节阴阳而调刚柔，如是则僻邪不至，长生久视"（《灵枢·本神》）。即人要善于调节自己的情绪，不能大喜大怒。总之，《内经》将"和"作为养生的根本原则，向人们提出了"必养必和"（《素问·五常政大论》）的要求。

4. 在病因学问题上，将和谐与否作为认识疾病成因的一条基本原则

在对病因的认识上，《内经》站在"气"本体论的高度认为，人与生命的各种要素、条件和环境处于和谐状态，人体就处于健康的状态；反之，如果违反和谐的原则，不能化解冲突就会致病。而气就是这些元素、条件和环境的总和，"上下相遘，寒暑相临，气相得则和，不相得则病"（《素问·五运行大论》）。由于气是构成生命的基本元素和生命存在的基本条件，因此，生病与否就在于人同天地之气是否处在和谐、协调和有序的状态之中，"从其气则和，违其气则病"（同上）。这样，

"气"学说就成为中医的基础理论之一。

5. 在治疗学问题上，将和谐作为治病的基本原则

和谐就是健康，因此，在治疗上也是"必先岁气，无伐天和"（《素问·五常政大论》），而要达到和谐的状态必须要使用相反相成的方法。这在于，以同补同只是量的增加，而相反相成的和谐却可以产生新质，这就是要泻过和补不足。即热病必须冷治，冷病必须热治；治表必须治里，治里必须治表。这种运用相反相成的方式治病的方法就是和谐的原则，成为中医治疗疾病的一种基本的原则和方法。显然，用"和"将气与阴阳联系起来，就确立了阴阳学说在中医中的基础理论地位。

可见，《内经》确立了生态和谐在中医学中的基础地位。

（三）中药学的生态智慧

就中药学的职能来看，就是要在看到药物的不同性质的同时，使它们在功能上通过相反相成的互补作用来保证"生生"的有序性与和谐性。成书于西汉末年的《神农本草经》（《本草经》或《本经》），是集东汉之前药物学大成的名著，为中华文明中现存最早的系统的药物学著作。《本经》在解释药理的过程中，将和谐作为药学的基础，提出了"合和"和"安和"等概念，确立了生态和谐思想在中药学的地位。

1. 在对药物组成成分的认识上，认为药物是"阴阳配合"的产物

在它看来，药物的根、茎、花、籽所包含的有效成分是不尽相同的，它们之间的协同和配合才使得药物整体具有了独特的功能，但在治病的过程中，应该根据疾病的不同情况选用药物的不同部位，"药有阴阳配合，子母兄弟，根茎花实，草石骨肉"（《本草经·序录》）。这是阴阳学说在药物学中的运用和发挥。

2. 在对药物性质的认识上，认为药物存在着"四气五味"的差异

在它看来，根据不同的病情，通过药理性质和病理性质的相反相成，就可以达到养生卫体的作用。它指出，"药有酸、咸、甘、苦、辛五味，又有寒、热、温、凉四气，及有毒无毒"（《本草经·序录》）。即各种药物在性质上存在着差异和对等的关系，但在治疗疾病的过程中，根据不同的病理，使之相反相成，就可以化解人体的不适，最终达到人体的和谐。即"治（疗）寒以热药，治（疗）热以寒药"（《本草经·序录》）。这就将气学说和五行学说援入了药物学之中，成为药物学的理论

基础。同时也确立了药理和病理之间的相关性。

3. 在选药配方上，应该看到药性的地位和作用的差异性，使之相反相成

在《本经》的药物分类学中，上品药物为君，本上经；中品药物为臣，本中经；下品药物为佐使，本下经。它提出，"药有君臣佐使，以相宣摄，合和宜用一君、二臣、三佐、五使，又可一君、三臣、九佐使也"（《本草经·序录》）。即尽管药物的药效是不同的，它们在治疗疾病的过程中具有不同的地位和作用，但通过辨药性、别主次、分多寡的相反相成的方式，它们能够成为治病的良药。这里，所谓的"一君、二臣、三佐、五使"和"一君、三臣、九佐"，就是通过不同药物数量上的匹配而相反相成，最终成为维持生命存在和发展的新质。

4. 在选药配伍的原则上，提出了"七情合和"的学说

药物之间存在着不同的关系，关键是应看其情性是否合和。"有单行者，有相须者，有相使者，有相畏者，有相恶者，有相反者，有相杀者。凡七情，合和当视之，用相须相使者良；勿用相恶相反者。若有毒宜制，可用相畏相杀。不尔勿合用也。"（《本草经·序录》）在《本经》看来，有的药物适宜单用，有的则适宜合用。在适宜合用的药物中，有的能相互加强作用；有的能破坏或削弱另一方的毒性；有的合用则会产生毒、副作用。所以，必须合用药时，首先应该运用具有第一种关系的药物；实在没有其他办法时，要慎重运用具有第二种关系的药物；必须全力避免运用具有第三种关系的药物。这样，《本经》对和谐的内涵的认识就更为深刻和深入了。

5. 从对药性与人体健康关系的认识来看，强调药性对于维持生命的存在和延续中的重大意义，将"安和五脏"作为药物的主要功能

例如，在讲到大黄的功能时，《本经》指出，"大黄味苦寒，主下瘀血、血闭、寒热，破癥（症）瘕积聚，留饮宿食，荡涤肠胃，推陈致新，通利水谷，调中化食，安和五脏"（《本草经·大黄》）。由此可见，它明确将促使人体的和谐、有序（安和）作为药物的主要价值。值得注意的是，《本经》将"调中化食"作为安和的内在规定，看到了组成生命的各种不同要素的不偏不倚对于维持生命的存在和发展的重大价值，同时，它将"安和"看成是一个"推陈致新"的过程，强调和谐产生新质的作用和实质。

另外，中医还有药食同源的说法。《诗经》认为"亦有和羹，既戒既平"（《商颂·烈祖》）。后来，出现了专门的食医。这样，就突出了药物和食品、医学和农学之间的内在关联。

综上，中药学将和谐作为了解释药物的性质、药理和功能的理论根据，并结合药学的实际，揭示了和谐的构成方式、内在机理、发展方向和实用价值。

（四）中医存废的生态对决

在面向复杂性的新科技革命方兴未艾的背景中，在生态危机对人类健康造成的危害日益严重的情况下，我们必须站在更高的理论高度上来看待中西医的关系，寻求二者的互补之道。

中西医之间的区别最重要的是其哲学立场的不同。不能一味地站在近代自然科学的角度来理解中西医的关系，而应从哲学的高度来审视这种关系。中医的理论和方法是属于黑箱理论和方法之类的东西，是建立在对人体功能的直观的系统的把握基础上的。当然，这是一种模糊的整体性。西医是随着近代实验科学的兴起而兴起的，是建立在对人体的解剖基础上的，对身体和病理的认识比较精确。但是，具有头痛医头、脚痛医脚的形而上学的嫌疑。其实，在解剖医学出现之前，在西方医学的发展过程中也存在过一种整体的范式。例如，古希腊的希波克拉底医学就是这样。"希氏医学的主题——把健康作为一种平衡状态，强调环境影响的重要性、身心的互相依赖、内在的自愈力，这些在文化背景完全不同的中国古代已经很发达。"[1]因此，医学未来发展的可能的哲学出路是：在辩证逻辑指导下，在系统科学和生态科学的基础上，使医学成为具有系统科学性质和生态科学性质的科学。

在中西医评价上的不同意见是由评价者的哲学方法的不同造成的。主张废除中医的论者将实验分析、定量分析和"可证伪"作为评价标准。但是，在复杂的非线性的世界里，并不是一切事物都具有可重复性、可量度性和可证伪性等特征。因此，在坚持客观性和实用性的前提下，科学的评价标准和方法应该是多元的。我们之所以不能完全否定中医的价值，就在于中医在方法论上最接近系统科学和生态科学。它把健

---

① ［美］弗·卡普拉：《转折点——科学·社会·兴起中的新文化》，232 页，北京，中国人民大学出版社，1989。

康看作不断运动的过程，这样，就突出积极预防和体育锻炼的重要性。它把健康看作人的自身的生态和谐和人身外的生态和谐的结果，这样，就突出了调节人自身的身心平衡、调节外部的生态平衡的重要性。在这个意义上，可以说中医开启了"系统医学"和"生态医学"的先河。一些论者正是在这个意义上肯定中医的价值的。在斯普瑞特奈克看来，"在西方，对生物机械论的错误模式发出的最重要和最有说服力的挑战是中国对众多疾病的草药疗法和针刺疗法。太极和气功如今在越来越多的美国人当中也被用作保健的方法"①。当然，中医并不是无懈可击的。最大的问题是："医籍中详细地阐述了人的本质和医学的广泛的整体性，但这并没有应用到对病人的治疗中。在实践中，中医体系，就疾病的心理、社会方面而言，可能并不是整体的。治疗上不参与对患者社会环境的干预一定是儒家思想在社会生活各个方面影响的结果。儒家体系致力于维护社会秩序。"②其实，健康的系统思想和方法、生态思想和方法只有在其引起广泛的社会经济、科学技术结构发生深刻变化以后才会有意义。

总之，在中医中确实存在着系统维度和生态维度，并将二者统一了起来。今天，我们建设生态文明必须坚持以人为本，必须关注由生态环境问题引起的人民群众的健康问题，必须通过生态建设来提高人民群众的身体素质。在这个意义上，中医不仅构成了今天建构生态文明的历史资源，而且成为今天建设生态文明的重大课题。

五、中华伦理的生态之则

"仁、义、礼、智、信"（五常）是中华伦理的核心内容。学术界一般都是从人与人、人与社会的伦理关系的角度来研究和解读"五常"的，其实，"五常"还包含着十分丰富的、对人与自然的关系的基本要求，具有重要的生态伦理学的含义和价值。

---

① ［美］查伦·斯普瑞特奈克：《真实之复兴：极度现代的世界的身体、自然和地方》，中文版序言 4 页，北京，中央编译出版社，2001。

② ［美］弗·卡普拉：《转折点——科学·社会·兴起中的新文化》，237～238 页，北京，中国人民大学出版社，1989。

（一）爱护自然是"仁"的基本要求

仁是一种推己及人之道，是一种"博爱"的胸怀。博爱之情能使人将道德之心扩展到自然事物上，"亲亲而仁民，仁民而爱物"（《孟子·尽心上》）。古人所说的"物"是指山水草木、禽兽鱼虫。这样，在中华伦理中就形成了"爱物"的生态道德要求。

1. 对自然要有同情之心

仁起源于人们的"恻隐之心"，是一种发自内心的同情心。这种同情心是无所不包的，既包括他人也包括他物。在人和自然的关系领域中，一方面，它要求人们在对待自然资源的问题上，要采用"钓而不纲，弋不射宿"（《论语·述而》）的方法。这里，"钓"是一钩钓鱼的方法，"纲"（网）是罗列多钩捕鱼的方法。前者得鱼少，后者得鱼多。之所以要舍多取少，就在于捕鱼绝不能竭泽而渔。"弋"是用生丝系矢射鸟的方法，"宿"是指夜宿之鸟。白昼射鸟难，夜取宿鸟易。之所以舍易取难，就在于捕鸟绝不能斩尽杀绝。这本身是仁的要求和体现。另一方面，它要求人们对待自然万物要有"不忍之心"。孟子提出了"君子远庖厨"要求："君子之于禽兽也，见其生，不忍见其死；闻其声，不忍食其肉。是以君子远庖厨也。"（《孟子·梁惠王上》）这种观点并不是什么神秘主义。正如人看见儿童将掉入井中，会自然地引发恻隐之心一样；人看见动物临死时恐惧发抖的样子，也会自发地流露出对动物的"不忍之心"。这两种情况都是人所具有的道德同情心的自然表露。这一思想引起了施韦泽的极大关注，他所说的"中国哲学家孟子，就以感人的语言谈到了对动物的同情"[①] 指的就是上述情况。假如说"君子远庖厨"还具有自欺欺人的一面的话，那么，"钓而不纲，弋不射宿"则直接具有自然保护的意义。

2. 对自然要有喜好之情

从仁的性质上来看，要求人们对自然要有一种喜好之情。如孔子所讲的"仁者乐山"（《论语·雍也》）。仁者之所以应该喜好山，关键是山在整个生态系统中的作用。因此，一个仁者应该像山一样思考，要有包揽万物的胸怀。迟至今日，西方生态伦理学创立者利奥波德才提出"像

---

① ［法］阿尔贝特·施韦泽：《敬畏生命》，72 页，上海，上海社会科学院出版社，2003。

山那样思考"的命题。

假如说孔子只是在"比德"的意义上将山水纳入了自己的思想中，那么，董仲舒则将"爱物"直接赋予了"仁"，要求将"爱物"包容在"仁"的怀抱中，"质于爱民以下，至于鸟兽昆虫莫不爱，不爱，奚足谓仁？"（《春秋繁露·仁义法》）这就是说，仅仅将"仁"停留在"爱人"上还不是真正的仁，只有将"仁"扩展到"鸟兽昆虫"等自然万物上，仁才真正配得上称为仁。这样，在仁的问题上，中华伦理就达到了对生态道德的逻辑的自觉，仁学由此也就成为一种生态伦理学。

（二）有益自然是"义"的基本要求

义是实现仁的方式和途径。儒家将"义"摆在了头等重要的位置。到了孟子那里，则将仁义联系起来考虑了。如果说仁的作用是向善的话，那么，义的作用是禁恶。即"除去天地之害，谓之义"（《礼记·经解》）。这样看来，如果说仁是推己及物之道的话，那么，义就是要告诫人们分清是非善恶。这也适用于人与自然的关系。

1. 必须反对灭绝自然的行为

在这方面，中华伦理形成了一系列的行为准则。例如，发生在西周末年至春秋初期的"里革断罟匡君"故事就充分说明了这一点。一年夏天，鲁宣公兴致勃勃地把一种密织的渔网（罟）浸在泗水里准备捕鱼。里革听说后立即赶到水边，割断了渔网弃于地上，并劝谏说：使各种动植物生息繁衍，是古人的遗训。现在正值鱼的孕育季节，您不仅不让它们生殖繁衍，而且试图一网打尽，真是贪心不足啊！（《国语·鲁语》曰："蕃庶物也，古之训也。今鱼方别孕，不教鱼长，又行网罟，贪无艺也。"）鲁宣公听了这番话后，不仅将罟收了起来作为劝勉自己的镜子，而且重用了里革。可见，当时就有了休渔的传统，懂得让生物休养生息。《周易》中讲了一个类似于"里革断罟"的故事，"王用三驱，失前禽，邑人不诫，吉"（《周易·比·九五》）。这说的是，古代田猎是要划一定的范围的，三面刈草以为长围，一面作为门；猎者打猎时从门长驱直入，禽兽受到惊吓后，面向猎者从门跑掉的，就任其自然，留一条生路给它们。显然，《周易》是反对斩尽杀绝行为的。

2. 必须反对铺张浪费的行为

中华伦理将勤俭节约作为一项重要的美德加以提倡。在反对奢侈铺张的过程中，将无节制的游猎行为看作一种荒淫的行为。"流连荒亡，为诸侯忧。从流下而忘反谓之流，从流上而忘反谓之连，从兽无厌谓之荒，乐酒无厌谓之亡。先王无流连之乐，荒亡之行。惟君所行也。"（《孟子·梁惠王下》）这样，通过限制和禁止"流连荒亡"等行为，就可以使自然万物免受人类的破坏和威胁。而老子要求人们要深思欲望与天道的关系。"名与身孰亲？身与货孰多？得与亡孰病？是故，甚爱必大费，多藏必厚亡。知足不辱，知止不殆，可以长久。"（《老子》第四十四章）在他看来，欲壑难填就是最大的灾祸，贪得无厌就是最大的罪过，只有意识到了这一点，才是长久之道。在此基础上，中华传统美德在对待自然万物上形成的基本准则是，"取之有度，用之有节，则常足；取之无度，用之无节，则常不足"（陆贽：《陆宣公奏议·均节赋税恤百姓六条疏》）。这就是要求人们以可持续的方式来开发和利用自然资源。

在上述认识的基础上，荀子提出了一个接近于生态道德的概念："夫义者，内节于人而外节于万物者也，上安于主而下调于民者也。内外上下节者，义之情也。"（《荀子·强国》）这里，"节"也就是以礼来规范和评价人类的行为，是义的具体而实在的运用；"万物"也就是指世界上所有的存在物。因此，"义者节于万物者也"也就是人类对自己和自然存在物关系的规范和评价的体系，而这正是现代生态道德概念的逻辑内涵。至此，中华伦理在"义"的意义上就达到了对生态道德的逻辑的自觉。

（三）保护自然是"礼"的基本要求

作为实现仁的形式和方法，礼主要是指社会的规范、秩序和法度，是一种外在的道德命令。荀子提出了这样一个否定性的生态价值判断："杀大蚤，朝大晚，非礼也。"（《荀子·大略》）这里，"杀"是指捕杀动物的行为；"大蚤"也就是太早的意思，是指没有按照生态学季节节律而进行的捕杀动物的行为，即"违时"的意思。这句话是说，田猎活动不按照生态学的季节节律进行就是非礼的，是一种不道德的行为，因此，这种行为在生态上就是应该禁止的。因此，礼首先是在人法天地自然的基础上形成的生态德性的中介。

1. 必须遵循生态学的季节节律

由于中华文明是在农业文明高度发达的基础上形成的，因此，十分重视生态学季节节律（时）的规范价值（时禁）。孔子提出了"道千乘之国，敬事而信，节用而爱人，使民以时"（《论语·学而》）的主张，认为一个高明的统治者应该懂得使老百姓按照春夏秋冬的季节节律有条不紊地进行耕耘收藏的工作，不得延误农时。不仅如此，这一要求也是适用于人和自然的关系领域的。根据对"时"的认识，在夏朝的时候就提出了这样的生态准则："春三月，山林不登斧斤以成草木之长。夏三月，川泽不入网罟，以成鱼鳖之长。"（《全上古三代秦汉三国六朝文·全上古三代文》）即在万物复苏和生长的季节，人类应该禁止采伐和捕捞等行为，这样才能保证生物物种的正常生长。此后，《礼记·月令》按照每一个月的自然生态情况，列出了一系列必须禁止的破坏自然和生态的行为。例如，由于春天是万物复苏、萌芽、发育的季节，因此，"昆虫未蛰，不以火田，不麛，不卵，不杀胎，不夭夭，不覆巢"。即在春天不能采用灭绝生物种群的方法，应该保护保护动物的胎体、幼崽。显然，这些"时禁"既有法律的价值，也有伦理的意义。

2. 必须在环境管理和环境保护方面加强制度建设

周代的环境管理和环境保护的制度建设就已经达到了一定的水平。这体现为"虞"（环境管理机构）和"虞师"（环境管理人员）的出现。"修火宪，敬山泽林薮积草。夫财之所出，以时禁发焉。使民于宫室之用，薪蒸之所积，虞师之事也。"（《管子·立政》）即虞师的职责是：根据时禁，封山育林，保证国家对财物的需求。这样，在虞和虞师的引导下，人们在遵循外在的生态环境法规的过程中就能够逐步形成保护和爱护自然的良好习惯。在此基础上，中华文明将生产持续、生活持续、生态持续作为判断贤明政治的重要标准。"圣王之制也，草木荣华滋硕之时则斧斤不入山林，不夭其生，不绝其长也；鼋鼍、鱼鳖、鳅鳝孕别之时，罔罟、毒药不入泽，不夭其生，不绝其长也；春耕、夏耘、秋收、冬藏四者不失时，故五谷不绝而百姓有余食也；洿池、渊沼、川泽，谨其时禁，故鱼鳖优多而百姓有余用也；斩伐养长不失其时，故山林不童而百姓有余材也。"（《荀子·王制》）因此，在一些西方人看来，中国在很早的时候就有了专门的环境保护部门（虞）和专门的环境保护管理人员（虞师）。

可见，礼即礼仪之规，不仅要求人们的行为合乎道德规范，还要求人类在生产活动中要保护自然。

（四）认识自然是"智"的基本要求

在中华伦理中，仁和智（知）是直接联系的一起的，要求"必仁且智"（董仲舒：《春秋繁露·必仁且智》）。就其含义来看，"是是、非非谓之知"（《荀子·修身》）。这种认识不仅指向社会关系，而且也指向了生态关系。在这个问题上，不能简单地认为中华文明是以伦理为主导的文明，事实上，中华文明也十分强调对自然事物的科学认识。

1. 要把握生态学知识

孔子将掌握生态学知识看成是与道德教化具有同等意义的大事。他说："小子何莫学夫《诗》。《诗》，可以兴，可以观，可以群，可以怨。迩之事父，远之事君。多识于鸟兽草木之名。"（《论语·阳货》）之所以强调要"多识于鸟兽草木之名"，就在于人类的饮食、医药都取材于它们。只有知其名称、形状和性质，才能正确使用；否则，后果不堪设想。因此，中华文明在先秦时代就形成了一些生态学知识。孟子对"时"的问题也很重视，他引用了一句齐人的谚语概括了儒家对这个问题的基本看法，"虽有智慧，不如乘势；虽有镃基，不如待时"（《孟子·公孙丑上》）。这就是说，手段和工具固然是重要的，但作为条件和环境的生态学季节节律——"时"却是不可超越的。在此基础上，中华民族以后形成了以"致知格物"为特征的中国古代科学。

2. 要把握自然规律

在中华文明发生和发展的过程中，早就意识到了破坏自然生态环境可能造成的不良后果。例如，孟子说道："牛山之木尝美矣。以其郊于大国也，斧斤伐之，可以为美乎？是其日夜之所息；雨露之所润，非无萌蘖之生焉，牛羊又从而牧之，是以若彼濯濯也。"（《孟子·告子上》）这样，就提出了如何对待自然规律的问题。围绕着这个问题，中华文明形成了"天人合一"的思想。尽管"天人合一"本身具有十分广泛的含义，不同的哲学流派对之作出了不同的解释，但是，这一思想命题无论是作为世界观还是作为方法论，都既适用于儒家也适用于道家，并截然分明地将中国古代哲学与西方近代思想文化的主流区别开来了。在自然观上，儒家的基本思想是"三才"——天、地、人的协调一致，道家的基本思想是"四大"——道、天、地、人的协调一致。儒、道之间在自然观上的共同性，就非常精彩地体现在"天人合一"这一具有高度概括力的理论命题上。正是从此出发，中华伦理要求人类要与自然万物为友。"乾称父，坤称母，予兹藐焉，乃混然中处。故天地之塞，吾其体；天地之帅，吾其性。民吾同胞，物吾与也。"（《张载集·正蒙·乾称》）即人是天地之间的一分子，是与天地万物为一体的，因此，要把其他人看作是自己的兄弟（民吾同胞），形成人对人的爱；要把自然看作是自己的伙伴（物吾与也），形成人对自然的爱。显然，"民胞物与"是从"天人合一"的自然规律推出来的生态伦理思想。

在总体上，智者是忘乎于山水之间的。这即是孔子所讲的"智者乐水"（《论语·雍也》）。这里，智者之所以钟情于水，不仅是在比德的意义上讲的，而且看到了人和自然的内在联系。可见，智即智谋之力，要求人类在认识自然的基础上要达到热爱自然的道德境界。

（五）协和自然是"信"的基本要求

信既是"五常"之一，也是贯穿"五常"的枢要。"诚为仁义礼之枢，诚之为知仁勇之枢"（王夫之：《读四书大全注》）。许慎在《说文解字》中将信与诚相训，因此，信即诚信。从其思想要求来看，诚信强调的是真实无妄。用真心来对待自然，即可实现人与自然的和谐。

1. 要将"与天地参"作为最高的人生理想

"与天地参"强调的是人和自然之间分职性和协调性相统一的理想状态。早在《国语·越语》中，中华民族的祖先就形成了"与天地参"的思想。在孟子提出的天时、地利、人和思想的基础上，荀子对"与天地参"的含义进行了揭示。"天有其时，地有其财，人有其治，夫是之谓能参。舍其所以参，而愿其所参，则惑矣！"（《荀子·天论》）这就是说，天地人三者的职能是不同的，但它们可以匹配在一起，作为一个整体来发挥作用，即人和自然之间的理想关系是在分职性基础上的协调性的关系。而《中庸》则将道德的属性直接赋予了"与天地参"。"唯天下至诚，为能尽其性。能尽其性，则能尽人之性。能尽人之性，则能尽物之性。能尽物之性，则可以赞天地之化育。可以赞天地之化育，则可以与天地参矣。"（《礼记·中庸》）即至诚如神，有了这种品德和威力，就能够贯通多种仁义道德，在把握自然规律和人事法则的基础上，就可以成己、成人、成物（赞天地之化育），最终实现人与天地的和谐（与天地参）。在中华伦理看来，不仅天道（自然规律）是真实无妄的（诚），而且人道（社会法则）也是真实无妄的（诚之）。这样，以真实无妄为中介，才有人和自然的共同繁荣，才有天道和人道的统一。显然，"与天地参"是"天人合一"在伦理道德上的具体要求和体现。

2. 要将"天地和生"作为处理人与自然关系的最高准则

"和"是中华传统哲学中一个源远流长的概念。它首先是天地万物生成的固有法则。"万物各得其和以生，各得其养以成，不见其事而见其功，夫是之谓神。"（《荀子·天论》）这就是说，"和"是万物生成过程中所要依赖的各种生态学条件的匹配。在中华伦理后来的发展过程中，逐渐将伦理道德的属性赋予了"和"，由此将之发展成了生态伦理学的一个基本的原则。"和者，天地之所生成也"，"德莫大于和"（董仲舒：《春秋繁露·循天之道》）。即只有和谐才能保证自然万物生生不息（可持续性），才能保证人与自然的共生共荣。最终，"和"引向了真善美的统一。"乐者，天地之和也。礼者，天地之序也。和，故百物皆化。序，故群物皆别。"（《礼记·乐记》）显然，"在中国必然地存在着一种美学和伦理学的关联：美和善是同一的。当在美学中达到了人和自然的和谐，那么就意味着人和人的和谐关系之善。因此，和谐不仅是美学（音乐）的本质，而且也是社会的本质"①。因此，"和"其实就是生态文明思想在中华伦理中的另一种表达方式。

这样，由"信"而达"和"，就进一步回到了"仁"。可见，信即诚信之品，这是实现人与自然和谐的基本要求和方法。

在总体上，作为总体的"五常"所显示出的对自然的关爱，就表达了中华伦理对人和自然之间道德关系的系统认识。当然，对于我们来说，真正的科学的生态伦理是马克思提出的作为人道主义和自然主义相统一的共产主义理想。

总之，博大精深的中华文明中所蕴含的生态智慧能够成为我们今天建设生态文明的重要思想资源，有助于人们形成正确的生态文明观念。但是，只有立足于建设中国特色社会主义的伟大实践，在马克思主义的

---

① Hwa Yol Jung, The Harmony of Man and Nature: A Philosophic Manifesto, *Philosophical Inquiry*, 1986, Vol. Ⅷ, No. 1-2.

指导下，将古为今用和洋为中用统一起来，解放思想，开拓创新，我们才能真正实现人与自然的和谐相处，才能真正走上生产发展、生活富裕和生态良好的文明发展道路。这其实就是要在生态文明问题上坚持"综合创新"的原则。

中　篇

生态文明的理论规定

第五章　生态文明的发生机制

生态文明之所以可能（康德哲学意义上的可能），就在于人（社会）与自然的关系是以对象化活动尤其是实践活动为基础和中介的生态关系。在通过劳动实现的人与自然之间的物质变换的过程中，人类已经改变了自然的形状、结构、性质和面貌，在自然演化的过程中增添了社会进化的内容和规定，这样，就使自然系统成为原初自然、人化自然和人工自然的统一体，实现了从自然历史向历史自然、从自在之物向自为之物、从人属自然向属人自然的历史性转变。在增强对象化活动的建设性效应、克服其破坏性效应的基础上，就形成了生态文明。在其哲学实质上，生态文明是人化自然和人工自然的积极进步成果的总和。

一、人与自然的生态关系

人类的生存和发展离不开自然界，人是通过对象化活动尤其是实践将自身与自然界联系在一起的。以实践为基础和中介的人与自然的关系领域，就是生态文明发生的现实土壤。

（一）社会和自然之间关系的实践构成的方式

自然和社会是世界客观实在性存在的两种基本方式，同时，"自然和历史——这是我们在其中生存、活动并表现自己的那个环境的两个组成部分"①。无论是从历史发生还是从现实构成来看，社会和自然都具有内在的关联。在任何情况下，社会和自然的关系都是以实践为基础和中介的现实的系统关系。

1. 从历史发生来看，社会运动是在自然运动的基础上通过劳动而诞生的过程

物质世界是由自然运动和社会运动两大类运动形式构成的一个统一的整体。这种关系是随着物质世界的进化而逐步形成的。一方面，自然运动是社会运动的前提和基础。社会运动是在生物运动的基础上产生的，同时凝聚了其他物质运动形式的内容。在这个过程中，"生物进化的规则已由宇宙进化所确定。对社会进化来说，这些规则只能是由生物进化过程确定的，首先是由从猿到人类的进化过程确定的。这个假定并不意味着人类社会是生物地决定的。它只意味着社会是产生于并且存在于生物圈中的其他系统的多层次结构内的进化着的系统"②。当然，从根本上来说，劳动在自然进化中创造人的过程，就是创造社会的过程。事实上，在自然进化的链条上，人、社会和劳动（实践）是系统发生的。另一方面，社会运动是自然运动的发展和结果。在自然进化链条上通过劳动诞生的社会运动构成了社会有机体。社会运动一旦产生就将自然运动包括在了社会运动当中，尤其是作为社会主体的人以凝聚的方式集中了物质运动的基本形式的内容和要求，这样，社会运动就开辟了自然进化的新阶段和新方向。但是，社会运动和社会进化仍然是一种物质运动。这在于，生产方式的构成以及体现的关系都是物质和物质的关系，既是社会和自然之间进行物质变换的过程（生产力），也是社会成员之间的共同活动和相互交换物质产品的过程（生产关系），更是整个社会有机体的"骨骼"系统（生产力和生产关系的现实的历史的统一）。"在这里，正像在生产的第一天一样，形成产品的原始要素，从而也就是形成资本物质成分的要素，即人和自然，是携手并进的。"③全部社会有机体的"血肉"都是在这个基础上"发育"和"成长"起来的。总之，社

---

① 《马克思恩格斯全集》，中文 1 版，第 39 卷，64 页，北京，人民出版社，1974。

② ［美］欧文·拉兹洛：《人类的内在限度》，152 页，北京，社会科学文献出版社，2004。

③ 《马克思恩格斯全集》，中文 2 版，第 44 卷，696 页，北京，人民出版社，2001。

会运动是自然运动的进化涌现，构成了整个人类文明发生的历史之源。

2. 从现实构成来看，自然和社会是世界客观实在性存在的两种基本方式

物质世界是一种系统性的存在。当在自然运动的基础上通过劳动产生出社会运动以后，自然和社会就成为物质客观实在性的两种基本的存在方式。现实的物质世界就是由自然和社会的辩证作用构成的系统。一方面，社会和自然是互为中介的。在世界进化的过程中，社会和自然通过彼此的中介作用共同地将整个世界协调为一种具有"递阶秩序"的整体。"系统的这种叠加方式叫做递阶秩序。……这种递阶结构和合并为甚至更高阶的系统是整个客观现实的特征，在生物学、心理学、社会学方面有根本的重要性。"[①]因而，社会和自然就构成了"社会—自然"这样一个巨复合系统。这一系统一旦形成，社会和自然就作为系统中的子系统开始了系统内的相互作用。另一方面，实践是联系自然和社会的纽带和桥梁。社会有机体形成以后的自然进化是在作为社会主体的人的自觉参与下进行的，但是，自然规律仍然在社会领域中发挥着作用，这样，如何实现自然规律和社会规律的协调就成为人类实践要解决的基本问题。劳动"是制造使用价值的有目的的活动，是为了人类的需要而对自然物的占有，是人和自然之间的物质变换的一般条件，是人类生活的永恒的自然条件，因此，它不以人类生活的任何形式为转移，倒不如说，它为人类生活的一切社会形式所共有。因此，我们不必来叙述一个劳动者与其他劳动者的关系。一边是人及其劳动，另一边是自然及其物质，这就够了"[②]。这样，通过实践的作用，自然和社会就发生了实际的交往和交互作用，从而具有了内在的联系。可见，社会和自然的关系本质上是一种实践关系。其实，不仅生态文明是在社会和自然的交互作用的过程中产生的，而且整个人类系统都是在这个过程中发生的。

在实践的基础上，自然和社会不仅成为具有系统性的物质存在的基本方式，而且成为了具有系统性的人类活动的基本领域。显然，社会和自然之间具有协同的属性。

---

① ［奥］L. 贝塔兰菲：《一般系统论（基础·发展·应用）》，62 页，北京，社会科学文献出版社，1987。

② 《马克思恩格斯全集》，中文 2 版，第 44 卷，215 页，北京，人民出版社，2001。

（二）自然是社会存在和发展的基本物质条件

人类、社会、实践标志着自然进化的新质的涌现，但是，无论是从时间上还是从空间上来看，自然都是先于它们而存在的，构成了整个社会存在和社会发展的基本的物质条件。

1. 自然规定人类的生存

人是以社会性的方式通过实践而在自然进化的过程中自我创造的，从而开辟了自然演化的新阶段。但是，自然始终规定着人类的生存和发展。

（1）从其起源来看，人的进化本身是自然演化过程的结果。

人本身是自然界的产物，是在自己的环境中并且和这个环境一起发展起来的。人在任何情况下都不能剪断与自然母体联系的"脐带"。

（2）从其需要的满足来看，自然是人类生存的自然物质基础。

作为一种感性存在物，人有一系列的需要。只有自然界才能提供满足人类需要的物质资料。这样，无论是人的肉体生活还是精神生活都是离不开自然界的。

（3）从其现实存在来看，人是自然系统的一个构成部分。

尽管人类在进化的过程中获得了新质，但是，人类始终存在着自然规定性，始终必须遵循基本的物质运动规律。人本身就是自然系统的组成部分。这样看来，自然的持续性事实上是人类持续性的基本前提和重大保证。

2. 自然规定社会的存在

作为人之集合体的社会，对自然同样存在着深刻而广泛的依赖。

（1）自然规定着社会产生的前提。

虽然人与社会是系统发生的，但是，从构成来看，"全部人类历史的第一个前提无疑是有生命的个人的存在。因此，第一个需要确认的事实就是这些个人的肉体组织以及由此产生的个人对其他自然的关系。当然，我们在这里既不能深入研究人们自身的生理特性，也不能深入研究人们所处的各种自然条件——地质条件、山岳水文地理条件、气候条件以及其他条件。任何历史记载都应当从这些自然基础以及它们在历史进程中由于人们的活动而发生的变更出发"①。显然，没有自然提供的物

---

① 《马克思恩格斯选集》，2 版，第 1 卷，67 页，北京，人民出版社，1995。

质条件就不可能有人类的存在，最终也就不会有社会的存在。

（2）自然规定着社会结构的构成。

作为一个有机体，社会是由一系列领域构成的整体。尽管社会结构的性质是由作为其构成要素的生产力决定的，但是，"最初，自然界本身就是一座贮藏库，在这座贮藏库中，人类（也是自然的产品，也已经作为前提存在了）发现了供消费的现成的自然产品，正如人类发现自己身体的器官是占有这种产品的最初的生产资料一样。劳动资料，生产资料，表现为人类生产的最初产品，而人类也是在自然界中发现了这些产品的最初形式，如石头等等"①。即使在人类文明获得极大进步的今天，自然物质条件对社会结构的影响仍然是存在的。

（3）自然规定着社会进化的方式。

社会进化是在物质生产力的推动下进行的。物质生产力的发展和进步的程度是与人们开发和利用自然的方式和方法密切相关的。其中，"劳动生产率也同自然条件息息相关，而自然条件可能在劳动生产率提高的同时对生产率变得不利"②。这样，随着社会利用自然的深度的加深、广度的扩展、高度的提高，就会对社会进化产生这样或那样的重大影响。在总体上，自然环境或地理环境是社会存在和社会发展的"物质外壳"，社会的存在和发展就是在自然的怀抱中进行的。

3. 自然规定实践的结构

实践是人的自由自觉的活动，是对人的本质的确证。但是，自然是人类劳动的前提和基础，规定着实践尤其是生产力的结构。

（1）自然提供了劳动对象。

最初，作为现成的生活资料的土地和水，未经人的协助，就作为劳动的一般对象而存在。所有那些通过劳动只是同土地脱离直接联系的东西，都是天然存在的劳动对象。相反，已经被以前的劳动可以说滤过的劳动对象，被称为原料。劳动对象只有在它已经通过劳动而发生变化的情况下，才是原料。可见，人的"劳动的第一个客观条件表现为自然，土地，表现为他的无机体"，"这种条件不是他的产物，而是预先存在的；作为他身外的自然存在，是他的前提"③。今天，自然物质条件对

---

① 《马克思恩格斯全集》，中文 2 版，第 32 卷，72 页，北京，人民出版社，1998。

② 同上书，485～486 页。

③ 《马克思恩格斯全集》，中文 2 版，第 30 卷，480 页，北京，人民出版社，1995。

生产力要素的影响仍然是存在的。

（2）自然提供了劳动资料。

劳动主体直接掌握的东西，是劳动资料。他们利用物的机械的、物理的和化学的等方面的属性，以便把这些物当作发挥力量的手段，依照自己的目的作用于其他的物。其中，最为重要的是劳动工具。劳动工具本身是物质的转化形式，是客观的物质力量。"这样，自然物本身就成为他的活动的器官，他把这种器官加到他身体的器官上，不顾圣经的训诫，延长了他的自然的肢体。"①即使现在信息科学中的"虚拟"活动，也总是通过信息介质进行的。

（3）自然提供了劳动主体。

劳动的过程是作为主体的人的自由而自觉的活动。作为实践主体的人同样是一种自然产物，具有物质规定性。人类连同其肉、血和头脑都是来源于自然、属于自然、存在于自然之中的；关于人与自然对立的观点是荒谬的、不能成立的。这样，随着劳动要素的有机结合，劳动就成为实现人与自然之间的物质变换形式。

事实上，自然是物质世界中最基本的物质即自然物质条件。另一种物质即经济物质基础，是由自然物质条件转化而来的。可见，人（社会）和自然的关系首先是一种生态关系。

（三）实现人与自然之间物质变换的劳动形式

正是凭借建立在劳动基础上的物质变换，人类才能够利用自然界所提供的物料、能量和信息，这样，生命的维持和再生产才成为可能，社会的存在和发展才成为可能，文明的发生和演化才成为可能。

1. 劳动是人（社会）和自然之间的物质变换的过程

物质变换指的是生物有机体同自然条件和环境之间所进行的以物料、能量和信息交换为基本内容的有机联系。生物有机体与自然条件和环境之间的物质变换只是一种简单的生命活动，而人（社会）和自然之间的物质变换是通过人的劳动实现的。在社会运动的发生学阶段，劳动过程和物质变换还是两个不同的过程。一旦劳动过程成为一种社会过程，社会运动就作为一种独立的物质运动形式而存在和发展，那么，劳

---

① 《马克思恩格斯全集》，中文 2 版，第 44 卷，209 页，北京，人民出版社，2001。

动过程和物质变换就成为一个统一的过程。这样，就进一步强化了人（社会）和自然之间的系统联系。

（1）物质变换是在劳动过程中实现的。

由于人的需要具有广泛性、普遍性和前瞻性，同时，人又能够将自己的需要转化为自己的目的，因此，离开了劳动，人（社会）和自然的物质变换是根本不可能实现的。在这个意义上，"劳动首先是人和自然之间的过程，是人以自身的活动来中介、调整和控制人和自然之间的物质变换的过程"①。这样，通过劳动而实现的人（社会）和自然之间的物质变换就构成了社会的生产力的发展，从而也就奠定了社会存在的客观基础和文明发生的客观基础。

（2）物质变换是在劳动过程中发展的。

随着劳动的发展，会使物质变换呈现出不同的面貌。"劳动过程的每个一定的历史形式，都会进一步发展这个过程的物质基础和社会形式。这个一定的历史形式达到一定的成熟阶段就会被抛弃，并让位给较高级的形式。"②通过劳动的发展而发展了的人（社会）和自然之间的物质变换，其实就是生产力推进社会发展的进程。这样，就为文明的发展提供了客观动力。可见，"经济循环是与物质变换（生态循环）紧密地联系在一起的，而物质变换又与人类和自然之间新陈代谢的相互作用相联系"③。这样，在物质变换、劳动过程、社会发展三者之间就存在着一种系统发生、协同进化的关系。因此，任何对自然的污染和破坏都是对人和社会的污染和破坏。这样，就突出了人类调节和控制这种物质变换的重要性。

2. 实践是人类把握物质世界的最基本的方式

实践是人类能动地改造和探索世界的社会性的客观物质活动。

（1）实践是人所特有的对象性活动。

它包括两层意思：一是指实践是改变世界的对象性活动。对象性活动是指，实践活动具有对象性质，是以人为主体，以客观事物为对象的

---

① 《马克思恩格斯全集》，中文 2 版，第 44 卷，207～208 页，北京，人民出版社，2001。

② 《马克思恩格斯全集》，中文 2 版，第 46 卷，1000 页，北京，人民出版社，2003。

③ ［美］约翰·贝拉米·福斯特：《马克思的生态学——唯物主义与自然》，175 页，北京，高等教育出版社，2006。

现实活动；实践把人的目的、理想、知识、能力等本质力量对象化为客观实在，创造出一个人化世界。这集中体现在劳动产品中。"劳动的产品是固定在某个对象中的、物化的劳动，这就是劳动的**对象化**。劳动的现实化就是劳动的对象化。"①这是实践区别于自然物质形态和动物本能活动的特殊本质。二是指实践具有物质的、客观的、感性的性质和形式。作为以"感性"的方式把握客体的活动的实践，是不同于人以观念的方式把握客体的活动的意识的。实践具有"感性"和直接现实性的特点，是实践区别于意识的一般本质，也是实践高于意识的主要特点。

（2）实践构成了人类存在的基本方式。

它包括三层意思：一是从人类生存的前提来看，实践活动不断地创造着人类生存和发展的根本条件。二是从人与动物的区别来看，有意识的生命活动把人同动物的生命活动直接区别开来。三是从人的本质来看，人的本质在其现实性上是一切社会关系的总和，而社会生活在本质上是实践的。总之，"一句话，动物仅仅**利用**外部自然界，简单地通过自身的存在在自然界中引起变化；而人则通过他所作出的改变来使自然界为自己的目的服务，**来支配**自然界。这便是人同其他动物的最终的本质的差别，而造成这一差别的又是劳动"②。显然，作为对象化活动和人的存在方式统一体的实践，是人类把握世界的基本方式。

总之，实践在实质上一个现实的物质变换的过程。尽管这个过程的结果体现了主体的能动性，但是，它总是以一定的物质形式和物质内容表现出来的，同时，作为一种既得的力量，成为以后社会发展的客观条件。这样，不仅生态文明的产生获得了自己的自然物质基础，获得了社会物质（生产力）的基础（这里，劳动、生产力和生产实践是属于同一序列的概念），而且人类文明就是在这个过程中产生和发展的。

在总体上，社会和自然的关系是通过劳动实现的物质变换的关系。这样，通过作为物质力量的劳动（实践）的基础性和中介性作用，自然和社会的关系就成为具有生态性质的关系。这种社会性的生态关系，就提供了一切文明发生的物质土壤。当然，只有通过劳动在这块土壤上的辛勤耕耘，才能绽放出灿烂的文明花朵，才能收获沉甸甸的文明果实。

---

① 《马克思恩格斯全集》，中文 2 版，第 3 卷，267～268 页，北京，人民出版社，2002。
② 《马克思恩格斯选集》，2 版，第 4 卷，383 页，北京，人民出版社，1995。

二、人与自然的对象关系

通过劳动呈现出来的社会和自然的辩证关系表明，人与自然的关系是一种对象性的关系。由于对象化活动是一个包括诸多形式的整体，这样，就使人与自然之间的对象化活动成为一个总体性的历史过程。这种活动进一步确证了人与自然之间的系统性的生态关联。

（一）对象化活动的本质规定性

正是在对象化活动的过程中，不仅确认了人的生命和本质，而且在人与自然之间建立起了现实的历史的关系。

1. 对象性关系的普遍性

在客观世界中尤其是在感性世界中，对象性关系是一种普遍存在的关系。

（1）事物的存在都是以对象性的方式存在的。

作为一种客观存在的现实事物，总是与周围其他事物处于互为对象的关系之中。"一个存在物如果在自身之外没有自己的自然界，就不是**自然**存在物，就不能参加自然界的生活。一个存在物如果在自身之外没有对象，就不是对象性的存在物。一个存在物如果本身不是第三存在物的对象，就没有任何存在物作为自己的**对象**，就是说，它没有对象性的关系，它的存在就不是对象性的存在"，"非对象性的存在物是**非存在物**"①。这就意味着：一物在自身之外必然存在有一对象，同时它又是另一物的对象。在这个意义上，凡是感性的东西都是对象性的存在物，不是对象性的存在物是非存在物。客观事物所具有的这种互为对象的普遍属性即为对象性。

（2）有机物的对象性关系是一种维持生命的关系。

有机物的对象性关系与无机物的对象性关系存在着本质的差别。后者是客观世界所具有的普遍联系的一种直接的反映和体现，而前者是客观世界进化过程中所建立起来的一种有机的联系，是与维持生命的进化

---

① 《马克思恩格斯全集》，中文2版，第3卷，325页，北京，人民出版社，2002。

直接联系在一起的。在这个问题上，**"饥饿是自然的需要**；因此，为了使自身得到满足，使自身解除饥饿，它需要自身之外的**自然界**、自身之外的**对象**。饥饿是我的身体对某一**对象**的公认的需要，这个对象存在于我的身体之外，是使我的身体得以充实并使本质得以表现所不可缺少的。太阳是植物的**对象**，是植物所不可缺少的、确证它的生命的对象，正像植物是太阳的对象，是太阳的唤醒生命的力量的**表现**，是太阳的**对象性的本质力量的表现**一样"①。这不仅表明：凡是有机体都是能动的，又是受动的，而且说明：有机体与其环境的关系是一种内在的关系。其实，这也就是物质循环的关系。

（3）人与自然的对象性关系同样是一种生命关系。

人在感性上首先是一种自然存在物，因此，人的对象性关系同样是服从和服务于自己的生命活动的。这样，"人作为自然存在物，而且作为有生命的自然存在物，一方面具有**自然力、生命力**，是**能动的**自然存在物；这些力量作为天赋和才能、作为**欲望**存在于人身上；另一方面，人作为自然的、肉体的、感性的、对象性的存在物，同动植物一样，是**受动的**、受制约的和受限制的存在物，就是说，他的欲望的**对象**是作为不依赖于他的**对象**而存在于他之外的；但是，这些对象是他的**需要的对象**；是表现和确证他的本质力量所不可缺少的、重要的**对象**"②。其实，人与自然的对象性关系，就是人与自然的系统关联，就是人与自然的生态关联。它表明的是：作为有生命的、能动的自然存在物，人同样要依赖自然界而生存，同样要受自然规律的支配和制约。

可见，对象性或对象性关系是所有客观事物皆具有的普遍属性。

2. 对象化活动的特殊性

人能够以自身有意识的能动的活动来影响自然界的变化发展，并且能够在和自然界的相互作用中来不断地掌握和同化自然力，最终在逐步扩大对自然界的依赖范围的过程中来确认自己的生命和本质。这样，就从对象性关系发展到了对象化活动。对象化活动表明作为主体的人的能动的、本质的力量由自身的活动（运动）的形式转化为外部的物质存在的形式，最终创造出了一定的客体。这里，对象性关系是对象化活动的发生前提，对象化活动是对象性关系的现实发展。在对象性关系的基础

---

① 《马克思恩格斯全集》，中文 2 版，第 3 卷，325 页，北京，人民出版社，2002。
② 同上书，324 页。

上，对象化活动又增加了一系列新的内容。主要是：一是泛指所有的客观事物（从自然界到人类社会）都是互为对象的存在物；二是特指人类活动尤其是实践本质的根本属性。就后者来看，对象化活动与对象性关系的本质区别在于：

（1）在活动目标上，对象性关系没有明确的价值目标，生物有机体的活动是一种不具备自觉目的性的活动，而对象化活动是具有明确价值目标的活动，是满足人的需要、实现人的目的的手段和方式。

（2）在活动工具上，尽管动物的活动在一定的意义上也是凭借一定的工具进行的，但是，这只是一种利用现成的天然的工具进行的活动，而且是一种偶然的现象，而对象化活动是自觉地利用工具进行的，这里的工具是凝结了人的智慧并通过人自身的活动创造出来的。这里存在的是一种普遍性的规律。更为重要的是，工具的发明、创制、运用的过程是围绕着满足人的需要、实现人的目的而自觉进行的过程。

（3）在活动后果上，对象性关系是一种集体无意识的单纯的生命活动，因此，它不仅不会对对象物造成任何实质性的影响，而且也不会生产出任何产品来，而对象化活动是按照人类的需要和目的改变外部对象的形态、结构、性质和功能的过程。在这个过程中，它不仅使自然存在物成为满足人类需要、实现人类目的的物品，而且在使一般自然存在物转化为价值物的过程中创造出了产品。劳动产品是对象化活动的结果和确证。

这样，借助于对象化活动就使人与自然的关系成为主体和客体的关系。"主体是人，客体是自然，这总是一样的，这里已经出现了统一"①。显然，对象化活动是只为人所具有的特殊活动。

总之，人与自然的关系是一种对象性的关系，但是，这种关系是通过人的对象化活动表现出来的。这样，人与自然的关系就开始成为一种历史的现实的关系。

（二）人与自然之间的价值关系

从历史发生的角度来看，人的对象化活动是在满足其需要、实现其目的的过程中产生的。这种关系首先体现在人与自然的关系领域，因

---

① 《马克思恩格斯全集》，中文 2 版，第 30 卷，26 页，北京，人民出版社，1995。

此，人的对象化活动首先是在人与自然的关系的领域中展开的。

1. 价值关系是人与自然之间的基本关系

作为感性存在物的人同样具有吃喝住穿行等一系列维持生命活动的基本需要。只有在这些需要得到满足、目的得以实现的基础上，人才能在维持自己生命活动的基础上成为人，这样，才能最终开启社会发展的历史进程。即"人们为了能够'创造历史'，必须能够生活。但是为了生活，首先就需要吃喝住穿以及其他一些东西。因此第一个历史活动就是生产满足这些需要的资料，即生产物质生活本身，而且这是这样的历史活动，一切历史的一种基本条件，人们单是为了能够生活就必须每日每时去完成它，现在和几千年前都是这样"①。当然，生产不是无对象的活动，更不能自发地满足人的需要、实现人的目的，同样，在人自身中并不存在满足需要、实现目的的现成的资料和手段，更不能自动地满足人的需要、实现人的目的。由于人是有意识的存在物，这样，人能够使自己的生命变成自己的意志和意识的对象，这就使人在心理上产生了一种匮乏感，于是，人就将自己的需要转化为目的。人的需要和目的是共生的，需要是目的之最切近的例子。效果作为一个因素被包含在目的中，目的是通过效果来实现自身的；目的实现的过程也就是扬弃作为面对的需要的主观性将它客观化的过程，也就是解除匮乏感的过程，它能够激起自身的外化。而人之外的对象物只能也只能是自然。因此，自然界是人的直接的生活资料和生产资料。它不仅提供了人的生命活动的材料、对象和工具，而且提供了人的生产活动的对象、工具和主体。"可见：人们实际上首先是占有外界物作为满足自己本身需要的资料，如此等等；然后人们**也在语言上**把它们叫做它们在实际经验中对人们来说已经是这样的东西，即**满足自己需要的资料**，使人们得到'满足'的物。如果说，人们不仅在实践中把这类物当做满足自己需要的资料，而且在观念上和在语言上把它们叫做'**满足**'自己需要的物，从而也是'满足'**自己本身**的物〔当一个人的需要得不到满足时，他就对自己的需要、因而也是对自己本身，处于一种**不满意的状态**〕，——如果说，'按照德语的用法'，这就是指物被'赋予**价值**'，那就证明：'价值'这个普遍的概念是从人们对待满足他们需要的外界物的关系中产生的，因

---

① 《马克思恩格斯选集》，2版，第1卷，79页，北京，人民出版社，1995。

而，这也是'价值'的种概念，而价值的其他一切形态，如化学元素的原子价，只不过是这个概念的属概念。"①价值就是在满足人的需要、实现人的目的的过程中产生的。显然，人类、社会、劳动和价值是系统发生的。这样，就使人的需要超越了单纯的动物性的需要而成为社会性的需要。

总之，人与自然之间存在的这种需要和需要的满足、目的和目的的实现的关系就是人与自然之间的价值关系（生态价值）。生态价值是一种以劳动为基础和中介的表示人与自然之间的需要和需要的满足、目的和目的的实现的关系范畴。在自然界中是不存在价值的，存在的只有事实。当然，自然物的属性和功能是价值的物质载体。生态价值是在自然演化和社会进化的交互点上出现的，这样，就提出了生态文明的发生学要求。

2. 创价性对象化活动是在价值关系领域形成的对象化活动的形式

人的需要是通过自己的消费行为得以满足的，而消费的对象和产品是由劳动创造的。其实，"消费直接也是生产，正如在自然界中元素和化学物质的消费是植物的生产一样。例如，在吃喝这一种消费形式中，人生产自己的身体，这是明显的事。而对于以这种或那种方式从某一方面来生产人的其他任何消费方式也都可以这样说。消费的生产。可是，经济学却说，这种与消费同一的生产是第二种生产，是靠消灭第一种生产的产品引起的。在第一种生产中，生产者物化，在第二种生产中，生产者所创造的物人化。因此，这种消费的生产——虽然它是生产和消费的直接统一——是与原来意义上的生产根本不同的。生产同消费合一和消费同生产合一的这种直接统一，并不排斥它们直接是两个东西"②。不管怎么讲，在生产者物化的同时确实存在着物人化的方向。这样，在物人化的过程中就形成了创价性对象化活动。这种对象化活动不仅是通过物质消费实现的，更是以道德判断、审美趣味等价值工具为中介而展开的。

事实上，劳动既不能创造自然也不能创造真理，创造的只能也只能是价值。

总之，只有以自然界作为满足自己的需要的对象，人才能生存和发展，因而，人是受身外的自然界所制约的对象性存在物。同时，作为人

---

① 《马克思恩格斯全集》，中文1版，第19卷，406页，北京，人民出版社，1963。

② 《马克思恩格斯全集》，中文2版，第30卷，31～32页，北京，人民出版社，1995。

的需要的对象，这些身外的存在物确证和表现着人的本质及力量，它们存在着被人规定的一面。在这种交互作用的过程中就产生了人的具有总体性的对象化活动，从而在确证人与自然的价值关系的基础上确证了人的本质。

（三）人与自然之间的实践关系

人与自然在其价值关系上提出了对象化的要求，而实际的交互作用是在实践的过程中开始的。实践不仅确证了人与自然的现实的联系，而且使创造价值的对象化活动成为可能。因此，实践是人与自然关系的实际确定者。

1. 人与自然之间的关系首先是一种实践关系

为了自身的生存，作为社会主体的人必须把自然事物占领住，改变它的形状、结构、性质和面貌，用自己学来的技能排除一切障碍。这样，自然存在物才能成为满足人的需要、实现人的目的的资料、对象、工具和手段。显然，"正如任何动物一样，他们首先是要**吃、喝**等等，也就是说，并不'处在'某一种关系中，而是**积极地活动**，通过活动来取得一定的外界物，从而满足自己的需要。（因而，他们是从生产开始的。）由于这一过程的重复，这些物能使人们'满足需要'这一属性，就铭记在他们的头脑中了，人和野兽也就学会'从理论上'把能满足他们需要的外界物同一切其他的外界物区别开来。在进一步发展的一定水平上，在人们的需要和人们借以获得满足的活动形式增加了，同时又进一步发展了以后，人们就对这些根据经验已经同其他外界物区别开来的外界物，按照类别给以各个名称"①。只有从生产开始，也就是从实践开始，才能使人与自然之间发生现实的物质变换。在此基础上，不仅使人对自然的理论关系、人对自然的价值关系成为了可能，而且在真正的对象化活动的过程中才能确证人的生命和本质。这在于，无论是作为区别于动物本能活动的实践，还是作为区别于理论活动的实践活动，都具有以下特征：

（1）主观能动性。

实践不同于生物对外界的消极适应和本能活动，而是人们实现自己

---

① 《马克思恩格斯全集》，中文1版，第19卷，405页，北京，人民出版社，1963。

目的的积极活动，包含着人的精神因素和意识的能动作用。通过实践，人类能够实现认识和改造对象的目的，从而在实践中能够体现自己的主观能动性。在这个过程中，实践不仅能动地推动着认识的产生和发展，而且能动地改造着外部世界和主观世界。

（2）直接现实性。

正因为实践具有"感性"的特点，因而，具有直接现实性的特征。实践的直接现实性是指它和认识、理论的原则区别。认识或理论具有主观反映性，却没有直接现实性。只有实践具有直接现实性，即实践超出了主观认识的范围，能够把价值、认识（理论）转化为现实。

（3）社会历史性。

实践的主体、对象、范围、规模、方式均受社会的制约，不存在孤立于社会之外的抽象的孤立的个人活动。实践总是在一定的社会历史条件下进行的。随着这些条件的变化，实践也在不断发展变化。这样，在处理人与自然的关系的过程中，如同处理人与人、人与社会的关系一样，必须坚持从实践出发。"因此，正是在改造对象世界中，人才真正地证明自己是**类存在物**。这种生产是人的能动的类生活。通过这种生产，自然界才表现为**他的**作品和他的现实。因此，劳动的对象是**人的类生活的对象化**：人不仅像在意识中那样在精神上使自己二重化，而且能动地、现实地使自己二重化，从而在他所创造的世界中直观自身。"①从实践出发是指从实践活动总体出发，要通过人类实践活动总体来透视人类活动总体。

可见，在人和自然之间具有一种改造和被改造、作用和被作用的关系，即实践关系。当然，这种改造和作用是以人对自然的维持和保护为前提、条件和原则的。如果在实践的过程中只强调人对自然的改造和作用而忽视人对自然的维持和保护，那么，人的实践同样不可能取得预期的目的。这样，人与自然之间的实践关系就成为了实现生态价值的手段和方式。

2. 实在性对象化活动是在实践关系领域形成的对象化活动形式

在满足人的物质性需要的过程中，产生了实在性对象化活动。这主要指由人的实践活动尤其是劳动特别是生产劳动形成的对象化过程和成

---

① 《马克思恩格斯全集》，中文 2 版，第 3 卷，274 页，北京，人民出版社，2002。

果，它是以生产工具为中介而展开的，具体表现在物质财富的丰富上。在这个问题上，"人在任何状态下都要吃、喝等等〔不能再往下说了，什么要穿衣服或要有刀叉，要有床和住房，因为这并不是**在任何状态下都需要的**〕；一句话，他在任何状态下都应该为了满足自己的需要到自然界去寻找现成的外界物，并占有它们，或者用在自然界发现的东西进行制造；因而，人在自己的实际活动中，事实上总是把一定的外界物当做'使用价值'，也就是说把它们当做自己使用的对象"①。当然，这种对象化活动也为满足人的其他需要提供了经济物质基础。显然，实在性对象化活动主要体现的是人的物质性的现实的力量。

总之，在实践活动中，人要依据自己的需要和目的利用自然规律去改变自然世界的现存状态，使自然存在物形成符合人的需要和目的的新的状态、结构、性质和面貌。显然，实践是合规律性与合目的性的统一，是实现人与自然和谐发展的基本方式。

（四）人与自然之间的理论关系

人也在知识中确证和表现自己，这样，理论（意识、认识、知识）就同样成为人的对象化活动。这种对象化活动也存在于人与自然之间，由此形成了人与自然之间的理论关系。

1. 理论关系是人与自然之间的一种重要的关系

在自然演化的基础上，"人离开动物越远，他们对自然界的影响就越带有经过事先思考的、有计划的、以事先知道的一定目标为取向的行为的特征"②。这里，意识作为同物质对立的存在可能是无意识的，但没有理解的意识一般是不存在的，因而，意识和认识又是密不可分的。事实上，意识始终是人的意识，因而也只能是社会的意识，但是，它与自然是密切相关的。同样，作为意识得以外化和表达的手段——语言，也是自然长期发展的产物。

（1）从历史发生来看，意识是自然界的产物。

在自然进化的过程中，思维和意识无疑是自然之树上的最美的花朵，"可是，如果进一步问：究竟什么是思维和意识，它们是从哪里来的，那么就会发现，它们都是人脑的产物，而人本身是自然界的产物，

---

① 《马克思恩格斯全集》，中文1版，第19卷，420页，北京，人民出版社，1963。
② 《马克思恩格斯选集》，2版，第4卷，382页，北京，人民出版社，1995。

是在自己所处的环境中并且和这个环境一起发展起来的；这里不言而喻，归根到底也是自然界产物的人脑的产物，并不同自然界的其他联系相矛盾，而是相适应的"①。这样，首先是劳动，然后是语言和劳动一起，成了两个最主要的推动力。在它们的影响下，猿脑就逐渐地过渡到人脑；随着脑的进一步的发育，与脑最密切的工具，即感觉器官，也同步发育起来。

（2）从现实构成来看，认识是对自然界的能动反映。

在意识的基础上开始的认识活动，事实上是作为主体的人对作为客体的自然的自觉反映。人与自然共同构成了认识系统。"在这里**的确客**观上是**三项**：（1）自然界；（2）人的认识＝**人脑**（就是同一个自然界的最高产物）；（3）自然界在人的认识中的反映形式，这种形式就是概念、规律、范畴等等。"②当然，从根本上来看，正是社会的实践将认识的要素统一了起来，并成为它们之间互相过渡的媒介。

（3）从反映内容来看，思维规律和自然规律是一致的。

认识是对客观规律的反映。作为世界发展规律三大构成形式的自然规律、社会规律、思维规律是统一的甚至在某些情况下是同一的。其中，"思维规律和自然规律，只要它们被正确地认识，必然是互相一致的"③。这样，人（社会）和自然就构成了意识的互补的两极。

在这个意义上，人和自然之间具有一种反映和被反映、认识和被认识的关系。即，人和自然之间具有理论关系。可见，"人不仅仅是自然存在物，而且是**人的**自然存在物，就是说，是自为地存在着的存在物，因而是**类存在物**。他必须既在自己的存在中也在自己的知识中确证并表现自身"④。显然，认识是思维有条件地把握着永恒运动着的和发展着的自然界的普遍规律性，是思维对自然的永远的没有止境的接近。但是，如果意识（认识、知识、理论）忽视自然规律，同样会成为一种破坏力。这样，就需要在理论上确认人与自然的生态关联和系统关联。

在社会历史领域中，自然作为一个构成因素进入到了生产方式中，于是，人和自然的关系问题也就是社会意识所要解决的一个基本问题。

---

① 《马克思恩格斯选集》，2版，第3卷，374～375页，北京，人民出版社，1995。
② 《列宁全集》，中文2版，第55卷，153页，北京，人民出版社，1990。
③ 《马克思恩格斯选集》，2版，第4卷，334页，北京，人民出版社，1995。
④ 《马克思恩格斯全集》，中文2版，第3卷，326页，北京，人民出版社，2002。

社会意识中的一部分内容具有适应性，反映了人与环境（既有社会环境也有自然环境）的动态平衡和不断建构的关系，而其另外的内容不具有适应性，不会随着环境的变化而变化，于是，二者之间就会产生不平衡或不一致的地方，这就需要予以调节。但社会意识也存在着矛盾，并往往被生态环境所渗透和强化，不断提出新的问题，要人们去思考和回答，并在实践中逐步加以解决。正是由于这个缘故，今天，社会意识和社会科学才出现了一个生态化的发展趋势。

2. 符号性对象化活动是在理论关系领域形成的对象化活动形式

人不仅具有物质性的需要，而且也具有精神性的需要。在这个过程中，由于需要的意识代替了本能，以语言符号为中介的意识活动超越了现有活动形式的限制，从而使人的需要日臻完善，使人的需要成为全面性的需要。这样，就产生了符号性对象化活动。这主要指由人的精神生产特别是自然科学活动和社会科学活动形成的对象化过程和成果，它是以符号工具为中介而展开的，具体表现在精神财富的丰富上。这是人的需要的全面性和发展的全面性的一个基本的指标。这样，人就"把对自然界的认识（这也作为支配自然界的实践力量而存在着）当作对他自己的现实躯体的认识"[①]。显然，符号性对象化活动主要体现的是人的精神力量或精神境界。

总之，在理论关系中，实现了人对自然界的理论了解，这样，就可以保证整个对象化活动的科学性和有效性。

（五）人与自然的总体关系

人与自然的关系存在着价值、实践和理论三种类型（形式），而这三类关系是相互包含、相互渗透的。人和自然通过这三种关系，特别是其实践关系构成了一个有机的整体，这便是"人（社会）—自然"复合巨系统。

对象化活动包括所有主体和客体之间的活动形式。对象化活动是着眼于整个人类活动系统而言的。价值、实践、理论都具有对象化的本质属性和特征。这三者是相互嵌套的。

（1）在人和自然的价值关系中，自然并不会直接满足人，因而，人

---

① 《马克思恩格斯全集》，中文2版，第30卷，541页，北京，人民出版社，1995。

决心以自己的行动改变世界，这样，它们的实践关系就包含在其价值关系中；目的是人的需要在人的头脑中的自然反映，体现着人与自然的一定的理论关系，同时，人的精神性的需要的满足主要是通过人和自然的理论关系实现的，因而，在其价值关系中也包含着理论关系。

（2）在人和自然的实践关系中，人类的实践总是指向一定的功利目的和利益的，这是实践的动力和目标，其价值关系内在地包含在实践关系中；实践离不开一定的理论的指导，人们的实践总是按照一定的计划、方案、措施进行的。同时，实践的展开过程及其结果必然要在人们的头脑中得到反映，成为后续行动的指导，人和自然的实践关系又会转化为一定的理论关系。

（3）在人和自然的理论关系中，反映和认识也是指向一定的功利目的或利益的，只不过有的是直接的有的是间接的。理论关系离开价值关系就会成为无指向的主观臆测、先验幻想，而这只能通过人和自然的实际交互作用——实践才能得以形成。实践是人和自然的价值关系走向理论关系的桥梁。同时，认识和反映只能是实践的结果。实践是理论的来源、基础、动力和标准。显然，价值关系、实践关系、理论关系，在人与自然交往中并不是漠不相关、彼此并列的，而是同时并存、彼此渗透、交互作用的。人们只有从抽象思维的角度才能将之分开进行单独的考察。

这样，就使人的对象化活动成为了一种总体性活动。"人（和动物一样）靠无机界生活，而人和动物相比越有普遍性，人赖以生活的无机界的范围就越广阔。从理论领域来说，植物、动物、石头、空气、光等等，一方面作为自然科学的对象，一方面作为艺术的对象，都是人的意识的一部分，是人的精神的无机界，是人必须事先进行加工以便享用和消化的精神食粮；同样，从实践领域来说，这些东西也是人的生活和人的活动的一部分。人在肉体上只有靠这些自然产品才能生活，不管这些产品是以食物、燃料、衣着的形式还是以住房等等的形式表现出来。在实践上，人的普遍性正是表现为这样的普遍性，它把整个自然界——首先作为人的直接的生活资料，其次作为人的生命活动的对象（材料）和工具——变成人的**无机的**身体。"①这里，作为理论领域对象化活动的文

---

① 《马克思恩格斯全集》，中文 2 版，第 3 卷，272 页，北京，人民出版社，2002。

学艺术是不同于科学的一种对象化活动，事实上是创价性对象化活动。毋庸置疑，文学艺术也是一种认识，但是，它是通过审美价值判断的形式表现出来的。在这些关系中，最为根本的关系是实践关系。但是，不能将人与自然的关系简化为实践关系。如果将价值关系、理论关系从人与自然的总体关系中剥离出去，那么，人与自然的关系就被降低成为生物有机体与环境的关系；如果将价值活动、理论活动从人的总体性活动中分离出来，那么，人的活动就被降低成为动物的本能行为。这样，通过人的总体性的对象化活动，就确证了人与自然关系的系统性以及对于人的生存和发展的前提性和条件性。

总之，"人必须从善恶认识之树取食，历经劳动和思维活动，以便仅仅作为他同自然的这种分离的克服者，成为他所是的东西"①。因此，作为主体能力的本质力量的实现，所有的人的自我实现活动，都是对人与自然的系统关联和生态关联的确认、体现和完成。

三、自然系统的社会进化

人的对象化活动在人与自然关系领域的展开，促使自然系统的形状、结构、性质和面貌发生了广泛而深刻的变化，使今天的自然系统成为由原初自然、人化自然、人工自然构成的复合整体。这样，就为生态文明的发生提供了现实的可能性。

（一）自然进化的社会动因

人的对象化活动的出现和展开是整个世界进化进程中的一种重要的力量。人的对象化活动在促进作为主体的人的新进化的同时，也促进了作为客体的自然的新进化。

1. 自然进化的价值动因

创价性对象化活动不仅是单纯地实现人的生存需要的过程，而且也是将人的道德判断和审美１趣味投射到自然界的过程。在这个过程中，人"不仅使自然物发生形式变化，同时他还在自然物中实现自己的目

---

① ［德］黑格尔：《自然哲学》，12页，北京，商务印书馆，1980。

的，这个目的是他所知道的，是作为规律决定着他的活动的方式和方法的，他必须使他的意志服从这个目的。但是，这种服从不是孤立的行为"①。创价活动的主要形式有：

（1）在道德上，就是要在自然界实现人道主义。德性也是一种力量。作为合规律性和合目的性之统一的对象化活动，不仅能够促进形成合理的人际关系，而且能够促进形成和谐的生态关系。当人们将自然纳入到道德关注的范围内时，自然就成为提升人的道德境界的阶梯。

（2）在美学上，就是要按照美的规律来建造。自然存在物不仅构成了文学艺术的表现对象，而且是陶冶人们的审美趣味的重要源泉。当人们将自然纳入到自己的审美判断中，它就成为确证人的生命的作品和现实。这样，人的建造就不仅是一个单纯的物质变换的过程，而且成为美的发现和塑造的过程。

在这个意义上，生态道德判断中的自然和生态审美趣味中的自然都是脱离自在状态的自然，都成为实现人与自然和谐发展的基本条件。这样，创价性对象化活动就成为促进自然向人生成的价值动因。

2. 自然进化的实践动因

作为实现人与自然之间物质变换形式的劳动，不断地将自然纳入到自己的过程中，使进入到生产力系统中的自然日益成为被劳动所中介过的自然，这样，在提升和改善生产力结构的同时，也使自然进一步成为人的作品和现实。

（1）从劳动对象来看，尽管自然界天然地提供了劳动对象，但是，这不是以直接的方式呈现在劳动面前的。在这个问题上，**人的对象不是直接呈现出来的自然对象**"，"**自然界，无论是客观的还是主观的，都不是直接同人的存在物相适合地存在着**"②。因此，只有对自然进行磋磨和打造，它才能成为现实的劳动对象。现在，人们所加工和改造的客体的范围在日益扩展，已经远远地超出了原初自然的范围。

（2）从劳动工具来看，存在着从自然形成的工具到文明创造的工具的进化历程。尤其是工业革命的发展使由文明创造的工具成为了劳动工具中占主导地位的形式。"大工业的原则是，首先不管人的手怎样，把每一个生产过程本身分解成各个构成要素，从而创立了工艺学这门完全

---

① 《马克思恩格斯全集》，中文 2 版，第 44 卷，208 页，北京，人民出版社，2001。

② 《马克思恩格斯全集》，中文 2 版，第 3 卷，326 页，北京，人民出版社，2002。

现代的科学。社会生产过程的五光十色的、似无联系的和已经固定化的形态，分解成为自然科学的自觉按计划的和为取得预期有用效果而系统分类的应用。"①现在，劳动工具正在向智能化的方向发展。数控机床、机电一体化是这方面的最新成果。

（3）从劳动主体来看，作为自然存在物的人只是可能的劳动者，而不是现实的生产者。现实的生产者是一个随着劳动的发展而不断改变自然规定性、不断扩展社会规定性的人。这里，"正像一切自然物必须**形成**一样，**人**也有自己的形成过程即**历史**，但历史对人来说是被认识到的历史，因而它作为形成过程是一种有意识地扬弃自身的形成过程。历史是人的真正的自然史"②。现在，人类在生理上、心理上都在经历着新的进化过程，从而为推进生产力准备着新的主体条件。这样，随着实践尤其是生产实践（劳动）的发展，自然界日益成为劳动的作品和现实。这就是说，实在性对象化活动成为了自然新进化的实践动因。

3. 自然进化的理论动因

自然科学是人类把握自然存在物的最为基本和最为重要的理论方式。随着自然科学的发展，使自然界以一种新的面貌向人展示了出来。

（1）从认识内容来看，科学拓展了对自然界认识的广度和深度，从而使人们能够在遵循自然规律的基础上来有效地实现人与自然之间的物质变换。这样，自然界就日益从必然王国中脱离出来而成为自由王国中所把握的东西。

（2）从生产功能来看，科学技术在成为生产力的过程中，增强了人与自然之间的物质变换能力。尤其是工业革命以来，现实财富的创造越来越"取决于科学的一般水平和技术进步，或者说取决于这种科学在生产上的应用。（这种科学，特别是自然科学以及和它有关的其他一切科学的发展，本身又和物质生产的发展相适应。）例如，农业将不过成为一种物质变换的科学的应用，这种物质变换能加以最有利的调节以造福于整个社会体"③。这样，经过科学和生产的双重中介，自然界就远非开天辟地以来的自然了，而成为人的作品和人的现实。

（3）从社会作用来看，科学技术正在唤醒沉睡着的自然的潜力，使

---

① 《马克思恩格斯全集》，中文2版，第44卷，559页，北京，人民出版社，2001。
② 《马克思恩格斯全集》，中文2版，第3卷，326页，北京，人民出版社，2002。
③ 《马克思恩格斯全集》，中文2版，第31卷，100页，北京，人民出版社，1998。

它日益成为人的一部分。在这个过程中，一切对象对人说来也就成为他自身的对象化，成为确证和实现他的个性的对象，成为他的对象，而这就是说，对象成了他自身。可见，符号化对象化活动是推动自然新进化的理论动因。

总之，凭借自己的对象化活动这类能动的创造性的活动，人不仅使社会发展从一般的自然进化过程中分离了出来，而且使社会发展具有了不同于一般自然进化的特征，同时，人的对象化活动在一定的程度上影响到了自然进化的方向，使自然逐步真正地成为了人自身或另一个人体。但是，在这个过程中，起决定性作用的是实践。实践不仅是实现人与自然之间物质变换的基本形式，而且是解决价值和理论的各自内部矛盾以及二者之间矛盾的实际力量。

（二）自然系统的复合结构

在遵循自然规律的前提下，随着对象化活动的发展，自然系统的结构和属性就发生了一系列深刻的变化。今天，自然系统在社会动因的作用下已经成为原初自然、人化自然和人工自然的统一体。这样，人（社会）和自然的关系的结构和属性也随之发生了巨大的变化。

1. 原初自然是第一自然，是自在的自然

整个世界的演化是一个自发的过程。在这个过程中，无论是在事实上还是在价值上，始终存在着一个先于人、独立于人、规定着人的自然。这个自然就是原初自然。当然，这种自在自然的存在也是通过人的对象化活动确证的。尽管如此，这个自然的优先性是不可震撼的。原初自然包括三种情况：

（1）先于人而存在的自然。

宇宙的存在和演化是一个自然发生的过程，而原初自然就是开天辟地以来一直存在着的自然。这个层次的自然构成了社会进化的自然前提和基础。但是，在这个领域中，存在的只是事实，而不可能存在价值。因此，生态文明不可能在这个领域中发生。

（2）独立于人而存在的自然。

在社会进化的过程中，尽管人类的认识和实践能力得到了极大的提高，但是，在人类的活动范围之外仍然存在着一个必然王国。与整个世界的宏大尺度、精深层次相比，人类的活动只是涉及整个自然界的极其微小的部分或者极其有限的方面和属性。当然，随着人类实践的发展，这个必然王国的范围会不断缩小。这样，在这个领域中，也不可能存在文明发生的可能性。

（3）规定着人的自然。

无论怎样，人的所有的活动都是受外在的客观自然规律约束和支配的。即使是在人的主体性高扬的过程中，"自然规律是根本不能取消的。在不同的历史条件下能够发生变化的，只是这些规律借以实现的**形式**"①。如果人的活动违背自然规律，那么，必然会受到自然的"报复"和"惩罚"。在这个层次上，由于涉及人类如何认识和遵循自然规律的问题，因而，人（社会）和自然的关系就开始获得了价值观、实践论和认识论的意义。在价值观的层面上，存在着人类如何运用自然规律来满足自己的需要、实现自己的目的的问题；在实践论的层面上，存在着人类如何提高自己把握和运用自然规律的实际能力和水平的问题；在认识论的层面上，存在着人类如何提高自己认识自然规律所形成的科学认知的程度和水平的问题。这样，生态文明就开始获得了现实发生的可能性。

总之，原初自然就是"自在之物"。当然，这绝不是康德所讲的不可知的"物自体"。

2. 人化自然是第二自然，是作为"为我之物"的自然

人化自然就是指人类在对象化活动的基础上自觉地以价值的、实践的和理论的等方式把握自然而促进自然向人和社会生成的客观过程及其产物，也就是打上人的活动印记的自然。人化自然是在人的干预下发生的自然向人的生成过程。在对象化活动的过程中，生产的原始条件表现为自然前提，被人"当作属于他所有的无机体来看待的这些**自然生存条件**，本身具有双重的性质：（1）是主体的自然，（2）是客体的自然"②。这样，人化自然至少包括以下两种情况：

（1）人化的"主体的自然"。

作为对象化主体的人，本身就具有自然规定性，是自然存在物。因此，对象化活动首先促成了"主体的自然"的人化。在劳动的过程中，"人自身作为一种自然力与自然物质相对立。为了在对自身生活有用的

---

① 《马克思恩格斯选集》，2版，第4卷，580页，北京，人民出版社，1995。

② 《马克思恩格斯全集》，中文2版，第30卷，482页，北京，人民出版社，1995。

形式上占有自然物质，人就使他身上的自然力——臂和腿、头和手运动起来。当他通过这种运动作用于他身外的自然并改变自然时，也就同时改变他自身的自然。他使自身的自然中蕴藏着的潜力发挥出来，并且使这种力的活动受他自己控制"①。这样，就引起了人在体外和体内两个方面的新进化。在此基础上，人就确证了自己的生命和本质，证明了自己是一个能动的社会存在物。

（2）人化的"客体的自然"。

人并不是消极地听任外部盲目的自然必然性的摆布，而是通过生产工具对自然进行着打磨、切割、分离、转变、组合、驯化、培育等一系列的实在性对象化活动，通过认知工具、价值尺度对自然进行着追问、爱怜、欣赏、灵化等一系列的符号性的和创价性的对象化活动。在这个过程中，"客体的自然"的形状、结构、属性和功能就产生了向人和社会生成的发展趋向。这样，"只有人才办得到给自然界打上自己的印记，因为他们不仅迁移动植物，而且也改变了他们的居住地的面貌、气候，甚至还改变了动植物本身，以致他们活动的结果只能和地球的普遍灭亡一起消失"②。这样，在地球的表层就形成了一个与地球的原有的生物圈相平行的结构——智慧圈。智慧圈也存在着复杂的结构。外部自然的新进化就是在智慧圈中展开的。随着人化自然的形成，在主客体交互作用的过程中，人与自然的联系就成了一种真正具有生态学意义的系统关联。在劳动（实践）的基础上而实现的人（社会）和自然之间的物质变换，最终使人（社会）和自然之间的相互作用和相互关系成为一个不可分割的整体，构成了"人（社会）—自然"这样一个复合生态系统。其表现形式就是社会生态运动规律的产生。这样，就开始了生态文明的现实发生的历史过程。

生态文明不仅是人化自然的积极的进步成果的总和，而且是在人化自然的基础上进一步发展壮大起来的。

3. 人工自然是第三自然，是作为"我为之物"的自然

人工自然是通过人的创造性活动所模拟、创造和发明出来的自然界原本没有的物质。"自然界没有造出任何机器，没有造出机车、铁路、电报、自动走锭精纺机等等。它们是人的产业劳动的产物，是转化为人

---

① 《马克思恩格斯全集》，中文2版，第44卷，208页，北京，人民出版社，2001。

② 《马克思恩格斯选集》，2版，第4卷，274页，北京，人民出版社，1995。

的意志驾驭自然界的器官或者说在自然界实现人的意志的器官的自然物质。它们是**人的手创造出来的人脑的器官；是对象化的知识力量。**①人工自然大体上包括以下两种类型：

（1）人工物品。

这是利用原初自然提供的各种可能和条件而制造出来的人工自然物，如人造化学元素。现代材料技术的发展提供着越来越多的这方面的例证。现代新材料具有以下特征：1）科技含量高。许多材料的研制必须利用许多领域的高技术成果，如固体物理学、固体化学、有机合成、冶金学、陶瓷冶金等。2）生产工艺新。许多新材料要综合利用显微分子、电子计算机、精密加工、冶金技术等先进手段，甚至需要设置特殊的极端装置和条件才能生产出来。3）更新换代快。现代材料只有在不断的更新换代的过程中，才能满足社会经济发展的需要。广而言之，生活中所需要的衣食住行的各类物品、生产中使用的各种机器和工具等生产资料，都属于人工物品。

（2）人工环境。

这是按照自然规律制造出来的人工自然界。随着新科技革命的发展，人们正在仿造各种生态系统。海上设施就是这方面的典型。1）海上工厂是利用海洋表面空间建成的一种工厂设施。例如，海上海水淡化工厂是一种多功能浮体式的淡化工厂，具有经济效益好、耗能低的优点。2）海上城市是利用海洋空间建成的一种社会设施。海上城市是从人工岛发展而来的，是工业、商业、科研、居住、娱乐等人类社会活动的综合体，可以起到有效节约陆地资源、集约利用海洋资源的作用。此外，人造森林、人造牧场、人造农田生态系统、水产养殖场、村镇生态系统和城市生态系统等，都是常见的人工自然界。从其实质来看，人工自然是科技创新成果的集中体现。其主要特征是，"1. 人工物是经由人综合而成的（虽然并不总是、或通常不是周密计划的产物）。2. 人工物可以模仿自然物的外表而不具备被模仿自然物的某一方面或许多方面的本质特征。3. 人工物可以通过功能、目标、适应性三方面来表征。4. 在讨论人工物，尤其是设计人工物时，人们经常不仅着眼于描述性，也着眼于规范性"②。总之，人工自然是以社会生产劳动为基础、以科

---

① 《马克思恩格斯全集》，中文2版，第31卷，102页，北京，人民出版社，1998。
② ［美］赫伯特·A·西蒙：《人工科学》，9页，北京，商务印书馆，1987。

技创新为先导而创造的人工物品和人工环境的总称。

人工自然的积极的进步的成果就促使生态文明得以进一步扩展和完善。

可见，在对象化活动的过程中，人在自然系统中不仅打下了自己活动的印记，甚至创造了新的物质形态。这样，自然系统的社会进化，就为生态文明的现实发生提供了可能性。

（三）自然进化的辩证方向

自然系统的社会进化使人与自然的联系从自然关系变成了社会关系，从而进一步突出了人与自然的辩证矛盾。

1. 人与自然之间关系的物质构成

原初自然的客观实在性通过人的对象化活动延伸到了人化自然和人工自然中，并构成了人化自然和人工自然的客观实在性的自然基础。

（1）改变自然的对象化活动本身需要借助自然。

自为之物并不是在自在之物之外创造出来的，而是在原初自然所提供的对象、材料、手段和工具的基础上建造出来的。"没有**自然界**，没有**感性的外部世界**，工人什么也不能创造。它是工人的劳动得以实现、工人的劳动在其中活动、工人的劳动从中生产出和借以生产出自己的产品的材料。"①即使是在人与自然之间的信息变换的过程中，同样需要一定的由原初自然提供的自然物质媒介。

（2）对象化活动改变的是物质的形式而非物质本身。

劳动只不过是实现人与自然之间物质变换的形式。在商品体中，"如果把上衣、麻布等等包含的各种不同的有用劳动的总和除外，总还剩有一种不借人力而天然存在的物质基质。人在生产中只能像自然本身那样发挥作用，就是说，只能改变物质的形式。不仅如此，他在这种改变形态的劳动本身中还要经常依靠自然力的帮助"②。显然，宇宙的一切现象，不论是由人手创造的，还是由物理学的一般规律引起的，都不是真正的新创造，而只是物质的形态变化。

（3）人的对象化活动不能改变自然的优先性。

在人的对象化活动的进程中，人的实践尤其是劳动是一种既得的力

---

① 《马克思恩格斯全集》，中文 2 版，第 3 卷，269 页，北京，人民出版社，2002。
② 《马克思恩格斯全集》，中文 2 版，第 44 卷，56 页，北京，人民出版社，2001。

量，构成了新的社会发展的前提和条件，而这种既得的力量本身是以承认自然的优先地位而存在和发挥作用的。一旦劳动中断，我们"就会看到，不仅在自然界将发生巨大的变化，而且整个人类世界以及他自己的直观能力，甚至他本身的存在也会很快就没有了。当然，在这种情况下，外部自然界的优先地位仍然会保持着"①。其实，在总体上，劳动力本身首先也是已转化为人的机体的自然物质。

这样，人化自然和人工自然的物质构成，就表明了人与自然的关系是一种客观的物质关系。

2. 人与自然辩证关系的社会构成

人化自然和人工自然的出现表明，人与自然的关系是以实践为基础和中介的社会性的关系。实践是自在之物和自为之物辩证统一的基础。生产实践不仅使原初自然发生形态的改变，而且把人的目的性因素注入了其中，从而改变物质的自在存在形式，使原初自然这个自在之物转化为体现人的目的、满足人的需要的自为之物。人们在从事生产实践改造自然的同时，又形成、改造和创造着自己的社会联系和社会关系。但是，一切旧唯物主义对对象只是从客体的形式去理解，而不是当作实践来把握，这样，就把人对自然界的关系从历史中排除出去了，因而造成了自然界和历史之间的对立。在这个问题上，"人对自然的关系这一重要问题（或者如布鲁诺所说的（第110页），'自然和历史的对立'，好像这是两种互不相干的'事物'，好像人们面前始终不会有历史的自然和自然的历史），就是一个例子，这是一个产生了关于'实体'和'自我意识'的一切'高深莫测的创造物'的问题。然而，如果懂得在工业中向来就有那个很著名的'人和自然的统一'，而且这种统一在每一个时代都随着工业或慢或快的发展而不断改变，就像人与自然的'斗争'促进其生产力在相应基础上的发展一样，那么上述问题也就自行消失了"②。正是在自然历史（自然辩证法）的基础上，以实践为基础和中介，才形成了历史自然（生态辩证法）。

3. 人与自然之间关系的辩证构成

人化自然和人工自然是人的对象化活动作用于原初自然并使其高度人化（社会化）的历史成果，与原初自然形成了一种辩证作用的结构。

---

① 《马克思恩格斯选集》，2版，第1卷，77页，北京，人民出版社，1995。

② 同上书，76~77页。

一是自在之物构成了自为之物存在和发展的自然基础，自为之物形成之后又反过来制约原初自然，不断地改变自在之物的界限。在实践中，自在之物和自为之物是不可分割的，是相互制约的。二是原初自然通过人的实践活动转化为人化自然和人工自然，人化自然和人工自然又不可避免地要参与到整个大自然的运动过程中。这种辩证作用的结构也就是人与自然关系的现实的面貌。这样，从人的对象化活动发展的历史进程来看，可以将自然的发展划分为原初自然、人化自然和人工自然三个阶段；从人的对象化活动发展的历史后果来看，可以将自然系统划分为第一自然、第二自然和第三自然三个层次；从人的对象化活动发展的主体因素来看，可以将经过主体中介的自然系统划分为自在之物、我为之物和为我之物三种形态。但是，从根本上来说，这是一个从自然历史向历史自然形成的过程。最终，自然历史表明的是原初自然的人属自然的性质，历史自然表明的是人化自然和人工自然的属人自然的性质。这里，原初自然、第一自然、自在之物、人属自然、自然历史是第一个序列的范畴，人化自然、第二自然、为我之物是第二个序列的范畴，人工自然、第三自然、我为之物是第三个序列的范畴；后两个序列共同构成了历史自然、属人自然的内容，可统称为自为之物。从自在之物向自为之物的生成过程就是生态文明的发生过程。

总之，人的对象化活动尤其是实践，是对象化和非对象化的辩证统一，是能动性和受动性的辩证统一，是自然的人化和人的自然化的辩证统一。

四、对象活动的双重效应

统一的物质世界本无自在之物和自为之物的区分，只是在人类出现以后尤其是随着对象化活动的开展，才导致了客观世界的二重化。这种二重化的过程具有明显的双重效应。这样，就突出了对对象化活动进行自觉调控的必要性和重要性。生态文明就是在调控人与自然交往行为的过程中形成的。

（一）对象化活动的建设性效应

通过对象化活动形成的自为之物，才是历史的现实的具体的人与自然交往的领域。只有在这个领域中，才能冲破自然、人和社会的各自的封闭性，才能开始自然、人和社会的各自的新进化，这样，才能形成人与自然的和谐发展。这恰好就是对人的生命和本质的确证。

对象化活动不仅保证了人（社会）和自然之间的物质变换的正常进行，而且确证了人的生命和本质。

1. 创价性活动进一步确证了人与自然的价值联系

正是在以价值的方式把握人与自然关系的过程中，人们才确证了自己的需要和目的对自然的依赖。这样，"培养社会的人的一切属性，并且把他作为具有尽可能丰富的属性和联系的人，因而具有尽可能广泛需要的人生产出来——把他作为尽可能完整的和全面的社会产品生产出来（因为要多方面享受，他就必须有享受的能力，因此他必须是具有高度文明的人）"①。这种高度文明的人即是全面发展的人。全面发展的人不仅仅是人的各种需要都得到满足的人，更为重要的是实现了人与自然相统一、人与社会相统一的人。就人与自然的关系来看，这就是对人而言完成了的自然主义，对自然而言完成了的人道主义。这种人道主义和自然主义的统一，就是人的生命和本质的具体体现。

2. 实践活动进一步确证了人与自然的实践关系

正是在以实践的方式把握自然的过程中，才能实现人与自然之间的物质变换，才能为人的自由而全面的发展提供物质基础。实践尤其是生产实践是将自然物质转换为经济物质的过程。因此，"**工业**是自然界对人，因而也是自然科学对人的**现实的**历史关系。因此，如果把工业看成人的**本质力量**的**公开的**展示，那么自然界的**人的本质**，或者人的**自然的本质**，也就可以理解了"②。这里的工业事实上是指整个经济领域，也就是整个生产实践。生产实践的发展不仅为满足人的需要、实现人的目的提供了物质基础和物质保证，而且是实现人的解放的基本条件和基本方式。只有在劳动产品极其丰富的基础上，才能使人与自然的关系以明白而合理的方式展现出来。

3. 理论活动进一步确证了人与自然的理论关系

通过理论的方式把握自然，才能使人在科学地把握自然规律的基础上，来合理地满足自己的需要、实现自己的目的。尤其是自然科学的发

---

① 《马克思恩格斯全集》，中文2版，第30卷，389页，北京，人民出版社，1995。
② 《马克思恩格斯全集》，中文2版，第3卷，307页，北京，人民出版社，2002。

展，在促进人化自然和人工自然形成的基础上，进一步确证了人的能动性和创造性。自在之物的发展表明，"一般社会知识，已经在多么大的程度上变成了**直接的生产力**，从而社会生活过程的条件本身在多么大的程度上受到一般智力的控制并按照这种智力得到改造。它表明，社会生产力已经在多么大的程度上，不仅以知识的形式，而且作为社会实践的直接器官，作为实际生活过程的直接器官被生产出来"①。这样，通过自在之物，自然科学日益在实践上进入人的生活，改造人的生活，并为人的解放提供了准备条件。

当然，价值和理论只有被并入到实践中成为实践的要素，才能与实践一起成为确证人的生命和本质的手段和方式。在对象化活动这个总体性中，人与自然的关系就成为一种总体性的关系。

总之，对象化活动的建设性效应集中体现在人的自由而全面的发展上。这就是人对自己本质的全面占有，即通过自己同对象的关系对对象的占有，实现对人的占有。这里的关系自然包括人与自然的关系。因此，人与自然的和谐发展是这种建设性效应的表现形式。

（二）对象化活动的破坏性效应

对象化活动也存在着将人的关系从人自身中剥离出去的可能。这既包括人与社会、人与自身的分离、外化和疏远的情况，也包括人与自然的分离、外化、疏远的状态。这种破坏性效应的极端情况就是在资本主义条件下形成的异化。生态环境问题是对象化活动在人与自然关系领域中形成的破坏性效应的集中体现，其极端的情形就是生态异化或生态危机。

在对象化活动过程中，就存在着发生破坏性效应的可能性。在主体不断地使自己的生命和本质力量对象化的过程中，就为自己创造了一个属人自然。由于这个自然获得了属人的性质，这样，就确证了人的主体性。如果这个属人自然的属人性质被看作脱离人属自然的特性甚至是决定性的东西，那么，就会出现破坏性效应。

（1）创价性对象化活动的生态破坏性效应。

在人类价值体系中，真善美总是与假丑恶相比较而存在、相斗争而

---

① 《马克思恩格斯全集》，中文 2 版，第 31 卷，102 页，北京，人民出版社，1998。

发展的。如果人们以假丑恶的方式对待自然，那么，必然会造成对自然的污染和破坏。例如，"**实际需要、利己主义**是**市民社会**的原则；只要市民社会完全从自身产生出政治国家，这个原则就赤裸裸地显现出来。**实际需要和自私自利的神就是金钱**"，这样，一旦金钱主宰一切，那么，它就"剥夺了整个世界——人的世界和自然界——固有的价值"①。这里的市民社会即资本社会。这样，金钱取得支配地位也就是拜金主义在人们价值观念中的横行。于是，人就被降低成为只是为满足自己的动物性需要而活动的物，自然就被降低成为满足人的动物性需要的手段。随着人与自然之间价值关系的割裂，就出现了生态环境问题。

（2）实在性对象化活动的生态破坏性效应。

在实现人与自然之间物质变换的过程中，如果只注意人对自然的改造和征服，而忽视人对自然的保护和养育，那么，生产实践（劳动）也可能成为污染和破坏自然的力量。例如，"在人类历史中即在人类社会的形成过程中生成的自然界，是人的**现实的**自然界；因此，通过工业——尽管以**异化**的形式——形成的自然界，是真正的、**人本学的**自然界"②。通过实践展现出来的人本学的自然就是实践的生态负效应的体现。这里的人本学的自然不是对人的生命和本质的确证，而是对人的生命和本质的反证；不是对人与自然和谐的证实，而是对人与自然和谐的证伪。生态环境问题就是在这个过程中产生的。

（3）符号性对象化活动的生态破坏性效应。

符号性对象化活动在确证人的主体性的同时，改变了人对自然的依赖，形成了人定胜天的思维定式。这是形成生态环境问题的重要的思想认识原因。这种思维方式也渗透到了一切思想文化领域中。例如，"国民经济学这门关于**财富**的科学，同时又是关于克制、穷困和**节约**的科学，而实际上它甚至要人们**节约**对新鲜**空气**或身体**运动**的**需要**。这门关于惊人的勤劳的科学，同时也是关于**禁欲**的科学，而它的真正理想是**禁欲的却又进行重利盘剥**的吝啬鬼和**禁欲的却又进行生产**的奴隶"③。当人们将这种理论认识运用在经济活动中时，必然会将自然看作不需要资本花费分文的东西。生态环境问题就是在忽视自然资源的经济价值的过

---

① 《马克思恩格斯全集》，中文 2 版，第 3 卷，194 页，北京，人民出版社，2002。
② 同上书，307 页。
③ 同上书，342 页。

程中形成的。

显然，在人的对象化活动中就存在着产生破坏性效应的可能性。

总之，对象化活动的破坏性效应尤其是生态破坏性效应的存在，就要求人类必须对人的对象化活动进行自觉的调控，要促进人化自然和人工自然向着建设性的方向发展。这是生态文明发生的最直接的现实原因。

（三）对象化活动的社会历史性

在对象化活动过程中形成的破坏性效应的累积后果和极端结果就是异化的出现、加剧和泛化。异化是指在对象化活动过程中产生的一切头足倒置、主客颠倒、物人错位的现象。当然，异化是在私有制社会中尤其是在资本支配一切的社会中才成为对象化的一个方面的。在资本主义条件下，一切异化都是通过劳动异化或异化劳动表现出来的。异化劳动形成了一种全面异化的格局。生态异化就是异化的一个重要的方面。

1. 劳动产品与工人的异化

由于在产品中包括其物质的规定性，因此，劳动产品与工人的异化，就包括人与自然关系的异化（生态异化）。一方面，作为劳动的结果，劳动产品本应属于劳动者，但是，在资本社会中，工人生产的财富越多，他的产品的力量和数量越来越大，他就越贫穷。"因此，工人越是通过自己的劳动**占有**外部世界、感性自然界，他就越是在两个方面失去**生活资料**：第一，感性的外部世界越来越不成为属于他的劳动的对象，不成为他的劳动的**生活资料**；第二，感性的外部世界越来越不给他提供直接意义的**生活资料**，即维持工人的肉体生存的手段。"[①]这样，自然就从工人的生活和生产中游离出去了。另一方面，作为凝聚人的生命和本质的产品是一个有机体，但在异化劳动中，产品的有机性就被分解了。在斤斤计较中，"统一的产品不再是劳动过程的对象。这一过程变成合理化的局部系统的客观组合，这些局部系统的统一性纯粹是由计算决定的，因而，它们相互之间的联系必定显得是偶然的。对劳动过程的合理—计算的分析，消除了相互联系起来的和在产品中结合成统一体的各种局部操作的有机必然性。"[②]这不仅是对产品本身的系统性的破坏，

---

①　《马克思恩格斯全集》，中文 2 版，第 3 卷，269 页，北京，人民出版社，2002。

②　［匈］卢卡奇：《历史与阶级意识》，153 页，北京，商务印书馆，1999。

而且将自然对象贬低为可以用金钱计算的东西。

2. 劳动过程与工人的异化

由于劳动过程也就是人与自然之间的现实的物质变换的过程，因此，劳动过程与工人的异化事实上也包括生态异化。一方面，劳动成为奴役人的力量。"在这里，活动是受动；力量是无力；生殖是去势；工人**自己的**体力和智力，他个人的生命——因为，生命如果不是活动，又是什么呢？——是不依赖于他、不属于他、转过来反对他自身的活动。这是**自我异化**，而上面所谈的是**物**的异化。"①这样，作为实现人与自然之间物质变换的劳动，就成为了破坏这种变换的力量。另一方面，生产过程的各个环节是有机联系的整体，但是，由于劳动过程的合理化，生产过程被机械地分成各个部分，这样，工人就作为机械化系统的一部分被结合到某一机械系统里去。他发现这一机械系统是现成的、完全不依赖于它而运行的，不管他愿意与否都必须服从机械生产过程的规律。当然，"从个人意识的角度来看，这种假象是完全有根据的。就阶级而论，我们应该指出，这种服从是一种漫长斗争的产物，这种斗争随着无产阶级组织成为一个阶级而进入一个新的阶段——只是在更高的水平上和用不同的武器"②。在这个过程中，工人的创造性就被剥夺了，成为一个隶属于机器系统的微不足道的螺丝钉。这样，人们也就不会再去关心自然了。

3. 人和人的类本质的异化

人的类本质（这是一个不确切的概念）即人的共同的本质即劳动。人是通过劳动确证自己的社会本质的。但是，在资本的奴役下，劳动只成为工人维持生命的手段。这样，"**人的类本质**——无论是自然界，还是人的精神的类能力——变成对人来说是**异己的**本质，变成维持他的**个人生存的手段**。异化劳动使人自己的身体，同样使在他之外的自然界，使他的精神本质，他的**人的本质**同人相异化"③。因此，自然、人与自然的关系就在人的存在中被消解掉了。在这个过程中，工人在自己的劳动中不是肯定自己，而是否定自己，不是感到幸福，而是感到不幸，不是自由地发挥自己的体力和智力，而是使自己的肉体受折磨、精神遭摧

---

① 《马克思恩格斯全集》，中文 2 版，第 3 卷，271 页，北京，人民出版社，2002。
② ［匈］卢卡奇：《历史与阶级意识》，154 页，北京，商务印书馆，1999。
③ 《马克思恩格斯全集》，中文 2 版，第 3 卷，274 页，北京，人民出版社，2002。

残。这样，人们都像是逃避瘟疫一般地逃避劳动，最终导致的结果是，"人（工人）只有在运用自己的动物机能——吃、喝、生殖，至多还有居住、修饰等等——的时候，才觉得自己在自由活动，而在运用人的机能时，觉得自己只不过是动物。动物的东西成为人的东西，而人的东西成为动物的东西"①。诚然，人也具有生物性的动物机能，但是，如果将动物的机能与人的机能完全对立起来，甚至是用动物的机能来代替主宰人的机能，那么，必然导致人的异化。这就是作为社会关系总和的人的本质的丧失的重要原因。晚期资本主义则将这种异化的消费推向了极端，使人们在满足动物性机能的过程中完全遗忘了自己的人的机能，在满足自己的物质欲望的同时完全忘记了自己的阶级意识。事实上，在同质消费的表象背后存在着严重的社会差距甚至是社会冲突和社会对抗。

4. 人与人的异化

一般地说，人对自身的任何关系，只有通过人对其他人的关系才得到实现和表现。因此，劳动者同劳动产品、劳动过程、人的类本质的异化，必然导致人与人的关系相异化。这样，"在实践的、现实的世界中，自我异化只有通过对他人的实践的、现实的关系才能表现出来。异化借以实现的手段本身就是**实践的**。因此，通过异化劳动，人不仅生产出他对作为异己的、敌对的力量的生产对象和生产行为的关系，而且还生产出他人对他的生产和他的产品的关系，以及他对这些他人的关系"②。其实，人与人的异化，也就是整个社会关系的异化。当然，这种异化只能也只能是阶级对立的发展。而这反过来进一步说明异化只是一种社会历史现象。"商品世界的这种拜物教性质，像以上分析已经表明的，是来源于生产商品的劳动所特有的社会性质。"③这里应该注意的是，在私有制社会中，剥削反映的是经济领域中的不合理的现象，压迫反映的是政治领域中的不公正的现象，但是，剥削和压迫不能涵盖全部私有制社会中的全部异常现象。作为支配逻辑的结果，异化是私有制社会中的一切奴役现象的总称。而剥削和压迫是异化的特例和极端。随着无产阶级阶级意识的觉醒和无产阶级革命运动的发展，资产阶级可能会为了缓和阶级矛盾而调整经济剥削和政治压迫的形式和方法，这样，剥削和压迫

① 《马克思恩格斯全集》，中文 2 版，第 3 卷，271 页，北京，人民出版社，2002。

② 同上书，276 页。

③ 《马克思恩格斯全集》，中文 2 版，第 44 卷，90 页，北京，人民出版社，2001。

似乎被消解掉了，但是，异化依然存在着。如果说早期资本主义的野蛮是通过剥削和压迫而血淋淋地表现出来的，那么晚期资本主义则通过异化尤其是异化消费给剥削和压迫披上了温情脉脉的面纱。在这个意义上，与其说文化危机是晚期资本主义的主要危机，不如说全面异化是晚期资本主义的隐蔽特征。

这样，异化劳动也就是商品拜物教、货币拜物教、资本拜物教。在这种困境中，作为确证人的生命和本质确证的对象化活动本身成为排斥、疏远、抹杀人的手段，成为污染和破坏自然的力量。这样，这种困境事实上成为一种全面危机。这就是我们今天所面对的生态危机的社会实质。

总之，对象化活动的双重效应的存在，向人类提出了双重的要求：既要不断增强对象化活动的建设性效应，使人化自然和人工自然真正成为向人生成的过程，又要积极预防对象化活动的破坏性效应，避免在生成人化自然和人工自然的过程中导致自然异化和生态异化。这个过程也就是对人类对象化活动的调控，生态文明就是在这个调控的过程中成为现实的。

五、生态文明的建构原则

为了增强人化自然和人工自然的建设性效应、克服自然异化和生态异化的影响，必须对人类对象化活动进行自觉的调整。这种调整的过程也就是一个消灭异化的过程，就是一个实现人与自然和谐的过程。当然，只有将该过程看作是资本主义必然灭亡、社会主义必然胜利这一总体历史进程中的内在一环，才能真正实现这一目标。在立足于"两个必然性"的同时，还需要价值、理论和实践等对象化活动自觉地将生态化作为自己的发展原则。这样，才能使生态文明从历史发生发展到现实生成、从价值理想发展到实际选择。

（一）建构生态文明的价值原则

调整人的对象化活动首先要注意克服创价性对象化活动的破坏性效应，要按照生态化的原则来开展创价性对象化活动。这事实上就是要确立建构生态文明的价值原则。

1. 坚持物的尺度和人的尺度的统一

人的对象化活动是按照两个尺度进行的。一个是物的尺度，表现为自然的本质和规律；一个是人的尺度，表现为人的需要和目的；整个对象化活动就是要解决两个尺度的问题。但是，在现实中，尤其是工业革命以来，人们往往张扬的是人的尺度，压抑和贬低的是物的尺度，这样，人的需要和目的就成为支配自然的绝对力量。这是形成自然异化和生态异化的重要的价值原因。事实上，不以物的尺度作为前提和规定的人的尺度，就会使对象化活动成为主观、盲动的行动。这在于，人所能改变的只是物质的形式，而外部自然界的优先地位会始终保持着。这里，自然界的优先地位是指要将物的尺度包括在人的尺度中，成为人的尺度的前提和规定。即，要将人的需要和目的建立在对自然规律的科学把握的基础上。但是，面对由于人的欲望的片面膨胀造成的自然异化和生态异化等问题，生态中心主义走到了另一个极端。其试图用单纯的物的尺度来支配人的行为，而没有看到，"被抽象地理解的，自为的，被确定为与人分隔开来的**自然界**，对人来说也是**无**"①。这样，不以人的尺度作为目标和理想的物的尺度支配下的活动，只能是一种僵死的、被动的活动。因此，必须将物的尺度和人的尺度统一起来。人的全面发展是实现这种统一的基础。这种全面发展的人，也就是把人与自然的和谐作为其基本规定和重要保证的人。他（她）是一个求生态之真的人，即将生态思维自觉地作为其思维方式的人；他（她）是一个致生态之善的人，即将生态伦理自觉地作为其道德准则的人；他（她）是一个臻生态之美的人，即将生态审美自觉地作为其鉴赏标准的人。只要人们自觉地将这些生态价值内化为人的尺度并按照这种方式对待自然，那么，物的尺度和人的尺度就实现了统一。进而，就可以促进人与自然的和谐。显然，生态思维、生态伦理和生态审美是分别从真善美的价值角度对人与自然和谐的认同和确证，高度地体现了物的尺度和人的尺度的统一。由此来看，"动物只是按照它所属的那个种的尺度和需要来构造，而人懂得按照任何一个种的尺度来进行生产，并且懂得处处都把内在的尺度运用于对象；因此，人也按照美的规律来构造"②。这里的美是指一切价

---

① 《马克思恩格斯全集》，中文2版，第3卷，335页，北京，人民出版社，2002。
② 同上书，274页。

值，是真善美的统一，是人的全面发展的要求。人的全面发展既是以往所有历史的结果，也是未来一切历史的前提。

2. 坚持眼前利益和长远利益的统一

从价值上来看，自然异化和生态异化无疑是由于人们杀鸡取卵、竭泽而渔等急功近利的价值观念造成的。这一点在资本支配的社会中表现得更为明显。这样，就要求人们必须要有生态理性的眼光，要将眼前利益和长远利益统一起来。显然，可持续发展是在这个维度上形成的重大成果。但是，不能将可持续发展看作一个单纯的自然生态环境问题，而必须将之看作一个重大的社会历史问题。其实，导致自然异化和生态异化的急功近利的行为并不是着眼于所有人的利益的行为，更不可能是顾及无产者和劳动者利益的行为，而是从生产资料占有者的一己之私利出发的片面的行为。"这样一来，生产只要不以被压迫者的最贫乏的生活需要为限，统治阶级的利益就会成为生产的推动因素。在西欧现今占统治地位的资本主义生产方式中，这一点表现得最为充分。支配着生产和交换的一个个资本家所能关心的，只是他们的行为的最直接的效益。不仅如此，甚至连这种效益——就所制造的或交换的产品的效用而言——也完全退居次要地位了；销售时可获得的利润成了唯一的动力。"①这是形成自然异化和生态异化的最根本的价值原因。因此，只有从无产者和劳动者的根本利益出发，才能使眼前利益和长远利益统一起来。人与自然的和谐是实现无产者和劳动者的根本利益的基本自然物质条件。没有感性的外部自然界，工人既不能创造，也不能生活。显然，无产者和劳动者的根本利益，既是眼前利益和长远利益相统一的实际联结者，也是人与自然相和谐的实际确定者。这样，在贯彻和落实可持续发展战略的过程中，"'需要'的概念，尤其是世界上贫困人民的基本需要，应将此放在特别优先的地位来考虑"②。可见，在对待自然和生态的问题上，事实上是存在着一个为了谁、依靠谁、相信谁的政治立场问题。在这个意义上，只有代表最大多数人利益的无产阶级的解放运动才代表着人与自然和谐的光明未来。在此前提下，还必须将人与自然的和谐作为眼前利益和长远利益相统一的中介和要求。无论是眼前利益的实现还是长远利益的实现，都离不开人与自然的物质变换，这样，就要学会认识并

---

① 《马克思恩格斯选集》，2版，第4卷，385页，北京，人民出版社，1995。
② 世界环境与发展委员会：《我们共同的未来》，52页，长春，吉林人民出版社，1997。

因而控制那些至少是由我们的最常见的生产行为所引起的较远的自然后果，认识到自身和自然界的一体性。因此，生态和谐（人与自然的和谐）和可持续发展（眼前利益和长远利益的统一）事实上是统一的。"从广义来说，可持续发展战略旨在促进人类之间以及人类与自然之间的和谐。"① 当然，对于我们来讲，促进眼前利益和长远利益相协调、促进人与自然相和谐，还需要通过促进个人利益和集体利益的协调、局部利益和整体利益的协调来实现，最终要通过走向共同富裕来实现。

总之，通过生态化的方式促进创价性对象化活动向生态价值的生成，既是建构生态文明的价值原则，也是构成生态文明的价值要素。

（二）建构生态文明的理论原则

在促进对象化活动向生态化方向发展的过程中，还需要在理论上进行调整，尤其是要按照生态化的原则来开展符号性对象化活动。这就是要确立建构生态文明的理论原则。

1. 坚持自然规律和社会规律的统一

（1）自然规律和社会规律的区别。

一般来讲，自然规律是自然现象所固有的稳定的必然的本质的联系，表现为某种条件下的不变性。社会规律是通过人们的活动表现出来的，是社会发展的内在的稳定的必然的联系。从形成机制来看，自然规律是在物质进化的过程中产生的，社会规律是在人的实践过程中产生的；从发生作用的方式来看，自然规律是作为一种盲目的无意识的力量起作用，社会规律则是通过抱有一定目的和意图的人的有意识的活动实现的；从表现形式看，自然规律一般具有实然性的特征，而社会规律通常具有概率性的特征；从规律实现的社会后果来看，自然规律与阶级性相距最远，而社会规律则很近。这样，社会规律与自然规律的区别和差异，既说明社会发展开辟了自然进化的新阶段，也隐藏着人们用社会方式干扰自然规律的可能性。即使如此，在整个社会发展和社会进步的过程中，自然规律是根本不能取消的。只有承认和尊重客观的自然规律，人的对象化活动才可能成功；反之，不仅难以满足人类的需求、实现人类的目的，而且会遭到自然规律的"报复"和"惩罚"。其实，自然异

---

① 世界环境与发展委员会：《我们共同的未来》，80页，长春，吉林人民出版社，1997。

化和生态异化都是由于人们在社会发展的过程中违背自然规律造成的。

（2）自然规律和社会规律的联系。

从总体上来看，自然规律和社会规律是统一的。一方面，自然规律和社会规律共同构成了客观的规律系统。在整个世界演化的过程中，"人和自然都服从同样的规律。"①不论如何，自然规律和社会规律都具有客观实在性，都是不以人的意志为转移的。例如，人化自然和人工自然同原初自然一样，都属于客观实在。人的对象化活动可以改变原初自然的外部形态、内部结构乃至自然规律起作用的方式，但它不可能消除原初自然的客观实在性。另一方面，尽管社会规律是在自然规律的基础上通过人类的劳动诞生的，但是，随着人类实践的发展，自然规律和社会规律的相互联系、相互影响、相互作用和相互推进的关系越来越密切，并且在物质进化的阶梯上形成了物质运动的一种新的表现形式——社会生态运动规律。

（3）社会生态运动规律的含义和特征。

社会生态运动规律是自然规律和社会规律在人的对象化活动尤其是生产实践和科技进步的过程中相互协调而嵌套成的一种融合自然规律和社会规律双方特点和功能的物质运动形式的规律。这种规律在发生机制上反映出自然运动和社会运动的关系具有客观统一性和辩证决定性相统一的特征，即作为统一的客观的物质运动规律的不同表现形式的自然运动和社会运动之间存在着复杂的相互作用；在构成方式上反映出自然运动和社会运动的关系具有协调一致性和多维全面性相统一的特征，即在自然运动和社会运动的非线性的协同作用中形成的人与自然的系统关联是通过价值、实践和理论等多种方式表现出来的；在发展趋向上反映出自然运动和社会运动的关系具有动态开放性和建构无限性相统一的特征，即以人与自然物质变换为基础和中介而形成的"人（社会）—自然"系统是一个开放的不断发展的系统。

这样，坚持自然规律和社会规律的统一，就是要求人类要自觉地确立生态思维并作为自己行为的科学向导。

2. 坚持自然科学和社会科学的统一

（1）走向自然科学和社会科学统一的必要性。

---

① 《马克思恩格斯选集》，2版，第3卷，700页，北京，人民出版社，1995。

由于过去的一切社会历史观忽视了社会存在和社会发展的客观基础和群众主体，忽视了社会历史的现实基础，这样，就把人对自然界的关系从社会历史中排除出去了，从而造成了自然界和社会历史之间的对立。这种情况在学科上的表现就是形成了自然科学和社会科学之间的人为鸿沟。其极端就是将自然科学看作事实科学，将社会科学看作价值学说。这种二分法事实上是对自然的整体性、人的整体性、人与自然关系的整体性的割裂。这是形成自然异化和生态异化的重要的理论原因。事实上，"科学只有从自然界出发，才是**现实的**科学"，"历史本身是**自然史**的即自然界生成为人这一过程的一个**现实**部分。自然科学往后将包括关于人的科学，正像关于人的科学包括自然科学一样：这将是**一门科学**"，"**人**是自然科学的直接对象；因为直接的**感性自然界**，对人来说直接是**人的感性**（这是同一个说法），直接是**另一个**对他来说感性地存在着的人；因为他自己的感性，只有通过**别人**，才对他本身来说是人的感性。但是，**自然界**是**关于人的科学**的直接对象"①。这就是要将人与自然的关系问题作为跨学科的研究对象，形成一个完整的研究领域——生态文明理论。

（2）走向自然科学和社会科学统一的学术形式。

生态文明理论是自然科学和社会科学走向统一的重要形式。可以从以下方面对之作出规定：

第一，在研究对象上，要将人和自然的辩证图景作为理论主题，将与之相关的人和人的关系、人和社会的关系作为附属主题。在唯物史观看来，"我们仅仅知道一门唯一的科学，即历史科学。历史可以从两方面来考察，可以把它划分为自然史和人类史。但这两方面是不可分割的；只要有人存在，自然史和人类史就彼此相互制约"②。因此，只有把生态文明理论置于唯物史观的基础上，生态文明理论才能真正获得自己的科学的理论规定和实践规定，才能真正发挥自己的作用。

第二，在研究方法上，要将整体性和多学科性作为展现人和自然的辩证关系的基本方法，要在自然科学和社会科学之间建立起多元的对话机制，要实现科学和哲学的新的联盟，形成统一的"一门科学"。为此，必须坚持具体问题具体分析的唯物辩证法。真理总是具体的。"极为相

---

① 《马克思恩格斯全集》，中文 2 版，第 3 卷，308 页，北京，人民出版社，2002。
② 《马克思恩格斯选集》，2 版，第 1 卷，66 页脚注②，北京，人民出版社，1995。

似的事变发生在不同的历史环境中就引起了完全不同的结果。如果把这些演变中的每一个都分别加以研究，然后再把它们加以比较，我们就会很容易地找到理解这种现象的钥匙；但是，使用一般历史哲学理论这一把万能钥匙，那是永远达不到这种目的的，这种历史哲学理论的最大长处就在于它是超历史的。"① 这样，就需要将时间、地点、条件等因素引入到比较的过程中，努力破除生态文明问题上的"洋八股"。

第三，在实践功能上，要将生态文明的实现和重构作为一项系统工程来建设，不仅要谋求科学技术和产业的生态化，思维方式、生活方式和价值观念的生态化，而且要将生态变革和社会变革统一起来。在这个问题上，资本逻辑使一切发展都是在对立中进行的。在对象化的过程中造成了严重的全面的异化。因此，生态文明必须是社会主义和共产主义的生态文明，生态文明理论必须是马克思主义的生态文明理论。

在总体上，生态文明理论不仅是自然科学和社会科学联盟的一种具体形式，而且是符号性对象化活动把握自然的基本的科学方式。

总之，通过生态化的方式促进符号性对象化活动向生态思维和生态文明理论的生成，既是建构生态文明的理论原则，也是构成生态文明的理论要素。当然，生态文明理论是对生态文明的自觉的理论反思。

（三）建构生态文明的实践原则

异化及其扬弃是在实践活动的过程中发生和完成的，因此，除了将生产实践和科技进步定位在生态化的发展方向上之外，最为重要的是要通过社会变革尤其是社会革命的方式实现生态化。在这个意义上，没有革命化就根本不可能实现生态化。

1. 坚持自然提升和社会提升的统一

人与自然的现实联系是通过一定的社会中介实现的，因此，人与自然的关系本质上是一种社会关系。通过对象化活动，社会关系的性质制约着生态关系的性质。正是由于在人与人之间存在着异化、剥削和压迫等一切不合理的现象，才造成了自然异化和生态异化。这不仅是造成自然异化和生态异化的最深层的原因，而且是形成对象化活动破坏性效应的最本质的原因。"在这里，社会上一部分人向另一部分人要求一种贡

---

① 《马克思恩格斯选集》，2 版，第 3 卷，342 页，北京，人民出版社，1995。

赋，作为后者在地球上居住的权利的代价，因为土地所有权本来就包含土地所有者剥削地球的躯体、内脏、空气，从而剥削生命的维持和发展的权利。"[1] 这样，克服自然异化和生态异化最终依赖于形成一种合理的社会关系。这就是要按照"两个提升"的步骤来实现从必然王国向自由王国的飞跃。

（1）人的自然关系的提升。

这就是要通过生产革命的方式在自然关系方面将人从其余的动物中提升出来，要按照合理的人性的方式实现人与自然之间的物质变换。这样，就必须科学地掌握自然规律。在这个过程中，要将对自然规律的科学认识转化为对象化活动的实践观念（理论先导）。辩证唯物主义自然观所揭示出来的自然规律的特征，也是历史唯物主义认识和把握人（社会）和自然关系的基本原则和要求。在遵循自然规律的客观性的前提下，关键是要把握自然规律的辩证性特征。我们要看到，"自然界中物体——不论是死的物体或活的物体——的相互作用中既有和谐，也有冲突，既有斗争，也有合作"[2]。因此，人类的对象化活动就不能单纯地强调人对自然的征服和改造，而必须实现与自然的和解。

（2）人的社会关系的提升。

这就是要通过社会革命的方式在社会关系方面将人从其余的动物中提升出来，要建立明白而合理的人与人之间的关系。这里的关键是必须消灭生产资料的私人占有制。私有制是产生一切支配和异化的最根本的社会原因。因此，"一旦社会占有了生产资料，商品生产就将被消除，而产品对生产者的统治也将随之消除。社会生产内部的无政府状态将为有计划的自觉的组织所代替。个体生存斗争停止了。于是，人在一定意义上才最终地脱离了动物界，从动物的生存条件进入真正人的生存条件"[3]。只有从这时起，人们才能完全自觉地自己创造自己的历史；只有从这时起，由人们使之起作用的社会原因才大部分并且越来越多地达到他们所预期的结果。因此，这就是人类从必然王国进入自由王国的飞跃。

这里，尽管第一次提升构成了第二次提升的物质条件，但是，只有

---

① 《马克思恩格斯全集》，中文 2 版，第 46 卷，875 页，北京，人民出版社，2003。

② 《马克思恩格斯选集》，2 版，第 4 卷，621 页，北京，人民出版社，1995。

③ 《马克思恩格斯选集》，2 版，第 3 卷，633 页，北京，人民出版社，1995。

通过第二次提升消灭社会异化和劳动异化，人们才能以自由人的身份调控人与自然之间的物质变换。这样，才能最终摆脱自然异化和生态异化，实现人与自然的和谐发展。显然，作为消灭支配和异化的必由之路的"两次提升"，就是建构生态文明的社会途径（实践原则）。

2. 坚持政治解放和社会解放的统一

按照"两次提升"的方式实现从必然王国向自由王国的飞跃，就是实现人的解放的过程。人的解放是一个总体的历史进程。在这个过程中，必须将政治解放和社会解放统一起来。

（1）实现人的政治解放。

消灭私有制是实现人的解放的主要政治内容。消灭私有制包括两个相辅相成的方面。一方面，必须消灭少数人通过占有生产资料而对大多数人进行的剥削。在生态环境问题上，试图通过产权清晰的方式（实质上是私有化）来明确生态建设的责任主体的做法是不能从根本上解决问题的。我们要看到，"土地是我们的一切，是我们生存的首要条件；出卖土地，就是走向自我出卖的最后一步；这无论过去或直至今日都是这样一种不道德，只有自我出让的不道德才能超过它。最初的占有土地，少数人垄断土地，所有其他的人都被剥夺了基本的生存条件，就不道德来说，丝毫也不逊于后来的土地出卖"①。因此，私有化不是解决"公地悲剧"的灵丹妙药。在这方面，需要在坚持社会主义公有制的前提下去探索新的制度建设的方式和方法。另一方面，必须消灭绝大多数人由于一无所有而陷入的奴役境况。在消灭私有制的同时还必须消灭每个人的一无所有的情况，才是无产阶级解放的完整的内容。在这个问题上，"从资本主义生产方式产生的资本主义占有方式，从而资本主义的私有制，是对个人的、以自己劳动为基础的私有制的第一个否定。但资本主义生产由于自然过程的必然性，造成了对自身的否定。这是否定的否定。这种否定不是重新建立私有制，而是在资本主义时代的成就的基础上，也就是说，在协作和对土地及靠劳动本身生产的生产资料的共同占有的基础上，重新建立个人所有制"②。只有在重新建立个人所有制的基础上才能确保每个人的正当的物质权益。这样，才能建立起平等的人际关系。人与自然的和谐只有在这样的条件下才是可能的。当然，不能

---

① 《马克思恩格斯全集》，中文 2 版，第 3 卷，456 页，北京，人民出版社，2002。

② 《马克思恩格斯全集》，中文 2 版，第 44 卷，874 页，北京，人民出版社，2001。

将这里的个人所有制简单地看作私有制。无论如何，共产党可以把自己的理论概括为一句话：消灭私有制。

（2）实现人的社会解放。

消灭私有制的同时还必须消灭旧的社会分工，尤其是要消灭三大差别，这样，才能在建立起合理的社会关系的同时建立起合理的生态关系。因此，这里的社会解放也就是狭义的社会建设。例如，在资本主义城市化的过程中形成的城乡割裂也导致了人与自然之间物质变换的断裂，因此，"消灭城乡对立不是空想，不多不少正像消除资本家与雇佣工人的对立不是空想一样。消灭这种对立日益成为工业生产和农业生产的实际要求。李比希在他论农业化学的著作中比任何人都更坚决地要求这样做，他在这些著作中一贯坚持的第一个要求就是人应当把取自土地的东西还给土地，并证明说城市特别是大城市的存在只能阻碍这一点的实现。当你看到仅仅伦敦一地每日都要花很大费用，才能把比全萨克森王国所排出的还要多的粪便倾抛到海里去，当你看到必须有多么庞大的设施才能使这些粪便不致毒害伦敦全城，那么消灭城乡对立的这个空想便有了值得注意的实际基础"①。这样，通过消灭城乡差别和对立，恢复和重建城乡之间的有机联系，就有助于促进人与自然之间的物质变换的正常进行。消灭三大差别的过程事实上就是要促进人的自由而全面的发展。

只有在人的自由而全面发展的过程中，才可能把自然真正作为人的无机的身体，才能真正把人与自然的和谐看作对人的生命和本质的确证。当然，"我们知道，要使社会的新生力量很好地发挥作用，就只能由新生的人来掌握它们，而这些新生的人就是工人"；无产阶级"革命意味着他们的本阶级在全世界的解放，这种革命同资本的统治和雇佣奴役制具有同样的普遍性质"②。这样，就实现了政治解放和社会解放的统一。这种统一也是建构生态文明的实践原则。

显然，"绿色思维中一个明确的趋势是走向这样一种理解，环境难题应当在所有它们产生的层面上得到应对，而政治制度必须对应于这些层面并且以立体的方式将其连结起来"③。事实上，只有将人与自然的

① 《马克思恩格斯选集》，2版，第3卷，215页，北京，人民出版社，1995。
② 《马克思恩格斯选集》，2版，第1卷，775页，北京，人民出版社，1995。
③ ［英］安德鲁·多布森：《绿色政治思想》，139页，济南，山东大学出版社，2005。

和谐作为无产阶级总体解放的一个方面，它才是可以被理解的。

总之，将生态化原则渗透到整个对象化活动的过程，就是促进生态文明从自发到自觉的科学建构过程。面对全球性问题，我们不能坐待生态文明的自发形成，而应该积极主动地促进生态文明的自觉形成。在建设新生态文明的过程中，无产阶级同样具有责无旁贷的责任和义务。当然，这也是一个广泛的社会参与的过程。

在一般的意义上，文明是实践的事情，是社会的素质。以此来审视生态文明，我们发现生态文明同样具有这样的规定和特征。无疑，生态文明是在实践（劳动）的过程中产生的，体现了人化自然和人工自然的积极的进步的成果；生态文明是社会素质的一种体现，反映了人化自然和人工自然中所凝聚的生态价值、生态认知和生态实践的水平达到了一个合规律性和合目的性的高度。这样，生态文明就成为了可能，获得了自己存在的合理性和合法性的内在的科学的依据。总之，生态文明是在实践过程中获得的一种协调人与自然关系的社会素质，因此，不能脱离实践、不能脱离社会来进行生态文明的建设和研究。否则，生态文明就是不可理解的。

第六章　生态文明的历史演进

　　从社会形态的角度来看，生态文明是贯穿于所有社会形态或所有文明形态始终的一种文明形式（文明结构）。现在，一种比较流行的观点认为，生态文明是取代或代替工业文明的一种新的文明形态。事实上，这种理解是难以成立的。从语源上来看，正如人们还不知道逻辑学概念的时候就已经在按照逻辑学规则进行思维一样，人们在没有创制生态文明概念之前早已创造出了一系列的生态文明的具体成果。事物的发展往往是实在名前。从语义上来看，工业文明是与渔猎文化、农业文明、工业文明、智能文明属于同一系列的范畴（文明形态），生态文明是与物质文明、政治文明、精神文明、社会文明属于同一系列的范畴（文明形式，文明结构）。正像每一种文明形态都有其物质文明等文明形式一样，生态文明是贯穿于文明形态始终的一种基本的要求。当然，每一种文明形态都有其具体的生态文明形式。生态文明是随着文明形态的变迁而不断发展的。其实，这里涉及的是对社会形态的理解问题。

一、社会形态与文明形态

　　尽管文明形态和社会形态不是完全对应的，但是，二者存在着内在的关联。社会形态指的是，社会总是处在一定阶段或一定类型的具体社会，因此，社会形态的概念是标志着社会进化的过程或类型的概念。文明形态指的是，文明总是处在一定发展阶段或一定类型的具体文明。因此，文明形态的概念是标志着文明发展的过程或类型的概念。由于文明是社会的素质，这样，社会形态就在总体上制约着文明形态。同时，文明形态的展开和展示的过程就是一个人类的实践成就不断积淀和升华的过程。这样，文明形态在折射社会形态状况的同时，也对社会形态的变迁产生着一定的影响。

（一）社会形态是划分人类文明形态的基本依据

社会发展规律是通过社会形态体现出来的，这样，人们才能把握社会发展的重复性和常规性，才能在科学地分析社会现象和社会问题的基础上来科学地把握社会规律。因此，作为社会发展阶段和社会发展类型单位的社会形态，就成为了科学划分文明形态的基本依据。

1. 人类社会总是处在一定历史阶段或总是属于一定类型的

人类社会不仅是一个由各种要素构成的整体（社会有机体），而且是一个由于自己的内在的矛盾（社会基本矛盾）而不断运动、变化和发展着的过程（自然历史过程）；这种自然历史过程总有一定的重复性和常规性，使人类社会的运动、变化和发展表现为一定的历史阶段或构成一定的类型（社会形态）。因此，在唯物史观那里，社会有机体的概念与社会形态的概念是统一的。社会有机体和社会形态反映和表达的内容是相同的，但是，它们所反映和表达的方式或角度不同。社会有机体突出强调的是社会构成的系统性，在实质上是唯物史观的社会系统概念，而社会形态突出强调的是社会发展的阶段或类型。因而，从社会基本矛盾推动下的人类社会运动、变化和发展的重复性和常规性来看，"大体说来，亚细亚的、古代的、封建的和现代资产阶级的生产方式可以看做是经济的社会形态演进的几个时代"[①]。这样，就可以把人类社会的发展划分为原始社会、奴隶社会、封建社会、资本主义社会、社会主义和共产主义社会等五种形态或五种类型。显然，唯物史观从社会基本矛盾的辩证运动中发现了社会形态演进的一般规律。其中，"五形态论"是唯物史观的基本理论。这里的一般是指，只要社会条件相同，那么，不

---

① 《马克思恩格斯全集》，中文 2 版，第 31 卷，413 页，北京，人民出版社，1998。

同的地区、国家、民族的社会发展都会呈现出相同的发展进程或发展类型。当然，"五形态论"不能也不可能完全囊括社会形态的全部丰富的内容；在实际的社会发展进程中，总存在着缺位或跨越的特例。当然，这种特殊性是以"五形态"的普遍存在为前提的。没有"五形态"一般规律的存在，也就无所谓缺位或跨越的问题。

在总体上，"五形态论"是我们把握社会现象和社会问题的科学世界观和方法论。由此，可以将"五形态"看作人类总体文明发展的五个阶段或者五种总的文明形态。正是在这个意义上，将现阶段人类的文明形态划分为资本主义文明和社会主义文明两种形态是具有合理性和合法性的。我们要建设的是社会主义生态文明，而不是资本主义生态文明。

2. 社会形态本身是一个由多层次的结构构成的整体

社会基本矛盾的各个方面都有自己的特殊规定，总是在一定的程度上、从一个特定的层面上推动、反映和表达着社会发展的阶段或类型。为了反映社会形态结构的具体性和特殊性，就需要一系列与社会形态总体概念相对应的、表示社会形态结构中的各个基本的层次的自身规定和具体层次的发展阶段或类型的概念。这样，在唯物史观的科学体系中，就形成了"经济的社会形态"、"技术的社会形态"、"政治的社会形态"和"文化的社会形态"等具体概念。

（1）经济的社会形态。

这是指一定社会形态中具有特殊规定的社会分工和交换所构成的社会形态的经济层面的阶段和类型。按照这个标准，可以把人类社会的发展划分为自然经济社会、商品经济社会和产品经济社会等几个阶段或几种类型。这里，"五种社会形态"是总体的规定，不能简单地将之看作是经济的社会形态或者社会的经济形态。

（2）技术的社会形态。

这是指一定社会形态中具有特殊规定的生产力尤其是科学技术所构成的社会形态的生产力（科学技术）层面的阶段和类型。按照这个标准，可以把人类社会划分为渔猎社会（渔猎文化）、农业社会（农业文明）、工业社会（工业文明）和智能社会［（知识社会或信息社会），智能文明（知识文明或信息文明）］等几个阶段或几种类型。

（3）政治的社会形态。

这是指一定社会形态中具有特殊规定的政治关系所构成的社会形态

的政治层面的阶段和类型。由于政治是经济的集中体现和表达，因此，根据生产者与劳动资料的关系，可以把人类社会划分为原始公有制社会（无阶级的社会）、私有制社会（阶级社会）和未来共产主义社会（阶级消亡了的社会）等几个阶段或几种类型。

（4）文化的社会形态。

这是一定社会形态中具有特殊规定的文化发展所构成的社会形态的阶段和类型。马克思根据由普遍交往所形成的"世界历史"的情况，把人类社会的发展划分为"民族文学"（以民族的或地域历史为基础）和"世界文学"（以世界历史为基础）两个阶段。

此外，唯物史观还根据人的发展状态把人类社会划分为人对人的依赖、人对物的依赖、人的自由而全面的发展等几个阶段，等等。

尽管人们可以从多个角度对社会形态做出划分和把握，但是，从根本上来说，它们都是生产力发展的客观结果，都是统一于社会基本矛盾及其推动的社会发展过程中的。作为维持人类正常生存和社会正常发展手段的生态文明，在所有意义的社会形态中都是存在的。

3. 生态文明不是取代工业文明的具体的文明形态

尽管工业文明造成了严重的全球性生态环境问题，现代生态文明是在批判和反思工业文明的过程中产生的，但是，生态文明不是取代工业文明的具体的文明形态。

（1）生态危机不是一个特殊的社会问题。

不仅在工业文明发展的过程中导致了生态危机，事实上，在整个文明形态的发展过程中都在一定程度上遭遇到了生态问题。即使是在渔猎社会，也存在着物种资源丧失等具体的生态环境问题。农业文明时代也不是简单的田园牧歌的时代。当然，只有在工业文明时代，生态危机才达到了全球性的水平。在"后工业文明"时代，如果人类行动出现失误的话，同样会造成生态环境问题。因此，生态文明是一项永远未尽的永恒事业，而不可能成为工业文明之后的一种独立的具体的文明形态。

（2）生态文明没有独立的标志技术基础。

科技进步是文明形态更替的基础和标志。一般来讲，"动物遗骸的结构对于认识已经绝种的动物的机体有重要的意义，劳动资料的遗骸对于判断已经消亡的经济的社会形态也有同样重要的意义。各种经济时代的区别，不在于生产什么，而在于怎样生产，用什么劳动资料生产"①。正是在劳动资料尤其是生产工具的革命性变革的过程中，才形成了社会形态和文明形态的具体阶段或具体类型。如果说弓箭是渔猎社会的基础和标志，铁犁是农业文明的基础和标志，机器是工业文明的基础和标志，那么，电脑只能是智能文明的基础和标志。如果将电脑看作是生态文明的基础和标志，那么，事实上就将生态文明和智能文明等同了。当然，人们在使用弓箭、铁犁、机器、电脑的过程中始终存在着一个如何遵循生态化原则的问题。如果违背生态化的原则，再先进的工具都会成为最具生态破坏力的罪恶手段。作为生态文明的科学技术基础的生态化科学技术的意义和价值就在这里。这里，通过科学技术的生态化形成的生态化科学技术是一种软科学技术，主要强调的是科学技术体系的结构和功能的整体转型问题，而弓箭、铁犁、机器、电脑等都是硬科学技术，标志着人类文明在产业技术形态上的具体发展程度。

（3）生态文明没有独立的物质变换层次。

一定的文明形态总是建立在一定的物质变换的基础上的。人与自然之间的物质变换的层次不同，就形成了不同的文明形态。物质变换存在着物料、能量和信息三个层次或三种方式。随着人与自然之间的物质变换在物料层次上的展开，就从渔猎社会进入到了农业社会；随着物质变换扩展到能量的层次上，就从农业文明过渡到了工业社会；随着物质变换深入到信息的层次上，就开始了从工业文明向智能社会发展的新时代。显然，生态文明没有独立的物质变换的基础。如果将信息变换作为生态文明的物质变换的基础，同样将生态文明和智能文明混同了。但是，在物质变换的各个层次上或各种方式中，都存在着一个如何按照生态化的原则实现物质变换的问题。如果在实现人与自然之间的信息变换中违反生态化原则，同样会造成生态环境问题。

总之，将生态文明看作是取代工业文明的新的文明形态不仅没有突出生态文明的新的意义和价值，反而将生态文明的总体意义和总体价值降低了。

尽管现代生态文明是在反思工业文明的弊端的过程中提出来的，但是，生态文明和工业文明属于不同的层次、序列和类型。生态文明涉及

---

①　《马克思恩格斯全集》，中文 2 版，第 44 卷，210 页，北京，人民出版社，2001。

的是人类的基本生存和发展的问题、社会发展的基本自然物质条件的问题，而工业文明属于技术的社会形态的一种类型。在这个意义上，生态文明不是取代工业文明的具体的文明形态，取代工业文明的只能也只能是智能文明。当然，在智能文明时代必将产生新的生态文明形式。

（二）生态文明是贯穿文明形态始终的基本形式

正像每一种文明时代都有自己的物质文明、政治文明、精神文明和社会文明一样，生态文明是贯穿于文明形态始终的一种基本的文明形式（文明结构），而这是由人（社会）和自然的关系问题在整个人类社会存在和发展过程中的基础地位决定的。正是在适应社会发展的生态要求的过程中，生态文明开始了自己的实际的现实的历史进程。

1. 人与自然的协调发展是影响一切文明产生的基本条件

世界系统是由自然运动和社会运动两大类运动形式构成的。这就是人（社会）和自然的关系问题。这种关系是随着世界系统的进化而逐步形成的。自然界由于自己的内在矛盾存在着一个进化的序列，形成了一系列的物质运动形式，而在自然进化链条上通过劳动诞生的社会运动就构成了社会有机体，人类文明之花就是在自然运动转化为社会运动的过程中绽放的。因此，自然运动是社会运动的前提和基础。而社会运动一旦产生就将自然运动包括在了社会运动当中，使人和自然的关系具有了社会性质，在这个过程中，才产生了人化自然和人工自然。这样，在人类实践的基础上，通过进行物料、能量和信息等方面的物质变换，自然运动和社会运动就在事实上构成了一个生态系统。在自然运动和社会运动之间，存在着一系列的对抗和冲突。这种冲突和对抗的自然发展和人为激化都有可能毁灭人类、社会和文明。因此，保证人的正常的生存和发展、保障社会的正常存在和进步、保存文明的果实和演进，都需要人类自觉地人性地理性地调节这种关系。今天，由于人类社会实践的科技化、智能化、信息化、生态化和系统化等方面的水平的提高，这两种运动的和谐、协同和统一也正在出现一系列新的趋势和特征，有可能在整合、嵌套自然运动和社会运动的功能和属性的过程中，形成一种新的物质运动形式——社会生态运动。社会生态运动规律就是指"自然—社会"这一复合生态系统所具有的整体协调规律，就是要承认"我们连同我们的肉、血和头脑都是属于自然界和存在于自然之中的"，也就是要

"认识到自身和自然界的一体性"①。这一规律是由于人类实践及其水平在物质运动中的地位和作用增强，而使物质运动趋向有序、和谐和统一的一种表现。显然，人与自然协调发展的规律，构成了一切文明形态得以产生的宏观的一般条件。

2. 人与自然的关系问题是影响人类生存发展的基本问题

任何文明形态都是围绕着满足人类需要而在实践的基础上建构起来的。尽管物质文明是满足人类需要、实现人类目的的决定性的力量和手段，但是，没有自然界提供的物质、能量和信息，就不可能有生产力；没有生产力的发展，就不可能有物质文明的产生。在这个问题上，"政治经济学家说：劳动是一切财富的源泉。其实，劳动和自然界在一起它才是一切财富的源泉，自然界为劳动提供材料，劳动把材料转变为财富"②。在这个过程中，劳动只是一种手段，而只有自然是满足人类需要、保证人类正常生存和发展的基本条件。

（1）从人的物质需要和物质生活来看，自然是人的身体的无机界。

无论是在人那里还是在动物那里，物质需要的满足和物种的再生产就在于人和动物一样要靠自然界生活。人在肉体上只有依靠自然产品的属性和功能才能满足自己的各种生物需要、实现人自身的生产和再生产，而不管这些产品是以食物、燃料、衣着的形式还是以住房等等的形式表现出来。同时，人和动物相比越具有普遍性，人赖以生活的无机界的范围就越广阔。

（2）从人的精神需要和精神生活来看，自然是人的精神的无机界。

植物、动物、石头、空气、阳光等等都是意识的对象，从而既是科学研究和认知的对象，也是艺术表现和欣赏的对象。自然是人必须事先进行加工以便享用和消化的精神食粮。因此，"在实践上，人的普遍性正是表现为这样的普遍性，它把整个自然界——首先作为人的直接的生活资料，其次作为人的生命活动的对象（材料）和工具——变成人的**无机的身体**。自然界，就它自身不是人的身体而言，是人的**无机的身体**。人靠自然界**生活**。这就是说，自然界是人为了不致死亡而必须与之处于持续不断的交互作用过程的、人的**身体**。所谓人的肉体生活和精神生活同自然界相联系，不外是说自然界同自身相联系，因为人是自然界的一

①　《马克思恩格斯选集》，2 版，第 4 卷，384 页，人民出版社，1995。
②　同上书，373 页。

部分"①。所谓自然是人的无机的身体恰好反映的就是在人和自然之间存在着广泛而深刻的物质变换，说明通过劳动而实现的物质变换把人和自然结合成为了一个生态系统。

在这个过程中，作为人类生存基础和生产条件的自然、作为人的需要满足和本质确证的实践（尤其是生产劳动）以及作为人的存在方式和现实形式的社会就成为一个有内在联系的整体，成为一个具有生态学特征和要求的巨复杂系统。在这个系统中，由于自然以及人和自然的关系进入了社会系统中，因此，在实践基础上展开的人和自然的关系状况就成为贯穿所有社会形态始终的一个基本主题。这样，这一主题对所有的文明形态都提出了人与自然和谐的要求。在这个意义上，在人（社会）和自然之间存在着一种需要和需要的满足、目的和目的的实现的关系，即人（社会）和自然之间存在着一种价值关系。所谓的价值问题其实就是一个直接关系到人类的生存和发展的基本问题，就是一个文明问题。

3. 人与自然的和谐状况是影响一切文明存亡的基本变量

从自然对人类（社会）的价值和意义来看，我们可以把自然界划分为一般的和具体的两种类型。一般的自然条件是指构成社会运动的自然前提和基础。具体的自然条件是指人类生存和发展、社会存在和社会发展所必需的各种物料、能量、信息和环境等。建立在劳动基础上的人（社会）和自然之间的物质变换使人（社会）和自然的关系构成了一个典型的生态系统。

（1）地理基础是经济关系的一部分。

经济关系是决定社会形态和文明形态的决定性基础。"我们视之为社会历史的决定性基础的经济关系，是指一定社会的人们生产生活资料和彼此交换产品（在有分工的条件下）的方式。因此，这里包括生产和运输的**全部技术**。这种技术，照我们的观点看来，也决定着产品的交换方式以及分配方式，从而在氏族社会解体后也决定着阶级的划分，决定着统治和被奴役的关系，决定着国家、政治、法等等。此外，包括在经济关系中的还有这些关系赖以发展的**地理基础**和事实上由过去沿袭下来的先前各经济发展阶段的残余（这些残余往往只是由于传统或惰性才继续保存着），当然还有围绕着这一社会形式的外部环境。"② 这里，地理

①《马克思恩格斯全集》，中文 2 版，第 3 卷，272 页，北京，人民出版社，2002。

②《马克思恩格斯选集》，2 版，第 4 卷，731 页，北京，人民出版社，1995。

基础之所以能够成为经济关系的重要组成部分并对社会形态和文明形态产生着重大的影响，就在于它已经是人化自然。

（2）自然生态系统是影响社会进化进程的重要因素。

随着文明的发展，人（社会）对自然的依赖出现了一系列新的变化，但是，不论人的发展和社会发展达到什么样的水平和程度，都不能离开自然。自然始终是文明发生的前提和文明存在的基础。"撇开社会生产的形态的发展程度不说，劳动生产率是同自然条件相联系的。这些自然条件都可以归结为人本身的自然（如人种等等）和人的周围的自然。外界自然条件在经济上可以分为两大类：生活资料的自然富源，例如土壤的肥力，渔产丰富的水域等等；劳动资料的自然富源，如奔腾的瀑布、可以航行的河流、森林、金属、煤炭等等。在文化初期，第一类自然富源具有决定性的意义；在较高的发展阶段，第二类自然富源具有决定性的意义。"①社会形态的演进过程就是社会进步的过程。在这个过程中，自然对社会发展的影响不是简单地减弱了，而是随着社会发展和技术进步呈现出了一种加深的趋势，人类社会发展所依赖的自然环境和条件的范围在不断地扩展，要求自然生态系统的性质和功能不断全面化。这样，生态文明事实上成为伴随所有社会形态和文明形态始终的一种基本要求和基本方向。

（3）自然条件是形成文明形态差异的重要因素。

在社会发展和文明进步的过程中，相同的经济基础就会形成相同的社会结构和社会形态、文明结构和文明形态。"不过，这并不妨碍相同的经济基础——按主要条件来说相同——可以由于无数不同的经验的情况，自然条件，种族关系，各种从外部发生作用的历史影响等等，而在现象上显示出无穷无尽的变异和彩色差异，这些变异和差异只有通过对这些经验上已存在的情况进行分析才可以理解。"②在这个问题上，由于每一个国家或民族的自然条件的特点不同，必然使其自然需要也不同，这样，就使其生产方式、生活方式、思维方式和价值观念等就具有了多样性的特征，从而形成了同一社会形态的差异性和同一文明形态的差异性。

---

① 《马克思恩格斯全集》，中文 2 版，第 44 卷，586 页，北京，人民出版社，2001。
② 《马克思恩格斯全集》，中文 2 版，第 46 卷，894～895 页，北京，人民出版社，2003。

从总体上来看，人（社会）和自然的关系是一种典型的生态关系。这样，就要求任何一种社会形态和文明形态都必须将社会经济的发展保持在自然生态系统的可更新性和可承载性的范围内。因此，生态文明是作为贯穿于所有的社会形态或文明形态的基础性的文明形式（文明结构）而存在和发挥作用的。

技术社会形态与文明形态的对照如表 6—1 所示。

表 6—1　　　　　　　　技术社会形态与文明形态的对照

	渔猎文化	农业文明	工业文明	智能文明
劳动对象	天然产物	土地	矿石、原料	知识、信息
劳动资料	天然工具	手工工具	机器系统	智能系统
劳动者知识	本能体验	经验知识	职业知识	全面发展
能源基础	学会用火	薪柴文明	石化文明 核能文明	太阳能文明
经济类型		劳动 密集型经济	资本 密集型经济	知识 密集型经济
思维方式	互渗律	有机论	机械论	系统论
人与自然	顺从自然	模仿自然	支配自然	协调自然

总之，从人与自然的关系在社会形态和文明形态中的地位和作用来看，必须将生态文明看作一个贯穿于"渔猎文化→农业文明→工业文明→智能文明"始终的文明形式。即渔猎社会形成了渔猎文化的生态形式，农业社会有农业文明的生态文明形式，工业社会有工业文明的生态文明形式，智能社会有智能文明的生态文明形式。当然，每一种文明形态中的生态文明都有自己的特殊性。生态文明就是在这些特殊性的形式中体现出来的普遍性原则和要求。显然，确立生态文明的历史方位必须与整个文明形态的更替联系起来考虑，而考察文明形态的更替必须与整个社会形态的更替联系起来考虑。这样，才能准确确立生态文明的历史位置。

二、渔猎社会与生态文明

在人类文明发展史上，尽管文明和文明时代存在着一定的区分，但是，人类活动在蒙昧时代和野蛮时代仍然积淀有一定的积极进步的成果。在渔猎社会时期，不仅形成了物质的、精神的、社会的等方面的成果，也形成了生态方面的成果。当然，这一切都是在历史发生学的意义上讲的。

（一）渔猎社会的一般特征

在300多万年的存在过程中，除了晚近的这几千年外，人类一直是依靠采集植物、猎取动物相结合的方式来维持自己的生计的。可以将这段占整个人类史百分之九十九的历史阶段笼统地称为渔猎社会。尽管这是一个蒙昧和野蛮的时代，但是，在人们的劳作的过程中就蕴含了一切文明发生的秘密。

1. 渔猎社会劳动对自然的依赖

渔猎社会的产生过程其实就是整个人类社会和人类文明的产生过程。这个过程本身是一个以人类劳动为基础和中介的人与自然交互作用的过程。面对自然的盲目的必然性，面对远古生态环境灾难，在克服和战胜寒冷、饥饿、疾病和死亡等生存性威胁的过程中，人类凭借劳动和智慧开始了其生命历程。在这个过程中，劳动本身依赖于两个方面的自然条件。

（1）依赖自然形成的共同体。

这里的自然形成的共同体即部落共同体，是人们共同利用外部自然条件的前提。这里，"自然形成的部落共同体，或者也可以说群体——血缘、语言、习惯等等的共同性，是人类**占有**他们生活的**客观条件**，占有那种再生产自身和使自身对象化的活动（牧人、猎人、农人等的活动）的**客观条件**的第一个前提"①。这种通过共同体与自然发生物质变换的方式，就成为人类劳动的基本特征。

（2）依赖外部的自然条件。

劳动不是无对象和无中介的过程。"对劳动的自然条件的占有，即对**土地**这种最初的劳动工具、实验场和原料贮藏所的占有，不是通过劳动进行的，而是劳动的前提。个人把劳动的客观条件简单地看作是自己的东西，看作是使自己的主体性得到自我实现的无机自然。劳动的主要客观条件本身并不是劳动的**产物**，而是已经存在的**自然**。"②这里的自然

---

① 《马克思恩格斯全集》，中文2版，第30卷，466页，北京，人民出版社，1995。

② 同上书，476页。

既包括活的个人，也包括作为个人再生产的客观条件的土地。

同时，在共同体的条件下，人类朴素天真地把土地看作共同体的财产，而且是在活劳动中生产并再生产自身的共同体的财产。每一个单个的人，只有作为这个共同体的一个肢体，作为这个共同体的成员，才能把自己看成所有者或占有者。这样，劳动的发生才成为了现实和可能。事实上，劳动与人类、社会、文明是一个系统发生的过程。

2. 渔猎社会生产方式的特点

渔猎社会的生产方式即是其生存方式。主要具有以下特点：

（1）渔猎社会的劳动对象。

在劳动对象上，主要以天然存在的自然事物作为劳作的对象。最初，人们以植物的根茎和果实作为采集的对象；后来，发展出了最初的园圃。同时，野生动物是狩猎和捕捞的对象，在此基础上也开始了对动物的驯化。

（2）渔猎社会的劳动工具。

在劳动工具上，人们最初利用简单的木棒和石器进行劳作，后来人们发明了弓箭等生产工具。"尽管直到现在，历史学对物质生产的发展，即对整个社会生活从而整个现实历史的基础，了解得很少，但是，人们至少在自然科学研究的基础上，而不是在所谓历史研究的基础上，按照制造工具和武器的材料，把史前时期划分为石器时代、青铜时代和铁器时代。"①当然，文明史上的真正变革是从铁器开始的。

（3）渔猎社会的能源基础。

从能源基础来看，人们在茹毛饮血的基础上通过摩擦产生了火。火的产生使熟食成为了可能，这样，就改善了人们的营养结构、增强了人们的体质。同时，这使火耕农业成为可能。这样，火就使人与动物最终分开了。从总体上来看，这是一个复杂的进化过程。

根据各种发明和发现所体现的智力的发展，摩尔根把史前社会的发展划分为以下几个阶段：低级蒙昧社会是人类的幼稚时期，从鱼类食物和用火知识的获得开始进入中级蒙昧社会，弓箭的发明标志着高级蒙昧社会的开始。从制陶术的发明开始进入低级野蛮社会；中级野蛮社会，东半球始于动物的饲养，西半球始于用灌溉法种植玉蜀黍等作物以及用

① 《马克思恩格斯全集》，中文 2 版，第 44 卷，211 页脚注（5a），北京，人民出版社，2001。

土坯和石头进行建筑；从冶铁术的发明和铁器的使用开始进入高级野蛮社会。而文明社会始于标音字母的发明和文字的使用。可见，"人类进步的一切伟大时代，是跟生存资源扩充的各时代多少直接相符合的"①。在此基础上，就形成了整个文明演进的过程。

总之，渔猎社会在开启人与自然物质变换的过程中也开启了文化和文明之门。

（二）渔猎社会的生态意识

在渔猎社会中，由于受社会生产力发展水平的限制，人类在很大程度上是受自然的盲目摆布的，但是，人类就是在抗争自然的过程中开始了文化的步履。在人（社会）和自然的冲突的过程中（自然居于矛盾的主导地位），人类开始了自觉调节和控制人（社会）和自然关系的过程。史前的生态文化就是在这个过程中产生的。

1. 史前宗教是史前生态文化的主要载体

史前宗教即原始宗教，是史前社会发展到一定阶段产生的以反映人与自然矛盾为主要内容的宗教的初期状态。根据考古所发现的史前宗教可追溯到石器时代，其信仰的形式多为植物崇拜、动物崇拜、天体崇拜等自然崇拜形态，同时包括与氏族社会存在结构密切相关的生殖崇拜、图腾崇拜和祖先崇拜等形式。现在，通过发掘、研究石器时代以来各种原始文化遗址（原始村落、洞穴岩画、墓葬遗物、祭坛雕像）中发现的各种宗教现象等方式，便可发现史前宗教的历史轨迹。此外，我国一些少数民族中也保存着某些史前宗教元素。尚存的这些史前宗教群体及其崇拜活动已经成为实际考察史前宗教的唯一对象，是确证史前宗教真实形态的重要依据。其中，就自然崇拜的情况来看，主要崇拜的形式有：

（1）植物崇拜。

植物崇拜是采集经济在宗教意识上的反映。例如，桑树是我国先民植物崇拜的树木之一。我国是世界上最早饲养家蚕和缫丝制绢的国家。相传黄帝之妻嫘祖是蚕桑文化的创始人。人们长期将桑与蚕并奉为神明。同时，人们又将桑林视为兴云致雨、解除旱灾的神明之所。在商代，因天大旱，有商汤王"桑林祷雨"的故事："昔者汤克夏而正天下。

---

① 《马克思恩格斯全集》，中文 1 版，第 45 卷，332 页，北京，人民出版社，1985。

天大旱，五年不收，汤乃以身祷于桑林。"（《吕氏春秋·顺民》）在此基础上，我国后来形成了影响深广的桑蚕文化。

（2）动物崇拜。

动物崇拜是狩猎经济在宗教意识上的反映。例如，在我国古代，被神化崇拜的动物种类，主要是狩猎和豢养的马、牛、羊、猪、犬，以及人们惧怕的虎豹等猛兽。同时，人们将龙、凤、麟、龟视为"四灵"。此外，也有在动物崇拜基础上形成图腾崇拜的。例如，"**在许多氏族**中都**流行着**和摩基人相似的**传说**，认为他们的**始祖**是**从动物或无生物变成男人和女人的**，这种动物或无生物就成为氏族的象征（**图腾**）（如奥季布瓦人的**鹤氏族**）。其次，**某些部落**中的氏族都禁止**食用本氏族名称所称的动物**，但这种禁忌很不普遍"①。在我国，殷周以后，古籍中已看不到典型的有关动物图腾崇拜的记载了。

（3）天体崇拜。

天体的宏大，尤其是天体运行中的诸种特异现象极大地影响着人们的生产和生活，给人以极大的神秘感并带来了敬畏感，这样，日月星辰诸天体就成为了崇拜的对象。其中，对太阳的崇拜较为普遍。这主要是源于人们要感谢太阳赐予的光明，并给人以确定时间和方位的便利。例如，我国古代有这样的说法："祭日于坛，祭月于坎，以别幽明，以制上下。祭日于东，祭月于西，以别内外，以端其位。"（《礼记·祭义》）随着原始农业的出现，太阳被认为是决定农业丰歉的关键，这样，就进一步巩固了太阳崇拜的位置。

（4）土地崇拜。

土地是人类赖以生产、生活及万物生长的重要场所。因此，土地被史前人类神化是极其自然的事，人们往往将大地看作是自己的母亲。例如，在《周易》中，"坤"取象于"地"，认为"厚德载物"是地的最伟大的品德；而张载明确提出"坤称母"。这些都带有土地崇拜的痕迹。印第安人对大地母亲的崇拜举世闻名。原始人认为，翻耕土地进行生产会触犯地神，只有用一种宗教仪式来祈求地神才能被宽恕，否则就会受到惩罚。

此外，山河、风雨、雷电也是自然崇拜的重要对象。在这个过程

---

① 《马克思恩格斯全集》，中文 1 版，第 45 卷，474 页，北京，人民出版社，1985。

中，人们还要求在祭祀的过程中要避免对自然的伤害。例如，《史记·封禅书》有这样的记载："古者封禅为蒲车，恶伤山之土石草木。"凡此种种情况表明，自然崇拜通过宗教的形式不仅反映和表达了先人处理人与自然关系的态度，而且在一定程度上反映了人与自然的实际的生态联系，从而有助于自然保护。"因此，这种通过宗教禁忌来起作用的自然保护，逐点来看，近似于现代在自然纪念碑或自然保护区上规定的自然保护。"①当然，在这种意念中，也包括人类试图同化自然的企图。

2. 神道设教是史前生态文化的扩展形态

在自然崇拜的基础上，人们将宗教看作是一种道德教化的手段，这样，就形成了神道设教的思想。《易传》是这样提出神道设教的："观天之神道，而四时不忒，圣人以神道设教，而天下服矣。"（《易·观·象传》）《礼记》从"尊天亲地""全敬同爱""仁至义尽"三个方面说明了神道设教的自然保护价值，从而说明了生态道德的基础。

（1）"尊天而亲地"。

这一思想是这样提出来的："社所以神地之道也。地载万物，天垂象。取财于地，取法于天，是以尊天而亲地也，故教民美报焉。……唯为社事，单出里。唯为社田，国人毕作。唯社，丘乘共粢盛，所以报本反始也。"（《礼记·郊特牲》）这种自然崇拜的基础就在于，自然为人提供了物质生活资料（本、始），人和自然之间具有一种物质联系（取财于地，取法于天），人对自然的崇拜是对这种联系的回报（报本反始）。因此，人应该在伦理道德上尊敬和热爱天地。

（2）"合敬同爱"。

这一思想是这样提出来的："大乐与天地同和，大礼与天地同节。和故百物不失，节故祀天祭地，明则有礼乐，幽则有鬼神。如此，四海之内，合敬同爱矣。"（《礼记·乐记》）这里，"合敬同爱"不仅对宗教的基础作出了生态学上的说明，而且将宗教（祭天祀地、鬼神）、宗法制（礼乐、圣人、大人）和生态学（与天地同和、同节）融为一体，从而说明了生态道德的基础，具有自然保护的意义。

（3）"仁至义尽"。

《礼》有这样的记载，"天子大蜡八。何耆氏始为蜡。蜡也者，索

① ［德］约阿希姆·拉德卡：《自然与权力——世界环境史》，92页，保定，河北大学出版社，2004。

也，岁十二月，合聚万物而索飨之也。蜡之祭也，主先啬而祭司啬也。祭百种以报啬也。飨农及邮表，禽兽，仁之至，义之尽也。古之君子，使之必报之。迎猫，为其食田鼠也，迎虎，为其食田豕也，迎而祭之也。祭坊与水庸，事也。曰：'土反（返）其宅，水归其壑，昆虫毋作，草木归其泽。'"（《礼记·郊特牲》）这一思想说的是，由于天地自然之神促使自然万物有功于人，保证了人的生存，因此，人们不仅应该在每年岁尾祭祀与人事活动尤其是农事活动密切相关的八种自然神，而且在伦理道德上应该对它们感恩戴德、仁至义尽。

可见，"自然道德在一切原始文化，例如美洲印第安人文化中，以及在远东文化中都很盛行"[①]。在这个问题上，《礼记》运用"尊天亲地""合敬同爱""仁至义尽"三个命题说明了神道设教的生态内容，不仅使神道设教在天道观、生态学和生态农学等层次得到了说明，而且使神道设教所具有的自然保护的价值更为突出了。固然，这种看法有历史局限性，但是，它们也是我们在今天建构现代生态文明中值得借鉴的思想资料，因为"神道设教"其实是一种生态伦理观点、一种生态文化观念。

显然，在渔猎社会中，人们在与自然交往的过程中已经对人自身的自然、外部自然界以及这两类自然的关系形成了一定的认识。尽管它们是以史前宗教的形式呈现出来的，但是，已经构成了生态文明的历史发生源头。

（三）渔猎社会的生态经验

尽管在史前文化中尤其是在史前宗教中，已经包含有一定的具有历史发生学意义的生态文化要素，但是，在人们力图同化自然的过程中也造成了一定的生态环境问题。

在史前社会中，人们之所以通过宗教的方式来表达自己对人与自然关系的看法，是由当时特定的人与自然的实际矛盾状况决定的。在文明发生的过程中，自然对人类（社会）的影响居于主导地位。这种影响主要表现在两个方面：一方面，自然规定着人类文明发展的形式和方向；另一方面，由于人们对自然的必然性的认识和把握很有限，人们在面对

---

① ［美］J. D. 蒂洛：《伦理学——理论与实践》，10 页，北京，北京大学出版社，1985。

自然灾害等盲目的自然必然性时是束手无策的，不得不像动物一样匍匐在自然面前。这样，"这些古老的社会生产有机体比资产阶级的社会生产有机体简单明了得多，但它们或者以个人尚未成熟，尚未脱掉同其他人的自然血缘联系的脐带为基础，或者以直接的统治和服从的关系为基础。它们存在的条件是：劳动生产力处于低级发展阶段，与此相应，人们在物质生活生产过程内部的关系，即他们彼此之间以及他们同自然之间的关系是很狭隘的。这种实际的狭隘性，观念地反映在古代的自然宗教和民间宗教中。只有当实际日常生活的关系，在人们面前表现为人与人之间和人与自然之间极明白而合理的关系的时候，现实世界的宗教反映才会消失"①。因此，在自然的必然性居于主导地位的情况下，人们在实践上只能选择顺从自然的态度，在理论上只能选择自然神话和自然崇拜等史前宗教的形式来解释和说明自然现象。

尽管原始文化是一种史前文化，但是，也包括逻辑的和科学的发生学因素。在人与自然关系的问题上，当先人用史前宗教的形式来反映现实时，在一定程度上也反映了他们对人与自然之间生态关联的前逻辑认识。这种前逻辑、前科学的意识具有这样的特征：

（1）同源意识。

尽管先人不可能科学认识人类的起源，但是，他们采用自然崇拜尤其是图腾崇拜的形式确认了人起源于自然的观念。例如，在印第安的摩基人关于他们村落起源的传说中，他们认为其老祖母从自己西方的老家带来了九个人种。她把这些人种养殖在现在摩基村所在的地方，并把他们（鹿、沙、雨、熊等）变成了人，这些人建立起各个村落；人种上的这种区别（鹿种、沙种等）一直保存到现在。摩基人确信灵魂轮回，他们说他们死后将再度变成熊、鹿等等。这样，通过这种方式就确认了人与自然的统一，从而有助于人们养成敬畏自然的习惯。

（2）感恩意识。

先人之所以要对自然进行崇拜，关键问题是他们已经意识到了人与自然之间存在着一种密切的生态学联系，自然为人类提供了基本的生活资料和生产资料，因此，他们的宗教形式事实上是对自然馈赠的感恩图报（报本反始）。例如，在印第安人的奥嫩多加部落举行集会时，有这

----

① 《马克思恩格斯全集》，中文2版，第44卷，97页，北京，人民出版社，2001。

样的仪式："典礼主持人再起立，将烟叶填到**和平烟斗**中，用自己的火把烟斗点上；然后**喷烟三次，第一次喷向天顶**（表示感谢主宰的大神在过去的一年间保持他的生命，而且使他能够参加这次大会），**第二次喷向大地**（表示感谢**地母神**恩赐万物，维持了他的生存），**第三次喷向太阳**（表示感谢太阳神光明不灭，普照万物）。"①事实上，这种感恩戴德的宗教形式确认的是人与自然之间的生态学联系，有助于人们养成保护自然的习惯。

在渔猎社会中已经形成了一些具有科学要素意义的生态意识。在这个问题上，不能简单地认为史前社会还不了解自然、不认识自然规律。事实上，先人对自然规律已经形成了一些具有科学意义的认识。例如，我国东北境内的赫哲族在新中国成立之前仍然处于渔猎社会的阶段。虽然他们没有明确的纪年方法，但是，他们已经学会按照生态学的季节节律来合理安排自己的生产和生活。清人曹廷杰在《西伯利亚东偏纪要》中对赫哲族有这样的记载："皆不知岁月，时以江蛾为捕鱼之候。"这里的候即物候。这充分地证明了环境史的如下结论："为了获取必要的生活资料，采集和狩猎部族依赖对自己所在地区的充分了解，尤其是要懂得一年之中什么时候在什么地方可以得到什么类型的食物。他们的生存方式涉及围绕主要的季节变化，把获取食物的方法和社会组织的形式与这些变化协调起来。"②而我国古代的"时"的概念就是对这种情况的集中反映。

在渔猎社会中也形成了一定的生态环境问题。由于对自然规律认识的不明晰和人类自身行为的失误，在渔猎社会时期，已经产生了一些生态环境问题。例如，尽管火的产生和使用是人类文明的重大进步，但是，也带来了森林的烧毁等问题，从而造成了荒原化。这在于，焚烧至少损伤了土壤表层的腐殖质，而它带来的土壤肥沃也稍纵即逝。再如，人们在捕猎动物的过程中也存在着浪费的问题。在狩猎的过程中，人们往往是采用粗放的、浪费很大的方式进行的。在一次发生在一万年前的科罗拉多东南部的捕杀中，人们把大群的野兽驱赶到了一条峡谷中，以大约200具兽尸结束了这次狩猎，而其中的绝大部分由于被大量堆积的

---

① 《马克思恩格斯全集》，中文1版，第45卷，447页，北京，人民出版社，1985。
② ［英］克莱夫·庞廷：《绿色世界史——环境与伟大文明的衰落》，25～26页，上海，上海人民出版社，2002。

兽尸挤压烂了已经不能食用。在另外的时间，在另一个印第安部落，在一个狂饮的下午就吃掉了 1 400 条水牛舌头，而其余的部分就白白地扔掉了。这样，必然会造成动物种群的减少。在大洋洲，在 10 万年的时间内，有 86％的大型动物灭绝。可见，在任何情况下，都存在着一个如何协调人与自然的关系的问题。史前社会绝不是一个人与自然天然和谐的天堂。

总之，我们"不能过高地估计当今存在的环境问题和人们环境意识的现代性"[1]。这样，就要求我们要回归到逻辑和历史相一致的辩证思维原则上，对生态环境问题和生态文明都要进行历史发生学的考察。显然，在渔猎社会中，顺从自然是人与自然关系的主要特征，这是生态文明的原始发生阶段。

三、农业文明与生态文明

从大约发生在 1 万多年前的农业革命开始，人类社会开始进入农业社会。在这个时期中，农业生产成为经济结构中的主导性产业和社会发展的主要动力。在农业生产高度发展的基础上，北非尼罗河流域、西亚两河流域、南亚印度河流域和东亚黄河流域，先后出现了发达的农业社会，开启了文明时代的曙光。这样，农业文明就成为人类进入文明时代以来的第一种文明形态。在这个时期中，人与自然的关系形成了不同于渔猎社会的显明特征。

（一）农业文明的一般特征

从进入文明时代至 18 世纪工业革命开始，人类社会在数千年的漫长时期内总体上都处于农业文明时代。农业文明的繁荣和发展，为以后人类文明的进一步发展奠定了坚实的基础。

1. 农业文明产生的生态原因

农业文明不是原始农业的简单扩张和固定安排，其产生有一系列复杂的原因和动力。其中，生态方面的因素是促进农业文明产生的一个重

---

[1]　［德］约阿希姆·拉德卡：《自然与权力——世界环境史》，20 页，保定，河北大学出版社，2004。

要原因。

（1）气候变迁。

从原始农业中之所以能够发展出农业文明很可能与气候变迁有密切的关系。在地球上的最后一次冰期发生之前，气候的变化对于人们获取食物的方式没有产生任何根本性的影响，人们有足够的时间去选择在长期的采集和狩猎中形成的生产方式。后来，由于气候的变化导致植物带发生了巨大的变化，从而影响到了人们可开发利用的自然资源。例如，在欧洲西北部，由于苔原被温带森林所取代，完全摧毁了驯鹿牧养者的生活资料的基础，这样，就迫使他们不得不转向极不相同的获取食物的新方式。

（2）人口激增。

渔猎社会的共同体总是在一个相对固定的活动带上生产和生活着，随着人口的增加，原有活动带的承载能力和生产能力已不能满足人们的生存需要，这样，就迫使人们向其他地区迁徙。同时，由于资源丰裕地带已经被人类高度利用或者超过了其再生的范围，于是，人们就不得不进入自然条件较差、生态环境较恶劣的地域。

在这种双重压力下，人们别无选择地开始了农业生产以稳定地增加粮食产量来满足人们的需要的历程。显然，"能够种植的谷物和能够驯养的动物是由一个地方的生态系统决定的，而一个地方的生态系统又是由气候以及大陆漂移所造成的各个大陆的隔离情况，允许什么样的植物和动物在它们上面进化来决定的。这些地方所出现的农业的不同形式，对那里人类社会的发展有着深刻的影响，所以也对世界历史的进程产生了深远的影响"[①]。在这个过程中，形成了世界上最早的农业中心。早在公元前 7000 年左右，中美洲墨西哥中部就开始栽培玉米。在我国，黍类于公元前 6000 年左右首先得到种植，最早的定居社会也大约在这个时期发展起来；稻谷于公元前 5000 年开始种植。稻谷的种植在增加农业稳定性的同时，也促进了村落的发展。当然，从根本上来说，人类采集实践的发展奠定了农业文明发生的基础。

2. 农业文明时代的社会结构

农业生产的发展形成了一种全新的社会结构，从而使农业文明成为人类文明发展史上的第一块界碑。

---

① ［英］克莱夫·庞廷：《绿色世界史——环境与伟大文明的衰落》，48 页，上海，上海人民出版社，2002。

（1）农业社会的劳动对象。

从劳动对象来看，土地是主要的生产要素，人类已经学会了科学、集约、高效利用土地资源的各种方法。同时，淡水成为农业生产的重要资源。古代的农业文明大都发生在大河流域的肥沃的土地上。古埃及文明得益于尼罗河的哺育；幼发拉底河和底格里斯河畔的美索不达米亚平原，是古代巴比伦文明的发祥地；印度河——恒河流域丰饶的平原地区，是印度文明的摇篮；黄河流域和黄土高原则孕育了中华文明。

（2）农业社会的劳动资料。

从劳动资料来看，人类告别了刀耕火种的耕作方式，铁器农具得到了大规模的使用。早在野蛮时代高级阶段，人类就发明了铁器。在为人类服务的过程中，铁"是在历史上起过革命作用的各种原料中最后的和最重要的一种原料。所谓最后的，是指直到马铃薯的出现为止。铁使更大面积的田野耕作，广阔的森林地区的开垦，成为可能；它给手工业工人提供了一种其坚硬和锐利非石头或当时所知道的其他金属所能抵挡的工具"，这样，"进步现在是不可遏止地、更少间断地、更加迅速地进行着"①。在我国，铁器在春秋战国时期已经普遍推广使用，生产中开始逐渐使用铁犁。此外，文字、造纸、印刷术和火药也是农业文明时代的主要标志。

（3）农业社会的能源基础。

从能源基础来看，尽管农业文明主要是一种薪柴文明，但是，畜力、风力和水利等可再生能源也得到了一定程度的运用。例如，"在大工业的发源地英国，水力的应用在工场手工业时期就已经占有优势。早在17世纪，就有人试用一架水车来推动两盘上磨，也就是两套磨"②。而在我国的前汉时期，就有了用水力舂米的水碓；在汉代前后，利用水力作为动力的方式更是多种多样，除了水碓和水磨之外，还出现了水力扬水机、水动纺纱机等。

（4）农业社会的产业结构。

从产业结构来看，除了作为主导产业的种植业的发展外，畜牧业、手工业、商业都得到了一定程度的发展。例如，早在"野蛮时代高级阶段的全盛时期，我们在荷马的诗中，特别是在《伊利亚特》中可以看

① 《马克思恩格斯选集》，2版，第4卷，163页，北京，人民出版社，1995。
② 《马克思恩格斯全集》，中文2版，第44卷，433页，北京，人民出版社，2001。

到。发达的铁制工具、风箱、手磨、陶工的辘轳、榨油和酿酒、成为手工艺的发达的金属加工、货车和战车、用方术和木板造船、作为艺术的建筑术的萌芽、由设塔楼和雉堞的城墙围绕起来的城市、荷马的史诗以及全部神话——这就是希腊人由野蛮时代带入文明时代的主要遗产"①。在我国，公元前 2000 年就出现了最早的城市。而《清明上河图》更是反映了宋代城市生活的繁荣程度。

（5）农业社会的公共事业。

从公共事业来看，各种大型建筑和工程成为农业文明的重要标志。除了埃及金字塔、巴比伦空中花园、印度泰姬陵和中国万里长城之外，人类还兴建了大量的水利灌溉设施。例如，郑国渠、都江堰、灵渠、京杭大运河、钱塘江海塘等一系列数不胜数的水利工程就是我国古代农业文明的杰作。这些水利灌溉事业的发展，不仅有效地化解了水害，方便了人们的生活，而且使耕地面积和农业产量都有了较大幅度的增长。此外，农业文明在思想文化、政治法律等方面也取得了巨大的成就。

这样，在应对自然挑战而维持人类生计的过程中形成的农业文明，就成为了本来意义上的文明。人类文明就是在农业文明的基础上而阔步前进的。

（二）农业文明的生态成果

在农业文明中就开始了生态文明的现实发生的历史过程。这是与农业生产自身的特殊性分不开的。在这个问题上，"经济的再生产过程，不管它的特殊的社会性质如何，在这个部门（农业）内，总是同一个自然的再生产过程交织在一起"②。这样，就要求人类在学习和模仿自然的过程中来进行农业生产。在四大文明古国中，只有中华文明绵延不绝，因此，我们就以中华文明为例来简单地考察一下农业文明时代的生态文明成果。

我国古代农业是一种典型的有机农业。中华文明之所以生生不息，一个基本的原因就在于我们形成了具有生态农业价值的有机农业模式。精耕细作的农业技术特点，早在春秋战国就已开始孕育形成，其主要标志是铁制农具和牛耕的出现，此后这种技术分别在黄河流域的旱作区和

---

① 《马克思恩格斯选集》，2 版，第 4 卷，23 页，北京，人民出版社，1995。
② 《马克思恩格斯全集》，中文 2 版，第 45 卷，399 页，北京，人民出版社，2003。

长江流域的稻作区得到了持续不断的发展。目前，生态农业的主要技术仍然处于发展当中，西方社会对生态农业的认识与中国社会对生态农业的认识还存在着比较大的差异。我国的一些农业科学技术工作者将多熟种植制度、节水农业、土壤侵蚀的综合防治、综合植物营养管理、有害生物综合治理、混合农作制度和农作多样化战略等六个方面的技术作为当代中国生态农业的主要技术。其实，这种概括也反映了中华传统有机农业的主要技术贡献。

1. 多熟种植制度

多熟种植制度是在一个农业年度中在单位土地面积上同时种植多种农作物，或相继种植单一作物，或相继种植搭配混合的和单一作物的农业技术。这种技术有助于集约利用有限的土地资源。多熟种植在我国具有悠久的历史。在东汉的《周礼·稻人》中，就已经提到在黄河中下游地区收割麦子后当年复种谷子、豆子的记载。在《齐民要术》中，总结了轮作、复种、间混套作的经验，如桑园间作绿豆、小豆、蔓菁、谷子、大麻套蔓菁等。隋唐以后，我国南方地区开始出现稻麦、稻豆两熟以及双季稻的种植。宋代钦州还出现过稻子一年三熟的情况。宋元以后，间作、套作又有了一定的发展。例如，宋代重要的农学家陈敷提出了一种种植苎麻于桑园、使桑麻互补而一举数得的模式。"因粪苎，即桑亦获肥益矣，是两得之也。桑根植深，苎根植浅，并不相妨……若能勤粪治，即一岁三收，中小之家，只此一件，自可了纳赋税，充作布帛也。……愈久而愈茂。"（《陈敷农书·种桑之宜篇》）这样，利用桑麻不同的成长周期，可以取得多样的效果。显然，正是多熟种植制度突破了狭窄的土地资源的约束，使中华民族在人多地少的情况下基本靠自己的力量解决了吃饭问题。

2. 节水农业

水资源是农业生产的最基本的保证，但是，各地存在着普遍短缺的问题，因此，节水农业是现代生态农业的一个重要的方面。在中华传统农业发展的过程中，对此也有创造性的贡献。其中，都江堰等水利工程就是发展节水农业的典范。位于四川灌县的都江堰是在古蜀国的蜀郡守李冰父子的主持下于两千多年前建成的，这一水利枢纽工程由都江鱼嘴、飞沙堰和宝瓶口三项组成。尽管这几件工程的性质和功用是不同的，但是，在功能上又具有互补性，使整个工程实现了自动分流、溢洪排沙、自流灌溉、航运舟楫四项功能。"很明显，中国有些地区旱涝的灾害历来是严重的，现在能够使这些地区的广大的并且不断增长着的人口吃饱穿暖，其秘诀之一就是大规模地进行农村公共事业的建设。"[①]在经历了2008年四川汶川大地震以后，都江堰仍然完好无损，充分体现了中国古代水利工程的科学性和持续性。另外，新疆的坎儿井也体现了同样的智慧。

3. 土壤侵蚀的综合防治

土壤侵蚀是水、风、冰或重力等力量对陆地表面造成的磨损和流动。水土流失就是土壤侵蚀的典型。现代生态农业试图通过综合的措施来解决这一问题。在中华传统农业中，梯田便是针对既要垦山种植，又要防止水土流失这种生产上的矛盾而创造发明出来的。从具体操作上来看，梯田的修筑技术包括这么几个重点，一是在山多地少的地方，采用"层蹬横削"的方法，修成阶梯状的田块，即可进行耕作。"层蹬"就是将山坡地修起一层层阶梯；"横削"是将每层阶梯，横削成平面。这种梯田即水平梯田。二是如果有土、有石，要"叠石相次，包土成田"。即要先用石块修成田唇，再平土成田。三是上有水源，可自流灌溉，种植水稻；若无水源，就只能种植粟、麦，但这样丰收就没有保证。四是在有可能的条件下，可以设法储存降水。在起伏的山坞之间，修筑起堤防用来储存雨水，这样可以解决用水问题。由于这种梯田，田面平整，雨水可以逐渐地为土地吸收，得到了较大限度的利用，从而可以减轻甚至可以避免水土流失，这就为夺取农业丰收创造了适宜的生态条件。徐光启曾用诗歌的形式，对梯田的建筑方式、耕种方法作了这样的描述："世间田制多等夷，有田世外谁名题？非水非陆何所兮，危巅峻麓无田蹊。层蹬横削高为梯，举手扪之足始跻。伛偻前向防颠挤，佃作有具仍兼携。随宜垦斫或东西，知时种早无噬脐。稚苗亚耨同高低，十九畏旱思云霓。凌冒风日面且黧，四体瘝瘁肌若刲。冀有薄获胜稗稊，力田至此嗟欲啼。"（《农政全书·田制篇》）这样，生态农业又成为民本主义的重要载体。

4. 综合植物营养管理

发展农业生产必然会使土地的地力（肥力）衰竭，这样，就需要通

---

① ［美］芭芭拉·沃德等：《只有一个地球——对一个小小行星的关怀和维护》，197页，长春，吉林人民出版社，1997。

过施肥来维持地力。我国施用肥料的历史可以追溯到 5 000 多年前。《吕氏春秋》很重视"土宜"，看到"土不肥，则长遂不精"（《士容论·辨土》）问题的严重性。氾胜之主要强调的是施用肥料可以改善土壤性质的功能（土壤柔和）。从肥料的种类来看，有机农业的肥料来源十分广泛。可大体上分为大粪、牲畜粪、绿肥、渣粪、骨蛤粪、皮毛粪、生活废弃物粪、泥土粪、泥水粪和矿物肥料等几种类型。前七类基本上是有机肥，后三类基本上是无机肥。这样，就充分地实现了物质循环。从肥料的制作来看，也有十分复杂的方法。单就制造堆肥的技术来看，就包括踏粪法、窖粪法、蒸粪法、酿粪法、煨粪法和煮粪法等多种类型。从施肥方法上来看，肥料有基肥、种肥和追肥三种形式。在《氾胜之书》中，已明确提出了这三种施肥方法。例如，"种芋法：宜择肥缓土近水处，和柔粪之"。再如，"种瓠法：以三月耕良田十亩。作区方深一尺。以杵筑之，令可居泽。相去一步。区种四实。蚕矢一斗，与土粪合"。这些都属于使用基肥的方法。在种植农作物时施用基肥，主要是为了改善土壤的生化物理性能，使得土壤和肥料柔和，最终使得土壤内部处于协调的状态，这样就有益于农作物的生长。这是氾胜之的创造性贡献。后代对此有所损益。从施肥原则上来看，施肥应考虑到"天时"、"地利"和"物宜"三个因素，由此形成了施肥"三宜"的原则。一是"时宜"，即在不同的季节要施用不同的肥料。二是"地宜"，即根据不同的土壤性质采用不同的肥料。三是"物宜"，即不同的农作物要求施用不同的肥料。在西方石油农业日益暴露出其弊病和局限的情况下，这种自然的和有机的施肥技术，日益显示出了巨大的超时代、超国界的价值。因此，现代西方学者对中国传统有机农业大为感慨："耕种了 4 000 多年竟然没伤害土壤！把它叫做商品菜园而不叫农场经营，就证明了可以同时既开发又限制，证明了人类在劳动过程中可以像安息日时那样尊敬和理解其他创造物。这种积极地、创造性地放弃过大的力量的行为已经指明了生存之路。"[①]显然，把一切有机体残体和废物、垃圾制成堆肥投入农田，是长期维持大量人口生活而地力不衰的关键所在。

5. 有害生物综合治理

如何运用安全、经济、高效的方法来防治病虫害，是现代农业中尤

---

① ［美］戴维·埃伦费尔德：《人道主义的僭妄》，225～226 页，北京，国际文化出版公司，1988。

为关注的一个问题。中华传统农业主要是在生产防治和生态防治方面积累了丰富的经验。

一是在农业生产方面主要有以下技术：（1）深耕。耕地要将阴土掘起，这样，虫灾就不会发生。（2）灌田。通过灌田可以降低田间温度，这样，就不易滋生害虫。（3）细耙。细耙之后，土细，作物容易扎根，根土相着，这样就不会滋生害虫。（4）轮作。例如，可种棉又可种稻的高地，宜种棉两年，种稻一年，这样，草根腐烂，生气肥厚，就不易发生虫害；如果种三年，就容易发生虫灾。（5）间作。选择适当的作物进行间作，这样就可以避免害虫，例如，豆地应间作麻子，麻能避虫。

二是在生态防治方面，主要有以下技术：（1）根据害虫的生发时间节律，在害虫幼小时进行灭虫，这样，幼虫就不会随着农作物的成长而为非作歹。（2）根据害虫的生发区域规律，在易发虫灾的地方破坏害虫的生存条件，这样，就使害虫难以存活下去。（3）选择适宜的作物种植时间。根据农作物的特性，在种植上实行"因时制宜"的原则，可以避免虫害。（4）选种害虫不食的作物。例如，蝗虫不食竽桑、水中菱芡、豆类和麻类，因此，人们应该选种这些作物。（5）大力植树造林。蝗虫看见树木成行的生态境况时，一般是翔而不下，因此，人们大力植树造林就可以避免蝗虫为害农作物。同时，中国有机农业对运用化学防治法来治理害虫也有一定的认识。

6. 混合农作制度和农作多样化战略

单一制的农场或养殖场可以极大地提高生产力，但是，也存在着投入高、生态代价大、市场风险高等一系列的问题，因此，现代生态农业将混合农作制度和农作多样化战略作为一个重要的方向。中华传统农业在这方面也积累了丰富的经验。

一是在混合农作制方面，主要有以下模式：（1）"瓜—豆"模式。这是由贾思勰在《齐民要术·种谷篇》中提出来的。瓜性弱，豆性强，人们种瓜时可以将瓜豆种于同一个坑内，利用性强的豆类来扶助性弱的瓜类。（2）"草—芝麻—谷"模式。这是明代邝璠在《便民图纂》中记述的一种模式。这一模式是利用芝麻的垦草作用来为种植谷物提供适宜条件的。（3）"麻—桑"模式。这是陈敷在《农书·种桑之法篇》中提出来的。

二是在农作多样化方面，主要有以下模式：（1）"草—鱼—稻"模式。这是唐代刘恂岭在《表异录》中记述的一种模式。新田草多，不宜稻子生长；人们开垦出新的水田后，等春雨时在田中聚满水，然后买鱼苗撒于田内，一两年之后，鱼儿长大，并将田内的草根食尽；这样，水田就成为了熟田，适宜种植稻子；这种田不会生稗草，可以免除除草之苦；人们还能坐收渔利。（2）"桑—羊—稻"模式。这是由明末《沈氏农书》记述的一种模式。这就是靠桑叶来饲养湖羊，用湖羊的粪便来肥稻田，由此便形成了一种合理的物能循环过程。（3）"水—桑—牛—稻"模式。这是由陈敷在《农书·地势之宜篇》中提出的一种模式。此外，中国有机农业还具有一种大农业意识，要求人们要兼顾种、养、加或农、林、牧、副、渔各个方面，并将之看成是国家富裕的基础。

显然，这些有机农业的技术其实与现代生态农业的技术在原理上是一致的，对于今天建设生态农业仍然有借鉴意义。从中国传统农业文明尤其是有机农业中具有生态技术的一些成就中，我们就可以看出，生态文明是在农业文明的土壤中生发出来的。

（三）农业社会的生态灾难

尽管在农业文明中已经形成了辉煌的生态文明成就，但是，由于人们忽视自然规律尤其是生态学规律，在人口增加、战争频繁、政治腐败等人为因素和自然灾害等自然因素的综合影响下，在农业文明时期也出现了严重的破坏自然的现象，造成了人（社会）和自然的严重冲突，从而威胁到了人类文明的正常存在和发展。

1. 农业社会的生态问题

为了应对日益增长的人口对粮食的需求，人们在毁林开荒的过程中造成了森林破坏问题，同时，建筑和战争进一步加剧了对森林的砍伐，这样，就形成了一个"森林破坏——水土流失——灾害频发"的生态恶化的循环系列。

（1）森林破坏。

孟子就曾记录过森林破坏的事件："牛山之木尝美矣，以其郊于大国也，斧斤伐之，可以为美乎？是其日夜之所息，雨露之所润，非无萌蘖之生焉，牛羊又从而牧之，是以若彼濯濯也。人见其濯濯也，以为未尝有材焉，此岂山之性也哉？"（《孟子·告子上》）据有关方面估计，在新石器时代后期，我国有各种林地 450 多万平方千米，相当于现在国土面积的 43%。大约在 200 年前，我国的所有原始森林几乎被砍伐殆尽。

（2）水土流失。

随着森林面积的减少，土壤的植被保护层遭到了破坏，这样，就容易造成水土流失。例如，孕育了中华文明的黄河流域，在先秦时期，环境状况良好，适合农业生产。到了秦汉时期，这一区域的森林开始遭到破坏。两宋时，森林破坏范围进一步扩大，吕梁山、渭河中游地区和洛阳周围地区的森林所剩无几，黄河泥沙含量超过 50%，明代达到 60%，清代高达 70%。当然，这种情况的出现也与黄土高原的土壤层有一定的关系。尽管黄土高原土壤肥沃，但是，如果人们除掉了土壤上面覆盖的自然草层，那么，它就容易被侵蚀。随着土壤被风吹走、被雨冲掉，很快就形成了巨大的沟壑峡谷。

（3）灾害频发。

由于植被破坏和水土流失，洪涝灾害一直是我国历史上最古老的重大自然灾害。在历史上，黄河领域经常泛滥成灾。据记载，两千多年来，黄河下游溃堤达 1593 多次，较大规模的改道有 26 次，水灾范围北至天津，南达江苏、安徽，广达 25 万平方千米。据统计，清初至鸦片战争近 200 年间，黄河决口达 361 次，平均约每 6 个多月一次。在1854—1855 年间，黄河的入海口向北移动了将近 500 千米，几百万人民因此而丧失了生命。此外，随着灌溉事业的发展，由于不注意排水问题，也造成了土壤的盐渍化、沼泽化、沙漠化等一系列的问题。

这种情况的出现，"既不能证明也不能否认儒学和道家的思想中的自然观的重要意义"，但是，"文化肯定不是无足轻重的，但是它的作用主要得通过与实际的规则和有效的管理机构的联系才能发挥出来"①。也就是说，这个问题是由于实践和理论的脱节造成的。这种情况在其他文明中同样存在。

2. 文明灭绝的生态原因

古代文明衰亡的原因很多，但是，关键是由于人类活动的失当造成的生态灾难引起的。

---

① ［德］约阿希姆·拉德卡：《自然与权力——世界环境史》，125 页，保定，河北大学出版社，2004。

（1）巴比伦文明的衰落。

经过 1 500 多年的繁荣后，到公元前 4 世纪，一度辉煌的古巴比伦文明却衰落了。这在于巴比伦文明从灌溉开始，苏美尔人却不懂得排盐，结果不合理的灌溉造成了严重的土地盐渍化。从公元前 2000 年以来，就不断有关于"土地变白"的报告，结果，广泛的土地盐渍化造成了严重的农业歉收。另外，由于修建水坝导致了水涝，使河道和灌溉渠道的淤积不断增加，同时，破坏森林造成的新的淤积进一步恶化了这种情况，人们不得不反复清除淤泥。由于一直都没能恢复土地的生产力、改善生态环境和自然资源的恶化状况，结果使美索不达米亚永远地沦落为一个满目荒凉的地区。

（2）玛雅文明的消亡。

最早出现于公元前 2500 年的中美洲低地丛林的玛雅文明，在 15—16 世纪前后突然消失。究其原因来看，玛雅社会所在的那片肥沃土地，其中 3/4 属于侵蚀型高敏感区，一旦森林被毁，土壤也就随之流失。但是，公元 603—799 年，其人口数高达 500 万人，他们只好用"斯维顿农业"（sweden，即游耕农业）的方式向天要粮。这样，随着土壤有机肥补充不足、环境及资源恶化，就直接导致了农业生产力的下降。最终，一个高度发达的文明毁灭了。

（3）楼兰文明的衰落。

我国境内的古楼兰文明以楼兰绿洲为立国之本，历经数个世纪，曾经繁盛一时。但时至今日，已被荒漠吞噬。尽管人们对于楼兰文明消失的原因各执一词，但是，肯定与下面的生态原因有关：一是气候变干、降雨量减少、冰川融水萎缩、河流断流、水系改道等自然因素；二是土地的过度开垦、生物资源和水资源的不合理利用、天然植被的破坏以及频繁的战争等人为因素，加剧了土地盐渍化、水资源的耗竭和环境退化；三是从外地传来的瘟疫和生物入侵造成的生态灾难夺取了绝大多数人的生命，侥幸存活的人不得不背井离乡。

显然，"在美索不达米亚，在印度河流域，在中美洲的丛林之中，以及其他地方，脆弱的生态环境在压力下崩溃。一个越来越复杂的社会，其要求开始超越其农业基础，这种农业基础是为了支持它那种庞大超级结构而建立起来的。最终，那些人们不想要的、没有预料到的种种副效应出现了，在开始时它们似乎是对付环境困难的解决办法，而现在本身却成为了问题。"①这样，就印证了保持生态平衡、维持人与自然和谐的重要性。

显然，在农业文明时期，人和自然的关系绝不是田园牧歌式的。这就说明，在任何情况下，自然规律都是不可超越的，都必须追求人与自然的和谐。这就是生态文明的本质要求。

总之，在农业文明时代中，学习自然、模仿自然是人与自然关系的主要特征，这是生态文明的现实的发生阶段。

四、工业文明与生态文明

从18世纪60年代起，在欧美一些主要资本主义国家，先后发生了以机器生产代替手工劳动、以机器大工业代替手工业的工业革命（工业化、产业革命）。大工业代表着比农业文明更高的生产力水平，并且也有着以资本为核心的日趋成长的复杂的技术系统，这样，就形成了人类文明发展史上以现代化和全球化为主要内容的新阶段——工业文明。同时，工业化加剧了人对自然的征服和改造，使生态环境问题成为一种名副其实的全球性问题。另外，人们在反思工业文明弊端的过程中，也提出了一系列修补、代替工业文明的方案，这就预示着工业文明的另外一种发展的可能性。因此，我们不能简单地认为工业文明时代是一种反生态文明的时代，也不能认为生态文明将成为取代工业文明的新的文明形态。

（一）工业文明的一般特征

正是在工业化的过程中，才实现了从传统社会向现代社会的转变，才建立起了高度发达的工业文明体系，才真正结束了人类社会发展的史前时期。工业文明就是工业化的最终成果在社会技术产业形态方面的集中体现。

1. 工业文明的社会结构

工业化是一个不断革命的过程，促进社会结构发生了翻天覆地的

---

① ［英］克莱夫·庞廷：《绿色世界史——环境与伟大文明的衰落》，98～99页，上海，上海人民出版社，2002。

变化。

（1）工业文明的劳动对象。

从劳动对象来看，除了传统的棉花、羊毛等物质之外，矿石等成为主要的加工和转换对象；资本成为主要的生产要素。现在，凭借新科技革命的力量，工业文明将自己的影响力已经扩展到了外层空间和海洋深处，同时，随着材料科学的发展，人工合成材料在社会经济发展过程中的作用越来越重要。

（2）工业文明的劳动资料。

从劳动资料来看，大机器生产体系成为主要的工具系统。机器尤其是作为其构成部分的工具机，是 18 世纪工业革命的起点。在今天，每当手工业或工场手工业生产过渡到机器生产时，工具机也还是起点。"飞梭"和"珍妮纺纱机"的发明，是由手工工具变为机器生产的标志。18 世纪中后期蒸汽机的发明，大大加速了工业革命的进程。这样，"劳动资料取得机器这种物质存在方式，要求以自然力来代替人力，以自觉应用自然科学来代替从经验中得出的成规"[①]。在此基础上，19 世纪60、70 年代至 20 世纪初，新机器的发明与应用带动了第二次工业革命。

（3）工业文明的能源基础。

从能源基础来看，工业文明促进了能源利用方式和技术的极大变化。在工业化的过程中，经历了三次能源变革：第一次以蒸汽机的发明为技术标志，第二次以内燃机和电机的发明为技术标志，第三次以核电站的发明为技术标志。这样，"大工业把巨大的自然力和自然科学并入生产过程，必然大大提高劳动生产率"[②]。正是在这个过程中，工业文明获得了不断向前发展的动力。

（4）工业文明的劳动主体。

从劳动者来看，大工业造就了一支庞大的产业工人队伍。"当每一民族的资产阶级还保持着它的特殊的民族利益的时候，大工业却创造了这样一个阶级，这个阶级在所有的民族中都具有同样的利益，在它那里民族独特性已经消灭，这是一个真正同整个旧世界脱离而同时又与之对

---

① 《马克思恩格斯全集》，中文 2 版，第 44 卷，443 页，北京，人民出版社，2001。

② 同上书，444 页。

立的阶级。"①这样，工人阶级本身就成为一种强大的先进生产力。

最终，工业文明使人类社会进入了现代文明的大门。

2. 工业文明的历史贡献

工业革命不仅是一场巨大的产业革命，同时还是一场深刻的社会变革。

（1）发展动力的科技化。

从发展动力来看，过去文明的发展主要建立在经验积累的基础上，科学技术水平比较低，而工业文明使社会生产的发展过程变成了一个自觉运用科学技术的过程。"大工业的原则是，首先不管人的手怎样，把每一个生产过程本身分解成各个构成要素，从而创立了工艺学这门完全现代的科学"；在这个过程中，"现代工业从来不把某一生产过程的现存形式看成和当作最后的形式。因此，现代工业的技术基础是革命的，而所有以往的生产方式的技术基础本质上是保守的"②。这样，工业文明就将社会的生产方式提高到了一个全新的水平。

（2）发展环境的全球化。

从发展环境来看，过去文明的发展是地域性的民族性的发展的结果，而工业文明是建立在发达生产力和普遍交往的基础上的。"大工业创造了交通工具和现代的世界市场"，"首次开创了世界历史，因为它使每个文明国家以及这些国家中的每一个人的需要的满足都依赖于整个世界，因为它消灭了各国以往自然形成的闭关自守的状态"③。这样，大工业就使人类文明的发展克服了过去的孤立性和封闭性的局限，获得了开放性和全球性的品质。

（3）发展主体的全面化。

从发展主体来看，过去文明社会中的人是片面的人、缺乏历史主体性的人，而工业文明将人的全面发展的重要性突出了出来。"大工业还使下面这一点成为生死攸关的问题：用适应于不断变动的劳动需求而可以随意支配的人，来代替那些适应于资本的不断变动的剥削需要而处于后备状态的、可供支配的、大量的贫穷工人人口；用那种把不同社会职

① 《马克思恩格斯选集》，2版，第1卷，114～115页，北京，人民出版社，1995。

② 《马克思恩格斯全集》，中文2版，第44卷，559、560页，北京，人民出版社，2001。

③ 《马克思恩格斯选集》，2版，第1卷，114页，北京，人民出版社，1995。

能当作互相交替的活动方式的全面发展的个人，来代替只是承担一种社会局部职能的局部个人。"①这样，才可能在人的全面的关系、多方面的需要、全面的能力的基础上形成普遍的社会物质变换，才能实现人的发展和社会发展的统一。

（4）发展速度的加速化。

从发展速度来看，过去文明的发展具有"超稳定的结构"，而工业文明的发展是以加速度的方式进行的。工业文明在其几百年的发展过程中所创造的生产力，比过去一切世代创造的全部生产力还要多、还要大。今天，随着科技进步成果在工业中的具体运用，使物质产品极大丰富。显然，这种发展速度超出了以往的想象。在这样发展速度的基础上，才能使社会物质财富极大丰富，从而才能谈得上人与自然和谐的那种生活。

可见，工业文明是一种全新的、革命的文明形态。

总之，工业化和工业文明是不可超越的，是不容怀疑和否定的。在这个问题上，工业化和工业文明之所以是不可超越的，就在于生产力的发展是不可跨越的；工业化和工业文明之所以是不能被怀疑和否定的，就在于生产力发展成果是一种既定的客观的物质力量。显然，一切终结现代化（工业化和工业文明）的思潮和做法都是违背历史发展的客观规律的。

（二）工业文明的生态危机

工业文明是以一种不同于农业文明的方式实现人与自然之间的物质变换的。"对自然界的统治的规模，在工业中比在农业中大得多，直到今天，农业不但不能控制气候，还不得不受气候的控制。"②这样，在其他因素的共同作用下，尤其是在资本逻辑的支配下，工业文明就将人与自然的矛盾推向了极端，使生态环境问题成为全球性问题。

1. 工业文明生态危机的本质特征

可以说，在任何一个时代都是存在人口、土地、粮食、生态、环境、资源、能源、战争、贫困等问题的，但是，只有在工业文明时代才达到了危机的程度。而这一切都是由工业化的社会背景和社会条件造成

---

① 《马克思恩格斯全集》，中文2版，第44卷，561页，北京，人民出版社，2001。
② 《马克思恩格斯选集》，2版，第3卷，518页，北京，人民出版社，1995。

的。作为人类文明的技术形态，工业文明是没有自己的绝对独立存在的价值的，而是在一系列因素的综合作用下发挥自己的作用的。（1）从社会制度来看，工业文明是在资本主义制度中才首先成为可能的，资本主义把大工业发展到了极致。绝对地追求剩余价值是资本主义生产的最终的唯一的目的。这里，"**资本**的限制就在于：这一切发展都是对立地进行的，生产力，一般财富等等，知识等等的创造，表现为从事劳动的个人本身的**外化**；他不是把他自己创造出来的东西当作**他自己的财富**的条件，而是当作**他人财富**和自身贫穷的条件。但是这种对立的形式本身是暂时的，它产生出消灭它自身的现实条件"①。这样，在大工业的发展过程中必然会出现急功近利的情况。（2）从经济运行机制来看，工业化和市场化的结合构成了工业文明的经济基础，从而开辟了人类文明发展的新纪元，而市场经济会"失效"（外部性、公共产品和社会公正）。生态环境问题就是在市场经济条件下产生的一种典型的外部不经济性问题。只有在损人利己、以邻为壑的价值观支配下的工业化才会造成生态环境问题。（3）从思维方式来看，自牛顿机械力学取得辉煌的成就并奠定产业革命的科学基础以来，形成了近代特有的一种思维方式——形而上学。由于这种思维方式是按照孤立的、静止的和片面的观点看问题的，这样，人们就忽视了处于系统联系中的人（社会）和自然关系的复杂性，将"人定胜天"（支配自然）看作是主体性的主要规定。这些因素和其他因素的累加和叠加，就在造成严重的人的异化的同时，造成了严重的生态异化——大工业对自然的污染和破坏。这些因素之所以能够作为一个整体导致人与自然的严重冲突和紧张，资本逻辑是决定性的力量。震惊世界的"八大公害事件"便是这种情况的集中体现②。"八大公害事件"的危害是触目惊心的。显然，工业化是形成问题的表层原因，资本主义才是形成问题的深层原因；生态危机是由资本主义工业化造成的，而不是由一般的工业化和工业文明造成的。工业文明是在资本支配的逻辑中成为可能的，而资本逻辑是以人对自然的支配为前

---

① 《马克思恩格斯全集》，中文 2 版，第 30 卷，540～541 页，北京，人民出版社，1995。

② "八大公害事件"包括：马斯河谷烟雾事件（比利时，1930 年），多诺拉烟雾事件（美国，1948 年），洛杉矶光化学烟雾事件（美国，20 世纪 40 年代），伦敦烟雾事件（英国，1952 年），四日市哮喘事件（日本，1955 年以来），水俣病事件（日本，1953—1956 年），骨痛病事件（日本，1931—1972 年），米糠油事件（日本，1968 年）。

提的，这样，在成为资本支配工具的同时，工业化也就成为破坏自然的手段。

2. 工业文明生态危机的全球扩展

随着全球化的发展，由资本主义工业文明造成的生态危机扩展到了全球范围，最终形成了全球性问题。全球性问题事实上是由资本主义主导的全球化扩展到全球范围而造成的。大工业之前的历史是地域的民族的历史，工业文明却凭借市场经济、殖民贸易和殖民战争等力量开辟了"世界历史"。这样，"资产阶级，由于开拓了世界市场，使一切国家的生产和消费都成为世界性的了"①。在由资本主义生产方式开辟的"世界历史"基础上，随着金融资本在全球的扩张及取得支配地位，就形成了全球化。在和平与发展成为时代主题的背景下，发达的资本主义国家的技术经济政策不仅无助于问题的解决，而且使局部性的生态环境问题放大为全球性问题，已引起发达国家内部人民大众的强烈不满，这些问题也严重影响到资本主义自身的发展，而资本家又不愿为之付出任何经济代价，因此，他们开始向发展中国家和地区提供原材料和能源消耗高、环境污染严重的项目和设备，而自己从中渔利；将废渣倾倒于公海，将废气排放到大气层中，使之肆意扩散；将最新的、尖端的高科技运用到军事装备上，大打化学战、生物战、环境战和生态战，这些战争手段具有极为严重的反人道、反生态的后果。即使就最为"公平"的世界贸易来看，其实是最为不公平的。这在于，"环境保护和自由贸易难以统一。自由贸易越多，竞争越激烈，运输路程就越长，降低成本的压力就越大，也就是说，必须以破坏环境为代价进行生产"，这样，就导致了"生态的螺旋形下降"②。因此，必须从资本扩张主导的全球化的深层逻辑中去发现生态环境问题扩展为全球性问题的秘密。

总之，生态环境问题之所以能够在工业文明时代成为一个全球性问题，是由资本逻辑及其扩张的阶级本性造成的。这样来看，与其说是要告别工业文明，不如说是要消灭资本逻辑。当然，工业文明自身的发展方式也不是无懈可击的。

---

① 《马克思恩格斯选集》，2版，第1卷，276页，北京，人民出版社，1995。

② ［德］格拉德·博克斯贝格等：《全球化的十大谎言》，17页，北京，新华出版社，2000。

（三）工业文明的生态机遇

在工业文明时代出现的生态危机，不具有终结工业化和工业文明的合理性和合法性。其实，这里需要反思的是工业化的道路和方式，而不是工业化和工业文明本身。问题与解决问题的办法同时产生。在工业文明时代形成全球性生态环境问题的同时，也孕育了不同于农业文明时代的生态文明的因素。

1. 工业文明的技术出路

在马克思主义对资本主义工业化进行总体批判的过程中，明确地将科学技术的生态化作为克服工业化的生态弊端、实现人与自然发展的技术出路。在资本主义工业化中就蕴含着这样的可能和现实。"生产排泄物和消费排泄物的利用，随着资本主义生产方式的发展而扩大。我们所说的生产排泄物，是指工业和农业的废料；消费排泄物则部分地指人的自然的新陈代谢所产生的排泄物，部分地指消费品消费以后残留下来的东西。因此，化学工业在小规模生产时损失掉的副产品，制造机器时废弃的但又作为原料进入铁的生产的铁屑等等，是生产排泄物。人的自然排泄物和破衣碎布等等，是消费排泄物。消费排泄物对农业来说最为重要。在利用这种排泄物方面，资本主义经济浪费很大；例如，在伦敦，450 万人的粪便，就没有什么好的处理方法，只好花很多钱用来污染泰晤士河。原料的日益昂贵，自然成为废物利用的刺激。"①显然，资本主义制度不会自动地实现科学技术和生产流程的生态化，但是，经济规律迫使资本主义工业化采用集约的生产方式，这样，就在工业文明内部形成了生态文明。事实上，在工业文明中，人（社会）和自然的关系变得日益复杂，呈现出了一种多重性的结构。

（1）工业文明极大地提高了人类利用自然的能力。

由于机械化和自动化技术在生产上的广泛应用，工业文明极大地解放了社会生产力，从而也提高了人类利用自然的能力，这种能力的提高扩展了人类利用自然的广度和深度，对于经济发展、科技进步和人的解放是有自己的独特作用的。

（2）工业文明实现了人和自然的新的统一。

---

① 《马克思恩格斯全集》，中文 2 版，第 46 卷，115 页，北京，人民出版社，2003。

由于人类控制和利用自然的能力是建立在对自然规律的科学认识和合理把握的基础上的，因此，大工业在提高人类利用自然的能力的同时，也在新的层次上实现了人和自然之间的物质变换，从而在新的基础上实现了人与自然的和谐。对于社会发展和自然环境的协调状况这个"变数"来说，大工业具有重要的作用。"在工业中向来就有那个很著名的'人和自然的统一'，而且这种统一在每一个时代都随着工业或慢或快的发展而不断改变"①。因而，没有必要的大工业的支持和支撑，人和自然之间的协调也是不可能的。

（3）工业文明使人化自然成为了可能。

尽管通过工业文明形成的人本学的自然还不是直接的人化自然，但是，它提出了将人本学的自然提升为人化自然的问题。显然，没有工业化展示出来的人与自然之间的明白的关系，没有在工业文明基础上形成的人化自然，就不可能形成当代人们的生态文明意识。

今天，对于我们来说，就是要将社会主义工业化引向新型工业化道路，实现农业的产业化、工业化、信息化和生态化的统一。在技术操作的层面上，走新型工业化道路同样需要借鉴资本主义工业文明中的生态文明成果。

2. 工业文明的生态出路

事实上，工业文明中已经孕育着人（社会）与自然和谐的新的可能和形式。工业文明条件下形成的反生态文明的问题，反过来也影响和制约着工业文明的发展，因此，在对工业文明进行反思的过程中，促进了工业文明内部孕育新的生态文明的可能和现实。

（1）在科学技术的层面上，作为一个独立的科学门类的生态学就是在工业文明的时代出现的，尤其是在生态系统概念形成以后，使新科技革命的发展出现了生态化的趋势和特征；今天，环境科学、工业生态学等新学科的发展，清洁生产、循环经济等实践方案的提出，都是建立在生态学的基础上的。

（2）在经济领域中，资本主义工业文明同样形成了自己的生态文明成果，如生态现代化、循环经济、清洁生产、环境标志等等。

（3）在社会运动的层面上，随着公众生态环境意识的觉醒，方兴未

---

① 《马克思恩格斯选集》，2版，第1卷，76～77页，北京，人民出版社，1995。

艾的生态环境运动成为了推动生态文明发展的重要力量，促进了工业社会的环境立法和环境管理的发展。环境非政府组织和绿党本身就是在工业文明的土壤中产生的生态文明的社会的或政治的表现形式。

（4）在社会理论的层次上，人们对资本主义工业文明进行了从政治批判到生态学批判的综合发展过程，这成为贯穿于西方社会思潮的一个重要的论题。事实上，后现代主义、生态中心主义在对工业文明批判的过程中也成为了工业文明的绿色标志。"中间技术"、"替换技术"和"温和技术"也是在批判资本主义工业化的过程中形成的主要生态成果。

这些因素和其他一系列因素的结合，不仅成为批判工业文明弊端、瓦解工业文明的武器，而且一定程度上成为补救工业文明弊端、促使工业文明新生的方案。因此，一旦工业文明将上述绿色因素纳入到其体系中，就可能延伸自己存在的时间和空间。

显然，试图用生态文明取代工业文明，不仅犯了逻辑错误，而且迷失了现实方向。其实，这里的问题不是要不要工业化和工业文明的问题，而是要什么样的工业化和工业文明的问题。在工业文明内部中展开的一切修补和完善、反思和批判工业文明的绿色思想和绿色行动，就是现实的生态文明。对于我们来说，这就是要坚持走社会主义工业化道路，坚持走新型工业化道路。

五、智能文明与生态文明

随着信息科学技术及知识经济的兴起和发展，人类社会在技术形态上将走向智能社会（信息社会或知识社会）。我们现在正处于这个转变的过程中。在信息科学技术以及其他新科技革命的推动下，在知识经济发展的成果及其累积效应的基础上，将形成一种新的文明形态——智能文明。智能文明不仅会开辟出人类文明发展的新形态，而且也会开辟出生态文明发展的新纪元。

（一）智能文明的一般特征

20世纪50年代以来，一场以信息化为中心和特征的新科技革命开始席卷全球，其突出的标志就是用电脑模拟、代替人脑的功能第一次成为可能。信息化孕育着新的技术社会形态产生的可能性。这就是，人类将在智能社会的基础上进入智能文明时代。

1. 智能文明的科技基础

信息科学技术的发展使智能文明的产生成为可能。信息是信息科学技术的研究对象。作为一个科学范畴，这一概念最初是由美国科学家申农在信息论中提出和运用的。作为通信的内容，信息被看作不确定性的减少或消除。因为人们在获得信息的同时，也就相应地获得了某种对事物更明确的认识。从哲学的层面来看，信息是人与自然之间物质变换的基本层次和基本形式。从其构成来看，整个物质世界是由物料（物质，stoff）、能量（能源，energy）和信息（information）构成的复杂系统。如果说物料是物质存在的质的方面的规定，能量是物质存在的量的方面的规定，那么，信息就是物质存在的有序性程度或组织化程度方面的规定。一般来讲，信息是与熵相对而言的范畴。"熵是无规律的程度的测度，因此负熵或信息是有序性或组织的测度，因为后者同随机分布相比，是一种非概率状态"①。显然，信息就是信息，既不是物料也不是能量。当然，这个"世界3"不是独立于物质和意识之外的"第三者"，而是与物料、能量并列的物质的第三种存在形式。其实，物料、能量和信息不仅是组成物质系统的三种基本要素，而且是人类可资利用的三类基本资源。只有在三者的有机统一中，世界才能存在和演化，人与自然的物质变换才能正常进行。与物料和能量相比，信息具有明显的优势：（1）可增殖性。信息可无数次循环使用和传播。在这个过程中，信息不仅不会减少，而且能够不断增殖。（2）可复制性。信息资源可供许多主体使用和共享，很少会受时空条件的限制，不具有排他性。（3）可再生性。信息在使用的过程中不仅不会出现短缺，而且可以弥补其他资源短缺造成的问题，实现资源的集约利用。（4）可操作性。信息更易于传播和处理，尤其是经过编码的信息。由于信息具有这样的特征和功能，那么，一旦人们通过信息科学技术的方式对之进行把握和操作，并通过实物的形式（机器，经济）将之呈现出来，那么，将会对社会结构尤其是生产方式产生巨大的革命性影响。

2. 智能文明的社会结构

随着科学技术信息化的发展，生产方式甚至整个社会结构的性质和

---

① ［奥］L.贝塔兰菲：《一般系统论（基础·发展·应用）》，35页，北京，社会科学文献出版社，1987。

面貌都发生了巨大的变化。

（1）知识和信息成为了主要的劳动对象。

除了原初自然、人化自然外，人工自然成为重要的劳动对象。在信息科学技术的推动下，劳动对象出现了软化的趋势，也就是说，知识和信息将成为主要的劳动加工对象（知识经济）。事实上，不仅信息产业是对信息（电子信息）的加工和改造，而且生物产业也是对信息（DNA 就是一种生物信息）的加工和改造。这样，人与自然的物质变换就从物料和能量的层次上进入到了信息的层次。

（2）智能机器成为了主要的劳动工具。

在大工业时代发明的工具机和动力机的基础上，在智能社会中，电子计算机等人工化、智能化的控制技术在生产中会得到大规模的应用。正如托夫勒在描绘从第二次浪潮（工业社会）向第三次浪潮（后工业社会）的转变时指出的那样，"第二次浪潮时代的机器"，"绝大部分是不需要反馈就能运转的"，而"第三次浪潮时代的机器大不一样，是智能机器，有传感器吸收周围的信息、侦察各种变化，然后相应调整机器的运转。它们是自我调节的。这种技术上的差异是革命性的"。①在这个意义上，电子计算机（信息化）实质上是生产力的革命。

（3）脑力劳动者将成为主要的劳动者。

在智能文明时代，对产业主体的素质提出了越来越高的要求，个人的知识积累和创新程度将决定工作的绩效。更为重要的是，不仅白领工人的数量将超过蓝领工人，而且白领工人内部的分工越来越复杂化。劳动者就业结构尤其是其知识结构的集约性的提高，本身就是一种先进生产力。可见，"生产力的这种发展，最终总是归结为发挥着作用的劳动的社会性质，归结为社会内部的分工，归结为脑力劳动特别是自然科学的发展"②。更为重要的是，信息化为人的全面发展提供了新的机遇和可能，将开辟人的智能进化的新方向。

（4）知识经济将成为主要的经济部门。

以信息技术、微电子技术和生物技术为代表的新科技革命和高科技产业的发展，为知识经济的兴起奠定了物质技术基础，而知识经济的发

---

① ［美］阿尔文·托夫勒：《力量转移——临近 21 世纪时的知识、财富和暴力》，449 页，北京，新华出版社，1996。

② 《马克思恩格斯全集》，中文 2 版，第 46 卷，96 页，北京，人民出版社，2003。

展又为新科技革命和高科技产业的进一步发展注入了强大的活力。专家们预测，随着全球信息高速公路的开通，科技知识对经济增长的贡献率可能由 20 世纪初的 5％～20％提高到 90％。

显然，与农业经济、工业经济比较起来，知识经济具有物耗低、能耗少、污染轻的特点，但创造的经济价值却远远大于农业经济、工业经济产品的价值。

总之，在考察技术的社会形态或文明的技术形态时，关键的问题是要注意"自然形成的生产工具和由文明创造的生产工具之间的差异"①。目前，信息科学技术和知识经济正在或已经改变了人类经济生活及物质文明的几乎一切领域，并开始向社会的其他领域扩展，因此，在技术的社会形态的层面上，取代工业文明的只能也只能是智能文明。

（二）智能文明的生态功能

虽然智能文明仍然处于发生的过程中，我们还不能准确预测这个时代的生态文明的具体发展状况，但是，从目前的信息科学技术的发展过程中，我们可以窥视到智能文明时代的生态文明形式的一些趋势和特征。

1. 信息科学技术在解决全球性问题中的作用

全球性问题作为一种新的复杂的科学客体，需要一种新的、创造性的科学技术对策，而信息科学技术在解决全球性问题中可以发挥重大的作用。

（1）监测和预警的作用。

监测环境污染的动向和能源资源的变化，进而事先向人们发出预警，可以避免重大的生态灾难。环境监测有严格的科学技术要求：一是，监测资料应由多种元素组成，要涉及地球上各个圈层、人类生产和生活的各个方面；二是不同点上的监测应同时进行；三是监测时间要有长期的延续性。只有这样，监测结果才是可信的，由此发出的预警也才是可靠的。在常规科技条件下，人们很难做到这一点。现在，人们可以用生物传感器、空间技术和信息科学技术等新科技革命成果来进行这方面的工作，而且取得了不少具有实用价值的成果。

---

① 《马克思恩格斯选集》，2 版，第 1 卷，103 页，北京，人民出版社，1995。

（2）清污和替代的作用。

环境污染和能源匮乏是两个互为因果的重大的全球性问题。燃煤或石油排放的废气是污染大气环境、造成酸雨的重要根源，对此，人们可以采用消极治理和积极防御两种措施。消极治理也就是要发明有效的清污技术，积极防御也就是要寻求可更新的无污染的能源。新科技革命尤其是生物技术在这两个方面都大有可为：其一，人们可以利用微生物技术来净化大气，清除污染。例如，美国一家公司采用酶法脱硫科学技术，可使煤中的硫的消除率达到 80%，既减轻了燃煤时排放的二氧化硫，又可以回收硫黄。其二，人们可以利用新科技革命的成果来积极寻求和开发可更新、无污染的能源。例如，生物质能是一种重要的可更新、无污染的能源，但传统利用方法的效率太低，现在，人们可以用生物工程来选育高光效能的能源植物，并加以多种开发利用，形成了一些新的能源利用和开发技术。运用这些技术来进行清污和替代的工作时，将控制的问题突出了，要求人们有效地监控这些过程，将监控的结果有效地反馈到这些过程中，实现过程的最优化。常规科技在这方面的功能是有限的，信息科学技术尤其是电子计算机则可圆满地完成这一任务。

（3）控制和保护的作用。

全球性问题有从点到面的扩展趋势，要阻止这种趋势的漫延，保护生态多样性，只能通过科技进步的方式才能做到。例如，面对沙漠化的侵袭，人们可以通过采用植树造林的办法来控制沙化进程，这样，选育耐旱、抗风、速生的树种就成为科技突破的关键，而生物工程在这方面可大有作为。生物多样性的丧失是一个重要的全球性问题，而生物工程可以通过保存遗传基因的方式来保存物种，挽救濒危灭绝的物种，从而保护生物的多样性。当然，进行生物工程方面的研究离开了信息科学技术则是根本不可能的。

（4）恢复和更新的作用。

面对已退化的生态系统，可以通过科技进步的方式来恢复其原貌，或通过人工的方式来重建一个具有等值功能的生态系统。例如，运用生物工程方法，通过工厂化生产，快速繁殖耐盐碱的绿化苗木，并将它移植到含盐碱的土壤中，既为绿化盐碱荒滩提供了可能，也起到了改善盐碱荒滩的生态功能、建设一个良性循环的生态系统的作用。恢复和更新的工作都需要信息科学技术，都需要将信息科学技术作为解决问题的有效手段。

总之，由于有效化解全球性问题对人类文明的威胁是建设生态文明的基础性工程，因此，信息科学技术在解决全球性问题中的作用，就奠定了生态文明在智能文明时代发展的新的事实基础。

2. 信息科学技术在生态学的学科建设中的作用

信息科学技术作为一种有效的科技手段在生态学的学科建设中发挥着重要的作用，从而将生态学的发展推向了一个新水平。

（1）信息科学技术可以为生态学提供大量而有效的数据和资料，从而帮助生态学建立起各级各类数据信息库。

由于生态学的客体往往是复杂的大系统，涉及的变量难以计数，长期以来，生态学家难以对客体的数量特征（数据和资料）进行全面、详尽的把握，从而使生态学一直处于经验的描述水平。而信息科学技术在生态学领域中的应用，就很好地解决了这一难题。假如不借助信息科学技术，要掌握大尺度生态系统的数据和资料就是不可能的。

（2）信息科学技术可以为生态学提供切实而有效的研究手段，从而可以武装和提高生态学的研究水平。

长期以来，生态学的研究手段一直处于落后水平，而信息科学技术在生态学中的应用，不仅使生态学研究从定性分析走向了定量分析，而且使生态学进一步走向了图形分析和图像分析。例如，虽然生态学从学科产生的初期就萌发了生态制图的想法（反映一个地区植被及各个因子之间相互关系及内在联系的图，被称为生态图），但由于手段落后，一直未果。而地理信息系统（GIS）和生态信息系统（EIS）的应用，已使生态制图成为现代生态学中非常活跃的领域。利用信息科学技术编制的生态图分为生态信息图和生态类型图两种，具有重要的实践价值。这样，信息科学技术就将生态学研究提高到了一个新的理论水平和应用水平。

（3）信息科学技术在生态学中的应用还引起了生态学学科结构的变化，从而在生态学领域中产生了一些新的分支学科。

这些分支学科本身具有很强的交叉性和跨学科性。信息生态学就是这方面的产物。它是新科技革命和社会变革与生态学相结合的产物，是信息科学技术与生态学相结合的成果。信息生态学已成为生态学中的一门新学科，使生态学达到了一个新水平。据此，有的论者将生态学的发展划分为经典生态学、系统生态学和信息生态学三个发展阶段，认为信息生态学是生态学发展的新阶段。

由于生态学是生态文明的科学基础和支撑，而信息科学技术对生态学学科建设所起的推动作用加速了科学技术生态化的进程，这样，信息科学技术在生态学学科建设中的重大作用，就奠定了生态文明在智能文明时代发展的新的科学基础。

3. 信息科学技术在建构和实施可持续发展战略过程中的重大作用。

信息科学技术对于建构和实施可持续发展战略具有重大的支持和支撑作用。

（1）信息科学技术可以增强自然生态系统的可持续性。

主要表现是：第一，促进自然生态系统的可持续性，首先要求对其各种循环（全球循环、生物化学循环和水文循环）有科学的了解，将之作为行动的基本依据，这就要求建立一个扩大的监测网，对各种循环进行监测；信息技术则是进行这种监测的有效手段。它可以发展从太空观测地球的系统，综合地、不断地、长期地测量大气、水圈和陆地圈的相互作用。第二，自然灾害是威胁自然生态系统可持续性的一种重要的障碍。为了有效地建立起预警系统，同样需要对自然灾害进行监测。建立和健全灾害信息系统已经成为防灾减灾工作的关键。现在，不少发达国家都竞相将信息手段运用到防灾减灾工作中，建立起了灾害的监测、预警和信息处理的系统。主要有以下几个方面：航天遥感技术在灾情监测与灾损评估方面得到了应用；通信卫星、微波和光纤通信的应用提高了灾情信息的传递能力；电子计算机硬件技术和数据库软件技术的发展，增强了灾害信息的处理、储存和输出能力；各种专业信息系统的建立，为灾害信息系统提供了各种辅助信息系统。第三，将信息科学技术运用于生产过程中，用电子计算机控制生产中的各种投入，就可以对生产过程中的物料、能量和原材料的投入和使用情况进行有效的监控，使它们得到合理的使用和有效的配置，最终可以使生产工艺向清洁工艺的方向发展。

（2）信息科学技术可以增强产业系统的可持续性。

新科技革命通过产业化的途径所形成的一系列高科技产业，促进了生产和经济系统的可持续性。尤其是信息产业正在逐步成为国民经济结构中的主导产业，使"三个效益"明显地统一了起来，更有效地推进着产业的可持续性。其特点是：第一，从生态效益上来看，由于信息产业属于知识密集型的产业，减少了能源、原材料和物料的投入，不仅可以有效地节约能源、原材料和资源，而且使这些投入能够极大地实现再循环，提高了它们的使用效率。第二，从经济效益来看，由于信息产业实现了集约型的经营，优化了产业结构，降低了生产成本，提高了产品的质量，推进了产业的整体水平，因而，经济效益很明显。当代发达国家经济生活的最重大的变化，是信息产业创造的价值超过了所有其他非信息产业产值的总和。第三，由于信息产业是一种知识密集型的产业，极大地提高了劳动生产力，使劳动力获得了极大的解放，有助于缩小各种社会差别，因此，它有助于综合国力的提高，必将带动生产关系领域中的革命性变化。在这个意义上，农业经济是使用手工工具的劳动密集型经济，工业经济是使用机器的资本密集型经济，知识经济是使用电子计算机的知识密集型经济。

（3）信息科学技术可以增强社会系统的可持续性。

信息科学技术与社会系统处于互动的关联之中，作为第一生产力具体体现的信息科学技术对社会生活的各个方面产生着重大的影响，不断地推进着社会系统的可持续性，有望使社会发展的技术形态从工业社会转向智能社会。在这个过程中，关键的方面在于，信息科学技术可以增强人的生存的可持续性。信息科学技术不断完善和完备着人类的需要满足系统，为保证满足人类日益增长的需要提供着各种新的可能，极大地方便了人们的经济、政治、文化和社会生活。凭借信息科技成果，人们不仅可以获得新的精神享受，而且可以在网上进行购物等活动。更为重要的是，信息科学技术还将人的体外新进化的两个方面（肢体延伸和大脑延伸）逐步统一了起来（微电子技术和人工智能），将人的新进化提高到了一个新水平，这就起到了维护人类需要及其满足系统可持续性的作用。

可见，生态化和信息化是新科技革命并行不悖的两种发展趋势，都具有重要的生态功能。在支持可持续发展和生态文明的过程中，二者可以发挥互补的作用，在相辅相成的过程中能够有效地推进可持续发展。生态文明就是建立在这样的科技基础上的。

显然，信息科学技术所具有的生态功能表明，它本身就是一种生态化的科学技术。它可以增强科技系统的可持续性。生态化科学技术就是在这个过程中建构起来的。因此，智能文明将开辟一个生态文明发展的新纪元。

（三）智能文明的科学审视

尽管智能文明是在技术的社会形态层面上取代工业文明的一种新的文明形态，但是，要彻底解决由资本主义工业化造成的全球性问题、走向人与自然的新的科学的人道的和谐，必须对社会形态进行总体的变革。

1. 政治社会形态的变革是确立智能文明的政治保证

资本逻辑支配下的工业文明才是造成生态危机的根本原因，因此，希望在不触及政治社会形态的条件下建立智能社会是一种改良主义的想法。在这个问题上，不仅贝尔的"后工业社会"理论、托夫勒的"第三次浪潮"理论和奈斯比特的"信息社会"理论犯了这样的错误，而且后现代主义、生态中心主义也犯了同样的错误。事实上，技术的社会形态只是整个社会形态的一个方面，其运行是要受到整个社会形态尤其是政治的社会形态的制约和影响的。在存在着生产资料私有制的情况下，必然会出现剥削者的私人利益与作为公共利益保证的自然物质条件的矛盾和对立。包括生态危机在内的资本主义的各种危机，都是资本主义制度本身危机的具体表现。"到现在为止我们都是以生产工具为出发点，这里已经表明了在工业发展的一定阶段上必然会产生私有制。在采掘工业［industrie extractive］中私有制和劳动还是完全一致的；在小工业以及到目前为止的整个农业中，所有制是现存生产工具的必然结果；在大工业中，生产工具和私有制之间的矛盾才是大工业的产物，这种矛盾只有在大工业高度发达的情况下才会产生。因此，只有随着大工业的发展才有可能消灭私有制。"①这里，大工业高度发展的结果，就是作为先进生产力代表的无产阶级通过总体革命对资本主义的埋葬。只有在无产阶级革命的基础上，彻底铲除资本家私人利益存在的经济基础，才能保证公共利益的完全实现，这样，才能使人与自然的关系以极明白而合理的方式展现出来。因此，对于我们来说，必须在社会主义条件下推进信息化。这样，才能在技术的社会形态上用智能文明取代工业文明，才能在

---

① 《马克思恩格斯选集》，2 版，第 1 卷，104 页，人民出版社，1995。

智能文明的基础上开辟生态文明发展的新纪元。

2. 经济社会形态的变革是确立智能文明的经济基础

具有破坏性的工业文明和具有盲目性的市场经济的结合，是形成生态危机的经济原因。因此，当用智能文明取代工业文明的时候，还必须用产品经济取代商品经济。只有智能文明和产品经济的结合，才能形成适宜新生态文明生长的土壤。当然，对于仍然处于社会主义初级阶段的中国来说，市场经济同样是不可跨越的。即使在向未来的产品经济过渡的过程中，市场经济的因素也不会完全退出历史舞台。"最后，毫无疑问，在由资本主义的生产方式向联合起来劳动的生产方式过渡时，信用制度会作为有力的杠杆发生作用，但是，它仅仅是和生产方式本身的其他重大的有机变革相联系的一个要素。"①市场经济所具有的这种历史必然性在根本上是与人的发展实际逻辑相一致的。在人的依赖关系的形态下，人的生产能力只是在狭窄的范围内和孤立的地点上发展着，与之相适应的只能是自然经济。在物的依赖性的形态下，才形成普遍的社会物质变换、全面的关系、多方面的需求以及全面的能力的体系，这样，就产生了商品经济。建立在个人全面发展和他们共同的社会生产能力成为他们的社会财富这一基础上的自由个性，是第三个阶段，这样，就需要产品经济的大发展。因此，只有在坚持人的全面发展的价值理想的基础上发展市场经济，才能避免市场经济的盲目性、自发性和滞后性。这样，在利用市场经济促进生产力发展的基础上，才能实现人的全面发展的理想。所以，我们需要的是社会主义市场经济，而不是新自由主义主张的市场经济。在现阶段，只有在坚持将人的全面发展作为建设社会主义新社会的本质要求的前提下，将信息科学技术和社会主义市场经济结合起来，智能文明才能成为生态文明发展的新的机遇和条件。

3. 文化社会形态的变革是确立智能文明的思想条件

文明的多样性是文明发展的动力。在生产力极大发展和普遍交往极大提高的情况下，随着"世界历史"的发展，有可能形成"世界文学"。这样，在文化的社会形态的层面上，可以将人类文明的发展划分为"民族文学"（地域文明）和"世界文学"（世界文明）两种形态。因此，只有与世界文明结合起来，智能文明才能成为新生态文明发展的起点。这

---

① 《马克思恩格斯全集》，中文 2 版，第 46 卷，686~687 页，北京，人民出版社，2003。

就是要通过在东西方文明之间展开创造性的对话和交流来建构生态文明。但是，目前的全球化是由资本主义生产方式主导的，事实上是资本逻辑在全球扩张的过程和产物。这样，就需要用社会主义的方式来引领全球化。在此前提下，一方面，我们必须树立科学的自觉的民族意识。目前，主要是要防范后现代主义和生态中心主义的"陷阱"，要从自己的实际出发、运用自己的历史资源、以自己的方式实现人与自然的和谐发展。另一方面，必须树立科学的主动的开放意识。这就是要利用全球化提供的有利机遇，避免西方工业化的生态弊端，学习和借鉴西方文明的经验，在包容和开放中促进人与自然的和谐发展。今天，承认和尊重文明多样性，把它作为社会凝聚力、可持续发展和稳定的因素，已经成为国家和国际政治考虑的核心。当智能文明取代工业文明的时候，也应该有这样的文化视野。

总之，只有在社会形态的总体变革的过程中，智能社会和智能文明才可能在发挥自己的生态功能的基础上成为一种新的生态文明形式。

显然，生态文明不是存在于文明形态之外或文明形态之上的一种文明形式。事实上，从渔猎文化、农业文明和工业文明向智能文明的变迁、进化过程，就是生态文明从隐性到显性、从地域到全球、从弱小到强大、从简单到复杂、从低级到高级的发展过程。当然，只有在实现从必然王国到自由王国飞跃的基础上，生态文明才能够真正成为人的一种自觉的选择和理性的行动。这就是生态文明演进的真实进程。

第七章 生态文明的结构定位

从社会结构的角度来看，生态文明是与物质文明、政治文明、精神文明、社会文明并列的文明形式（文明结构），五者共同构成了社会的文明系统。只有"五个文明"共同发展、全面发展，才能形成完整的文明系统。同样，社会主义文明是由社会主义的物质文明、社会主义的政治文明、社会主义的精神文明、社会主义的社会文明和社会主义的生态文明构成的复杂系统。只有"五个文明"共同发展，才能保证人的全面发展和社会的全面进步。因此，在社会主义现代化建设的过程中，必须始终促进物质文明、政治文明、精神文明、社会文明、生态文明的共同发展和全面发展。

一、社会结构与文明形式

生态文明是一种具有独立形态的文明形式吗？在一些论者看来，生态文明是一种依赖性或依附性的文明形式，因此，生态文明是没有自己独立存在的价值和意义的。其实，这种看法是难以成立的。这里涉及的是人类文明形式的划分问题，而文明形式的划分问题其实就是社会结构的划分问题。从社会结构的层次性来看，生态结构是一种独立的社会结构层次，生态文明是一种独立的文明形式。

（一）生态结构在社会结构中的独立地位

在按照社会基本矛盾划分的社会结构和文明形式中是没有生态文明的位置的。但是，不能由此推论出生态文明没有独立的地位和作用。这在于，不论将社会系统划分为经济、政治、文化和社会生活等结构，还是将文明系统划分为物质文明、政治文明、精神文明和社会文明等形式，都是一种理论上的抽象，还不能完全反映出社会有机体构成的系统性和完整性。这样，就要深入到社会结构的深处来认识和分析社会结构的复杂性、具体性和系统性。事实上，生态结构是社会结构的一种独立的结构层次，同时是其他社会结构的"物质外壳"。

1. 从自然系统对社会结构发生的制约性影响来看，生态结构是社会结构中的一种独立的层次

自然条件和自然环境不是社会发展的决定性力量，也不是形成社会结构的决定性力量。但是，社会发展需要在一定的"舞台"上演出自己的活剧目，社会有机体也需要在一定的"平台"上展示自己的结构性。自然就是这样的舞台和平台，由此构成了社会有机体的物质外壳。尤其是在社会结构的形成过程中，自然条件和自然环境特别是自然资源的品位、生态环境的优劣都对最初的生产方式具有重大的影响，使之带上了强烈的地域特征，从而也形成了社会结构上的差异。例如，在史前社会中，东西两个半球的自然资源存在着差异，从而形成了不同的生产方式和社会结构。在这个意义上，"不同的共同体在各自的自然环境中，找到不同的生产资料和不同的生活资料。因此，它们的生产方式、生活方式和产品，也就各不相同"①。这样，就形成了文明的结构和单位。当然，在社会结构的形成过程中，社会关系也具有重大的制约性作用，而且随着人类文明历史进程的发展，这种作用会越来越重要。正是在自然关系和社会关系形成的必要张力中，才形成了完整意义上的社会结构。这样，通过社会的经济结构（生产力，生产方式），自然系统就进入了社会系统中，成为了原初自然（第一自然）、人化自然（第二自然）和人工自然（第三自然）的统一体，并对社会结构的各个具体的层次产生了重大的制约性的影响，从而成为其他社会结构的物质外壳。这里，作

---

① 《马克思恩格斯全集》，中文 2 版，第 44 卷，407 页，北京，人民出版社，2001。

为其他社会结构得以产生和发挥作用的物质外壳的这种人（社会）和自然的关系就构成了社会的生态结构。

2. 从物质生产的特殊的历史的形式来看，生态结构是社会结构中的一种独立的层次

在对社会结构进行分析的时候，我们必须看到，社会结构始终是一种客观存在的结构，必须区分清楚社会发展的物质方面和精神方面；对社会进行结构分析的过程就是运用社会基本矛盾学说对社会有机体进行矛盾分析的过程。坚持客观性的原则，这是对社会有机体进行结构分析的首要的要求。但是，要研究社会结构的具体关系，尤其是物质生产和精神生产的关系，首先必须把这种物质生产本身不是当作一般范畴来考察，而是要从一定的历史形式来考察。例如，与资本主义生产方式相适应的精神生产，就和与中世纪生产方式相适应的精神生产不同。可见，"如果物质生产本身不从它的**特殊的历史的**形式来看，那就不可能理解与它相适应的精神生产的特征以及这两种生产的相互作用。这样就不能超出庸俗的见解。这都是因为'文明'的空话引起的"①。而社会的物质生产之所以具有特殊的历史的形式，是由一系列的条件和因素造成的。其中，一个基本的方面就是如何实现人（社会）和自然之间的物质变换的问题。由物质生产力形成的经济结构事实上也包括人（社会）和自然关系的总和。正像生产力的主体——劳动者是自然的个人，是自然存在一样，他的劳动的第一个客观条件表现为自然，表现为人的无机体；劳动者本身不但是有机体，而且还是这种作为主体的无机自然。这种条件不是人的劳动产物，而是预先就存在的；作为人身外的物质存在，自然不仅是人的前提，而且也是生产的前提。这样，生命的生产，无论是通过劳动而达到的自己生命的生产，还是通过生育而达到的人自身的生产，就立即表现为双重的关系：一方面是自然关系，另一方面是社会关系。可见，在整个社会结构中，经济结构对政治结构和文化结构的决定性作用绝不是一种线性的作用，而是存在着一定的中介的网络状的辩证决定的关系。其中，在物质生产发展的基础上实现的人（社会）和自然之间的物质变换关系就是这个网络的重要组成部分，对社会的政治、文化等结构都有重大的影响。在这个意义上，人对自然的一定关系

---

① 《马克思恩格斯全集》，中文 2 版，第 33 卷，346 页，北京，人民出版社，2004。

（生态结构）是内在于社会结构的，生态结构是社会结构的一种独立的层次结构。

3. 从人的需要的广泛性、深刻性和实践性来看，生态结构是社会结构中的一种独立的层次

脱离人尤其是脱离人的实践活动的社会结构只能是一种主观上的虚构，社会结构就是在人类活动的过程中形成的。或者说，正是由于人类活动本身是具有内在结构的，因此，才使得社会有机体具有了层次结构。人类的活动是多姿多彩的，可以将之划分为物质生活、政治生活、精神生活和社会生活等多种类型。由此，就形成了社会的各种结构。而这些活动之所以可能就在于它们是围绕着满足人的需要而产生的。人的需要是一个系统。围绕着满足人的物质需要，就形成了人的生产活动；生产活动的积极的进步的成果就是物质文明。围绕着满足人的政治需要，就形成了人的政治活动；政治活动的积极的进步的成果就是政治文明。围绕着满足人的精神文化需要，就形成了人的精神文化活动；精神文化活动的积极的进步的成果就是精神文明。围绕着满足人的社会需要，就形成了人的社会活动；社会活动的积极的进步的成果就是社会文明。除此以外，人还有一种需要——生态需要。

在一般的意义上，生态需要是指人类各种需要的满足都要依赖自然对象。"人作为自然存在物，而且作为有生命的自然存在物，一方面具有**自然力、生命力**，是**能动的**自然存在物；这些力量作为天赋和才能、作为**欲望**存在于人身上；另一方面，人作为自然的、肉体的、感性的、对象性的存在物，同动植物一样，是**受动的**、受制约的和受限制的存在物，就是说，他的欲望的**对象**是作为不依赖于他的**对象**而存在于他之外的；但是，这些对象是他的**需要**的**对象**；是表现和确证他的本质力量所不可缺少的、重要的**对象**。"①在具体的意义上，生态需要是指人类对资源、能源、环境、生态等方面的特殊需要。为了维持人类的正常生存和发展，不仅必须满足人类的物质、政治、文化和社会等方面的需要，而且必须保证人的正常生存和发展离不开的资源、能源、环境和生态的可持续性。人对充足而清洁的资源和能源的需要、对宽广而清洁的环境的需要、对安全而宁静的生态的需要，是一种不同于物质需要的需要——

---

① 《马克思恩格斯全集》，中文2版，第3卷，324页，北京，人民出版社，2002。

生态需要。现在，国际社会对生态需要（需求）的一般定义是："人类对环境的一切需要的总和，即从环境里开采资源的需要和废物返回环境的需要的总和"；"国民生产总值即物质生活水平乘以人口之积，似乎是计量生态需求的最便利的尺度"①。"非典"的爆发和流行，从反面印证了生态需要的独立性和合理性。

与此相适应，生态生活（建立在物质变换基础上的人和自然的广泛交往）也是人类生活的基本内容，在人类的生存和发展中越来越具有重大的作用。这样，围绕着满足人类的生态需要和保障人的生态生活，就形成了人类的一种专门的活动——生态活动。生态活动即生态建设活动，是人类为了保证人（社会）和自然之间的物质变换正常进行而展开的调节和控制人（社会）和自然之间物质变换的活动，主要包括控制人口数量和优化人口素质、节约资源和能源、变革资源和能源的利用方式、保护自然和生态环境、防灾减灾等活动以及为这些活动提供保障和支持的其他社会性的活动和结构性安排。这样，人的生态活动所形成的社会结构就成为社会结构中的一种独立的层次结构，这类活动所形成的积极的进步的成果的总和就形成了社会的生态文明。

可见，社会的生态结构是指在人（社会）和自然的相互作用的过程中形成的社会系统的一个特定的层次结构。在这个层次结构中，自然系统成为社会系统的组成部分，为社会系统和人的生存与发展提供物料、能源和信息等方面的支持和环境容量，从而使作为社会结构的决定性结构的生产方式成为可能，并且对社会的政治结构、文化结构和社会生活结构具有重大的制约性的影响。这样，在社会结构中就形成了一个为社会系统的正常运行、为人的正常生存和发展提供保障的层次——社会的生态结构。这说明，社会结构本身就存在着层次性、多样性和开放性等辩证特征。这里，由社会基本矛盾的运动所形成的经济结构、政治结构、文化结构和社会生活结构是社会结构中的主导性的结构，而由劳动实现的人（社会）和自然之间的物质变换所构成的社会的生态结构是社会结构中的基础性结构。基础性结构是主导性结构产生的前提和发挥作用的平台（物质外壳），主导性结构是基础性结构的完成和深化（社会内容）。只有将基础性结构和主导性结构整合起来的社会结构，才是完

---

① ［英］E.戈德史密斯：《生存的蓝图》，2～3页，北京，中国环境科学出版社，1987。

整的社会结构。当然，社会有机体本身是一个开放性的系统，除了基础性结构和主导性结构之外，还可能包括其他方面的结构。

（二）人类文明系统的主要结构构成形式

社会有机体是由经济结构、政治结构、文化结构、社会生活结构、生态结构等构成的整体。与之相适应，人类实践在这些领域中所积淀的成果就形成了社会的物质文明、政治文明、精神文明、社会文明和生态文明。人类文明系统就是由这些文明形式构成的。作为人类文明系统构成形式的生态文明在整个文明系统中具有独立的地位和作用。

1. 物质文明是人类实践在社会的经济结构中所积淀的积极进步成果的总和

或者说，物质文明是人类的经济生活和经济建设中所形成的积极进步成就的总和，反映着人类生产实践水平的提高及其改善人类物质生活的状况。在社会有机体中，生产力和生产关系的矛盾运动构成了社会的经济结构，生产力就是在经济结构提供的平台上发挥其作用的。生产力在经济结构中的矛盾运动就构成了人类经济生活和经济建设的领域，由此形成了人类的生产实践活动领域。随着生产实践的发展，实现了人和自然之间的物质变换，这样，一方面提高了生产力自身的水平，另一方面提高了人类的物质生活的水平。这些就构成了社会的物质文明。在这个意义上，可以把生产力看作是"文明的果实"，因此，人们必须通过生产关系的变革来保护这种果实。"由于最重要的是不使文明的果实——已经获得的生产力被剥夺，所以必须粉碎生产力在其中产生的那些传统形式。"①在工业文明之前，人类一般是靠经验积累的方式来推进物质文明的发展的。随着科学技术在生产实践中的自觉应用，尤其在科学技术发生革命的情况下，科学技术直接进入了经济领域，在极大地解放生产力和提高人们的物质生活的水平的同时，也提出了变革社会生产关系的要求。在这个意义上，科学技术成为物质文明发展的第一杠杆。在总体上，物质文明是人类社会赖以生存和发展的基础，是社会进化的基础性标志。

2. 政治文明是人类实践在社会的政治结构中所积淀的积极进步成

---

① 《马克思恩格斯选集》，2版，第1卷，152页，北京，人民出版社，1995。

果的总和

或者说，政治文明是人类的政治生活和政治建设中所形成的积极进步成就的总和，反映着人类政治实践水平尤其是阶级斗争水平的提高以及人们政治生活状况的改善。在社会有机体中，社会的政治结构是在国家产生的过程中形成的。随着私有制的出现，为了维护剥削阶级的既得利益，国家应运而生。在这个意义上，社会的政治结构尤其国家、政治文明和文明是系统发生的。社会的政治结构是由政党、政权机构、军队、警察、法庭和监狱等政治实体因素和法律条文、组织程序等政治规则因素构成的整体。加强和改善政治结构的功能构成了政治建设的主要内容。人们的政治生活和政治实践就是在这个结构中展开的。正是由于这样，马克思提出了"政治文明"的概念。在他看来，研究政治问题就应该注意以下问题："**执行权力**。集权制和等级制。集权制和政治文明。联邦制和工业化主义。**国家管理**和**公共管理**。"①但是，在存在私有制的情况下，国家只能是一种虚幻的共同体。在这种情况下，是不可能存在真正的政治文明的。无产阶级革命和无产阶级专政是政治文明的真正的实现形式。这在于，"这是社会把国家政权重新收回，把它从统治社会、压制社会的力量变成社会本身的生命力；这是人民群众把国家政权重新收回，他们组成自己的力量去代替压迫他们的有组织的力量；这是人民群众获得社会解放的政治形式"②。在实现人民群众当家作主的过程中，随着社会主义政治文明的发展，就可以消除国家。

3. 精神文明是人类实践在社会的文化结构中所积淀的积极进步成果的总和

或者说，精神文明是人类的文化生活和文化建设中所形成的积极进步成就的总和，反映着人类精神生产水平的提高和人类文化生活状况的改善。在社会有机体中，社会意识和意识形态构成了社会的文化结构，由此构成了人们的文化生活和社会的文化建设的领域。人们的精神生产就是在这个领域中进行的。精神文明就是精神生产所创造的进步成果。其中，科学和美术是文明中最精致的产品，标志着人类精神生产水平和精神生活水平的提高，因此，不能简单地一笔抹杀它们的历史作用。针对文化问题上的简单化做法，恩格斯指出："平均主义派和大革命时代

---

① 《马克思恩格斯全集》，中文1版，第42卷，238页，北京，人民出版社，1979。
② 《马克思恩格斯选集》，2版，第3卷，95页，北京，人民出版社，1995。

的巴贝夫派一样，是一批相当'粗暴的人'。他们想把世界变成工人的公社，把文明中一切精致的东西，即科学、美术等等，都当作无益的、危险的东西，当作贵族式的奢侈品加以消灭；这是由于他们完全不懂历史和政治经济学而必然产生的一种偏见。"①同时，自然科学是一种特殊的精神生产，是一般历史发展在其抽象精华上的成果，是社会发展的一般精神成果。作为精神生产特殊形式的自然科学和物质生产结合起来，可以促进人类社会的进步。此外，"人民的最美好、最珍贵、最隐蔽的精髓都汇集在哲学思想里"②，因此，作为时代精神精华的哲学是"文化的活的灵魂"（这里的文化即文明）。因此，如果说人类思维是地球上最美的花朵，那么，哲学则是思维花丛中的最美的一朵。在总体上，精神文明由思想道德建设和科学文化建设两个方面构成。

4. 社会文明是人类实践在社会生活结构中所积淀的积极进步成果的总和

或者说，社会文明是人类的社会生活和社会建设中所形成的积极进步成就的总和，反映着人类社会管理水平的提高和人类社会生活状况的改善。在社会有机体中，社会结构有广义和狭义的区分。狭义的社会结构即社会生活，主要包括以下具体结构：（1）人口结构。人口结构具有自然和社会的双重属性。就人口在自然物质条件系统中所具有的作用来看，它是影响能源、资源、环境、生态和防灾减灾的一个关键变量，隶属于社会的生态结构。就人口对家庭、分工、劳动力、社会稳定的影响来看，它是社会生活的一个基本领域，隶属于狭义的社会结构。一般来讲，人口结构主要包括人口的性别结构、年龄结构、地域结构、知识结构等等。事实上，人口问题就是人自身生产的问题。（2）群体结构。在传统社会中，这主要是指血缘结构（史前社会）和宗法结构（封建社会）。但是，"随着分工的发展也产生了单个人的利益或单个家庭的利益与所有互相交往的个人的共同利益之间的矛盾；而且这种共同利益不是仅仅作为一种'普遍的东西'存在于观念之中，而首先是作为彼此有了分工的个人之间的相互依存关系存在于现实之中"③。这样，在现代社会中，在亲缘群体结构继续存在的同时，职业群体结构和利益群体结构

① 《马克思恩格斯全集》，中文2版，第3卷，480页，北京，人民出版社，2002。
② 《马克思恩格斯全集》，中文2版，第1卷，219～220页，北京，人民出版社，1995。
③ 《马克思恩格斯选集》，2版，第1卷，84页，北京，人民出版社，1995。

在整个社会发展过程中开始越来越具有重要的地位。（3）阶层结构。基本阶级结构内部的不同阶层和独立于阶级结构之外的中间阶层，属于狭义的社会结构。在这个意义上，它与利益群体结构有一定的重合。国际经验表明，"橄榄形"的阶层结构才能保证社会的稳定。这样，消灭贫困人口、防止社会的两极分化，就成为调整阶层结构的主要任务。（4）组织结构。组织结构主要是指社会团体的组织方式和运行方式。例如，城市社区结构、农村社区结构就是组织结构层次中的内容。现在，非政府组织成为一种重要的社会组织形式。在社会发展的过程中，必须要充分发挥城乡基层自治组织协调利益、化解矛盾、排忧解难的作用，发挥社团、行业组织和社会中介组织提供服务、反映诉求、规范行为的作用。当然，这里的划分只具有举例的性质。在未来的共产主义社会，社会生活将成为处理人际关系的主要手段和方式。那时，"由社会全体成员组成的共同联合体来共同地和有计划地利用生产力；把生产发展到能够满足所有人的需要的规模；结束牺牲一些人的利益来满足另一些人的需要的状况；彻底消灭阶级和阶级对立；通过消除旧的分工，通过产业教育、变换工种、所有人共同享受大家创造出来的福利，通过城乡的融合，使社会全体成员的才能得到全面发展"①。这种状况就是理想的社会文明。这样，在社会生活结构中所积淀的社会建设的积极进步的成果就构成了社会文明。

5. 生态文明是人类实践在社会的生态结构中所积淀的积极进步成果的总和

或者说，生态文明是人类的生态生活和生态建设中所形成的积极进步成就的总和，反映着人类生态活动尤其是环境保护活动水平的提高和人类生存状况的改善。社会有机体是有自己的物质前提和物质基础的。社会是在自然界提供的物质平台的基础上开始自己的进化的。这样，在社会有机体中就形成了一个由社会与自然交往而形成的独立层次——生态结构。在这个过程中，作为主体的人是双重地存在着和活动着。只有与自然保持正常的交往关系，人类才能存在和发展。这样，在物质文化生活之外，就形成了人类的生态生活的领域。随着人类文明的发展，在进行正常的物质变换的同时，也加剧了人和自然的冲突。为了化解这些

---

① 《马克思恩格斯选集》，2版，第1卷，243页，北京，人民出版社，1995。

危机，需要人类在自己的生态生活的过程中正确地处理人和自然的关系，通过自己的以环境保护为主要内容的生态活动来加强生态建设，形成和谐的人与自然的关系。生态文明就是在这个过程中形成的。当然，人和自然的关系要受到社会关系的制约和影响，尤其是生产资料的私有制是影响人和自然关系和谐的最大障碍。因此，在总体上，生态文明是社会有机体中的人和自然关系的和谐状态，是人们协调与改善和自然关系的生态成果，是正确处理人与自然的关系以及与之相关的人和人的关系、人和社会关系的实际经验和重大成果的结晶和升华。

在总体上，人类文明系统是由物质文明、政治文明、精神文明、社会文明和生态文明构成的系统，这样，就需要我们将生态文明置于"物质文明⇔政治文明⇔精神文明⇔社会文明⇔生态文明"的总体图式中来把握和建构生态文明。

二、生态文明与物质文明

作为一种具有多重复杂结构的整体，生态文明首先是通过一定的物质文明的形式表现出来的，但是，物质文明不能囊括或代替生态文明。事实上，只有在生态文明提供的良好的自然物质条件的基础上，物质文明才能将自然物质条件转换为经济物质基础，才能为整个人类文明系统提供厚实的物质基础。在物质文明支持生态文明发展的同时，生态文明为物质文明的发展提供了新的机遇和可能。

（一）生态文明与物质文明的辩证关联

在生态文明和物质文明之间存在着一定的辩证关联。只有不断协调二者的关系，才能巩固和强大人类文明的物质基础。

1. 物质文明是生态文明的经济物质基础

没有强大的物质经济基础和条件，就不可能搞好生态环境治理和建设，因此，生态文明也要有自己的经济物质基础。

（1）物质文明是生态文明的发展基础。

只有在物质财富不断积聚的基础上，才能壮大社会的物质基础，从而才能为实现人的自由而全面的发展提供强大的物质保证，因此，物质文明的发展首先表现在物质财富的积累上。财富的积累对于生态文明的发展也具有决定性的意义。别的方面不说，单就人口控制、能源和资源节约、环境保护、生态治理、灾害防御等生态环境治理和建设活动来看，都需要巨大的人、财、物的投入。如果经济建设长期滞后、物质财富严重匮乏，是不可能确保生态建设的投入的，最终就不可能建立起生态文明的大厦。但是，在通过资本主义方式积累财富的过程中，不仅会出现产能过剩、劳动力富余的问题，而且会出现不断加大原材料与能源的生产量、经济生态浪费的问题。最终，资本主义积累与生态文明是相冲突的。因此，在社会主义条件下，在强调通过大力发展先进生产力而实现财富积累的同时，还必须强调这种积累的人民性和公共性。只有这样，才能真正保证生态环境治理和建设的投入，才能最终谈得上人与自然的和谐相处。

（2）物质文明是生态文明的发展动力。

物质文明的发展最终应该体现在人们物质生活水平的提高上。一般来讲，在生活水平低的情况下，人们往往注重的是基本的物质需要的满足，容易忽略作为基本生存质量保证的人与自然的和谐。随着生活水平的提高，人们的生活需要将会从更多转向更好、将会从数量转向质量、将会开始对人与自然的和谐给予高度的关注。但是，在资本主义条件下，人们需要的是稳定而有价值的就业和日益改善的生活质量。这种情况是与生态恶化的集约过程没有什么内在联系的。"因此，对资源可获得性和生存问题的马克思主义方法的一个方面，是仔细考察这些术语本身并把它们放到它们的经济和社会背景中去，而不是赋予它们普遍性的观念。人们可以很容易地发现，在资本主义社会中，一种需要的观念（因而，实现它的资源可获得性）和生产的社会关系是高度相关的。'需要'通常并不是根据那些社会意义上对所有人有用的东西来表达的，而是根据个体需求或'想要'的汇聚，主要地由那些拥有适当购买力的人来表达。"① 这样，就必须将满足人民群众的日益增长的物质文化需要作为社会主义生产目的。只有围绕着这一目的来大力发展生产力，才能保证生活水平的提高成为生态文明发展的物质动力。

---

① ［英］戴维·佩珀：《生态社会主义：从深生态学到社会正义》，145 页，济南，山东大学出版社，2005。

（3）物质文明是生态文明的发展标尺。

物质文明不仅是通过科技进步取得的，而且集中体现在科技进步上。在一般的意义上，人对自然的关系是通过科学技术尤其是作为科技物化成果的工具体现出来的。自然的生态系统并不是理想的生态经济系统，理想的生态经济系统要经过合理的改造才能获得，因此，人类文明的发展不可能也无必要绝对地保护原初自然的状态。在人类变革自然以满足自己需要的过程中，作为人类能动性体现的工具的使用和制造是人类实践的关键特征。在这个过程中，既得的成果又会反馈到人自身中，从而又会产生新的需要和目的，在此基础上进行的活动特别是生产活动才是实践。因而，工具成为物质文明发展水平的指示器和测量器，工具的进步就标志着人类文明的进步。事实上，工具是科技进步的物化成果。这样，随着科技进步尤其是生产工具的改进，人们不仅能够以一种更为有效的方式实现人与自然之间的物质变换，而且能够以一种合理的方式来调节这种物质变换。

总之，生态环境治理和建设的能力和水平是由经济建设的成就和水平决定的。当然，这需要借助于社会形态的变革才能实现。

2. 生态文明是物质文明的自然物质条件

尽管自然生态环境构成了包括物质文明在内的整个人类文明的物质条件，但是，自然界并不能直接地影响人类文明的发展，更不可能决定人类文明的未来。事实上，自然生态环境对人类文明的影响是通过生态文明对物质文明的影响表现出来的。

（1）生态文明是物质文明发生的生态前提。

以劳动为基础和媒介，自然生态环境对物质文明尤其是作为物质文明基础的生产力产生着重大的影响。第一，自然生态环境构成了基本的生产资料和生活资料的来源。最初的生产资料和生活资料都是由自然界提供的。例如，作为农业生产对象和条件的土壤、作为工业生产原料的矿石、作为人类食品来源的果实等。在生产力发生阶段，如果没有自然界提供的生产资料，生产力就成了无对象的活动；如果没有自然界提供的生活资料，生产力就成了无主体的活动。即使在生产力已经成为强大的现实物质力量的今天，自然生态环境的这种作用是依然存在的。第二，自然生态环境影响着国民经济布局和生产发展的方向。在人类文明发展的初期，产业结构是对人们周围的自然生态环境的直接反映和现实利用。例如，草原地区形成畜牧业的发展、海岸线地区形成捕捞业的发展、森林地区形成林业的发展等。今天，尽管国民经济的发展已经极大地突破了自然生态环境的束缚，但是，如果形成"两头在外"的产业布局尤其是在能源资源问题上对外依存度太大的话，不仅会直接影响到经济安全，而且会影响到国家的整体安全。第三，自然生态环境能够影响经济社会发展的速度。在劳动的其他条件相同的情况下，自然条件不同，人们所创造的劳动生产率是不一样的。现在，尽管科技进步已经在很大程度上突破了这种限制，但是，如果没有相应的代替条件的话，这种突破同样是不可能的。事实上，今天人类所面临的能源资源的稀缺已经对经济无限增长的神话提出了严峻的挑战。当然，不是自然的绝对条件，而是它的差异性和它的自然产品的多样性影响经济社会的发展速度。

总之，表现为生产和财富的宏大基石的，既不是人本身完成的直接劳动，也不是人从事劳动的时间，而是对人本身的一般生产力的占有，是人对自然界的了解和通过作为社会体的人的存在来对自然界的利用和控制。

（2）生态文明是物质文明演化的生态基础。

作为物质文明发展动力的科技创新往往是在协调人与自然的关系过程中进行的。第一，资源利用效率的提高能够促进物质文明的发展。只有通过劳动生产率的提高而创造出更为充裕的物质财富，物质文明才能不断发展，这样，才能不断推动社会进步。而"劳动生产率也是和自然条件联系在一起的，这些自然条件的丰饶度往往随着社会条件所决定的生产率的提高而相应地减低。因此，在这些不同的部门中就发生了相反的运动，有的进步了，有的倒退了。例如，我们只要想一想决定大部分原料产量的季节的影响，森林、煤矿、铁矿的枯竭等等，就明白了"①。这就是说，劳动生产率的提高不一定必然降低自然条件和自然环境的作用。面对自然资源的枯竭，如果能够发明和创造出新的代替物，那么，资源枯竭就成了促进劳动生产率提高的动因；如果没有相应的技术发明和创造，那么，资源枯竭就成了限制劳动生产率提高的障碍。第二，废物循环利用水平的提高能够促进物质文明的发展。随着人（社会）和自然之间的物质变换的发展，人（社会）和自然之间的矛盾也有可能激

---

① 《马克思恩格斯全集》，中文2版，第46卷，289页，北京，人民出版社，2003。

化，会导致一系列的生态环境问题，这样，就会限制物质生产力的发展。例如，工业化发展到一定程度，逐渐进入消费型社会，生产和生活废弃物的大量积累，就使环境污染成为严重的问题。为了有效地解决这个问题，就必须对环境污染进行治理。正是在实现废弃物的循环利用的过程中，不仅实现了环境治理的目标，而且促进了资源利用效率的提高。循环经济就是在这样的背景下成为可能的。循环经济不仅是实现经济发展方式转变的关键，而且成了新的经济增长点。第三，生态文明推动着物质文明发展的生态方向。为了保证物质生产力的正常发展，就要求物质文明的发展自动地适应生态文明发展的要求，将生态化作为自己的发展方向。在这个过程中就出现了环境保护产业。环保产业的出现对产业结构的进一步优化、组合具有重大的意义，是从粗放型的经济过渡到集约型经济的内在的组成部分。

总之，生态文明不是物质文明的"外生变量"，而是物质文明发展的"序参量"。生态文明是作为物质文明的物质外壳（舞台或平台）而影响着物质文明的发生、演化和发展的。

显然，生态文明总是建立在一定的物质文明基础上的，生态文明是物质文明持续健康发展的必要前提和必然选择。这种辩证关联构成了整个人类文明系统的一般物质基础。

（二）建构生态文明的物质文明的形态

生态文明和物质文明的辩证关联决定了物质文明的发展必须成为以生态文明为条件和保障的文明形式，生态文明的发展必须成为以物质文明为基础和依托的文明形式，即要将生态经济作为未来经济发展的基本方向和目标，建立生态化的生产方式。这样，就形成了生态文明自身所具有的物质文明的形态。

1. 大力发展生态化的产业系统

在社会的生产方式中，生产力是决定生产关系的基本力量，因此，促进生态经济的发展首先就是要将生态化作为未来生产力发展的方向，建立生态化的产业系统。

（1）发展生态化生产系统的内在机理。

劳动是实现人与自然之间物质变换的形式，因此，只有以人与自然的和谐为前提，才能保证生产力成为社会存在的物质基础和社会发展的物质动力。可以从两个方面来看这一问题：第一，在一般的意义上，人与自然的和谐是生产力可持续发展的前提。随着生产力的发生和发展，人和自然在表面上似乎分离了，但是，从实质上来看，它们的关系成为了一种有机的关系。一方面，随着生产者所创造的物的人化，自然被人化了，成了满足人的生命需要的物质，进入了人的生命。另一方面，随着生产者的物化，人被自然化了，人对自然依赖的广度和深度都进一步提高了，人以一种更为有机的方式融入到了自然界中。这样，人的生活（生命活动）、生产（物质活动）和生态（物质条件）三者就具有了有机的关联，从而使生产力成为了可能。其实，整个人类文化和人类文明就是在这个过程中产生的。如果背离生态化的原则，生产力是不可能成为现实的物质力量的。在这个意义上，生态化同样是先进生产力的标志和特征。第二，在具体的意义上，人与自然的和谐是产业系统可持续发展的前提。社会地控制自然力，在产业发展史上起着决定性的作用。这样，就必须使产业系统成为可持续的或生态化的产业系统。生态化的产业系统是一种在自然生态系统的可持续性的范围内来不断地、极大地满足社会各种需要的生产和经济发展的过程和方式。它是在自然的生态限度和社会的各种需要、自然的生态限制和经济的不断发展、需要的个体性和群体性、需要的现实性和未来性、经济发展的有限性和人的潜力的无限性、发展的时空限度性和科技进步的无限性之间维持的一种必要的张力。这是整个产业系统在结构和功能上的一次全面的调整和重构，是一个在可持续或生态化的维度内不断建构的历史过程。因此，培育和发展生态产业系统是今后长期的产业导向和选择。在这个意义上，生态化同样是先进产业系统的发展方向和目标。总之，只有将生态化的生产力具体化为生态化的产业系统，才能建立起生态经济的稳固的物质基础。

（2）发展生态化生产系统的主要支点。

生态化产业系统是生态经济的基础构件。第一，要将生态农业确立为农业产业的发展方向。生态农业是生态学原理的直接运用和产业化的结果。最主要的有以下几条：系统各种成分相互协调与补充的整体原则、物质循环不息的再生原则、生物之间的相生相克的趋利避害原则。由于生态农业遵循了生态学规律、经济学规律、农业生产规律和技术进步规律等客观规律，世界上大多数的生态农业试点都取得了良好的生态效益、经济效益和社会效益，因此，必须将生态农业作为农业产业的发展方向。第二，要将生态工业确立为工业产业的发展方向。生态工业是依据生态经济学原理，以节约资源、清洁生产和工业废弃物多层次循环利用等为特征，以现代科学技术为依托，运用生态规律、经济规律和系统工程的方法经营和管理的一种综合工业发展模式。由于这种模式在宏观上促进了工业经济系统和生态系统的耦合，在微观上实现了工业生态经济系统的各种要素的合理运转和系统的稳定、有序、协调发展，因此，必须将之作为工业产业的发展方向。第三，要将环保产业作为第三产业的新的发展方向。"环境保护产业是国民经济结构中以防治环境污染、改善生态环境、保护自然资源为目的所进行的技术开发、产品生产、商业流通、资源利用、信息服务、技术咨询、工程承包等活动的总称。"①主要包括自然保护开发经营、环保机械设备制造、生态工程建设和环境保护服务等。作为一种新型的产业，作为解决环境问题的一种产业对策，环保产业受到了世界各国的普遍关注。显然，生态农业、生态工业和环保产业为我们展示出了一幅产业生态化的无限光明而广阔的前景。

总之，生态化的产业系统是新科技革命的生态化发展趋势的产业成果，是产业部门在高技术背景下进行的一种知识性的生态重组，是国民经济的主要产业部门面向生态化作出的一种战略性的抉择。只有这样，才能形成生态文明的牢固的经济基础。同时，生态化的产业系统也成为了生态文明在物质文明领域的具体表现形式。

2. 大力发展生态化的经济体制

在生产方式中，生产关系对生产力具有重大反作用。在这个问题上，尽管市场经济有助于资源的优化配置，但是，市场经济在外部性、公共产品和公平问题上是存在"失效"的。其实，生态危机就是市场经济尤其是资本主义市场经济失效的具体体现。这样，就必须重新反思计划和市场的关系，形成一种生态化的经济体制。

（1）将外部不经济性问题内化为内部经济成本。

外部不经济性是某个个人或企业的活动造成其他人或企业受损，但它没有在市场价格上得到真实反映的情况。例如，企业对生产过程中产生的工业废弃物不加处理就排放到环境中可以节省自己的成本，但是，

① 国家环境保护局：《中国环境保护 21 世纪议程》，236 页，北京，中国环境科学出版社，1995。

社会为治理环境污染却要付出代价。同样，在市场经济中，人们也是按照这样的方式处理自然资源的。"生产上利用的自然物质，如土地、海洋、矿山、森林等等，不是资本的价值要素。只要提高同样数量劳动力的紧张程度，不增加预付货币资本，就可以从外延方面或内涵方面，加强对这种自然物质的利用。这样，生产资本的现实要素增加了，而无须追加货币资本。如果由于追加辅助材料而必须追加货币资本，那么，资本价值借以预付的货币资本，也不是和生产资本效能的扩大成比例地增加的，因而，根本不是相应地增加的。"①针对这种情况，就必须将经济手段运用在外部不经济性问题上。第一，运用经济手段和市场机制促进人与自然和谐的一个关键的步骤是采取污染者付费的原则，市场价格应该反映污染造成的环境损失的全部费用，在产品的成本中应该包含环境成本。第二，收费、资源税、可转让的许可证、补贴和完成任务的契约都可以刺激有关的经济实体以最有效的手段来满足环境标准的要求。实际上，它们运用市场机制使生产者和消费者都朝向生态文明的目标迈进。第三，价格政策、标准和补贴可用来促使有关的经济实体采取最有效利用资源的技术措施。在这个过程中，要取消或减少与生态文明目标不相符合的各种政策性财政补贴，而对具有良好的社会经济和生态效益的成熟工艺与技术的推广应用进行补贴，以及对环境保护的贷款要采取一定的贴息补偿。事实证明，通过征收资源税、排污费等方式，在将外部成本内部化的过程中，可以迫使企业节约资源、保护环境。

（2）将生态学问题确立为公共领域和公共产品。

萨缪尔森在公共支出的纯理论中，把公共物品定义为每个人消费这种物品或者劳务不会导致别人对该种物品或者劳务消费的减少。公共物品具有效用的不可分割性、消费的非竞争性和收益的非排他性三个特征。显然，整个自然物质条件具有明显的公共性。例如，公共林地就是这样。"在自然力的这种活动中，贫民感到一种友好的、比人类力量还要人道的力量。代替特权者的偶然任性而出现的是自然力的偶然性，这种自然力夺取了私有财产永远也不会自愿放手的东西。"②如果使公共产品私有化，不仅会导致无序竞争，而且会使具有稀缺性、公共性的能源和资源成为个别人获取个人利益的工具。在社会制度保证的前提下，解

---

① 《马克思恩格斯全集》，中文2版，第45卷，394页，北京，人民出版社，2003。

② 《马克思恩格斯全集》，中文2版，第1卷，252～253页，北京，人民出版社，1995。

决该问题的关键取决于国家经济政策的调整。应该将价格杠杆引入到能源、资源的开采、使用和消费的全过程中，这样，才能促使生产者和消费者以集约的方式利用资源和能源，避免"公地悲剧"的发生。因此，在能源产品和资源产品的价格中除了要反映劳动创造的价值外，还必须反映自然自身所具有的经济价值——生态价值。同时，环境污染会导致公共利益的受损。这样，国家在宏观经济的管理中，还必须将生态环境因素纳入 GNP 的核算中。目前的 GNP 不能有效地体现经济发展与自然物质条件之间的真实关系。在这个意义上，绿色 GNP 应该成为国家宏观经济管理的一种重要手段。在总体上，"从不可分性和公共性中所得出的推论是：必须通过政治过程而不是市场来安排公共利益的提供"①。当然，国家在加强宏观管理的过程中，不是简单地采用行政命令的手段和方式，而是要在采用经济手段的基础上，综合地运用各种行之有效的手段和方式。

（3）将效率和公平的统一确立为资源配置方式。

在市场经济的发展过程中，是将效率置于第一位的，这样，就必然要牺牲公平。在这个过程中，不公平既体现在经济物质资源的配置上，也体现在自然物质资源的配置上。例如，利用自然资源多、造成环境污染的主体往往凭借自身的特权可以轻易地规避环境保护的责任而自身会选择生态良好的生活环境，而那些利用自然资源少、没有造成环境污染的主体则要为环境污染付出各种沉重的代价。因此，必须将生态公平或生态正义引入到市场经济中以弥补市场经济的缺陷。第一，实现分配公平是确立生态正义的核心。收入分配上的差距和不公平是影响人与自然和谐的一个重要的社会因子。穷人往往是生态环境问题的最大受害者。因此，在现实中，在反对剥削和压迫、坚持按劳分配的基础上，生态正义也必须要指向收入分配上的公平。例如，一些学者在提出资源保护式经济计划时提出，"资源保护式经济计划把平均分担保护环境所付出的代价看作一个出发点，对在此过程中拥有最低收入的人给予补贴。"②事实上，最能促进生产的是能使一切社会成员尽可能全面地发展、保持和施展自己能力的那种分配方式，这种分配方式才能保证人与自然的和

---

① ［美］约翰·罗尔斯：《正义论》，267 页，北京，中国社会科学出版社，1988。

② ［英］P.伊金斯主编：《生存经济学》，224 页，合肥，中国科学技术大学出版社，1991。

谐。第二，实现权利和义务对等是生态正义的基本要求。从根本上说，生态正义就是要确立社会主体在利用、保护自然物质条件方面的权利和义务对等的原则。主体对于资源的开发和补偿应是对等的，一般的原则是"谁开发谁受益谁保护"。同时，主体对于污染的预防和治理也应是对等的，一般的原则是"谁污染谁预防谁治理"。第三，维护环保市场秩序是确立生态正义的重要的现实任务。为了把好环保产品的质量关，促进环保产品的优胜劣汰，优化环保产业的产业结构，必须整顿环保市场秩序。为此，必须严格执行以环保产品的质量检测为基础的市场准入制度，促进环保产品的换代升级，建立起集约型的环保产业。这样，才能使环保市场健康发展。

当然，在私有制社会中是根本不可能存在公平和正义的，而"真正的自由和真正的平等只有在公社制度下才可能实现"，"这样的制度是**正义**所要求的"①。这里的公社制度事实上就是共产主义制度。因此，只有在社会公平的前提下，才能实现生态公平。

总之，正如计划会存在"失效"一样，市场也存在着"失效"的情况。这样，就必须对市场经济的"失效"造成的人与自然的失衡和冲突有高度的警惕，同时要在制度上作出相应的安排。对于当代中国来说，不能由于我们将建立和完善社会主义市场经济体制作为经济体制改革的目标模式，就拒斥对市场经济进行生态反思和生态重构。

在总体上，只有将生态化的生产力和生态化的生产关系结合起来形成生态化的生产方式，才能建立起生态经济。事实上，生态经济是生态文明所具有的物质文明的具体形态。在当代中国，建设高度的社会主义物质文明，就是要建设中国特色社会主义经济。显然，物质文明不能囊括和代替生态文明，生态文明是有自己的独立性的。

三、生态文明与政治文明

在协调人与自然关系（生态关系）的过程中，最为要紧的是要协调制约生态关系的政治关系。但是，政治文明并不能完全涵盖生态文明的

---

① 《马克思恩格斯全集》，中文2版，第3卷，482页，北京，人民出版社，2002。

内容。只有在生态文明和政治文明平行发展的同时，促进二者的协调发展，才能保证整个社会的有序发展。事实上，生态文明也有其政治文明的表现形式。

（一）生态文明与政治文明的辩证关联

由于在人与自然矛盾的背后反映的是人与人（社会）之间的利益问题，这样，生态文明和政治文明在功能上就是互补的。

1. 政治文明是生态文明的政治保障条件

由于具有决策性强、政策性强、调控性强、专政性强、督导性强、执行力强和影响面宽等一系列的特征，因此，政治文明介入生态文明就具有了合法性和合理性。

在一般的意义上，先进的政治制度是生态文明的制度条件。生态文明是人类面对自己的整体利益、长远利益和根本利益作出的一种理性的选择，这样，就必须将之上升到国家意志的高度。但是，并不是任何一种政治制度都能协调好人们的利益关系。从政治文明和物质文明的关系来看，"国家权力对于经济发展的反作用可以有三种：它可以沿着同一方向起作用，在这种情况下就会发展得比较快；它可以沿着相反方向起作用，在这种情况下，像现在每个大民族的情况那样，它经过一定的时期都要崩溃；或者是它可以阻止经济发展沿着既定的方向走，而给它规定另外的方向——这种情况归根到底还是归结为前两种情况中的一种。但是很明显，在第二和第三种情况下，政治权力会给经济发展带来巨大的损害，并造成人力和物力的大量浪费"①。之所以会出现这三种情况，关键在于人们选择什么样的政治制度。同样，由于基本政治制度不同，导致了政治文明和生态文明之间关系的发展也有多种可能性。由于资本主义政治制度是维护资本家尤其是垄断资本家的私人利益的，是资产阶级专政的工具，这样，在资本主义政治制度的维护下，资本逻辑的扩展必然会造成人和自然的双重异化。在这个问题上，"生态矛盾来自其他矛盾。它的后果是进一步强化了资本主义的扩张动力和通过占有剩余价值对劳动的剥削"②。这就是全球性问题的最深刻和最本质的政治原因。

---

① 《马克思恩格斯选集》，2版，第4卷，701页，北京，人民出版社，1995。
② ［英］戴维·佩珀：《生态社会主义：从深生态学到社会正义》，122页，济南，山东大学出版社，2005。

因此，与资本主义政治制度进行不妥协的政治斗争，彻底铲除资本主义制度，是建立新生态文明的基本的政治前提。在这个意义上，将生态文明和政治文明融为一体的生态政治不能也不可能超越政治斗争。这里，斗争逻辑即解放逻辑，是依然存在合理性和合法性的。以改良为特征的单纯的绿色逻辑是没有出路的。由于从阶级社会向无阶级社会的过渡需要一个漫长的过程，因此，在目前，只有社会主义政治制度文明才是唯一适宜生态文明的政治制度条件。

在具体的意义上，良好的政治体制是生态文明的支持条件。在人和自然的矛盾中，同样体现和折射了政治体制和自然生态的矛盾尤其是政治权威和自然生态的矛盾。在这个问题上，"权力的集中和民主的削弱通过两种方式酝酿着环境危机"，一是"无穷地追求权力会导致践踏人文需求和生态意识。一个人爬得越高，权力越大，他便越是远离对某一区域社会特点和生态状况的体验与理解。官僚机构或者行业巨头的决策再也不是扎根于一个正义与可续社会所仰赖的那些关系中"；二是"它往往让民众保护和复原其环境的仁义之举失去用武之地。心有不甘的公民总会发现，在让人扑朔迷离的官僚程序中，在政府对远方主人财产特权的精心呵护中，自己寸步难行"①。这样，就必须将生态化作为政治体制改革的一个重要方向，建构生态化的政治体制。生态化政治体制，就是与可持续发展、人与自然的和谐发展、建设生态文明相适应的政治体制。在这个过程中，要通过政策调控和国家行政管理的方式，从国家控制的高度对生态建设进行管理和监督，增强国家建设可持续发展、协调人与自然、建设生态文明的能力。这种政治体制对生态文明的支持表现在：（1）通过将生态文明确立为国家发展的目标和大政方针，能够有效地凝聚社会各领域、各阶层的力量，调动各方面的积极性、主动性和创造性，使促进人与自然的和谐成为全社会的共同行动。（2）通过将生态文明的要求纳入国家法律体系，能够有效地反映社会绝大多数人的意愿，推动符合广大人民群众根本利益的生态变革，遏制生态破坏的行为，从而能够为统筹人与自然和谐发展提供法律保障。（3）通过建立和完善支持生态文明的组织和机制，赋予政府承担维护社会正义和生态正义的责任和义务，消除不公正的政治安排，从而能够避免由于利益过度

---

① ［美］丹尼尔·A·科尔曼：《生态政治——建设一个绿色社会》，72～73 页，上海，上海译文出版社，2002。

分化带来的激烈冲突，在实现社会正义的同时，促进生态正义的实现。在这个意义上，资本主义政治制度与生态化政治体制具有一定的相融性，甚至一些因素在资本主义政治制度中发展得更快一些。但是，资本主义政治制度的阶级本性决定了绿色政治体制不可能在资本主义条件下获得充分的发展。只有社会主义政治制度为生态化政治体制的充分发展开辟了无限光明的发展前景。当然，社会主义需要不断地健全和完善生态化的政治体制。在这个问题上，我们反对的是资本主义工业主义中社会制度造成的问题，而不是工业主义本身；我们反对的是绿色资本主义中社会制度造成的问题，而不是绿色主义本身。在剔除资本主义制度的前提下，在社会主义制度的基础上实现工业主义和绿色主义的融合，就是我们建构生态化的政治体制的现实选择。

总之，政治上的不文明是形成生态危机的重要原因，而政治文明将促进人与自然的和谐发展，能够为生态文明建设创造出和谐的国内政治环境与和谐的国际政治环境。

2. 生态文明是政治文明的自然物质条件

政治是经济的集中体现，但是，自然生态环境条件总是作为生产资料和生活资料对社会生活产生着重大的影响，这样，不仅自然生态环境条件成了政治生活中的重要议题，而且生态文明成了政治文明的自然物质条件。

（1）生态文明是政治文明发生的生态前提。

物质文明是决定政治文明的根本性力量，奠定了政治文明的物质基础。但是，没有自然系统提供的物质外壳，人类文明就不可能产生，那么，也就不会有政治文明。例如，在人类文明产生的过程中，作为民族共同体的国家和作为阶级统治工具的国家是缠绕在一起的，而国家总是在一定的地理单元上产生和发展起来的，具有自己的地域性的特征。"土地是一个大实验场，是一个武库，既提供劳动资料，又提供劳动材料，还提供共同体居住的地方，即共同体的**基础**。"① （当然，国家在本质上是阶级矛盾不可调和的产物。）在国家消亡的条件还不具备的情况下，捍卫国土就不仅是一个捍卫国家主权的问题，而且也是一个捍卫生存基础的问题。因此，在这个问题上，必须坚持寸土不让、寸土必争的

---

① 《马克思恩格斯全集》，中文2版，第30卷，466页，北京，人民出版社，1995。

原则。如果在原则问题上退让，不仅会丧失民族的尊严、国家的主权，而且会丧失立足之地、生存之宜。当然，必须杜绝和限制绝对地凭借军事力量尤其是霸权主义的方式争夺国土的行为。总之，国土不仅是物质的元素，而且是政治的表象。政治文明就是在生态文明提供的适宜的自然生态环境条件下建构起来的。

（2）生态文明是政治结构差异的生态基础。

在不同的生态结构中，存在着不同的社会结构和政治结构。例如，同样是封建社会，在东西方之间就存在着极大的差异。从社会的政治结构来看，西方的封建领主在其领地内把政治统治权和土地所有权合而为一，封建割据加强，中央权力被削弱，而在东方社会不存在分封权力的现象。专制主义是东方社会特有的政治现象。这种差异当然是由于经济基础的不同造成的。但是，在不存在土地私有制的情况下，为什么会出现政治制度上的专制主义呢？事实上，东方社会传统的社会结构和政治结构是受自己特定的生态环境状况影响的。"气候和土地条件，特别是从撒哈拉经过阿拉伯、波斯、印度和鞑靼区直至最高的亚洲高原的一片广大的沙漠地带，使利用水渠和水利工程的人工灌溉设施成了东方农业的基础。无论在埃及和印度，或是在美索不达米亚、波斯以及其他地区，都利用河水的泛滥来肥田，利用河流的涨水来充注灌溉水渠。节省用水和共同用水是基本的要求，这种要求，在西方，例如在佛兰德和意大利，曾促使私人企业结成自愿的联合；但是在东方，由于文明程度太低，幅员太大，不能产生自愿的联合，因而需要中央集权的政府进行干预。"①当然，我们不能由此得出东方中央集权专制制度是建立在治水基础上的结论。但是，自然生态环境条件确实是一个影响政治结构的本底性因素。在这个问题上，是自然生态环境的多样性和差异性对社会结构和政治结构具有重大影响，而不是自然界本身具有绝对的影响力。例如，资本的祖国在温带而不在热带。总之，一定的政治文明的结构总是与一定的生态文明的发展状况相对应的。

（3）生态文明是社会政治稳定的生态基础。

生态文明是通过政治稳定表现出自己的价值的。第一，生态文明是影响国内政治稳定的生态基础。在私有制的条件下，不仅将经济资源变

① 《马克思恩格斯选集》，2版，第1卷，762页，北京，人民出版社，1995。

成了私有财产，而且将自然资源也变成了私有财产。例如，"基督教是犹太教的思想升华，犹太教是基督教的鄙俗的功利应用，但这种应用只有在基督教作为完善的宗教从**理论上**完成了人从自身、从自然界的自我异化之后，才能成为普遍的。只有这样，犹太教才能实现普遍的统治，才能把外化了的人、外化了的自然界，变成**可让渡的**、可出售的、屈从于利己的需要、听任买卖的对象"①。这样，随着自然产品公共性的消失，围绕着作为生产资料和生活资料的自然财富的所有权、占有权、使用权而展开的争夺，就成为阶级斗争要争取的基本内容。如果这个问题处理不好，同样会导致政治上的动荡和混乱。第二，生态文明是影响国际政治稳定的生态基础。在国际层面上，围绕着对资源和能源尤其是稀缺性的战略性的资源和能源而展开的争夺，是国际纠纷的深层原因。现在，"安全的保障不再局限于军队、坦克、炸弹和导弹之类这些传统的军事力量，而是愈来愈多地包括作为我们物质生活基础的环境资源。这些资源包括土壤、水源、森林、气候，以及构成一个国家的环境基础的所有主要成分。假如这些基础退化，国家的经济基础最终将衰退，它的社会组织会蜕变，其政治结构也将变得不稳定。这样的结果往往导致冲突，或是一个国家内部发生骚乱和造反，或是引起与别国关系的紧张和敌对"②。当然，在现代国家安全体系中，政治安全和军事安全仍然是第一位的安全因素。总之，生态文明同物质文明一样都成了政治稳定的基础条件。

在总体上，社会结构尤其是社会的政治结构是人（社会）和自然关系的重要中介。一方面，生态结构为政治结构提供物质外壳，要求政治结构适应自己的发展；另一方面，政治结构为生态结构提供保障和支持，促进着生态结构的优化。这样，人（社会）和自然之间关系的社会性尤其是政治性就为生态文明形成自己的政治形态提供了可能。

（二）建构生态文明的政治文明的形态

自然生态环境在宏观上影响着政治文明的结构、功能和性质，并制约着政治区域系统的运行以及政府高层决策者的政治行为。因此，生态

---

① 《马克思恩格斯全集》，中文 2 版，第 3 卷，197 页，北京，人民出版社，2002。
② ［美］诺曼·迈尔斯：《最终的安全——政治稳定的环境基础》，19~20 页，上海，上海译文出版社，2001。

文明对政治文明提出的要求是：要正确地解决政治与生态的关系，把自然生态环境问题纳入到民主政治、政府决策、依法治国、国际政治和政治教育等过程中，使政治过程与生态环境的发展有机协调起来。这样，生态政治就成为生态文明和政治文明的共同发展的方向。

1. 确立生态政治主体文明

尽管企业、社会、民众都可以成为生态政治的主体，但是，关键的因素取决于政府及其行为。

（1）生态型政府是建设生态政治的主体。

在社会经济发展的过程中，尤其是在发展市场经济的过程中，由于政府在涉及企业经营行为所引发的生态环境问题上的监管的缺位和越位，使生态环境问题成为影响到整个社会利益的重大问题。这样，在突出政府的公共服务作用的同时，必须突出政府在生态环境建设中的责任和义务，将政府打造成为一个生态型政府。生态型政府，就是将实现人与自然的和谐发展、建设生态文明作为政府行政的基本目标，将贯彻和落实可持续发展战略、协调经济社会发展和自然生态环境的关系作为其基本职能，将促进全球民主、建设生态和谐世界作为其重要使命，并能够将这种目标、职能和使命内化到整个政府制度、政府行为、政府能力和政府文化等方面中去的政府。按照生态主义的观点看来，"一个可持续社会中可能的政治安排看起来涵盖着从激进的非集中化到一个世界政府的所有方式"①。当然，在彻底消灭国家之前，这种看法具有一定的空想性。在其实质上，生态型政府是一个生态化了的政府，是对市场经济的"失效"的生态政治补救。

（2）生态型政府不存在一般的范式。

资本主义国家的政府和社会主义国家的政府是两种根本不同的政治主体，因此，当前不可能存在生态型政府的一般范式。在这个问题上，"生产者的政治统治不能与他们永久不变的社会奴隶地位并存"，因此，社会主义国家的政府必须在"实质上是工人阶级的政府，是生产者阶级同占有者阶级斗争的产物，是终于发现的可以使劳动在经济上获得解放的政治形式"，这样，"劳动一解放，每个人都变成工人，于是生产劳动就不再是一种阶级属性了。"② 在这个意义上，社会主义国家的政府要

---

① ［英］安德鲁·多布森：《绿色政治思想》，141 页，济南，山东大学出版社，2005。

② 《马克思恩格斯选集》，2 版，第 3 卷，59 页，北京，人民出版社，1995。

成为生态型政府，首要的前提是在代表广大人民群众利益的基础上，进行独立的生态变革和生态创新，而不是言必称哈佛政府学院式的行政管理。在社会主义国家中，与"服务型政府""学习型政府"等提法一样，"生态型政府"是根据新形势、新任务对政府的角色和功能的重新的科学定位。这就是要从最广大人民群众的根本利益出发，将人民性原则和生态化原则在无产阶级专政的基础上统一起来，切实维护人民群众尤其是弱势群体的环境权益，使人民政府成为生态型政府，使生态型政府成为为人民服务的政府。

在一般的意义上，生态型政府是一个将生态化的原则贯穿和渗透在政府的目标、法律、政策、职能、体制、机构、能力、文化等一系列方面的过程，是通过行政手段支持生态文明的方式。

2. 确立生态政治意识文明

生态政治意识总是支配着生态政治主体的行为，影响着社会的政治结构，促进或阻碍着生态政治的发展。

（1）生态政治意识是生态政治的思想反映。

随着人和自然矛盾的加剧，日益暴露出了人们的政治意识对生态环境问题的影响，这样，就要求将生态化的原则内化到政治意识中，形成生态政治意识。在一般的意义上，"生态主义政治思想的核心是公民，平民（civil），是生命！我们是唯一致力于恢复平民化的运动"①。事实上，这就是要将人与自然和谐的思想在政治思想中确定下来。第一，在国内政治的层面上，以人与自然和谐为核心思想的生态文明观念促进了政治意识文明内容的扩展，将政治上的民主、平等、正义、人权等意识也扩展到了人和自然关系的领域中。例如，正义本来是一个政治哲学的基本理念，现在，在追求社会正义的同时，人们也确认了生态正义在社会生活中的应有位置。再如，日本、韩国等国的环境运动将环境权看作是一项基本的人权，提出了环境权入宪的主张。第二，在国际政治的层面上，由于人们意识到了生态环境问题是一个全球性的问题，关系到整个人类的生存和命运，这样，人们就形成了各种各样的国际生态政治意识。例如，有的论者认为，全球利益高于国家利益和民族利益，因此，要强调生态利益优先于国家利益、民族利益的价值观。也有的论者强

---

① ［法］塞尔日·莫斯科维奇：《还自然之魅——对生态运动的思考》，65 页，北京，三联书店，2005。

调，要通过建立和谐世界的方式来促进全球性问题的合理解决。显然，这些动向在一定程度上代表着生态文明和政治文明相融合的发展方向。但是，在目前的人类文明发展阶段上，生态政治意识仍然是存在阶级性的。在这个领域中同样存在着意识形态的斗争。在我们看来，无产阶级的政治意识是一种总体意识，生态意识与阶级意识和科学意识一样，都是无产阶级总体意识的表达。

（2）政治生态学是生态政治的学术表达。

在研究政治现象时考虑到外部环境的影响和作用，是政治学家早就注意的一个问题。例如，亚里士多德在研究城邦政体时，分析了各种政体的细微差别以及形成这些差别的自然条件和人文条件。现在，随着生态环境问题背后的政治因素的凸显、生态学的原理和方法在政治学中的扩展和应用，形成了政治生态学这样一个专门的学术领域。在严格的意义上，政治生态学和生态政治学是两种不同的学术传统。生态政治学是运用生态学的观点研究社会政治现象的一种理论和方法，它将政治看作是一种生态现象。而"政治生态学集中研究与环境有关的个体和集体之间的那些矛盾"①。具体来说：第一，从研究对象来看，政治生态学是以生态政治为研究对象的专门研究领域，既包括生态民主、生态法律等一般性的问题，也包括绿党、绿色政治运动等具体的政治现象。第二，从研究方法来看，它将生态学理论和政治学方法有机地结合起来，同时也吸收了生态经济学、生态哲学、生态伦理学等思想理念，注重从整体上揭示生态和政治的辩证关联。第三，从学科功能来看，政治生态学主要强调的是运用政治知识来更好地阐释生态环境问题的深层逻辑，同时揭示了走向人与自然和谐的政治途径。第四，从社会作用来看，政治生态学的主要目的是要将生态学的基本原理、知识、原则渗入到政治教育之中，使受教育者的政治意识和生态意识统一起来形成科学的生态政治意识，确立公民在维护人与自然和谐、建设生态文明中的责任意识和义务意识。当然，政治生态学同样不是一个意识形态的"飞地"。在这个问题上，有的论者也将批评的矛头指向了马克思主义。因此，现在迫切需要形成政治生态学的马克思主义范式。总之，通过政治生态学的学科建制不仅巩固和提升了生态政治意识的理论水平，而且强化和发展了生

---

① Alain Lipietz, Political Ecology and the Future of Marxism, *Capitalism*, *Nature*, *Socialism*, Vol. 11, No. 1 (Issue 41), March 2000.

态政治的社会功能。

在总体上，作为科学思想最大成果和无产阶级指导思想的马克思主义是社会主义政治文明中占主导地位的政治意识，因此，我们必须在马克思主义的指导下建构科学的生态政治意识。这样，生态政治意识才能成为实现人与自然和谐的思想武器。

3. 确立生态政治行为文明

一切生态政治主体的行为文明都属于生态政治行为文明的范畴。这里，我们着重强调的是政府的生态政治行为。

政府行为必须是一种生态化的行为。在一般的意义上，政府行为的生态化就是要求政府在决策、管理和考核等环节都要体现人与自然和谐发展的要求。

（1）要实现政府决策行为的生态化。

决策的失误是最大的失误。造成这种失误的根本原因就在于，在违背决策的科学化和民主化的原则的同时也违背了决策生态化的原则。这样，建立生态化的决策机制就成为政府行为生态化的一个基本方面。其主要的要求是：要建立或提高对开发项目的生态环境灾害影响的评价能力，分析政策和公共设施对自然生态环境条件的影响，制定与生态文明有关的政策条例；在统筹人与自然和谐发展的基础上采取预防生态环境灾害的原则，在知识和技术能力的指导下，要逐渐强化行为标准和监控；设立协商机构，促进政府各部门的共同决策，在平等的基础上听取政府、环保组织、工商界、学界以及其他利益代表的意见。在总体上，这就是要在政策、规划和管理的各个层次上对于人与自然关系问题进行综合决策，并将环境与发展内涵纳入决策过程中。

（2）要实现政府执行行为的生态化。

执行是将决策由愿望转变为现实的重要环节。这样，就要求政府必须将生态管理作为政府管理的一项基本的职能。生态管理就是政府在涉及生态环境问题上的宏观控制的行为。为了强化政府的生态管理的职能，首先要提高政府工作人员的生态学和环境科学知识水平，使他们能够将生态学知识和行政管理知识有机地统一起来，这样，才能从源头上避免政府行为的生态失误。在此基础上，政府工作人员要利用科学知识、价值判断（以人为本）和法律规范做出有益于人与自然和谐发展的管理选择。在这个过程中，不仅要注重经济资源、社会资源的公正配置，而且要注重自然资源的公正配置；不仅要防范和化解政治危机、社会危机，而且要警惕和治理生态危机。此外，政府工作人员必须与科学家共同确定生态安全的预警机制，并在危机前能够采取必要的科学的综合预防和补救措施，以维护社会稳定。另外，要注重政府自身行为的生态化，政府在节约能源和资源、保护生态环境等方面应该起表率作用。

（3）要实现政府考核行为的生态化。

对政府及其工作人员业绩的考核，必须采用科学的系统的标准。在当代中国，在强调全心全意为人民服务的宗旨的前提下，"各级领导干部都要按照科学发展观和正确的政绩观的要求来谋划和领导发展工作，不仅要重视经济增长指标，而且要重视人文指标、资源指标、环境指标和社会发展指标，坚持把经济增长指标同人文、资源、环境和社会发展指标有机地结合起来。要关心人口资源环境工作队伍建设，选择政治坚定、业务精通、作风正派的优秀干部充实人口资源环境部门。组织部门要会同有关部门抓紧研究考核标准，尽快把人口资源环境指标纳入干部考核体系。严格执行党纪国法，对违反人口和计划生育政策、乱批乱征耕地、纵容破坏资源和污染环境行为的干部，不仅不能提拔，还要依照纪律和法律追究责任"①。在这个过程中，关键是要教育各级政府工作人员不断战胜在内心中作祟的个人主义、利己主义、山头主义，不断摈弃主宰执政意识的 GNP 或 GDP 崇拜，将生态环境问题看作是一个关系到广大人民群众的根本利益的大事来认真对待。

总之，生态政治行为文明就是要求一切政治主体尤其是政府的行政行为要严格遵循生态化的要求和规范。这里，对生态政治行为文明的判断必须坚持客观的标准，而这样的标准应该包括事实和价值两个方面。从事实的角度来看，凡是能够最终推动生态政治发展并且进一步推动社会发展的生态政治行为都是合理的，而衡量社会发展只能也只能置于生产力标准之上。因此，凡是能够推动生产力发展的生态政治行为都是具有自己的合法性的，都属于生态政治行为文明的范围。从价值的角度来看，应该看生态政治行为是否代表绝大多数人的根本利益和要求，应该看这种生态政治行为对待劳动人民的态度如何。这在于，作为物质生产主体的人民群众是社会历史的创造者。因此，凡是代表绝大多数人的根

---

① 《十六大以来重要文献选编》（上），859 页，北京，中央文献出版社，2005。

本利益的生态政治行为都是合理的，都属于生态政治文明行为的范围。

在总体上，不包括政治文明的生态文明和不包括生态文明的政治文明都是不完整的，生态政治就是生态文明和政治文明相结合的产物。在当代中国，建设高度的社会主义政治文明，就是要大力发展中国特色社会主义政治。因此，在建构生态文明的政治文明形态的过程中，我们必须把坚持党的领导、人民当家作主和依法治国统一起来。当然，政治文明不能囊括和代替生态文明，生态文明同样是有自己的政治文明的表现形式的。

四、生态文明与精神文明

有的论者将生态文明看作是人与自然、人与人、人与社会和谐共生的文化伦理形态。在我们看来，尽管生态文明是通过一定的文化伦理形态表现出来的，但是，作为精神文明构成要素的文化伦理并不能完全概括生态文明的完整内容和整体要求。事实上，不能因为生态文明和精神文明之间存在着互补和交叉关系就否定生态文明的独立地位。

（一）生态文明与精神文明的辩证关联

由于在人与自然之间也存在着一种认识和被认识、反映和被反映的关系（理论关系），这样，在生态文明和精神文明之间就建立起了一种辩证的关联。

1. 精神文明是生态文明的思想智力支持

文化是影响人与自然关系的重要变量。落后文化是造成生态危机的文化根源。先进文化在净化人们的灵魂的同时，也能够促进生态文明的发展。在当代中国，先进文化就是中国特色社会主义文化，就是社会主义精神文明。

（1）精神文明为生态文明建设提供了精神动力。

所谓精神动力主要指精神文明能使人们在共同利益的基础上形成共同的理想信念和道德准则，从而激发和鼓舞人们为现代化建设而奋斗。社会主义精神文明坚持远大理想和共同理想的统一，从而将理想和现实有机地统一了起来。实现共产主义社会是马克思主义最崇高的社会理想。共产主义不仅将实现人与人（社会）的和谐，而且将实现人与自然的和谐。这样，"共产主义，作为完成了的自然主义＝人道主义，而作为完成了的人道主义＝自然主义，它是人和自然界之间、人和人之间的矛盾的**真正解决**"①。当然，只有在社会主义社会充分发展和高度发达的基础上才能实现这一理想。在目前，我们必须要立足于社会主义初级阶段的具体实际，脚踏实地地建设中国特色社会主义。作为凝聚人心的共同理想的中国特色社会主义，是由社会主义的物质文明、精神文明、政治文明、社会文明和生态文明构成的整体。社会主义生态文明是中国特色社会主义总体布局中的重要组成部分。这样，生态文明就成为联结远大理想和共同理想的中介。在这个意义上，社会主义精神文明为生态文明建设指明了奋斗目标。同样，作为社会主义道德基本原则的集体主义，有助于防范和化解由极端的个人主义、利己主义、山头主义造成的生态环境问题。总之，社会主义精神文明是凝聚和激励人们建设生态文明的精神力量。

（2）精神文明为生态文明建设提供了智力支持。

发展社会主义精神文明能够提高人们的教育程度和科学文化水平，是开发人力资源、增强人力资本的重要途径，从而可以为社会主义现代化建设事业提供源源不断的智力支持。在生态文明建设的过程中，精神文明可以发挥同样的作用。促进人的自由而全面发展是生态文明的最终价值目标。建设生态文明总是由一定的人进行的。教育尤其是全面教育是造就全面发展的人的唯一方法。在一般的意义上，教育就是要对人自身的自然进行改造和提高，实现人的社会化。对人自身自然的改造和提高是以人类对身外自然的改造和提高为前提和基础的。可见，教育过程包括对人与自身自然的关系、人与外部自然的关系的双重科学认知，是一种有目的地改造自然的实践活动。现在，生态教育和环境教育正在成为建设生态文明的坚实的智力支持。

（3）精神文明为生态文明建设提供了思想保证。

以马克思主义为指导的社会主义精神文明能够为我们的事业提供正确的指导思想，从而能够保证现代化沿着正确的方向发展。辩证唯物主义和历史唯物主义的世界观和方法论，是马克思主义最根本的理论特

---

① 《马克思恩格斯全集》，中文2版，第3卷，297页，北京，人民出版社，2002。

征；实现物质财富极大丰富、人民精神境界极大提高、每个人自由而全面发展的共产主义社会，是马克思主义最崇高的社会理想；马克思主义政党的一切理论和奋斗都应致力于实现最广大人民的根本利益，这是马克思主义最鲜明的政治立场；坚持一切从实际出发，理论联系实际，实事求是，在实践中检验真理和发展真理，是马克思主义最重要的理论品质。因此，马克思主义是放之四海而皆准的科学真理。在具体的意义上，在马克思主义理论体系中就形成了自己的生态文明理论。"马克思的世界观是一种深刻的、真正系统的生态（指今天所使用的这个词的所有积极含义）世界观，而且这种生态观是来源于他的唯物主义的"①。马克思主义生态文明理论科学地展示出了人与自然的辩证图景。这样，马克思主义就为建设生态文明提供了科学的世界观和方法论。

总之，不是一般的精神文明而是社会主义精神文明，为实现人与自然的和谐发展、建设生态文明提供了思想道德文化方面的支持。

2. 生态文明是精神文明的自然物质条件

尽管精神文明为生态文明提供着精神动力、智力支持和思想保证，但是，生态文明对精神文明也具有重大的影响和制约作用。

（1）生态文明是精神文明发生的生态前提。

语言和文字是表达思想道德文化的工具，意识和思维则是语言和文字的家园。意识和思维不是在单纯的自然演化的过程中产生的，而是在劳动引起的人与自然的物质变换的过程中产生的。第一，从意识的起源看，意识是物质世界高度发展的产物。意识是自然界长期发展的产物。同时，"意识一开始就是社会的产物，而且只要人们存在着，它就仍然是这种产物"②。正是在社会和自然的相互作用的过程中，劳动使猿脑变为人脑，为意识的产生提供了物质器官；劳动产生了语言，为意识的产生提供了物质外壳；劳动丰富了意识的内容，推动着意识的发展。第二，从意识的本质看，意识是物质在人脑中的主观映像。不论人的意识采取感觉、思维、情感、意志哪种形式，这些形式的内容都来自通过劳动展示出来的"人（社会）—自然"复合系统。尽管对同一对象的反映存在着差别性，但是，造成这种差别的根源却是客观的，是由作为实现

---

① ［美］约翰·贝拉米·福斯特：《马克思的生态学——唯物主义与自然》，Ⅲ页，北京，高等教育出版社，2006。

② 《马克思恩格斯选集》，2版，第1卷，81页，北京，人民出版社，1995。

人与自然之间物质变换形式的劳动决定的。第三，从其作用来看，在反映的基础上，意识是反映、选择和创造的统一，具有主动性和自觉性、目的性和计划性、超前性和创造性等特点；同时，意识能控制人体生理活动。当然，这种调节是有自己的前提和条件的。自然规律就是这样的前提条件。总之，"人的思维的最本质的和最切近的基础，正是**人所引起的自然界的变化**，而不仅仅是自然界本身；人在怎样的程度上学会改变自然界，人的智力就在怎样的程度上发展起来"①。这就是，在遵循自然规律的前提下，随着人类实践的发展而出现的人化自然和人工自然为精神文明的产生提供了物质外壳。在这个物质外壳中，人才能开始自己的精神生产，并在认知的和价值的等方式上"生产"出自然来，这样，精神文明才开始了自己的步履。

（2）生态文明是精神文明反映和表达的重要内容。

作为人类实践在人与自然关系领域中积极进步成果的体现，生态文明对精神文明的反映内容和内部分工也具有重大的影响。第一，从其表现和反映的对象来看，精神文明不仅集中反映和体现着人类实践成果的内容，而且也反映和表达生态文明成果的内容和要求。自然界，不仅是科学技术的对象，而且是文学艺术的对象。因此，在未来的科学技术和文学艺术的发展的过程中，就必须恢复自然界在历史中的应有地位，在反映自然和历史的辩证图景的同时，应该以自己的方式促进人与自然的和谐。第二，生态文明影响着精神生产的分工和精神文明的形式。自然界是一个整体。随着人类实践的发展，这一整体的结构和功能发生了一系列深刻而广泛的变化，成为了原初自然、人化自然和人工自然的统一体。这样，以人的实践活动为基础和中介而形成的生态文明及其整体性、多样性和丰富性，不仅成为精神文明形式分工化的物质外壳，而且成为各种精神文明形式表达和反映的对象。在这个过程中，"整体，当它在头脑中作为思想整体而出现时，是思维着的头脑的产物，这个头脑用它所专有的方式掌握世界，而这种方式是不同于对于世界的艺术精神的，宗教精神的，实践精神的掌握的"②。在这个意义上，可以将人类把握世界的方式划分为哲学、美学、宗教和伦理等几种类型。

---

① 《马克思恩格斯选集》，2版，第4卷，329页，北京，人民出版社，1995。
② 《马克思恩格斯全集》，中文2版，第30卷，43页，北京，人民出版社，1995。

（3）生态文明推动着精神文明发展的生态方向。

在人类协调和解决人（社会）和自然之间的矛盾的过程中所形成的生态文明，对人类精神文明的发展方向也提出了新的要求，从而推动着人类的精神文明向生态化的方向发展。精神文明的生态化就是将人与自然的和谐作为精神文明内容和要求的精神文明的发展方式和方向。它是在社会意识生态化的基础上通过形成生态文化而得以表达的。这些成就对于保证人的身心健康，满足人的认知、评价、审美等精神需求，促进人际关系的和谐与生态关系的和谐，帮助人们建构科学的整体的和谐的思维方式、价值观念、审美趣味、行为方式，最终实现人的自由而全面的发展，都有极其重要的意义和价值。这样，生态文明就极大地丰富和发展了精神文明的内容。

总之，生态文明在陶冶人的情操、塑造人的品质、净化人的灵魂、规范人的行为等方面都具有重要的作用，推动着人的自由而全面的发展不断迈向新的台阶，从而成为精神文明发展的重要的保证系统。

（二）建构生态文明的精神文明的形态

人（社会）和自然之间的理论关系构成了生态文明的精神文明的形态。在社会意识的层次上，具体表现为生态思维、生态道德、生态正义、生态审美等形式；在社会科学的层次上，具体表现为生态哲学、生态伦理学、生态美学、生态宗教学等形式。其中，生态化的社会科学是生态化的社会意识的理论化的结果，生态化的社会意识是生态化的社会科学的主要的研究内容。由于其他章节已经论述到了生态化的社会意识和生态化的社会科学的问题，这里，仅以生态哲学为例来简单地说明一下生态文明的精神文明形态的构成问题。这在于，正如哲学是时代精神的精华一样，生态哲学是生态文明的精神文明形态的精华的集中体现。生态哲学既是生态文明的一般的哲学基础，又是生态文明的具体的表现形式（文化形式）。

生态哲学是关于人与自然关系的哲学理论。在一般的意义上，生态哲学的任务就是要把人是整体的一部分这个通俗道理告诉给人们，"生态哲学考察的是事物的关联，它告诉我们，自我中心是完全不现实的，因为实际上不存在一个人行动和做决定。此外，自我中心也是妨碍达到参与这个目标的"①。当然，生态哲学也是存在不同范式的。我们要确立的是马克思主义范式的生态哲学。马克思主义生态哲学和马克思主义生态文明理论在发生上是同构的、在功能上是互补、在实质上是一致的；当然，二者也存在着细微的差别。马克思主义生态哲学主要是在哲学领域中发展的，属于哲学性质的学科。马克思主义生态文明理论还要涉及政治经济学、科学社会主义等方面的内容，属于横断性、综合性的学科。这种称呼和区分主要是由于研究者的不同学科视野造成。在一般的意义上，应该将二者统一起来。可以通过以下方式来展现马克思主义生态哲学的科学内容：

1. 以自然观形式呈现的生态文明

在马克思主义理论中，这主要属于辩证唯物主义自然观的内容。在科学实践观的基础上，马克思恩格斯是把自觉的辩证法从唯心主义哲学中拯救出来并用于自然观的第一人。在自然观上，"正是那些过去被认为是不可调和的和不能化解的两极对立，正是那些强制规定的分界线和纲的区别，使现代的理论自然科学带上狭隘的形而上学的性质。这些对立和区别，虽然存在于自然界中，可是只具有相对意义，相反地，它们那些想象的固定性和绝对意义，只不过是由我们的反思带进自然界的，——这种认识构成辩证自然观的核心"②。在此基础上，按照自然观的方式来呈现生态文明的精神文明形态，主要应该注意的是：（1）在规律的层次上，在研究自然界的形成、演化和发展规律的基础上，要说明人与自然和谐发展规律的自然演化机制，要说明尊重自然规律、人与自然和谐发展规律的哲学意义及其生态功能。（2）在学理的层次上，要研究自然观、自然哲学和生态哲学的关系，生态自然观、社会自然观与生态哲学的关系；进而，要说明自然观尤其是生态自然观的生态功能。（3）在问题的层次上，要研究全球性问题的形成、表现和发展的一般机理和特征，从自然观的角度提出解决全球性问题、贯彻和落实可持续发展战略、建设生态文明的对策和方案。在总体上，"当人们对自然研究的结果只要辩证地即从它们自身的联系进行考察，就可以制成一个在我们这个时代是令人满意的'自然体系'的时候，当这种联系的辩证性质，甚至违背自然研究者的意志，使他们受过形而上学训练的头脑不得

① ［德］汉斯·萨克塞：《生态哲学》，188～189 页，北京，东方出版社，1991。

② 《马克思恩格斯选集》，2 版，第 3 卷，352 页，北京，人民出版社，1995。

不承认的时候，自然哲学就最终被排除了。任何使它复活的企图不仅是多余的，而且**是倒退**"①。在粗浅的意义上，自然观主要是从自然界自身的矛盾运动来揭示生态文明的哲学基础的，生态哲学是从人与自然的辩证关系的角度来揭示生态文明的哲学基础的，而马克思主义生态文明理论是对二者的辩证综合。

2. 以实践论形式呈现的生态文明

实践是人与自然的联系的实际确定者。实践的观点同样是整个马克思主义哲学首要的和基本的观点。按照实践论的方式来呈现生态文明的精神文明形态，主要的任务是：（1）在规律的层次上，在揭示实践的一般特征、要求和作用的基础上，要说明实践是人类把握世界的基本方式，揭示实在性的对象化活动的形成、表现和发展的规律，揭示人与自然的实践关系的构成和发展的规律，说明实在性对象化活动的生态功能。（2）在活动的层次上，在说明实践的构成、形式的基础上，要科学说明生产实践、社会实践、科学实验的关系以及三者形成的协同合力在解决全球性问题、协调人与自然和谐发展、贯彻和落实可持续发展战略中的地位和作用。（3）在对策的层次上，要科学说明形成全球性问题的实践原因、解决全球性问题的实践途径，说明社会主义物质文明的生态功能等。在总体上，马克思主义生态哲学应该将实践也作为自己的首要的和基本的观点。

3. 以认识论形式呈现的生态文明

在马克思主义理论体系中，这主要属于辩证唯物主义认识论的内容。辩证唯物主义认识论是能动的革命的反映论，是辩证法、逻辑学、方法论和认识论的统一。按照认识论的方式来呈现生态文明的精神文明形态，主要的问题是：（1）在规律层次上，在科学说明人类把握世界的理论方式的基础上，要揭示人与自然之间的理论关系的构成和发展的规律，说明符号性对象化活动的形成、表现和发展的规律，说明协调人与自然和谐发展的理论途径。（2）在方法层次上，在科学揭示认识、真理、方法等要素的一般作用的基础上，要研究思维结构、思想观念、思维方式等因素及其关系，进而要探讨观念和思维方式变革的生态功能，说明辩证思维的生态作用。（3）在对策层次上，要科学说明形成全球性

---

① 《马克思恩格斯选集》，2版，第4卷，246页，北京，人民出版社，1995。

问题的思想认识原因和解决全球性问题的思想认识途径，制定有关全球性问题、可持续发展的理论模型的方法论原则，揭示有关全球性问题、可持续发展、生态文明的科学决策机制，说明社会主义精神文明的生态作用。在总体上，马克思主义生态哲学是关于人与自然关系问题上的科学认识论。

4. 以价值观形式呈现的生态文明

在马克思主义理论体系中，这主要是辩证唯物主义价值观的内容。在这个领域中，要呈现生态文明的精神文明形态，主要的任务是：（1）在规律的层次上，在科学说明人类把握世界的价值方式的基础上，要探讨人与自然之间的价值关系的构成和发展的规律，要揭示创价性对象化活动形成和发展的规律，要说明在人与自然的关系问题上的真善美的形式和关系。（2）在学理的层次上，要科学说明作为价值观念体系的伦理学、美学、宗教学和哲学等学科的关系，要说明这些学科在塑造有益于人与自然和谐发展的真善美形式中的地位和作用，要研究生态伦理学、生态美学、生态宗教学、生态哲学的学科建设的规律及其生态实践功能。（3）在对策的层次上，要科学说明形成全球性问题的价值原因和解决全球性问题的价值方式，揭示生态思维、生态道德、生态审美的生态功能，科学说明社会主义精神文明的生态作用，要说明在生态问题上获得自由的可能和途径。在总体上，马克思主义生态哲学是关于人与自然关系问题上的科学价值观。

5. 以历史观形式呈现的生态文明

在马克思主义理论体系中，这主要是狭义的唯物史观的内容。作为社会历史观的唯物史观，也具有一般的世界观和方法论的功能。在这个领域来呈现生态文明的精神文明形态，涉及的问题有：（1）在社会规律的层次上，要科学说明人与自然和谐发展的社会机制和社会性质，人与人的关系、人与社会的关系对人与自然关系的制约和影响，人的对象化活动的社会历史性质。进而，要科学揭示人的发展、社会发展和可持续发展的内在统一的规律，科学揭示人的发展与生态文明建设的内在关联。（2）在社会形态的层次上，要科学说明社会形态尤其是社会制度对人与自然关系的制约和影响，研究社会形态的革命变革在实现人的解放的同时对于实现自然解放的意义和价值，说明这种变革的生态功能；在此基础上，要科学揭示生态文明与技术社会形态的关系，说明生态文明与渔猎社会、农业文明、工业文明、智能文明的关系。（3）在社会结构的层次上，在科学揭示人与自然关系的社会建构的性质、途径和方式的基础上，要说明调整社会结构的生态功能；在说明生态化的社会结构形成和发展机制的基础上，要科学阐明生态文明在社会结构中的位置，揭示生态文明与物质文明、政治文明、精神文明和社会文明的辩证关系。（4）在社会发展的层次上，要科学揭示形成全球性问题的社会历史原因、解决全球性问题的社会历史途径，说明社会主义的政治文明、精神文明和社会文明的生态作用；在此基础上，要根据自己国家的实际情况，科学揭示建设生态文明在社会主义建设中的战略地位，研究建设生态文明的战略对策，以促进自己的国家走上生产发展、生活富裕、生态良好的文明发展道路。显然，马克思主义生态哲学是关于人与自然关系问题上的科学的社会历史观。

6. 以科技观形式呈现的生态文明

在马克思主义理论体系中，这主要是马克思主义科学技术观的内容。在马克思看来，科学技术是一种在历史上起革命作用的力量。在批判资本逻辑造成的生态异化的过程中，马克思已经科学地提出了科学技术生态化的设想。在这个问题上，"化学的每一个进步不仅增加有用物质的数量和已知物质的用途，从而随着资本的增长扩大投资领域。同时，它还教人们把生产过程和消费过程中的废料投回到再生产过程的循环中去，从而无需预先支出资本，就能创造新的资本材料"①。从科学技术观的角度来呈现生态文明的精神文明形态，主要的工作是：（1）在学理的层面上，要研究科学技术的生态功效、科学技术生态化的规律，生态学、环境科学与科技进步的关系；要说明自然科学和社会科学的关系，自然科学和社会科学的联盟和合流的生态功能。（2）在实际的层面上，要科学揭示形成全球性问题的科技原因、解决全球性问题的科技途径，为解决全球性问题、协调人与自然和谐发展、贯彻和落实可持续发展战略提供科学技术方面的支持，进而要提高全民的科学素养和生态素养，要提高整个科学技术自身的可持续发展能力。在总体上，马克思主义生态哲学是关于人与自然关系问题上的科学的科技观。

在传统的学科分工中，自然辩证法主要是从自然观和科学技术观的

---

① 《马克思恩格斯全集》，中文 2 版，44 卷，698~699 页，北京，人民出版社，2001。

角度研究生态文明的，辩证唯物主义主要是从实践观、认识论（辩证法、认识论和方法论是同一的）、价值观等角度看待生态文明的，历史唯物主义主要是从社会历史观的角度审视生态文明的。这种分工具有自己的合理性。但是，整体性是马克思主义理论体系的最鲜明的特征。因此，在承认分门别类研究的合理性的同时，我们还应该注意马克思主义理论体系各个组成部分之间的互补和互动的关系。在此基础上，我们不仅要从整体性上推进生态哲学研究，而且要从整体性上推进生态文明建设。这样，就需要走向自然辩证法和历史唯物论的合作和汇流。

在总体上，在当代中国，建设高度的社会主义精神文明，就是要大力发展中国特色社会主义文化。当然，在单纯的精神文明领域中是难以完全反映生态文明在思想道德文化领域中的突破的，所以，我们必须将生态文明看作是一种不同于精神文明的文明形式。

五、生态文明与社会文明

生态文明和社会文明都指向的是社会生活的公共领域，都与民生问题密切相关，因此，生态文明和社会文明之间存在着一定的交叉性和渗透性。但是，国家、市场、个体和社会都要遵循生态文明的准则，生态文明是适用于一切广义社会结构领域的普遍要求，这样，生态文明就超越了社会文明而获得了独立的地位。

（一）生态文明与社会文明的辩证关联

在社会有机体中，生态结构的状况是影响社会生活的一个重要因素，社会生活结构的状况对人与自然的关系也具有重大的影响，这样，在生态文明和社会文明之间就建立起了辩证的关联。

1. 社会文明是生态文明的社会运行条件

人和自然的关系在实质上是一种社会性的关系。这种社会性有两种表现形式，一是一般的社会性，二是具体的社会性。于是，人和自然关系的社会性的状况就成为生态文明运行的社会条件。

（1）人与自然之间关系的一般社会性。

人和自然的关系是一种建立在物质变换基础上的关系，但是，这种物质变换是通过劳动（实践）实现的，这样，就使人和自然之间的物质变换超越了生物有机体与自然环境之间的生物学关系，而成为了一种社会系统内部的关系。人和自然的关系是在满足人的需要、实现人的目的的过程中建构起来的，但是，这种关系首先并不是价值关系更不是理论关系，而是一种实践关系。"人们决不是首先'处在这种对**外界物**的理论关系中'"，"而是**积极地活动**，通过活动来取得一定的外界物，从而满足自己的需要"，"因而，他们是从生产开始的"①。而生产，即人们获取生活资料的过程，已经具有这样或那样的社会性质。这在于，人的生产总是以群体的方式进行的。事实上，劳动（生产）本身是人与自然的关系（生态关系）、人与人（社会）的关系（社会关系）的综合体。尽管生态关系和社会关系在劳动的过程中是相互设定的，生态关系是社会关系得以形成的自然基础（物质外壳），但是，社会关系是生态关系得以实现的社会保证（社会内容）。没有社会关系规定的生态关系就不可能成为满足人的需要、实现人的目的的过程。因此，由一个脱离社会的孤立的人进行的生产是不可思议的，即使已经内在地具有社会力量而偶然流落到荒野中的文明人也很少能够进行生产。这样，人们在通过生产而同自然界发生关系的同时，必须以一定的方式结合起来共同活动和相互交换其活动，这样，人们的生产才能正常进行，人与自然之间的物质变换才是可能的。只有在这些社会关系和社会关系的范围内，才会存在现实的人与自然的关系。显然，人与自然的关系的这种社会性在任何一种社会结构中都是一样的。因此，我们把这种社会性称为一般的社会性。在这个意义上，生态文明当然只能是社会的人的文明，应该在任何社会结构中都有自己的一般规定性。也就是说，不同社会结构中的生态文明是存在一定的共同性的。

（2）人与自然之间关系的具体社会性。

社会生活结构的可持续性是实现可持续发展和生态文明的社会保障。社会发展只有在一定的社会结构提供服务和保障的情况下才能进行，离开社会结构调控的发展只会造成冲突。发展在地域上是不均衡的，这有国内和国际两种表现。发展的地域差异在国内的表现，就是不同地区之间发展状况的不同，如我国目前存在的东西部地区之间的差

---

① 《马克思恩格斯全集》，中文1版，第19卷，405页，北京，人民出版社，1963。

异。发展的地域差异在国际上的表现，就是不同国家之间发展水平的不同，如目前的"发展中国家"和"发达国家"的区分。人是社会和发展的主体，但发展的主体也存在着差异，这种差异具有质和量两种表现形式，收入和分配中的剥削和被剥削的差异是质的差异，收入和分配中的阶层、工种、地域的差异是量的差异。从国家水平来看，收入和分配还存在着地方和中央关系处理方式上的差异。这些差异的存在是难以避免的，但若不能运用社会控制的途径来缩小差距，达到整体上的共同富裕，那么，不仅社会系统的可持续性是不可能的，而且会影响到自然系统的可持续性。例如，随着工业化和市场化的发展，城乡矛盾也导致了人和自然之间的矛盾，尤其是片面的城市化导致了人与自然之间物质变换的严重断裂。这样，在通过社会建设的方式解决城乡矛盾的过程中，就可以为实现人与自然的和谐提供相应的社会条件。在这个过程中，"城市和乡村的对立的消灭不仅是可能的。它已经成为工业生产本身的直接必需，同样它也已经成为农业生产和公共卫生事业的必需。只有通过城市和乡村的融合，现在的空气、水和土地的污染才能排除，只有通过这种融合，才能使目前城市中病弱的大众把粪便用于促进植物的生长，而不是任其引起疾病"①。这样看来，如果没有狭义社会结构的调整、没有社会建设积累的社会文明成果，就不可能存在真正的可持续性和生态文明。因此，只有在社会建设中纳入提高人类健康水平、改善人类生活质量和获得人类必需资源的含义，才能创建并提供一个有益于人类平等、自由和人权的社会环境，才能使人类生活的各个方面都得到改善。在这个过程中，生态文明才是可能的。

在西方生态现代化理论中，注意到了市民社会因素在生态变革中的作用。其甚至认为："对于环境治理和环境变革来说，推动环境变革的经济、政治和社会的进程和动力，已不再局限于一个国家（往往是西方国家），而是凭借全球化的翅膀带到了世界的各个角落。由跨国公司在发达国家和发展中国家所主导的全球市民社会、全球环境治理、环境管理系统，往往被看作是这方面的关键案例。"②事实上，在由金融资本主导的全球化的过程中，所谓的全球市民社会必然是金融资本控制的世界

---

① 《马克思恩格斯选集》，2 版，第 3 卷，646～647 页，北京，人民出版社，1995。

② Arthur P. J. Mol，Environment and Modernity in Transitional China：Frontiers of Ecological Modernization，*Development and Change*，Vol. 37，No. 1，2006.

历史。对于我们来说，就是要通过构建社会主义和谐社会的方式来促进生态文明的建设和发展。

2. 生态文明是社会文明的自然物质条件

通过生态建设形成的生态文明成果同样是社会建设的基本的自然物质条件，并且促进了社会文明的新的发展。我们可以通过以下两个案例来简单地考察一下生态文明对社会文明的推进作用。

（1）生态运动促进了社会参与的广泛化。

当生态环境问题从自然领域向社会领域转移并危及人类的生存发展时，生态环境问题就会转变为政治—社会问题。一方面，生态环境问题及生态危机的出现促进了公众的不自觉的政治参与。政治参与主要是通过选举、投票的方式来选择与生态环境友善的政党和政治人物来执政，以实现公众对政府生态环境政策和生态环境管理产生影响的作用。另一方面，生态环境问题及生态危机的出现促进了公众的自觉的社会参与。社会参与主要是通过发起新的社会运动、组织新的社会团体等方式来实现的。这就是生态运动（环境运动）、生态团体（环境非政府组织）的出现。

例如，发生在印度的"抱树运动"（The Chipko Movement）是第三世界生态运动的先锋队和主力军。在第三世界，生态运动主要是与维持生计的日常活动密切联系在一起的，因此，女性成为第三世界生态运动的主体。1973年3月，在喜马拉雅山区的一个村庄，300棵木岑树被林业官员划分给了运动物品制造商。当公司的代理人来到村庄准备伐木时，全村妇女们抱住大树集体阻挡伐木行为。妇女们的勇气源自三年前当地一次大洪水给她们的教训，从那时起，她们知道砍伐树木会导致水土流失、土壤侵蚀并引起水灾。1973年当洪水再次到来时，村民们已清楚地认识到森林砍伐造成的后果。后来又连续发生过几次这样的运动。在这个过程中，妇女们不仅主动抱树，保护自己的家园，而且积极种树，促进生态环境的改善。此外，她们还自觉地参与到了村庄的公共事务中。"抱树运动"迫使印度政府承诺在15年之内停止伐木，保护了喜马拉雅山区5 000平方公里的森林。其实，这次运动的真正的非凡之处在于妇女们的首创精神，面对砍伐者的威胁，她们不断创造出各种新的抵抗方式。当男人和官僚们强调森林的树脂、木材和外汇等经济价值的时候，而妇女则明确地认识到森林就是土壤、水和清洁的空气，即自己的生活。"抱树运动"产生的一个奇迹是贫穷农村妇女拯救森林的形象深入人心。

在现实中，生态环境问题上的社会参与在制度化的过程中往往会转化成为政治参与。例如，入主德国政府的绿党是由生态环境运动发展而来的政党。显然，生态运动和环境非政府组织不仅促进了生态文明，而且为社会文明增添了新的内容。

（2）生态住区促进了城市建设的持续化。

人类住区既是人类生存质量的基本、必要的组成部分，涉及了人类生存的各个方面，又是人类与自然生态系统相互作用的一种重要的物化成果，是人类物质生产活动在人类生存方面的集中体现。人类住区的状况既是可持续发展的必要的和内在的组成部分，同时又是反映整个可持续发展状况和人类社会水平的基本的和重要的标尺和指标。目前，在人类住区问题上，住房紧张、生活设施滞后、生态环境恶化、城市文明病等问题已经成为影响和制约人类迈向生态文明的四大障碍。由此，缓解和消除这些问题，实现人类住区的可持续性，就成为建设生态文明的生存方式的一个重大的课题，没有可持续的人类住区就不会有生态文明的生存方式。而实现人类住区可持续性的关键是将科技进步的成果最大限度地运用到人类住区建设上来，将生态学作为建设人类住区可持续性的科学基础。

第一，建设生态住区的原则。各社区需要采用和实施一种生态学方法来进行人类居住规划，以确保在规划过程中明确体现对自然生态环境的关心，由此促进可持续性。这就要求：通过维持居住场所是其中一部分的生态系统的平衡，人类居住的规划和管理要满足城市居民的自然、社会和其他方面的可持续性的需要；将人类生产要素和自然要素协调地结合起来，以提供城市居民在其中寻求其福利的生境。

第二，建设生态住区的效果。建立在一种生态学方法上的可持续性战略，可望取得以下效果：改善和确保供水；最大限度地减少废物的处置问题；减少高质量的农田挪作他用，并帮助保持土地的生产力；发展更节能的生活和商品生产方式；最大限度地利用可得到的资源；将居住区的维护和服务与就业、社区开发及教育结合起来。

在这个问题上，由世界"生态建筑之父"保罗·索勒瑞（Paolo Soleri）在美国亚利桑那州沙漠中设计和建筑的生态城（Arcosanti）就是这方面的典范。这是体现生态建筑理念的一个建筑实验室。它主要以沙漠中的太阳能作为动力，实现物质尤其是水的循环利用，在城市规划上追求线性布局以便突破城乡分割。同时，将工作、生活等设施和场所作集约式安排，以节省资源和人力。目前，该城正在建设当中，已有一部分人口入住，并接待来访。

生态住区的发展不仅促进了城市建设的持续化，而且对社会建设和社会文明也提出了新的要求。这就是，"持续的城市发展依赖于地方人民、公民组织、企业界和政府间的新的伙伴关系。发展计划必须是平等的、持续的、切合实际的，反映地方准则和文化，并为有关的人们所欢迎。公民、政治家、城市管理人员和专业人员应被教会在这样一种框架内工作。"①总之，只有实现了人类住区的可持续性，才可能实现人类生存的可持续性，走向生态文明的生活方式。

显然，生态文明是促进社会建设和社会文明的新的动力要素，也为社会建设和社会文明提供了新的发展空间和发展机遇。

（二）建构生态文明的社会文明的形态

在社会发展的过程中，可持续性在很大程度上是一种自然状态和自然过程，但是，不可持续性总是一种社会行为的表达，能源资源耗竭和生态环境退化等问题往往是与一系列复杂的社会问题联系在一起的。因此，通过社会建设的方式来促进和带动生态建设，就成为建设生态文明的一种重要的选择。

1. 大力推进消灭贫困战略的变革

消灭贫困既是一个生态建设的问题，也是一个社会建设的问题。通过社会建设的途径消灭贫困，能够为从生态建设的方面消除贫困准备相应的社会条件。为了落实党的十七大提出的"绝对贫困现象基本消除"的目标，在加大对革命老区、民族地区、边疆地区、贫困地区发展扶持力度的同时，我们还必须从总体上来推进我国的反贫困工作，实现反贫困战略的变革。

（1）在指导思想上，必须坚持以人为本。

在实现社会主义现代化的过程中，以"温饱——小康——比较富

---

① 世界自然保护同盟等：《保护地球——可持续生存战略》，83页，北京，中国环境科学出版社，1992。

裕"为质量指标的"三步走"发展战略是紧密围绕着提高人民群众的物质文化水平提出来的，具有极其鲜明的人民性。目前，只有坚持以人为本，才能从根本上做好反贫困工作。在这个基础上，我们要将提高人的素质、开发人力资源、增强人力资本实力作为反贫困工作的新的突破口。

（2）在战略安排上，要坚持全面发展和协调发展。

在消除绝对贫困、全面建设小康社会的过程中，我们不仅要实现经济、政治、文化、社会和生态的全面发展和协调发展，而且要保证经济、政治、文化、社会和生态等方面的发展要在生态系统能承载的范围内进行，最终要实现经济发展、政治民主、文化繁荣、社会和谐与生态良好的相互促进。其中，一个重要的方面是要将贫困地区与其他地区的协调发展作为基本的策略。贫困地区发展是全国整体发展的一部分，因此，贫困地区的发展不能走封闭的发展道路，而必须积极主动地参与到全国经济的循环中来；另一方面，要尽量通过经济梯度的自然压差、社会控制的政策倾斜让贫困地区所需要的资金、技术、人才渗透进来，贫困地区的发展最终应该建立在自主能力提高的基础上。这就是要促进贫困区域整体发展，结合重点扶贫政策，以开发式扶贫为主，结合救济求助政策，多层次加快贫困地区的全面小康建设。

（3）在发展方式上，要坚持因地制宜的原则。

贫困地区的情况千差万别，因此，必须区别对待贫困地区的不同情况，实事求是地选择最适合当地的发展方式。在这个问题上，宜牧则牧、宜农则农、宜工则工，什么都不宜的则应该退耕还林，退耕还林不宜的则要退耕还草。在生态极端脆弱的地区，则应该进行生态移民。

（4）在成果评价上，要树立与科学发展观相适应的政绩观。

坚持生态效益、经济效益和社会效益的统一，建立全面、客观和科学的效果评价体系，坚持用效果性指标衡量评估经济社会建设的成就，关键要落实到贫困地区人民群众的实际生活水平的提高上。只有这样，我们才能顺利实现全面建设小康社会和社会主义现代化奋斗目标的新要求。

国际反贫困的理论和实践表明，当一个国家的绝对贫困人口比重下降为10%以下时，单靠贫困人口自身的力量已经不能摆脱这种状况，这样，就增加了反贫困的难度。目前，我国遇到的正是这种情况。因此，为了充分体现社会主义的本质，我们必须实现反贫困战略的变革，将摆脱贫困和生态的恶性循环、谋求消除贫困和生态良好的良性互动作为加强全面建设小康社会的社会基础，将之纳入到社会主义现代化建设的过程中来。

2. 努力提高城镇建设生态化水平

工业化和城市化是一个双向互动的过程。但是，在资本主义工业化和城市化的过程中也出现了严重的"城市病"，造成了严重的生态环境问题。这样，就使生态问题和社会问题交织在了一起。随着问题的暴露和加剧，现在，在西方社会又出现了逆城市化的问题。当人们纷纷转向郊区居住的时候，由于交通发展造成的能源消耗上升和环境污染等问题，又成了新的难题。

（1）实现城市化的国际经验。

根据国际经验，在实现城市化的过程中，我们必须注意避免两种情况：一是限制城市化的推进速度，不能因为人口基数大，城市吸纳新增人口负担沉重而限制城市化的发展；二是城市化水平超越工业化水平，即"超城市化"，不能出现城市化水平超越工业化水平发展的状况。在此基础上，对我国这样一个人口基数庞大、农村人口众多的农业国家来说，要推进城市化与工业化的协调发展，就必须把走农村城镇化道路作为中间环节，通过发展小城镇来提高城市化水平，使之与工业化发展相匹配。

（2）走中国特色城镇化道路的原则。

在实现城镇化的过程中，必须注意以下问题：第一，要将城镇建设与生态建设统筹起来考虑。在城镇的选址和布局上，要进行严格的环境影响评估和灾害影响评估，既不能将城镇建在环境污染严重的地方，也不能因城镇建设造成新的环境污染；既不能将城镇建在灾害易发和生态脆弱的区域，也不能由于城镇建设引发或加剧灾害、导致生态恶化。第二，要将城镇建设与经济建设统筹起来考虑。中国特色的城镇化道路实质上就是把科学规划和合理布局小城镇的建制，与工业化、乡镇企业和农村服务业的发展结合起来，就是使大中小城市的发展与小城镇的发展结合起来。第三，要将城镇建设与社会建设统筹起来考虑。城镇建设首先要着眼于推进乡村建设，要按照节约土地、设施配套、节能环保、突出特色的原则，做好乡村建设规划，引导农民合理建设住宅，保护有特色的农村建筑风貌。同时，要加强乡村和城镇的基础设施建设以及教育、医疗等社会事业的建设。总之，我们要坚持"走中国特色城镇化道路，按照统筹城乡、布局合理、节约土地、功能完善、以大带小的原则，促进大中小城市和小城镇协调发展"①。同时，我们还要充分发挥城镇化的城市聚集效应。

显然，提高城镇建设的生态化水平，可以进一步促进乡镇企业和农村服务业的发展，分流部分农业人口到非农业部门，为城市化的发展创造条件；也可以向农村传播现代城市文化、价值观念，提高农民素质，推广农业科技，推动农村文化事业的发展；还可以促进农业生产的发展，推进城乡经济一体化，缩小城乡经济发展差距，加速统筹城乡协调发展的历史进程。

3. 科学提高生态运动组织化水平

生态运动（环境运动）是一种由公众和组织组成，参与集体行动，以追求生态环境利益为目标的广泛社会网络。它的发展十分多样化和复杂化。其组织形式既有高度组织化和制度化的，也有非常激进和非正式的。其活动空间范围从地方几乎到全球。其关注的领域从单一生态环境议题到全球环境关切的全部问题。

（1）生态环境治理的社会参与方式。

事实表明，生态运动以及作为其组织化产物的环境非政府组织在推动生态文明发展的过程中具有政府不能代替的独特作用，是弥补市场"失效"的重要力量。在西方社会，生态运动被看作是一种不同于劳工运动等传统社会运动的新社会运动。在第三世界，生态运动是与维持基本的生计密切联系在一起的生存运动。随着生态环境的恶化和公众生态环境意识的提高，生态运动与环境非政府组织在我国也获得了一定程度的发展。它们在维护社会稳定与促进社会和谐、维护生态平衡与促进生态和谐方面，发挥了重要的作用。因此，在生态建设的问题上，我们同样必须"发挥社会组织在扩大群众参与、反映群众诉求方面的积极作用，增强社会自治功能"②。但是，由于一系列复杂的原因，公众维护

---

① 胡锦涛：《高举中国特色社会主义伟大旗帜　为夺取全面建设小康社会新胜利而奋斗》，25 页，北京，人民出版社，2007。

② 胡锦涛：《高举中国特色社会主义伟大旗帜　为夺取全面建设小康社会新胜利而奋斗》，30 页，北京，人民出版社，2007。

生态权益的行动有可能成为影响社会稳定的群体性事件，也有可能成为境外敌对势力干涉我国主权和内政的幌子和工具。在这种情况下，就要依法积极引导我国生态运动和环境非政府组织的健康发展，使它们在法律框架中充分发挥自己的作用。同时，各级党政部门也要反思自己行政行为的生态后果，而不能推诿责任。在此基础上，要建立健全党委领导、政府负责、社会协同、公众参与的生态环境管理和治理的新格局。

（2）社会力量参与生态环境治理的方式。

生态运动和环境非政府组织应该从公众意识、监督和联络、专业化和协调性、地区环境行动四个方面发挥自己的作用。[1]第一，公众意识。非政府组织的一个重要的作用是通过组织和从事环境教育与环境培训来提高公众的环境意识。为了确保保护整个生命系统的信息能够通过多渠道的方式传播，非政府组织必须加强对个体、组织和公务员的教育和培训。此外，非政府组织必须在工程项目和清洁行动等方面采取积极主动的行动，以便保护环境、改善环境质量。第二，监督和联络的作用。非政府组织必须发挥监督者的作用，时刻准备着评定和估价政策、规划和项目的正当性，并提出替代方案。进而，为了发挥好充当政府部门、产业界和市民社团之间的联络员的作用，非政府组织必须推进投资者之间的积极对话。第三，专业化和协调性。由于描述出了环境问题日益增加的复杂性，非政府组织从其专业领域的进一步专业化中获得了益处。为了增加活动的成效，应该与其他领域的非政府组织合作。由此形成的合作网络将会进一步促进信息、知识和经验的交流。第四，地区环境行动主义。由地方居民和社区发起的地区环境行动主义日益增强的有效作用对保护环境和生态系统是至关重要的。出于这种考虑，地区非政府组织应该努力与市民和社区建立对等的交互式的联盟。

在总体上，生态运动和环境非政府组织的发展，有助于以和谐的方式解决生态环境问题，能够有效避免由生态环境问题引发的政治和社会动荡；有助于实现对政府和市场的监督，避免政府和市场在生态环境问题上的双重失灵；有助于实现政府决策的科学化、民主化和生态化，实现生态效益、经济效益和社会效益的统一；有助于保障和实现人民群众的生态权益，提高人民群众的整体生活水平。

---

① Cf. UNEP：1997 Seoul Declaration on Environmental Ethics，http：//www. nyo. unep. org/wed_eth. htm.

总之，生态建设在社会生活结构领域的全面开展，不仅进一步丰富和发展了社会文明的内容，而且突破了社会建设和社会文明的既有的范围，而使自己获得了与社会建设平行的位置，这样，就使作为生态建设成果的生态文明成为了一种具有独立地位的文明形式。在当代中国，加强社会建设就是要全力构建社会主义和谐社会。这样，在追求人与自然和谐的过程中，生态文明就从社会文明中脱颖而出。

在总体上，生态文明是对物质文明、政治文明、精神文明、社会文明等文明形式中共同存在的生态化的成果的集中概括和集约体现，是一种具有特殊结构的文明形式。在整个人类文明系统中，生态文明构成了其他文明形式的物质外壳。人类文明发展的过程表明，这一物质外壳在日益拓展着自己的厚度、深度和广度，标志着社会生产力的进步、人类改造和保护自然能力的增强。这样，它就促使社会结构的四个基本的层次改变自己的存在方式，以适应这种发展。在这个过程中，这一文明的物质外壳已经从其他文明形式中独立了出来，成为了一种专门的文明形式。因此，从结构层次上来看，人类文明就是由物质文明、政治文明、精神文明、社会文明和生态文明构成的一个整体——文明系统。在当代中国，这就是要将生态文明纳入到中国特色社会主义的总体布局中来。

第八章　生态文明的系统构成

从其自身的构成和要求来看，生态文明是一个是由生态化的（可持续性）自然物质因素、经济物质因素、社会生活因素、科学技术因素和人的发展方向等方面构成的复合性系统。这几个方面分别构成了生态文明的基础系统、手段系统、控制系统、支柱系统和目标系统。这样，生态文明就超越了单纯的生态环境领域，而成为整个人类文明发展的基本方向。因此，必须将生态文明作为一项复杂的系统工程来建设，要形成系统的支持机制和落实途径。

一、生态文明的基础系统

人口、资源、能源、环境、生态和灾害是自然界自身所具有的物质力量，是一种作为必然性存在的物质条件。为了与生产力发展过程中形成的经济物质条件相区分，可以将之简单地称为自然物质条件。自然物质条件是影响和制约人的发展、社会发展的基本条件。这样，维持和加强这些因子的可持续性就成为生态文明的基础目标。

（一）建立一个人口适度型的社会

人口因子是一个复杂的变量。我们这里主要是在生态结构意义上看待人口问题的。在这个层次上，只有建立一个人口适度型的社会，才能在缓解资源、能源、环境和生态方面的压力的基础上，保障资源、能源、环境和生态的可持续性。人口本身有数量、质量、结构、分布等多方面的规定，因此，建立一个人口适度型的社会就是要注意以下问题：

1. 保持适度的人口总量

在目前世界人口依然维持爆炸性增长的情况下，人口问题首先是量的控制问题。尽管人口数量本身是由社会的经济物质条件决定的，但是，人口增长也要受到资源、能源、环境、生态等一系列条件的制约。人口的增加必然会加强人类活动的强度，这样，不仅会对资源、能源、环境、生态造成严重的压力，从而引发生态环境问题，而且会对地质结构造成沉重的压力，从而会引发自然灾害问题。因此，人类必须要在稳定低生育水平的基础上，认真研究解决人口发展的突出矛盾和问题，研究人口和经济发展、社会进步、资源利用、环境保护、防灾减灾之间的关系，提出科学的预测和应对方案。对于当代中国来说，尽管出于国家安全和社会安全的考虑可以适度调整人口政策，但是，从自然生态条件的承载能力、社会经济发展水平以及其他方面来综合考虑，还是应该继续实行计划生育政策。

2. 打造优良的人口素质

人口素质即人的质量。衡量人口素质起码有肉体和精神两个坐标。从身体素质来看，充裕的营养、健康的体格都是其题中应有之义。从精神素质来看，就是要使人民群众在德、智、体、美、劳诸方面都得到发展。一般来讲，高人口增长率同低人口素质存在着一种正相关的态势，或者说，人口增长同人口素质是呈负相关态势的。这样，就需要加强人力资源开发、加强人力资本投资。人力资本的投资和积累主要依赖于保健支出和教育支出。此外，劳动力转移的支出、为提高劳动生产率而支出的科研和技术推广的费用，也在开发人力资源、加强人力资本实力方面具有重要的作用。

3. 合理的人口结构和人口分布

一般来讲，正常的人口结构是指人口在地理的分布上、男女性别的比例上、不同年龄层次的组合上都具有适当的比例关系。对于当代中国来说，在人口的地理分布上，既要注意人口向大城市的高度集聚引发的资源能源等自然物质条件方面的压力以及住房和交通等社会经济方面的压力，也要注意生态脆弱地区的人口增长的自然物质条件的承载能力。在性别结构上，要高度重视出生人口性别比升高的问题，把人口数量指标和性别比的指标统一起来考核，深入开展"关爱女孩行动"，倡导男女平等、少生优生的社会新风。在年龄结构上，要高度注意人口老龄化问题以及由此引发的其他社会经济问题。此外，在人口的产业分布上要有序引导农业人口向工业人口、服务业人口的转移，同时要努力提高人口的教育结构，尤其是要注意提高生产一线劳动者的教育水平。

根据人口发展的规律，在建设中国特色社会主义社会的过程中，我们必须要推进人力资源能力建设，提高劳动者整体素质，使我国从人口大国转变为人力资源强国。这样，就需要我们把计划生育的基本国策与可持续发展战略、科教兴国战略、人才强国战略、西部大开发战略统一起来。

（二）建立一个资源和能源节约型的社会

资源和能源的基本功能是为人类生存和社会发展提供生产资料、生活资料和动力来源。从它们是否具有可再生性的方面来看，可分为可再生（不可耗竭）和不可再生（可耗竭）两类。因此，建立一个资源和能源节约型的社会（节约型社会）就意味着：对可再生资源和能源的开发和利用的速率必须维持在其可再生的范围内，对不可再生资源和能源的开发和利用的速率必须维持在技术代替的周期内。

1. 建立节约型社会的科学依据

相对于人类的需求来说，能源资源本身总是稀缺的，甚至是有限的。能源资源的有限性首先是由地球系统本身的有限性决定的。地球系统只是宇宙中的一座孤岛，是在长期的宇宙演化中逐步形成的。地球的物理生化结构和功能总是有限的。

（1）能源资源只能在一定的时空范围内才会显示出自己的结构和功能，其数量总是有限的。尤其是某一特定区域的某一种能源资源的储量总是存在着一定的限度。例如，中国国土面积基本上是一个恒定的数值，可进一步开发的国土资源也是如此。

（2）能源资源的总量可能是巨大的，但是，某一种能源资源的数量总是有限的，或者是一种具有无限可利用性的资源的可利用的方面总是有限的。地球可能蕴藏着无数种类的能源资源，但是，人们可利用的能源资源总是有限的几种。海洋和外层空间的能源资源可能是丰富的，但是，人们可利用的部分却是有限的。

（3）从能源资源是否具有可再生性的情况来看，不可再生的能源资源总是存在一定限度的，人们不可能无限地开发和利用之，它们总会出现耗竭；即使是可再生的能源资源也存在这种情况，可再生能源资源的可再生速度是在一定的时空范围内展开的，超过这个范围开发和利用之，同样会导致它们的耗竭。

其实，无论是哪一种情况都在一定的程度上说明，在一定的社会经济和技术的条件下，人类开发和利用能源资源的能力和范围总是有限的。因此，人类必须以节约高效的方式开发和利用能源资源。

2. 当代中国建立节约型社会的战略选择

能源短缺是中国经济社会发展的"软肋"，淡水和耕地紧缺是中华民族的心腹之患。这种基本国情，决定了中国必须走建设节约型社会的路子。

（1）加强宏观指导和规划，建立节约型国民经济体系。建设节约型社会必须形成有利于节约资源的生产模式、消费模式和城市建设模式。同时，要加快制定节水、节能、资源综合利用等专项规划和发展循环经济推进计划。

（2）依靠科技进步和创新，构建节约资源的技术支撑体系。要加大对资源节约和循环利用关键技术的攻关力度，组织开发和示范有重大推广意义的资源节约和替代技术，大力推广应用节约资源的新技术、新工艺、新设备和新材料。

（3）深化改革，建立节约资源的体制机制和政策体系。要充分发挥市场机制和经济杠杆的作用，注重运用价格、财税、金融手段促进能源资源的节约和有效利用。

（4）强化监督管理，坚决制止一切浪费资源的行为。要建立健全各项规章制度，采取切实有效的措施，坚持科学管理和严格管理，坚决改变各种浪费能源资源的现象。

（5）加强法制建设，完善节约能源资源的法律法规体系。要抓紧制定和修订促进能源资源节约使用和有效利用的法律法规，制定更加严格的节能、节材、节水、节地等各项国家标准，特别要加大能源资源保护和节约的执法力度，严肃查处各种破坏和浪费能源资源的违法违规行为。

显然，只有以改革开放和科技进步为动力，推动体制创新、机制创新、技术创新和管理创新，综合运用经济、法律、行政、科技和教育等多种手段，才能建立起节约型社会。

总之，建设节约型社会是全社会的共同责任，需要动员全社会的力量积极参与。坚持节约发展是建立节约型社会的必由之路。

（三）建立一个环境友好型的社会

环境是人类活动的场地和废弃物排放的场所。良好的生态环境是经济社会持续发展和人们生存质量不断提高的重要基础。当某种能造成污染的物质的浓度或其总量超过环境自净能力时，就会产生危害。这便是环境污染。因此，建立环境友好型社会，关键的问题是要从环境的承载能力、涵容能力和自净能力出发，合理安排人类的经济社会活动，控制废弃物的排放量，实现废弃物的减量化、无害化和资源化。

1. 废弃物的减量化

废弃物的减量化首先是由环境容量决定的。废弃物减量化是控制和降低环境污染的一种基本的选择。

（1）环境质量本身是质和量的矛盾统一体，从环境质量的总体出发，环境污染的控制效果并不体现在单项废物和污染治理浓度排放的达标上，而是体现在区域污染物的总量能否削减上，即只有控制住量变，才能控制住质变。

（2）环境污染的症结在于粗放型的经济发展方式，主要表现在产业结构的不合理上，废弃物和污染源的分布出现了大而广的特点，单靠浓度控制已经很难控制住废弃物和污染物数量的增加，必须在宏观上控制住废弃物和污染物的排放总量。

显然，通过在污染源减少或消除废弃物、有害物质的体积，降低其毒性的活动，可以避免末端治理的弊端，能够实现生态效益、经济效益和社会效益的统一。

2. 废弃物的无害化

即使尽量减少废弃物的排放，仍然会有废弃物被排放到自然生态系统中；即使对废弃物进行过处理，所有排放到自然生态系统中的废弃物仍然会以某种特定的方式污染环境。废弃物的无害化就是解决这类问题的一种有效的对策。

（1）从废弃物源头控制的角度来看，废弃物无害化实质上是一种无污染、少污染的技术和工艺，也是定量投入、少排放、多产出、高效益的清洁技术和工艺。这种技术和工艺是从原料和能源的投入入手，通过采用新技术、新设备、新材料、新能源、新工艺和改进操作控制条件，实行闭路循环，杜绝跑、冒、滴、漏，提高原料和能源的利用效率，降低"三废"的排放，实行生态效益、经济效益和社会效益统一的工艺技术改造系统工程。

（2）从废物的末端治理的角度来看，废弃物无害化是指对已经产生的废弃物进行工程化和生态化处理和处置的一种技术和工艺。这是一种通过运用各种废弃物处理和处置的办法，建立各种废弃物处理和处置系统，来对废弃物进行集中管理而不至于使其毒性扩展，或使废弃物的毒性稀释、降低的系统工程，如废水处理系统、污泥安全处置办法、工业废弃物处理和生态安全的低技术废弃物处置等。

可见，环境无害化不光是指个别的技术，而是指包括专门技术、程序、产品和服务的整套系统、设备以及组织和管理程序。

3. 废弃物的资源化

废弃物的资源化是指通过转换和再生的方式来回收和利用废弃物的技术和方法，其实是生态学工程化在防治环境污染中的一种具体体现。

（1）废弃物的分类处理要向多元化的方向发展。由于废弃物的资源成分愈来愈复杂，因而导致了废弃物综合利用的多元化。在这个过程中，要根据废弃物资源的理化性能、工艺特征、处理工艺的复杂程度和能力、废弃物的综合利用价值、投入产出等方面的差异，因类制宜，同时并用多种处理方式。

（2）废弃物的综合利用要向系列化的方向发展。这是一种综合集成利用废弃物资源的技术体系，经过对废弃物的层层处理和利用，尽量地最大限度地提高废弃物资源化的水平。

这样，只要在技术上取得相应的突破，在经济上又是切实可行的，那么，一切废弃物和垃圾都不仅不会成为污染源，而且会成为宝贵的资源。

在当代中国，建立环境友好型社会，就是要大力贯彻和实施环境保护的基本国策，在全社会营造爱护环境、保护环境、建设环境的良好风气，增强全民族的环境保护意识。

（四）建立一个生态安全型的社会

生态安全是指生态系统的健康和完整的情况。加强生态建设，维护生态安全，是 21 世纪人类面临的共同主题，也是中国经济社会可持续发展的重要基础。

1. 对自然生态进行恢复是建立生态安全型社会的基础

为了维护整个自然生态系统的稳定性、安全性和可利用性，在经济社会发展的过程中，必须进行生态恢复。我们要看到，"不以伟大的自然规律为依据的人类计划，只会带来灾难"，因此，"破坏的工作不可能永久继续下去，恢复工作才是永恒的"①。面对日益严重的生态恶化情况，日益显示出了"恢复生态学"（restoration ecology）的重要性。恢复生态学是在 20 世纪 70—80 年代发展起来的一门现代应用生态学。它致力于研究那些在自然灾变和人为破坏下受到破坏的自然生态景观的恢复和重建问题，是自然生态系统的恢复和重建的科学。这里的恢复是指生态系统的原貌或原先功能的再现；重建则是在包括恢复内容在内的同时，可以包括在不可能或不需要再现原貌的情况下营造一个与过去的系统不完全雷同的系统，甚至是建造一个全新的自然生态系统。恢复生态学有两个基本的领域：

（1）作为生态系统层次的实验生态学。恢复生态学作为大尺度的实验生态学具有以下特点：第一，具有充分的自然生态系统背景；第二，由于生态恢复是在已破坏的生态系统的基础上进行的，所以，它对导致生态破坏的各种因素具有清楚的认识，对在这些因素作用下的生态退化过程的了解较为深入，对人工设定的恢复措施有预定的科学依据，对生态系统恢复过程中的生物和环境参数可进行有效而经济的监测和控制；第三，由于它采用人工的方式恢复破坏的生态系统，加快了生态演进的过程，并存在着多种选择的可能性。

（2）作为研究人和自然关系的合成生态学。恢复生态学的主要实践是确定恢复的目标。其基本原则是：第一，恢复后的生态系统不是人工生态系统，而是可天然维持的系统；第二，恢复后的生态系统应该与其

---

① 《马克思恩格斯全集》，中文 1 版，第 31 卷，251 页，北京，人民出版社，1972。

周围的环境相协调，不仅不能对周围的环境造成压力，而且应该能补充、完善和强化周围环境的功能；第三，生态恢复在不同的空间上应该是相匹配的；第四，生态恢复的过程是复杂的，要通过一系列的环节来实现。

现在，恢复生态学已经成为人类对由人为活动造成的退化的生态系统、各类废弃地和废弃水域进行生态治理的科学技术基础，因此，也可以将之确立为维护生态安全的科学基础。

2. 必须从系统集成的角度推进生态安全型社会的建立

建立生态安全型社会同样涉及一系列的复杂因素，必须按照系统工程的方法来推进生态安全型社会的建立。

（1）明确建立生态安全型社会的重点。主要包括以下领域：第一，在天然林保护区、重要水源涵养区等限制开发区域建立重要生态功能区，促进自然生态恢复；第二，健全法制、落实主体、分清责任，加强对自然保护区的监管；第三，有效保护生物多样性，防止外来有害物种对我国生态系统的侵害；第四，按照谁开发谁保护、谁受益谁补偿的原则，建立生态补偿机制。

（2）确立建立生态安全型社会的理念。建立生态安全型社会的理念就是要实现安全发展。安全发展是指整个经济社会发展的所有方面和各个环节，都必须以安全为前提和保障。这就是要自觉遵循安全生产的方针政策和法律法规，把发展建立在安全保障能力不断增强、安全生产状况持续改善、劳动者生命安全和身体健康得到切实保证的基础上，促进安全生产与经济社会发展的同步提高。

（3）加强建立生态安全型社会的管理。这就是要建立国家生态安全预警系统，及时掌握国家生态安全的现状和动态，提供相关的决策依据；要完善生态环境建设法律法规体系，将生态安全作为制定、完善和健全相关法律和法规的基本理念；要主动参与国际上有关生态安全和冲突预防机制的交流和合作，努力维护国家利益与世界和平。在这个过程中，还要高度警惕能源资源对外依存度提高对国家安全可能造成的各种影响，要充分注意食品、药品、建筑、交通等领域安全事件可能引发的影响生态安全、社会安全以至国家安全等重大问题。

显然，生态安全具有整体性、不可逆性、长期性、全球性等特征，是国家安全体系的重要组成部分，是生态文明的题中应有之义。

（五）建立一个灾害防减型的社会

一切对自然生态环境和人类社会，尤其是人们的生命财产等造成危害的突发性的天然事件和社会事件，统称为灾害。今天的灾害事实上是一种以人祸形式表现出来的天灾，而这种天灾又造成了新的人祸。1989年12月，第44届联大通过决议，指定每年10月的第二个星期三为国际减灾日。我国是世界上自然灾害最为严重的国家之一，具有灾害种类多、分布地域广、发生频率高、造成损失重等特点。为此，在建设生态文明的过程中，必须建立一个灾害防减型的社会。

1. 建立灾害防减型社会的主要内容和重点

在建设中国特色社会主义的过程中，我们必须明确防灾减灾工作的主要内容和重点环节。

（1）建立灾害防减型社会的主要内容。具体包括：第一，建立与社会、经济发展相适应的自然灾害综合防治体系，综合运用工程技术与法律、行政、经济、管理、教育等手段，提高减灾能力，为社会安定与经济可持续发展提供更可靠的安全保障。第二，加强灾害科学的研究，提高对各种自然灾害孕育、发生、发展、演变及时空分布规律的认识，促进现代化技术在防灾体系建设中的应用，因地制宜实施减灾对策和协调灾害对发展的约束。第三，在重大灾害发生的情况下，努力减轻自然灾害的损失，防止灾情扩展，避免因不合理的开发行为导致的灾难性后果，保护有限而脆弱的生存条件，增强全社会承受自然灾害的能力。第四，要加强各种自然灾害的预测预报，提高防灾减灾能力。第五，要进一步健全自然灾害管理体制，完善社会动员机制，建立各种自然灾害预警预报系统和应急救助系统，落实防灾减灾措施，减少灾害损失。

（2）建立灾害防减型社会的重点环节。主要重点环节有：第一，防洪减灾。建设治淮骨干工程，加强大江大河及中小河流治理。实施主要江河蓄滞洪区安全建设工程。第二，国家灾害应急救援。建设四级灾害应急救助指挥体系。第三，预防和减轻自然灾害对农业生产的影响。第四，预防和减轻突发性的公共卫生事件对人民群众生命的威胁。在这个问题上，还必须加强国家处置突发公共事件能力的建设。

2. 充分发挥科学技术在建立灾害防减型的社会中的作用

科技进步是做好防灾减灾工作的根本途径。在建设中国特色社会主义的过程中，必须切实做好以下工作：

（1）要加强对自然灾害孕育、发生、发展、演变、时空分布规律和致灾机理的研究，为科学预测和预防自然灾害提供理论依据。

（2）要加强自然灾害监测和预警能力建设，在完善现有气象、水文、地震、地质、海洋、环境等监测站网的基础上，增加监测密度，提升监测水平，构建自然灾害立体监测体系，建立灾害监测——研究——预警预报网络体系。

（3）要深入研究各种自然灾害之间、灾害和生态环境、灾害和经济社会发展的关系，开展全国自然灾害风险综合评估，加强防灾减灾关键技术研发，强化应对各类自然灾害预案的编制。

（4）要加快遥感、地理信息系统、全球定位系统、网络通信技术的应用以及防灾减灾高技术成果的转化和综合集成，建立国家综合减灾和风险管理信息共享平台，完善国家和地方灾情监测、预警、评估、应急救助指挥体系。

（5）要优化整合各类科技资源，将依靠科技建立自然灾害防御体系纳入国家和各地区各部门发展规划，并将灾害预防等科技知识纳入国民教育，纳入文化、科技、卫生"三下乡"活动，纳入全社会科普活动，提高全民防灾意识、知识水平和避险自救能力。

（6）要围绕人类面临的共同挑战和灾害防治工作中尚未解决的科学难题广泛开展国际交流合作，既学习国外的有益经验和先进技术，也对人类社会共同防灾减灾作出贡献。

总之，围绕着这些问题，科技界必须提出具有指导性、综合性、前瞻性的意见和建议，为防灾减灾工作提供科学的决策依据。同时，在人文社会科学领域中，必须加强灾害经济学、灾害社会学、灾害心理学等新学科的研究，引导人们树立科学的防灾减灾意识。

显然，灾害预测预报、防灾减灾工作是关系到人民群众生命财产安全的重大问题。在这个问题上，"防灾、减灾、备灾和救灾是有助于执行可持续发展政策并从中受益的四个要素。这些要素同环境保护和可持续发展是密切关联的"①。因此，建立灾害防减型的社会是生态文明的基本要求，只有这样，才能维护社会的稳定，才能保障人民群众生命和

---

① 《世界减灾大会横滨声明》，载《自然灾害学报》，1994（3）。

财产的安全。

总之，建立一个人口适度型的社会、资源和能源节约型的社会、环境友好型的社会、生态安全型的社会和灾害防减型的社会，是生态文明的最基本的要求，构成了生态文明的基础系统。

二、生态文明的手段系统

生态环境治理和建设都要有自己的经济基础和经济条件。但是，并不是任何生产力都能达到这样的目的和要求。只有在整个经济活动朝向生态化方向发展的过程中形成生态化的经济系统（生态经济），才能实现这样的目的。生态经济包括两个相互依赖的方面，一是对现有的一切生产和经济要素以及由之构成的生产和经济结构进行生态化的改造，二是建构生态化的生产和经济结构。在这个意义上，生态经济既是生态文明的要求在经济结构上的体现，也是实现生态文明的要求的经济手段。

（一）确立生态化的生产目的

生产目的直接决定着整个生产活动和经济结构的性质和方向。人类现在面临的生态危机是直接由资本主义生产方式追逐剩余价值的目的造成的。因此，建设生态文明不仅要求将人道化作为生产目的，而且要求将生态化作为生产目的内在的规定和基本要求。

1. 从生产商品转向生产产品

从交换方式来看，文明时代是从商品生产开始的。但是，从严格的意义上来看，原始"共同体是一切文明民族的起点。以私人交换为基础的生产制度，最初就是这种原始共产主义在历史上解体的结果。不过，又有整整一系列的经济制度存在于交换价值控制了生产的全部深度和广度的现代世界和这样一些社会形态之间"①。这样，按照交换方式，可以将文明时代划分为自然经济、商品经济和产品经济三个发展阶段。虽然在自然经济阶段也存在着一定的生态环境问题，但是，生态危机是在商品经济阶段大规模地爆发的。市场经济是商品经济的发达阶段，与工

---

① 《马克思恩格斯全集》，中文 2 版，第 31 卷，294 页，北京，人民出版社，1998。

业文明几乎是系统发生的。它们共同构筑起了资本主义的生产方式。随着交换价值控制了生产的全部深度和广度，市场经济在促进生产力尤其是工业化发展的同时，也造成了严重的生态环境问题。这里，关键的原因是生产商品成为了生产的直接的甚至是唯一的目的。在这个过程中，由于"金钱是一切事物的普遍的、独立自在的**价值**。因此它剥夺了整个世界——人的世界和自然界——固有的价值。金钱是人的劳动和人的存在的同人相异化的本质；这种异己的本质统治了人，而人则向它顶礼膜拜"①。这样，转向产品经济就成为摆脱人的异化和生态异化的必然选择。产品经济是一种以满足社会需要为目的的经济形式。当然，它是以生产力的高度发达为基础的。由于产品经济是以全社会经济利益的一致性为前提的，这样，就可以使人和人（社会）的关系、人和自然的关系以合理的形式表现出来。当然，在现实中，还不具备发展产品经济的条件。

2. 从交换价值转向使用价值

在生产力不发达的情况下，尤其是对于仍然处于自然经济和半自然经济的国家和民族来说，还必须重视商品经济的发展。这样，才能实现资源的优化配置。商品是价值和使用价值的统一。但是，在商品经济社会尤其是在资本主义市场经济中，却出现了价值和使用价值的背离。人们生产商品是为了交换，这样，在商品的交换关系或交换价值中表现出来的共同东西，就只有商品的价值。在抽掉商品的使用价值的过程中，人们往往对作为使用价值和整个价值的源泉的使用价值即物的有用性是忽略不计的。在这种情况下，不仅作为使用价值的承担者的自然物质被简单地功利化、单一化了，而且经济物质的稀缺性、不可再生性等特征也被消解了。生态危机就是在这个过程中出现的。其实，商品首先是一个外界的对象，是一个靠自己的属性来满足人的某种需要的物。物的有用性使物成为使用价值。不论财富的社会形式如何，使用价值总是构成财富的物质内容。在市场经济中，使用价值同时又是交换价值的物质承担者。显然，"在这里，正像在生产的第一天一样，形成产品的原始要素，从而也就是形成资本物质成分的要素，即人和自然，是携手并进的"②。假如将商品的物质内容和物质载体抽掉，那么，创造价值的劳

① 《马克思恩格斯全集》，中文 2 版，第 3 卷，194 页，北京，人民出版社，2002。

② 《马克思恩格斯全集》，中文 2 版，第 44 卷，696 页，北京，人民出版社，2001。

动就成为一个无依托的过程，也就根本不可能生产出商品。因此，在未来的产品经济社会中，使用价值将成为第一位的目标。这样，人们才会关心物的可持续性，并自觉追求人与自然的和谐。当然，在现实中，只能在注重商品的交换价值的同时，对使用价值也给予高度的关注，这样，才能防止生态环境问题的发生。

3. 从注重价值转向人的需要

从交换价值转向使用价值，也就是要将生产的目的从外部的冷冰冰的商品转向内在的活生生的人性，将满足人的需要作为生产的直接目的。商品经济尤其是资本主义市场经济，在牺牲人的利益的同时，也牺牲了作为人的无机身体的自然界。在这个过程中，"既然**实际**劳动就是为了满足人的需要而占有自然因素，是中介人和自然间的物质变换的活动，那么，劳动能力由于被剥夺了劳动资料即被剥夺了通过劳动占有自然因素所需的对象条件，它也就被剥夺了**生活资料**"①。为了解决这一问题，必须将生产目的直接定位在满足人的需要上。在唯物史观看来，人的需要和人的本质是同一的。人以其需要的无限性和广泛性区别于其他一切动物。无论是哪一种需要的满足都是依赖于人与自然之间的物质变换的，都是依赖于自然财富的。人的需要可划分为生存需要、享受需要和发展需要三个层次。生存需要是人类维持自身的生存最基本的需要，享受需要是人类提高生活质量、优化生存条件的需要，发展需要是人类实现自身的综合价值而产生的需要。这样，就可以把广义的生活资料分为生存资料、享受资料、发展资料三个方面。显然，生存需要是满足其他需要的前提，生存资料是获得其他资料的前提。生存资料的获得是直接指向生存需要的满足的。而自然财富是最早的生存资料。"最初，自然界本身就是一座贮藏库，在这座贮藏库中，人类（也是自然的产品，也已经作为前提存在了）发现了供消费的现成的自然产品，正如人类发现自己身体的器官是占有这种产品的最初的生产资料一样。劳动资料，生产资料，表现为人类生产的最初产品，而人类也是在自然界中发现了这些产品的最初形式，如石头等等。"② 随着文明的发展，需要对自然的依赖度似乎降低了，但是，自然的这种基础性作用是始终存在的。因此，将生产目的转向人的需要就要保护作为满足人类需要来源和

---

① 《马克思恩格斯全集》，中文 2 版，第 32 卷，44 页，北京，人民出版社，1998。
② 同上书，72 页。

保证的自然界。其实，我们还应该对人类的需要进行具体的历史的分析。

当然，这些是人类文明发展的长远趋势。就现实来看，社会主义生产的目的就是要满足人民群众日益增长的物质文化需要，因此，在建立和完善社会主义市场经济的过程中，我们也必须始终坚持这一目的。只有这样，才能避免将商品尤其是商品的交换价值作为生产的目的所带来的人的异化和生态异化。

（二）建构生态化的生产主体

生产活动是通过一定的经济主体进行的，发展生态经济也需要通过经济主体来进行。这主要是要使企业成为绿色的企业、产业成为绿色的产业。

1. 在微观上，要建构生态化的企业

作为经济微观基础的企业的生态行为，是影响整个生态经济的微观基础。资本在迫使自然成为压迫工人的"主人"的同时，也使自身成为自然的"主人"。现在，随着生态危机的日益严重，企业的生态行为正在成为社会关注的焦点，已经在微观经济层次上形成了一种对企业直接的约束力。这样，就需要通过企业生态化的方式来建构生态化的企业。

（1）在产品设计阶段，要使用预先考虑产品由废弃物到再生过程的"环境负荷减少设计技术"，其中包括可拆卸设计和模块化设计，以便产品修理，在产品寿终正寝时部件可以更新、资源可以再循环利用，从而减少报废处理的难度，提高资源的利用率和降低环境污染。

（2）在原料和动力的供应阶段，要选择使用清洁的纯原料和能源或低污染原料和能源，要采用节约能源资源的技术，加强能源资源的综合利用，提高能源资源的利用效率。

（3）在产品生产阶段，要提升企业对生产的生态效益的重视，加大人力、财力、物力的投入去研发清洁型技术和工艺以降低甚至是消除对环境的伤害；最终，要使企业的产品成为绿色产品。

（4）在销售和消费阶段，必须执行环境标志制度，运用绿色营销战略，采用绿色包装。同时，要引导消费者的绿色消费。

（5）在产品解体阶段，必须采用使解体作业简单化的"自动解体系统技术"，企业要承担起处理其产品消费后剩下的废弃物的责任。

（6）在再生阶段，要采用使再生物的品位尽可能接近原产品的"高品位、高效率材料再生技术"，努力创造可循环利用的新市场。

显然，建构生态化企业"不是从'停止增长'的观点出发，而是从转向提高生产力和在环境允许条件下进行消费的观点出发。只要不是以环境为代价，生产力的提高还照样受欢迎"①。这样，建立生态化的企业，不仅成为影响企业自身可持续发展的关键环节，而且成为影响整个社会的可持续发展的微观基础。

2. 在宏观上，要建构生态化的产业结构

整个产业系统都是与自然生态系统处在系统关联之中的。一方面，自然生态系统构成了产业系统的先在的条件和内在的要素。不管处在什么样发展水平上的产业都要依赖自然生态系统提供的资源、能源和环境。另一方面，任何产业都会将自己的废弃物排放到自然生态系统中从而造成污染。当污染超过一定的限度时，反过来会对产业自身的发展造成制约，甚至会阻碍产业的进一步发展。这样，就必须通过使产业结构生态化的途径来建构生态化的产业结构。这就是要使第一、二、三产业和其他一切经济活动都实现"绿色化"、无害化，并使生态环境保护产业化。其中，与一般的产业部门不同，环保产业不是一个专门的产业领域，而是围绕着保护环境和资源发展起来的一个新兴的产业群，是涵盖第一、二、三产业的"大绿色产业"，是产业生态化的集中体现。因此，应该将之作为未来产业发展的重要方向。环保产业与产业结构的对应如表 8—1 所示。

表 8—1　　　　　　　　　　　环保产业与产业结构对应表

类别	主要领域	对应产业
自然保护业	资源业（野生资源开发和利用，如沙产业、草产业等）	第一产业
	绿化业（用林业手段维持和保护生境）	
	保护业（野生生境的开发和保护，如自然保护区等）	
	生态工程（如水利工程、小流域综合治理工程等）	
污染防治业	绿色产品业（生产低耗、少污、无害、易解的产品）	第二产业
	防治设备制造业（各类防治污染的设备和机械的制造）	
	生态型设备制造业（节能、新能源设备和制造业）	
	回收处理业（各类废弃物的回收和处理，包括污水处理厂）	

① ［英］P.伊金斯主编：《生存经济学》，222 页，合肥，中国科学技术大学出版社，1991。

续前表

类别	主要领域	对应产业
环保 信息 业	环保科技业 环保教育业 环保管理业 环保咨询和评估业	第三产业

在总体上，建构生态化的经济主体，就是要求所有的经济活动都要符合人与自然和谐的要求，实现生态效益、经济效益和社会效益的统一。

（三）遵循生态化的增长方式

经济增长方式不仅是影响经济增长的质量和效益的决定变量，而且是影响人与自然关系的关键因子。尽管粗放型增长方式能够实现经济的增长，但是，具有高投入、高消耗、低质量、低产出的特征，在这个过程中，造成了能源紧张、资源短缺、废物增加、环境恶化等问题。这样，就要求必须转向集约型增长方式。集约型增长方式具有少投入、低消耗、高质量、高产出的特征，可形成由增长促发展、由发展保增长的良性循环的局面。当然，只有集约程度达到一定下限以上的增长方式才是具有持续性的经济增长方式。这种持续性的经济增长方式即生态化的经济增长方式，是生态文明的内在要求和必然选择。

1. 从肮脏增长到清洁增长的转变

工业革命以来的经济增长是通过高污染实现高增长的，事实上是一种"肮脏"的经济增长方式，因此，生态文明要求的经济增长应该是一种清洁的增长。清洁的经济增长方式是通过对污染进行预防和治理而实现经济增长的一种选择。在这个意义上，清洁生产属于集约型经济增长的一种类型。可持续发展的实践表明，以预防和治理污染为目的的清洁生产，可以为企业带来以下利益：降低原材料消耗；降低能量消耗；降低废弃物处理费用，减少对废弃物处理设备的依靠；减少或消除因填埋废弃物或受到污染而在将来所负的清理责任；较少的法律法规纠纷；降低生产和维修费用；减少责任保险费用；提高生产率和产品质量。这样，在转向集约型经济增长的过程中，就必须将清洁作为一个重要的方向和规定。

（1）工业企业的清洁选择。企业在进行技术改造过程中，应当采取以下清洁生产措施：采用无毒、无害或者低毒、低害的原料，替代毒性大、危害严重的原料；采用资源利用率高、污染物产生量少的工艺和设备，替代资源利用率低、污染物产生量多的工艺和设备；对生产过程中产生的废弃物、废水和余热等进行综合利用或者循环使用；采用能够达到国家或者地方规定的污染物排放标准和污染物排放总量控制指标的污染防治技术。

（2）农业生产的清洁选择。在农业科技进步的过程中，应该采用以下清洁生产措施：发展有机农业、生态农业，尽量减少农药、化肥等农用化学物质的使用；改进种植和养殖技术，科学、高效地使用农药、化肥和饲料添加剂，消除有害物质的流失和残留；对农业生产中产生的废料进行综合利用，使土壤中宝贵的有机质能够得到最大限度的利用，直至循环利用，防止农业废料不合理处理造成污染；在造地、灌溉以及土壤改良等农业生产建设活动中杜绝有毒有害物质的介入。当然，随着技术进步和经济发展，清洁的标准是不断提高的。

2. 从线性增长到循环增长的转变

在工业革命发展的过程中，机械化的生产方式采用的是线性的经济增长方式，将生产过程中产生的废弃物简单地排放到了环境中，这样，不仅造成了严重的环境污染，而且导致了极大的资源浪费。针对这种情况，资源利用方式就必须实现从"资源→产品→废弃物"的单向式直线过程向"资源→产品→废弃物→再生资源→产品"的反馈式循环过程转变。这就是必须从线性增长转向循环增长，走循环经济的发展道路。在考察资本主义生产方式的过程中，马克思已经发现了废弃物的循环利用的经济价值，提出了废弃物循环利用的科学设想。在马克思看来，"由于大规模社会劳动所产生的废料数量很大，这些废料本身才重新成为贸易的对象，从而成为新的生产要素。这种废料，只有作为共同生产的废料，因而只有作为大规模生产的废料，才对生产过程有这样重要的意义，才仍然是交换价值的承担者"①。转向循环增长方式是一项复杂的社会系统工程。

（1）农业中的资源循环使用技术。现代的生态农业和可持续农业是建立在自然资源的循环使用的基础上的。在以农牧结合为中心的复合生态系统建设中，运用生态位原理发展草食畜牧业，促进秸秆还田，开发厌氧发酵、氨化秸秆、粪便高效腐熟等食物链接口技术，可以使农副产品及秸秆、

---

① 《马克思恩格斯全集》，中文2版，第46卷，94页，北京，人民出版社，2003。

粪便作为其他动植物的营养成分，并可以提高生物质能的利用效率。

（2）工业中的资源循环使用技术。从能量守恒和转换的规律来看，工业生产过程产生的"三废"（废水、废气、废渣）其实是生态系统中放错位置和地点的"原料"。如果采用适当的回收技术，那么，不但能减轻环境污染，而且可以获得有价值的工业原料，重新应用于工业生产。以后，在拥有稳定人口的成熟的工业社会中，工业将主要依靠已经在该系统之内的东西供给原料，只是在未来替代使用中和再生中需要耗材时，才会转向原始的原材料。在这个问题上，尽管在物质循环的过程中存在着熵增的趋势，很多资源不可能甚至不能完全地实现再生，但是，事实表明，废弃物的循环利用，在一定程度上可以起到节约资源、促进新的经济增长的作用。

当然，生态化的增长方式必须建立在人类掌握了高度发达的智能化生产力，并对自然规律有了充分认识和能够自如地运用的基础之上。

在总体上，生态经济的本质是把经济社会发展建立在自然生态环境持续性的基础上，在保证自然再生产的前提下扩大经济的再生产，从而实现经济社会发展和生态环境保护的双赢互利，实现生态效益、经济效益、社会效益的统一。这正是生态文明所追求的理想境界在经济上的具体要求和体现。

三、生态文明的控制系统

社会系统中的每项因子都对人和自然的关系具有重大影响。从对人类行为控制（包括对人与自然交往的生态行为的控制）的角度来看，主要涉及的是社会系统中的政治因子和文化因子。政治和文化并不能自动地实现这一功能。只有通过政治生态化的途径形成生态政治、通过文化生态化的途径形成生态文化，才能促进人类行为朝向生态和谐的方向发展。

（一）生态政治是生态文明的硬控制手段

目前人类所面临的生态危机是有其深刻而复杂的政治原因的。除了社会制度方面的因素外，政治上的不民主、法治上的不作为是形成生态危机的重要的政治原因。围绕着对生态危机政治原因的反思，在政治领域中出现了政治生态化的趋势。随着政治生态化的发展，就形成了生态政治。生态政治就是通过政治方式处理人与自然的关系形成的特殊政治形式。它既是生态文明在政治文明上的具体体现，也是生态文明的政治保障。主要包括以下内容：

1. 大力发展生态民主

政治生活中的不民主不仅会导致严重的政治后果，而且会引发严重的生态后果。这样，就需要将民主引向生态民主。生态民主就是在处理人与自然关系的过程中，要遵循基层民主的原则，把权利和权力赋予所有的社会成员。当然，民主本身是有阶级性的。这样，就必须在社会形态的变革前提下来发展生态民主。

（1）建立社会主义民主政治是发展生态民主的政治前提。资本主义民主和社会主义民主是两种不同类型的民主。在西方生态运动的发展过程中，提出了"草根民主""包容民主"等生态民主的设想，但是，这些设想只是在资本逻辑和生态理想之间寻求一种政治上的平衡而已，而不可能触及资本逻辑的实质。相反，民主是社会主义制度自身内生的政治品质。社会主义民主的实质就是人民当家作主。因此，生态民主只有在社会主义民主的条件下才能得到真正的发展。一方面，人民群众可以通过各级权力机关来间接参与生态管理。代表人民行使管理国家的权力的各级权力机关，能够通过自己所具有的立法权、决定权、任免权、监督权来促进包括生态民主在内的社会主义民主的发展。另一方面，人民群众可以通过基层民主的发展来直接参与生态管理。通过健全基层自治组织和民主管理制度，可以保证人民群众依法管理基层公共事务和公益事业，建设管理有序、文明祥和的新型社区。当然，社会主义民主还需要制度化和法律化。

（2）坚持马克思主义群众观是发展生态民主的基本要求。在这个问题上，"绿色理论家往往回避阶级政治理论，因为他们相信它们会造成不和从而损害绿色的普遍诉求。然而，绿色论著中已经有一些关于变化的代理机构这一一般性议题的讨论。两种主张可以简短地概括如下：一是中产阶级作为变化的鼓动者；二是'新社会运动'比如女权主义、和平运动、同性恋等等的潜在的核心性角色"①。事实上，西方社会国内

---

① ［英］安德鲁·多布森：《绿色政治思想》，196～197 页，济南，山东大学出版社，2005。

社会结构的变化，只是阶层结构的变化，而根本没有触及无产阶级和资产阶级对垒的阶级结构。况且，随着全球化的发展，形成了世界性的无产阶级和世界性的资产阶级的阶级对立。这样，只有将生态运动纳入到无产阶级总体斗争中，生态运动才是有前途和方向的。对于社会主义国家来说，在坚持阶级分析的同时，还必须坚持马克思主义群众观。这就是：我们要相信人民群众有解决生态问题的博大智慧，要全力依靠人民群众进行生态建设，要为了人民群众进行生态治理，要将人民群众的根本利益作为衡量生态建设的最高准绳。只有这样，才能保证我们的政策和法规符合人民群众的意志，得到人民群众的拥护和支持。

（3）推进生态决策的民主化是发展生态民主的重要内容。在生态环境问题上，决策违背人民群众的意愿、缺乏人民群众的参与和监督是造成问题的重要根源。为此，必须大力推进生态决策的民主化。在无产阶级专政的社会主义国家中，决策的科学化民主化是实行民主集中制的重要环节，是社会主义民主政治建设的重要任务。在当代中国，决策的民主化就是要把中国共产党在长期的革命、建设和改革开放过程中形成的群众路线的优良传统贯彻到决策的过程中去。因此，在现实中，尤其是在经济开发项目进行环境影响评估和灾害影响评估的过程中，我们必须虚心倾听群众的呼声、广泛吸纳群众的意见、善于集中群众的智慧，这样，才能有效地保证党和国家的一切决策、一切政策的制定和实施符合广大人民群众的利益、愿望和要求。当然，决策最终必须建立在对客观规律的科学把握的基础上。

总之，发展生态民主就是要将生态要求和民主原则高度统一起来。只有在生态民主的基础上，才能形成科学的生态治理，才能形成科学的生态文明。

2. 努力健全生态法治

在人和自然关系问题上的法制的空白和法治的软弱是形成生态危机的重要的原因。西方发达国家的经验表明，运用法治的方式能够更为有效地进行生态治理，促进人与自然的和谐。这样，就必须通过法治生态化的方式来形成生态法治。生态法治是人们正确处理人与自然关系的一种积极进步的法治形态。健全的法律体制和良好的法治氛围，对于维护人们生态权利和生态义务，对于维护人与自然的和谐发展，具有其他控制手段所不可代替的作用。

（1）要在坚持以人为本的基础上追求人与自然的和谐。在推进生态法治的过程中，在价值观上同样遇到了如何处理物本和人本的关系问题。一些论者将西方环境伦理学中的生态中心主义的"内在价值"的观念引入到了讨论的过程中，要求将承认和尊重自然界的"内在价值"作为生态法治的基本理念。其实，在自然界中就存在着弱肉强食的法则，自然界是不可能对所有自然存在物的内在价值都给予同样的关注的。同时，假如将自然价值看作是基本的甚至是绝对的价值，会挫伤人们尤其是底层民众生态建设的主体性。因此，生态法治不是要确立自然界的法律"权利"地位，而应该将以人为本作为自己的基本价值理念。在这个问题上，马克思在1842年关于林木盗窃问题的论述在今天仍然是有价值的。在马克思看来，"这种为了幼树的权利而牺牲人的权利的做法真是最巧妙而又最简单不过了。如果法律的这一条款被通过，那么就必然会把一大批不是存心犯罪的人从活生生的道德之树上砍下来，把他们当作枯树抛入犯罪、耻辱和贫困的地狱。如果省议会否决这一条款，那就可能使几棵幼树受害。未必还需要说明：获得胜利的是被奉为神明的林木，人却成为牺牲品遭到了失败！"① 这里，不应该在价值优先性上对人和物进行对比，人本身就是地球自然界进化到目前为止的最高阶段。当然，坚持以人为本就是要坚持人与自然的和谐发展。

（2）要在维护多数人利益的基础上实现个体和集体的统一。在加强生态法治的过程中，必须保持其社会价值的合理性，正确处理私人利益和集体利益的关系。一方面，作为生态文明基础的自然物质条件不是向社会个体提供某种便利，更不是少数人的特权，而主要是对社会整体甚至人类整体提供生存繁衍的基本物质条件。另一方面，在社会生活中，"世界并不是一种利益的世界，而是许多种利益的世界"②。其中，大多数人的利益是最要紧和最根本的利益。从利益的角度来看，如果说物质文明可以通过对个体占有物质财富的量的合计来衡量其发达程度，精神文明可以通过对个体占有文化财富的量的合计来衡量其发达程度，那么，生态文明的基本表现形式是总的自然生态条件的改善，是总的自然物质条件向社会整体和社会个体提供的各种总体的生态服务。因此，生态法治必须将维护大多数人的生态权益作为自己的价值理念，并要在此

① 《马克思恩格斯全集》，中文2版，第1卷，243页，北京，人民出版社，1995。
② 同上书，272页。

基础上追求个体利益和集体利益的统一。但是，在资本主义条件下，私人利益和公共利益是根本对立的，因此，它们的生态法治是有其阶级局限的。即使其生态法治再发达，也是维护资本逻辑的。只有在社会主义条件下，由于实现了生产资料的公有制，才能克服个体利益和集体利益的矛盾，实现二者的统一。所以，我们必须在社会主义条件下推进生态法治。只有这样，生态法治才能得到社会的普遍认同和共同遵守。

（3）必须要确保生态法制体系的完善性。尽管人类在这方面已经形成了一系列的法制，但是，缺乏体系的完整性和理念的统一性。这样，就必须按照依宪治国的思路从总体上来推进生态法制建设。

第一，致力于制定推进生态文明的总体原则。必须将生态文明上升到国家意志的高度，并用宪法的形式加以确认。在此前提下，宪法应该明确规定，国家必须按照以人为本的原则、切实采取各项措施来保障所有公民的生态权益，维护子孙后代和全人类的利益，采取适合本国国情的人口政策，保护国土资源和生态环境，支持以可持续的方式开发和利用可再生能源资源，依法及时预警和处置威胁到人民群众生命财产安全的各种环境事故，并保证人民群众有效参与对自己生活和生产产生影响的各种决策，最终要促进人与自然的和谐发展，捍卫国家生态安全。

第二，建立一个系统的生态法律体系。在宪法的总体框架下，必须制定一个在总体上促进生态文明的基本法（统筹人与自然关系领域中所有问题的法律）。在这个过程中："为了有效地将环境和发展纳入每个国家的政策和实践中，必须发展和执行综合的、可实施的和有效的法律法规，这些法律法规是以周全的社会、生态、经济和科学原则为基础的。"① 在此前提下，必须将宪法的总体原则和基本法的具体原则贯彻和落实到各种类型和各种层次的具体法中（人口动态法、能源保护和利用法、资源保护和利用法、环境保护法、生态保护法、防灾减灾法）、环境标准及其政策和法规中，同时要积极参与生态国际法。最后，要确保这个法律体系能够有效贯彻和执行下去。

第三，强化生态法律体系的执行手段。必须运用相应的手段，确保生态法律体系的有效执行，并对违法人员实行制裁，执行机构必须保证制止对自然生态环境的损害。同时，生态法律执法和实施部门必须严格

---

① 联合国环境与发展大会：《21 世纪议程》，61 页，北京，中国环境科学出版社，1993。

对自己的行为负责。对于当代中国来说，这就是要"严格执行已经颁布的有关法律法规。研究解决违法成本低、守法成本高的问题，依法严肃查处破坏资源和环境的行为。各级人大要加强对人口资源环境工作的执法监督检查，司法部门要加大对人口资源环境犯罪案件的查处力度"①。在总体上，这就是要贯彻有法可依、有法必依、执法必严、违法必究的方针。

总之，只有通过法律的权威性和强制性，才能对生态建设中可能遇到的各种复杂关系和问题进行有效的调节和控制，最终才能保证各项生态文明建设的公平、有序进行。

在总体上，生态政治将成为传统政治发展的历史转折点，从而构成生态文明的政治目标和方向。

（二）生态文化是生态文明的软控制手段

在人类行为规范体系中，政治法律维持的是一种外在的关系，属于"他律"，其作用是暂时的、有限的。思想文化维持的是一种内在的关系，属于"自律"，其作用是长远的、无限的。这样，在建设生态文明的过程中，就需要通过将思想文化生态化的方式来建立生态文化。生态文化就是在协调人与自然关系的过程中形成的文化成就，主要包括生态思维、生态伦理和生态审美等具体的形式。生态文化既是生态文明在精神文明上的具体体现，也是生态文明的思想文化上的支持机制。

1. 努力养成生态思维

近代以来，在资本逻辑和机械思维的逼迫和压榨下，自然成为了征服的对象，即表现为能量提供者和单纯的千篇一律的物质。这样，就需要将辩证思维投射到人与自然的领域中，形成生态思维。生态思维是辩证思维在人与自然关系领域的具体化，同时吸收了现代生态学思维的具体成果，是哲学思维和科学思维的高度的具体的统一，因此，它能够成为主导人类生态行为的普照的智慧之光。

生态思维的核心是要用生态总体性的观点来观察问题和解决问题。生态思维是反映人（社会）和自然和谐发展的思想观点，是在把握生态总体性的过程中形成的。生态总体性是客观存在着的系统性联系。

---

① 《十六大以来重要文献选编》（上），861页，北京，中央文献出版社，2005。

（1）自然界是具有整体性的系统存在。在整个自然界的演化的过程中，尽管存在着非系统性和反系统性的现象，但是，在整体上，"宇宙是一个体系，是各种物体相联系的总体"①。现代系统科学的发展已经雄辩地证明了这一点。

（2）人本身是具有整体性的社会存在。通过劳动在自然进化过程中形成的人类是一种社会关系的总和，因此，无论人类是以个体的形式还是以群体的形式存在着，都是一种整体性的社会存在。其实，人的总体性就是人的全面性。"个人的全面性不是想象的或设想的全面性，而是他的现实联系和观念联系的全面性。由此而来的是把他自己的历史作为**过程**来理解，把对自然界的认识（这也作为支配自然界的实践力量而存在着）当作对他自己的现实躯体的认识。"② 显然，人的全面性内在地要求人类要将自然作为自己的身体来对待。

（3）人类社会是具有整体性的有机存在。人类社会是一个通过社会结构而构成并随着社会形态的更替而不断进化的有机体。社会系统是与自然系统相对的客观存在的系统。

（4）人类实践是具有整体性的社会活动。作为人的能动性确证的实践，是一个包括生产实践、科学实验、阶级斗争和社会革命在内的整体。其中，每种实践形式本身都是以系统性的方式存在和发生作用的。更为重要的是，由于作为社会实践基本形式的生产实践是实现人与自然之间物质变换的形式，因此，人和自然的关系就被整合到了实践系统中成为具有内在关联的因素。

（5）人（社会）和自然的关系是具有整体性的辩证关系。实践不仅是联结自然演化和社会进化的中介，而且是实现人和自然统一的基础。自然运动和社会运动是两种基本的物质力量，它们在自然界演化的过程中通过劳动而构成了一个大的整体，即"自然—社会"系统。"自然—社会"系统的运行规律就形成了社会生态运动规律。总之，客观世界的整体性本身是多种多样的，丰富多彩的。在这个问题上，"不同要素之间存在着相互作用。每一个有机整体都是这样"③。这样，就形成了作为辩证思维核心要求的总体性（totality）。总体性内在地是指向人与自

①　《马克思恩格斯选集》，2版，第4卷，347页，北京，人民出版社，1995。
②　《马克思恩格斯全集》，中文2版，第30卷，541页，北京，人民出版社，1995。
③　同上书，41页。

然关系的领域的，或者说总体性内在地存在着生态向度，在这个过程中，就建构起了生态总体性（eco-totality）。生态总体性是对人和自然的生态联系的哲学反思，是对人和自然的辩证关系的生态学把握，是辩证思维和生态思维的科学的有机的统一。

总之，生态总体性是辩证思维的具体体现，同时吸收了生态思维的科学成果，是为全人类的解放和自然解放服务的。

2. 大力推进生态伦理

与其说人类中心主义是生态危机的道德根源，不如说生态危机是由个人主义和利己主义的价值观造成的。自然异化和生态异化就是在这个过程中产生的。这样，就需要将道德尺度运用在人与自然交往的行为过程中，建构生态道德，也需要将正义价值运用在与人和自然的关系相关的人与人（社会）的关系领域中，建构生态正义。只有将生态道德和生态正义统一起来，才能形成完善的调节人与自然关系的伦理道德体系。生态伦理既是生态文明在伦理道德上的具体体现，也是支持生态文明的伦理道德手段。

（1）生态道德是规范和评价人与自然交往的行为准则体系。生态道德不是将自然界作为道德客体的道德形式，而是将人与自然交往的行为作为道德对象的道德形式。它之所以是可能的，就在于在人与自然之间存在着一种需要和需要的满足、目的和目的实现的关系，即生态价值关系。在这个问题上，"当物按人的方式同人发生关系时，我才能在实践上按人的方式同物发生关系。因此，需要和享受失去了自己的**利己主义**性质，而自然界失去了自己的纯粹的**有用性**，因为效用成了**人的效用**"①。事实上，这是一个双向规定的过程。一方面，必须在人类中实现自然主义。无疑，道德价值首先应该将人作为关怀的对象，但是，人本身是在自然界演化的过程中产生的，同时具有自然规定性，这样，只有将"我"看作是另外一个"自然"，才能准确地确定人的价值。因此，只有将自然法则作为人类行为的尺度，才能保证人类的持续生存和永续发展。在这个意义上，完成了的人道主义就是自然主义。另一方面，必须在自然界中实现人道主义。人与自然存在着密切的生态学关联。自然界不仅是人类生活资料和生产资料的提供者，而且是人类的无机身体。

---

① 《马克思恩格斯全集》，中文 2 版，第 3 卷，304 页，北京，人民出版社，2002。

因此，只有按照人道的尺度对待自然，使自然从"它者"成为另一个"自我"，才能在自然持续性的基础上实现人的持续性。在这个意义上，完成了的自然主义就是人道主义。这样，就形成了生态道德。在总体上，生态道德就是要求人类以合乎人性的方式调节人与自然之间的物质变换。

（2）生态正义是不同层次和类型的社会主体在涉及人与自然关系问题上的合理而应当的秩序和状态。从根本上来看，生态危机是由私有制产生的不公正的社会秩序造成的。这样，在追求和实现社会正义的过程中，还必须将正义发展为生态正义。一方面，每一个社会主体都是平等的。特权是随着私有制的产生而产生的，但是，"自由意志并没有等级的特性"①。当然，在实质上，公平正义涉及的是社会结构的合理性问题。因此，公平正义就是要保证全体社会成员在社会生活各个领域中的平等权益。在现实的社会主义制度中，公平就是要保证人民群众的经济、政治、法律和文化等方面的平等权益。正义同样是应该指向生态环境问题的。另一方面，自然界是人类的共同财富。大家在共同享受自然财富的同时，具有共同的保护自然的责任和义务。当然，责任、义务和权利应该是对等的。这里的共同应该是包括差异和区别的共同。例如，正是凭借世界上自然资源相对充裕的先发优势，发达国家才在大肆开发、利用、占有和攫取不发达国家的自然资源的过程中率先实现工业化的，并通过"世界历史"（全球化）将环境污染扩散到了全球，因此，在全球环境治理的过程中，发达国家必须承担更多的责任和义务，要对发展中国家进行生态补偿。只有这样，才是合乎正义的。同时，建构生态正义需要依赖经济、政治、法律和文化等方面的正义的支持和配合。总之，只有切实维护和实现生态正义，才能在协调各方面的社会关系的基础上，实现人与自然的和谐发展。

显然，只有生态伦理才能真正驱动人的生态意识和行为的自觉性、自律性与自为性，这样，才能大大减轻法律约束所付出的成本或代价。在建设中国特色社会主义的过程中，我们要倡导的是社会主义的生态伦理道德，要把集体主义的原则和生态伦理的规范统一起来。

3. 尽力倡导生态审美

当庄子提出"天地有大美而不言"的审美判断时，指向的恰好是人

---

① 《马克思恩格斯全集》，中文 2 版，第 1 卷，265 页，北京，人民出版社，1995。

与自然的和谐。但是，资本逻辑携带机械思维将诗情画意从人和自然的关系领域中驱逐出去了。这样，"忧心忡忡的、贫穷的人对最美丽的景色都没有什么**感觉**；经营矿物的商人只看到矿物的商业价值，而看不到矿物的美和独特性；他没有矿物学的感觉"①。这样，就需要人的本质的对象化。这就是，人类的劳动要按照美的尺度来建造，通过生态审美走向人与自然的和谐。这既是生态文明在美学上的具体体现，也是支持生态文明的美学途径。

生态审美是通过对生态美的鉴赏而获得精神愉悦的过程。美是无处不在的。除了文学艺术作品中存在的艺术美之外，还存在着自然美、环境美和生态美。自然美是大自然自身存在的美（高山流水），环境美是人的活动空间中存在的美（小桥流水），而生态美是将艺术和自然统一起来的美。在生态美中，既包括艺术美中所体现的自然美、环境美（山水诗画中的高山流水），也包括自然美、环境美中映射的艺术美（高山流水中的诗情画意）。

（1）自然是艺术和审美的天然对象。没有艺术和审美的对象就不可能创造出懂得艺术和具有审美能力的大众。其中，"植物、动物、石头、空气、光等等，一方面作为自然科学的对象，一方面作为艺术的对象，都是人的意识的一部分，是人的精神的无机界，是人必须事先进行加工以便享用和消化的精神食粮"②。这里，不能将自然理解为单纯的自然界，事实上，作为审美主体的人本身就包括自然的属性。自然应该包括整个世界系统。这个世界系统是人和自然的统一、事实和价值的统一。

（2）人化自然是艺术和审美的客观基础。在自然界中，只是存在着美和审美的可能性。只有在人类实践尤其是劳动的过程中，自然才成为人类的现实和作品，这样，通过人的本质力量的展示，才能使自然美进入到人类的精神世界中进而产生其他美的形式。同时，审美主体也是生成的。"只是由于人的本质客观地展开的丰富性，主体的、**人的**感性的丰富性，如有音乐感的耳朵、能感受形式美的眼睛，总之，那些能成为人的享受的感觉，即确证自己是**人的**本质力量的**感觉**，才一部分发展起来，一部分产生出来。因为，不仅五官感觉，而且连所谓精神感觉、实践感觉（意志、爱等等），一句话，**人的**感觉、感觉的人性，都是由于

———————
① 《马克思恩格斯全集》，中文2版，第3卷，305～306页，北京，人民出版社，2002。
② 同上书，272页。

它的对象的存在，由于**人化的**自然界，才产生出来的。"① 这里，人化自然是理解美和审美的关键。对生态美、生态审美同样应该作如是观。

（3）美的规律是人类实践的基本法则。诚然，动物也生产，但是，"动物只是按照它所属的那个种的尺度和需要来构造，而人懂得按照任何一个种的尺度来进行生产，并且懂得处处都把内在的尺度运用于对象；因此，人也按照美的规律来构造"②。在动物生产的过程中，存在着单一的尺度。这种生产事实上是生命本能的活动。而人的实践存在着两种尺度。一种是外在的合规律性的尺度，是自然必然性在实践中的具体体现和要求；一种是内在的合目的性的尺度，是人的需要和目的在实践中的直接体现和完成。没有外在尺度约束的单纯内在尺度主导的实践是盲目的，没有内在尺度导引的单纯外在尺度主宰的实践是无意义的。只有将二者统一起来，才能有现实的实践。这种合规律性和合目的性的统一就是价值的形成。美是合规律性和合目的性的统一中所体现出来的和谐与秩序。

（4）美的生活是人类生活的本真状态。在资本逻辑的主导下，劳动生产了美，但是使工人变得畸形，自然成为了单纯的工具。异化其实就是将美从生活中驱逐的过程（祛魅）。这样，就造成了人与自然的那种亲切感的丧失、同自然的交流之中带来的意义和满足感的丧失。因此，必须在消灭资本逻辑的过程中消灭异化对人和自然的支配，恢复美在生活中应有的地位（返魅）。人应该诗意地栖居在这片大地上。当然，在我们看来，人诗意地栖居就是要在人类实践发展的基础上恢复人与自然的和谐状态。这里的恢复是辩证的否定，是在消灭私有制的基础上而实现的人与自然的和谐。这样，人与自然的和谐以一种无遮蔽的形式呈现了出来。

可见，美是无蔽性真理的一种呈现方式。这样，通过提升人的审美境界和审美趣味，生态审美就能够在净化人的灵魂的过程中，使人类自觉地走向人与自然的和谐。

显然，面对生态危机展现出来的人类文化的危机，通过在生态尺度上重建人类思想文化，充分发挥生态思维、生态伦理和生态审美对人类行为的约束作用，建设生态文明就将成为人类的自觉行动。生态文化是

---

① 《马克思恩格斯全集》，中文2版，第3卷，305页，北京，人民出版社，2002。
② 同上书，274页。

生态文明的文化目标和方向。

在总体上，只有软硬兼施、恩威并济，将依法治理生态环境和依德治理生态环境统一起来，才能保证人类行为的有序性和有效性。这就是生态文明追求的控制目标。

四、生态文明的支柱系统

为了有效地推进生态文明建设，必须大力加强生态文明支柱系统的建设，要建构一个生态化的科学技术系统。生态化的科学技术系统是指，按照统筹人与自然和谐发展的原则和要求，科学技术以生态化作为自己的发展目标和发展方向，在生态化重组的过程中来不断实现自身结构和功能的优化，建立起一套支持可持续发展和生态文明的科学技术体系。在这个意义上，生态化的科学技术既是生态文明在科学技术方面的具体体现和现实成果，也是生态文明体系的基本组成部分。

（一）科学技术生态化的建构原则

生态文明需要科学技术的支持和支撑。只有生态化的科学技术才可能起到支持和支撑生态文明的作用。生态化的科学技术不是现成的科学技术的形式和种类，也不是理想的科学技术的体制和模式，而是一个受生态文明诸因子约束的不断的建构过程，这种建构过程是一个与评估紧密相关的抉择过程。

1. 建构生态化的科学技术必须与自然生态系统的可持续性相协调

科技系统对自然生态系统存在着一种内在的依赖。

（1）自然生态系统构成了科技活动的物质平台。科技活动同样需要一定的场所和环境，而大自然就是科技上演的舞台。

（2）自然生态系统构成了科技研究的客观对象。科学的直接使命就是要发现自然规律，技术的直接使命就是要运用自然规律。因此，"科学只有从自然界出发，才是**现实的科学**"①。这种情况就决定了，科技进步不仅不能污染和破坏自然，而且必须维持和保护自然生态系统的可

① 《马克思恩格斯全集》，中文 2 版，第 3 卷，308 页，北京，人民出版社，2002。

持续性。这就是说，生态化的科学技术必须建立在自然生态系统的可持续性上，要尽量采用可更新的资源和能源，应具有资源投入少、能源消耗低、污染程度轻等特征。

2. 建构生态化的科学技术必须与生产和经济系统的可持续性相协调

作为推动生产和经济发展第一动力的科学技术，同样需要生产和经济发展提供的经济物质条件。这样，就必须将科技生态化与生产和经济系统的可持续性结合起来考虑。

（1）要把生态价值规律作为科技生态化的基本规律。生产和经济的可持续性要求建立以劳动价值论为基础和核心的、包括生态价值论和信息价值论在内的广义经济价值论，按照生态价值规律来规范一切经济活动，应将"三个效益"的统一作为整个经济活动的目标。因此，建构生态化的科学技术也必须按照这个原则和要求进行。生态化的科学技术是尊重生态价值规律的科学技术，是追求"三个效益"的统一的科学技术。

（2）要把产业生态化作为实现科技生态化的基本途径。生产和经济的可持续性要求传统产业应在生态化的基础上逐步更新，应大力发展生态化的新产业，这样，生态化的科学技术就应该成为促成产业生态化的科学技术，应该是发展生态化新产业的科学技术。

总之，生态化的科学技术就是支持生产和经济可持续性的科学技术。

3. 建构生态化的科学技术必须与人类需要及其满足系统的可持续性相协调

人是科学技术的承担者、承受者和享有者，这样，就必须将科技生态化定位在全面地满足人的需要上。

（1）生态化的科学技术必须是满足人的物质需要的基本手段。物质性需要是人的基本需要。只有在人与自然的物质变换的过程中才能满足人的物质需要。科技生态化就是在解决人和自然的物质变换的过程中产生的。

（2）生态化的科学技术必须是满足人的精神需要的基本手段。科技进步是满足人的精神需要的过程、手段和产品。科技生态化必须考虑人的精神需要，使人在与自然和谐相处的过程中提高自己的精神境界。

（3）生态化的科学技术必须是满足人的政治需要的基本手段。人天生是政治性存在物。先进科技成果的传播也会成为人们政治解放的手段。科技生态化必须成为支持生态民主的手段。

（4）生态化的科学技术必须是满足人的生态需要的基本手段。社会的可持续发展和生态文明都是生产力发展的要求和结果，尤其是离开了作为第一生产力的科学技术，根本就不可能有可持续发展和生态文明。

总之，生态化的科学技术必须是支持人的可持续生存的科学技术。

4. 建构生态化的科学技术必须与社会系统可持续性相协调

科学技术是在满足社会需要的过程中产生的，同时又成为推动社会变革的革命力量。社会发展和社会进步内在地要求社会和自然的协调，因此，科学技术应该支持这种协调。

（1）生态化的科学技术必须是支持基本国策的科学技术。在当代中国，应将控制人口、保护生态环境、节约资源和能源作为基本国策，因此，必须大力发展控制人口的适宜科技、无破坏的科技、低耗的科技。这样，才能为贯彻和落实基本国策提供科技支持。

（2）生态化的科学技术必须是支持生态环境管理的科学技术。为了解决市场经济在生态环境领域中的失效问题，必须强化政府的生态环境管理的职能，科学技术必须为宏观的生态环境管理的科学化服务。同时，促进科技进步将成为未来生态环境管理的重要基础。

（3）生态化的科学技术必须是支持生态环境法制建设的科学技术。生态环境法制建设必须建立在对生态环境问题发生机理、作用机制的科学认识的基础上，因此，科学技术必须为建立完整、配套的解决全球性问题、建构和实施可持续发展的法律体系服务。

在总体上，生态化的科学技术应该是科技的生态化和科技的合理化相协调的科学技术。

虽然生态化的科学技术是生态文明的"序参量"，但它本身又是一个由作为参数的生态文明的诸因子决定的一个系统，因而，只有建构起生态化的科学技术系统，才可能彻底、有效地推进人与自然的和谐发展。

（二）科学技术生态化的建构途径

生态化的科学技术是科技发展过程中的一种发展趋势，是科学技术在面向可持续发展和生态文明的过程中对自己的结构和功能进行优化的一种过程。也就是说，生态化的科学技术是一种"绿化"了的科技形态，是在生态化的基础上进行的一种结构和功能的重组。只有将生态化的科学技术的各个部分匹配起来，才能有效地支持生态文明。

1. 科技结构本身要生态化

近代科学的发展在事实上存在着一个生态学的空白。即使在今天，生态学也只是被看成与农业科学技术有关的问题，工业科学技术和军事科学技术几乎是排斥生态学的，而人文科学和社会科学更缺乏必要的生态学意识。显然，科学技术自身结构的残缺是造成全球性问题的一个很重要的原因。"于是，就要探索整个自然界，以便发现物的新的有用属性；普遍地交换各种不同气候条件下的产品和各种不同国家的产品；采用新的方式（人工的）加工自然物，以便赋予它们以新的使用价值。[**奢侈品**在古代所起的作用和在现代所起的作用不同，这以后再谈。]要从一切方面去探索地球，以便发现新的有用物体和原有物体的新的使用属性，如原有物体作为原料等等的新的属性；因此，要把自然科学发展到它的最高点；同样要发现、创造和满足由社会本身产生的新的需要。"① 这样，只有科技结构进行全面的生态转换，生态化的科技才是可能的，这里的科学既指自然科学，也包括社会科学；这里的技术，既指农业技术，也包括工业技术、军事技术，直至社会技术。

2. 科技思维方式要生态化

作为思维方式的形而上学是在近代机械科学的基础上形成的。在将复杂事物分解为简单现象认识的同时，导致了孤立地、片面地和静止地看问题的弊端。这是造成生态危机的基本思想认识原因。因此，消除科学技术的生态破坏力、解决全球性问题、推进人与自然的和谐发展，依赖于科学技术思维方式向辩证思维的复归。新科技革命和人类理论思维的发展为之提供了可能。在这个过程中，"生态学的考察方式是一个很大的进步，它克服了从个体出发的、孤立的思考方法，认识到**一切有生命的物体都是某个整体中的一部分**"②。在实质上，生态思维和生态意识就是一种现代形态的辩证思维。这样，科学技术的生态化就是要将生态学方法贯穿到人类的所有知识体系中。

---

① 《马克思恩格斯全集》，中文 2 版，第 30 卷，389 页，北京，人民出版社，1995。

② ［德］汉斯·萨克塞：《生态哲学》，前言 1～2 页，北京，东方出版社，1991。

3. 科技的价值规范和评价体系要生态化

作为人类特定行为的科学技术是在"人（社会）—自然"这个复合系统中展开的，同时是实现人与自然之间的物质变换方式的基本保证，这样，科技发展也存在着遵循生态道德的问题。在遵循自然规律的前提下，这就是要人们按照以下准则规范自己的行为："当一个事物有助于保护生物共同体的和谐、稳定和美丽的时候，它就是正确的，当它走向反面时，就是错误的。"① 显然，只有遵循这些道德准则的科学技术，才能成为支持生态文明的科学技术。总之，只有将生态伦理作为科技的规范和评价尺度，生态化的科技才是可能的。生态化的科技也就是一种生态化了的科学技术价值体系。

4. 科技功能要生态化

作为实现人和自然之间物质变换方式的科学技术，只有在与自然相协调的情况下才可能体现出其经济功能。科技的生态功能成为其经济功能的前提和基础，而生态化科技的经济功能又会加强和深化科技的生态功能。科学技术既可以排放废物，又可以变废为宝，既可以污染空气，又可以净化空气，既可以破坏自然，又可以维持和保护自然，关键是要将科学技术定向于工艺的生态化上来。因此，只有将科学技术的功能定位于工艺和发展的生态化上，生态化的科学技术才是可能的。

总之，只有将上述四个方面协调为一个整体，科学技术的模式和体制就会发生全面、彻底的生态转向，这样，生态化的科学技术才是可能的。

（三）科学技术生态化的功能扩展

从单纯的工艺或技术的发展模式来看，生态化的科学技术是整个科学技术的结构和功能的一次彻底的生态学转向，决不是局部的调整和优化。在这个意义上，生态文明其实就是建立极少产生废料和污染物的工艺或技术系统。其实，生态化不仅仅是自然科学和工程技术的发展趋势，同时也应该成为整个人类知识发展的趋势。只有将科学技术的生态化的成果扩展到整个人类知识体系中，人类才能真正用科学的理性的方式对待自然。

_____

① ［美］奥尔多·利奥波德：《沙乡年鉴》，213 页，长春，吉林人民出版社，1997。

生态化的科学技术就是一种全面生态化了的科学技术结构。根据上面的考虑，似乎可以将生态化的科学技术区分为以下几个层次：

（1）科学层次。这又包括两大类：第一，人口科学、生态科学、环境科学、地球科学、地理科学等兼具自然科学和技术科学性质的生态化的科学。第二，生态（环境）经济学、生态（环境）法学、生态（环境）政治学、生态（环境）社会学、生态（环境）伦理学、生态（环境）美学、生态（环境）哲学等具有哲学社会科学和人文科学性质的生态化的学科。这些学科就构成了生态化的科学技术的科学层面。

（2）技术层次。新技术革命所提供的信息技术、生物工程、能源技术、材料技术、空间技术和海洋技术都具有重要的生态功能，为解决全球性问题、推进可持续发展提供了必要而强大的技术手段，它们构成了生态化的科学技术的技术层面。

（3）生态层次。生态文明的核心问题是人口、能源、资源、环境、生态和灾害等问题，解决这些问题的科学技术就构成了生态化的科学技术的生态层面。

（4）产业层次。生态文明只有在产业中得到彻底、有效的贯彻和体现，才是可能的。从这个角度来看，生态化的科学技术可区分为生态农业科学技术、生态工业科学技术、生态产业科学技术（环境保护产业科学技术）等类型。我们还可以从其他角度对之做出分类。在这些科学技术的门类中，最为重要的是生态化的科学技术的生态构成和产业构成。

技术生态学是科学技术生态化在"技术—产业—哲学"层面的具体体现。在人与自然相互作用的过程中，"工艺学揭示出人对自然的能动关系，人的生活的直接生产过程，从而人的社会生活关系和由此产生的精神观念的直接生产过程"①。这样，科学技术的生态化要求人们将经济理论、技术理论和生态理论联系考虑。

（1）技术生态学的研究对象为技术活动与生态环境之间如何协调、统一的问题。技术生态学要确定技术活动的生态范围，探讨从技术上解决全球性问题的统一方针和行动规划，以保证生产力和自然生态环境都能以最佳速度发展，在现有的生产力水平上，使人工生态系统（技术进步及其物化成果）对自然生态系统的损害和破坏能降低到最低限度。

---

①　《马克思恩格斯全集》，中文2版，第44卷，429页脚注（89），北京，人民出版社，2001。

（2）技术生态学的任务在于避免技术活动可能会造成的生态失误。技术生态学的使命就在于为技术活动与生态环境之间建立协调和谐的关系创造条件，最终使二者合并成为一个有计划、有步骤的可控过程。

（3）技术生态学属于一门联系技术科学和技术活动的中介学科。技术生态学不是技术科学的一个门类，它不探讨技术发生和运用的内在机制；技术生态学不是技术体系（技术活动）的一个组成成分，它不对客观事物发生直接关系，不直接创造人工客体；它与技术史、技术社会学、技术伦理学、技术美学具有同等的性质和意义。由此，我们既可以将技术生态学看成是提供技术内在结构和逻辑的技术形而上学——技术哲学，也可以将它看成是提供技术良性运行环境和条件的技术环境学——生态哲学。

科学技术的生态化的成果在人类知识体系中扩展的过程，其实就是一个人类知识体系范式的整体转型的过程。这个转型事实上就是对"人（社会）—自然"复合系统的自觉的科学的系统的把握。这不仅是一场科技革命，而且是一场知识革命。

在总体上，生态文明的最终希望在于生态化的科学技术，生态化的科学技术的根本目标是保证和支持生态文明。科学技术的不断进步可以有效地为生态文明的决策提供依据和手段，促进生态环境管理水平的提高，加深人类对自然规律的理解，开拓新的可利用的自然资源领域，提高资源综合利用效率和经济效益，提供保护自然资源和生态环境的有效手段，支持人与自然的和谐发展。可见，没有生态化的科学技术的支持和支撑，就不可能建设起生态文明的大厦。

五、生态文明的目的系统

自然演化是无目的的自发过程，但是，在自然演化的过程中凭借劳动产生出人以后，社会进化却成为了有目的的自觉过程，这样，才出现了如何协调人（社会）和自然关系的问题。因此，生态文明的最终的价值必须定位在人的自由而全面发展上。一方面，人的自由而全面的发展是建设生态文明的价值目标；另一方面，生态文明是实现人的自由而全面发展的重要手段。只有将二者统一起来，生态文明才是有终极意义的，人的发展才是有最终依托的。

（一）人的发展和生态发展是统一的历史过程

人与自然的和谐关系是在劳动基础上展开的社会建构的过程（生态发展）。人的劳动总是具体的历史的劳动，这样，就使人与自然之间关系的社会性具有了具体性。在人类劳动进化的过程中，人的发展和生态发展成为系统发生、协同演进的历史过程。

1. 人对人的依赖阶段的人与自然的关系

随着私有制的出现，导致了阶级利益的分化，因此，劳动只能是一种被动的活动。这样，被动劳动就成为了人的劳动的第一种形态，在此基础上形成了人对人的依赖的社会形态，即前资本主义阶段。在这一阶段，人的生产能力是在狭窄的范围内和孤立的地点上发展的，自然界几乎没有被纳入社会进程，因此，人与自然之间的生态关系、人与人（社会）之间的社会关系都具有自己的狭隘性。在生态关系方面，关于自然的神话和自然崇拜等原始的宗教是史前时代的人类解释和说明自然现象的工具，这既反映了人在自然必然性面前的无奈，也反映了人对自然的敬畏和顺应。在社会性别关系方面，妇女享有比较自由和比较受尊敬的地位。例如，在神话中，"对**奥林帕斯山的女神们**的态度，则反映了对妇女以前更自由和更有势力的地位的回忆"①。总之，由于不存在私有制，就决定了生态和谐、社会和谐（包括性别和谐）的存在及其一致。当然，在这一阶段产生的生态文明自然具有自己范围和地点上的限制性。

2. 人对物的依赖阶段的人与自然的关系

在异化劳动的前提下，形成了人对物的依赖的社会形态，即资本主义社会。在这种形态中，形成了普遍的物质变换、全面的关系、多方面的需求以及全面的能力的体系，但是，随着资本、货币、商品等物化逻辑在整个社会领域中的普遍扩展，人和社会都被"单面"化了。在这个过程中，也导致了自然异化和生态异化。其中，**"生产的原始条件……最初本身不可能是生产出来的**，不可能是生产的结果。需要说明的，或者成为某一……历史过程的结果的，不是活的和活动的人同他们与自然

① 《马克思恩格斯全集》，中文1版，第45卷，368页，北京，人民出版社，1985。

界进行物质变换的自然无机条件之间的**统一**，以及他们因此对自然界的占有；而是人类存在的这些无机条件同这种活动的存在之间的**分离**，这种分离只是在雇佣劳动与资本的关系中才得到完全的发展"①。即受无限追逐剩余价值本性的驱使，资本主义生产方式破坏了人和自然之间的正常的物质变化，这样，就造成了严重的全球性的"生态异化"。显然，阶级支配、自然支配、社会支配（包括性别支配）同样是社会建构的产物，是在私有制的过程中系统发生的，并且进一步强化了私有制逻辑的统治地位。

3. 人的自由而全面发展阶段的人与自然的关系

只有扬弃私有财产才能结束异化劳动，克服异化才会消除产生私有财产的条件。在这个过程中，"社会从私有财产等等解放出来、从奴役制解放出来，是通过**工人解放**这种**政治**形式来表现的，这并不是因为这里涉及的仅仅是工人的解放，而是因为工人的解放还包含普遍的人的解放；其所以如此，是因为整个的人类奴役制就包含在工人对生产的关系中，而一切奴役关系只不过是这种关系的变形和后果罢了"②。显然，无产阶级革命不仅是人的解放的必由之路，而且是自然解放的必然选择。在这个过程中，一旦自由劳动取代了异化劳动，一旦公有制取代了私有制，人的自由而全面的发展才是可能的，这样，就形成了人类社会发展的最高阶段——社会主义和共产主义。在自由劳动的前提下，才可能形成普遍的社会物质变换、全面的关系、多方面的需求以及全面的能力体系，这样，不仅将人从社会关系中提升了出来，而且也将人从物种关系中提升了出来。随着这种新型社会关系的形成，人类就开始按照理性的人性的方式来调节和控制人（社会）和自然的关系，这样，人（社会）和自然的关系就进入了一个全新的和谐发展的阶段。因此，作为从人对物的依赖阶段向人的自由而全面发展阶段的过渡形态的社会主义社会，就必须大力克服和避免旧的社会形态所造成的人和自然的冲突，而应该将作为未来社会形态的特征和要求的生态和谐作为自己的理想和目标。

在这个意义上，人（社会）与自然的和谐发展是随着人的发展而建构起来的。因此，生态文明不仅总是人的文明，而且总是在人的自由而

---

① 《马克思恩格斯全集》，中文 2 版，第 30 卷，481 页，北京，人民出版社，1995。
② 《马克思恩格斯全集》，中文 2 版，第 3 卷，278 页，北京，人民出版社，2002。

全面发展的过程中成为可能的。

（二）走向生态的永续的整体的人文主义

作为人的生存的科学选择的生态文明最终要通过人的发展体现出来，这样，就需要着眼于作为人的本质体现的社会关系的总和来推进生态文明。从社会关系的总和来推进生态文明建设，也就是要从生态总体性的视野出发，促进人文主义向生态的、永续的、整体的方向发展。这样，生态的、永续的、整体的人文主义就成为生态文明在人的发展上的体现和要求，同时体现了生态文明自身的价值理想和社会追求。

1. 走向生态的人文主义

在对待自然的态度上，传统人类中心主义过多地强调人对自然的征服和利用，片面强调人的需要和利益，漠视自然规律的制约作用，从而导致了对自然生态环境的巨大破坏。其实，"一个存在物如果在自身之外没有自己的自然界，就不是**自然**存在物，就不能参加自然界的生活。一个存在物如果在自身之外没有对象，就不是对象性的存在物。一个存在物如果本身不是第三存在物的对象，就没有任何存在物作为自己的**对象**，就是说，它没有对象性的关系，它的存在就不是对象性的存在"，"非对象性的存在物是**非存在物**"①。显然，人和自然之间的关系也是一种典型的生态关系，人类不能也不可能超越自然规律。这样，人的活动就必须遵循自然尺度。遵循自然尺度，就是要在人和自然的辩证关系中来确认和发挥人的主体性，就是要确立人对自然的责任和义务。这事实上是对人类中心主义的生态重构。这样，经过重构的人类中心主义在承认人的主体性的同时，认为人的主体性是受自然尺度制约和影响的；人类应该按照生态价值和生态道德的要求来规范自己的行动，这样，人的主体性的弘扬才是真正可能的。在此基础上，人类中心主义就被改造成为"生态的人文主义"。

2. 走向永续的人文主义

社会性是人的生态关系的本质特征。人所处的社会关系或人的活动的社会尺度总是存在着一个时间维度。传统人类中心主义只是立足于当代人的利益考虑问题，而没有顾及未来人的利益，现实中的很多问题就

———————

① 《马克思恩格斯全集》，中文 2 版，第 3 卷，325 页，北京，人民出版社，2002。

是由这种急功近利的做法造成的。这样，就必须在时间坐标上重构人类中心主义，确立当代人对待后代人的责任和义务，实现代际公正。

（1）必须要充分认识到人类的发展面临着自然资源的有限性和人类需求的无限性之间的矛盾。由于自然资源存在着可更新和不可更新的区分，因此，毫无节制地利用资源和浪费资源，就是否定后代人可以获取和我们相同生活方式的公平机会。

（2）必须要充分考虑到人类行为的长远后果和生态系统的滞后性的一致性。由于地球是一个巨生态系统，人类作用于地球的后果存在着一定的滞后性，因此，我们就必须考虑自己的行为可能对后代造成的影响尤其是负面影响。

（3）必须要考虑到自然资源和环境的公共产品性质与人类行为的自利性的矛盾。自然资源和环境具有公共产品的性质，后代人与我们当代人应该具有相同的选择机会，这样，当代人就必须限制自己的行为。

可见，这种重构的人类中心主义立足于人类的长远利益和行为后果，确立了当代人对后代人所负有的责任和义务，因此，可以将之称为"永续的人文主义"。

3. 走向整体的人文主义

人所处的社会关系或人的活动的社会尺度还存在着一个空间维度。传统人类中心主义只是立足于某些人的利益考虑，而没有顾及作为整体的人类利益的具体性和历史性。事实上，正是不公正的社会秩序才导致了对资源的掠夺和对环境的污染，以邻为壑才是造成生态危机的重要原因。例如，偷窃砍伐的树木就是盗窃财产，而"捡拾枯树的情况则恰好相反，这里没有任何东西同财产脱离。脱离财产的只是实际上已经脱离了它的东西。盗窃林木者是擅自对财产作出了判决。而捡拾枯树的人则只是执行财产本性本身所作出的判决，因为林木所有者所占有的只是树木本身，而树木已经不再占有从它身上落下的树枝了"①。因此，必须在空间坐标上重构人类中心主义，确立对待人类社会的责任和义务，实现代内公正。

（1）在国际关系领域中重构人类中心主义，就是要确立起关系到人和自然关系领域中的国际公正原则，按照"共同但是有区别"的原则确

---

① 《马克思恩格斯全集》，中文 2 版，第 1 卷，244 页，北京，人民出版社，1995。

立国家之间的生态责任和生态义务。

（2）在国家范围中重构人类中心主义，就是要在人和自然关系领域中关注绝大多数人的根本利益以及特殊群体和弱势群体的需要和利益，实现完全的社会公正。在这个范围中，从无产者、贫困人口、女性、有色人种的利益出发，将之确立为价值的关注的中心，不仅是重构人类中心主义的主要支点，而且是生态文明建设的基本出发点。事实上，这就是"要把社会正义与环境正义的问题联系起来考虑。一方面，社会正义与不平等至少在某种程度上是环境恶化的一个原因；另一方面，环境恶化的后果确实被一部分特定群体而非全体社会成员所承受，因为占支配地位的社会群体试图把环境恶化的后果从他们身上转嫁到弱势群体身上"①。

这样，在对待社会的责任上，重构的人类中心主义认识到了具有具体的历史的特征的作为整体的人类利益的重要性，要求人类的行为不能损害社会中绝大多数人的根本利益以及特殊群体和弱势群体的利益。因此，可以把这种重构的人类中心主义称为"整体的人文主义"。

在总体上，可以把具有生态的、永续的、整体的特征的人文主义称为"新人文主义"。新人文主义其实就是马克思提出的自然主义和人道主义的统一的具体形态。这种新人文主义不仅彻底解构了传统人类中心主义，而且建构起了一种以人为本的生态文明形态。在这面旗帜下，才可能将一切社会主体建设生态文明的积极性调动起来。因此，只有这种新人文主义才是真正具有普遍性和广泛性的生态文明。

（三）从塑造生态主体性到人的自由全面发展

生态文明既是适应人的自由而全面发展的需要而不断建构的历史过程，又是不断推动人的自由而全面发展的重要手段。人的发展内在地要求人应该自觉地塑造生态主体性。所谓生态主体性是按照生态理性的原则而塑造起来的主体性。生态理性是人们基于对自然规律的科学认识和人类行为所产生的生态效果的比较，而意识到人的活动应有一个生态边界并加以自我约束的科学过程。只有生态理性成为人们的普遍意识，才

---

① Peter Dickens, Beyond Sociology: Marxism and the Environment, *The International Handbook of Environmental Sociology*, edited by Michael Redclift etc., Northampton Edward Elgar, 1997, p. 179.

能避免生态危机，促进生态利益的最大化，最终实现人与自然的和谐发展。因此，在塑造生态主体性的基础上实现人的自由而全面的发展就成为生态文明的最终发展方向。

1. 塑造生态主体性的现实依据

作为现代性基本原则的主体性，改变了人对自然的依赖，也形成了人定胜天的思维、价值和实践的定势。因此，在对生态危机根源反思的过程中，提出了如何看待人的主体性的问题。但是，不能因为近代主体性所造成的生态危机，就绝对地拒斥一切主体性，认为后现代就是要宣布主体性黄昏的来临。事实上，人与自然之间关系的性质和状况，全掌握在人类自己的手里。这样，就需要我们重构主体性。这种新的主体性是指在人和自然、人和社会、人和自身的关系中所体现出来的人的本质性力量，是指人类在协调上述各种关系过程中体现出来的独立性、自主性、能动性和创造性等一系列的建设性特征。将之运用在人与自然关系的领域中，主要是突出了人在保护、养育、修复自然中的地位和作用，强调的是人对自然的尊敬、爱护和欣赏的责任和义务。在这个问题上，为了"了解人类同大自然进行的残酷而又卓有成效的斗争，直到最后获得自由的、人的自我意识，明确认识到人和大自然的统一"，"人只须认识自身，使自己成为衡量一切生活关系的尺度，按照自己的本质去评价这些关系，根据人的本性的要求，真正依照人的方式来安排世界，这样，他就会解开现代的谜语了"[①]。显然，这种主体性是一种生态化的主体性，重在发挥主体在协调人与自然和谐发展过程中的作用。马克思主义的新人文主义就是要在确立生态主体性、实现人道主义和自然主义的新的科学的有机的统一过程中，来谋求人与自然的和谐发展。

2. 塑造生态主体性的科学依据

之所以要塑造人的生态主体性，是由人在物质运动进化中所占有的特殊地位决定的。

（1）人以凝聚的方式展示了物质进化中自然运动的内容。人是自然运动发展到一定阶段的产物，人是自然界的一部分，他（她）不可能超越自然，他在改变身外自然的同时也在改变着自身的自然，并且要得到自然的帮助和控制。事实上，人是机械的、物理的、化学的、生物的、

---

① 《马克思恩格斯全集》，中文 2 版，第 3 卷，520、521 页，北京，人民出版社，2002。

地质的等一系列物质运动的综合成果和集中体现。

（2）人以凝聚的方式展示了物质进化中社会运动的内容。人一旦形成，就成为社会运动的经常的前提；而人作为社会运动的经常前提，又必须是社会运动的经常的产物和结果。尽管社会是由一个个的单个的人构成的，但是，个人离开社会是不可能存在和发展的。在这个过程中，社会运动中的经济的、政治的、文化的等一系列的成果都最终体现在人的发展上。

（3）人以凝聚的方式展示了物质进化中思维运动的内容。意识是物质发展到一定阶段的产物。在这个过程中，经历了一切物质所具有的反应特性到低等生物的刺激感应性、由刺激感应性到高级动物的感觉和心理、从一般动物的感觉和心理到人的意识的产生三个决定性的环节。人的思维集中体现了这个发生过程的历史成果。更为重要的是，"人在怎样的程度上学会改变自然界，人的智力就在怎样的程度上发展起来"①。这样，世界进化中最美丽的花朵就集中在了人的身上。

（4）人以凝聚的方式展示了物质进化中社会生态运动的内容。人的进化不仅凝聚了自然运动的内容，而且将自然运动提高到了社会运动的水平；自然运动在社会运动中并没有结束，而成为了社会运动的前提、基础和根据；社会运动则成为了自然运动的结果、继续和方向。自然运动和社会运动的这种辩证运动就形成了物质进化的一个新方向——社会生态运动。社会生态运动是通过人的进化而得以实现、反应和凝聚的。

可见，"人的存在是有机生命所经历的前一个过程的结果。只是在这个过程的一定阶段上，人才成为人。但是一旦人已经存在，人，作为人类历史的经常前提，也是人类历史的经常的产物和结果，而人只有作为自己本身的产物和结果才成为**前提**"②。正因为这样，生态文明只能也只能是人的生态文明，而要使生态文明成为人的文明，就必须塑造人的生态主体性。

3．塑造生态主体性的基本途径

人一旦形成，就既成为自身新进化的经常前提，又成为自身新进化的经常的产物和结果。人自身的新进化包括两方面的内容：

（1）人自身在体外方面的新进化。人的体质凝聚了自然进化的内

---

① 《马克思恩格斯选集》，2版，第4卷，329页，北京，人民出版社，1995。

② 《马克思恩格斯全集》，中文1版，第26卷Ⅲ，545页，北京，人民出版社，1974。

容，但是，随着劳动（实践）的发展，人的身体的进化获得了新的动力，这不仅表现在人的身体素质在不断提高，而且表现在人类能够利用自己创造的工具来解放自己的身体。今天，随着劳动工具的完善以及向人工化、智能化和符号化等方面的发展，人类不仅极大地延伸了自己的肢体，而且延伸了思维的物质——大脑，而微电子技术、人工智能技术、信息技术的统一就成为这方面的最新的成就。这样，自然物本身成为了人的活动的器官，人把这种器官加到自己身体的器官上，不顾圣经的训诫，延长了自己的身体。因此，塑造人的生态主体性就是要支持和促进人的体外新进化，应将劳动工具的生态化和信息革命的生态化作为支持人的体外新进化的主要内容。

（2）人自身在精神方面的新进化。思维运动是在自然进化的过程中产生的，但是，思维总是人的思维，因而，总是具有明显的社会性。随着人类劳动（实践）的发展尤其是向人工化、智能化和符号化等方向的发展，人类精神的进化也开始自己的新的方向。这主要表现为，人类的实践经验内化为某种通用的"格"（范式、范型、模型），成为后续行为和活动的实践观念（具有先导性的指导意见和目标，实践的"工程图纸"和"设计方案"），这主要包括逻辑思维、数学工具和方法、哲学观念等等。同时，人的教育水平也成为衡量人的进化的重要标志。当然，这种教育是把生产劳动（社会实践）同德育、智育、体育、美育结合在一起的教育。这样，人自身在精神方面的新进化就进一步加强了人类劳动（实践）的目的性、预测性、前瞻性和有效性。因此，塑造人的生态主体性就是要支持和促进人的精神新进化，应将人的思维方式、生产方式、生活方式和价值观念的生态化作为人的精神新进化的内容。

在总体上，人自身的新进化不是自然进化和社会进化之上、之外或之和的一种进化，而是融自然进化和社会进化为一体、以自然进化为基础、以社会进化为动力和归宿、以人为主体的物质进化的新状态和新层次。这样，能否保证人自身的新进化与自然进化的协调就成为制约人自身新进化的一个重要因素。自然运动和社会运动都需要在人（社会）和自然之间达成一种"共谋"和"双赢"。一方面，如果只是单纯的自然必然性在发挥作用，这种自然必然性在一定的意义上也会成为盲目的甚至是破坏性的力量，那么，人和社会的存在和发展都是不可能的，文明也不可能发生。另一方面，如果只是单纯的人的主体性在发挥作用，这种人的主体性在一定的意义上也会成为盲目的甚至是破坏性的力量，那么，人和社会的存在和发展也是不可能的，文明既不可能存在也不可能演化。显然，人自身的新进化迫切要求生态文明的介入和支持，而生态文明支持和促进人的新进化的过程就是人的自由而全面的发展的过程。

这样，随着人的生态主体性的逐步确立，人就能够以生态理性的方式对待自然，这样，就能够在人与自然和谐发展的过程中，实现人的自由而全面的发展。

总之，生态文明的最终价值目标就是要支持和促进人的自由而全面的发展，这样，才能展示出人与自然和谐、人与社会和谐、人与自身和谐的美好前景。当然，这一前景就蕴涵在自由劳动真正成为人的本性的历史过程中，就发生在人的自由而全面发展的历史过程中。

在总体上，从其内容构成来看，生态文明是指和谐美好的可持续发展环境和条件、良性增长的可持续发展经济和产业、健康有序的可持续运行机制和制度、科学向上的可持续发展意识和价值、协调创新的可持续科学和技术，以及由此保障的人的自由而全面发展以及社会的全面进步。

下　篇
生态文明的实践指向

第九章 生态文明的小康目标

在当代中国，生态文明首先是作为全面建设小康社会奋斗目标的新要求而提出来的。它表明生态现代化是中国特色社会主义现代化的自然物质基础和重要组成部分，其最终的成果就是生态文明。把生态文明作为现代化的新目标和新要求，不仅标志着中国的现代化已经开始发生深刻而广泛的生态转型，而且标志着建设生态文明已经成为当代中国的自觉的共同行动。因此，建设全面小康社会、实现社会主义现代化就构成了生态文明的实践目标。

一、生态变革的中国之路

现代化曾经把人类引向了进步和繁荣，但是，也带来了一系列的苦难和代价。生态危机就是在这个过程中产生的代价。这样，当工业文明开始走向"后工业"文明的时候，发达国家开始重新思考经济增长和环境保护的关系。在这样的背景下，以协调生态化和现代化关系为主要任务的"生态变革"就成为了一个具有全球性意义的问题〔在西方生态现代化理论中，一般将之称为"环境变革"（environmental reforms）；为了与生态文明相对应，我们将之称为"生态变革"（ecological reforms）〕。对于仍然处于赶超现代化阶段中的中国来说，也面临着如何协调环境和发展关系的问题。

（一）生态文明是根据我国的具体国情做出的科学判断

实现现代化是中华民族复兴的必由之路。现代化建设必须从实际出发。在现代化建设的过程中，坚持从实际出发的一个基本要求，就是要坚持从自己国家的基本国情出发。基本国情是一个具体的历史的总体的范畴，既包括人文情况也包括自然情况。就后者来看，人口、资源、能源、环境、生态、灾害等因素不仅是一个国家的基本国情的本底和构成，而且是一个国家的经济社会发展的基础和条件（自然国情）。我们之所以提出建设生态文明的目标和要求，就是建立在对我国基本国情的科学判断的基础上的。

在现代化和全面建设小康社会的过程中，必须充分考虑到我国的自然国情对现代化的制约。我国地大物博，是世界上的人口大国和资源大国，但是，由于人口众多，又是世界上人均资源占有量较低的资源小国。这种既大又小的矛盾，就构成了我国现代化的自然障碍。

1. 人口基数大，人口素质低

人口问题是我国现代化面临的最大的难题。一是从数量来看，由于人口基数太大，人口依旧处在持续增长的过程中。1990 年为 113 368 万人（第四次人口普查），2000 年为 129 533 万人（第五次人口普查），2008 年年末为 132 802 万人。据预计，人口总量高峰将出现在 2033 年前后，约 15 亿。二是从质量来看，人口素质也令人担忧。1990 年我国的 15 岁及以上人口文盲率高达 15.88%，到 2006 年已降到 7.88%，下降了 8 个百分点。但是，在 2000—2005 年间，我国的文盲人数仍增加了 3 000 万。截至 2005 年底，文盲总人数达到 1.16 亿人，占世界文盲总数的 11.3%。另外，全国每年出生缺陷发生率为 4%～6%，约 100 万例。

2. 资源总量大，人均占有量少

面临的主要问题是：一是从拥有的资源在世界上所占的比例来看，我国以占世界 9% 的耕地、6% 的水资源、4% 的森林、1.8% 的石油、0.7% 的天然气、不足 9% 的铁矿石、不足 5% 的铜矿和不足 2% 的铝土矿，养活着占世界 22% 的人口，存在着天然的压力。二是从人均资源的占有量来看，我国煤、油、天然气人均占有水平只及世界水平的

55％、11％和4％；全国耕地保有量人均不到1.4亩，是世界平均水平的1/3；大多数矿产资源人均占有量仅为世界平均水平的58％；2007年人均水资源占有量为1 916.3立方米，约为世界平均水平的1/4，被列为全世界13个人均贫水的国家。人均森林面积和森林蓄积量分别为0.12公顷和10立方米，只相当于世界平均水平的17.2％和12％，居世界第119位。三是从我国资源自身的特点来看，存在着以下突出问题：（1）支柱性矿产后备储量不足，储量较多的则是部分用量不大的矿产。（2）小矿床多、大型特大型矿床少；支柱性矿产贫矿和难选冶矿多、富矿少，开采利用难度很大。（3）资源分布与生产力布局不匹配。据预测，在未来20～30年内，矿产品的需求量将大幅度增加，而大宗矿产储量的增长速度远远低于矿产消耗增长的速度。

3. 发展水平有限，环境污染严重

发达国家是在工业化高度发展的情况下出现环境污染问题的，我国却是在工业化起飞的过程中出现这一问题的。一是从水污染的情况来看，2001年，我国单位GDP（按汇率计算）有机污水排放量为18.9千克/万美元，在世界上109个国家或地区中居98位。2006年全国废水排放总量为536.8亿吨，2007年为556.8亿吨，比上年增加3.7％。二是从大气污染的情况来看，2003年，我国每万美元GDP（按汇率计算）SO_2排放量为218.03千克，是美国的10倍、加拿大的5倍。2006年，全国废气中SO_2排放量2 589万吨，比上年增加1.6％。三是从环境污染造成的经济损失的情况来看，据估计，环境污染使我国的发展成本比世界平均水平高出6％左右，环境污染和生态破坏造成的损失约占GDP的15％。

4. 发展速度不适，生态持续恶化

我国生态环境本来在总体上就具有脆弱性的特点，现在由于人为原因，致使生态环境进一步持续恶化。一是从水土流失的情况来看，全国水土流失面积为356万平方公里，占国土总面积的37.1％，需要治理的水土流失面积有200多万平方公里，全国因水土流失每年流失土壤50亿吨。二是从沙化的情况来看，全国沙化土地有173.97万平方公里，占国土面积的18％，影响着近4亿人的生产和生活。沙化每年造成的直接经济损失达500多亿元。三是从酸雨的情况来看，2006年全国酸雨发生率在5％以上区域占国土面积的32.6％，酸雨发生率在25％

以上区域占国土面积的 15.4%。

5. 天灾人祸叠加，自然灾害频发

与世界其他国家相比，我国是一个自然灾害发生频繁而且后果严重的国家，这种情况往往与人口密集和破坏自然有直接联系。一是从旱灾的情况来看，我国有 45% 的国土属于干旱或半干旱地区，加上人类活动对植被及土层结构的破坏，大量天然降水无效流失，导致了水资源持续减少。据统计，我国的干旱频率均在 40% 以上，南方地区在 50%～60%。二是从水灾的情况来看，由于盲目砍伐造成的水土流失、江河泥沙淤积、河床抬高，洪涝灾害有加剧趋势。三是从灾害造成的经济损失来看，2006 年，各类自然灾害受灾人口为 43 453.3 万人（次），比上年增长 6.9%；因灾经济损失 2 528.1 亿元，比上年增长 23.8%。显然，这种矛盾状况对我国的现代化建设构成了一种难以逾越的障碍。

总之，我们"必须清醒地看到，我国人口多、资源人均占有量少的国情不会改变，非再生性资源储量和可用量不断减少的趋势不会改变，资源环境对经济增长制约作用越来越大，人民群众对生态环境质量的要求也必然越来越高。从长远看，经济发展和人口资源环境的矛盾会越来越突出，可持续发展的压力会越来越大。对这些突出矛盾和问题，我们务必高度重视，按照树立和落实科学发展观的要求，始终把控制人口、节约资源、保护环境放在重要战略位置，把工作抓得紧而又紧、做得实而又实"[1]。生态文明就是我们面对这一基本国情做出的科学的判断。

（二）生态文明是对现代化的国际经验的新的科学借鉴

西方现代化走的是一条边发展边破坏、先污染后治理的道路。这条反生态的现代化道路，导致了人与自然的双重异化。在这种情况下，西方社会开始了对传统现代化道路和现代化模式的反思和批判，出现了各种"反省式现代化"（reflexive modernization）的模式。后现代主义（包括生态后现代主义）、生态中心主义、自反性现代化等都是在这个方向上的努力和尝试。在这个过程中，有的论者在批判生态环境危机的同时，对现代性和现代化也提出了质疑和批评。这样，就提出了这样的问题：现代化和生态化是否可兼容？这就是所谓的"环境变革"的问题。

---

[1] 《十六大以来重要文献选编》（上），855 页，北京，中央文献出版社，2005。

围绕着这个问题，就形成了生态现代化方案和生态现代化理论。

1. 生态现代化的实质是要把生态化作为现代化的内在规定和追求

其核心思想包括以下五个方面的内容①：

（1）科学技术作用的改变。

对科学技术价值的判断，不仅要看它们在环境问题出现时的作用，而且也要看它们在治理和预防环境问题过程中的实际和潜在的作用。传统的治理和修复的选项正在被在技术创新和组织创新的设计阶段就纳入环境因素的预防性的社会——经济技术方法所取代。尽管关于环境问题的定义和成因、解决方案的专业知识在表面上越来越具有不确定性，但是，科学技术是不会被边缘化的。

（2）市场经济机制的作用。

除了在一般的关于环境问题的社会理论中论及的国家代理人和新社会运动等常规的范畴外，作为生态重构和生态变革的承担者，市场机制和经济主体（如生产商、顾客、消费者、信贷机构和保险公司等）的重要性日益增强。

（3）民族国家作用的转变。

这就是实行通常被称为政治现代化的东西，即要减少自上而下的、国家命令和控制的环境规制，而采用更为分散的灵活的和协商一致的治理方式。通过某些次政治安排，非国家行为者将有更多的机会承担传统的民族国家所承担的行政、调整、管理和调解等方面的职能。在环境变革的过程中，新兴的超国家机构也将破坏民族国家的传统角色。

（4）社会运动的地位、作用和意识形态的修改。

与 20 世纪 70—80 年代形成鲜明对比的是，社会运动日益参与到了作为环境变革的公共和私人的决策机构中。同样，它们从过去的反体制、非现代化的立场部分地转向了变革的意识形态。继之，这些变化在社会运动团体内部导致了辩论。这被看作是二元战略和意识形态的对立。

（5）改变散漫的实践，形成新的意识形态。

完全忽视环境、将经济利益和环境利益置于完全对立状态的做法，不再被认为是合理合法的。在处理物质基础问题上的代际之间的团结，

---

① Cf. Arthur P. J. Mol and David A. Sonnenfeld, Ecological Modernization around the World: An Introduction, *Environmental Politics*, Vol. 9, No. 1, Spring 2000.

已成为一个无可争辩的核心原则。

可见，生态现代化思想的主要观点就是：在社会整体现代化的过程中，要始终将生态化作为现代化的一个重要变量和内容，实现经济发展和环境保护的双赢。

2. 作为一项欧洲方案的生态现代化似乎可以适用于中国

生态现代化是作为一项欧洲方案提出来的，那么，将它运用于包括中国在内的发展中国家就要考察其动力、机制和主体。中国在这三个方面都与欧洲有所不同。但是，随着中国改革开放的深入发展，在一定程度上也具有了实行环境变革的可能和条件。具体来看，中国是在传统的社会主义计划经济的基础上开始自觉转向社会主义市场经济的，这样，就引起了国家和市场的分离，导致了市民社会的出现。同时，当代中国又是对世界市场开放的，可以有效地学习和借鉴国际经验。面对日益严重的环境压力，中国政府对环境保护问题给予了高度的关注。现在，中国正在用国际因素、环境状况和市民社会来约束和规范市场经济，这样，国家体制、市场动力、市民社会压力和国际整合正在成为推动中国生态现代化的力量。

通过这样的考察，就可以发现："随着环境利益和条件日益受到重视，中国正在环境的维度上重构生产和消费的过程和行为。这一现象首先表明，中国政府在过去的单一的纯技术化的现代化计划中正在纳入了外部的环境因素，这样，就拓展了现代化的范围。这是与从 20 世纪 70 年代开始的经济改革同步进行的。从那时起，尤其是从 20 世纪 90 年代开始，由政府主导的环境法规和项目开始产生了重要影响。中国旨在减少现代化对环境的负面影响的战略和方法还不够稳定；与中国一般的经济和社会转型一样，这种重构正处于发展和转型当中。但是，大多数环境变革的主动性牢固地建立在现代化过程的基础上，依赖这个过程，发生在这个过程中。就此而言，运用'生态现代化'这个术语来描述沿着生态路线来重塑其经济的努力似乎是适当的。"[1] 这样，在生态现代化问题上，似乎存在着从欧洲到中国的桥梁，作为一项欧洲方案的生态现代化似乎可以成为中国实现现代化时进行生态选择的参考。

尽管生态现代化方案将很多社会因素包括在内，但是，"未能把它

---

[1]　Arthur P. J. Mol, Environment and Modernity in Transitional China: Frontiers of Ecological Modernization, *Development and Change*, Vol. 37, No. 1, 2006.

们的分析与描述立足于对资本主义完整过程（这个过程意味着，一个在不受约束的自由贸易体制下面向全球生产的跨国公司**不可能**充分地回应即将到来的危机信号）的充分与准确理解基础之上"①。因此，生态现代化理论是存在局限性的。如何将生态化和现代化结合起来，实现现代化的生态转型，走生态现代化的道路，是生态现代化理论给我们的重要启示。

（三）生态文明是对现代化的约束条件的新的科学认识

面对国内的生态环境压力和国外生态现代化理论的挑战，我国要实现现代化还必须对现代化的约束条件有清醒的意识，尤其是要有科学的国际比较意识。在我国现代化起飞的过程中，我们在相当长的时间内，把物质投入、资金投入看作是现代化的约束条件，谋求的是重工业的优先发展；后来，我们认识到了人才、科技和教育等因素对现代化的制约，开始重视人力资本、技术资本的投入和开发，将科学技术现代化作为社会主义现代化的关键任务，并且提出了教育要面向现代化；现在，由于我国社会主义经济建设尤其是改革开放取得了巨大成就，资金不足和产品短缺等经济条件对现代化的约束已经极大地降低。但是，由于粗放型经济增长方式等一系列复杂的原因，人口、资源、能源、环境、生态和灾害等因素对现代化的制约变得越来越突出，尤其是经济增长的资源环境代价过大，这已经成为制约我国社会主义现代化的重大障碍。这样，如何化解自然物质条件方面的制约就成为实现现代化需要考虑的首要问题，甚至是进一步推进现代化的突破口。

我国现代化现在面临着严重的自然生态环境方面的压力。通过与国际情况的比较，有关方面认为，现在，我国在这方面面临的压力越来越大，挑战越来越严峻。② 具体来看：

（1）中国 121 个生态指标与世界水平的比较。

2001 年中国人均草地面积、环保投入比例等 15 个指标与发达国家大体相当；中国城市安全饮水比例等 13 个指标与世界平均水平大体相

---

① ［英］戴维·佩珀：《生态社会主义：从深生态学到社会正义》，中译本前言 3 页，济南，山东大学出版社，2005。

② 参见中国现代化战略研究课题组、中国科学院中国现代化研究中心：《中国现代化报告 2007——生态现代化研究》，北京，北京大学出版社，2007。

当。2001 年中国国土生产率和城市空气污染（SO_2 浓度）等 40 个指标与发达国家水平的差距超过 5 倍，工业能耗密度和农村卫生设施普及率等 26 个指标与发达国家水平的差距超过了 2 倍，城市废物处理率等 40 个指标与发达国家水平的差距小于 2 倍。

（2）中国 23 个主要生态指标与主要国家的比较。

目前，中国与主要发达国家的最大相对差距，自然资源消耗占国民总收入（GNI）比例等 3 个指标超过 100 倍，淡水生产率等 5 个指标超过 50 倍，工业废物密度等 4 个指标超过 10 倍，农业化肥密度等 11 个指标超过 2 倍。例如，2003 年我国自然资源消耗占 GNI 比例，大约是日本、法国和韩国的 100 多倍，是德国、意大利和瑞典的 30 多倍，是美国、英国的 2 倍多；2002 年中国工业废物密度大约是德国的 20 倍、意大利的 18 倍、韩国和英国的 12 倍、日本的 11 倍、法国和瑞典的 4 倍；2002 年中国城市空气污染程度，大约是法国、加拿大和瑞典的 7 倍多，是美国、英国和澳大利亚的 4 倍多，是日本、德国、意大利、韩国和巴西的 2 倍多。中国农牧业造成的生态退化也比发达国家严重得多。

（3）中国生态现代化指数的国际比较。

生态现代化指数是生态进步、生态经济和生态社会等 30 个指标的综合评价结果，可以大致反映国家生态现代化的相对水平。2004 年，中国处于生态现代化的起步期，中国生态现代化指数为 42 分，排世界 98 个主要国家的第 84 位，排世界全部 118 个国家的第 100 位。2004 年中国生态现代化指数与高收入国家平均值相比，绝对差距为 57 分。这与中国处于工业化和城市化的发展期有关。

（4）未来环境压力的估算。

参照估算地球的实际环境压力的方法，可以大致估算出中国 21 世纪的环境压力。同样假设 21 世纪中国生态系统的生态效率与 2000 年基本相当，那么，中国的环境压力就主要来自全国人民的日常的生产和生活。如果按照工业文明的发展模式，假设单位 GDP 的环境压力不变。在这种相对比较理想的情景下，中国的实际环境压力，2020 年将是 2000 年的 3.4 倍，2030 年将是 2000 年的 4.6 倍，2050 年是 2000 年的 8.1 倍，2100 年将是 2000 年的 18 倍。如果这种情况发生，大规模的环境灾难将不可避免。如果按照生态现代化的发展模式，假设环境技术进步的年增长率为 2%，单位 GDP 的环境压力的年下降率为 2%，那么，中国的实际环境压力，2020 年将是 2000 年的 2.3 倍，2030 年将是 2000 年的 2.5 倍，2050 年是 2000 年的 2.9 倍，2100 年将是 2000 年的 2.5 倍。未来中国环境压力将扩大 1 倍以上。上述估算，没有减去生态系统自我修复抵消的环境压力。目前，中国的生态建设和生态恢复已经得到重视，并在积极推进。但是，考虑到我们对人均 GDP 的估算是比较保守的，人均 GDP 年增长率是按 3％和 2％估算的，这样就降低了经济发展的环境压力的估算值。如果生态恢复抵消的环境压力与经济发展低估的环境压力基本相当，那么，上述估算是可供参考的。

其实，之所以会形成这样制约发展的局面是与整个资本主义现代化的发展有密切关系的。我国的现代化是一种典型的后发式现代化。在"世界历史"的格局中，后发式现代化可以借鉴先发国家现代化的经验，这样，可以避免现代化问题上的失误，加速自己的发展。但是，后发式现代化又面临着先发式现代化不曾有过的障碍因素和不利条件。例如，先发式现代化在其启动的时候，作为工业生产原料和能源的自然物质还比较充裕，环境污染只是局域性问题，但是，随着先发式现代化的推进，世界上可资利用的能源资源几乎被消耗殆尽，环境污染已经成为全球性的问题，这样，就增加了后发式现代化的难度。在这种情况下，我们本来应该采用集约式利用能源资源、减少环境污染的方式实现现代化，但是，由于应对国际挑战和解决国内难题的双重压力的存在、我们对经济发展和自然保护的关系认识不够清楚等一系列复杂的原因，我们在一定程度上重蹈了先发式现代化先污染后治理的覆辙。因此，如何把生态化和现代化协调为统一的战略，就成为我们实现现代化的重大议题。

在实现中国特色社会主义现代化的征程中，在科学判断国情和借鉴国际经验的基础上，党的十七大在新的历史起点上，在十六大确定的全面建设小康社会目标的基础上，高屋建瓴地从经济、政治、文化、社会和生态文明等五个方面对我国发展提出新的更高要求。这样，在把构建社会主义和谐社会所形成的社会建设的成果纳入到现代化目标系统的同时，我们又把可持续发展上升到了生态文明的高度，从而把建设一个经济富强、政治民主、文化繁荣、社会和谐和生态良好的社会主义现代化强国作为了我国社会发展的奋斗目标。这表明，在全面建设小康社会、实现社会主义现代化的过程中，当科学发展观提出生态文明的新目标和新要求时，其实就表明了中国要选择一条既符合中国国情又适应世界发展潮流的生态变革之路。生态现代化是我国社会主义现代化的重要组成部分，其最终成果就是生态文明。

二、全面小康的生态构想

由于中国特色社会主义现代化将发展的现实和理想、发展的局部和整体、发展的阶段和过程等方面有机地科学地统一了起来，因此，将生态文明确立为全面建设小康社会奋斗目标的新要求，不仅表明全面小康应该成为"生态小康"；而且表明我们的现代化应该成为"生态现代化"。作为阶段性目标的生态小康和作为过程性目标的生态现代化的统一，就是要建设高度发达的社会主义生态文明，走生产发展、生活富裕、生态良好的文明发展道路。

（一）必须对工业化和工业文明进行具体的历史的分析

现代化的基础和核心是经济现代化，经济现代化的基础和核心是工业化。毋庸讳言，工业化确实加剧了自然生态环境问题，工业文明确实使之成为了全球性的问题。但是，问题不是由工业化和工业文明直接造成的，而是由实现工业化的社会机制、方式和方法造成的。

1. 从工业化的社会机制来看

工业化首先是在资本主义条件下开始其历史进程的，工业文明是在资本主义制度中开始确立其历史位置的，这样，工业化和工业文明必然带有资本主义的印记。在资本主义生产方式中，对自然的污染和破坏是与对工人的污染和破坏交织在一起的，造成了人和自然的双重异化。受追逐剩余价值和成本利益的驱动，尽管资本主义生产方式是不断进步的，有节约资源和能源的可能性，但是，"社会生产资料的节约只是在工厂制度的温和适宜的气候下才成熟起来的，这种节约在资本手中却同时变成了对工人在劳动时的生活条件系统的掠夺，也就是对空间、空气、阳光以及对保护工人在生产过程中人身安全和健康的设备系统的掠夺，至于工人的福利设施就根本谈不上了"①。事实上，自然生态环境

① 《马克思恩格斯全集》，中文 2 版，第 44 卷，491 页，北京，人民出版社，2001。

问题正是由资本主义主导下的工业化和工业文明造成的。在这个问题上，与其说自然生态环境问题是一个伦理问题、技术问题和发展问题，不如说是一个社会问题、政治问题。

2. 从工业化的发展方式来看

资本主义工业化是在急功近利的价值观念的驱使下，按照形而上学的方式和方法对待自然的，这样，工业化和工业文明必然带有机械发展观的烙印。在这个过程中，"在各个资本家都是为了直接的利润而从事生产和交换的地方，他们首先考虑的只能是最近的最直接的结果。一个厂主或商人在卖出他所制造的或买进的商品时，只要获得普通的利润，他就满意了，而不再关心商品和买主以后将是怎样的。人们看待这些行为的自然影响也是这样。西班牙的种植场主曾在古巴焚烧山坡上的森林，以为木灰作为肥料足够最能盈利的咖啡树施用**一个**世代之久，至于后来热带的倾盆大雨竟冲毁毫无掩护的沃土而只留下赤裸裸的岩石，这同他们又有什么相干呢？"[①] 显然，在机械发展观的逼迫下，自然界的客观实在性和先在性就被抹杀了，自然界的多样性的价值被机械地消解了，这样，人对自然的行为就必然具有破坏性。

总之，正是资本主义制度将一切污染和破坏人（社会）和自然之间物质变换的力量按照自己的阶级利益集合了起来，从而使自然生态环境问题成为了全球性问题。因此，在社会制度方面，我们必须超越资本主义工业化发展道路，坚持走社会主义工业化道路；在发展方式上，我们必须超越机械发展观，在科学发展观的指导下坚持走新型工业化道路。

（二）必须对工业化和工业文明进行社会的生态的重构

在"世界历史"的环境中，对于广大的后发国家来说，必须以资本主义工业化和工业文明为自己的参照对象，要在超越和不可超越形成的辩证张力中，将破坏和建设的双重使命结合起来，来维持自己的生存和实现自己的发展。对于当代中国来说，这就是要坚持中国特色社会主义道路，要在社会维度上和生态维度上重建工业化和工业文明。

1. 对工业化和工业文明进行社会重构就是要坚持社会主义现代化道路

随着资本逻辑在全球的布展和扩张，先发的资本主义国家以"刀与

---

① 《马克思恩格斯选集》，2版，第4卷，386页，北京，人民出版社，1995。

火""血与泪"的方式将后发的亚非拉民族国家逼入了"世界历史"体系中，这样，"中心"和"外围"的矛盾事实上是世界性的资产阶级和世界性的无产阶级的矛盾。但是，"世界经济中的资本主义结构并不意味着资本主义对各国的渗透会带来同样的后果"①。这种矛盾的不平衡发展和激化使后发国家产生了跨越资本主义发展的可能性。当然，在这个过程中，充满了可跨越和不可跨越的矛盾。将社会主义和现代化有机地统一起来是解决这种矛盾的科学抉择。一方面，社会主义必须要有自己的工业化基础，必须要有自己的工业文明的保障。另一方面，工业化必须成为社会主义的工业化，工业文明必须成为社会主义的工业文明。归结到一点，其实就是要开辟一条不同于资本主义现代化的道路，即社会主义现代化道路。中国的现代化除了走社会主义道路没有别的选择。因此，"我们要实现工业、农业、国防和科技现代化，但在四个现代化前面有'社会主义'四个字，叫'社会主义四个现代化'。我们现在讲的对内搞活经济、对外开放是在坚持社会主义原则下开展的。社会主义有两个非常重要的方面，一是以公有制为主体，二是不搞两极分化"②。当然，强调中国现代化的社会主义性质，并不是要一概否定资本主义现代化。社会主义只有在学习和借鉴资本主义的过程中，才能最终超越和战胜资本主义。因此，只有在彻底实现社会变革的前提下，生态变革才能彻底完成。

2. 对工业化和工业文明进行生态重构就是要推进中国特色的生态变革

作为一种生态合理的现代化模式，生态现代化就是要在"反省式现代化"的基础上对传统工业化和工业文明进行生态恢复和生态重建。但是，我们不能将之照抄照搬到我国现代化建设中来，而是需要在中国特色社会主义实践的基础上，根据我国的具体国情和世界现代化的一般经验，对生态现代化进行重构甚至是革命性的改造，推进中国特色的生态变革。

（1）推进中国特色的生态变革的依据。

在处理环境和发展、生态化和现代化的关系问题上，人们惯常采用的是生态追随性的现代化模式。在这种模式看来，经济增长是第一位的

---

① ［英］安德鲁·韦伯斯特：《发展社会学》，141 页，北京，华夏出版社，1987。
② 《邓小平文选》，第 3 卷，138 页，北京，人民出版社，1993。

任务；在经济增长的过程中，生态代价是难以避免的；相对于经济增长来说，付出这种代价是值得的；在经济增长达到一定阶段以后，再进行生态治理也为时不晚。显然，这种模式就是在重蹈发达国家"先污染后治理"的覆辙。为了有效地避免和防范现代化的生态代价，我们必须彻底放弃这种模式。事实上，包括工业化在内的整个人类经济活动都是在"自然—社会"这个复合系统中进行的，因此，工业化和工业文明要维持自身的持续性，必须将生态学作为自己的基本的科学基础，要将生态化作为自己的基本的科学原则，这就是要对工业化和工业文明进行生态变革。

（2）推进中国特色的生态变革的原则。

在西方生态现代化理论看来，"随着主要生产和消费领域中的生态理性和生态视野重要性的日益突出"，"生产和消费的经济过程就要按照将经济和环境统一起来的视野来组织、分析和判断"①。这就是说，要将环境（生态）利益、环境（生态）理性、环境（生态）视野纳入到经济发展的过程中，实现生态现代化。如果说传统现代化是在忽略自然生态环境条件的情况下实现从农业社会向工业社会、农业文明向工业文明转变的，那么，生态现代化要求在此基础上进一步实现从工业社会向生态社会的转变、工业文明向生态文明的转变。这样，可以将传统的现代化看作是第一次现代化，将生态现代化看作是第二次现代化。其实，在一般的意义上，进行生态变革就是要将包括工业化在内的经济活动纳入到"自然—社会"复合生态系统中来，按照社会生态运动规律来重新组织经济活动，从而实现生态化和现代化、环境和发展的双赢。

（3）推进中国特色的生态变革的方式。

生态变革有两种基本的方式。一是采用生态修补性的现代化模式。这就是要将生态学原则运用在工业化和工业文明的过程中，对第一次现代化造成的自然创伤进行生态医治。事实上，这相当于第一次现代化的生态修复和生态修正，属于事后治理的方式。尽管它在一定程度上有助于缓解问题，但是，不能从根本上解决问题。因此，可以将这种模式称为弱生态现代化模式。二是采用生态创新性的现代化模式。为了从根本上解决生态环境问题，实现环境和发展的双赢，就必须对现代化模式进

---

① Arthur P. J. Mol，Environment and Modernity in Transitional China：Frontiers of Ecological Modernization，*Development and Change*，Vol. 37，No. 1，2006.

行生态创新，同时要强调学习的重要性。这样，就需要我们进一步解放思想。因此，可以将这种模式称为强生态现代化模式。在现实中，我们应该将强弱生态现代化两种模式有机地协调起来。这就是，要从"自然—社会"复合系统的生态整合的角度对生产的各个环节（生产、交换、分配和消费）与自然物质条件（人口、资源、能源、环境、生态和灾害）之间的相互关系进行系统理解和整体把握，以实现二者的协调发展。

总之，我们需要的工业化是与生态化有机地结合起来的工业化，我们需要的工业文明是与生态文明有机地结合起来的工业文明。这就是要将生态化和现代化统一起来，使我们的小康成为"生态小康"，使我们的现代化成为"生态现代化"，最终建立起高度发达的社会主义生态文明。这里，生态变革强调的是协调生态化和现代化的问题和领域，生态现代化突出的是协调生态化和现代化的方式和方法，生态文明显示的是协调生态化和现代化的成果。

（三）必须把生态化作为社会主义现代化的基本原则

虽然生态变革和生态现代化发轫于生态领域，但是，由于人类社会是一个有机体，现代化是一个整体的历史的进步过程，因此，生态变革和生态现代化必将引发经济现代化、政治现代化、文化现代化和社会现代化等一系列方面的生态转型和生态变革，最终要使生态化成为整个社会主义现代化的基本原则和发展方向。在全面建设小康社会和实现社会主义现代化的过程中，我们应该从整体上推进社会主义生态文明建设。

1. 大力推进现代化的自然物质基础层次上的生态现代化

社会主义现代化建设同样是在"自然—社会"这个复合生态系统中进行的。如果不重视对自然物质条件的修复、保护和建设，那么，我们的现代化就会重犯西方工业化的错误。这样，就需要用建设性的态度和方法对待自然物质条件。即将生态现代化作为一种处理人口、资源、能源、环境、生态和灾害等问题的原则和方法，为现代化提供科学的永续的自然物质条件方面的支撑。在这个基础上，就形成了狭义的生态现代化。它大体上包括人口领域的生态现代化、资源领域的生态现代化、能源领域的生态现代化、环境领域的生态现代化、生态领域的生态现代化、防灾减灾领域的生态现代化等几个具体的方面。这样，就必须将生态现代化作为社会主义现代化建设的专门的独立的领域，必须将社会主义现代化看作是一个由经济现代化、政治现代化、文化现代化、社会现代化和生态现代化构成的复杂系统。在这个系统中，各种现代化是不可替代的，而是相互补充的。狭义生态现代化的成果就构成了生态文明的基础系统。

2. 大力推进现代化的基本构成领域层次上的生态现代化

现代化是一个复杂的系统。如果不将生态现代化内化到现代化的具体领域中，成为它们的原则和方法，那么，不仅这些具体的现代化难以保证各自的永续性，而且现代化整体不可能实现可持续发展。

（1）经济领域的生态变革。

由于经济现代化包括工业化和市场化两个方面，因此，在经济领域中推进生态变革也包括两个方面。一是将生态现代化运用在工业化中，就是要将生态化和工业化统一起来，在避免传统工业化生态失误的同时，要开辟新的工业化道路。二是将生态现代化运用在市场化的过程中，就是要避免市场经济的外部不经济性，运用市场的、货币的和经济的逻辑来推进生态目标的实现。这样，通过经济领域中的生态变革，就可以为生态现代化和整个现代化奠定可持续的经济基础。这就构成了生态文明的手段系统。

（2）政治领域的生态变革。

尽管在西方生态现代化理论中，讨论过绿色的或持续的资本主义是否可能的问题，但是，它们是将生态现代化和所谓的政治现代化直接联系在一起的，如放权、自治等。对于我们来说，实现从资本主义到社会主义的过渡是实现生态变革的政治前提。事实上，一个绿色的或生态的资本主义是不可能存在的，资本主义本身是不可持续的。在此前提下，我们必须要将生态现代化作为完善社会主义民主、健全社会主义法制的基本议题。这样，通过政治领域的生态变革，就可以为生态现代化和整个现代化提供政治保障。这是生态文明控制系统的一部分。

（3）文化领域的生态变革。

我们要将生态化原则融入到作为现代化一般文化动力的人道主义和理性主义中，使人道主义成为生态的人道主义，使理性主义成为生态的理性主义。这样，通过文化领域的生态变革，就可以为生态现代化和整个现代化提供思想保证和价值引导。这也是生态文明控制系统的一部分。

（4）社会领域的生态变革。

对于我们来说，这就是要将人与自然的和谐发展作为构建社会主义和谐社会的基本要求和特征，最终要走生产发展、生活富裕、生态良好的文明发展道路。这样，通过社会领域的生态变革，就可以为生态现代化和整个现代化提供和谐的社会环境。这构成了生态文明目的系统的一部分。在总体上，将生态化作为经济、政治、文化和社会等领域现代化的原则，不仅将生态现代化扩展到了社会结构的所有领域，而且使生态文明成为整个社会结构领域的基本要求和发展方向。

3. 大力推进现代化的支持领域层次上的生态现代化

在现代化系统中，还存在着科技、教育和管理等渗透性的要素，形成了现代化的支持系统，因此，在这些方面也必须体现生态化的原则和要求。第一，科学技术必须是生态化的科学技术，这样，才能保证科学技术成为第一生产力的同时，也成为推动生态现代化的第一推动力。第二，教育必须是生态化的教育，这样，才能保证教育成为生产发展之本的同时，也成为生态现代化之本。第三，管理必须是生态化的管理，这样，在从管理中获得经济效益的同时，也才能从管理中实现生态效益。在总体上，渗透性要素的生态现代化在生态现代化中具有不可代替的作用。这些方面的内容尤其是科学技术的生态化就构成了生态文明的支柱系统。

4. 大力推进现代化的总体发展方向层次上的生态现代化

在价值性的层次上，现代化的最终目标是要实现人的全面发展和社会的全面进步。在现代化的过程中，人的现代化、物的现代化和生态现代化是不可分割的。人的现代化是后两者的价值目标，物的现代化是人的现代化的经济物质方面的保障，生态现代化是人的现代化的自然物质方面的保证。只有将这些方面统一起来，才能实现人的全面发展。显然，生态化和现代化的统一是人的自由而全面发展的基本保证。以人与自然和谐为核心和特征的生态文明就是在这个过程中形成和发展起来的。因此，谋求人的全面发展必须将生态化作为人的现代化的基本原则和发展方向。同时，人的全面发展是通过社会的全面进步体现出来的，社会的全面进步是人的全面发展的基本保障。这样，生态化就成为社会整体的全面的进步的一个重要的方面。即在谋求人与社会和谐的过程中，还必须谋求人与自然的和谐。社会的全面进步将体现在人与社会、人与自然的双重和解上。这就是马克思所讲的社会是人同自然完成了的本质的统一。这就构成了生态文明的目的系统。

从其涉及的领域来看，生态现代化包括社会有机体的各个层次，囊括现代化的各个方面，因此，我们必须全面把握生态现代化的系统内容和结构层次，将之作为一项复杂的社会系统工程来建设。就生态现代化和生态文明的关系来看，生态现代化是生态文明发展的原动力；生态文明是作为一种特定的生态建设的方式和方法的生态现代化所获得的一切积极进步成果的总和。事实上，生态现代化是要用科学的理性的人道的方式来进行生态变革和生态建设，最终形成高度发达的生态文明。

总之，生态小康是我国生态现代化的阶段目标；生态现代化是我国社会主义现代化系统工程的一个基本方面，同时也是整个社会主义现代化的基本原则和发展方向。最终，通过建设生态小康、实现生态现代化，我们就是要建设高度发达的生态文明。因此，当科学发展观将生态文明作为全面建设小康社会奋斗目标的新要求时，就进一步深化了对社会主义现代化建设规律的总体认识。

三、生态小康的社会根基

在从总体小康到全面小康的发展过程中，必须进一步巩固小康的社会基础和社会前提——消除贫困的成果。现在，尽管我国的贫困人口的绝对数量已经大幅减少，但是，反贫困的任务却异常艰巨。之所以如此，其中一个很重要的原因就是贫困问题和生态问题是缠绕在一起的，陷入了贫困和生态的恶性循环当中。这样，就必须对贫困、生态和发展等因素进行总体性把握，在将"生态式开发脱贫致富战略"作为总体反贫困战略的同时，要通过总体反贫困的路径来摆脱贫困和生态的恶性循环，为生态小康进一步奠定坚实的社会基础。消除贫困同样是建设社会主义生态文明的重要内容和基本任务。

（一）消除贫困是社会主义本质的内在要求

为了保证人们追求过幸福生活的权利，促进人的自由而全面的发展，在社会主义革命、建设和改革开放的过程中，必须始终关注贫困和反贫困问题，将消除由贫困导致的两极分化和实现共同富裕作为社会主义的本质规定。

1. 消除贫困是无产阶级实现人类解放的重要社会前提

在一般的意义上，可将贫困看作是由于经济要素或资本要素匮乏导致的生活无着的状态。除了史前社会存在的固有的极端的绝对的贫困问题外，自从人类社会进入文明社会以来，贫困就不再是单纯的经济问题，而是一个复杂的社会问题。在资本逻辑主导社会演变的情况下，资本积累必然导致无产阶级的贫困化。尽管在资本逻辑扩张的过程中，尤其是进入"晚期资本主义"以后，无产阶级贫困化的趋势出现了改变甚至是重大的改变，但是，资本强化贫困的逻辑不仅没有出现丝毫的改变，而且随着金融资本在全球的扩张，贫困问题也全球化了。事实上，贫困是私有、剥削和异化的伴生物；资本自身是不可能克服这些问题的。在这个过程中，由于不合理的国际经济分工、不公正的国际贸易、不平等的政治关系等一系列新老殖民主义政策，加剧了后发国家由自然的、历史的因素引起的贫困问题，从而使后发国家陷入了严重的贫困危机。全球性的发展危机造成了贫困危机。这样，"只有资本的瓦解"，"只有反资本主义的无产阶级的政府，才能结束他们经济上的贫困和社会地位的低落"①。因此，消除贫困就成为走向新社会的基础和目标。

2. 中国特色社会主义是在消除贫困中不断开拓前进的

在世界资本体系不平衡发展的环节上建立社会主义制度，迈开了人类彻底消除贫困的全新步伐。但是，由于建设经验的不足和极左思潮的影响，在社会主义建设中曾一度出现了"贫穷的社会主义"的荒谬的说法和做法。在总结社会主义建设经验教训、开辟建设中国特色社会主义新局面的过程中，我们鲜明地提出了"贫穷不是社会主义"的科学论断。在此基础上，我们将解放生产力和发展生产力，消灭剥削，消除两极分化，实现共同富裕作为了社会主义的本质。在中国特色社会主义理论的指导下，我们开始了全面反贫困的历史进程。在总结以往反贫困经验的基础上，1994 年，我国制定了《国家八七扶贫攻坚计划》，到 2000 年取得了阶段性的预期目标。从 2001 年开始，党和政府提出了加快贫

---

① 《马克思恩格斯选集》，2 版，第 1 卷，456 页，北京，人民出版社，1995。

困地区脱贫致富、将扶贫开发事业推向一个新阶段的号召。这集中体现在 2001 年颁布的《中国农村扶贫开发纲要（2001—2010 年）》中。2007 年 10 月，党的十七大报告将"绝对贫困现象基本消除"作为了全面建设小康社会奋斗目标的新要求之一。我国的贫困人口已经从 1978 年的25 000万人降低到了 2007 年的 1 479 万人，占同期全球脱贫人口总数的 90％以上。在反贫困取得巨大成绩的同时，我们也积累了丰富的反贫困经验，如"高度重视、精心组织，明确目标、阶段推进，立足经济、开发扶贫，政府主导、社会参与，自力更生、艰苦奋斗"等。同时，我们反贫困的目的就是要实现共同富裕。显然，小康就是中国特色社会主义的反贫困模式。这样，"'小康'的概念就使用了多种绝对和相对的农村福利指标，包括收入，不只是衡量发展，而且还有与贫困作斗争"①。所有这一切都充分证明了社会主义制度的优越性和中国特色社会主义现代化道路的正确性。

总之，贫穷不是社会主义。即使在全面建设小康社会的今天，我们仍然要将消除贫困作为实现社会主义现代化的基础工程。

（二）必须高度重视贫困和生态的恶性循环

我们现在已经步入了全面建设小康社会的发展新阶段，但是，作为制约小康社会因素的贫困问题依然存在，而贫困与生态又存在着恶性循环的关系，这样，防止贫困和生态的恶性循环，不仅是巩固全面小康的社会基础，而且是建设生态小康的必然选择。

1. 我国反贫困工作面临着前所未有的压力和挑战

主要问题有以下几个方面：

（1）贫困人口规模依然很大。

世界银行确定的贫困线，为人均每年消费支出 270～370 美元，这是按照 1985 年的购买力平价不变价格计算的。我国农村贫困人口是按照 1985 年不变价格计算的人均年纯收入 206 元的标准确定的（2006 年现价为 693 元）。显然，我国的扶贫标准很低，大约是国际标准的 1/5。就是按照现在的标准，根据农村贫困监测数据，到 2006 年底，全国农村绝对贫困和低收入人口总数为5 700万。而最低生活保障制度还不能

---

① 世界银行：《贫困与对策（1992 年减缓贫困手册）》，前言 2 页，北京，经济管理出版社，1996。

完全覆盖这部分人。同时，城镇中也出现了一些特殊的困难群体。

（2）特殊贫困地区矛盾突出。

现在，我国贫困人口的分布是点、片、面并存。在绝对贫困人口中，居住在山区的占51％，有76％的贫困群体长期居住在自然条件恶劣、不宜生存和居住的地方。在14.8万个贫困村当中，绝对贫困和低收入人口占乡村总人口的33％；在石山区、荒漠区、高寒山区、黄土高原区和地方病高发区、人口较少民族地区、"直接过渡区"（从原始社会直接过渡到社会主义社会的地区）和42个沿边境的扶贫重点县，这一数字超过40％，其中大部分是少数民族聚居区。在贫困人口总量不断减少的情况下，这些地区需要移民的农户比例明显提高，但是，移民难度很大。同时，这些地区存在着贫困程度深、增收门路少、返贫现象严重等问题。

（3）贫富差距有继续扩大的态势。

从20世纪90年代中期之后，我国两极分化的趋势不断加剧，尤其是在贫困地区的表现更为明显。例如，2001—2006年，全国城乡居民收入差距从2.9：1扩大到3.3：1；甘肃省从3.44：1扩大到4.18：1；贵州省从3.73：1扩大到4.59：1；青海玉树藏族自治州城乡居民收入差距已经达到5：1。现在，我国的基尼系数已经超过了国际公认的0.45的警戒线。

（4）致贫原因进一步复杂化。

现在，突出的不利因素有：资金、物资和人才大量地从贫困地区向大中城市和发达地区流动；贫困地区对市场价格波动尤其是粮食价格波动（存在着相当一部分需要从市场购置口粮的贫困群体）、生产资料价格波动难以承受；贫困地区的产品在市场上缺乏竞争力；贫困户难以获得银行贷款；市场利益驱动加剧了对贫困地区资源的盲目开采，导致生态退化；等等。同时，城市化过程中的失地农民、水库移民的基础设施和社会服务等问题也成为了新的问题。此外，一些地方与生态环境保护配套的相关政策不到位，在退耕还林（草）的过程中没有统筹考虑人民群众的生活问题，使部分农户传统生计受到冲击。更为严重的是，农村贫困人口素质还很低，还有大量的文盲和半文盲。

正是考虑到了这种情况，党的十七大对扶贫开发工作提出了如下的奋斗目标和任务：到2020年基本消除绝对贫困，加大对革命老区、民族地区、边疆地区、贫困地区发展扶持力度，提高扶贫开发水平、逐步提高扶贫标准。

2. 我国贫困属于典型的自然生态环境约束型贫困

贫困状况的发生和贫困程度的大小与生态环境状况存在着极为密切的关系。具体到我国来看，我国贫困人口的分布具有典型的地域性的特征。

（1）我国贫困地区主要集中在生态脆弱的地带上。

我国约 2/3 以上的贫困地区集中分布于地势第一、二级阶梯的过渡带上，在地质地貌上从西向东呈阶梯状由高到低倾斜。这一地带属于多种要素都具有过渡性特点的举世罕见的特殊地域类型。从区位状况来考察，它集中了全国主要的大山、高原、沙漠、戈壁、裸岩、冰川以及永久性积雪地域，受东南季风与西季风的影响强烈，寒、暖、干、湿季节变化很大。其中典型的极贫困代表区域有两片：一片是"三西"（甘肃中部的河西、定西和宁夏南部西海固）黄土高原干旱区，另一片是位于滇、桂、黔的喀斯特地貌区。

（2）生态环境恶化是形成和强化贫困的重要原因。

尽管我国贫困问题的形成有其复杂的社会历史原因，但是，自然生态环境因素是不可忽略的重要因素。第一，人力资本的开发程度低。人口增长过快和人口素质的普遍低下是我国贫困地区可持续发展的基本障碍。在过去的两次生育高峰期间，西部大部分省区的生育峰值都很高，且持续时间较长，有的省区的生育高峰持续长达 20 年之久。同时，由于社会事业落后，贫困地区人口素质的提高面临沉重压力，这与贫困地区人口数量的迅速增长以及二者的逆向发展构成了贫困地区可持续发展的突出障碍。第二，自然资本的天然禀赋低。在我国的贫困地区普遍存在着水资源、土地资源和生活能源短缺的问题。第三，生态环境退化程度较高。我国贫困地区大多地处生态敏感地带，即介于两种或两种以上具有明显差异生态环境的过渡带和交错带。现在，人类活动强度的增大，进一步加剧了自然生态环境的退化。强度樵采、过度耕种以及超载放牧造成的沙漠化、荒漠化正在不断地动摇和摧毁贫困地区人民生存与发展的基础。

（3）灾害频繁而且损失较高。

我国的贫困地区气候类型复杂、经济落后、水利设施较差，往往成为自然灾害多发地区。同时，自然灾害使农村返贫现象严重。据国家民政部的统计，我国农村每年因自然灾害返贫或因灾致贫的人口超过1 000万。

这"两低两高"的情况就构成了我国贫困形成和加剧的自然生态环境方面的原因，而贫困的形成和加剧反过来对自然生态环境又造成了沉重的压力，这样，我们就陷入了复杂的贫困与生态的恶性循环当中。

显然，贫困和生态的恶性循环是阻碍我国反贫困的重大障碍。这样，进一步破解贫困和环境的恶性循环就成为在全面建设小康社会中建设生态文明的重要任务。

（三）大力推进生态式开发脱贫致富的战略

贫困与生态的恶性循环要求我们要对贫困、生态和发展的关系重新进行思考，谋求消除贫困和生态良好的良性互动，实施"生态式开发脱贫致富战略"。

1. 实施生态式开发脱贫致富战略的依据

事实上，除了贫困和资本的恶性循环之外，还存在着贫困与环境或贫困与生态的恶性循环。我们提出生态式开发脱贫致富战略就是要打破在我国贫困地区存在着的贫困和生态的恶性循环以实现脱贫致富的目标。

（1）生态式开发脱贫致富是对我国开发式扶贫实践经验的进一步理论提升。

从我国反贫困的实际来看，主要经历了救济式扶贫和开发式扶贫两种方式。由于单纯的输血式的救济式扶贫只能解决眼前的突出问题，而不能从根本上解决问题，因此，我国自1986年起对传统的救济式扶贫进行彻底改革，确定了开发式扶贫方针。坚持开发式扶贫的方针，就是以经济建设为中心，支持、鼓励贫困地区干部群众改善生产条件，开发当地资源，发展商品生产，增强自我积累和自我发展能力。显然，这就是要增强贫困地区的自我造血能力。但是，在实际工作中，对开发式扶贫有不同的理解和操作方式。有的部门、地区、单位和个人片面地将开发作为这种方针的重点而不顾及贫困地区的具体实际尤其是自然生态环境方面的实际，用竭泽而渔的方式开发当地资源，结果在追求贫困地区经济开发的过程中进一步加剧了其自然生态环境方面的压力，出现了欲速则不达的情况。事实上，这是对开发式扶贫的误解。相反，有的部门、地区、单位和个人将可持续发展作为了开发式扶贫的前提和要求，在寻求扶贫、生态和发展的良性互动的过程中来推进反贫困工作的向前发展。事实证明，尽管按照这种方式进行脱贫的过程略显慢了一些，但最终有助于从根本上解决问题。其实，开发式扶贫包括很广泛的内容，其中的一个基本要求是，要坚持扶贫开发与水土保持、环境保护、生态建设相结合，实施可持续发展战略，增强贫困地区和贫困农户的发展后劲。现在，按照科学发展观的精神实质，我们应该将开发式扶贫方针中的可持续发展的原则和要求进一步明确为生态式开发脱贫致富战略，这样，才能为在全面建设小康社会的过程中基本消除绝对贫困问题提供自然物质条件方面的保障。

（2）生态式开发脱贫致富是对贫困和生态的恶性循环问题的理论概括。

根据国际社会的有关研究，贫困与环境的恶性循环主要表现在两个方面。

一方面，环境对贫困者的影响。主要存在两个方面的问题：第一，更多的健康问题。贫困者最容易受到某些类型的污染侵害，例如带有传染病毒和寄生虫病菌的不洁净水。他们（尤其是妇女和儿童）还会过多地受害于因燃烧不洁净然而却成本低廉的生物油而造成的室内空气污染。第二，降低劳动生产率。环境恶化会使贫困者抽出更多的时间去从事日常的家务劳动（如捡柴），并且减少大多数农村穷人赖以生存的自然资源的生产能力，从而降低了贫困者的收入。

另一方面，贫困者对环境的影响。也有两个方面的问题：第一，目光短浅的限制。那些为其温饱而挣扎、为日常生计而奔忙的贫困者，没有多少余地来为将来作计划，也不大可能去进行只有在若干年后才会带来有效收益的自然资源投资（如土壤保护）。这种目光短浅并不是天生的特点，而是政策、制度和社会方面的缺陷造成的后果。第二，受到限制的风险战略。由于贫困者面临着更大的风险，而且只有较少的手段来对付这些风险，所以，他们在使用自然资源方面受到了限制。这些风险范围很宽，既包括对投入和产出市场的不适当的政策干预，也包括逐步形成的对有更强政治影响力的人更为有利的土地使用制度。对付危机的各种传统方法——出售储备的作物或货物、举家迁移、增加雇佣劳力、借钱购物、求助于互助传统或对老客户的理解照顾——往往都与穷人无缘。这意味着他们几乎没有什么选择，只能是过度地使用他们所能获得的任何自然资源。此外，贫困者（尤其是妇女）通常都很难获得正式的信贷、作物保险，以及能够就减少风险的农业实践提供咨询的信息（例如农业技术推广服务）。

正是考虑到这些情况，1993 年把世界环境日的主题确定为："贫穷与环境——摆脱恶性循环"（Poverty and the Environment—Breaking the Vicious Circle）。尽管这些情况与我国的实际存在着一定的差距，但是，这些问题在我国还是存在的。这样，我们就可以将之上升为贫困与环境（生态）的恶性循环的理论。

总之，在我国实施生态式开发脱贫致富战略有实践和理论两个方面的依据，可以在生态文明的基础上将脱贫、发展（开发）和生态（环境）有机地统一起来。

2. 实施生态式开发脱贫致富战略的要求

根据我国贫困和生态恶性循环的实际，在科学发展观的指导下，通过借鉴国际社会关于贫困与生态恶性循环的理论，我们应该采用生态式开发脱贫致富的战略。这一战略的基本思路是，将发展作为反馈的机制融入到贫困和生态的循环中，通过建立"生态——发展——反贫困"的负反馈，在实现生态效益、经济效益和社会效益统一的基础上，走生产发展、生活富裕和生态良好的文明发展道路。

（1）生态良好是生产发展和生活富裕的自然物质基础。

自然生态环境是一个由无数子系统组成的复杂系统，其生成、变化和发展有其自身的内在的规律，是人们生产和生活中的一种既得的物质力量。因此，在生产和生活的过程中，要积极调整人与自然的关系，要通过人为的努力改变恶劣的自然生态环境发展，要积极开展生态建设。

第一，要大力开发贫困地区的人力资源。人口数量过多、增长过快、素质偏低等诸因素严重制约了贫困地区经济社会的发展和农民解决温饱、脱贫致富的步伐。因此，我们要继续转变贫困地区群众的生育观念并提供制度和经济方面的支持，积极倡导贫困地区的农民实行计划生育，把扶贫开发与计划生育结合起来。同时，要做好地方病的防治工作，要提高这些地区人民群众的科技文化水平。这样，就可以降低人口对自然生态环境的压力，将对贫困地区人口与经济社会协调发展和可持续发展产生重要的影响。

第二，要大力改善贫困地区恶劣的自然生态条件。尽管我们反对人定胜天的虚妄的主体性，但是，恶劣的自然生态环境还是需要人类治理的。因此，在贫困地区要大力开展水土保持、山地灾害防治、植树造林、荒漠化防治、小流域综合治理、农田基本建设、改善交通条件等工作。而政府应该帮助贫困地区建设一批适当的水利设施工程，解决好人畜饮水和农田必要用水的问题。这样，通过科学的人为的积极的努力，就可以使自然界克服自身的无序和混乱，同时能够适宜人类的生存和发展。

第三，要做好极端贫困地区的生态移民工作。由于在极端生态恶劣的地区生存已经不易，如果人类活动强度降不下来的话，只能使贫困进一步加剧。因此，国家鼓励和支持生存条件极其恶劣地区的贫困农户通过移民搬迁、异地开发的方式，开辟解决温饱的新途径。主要是要选择一些与贫困地区毗邻的山水资源较好、生态环境有潜力的地区进行开发，建设一些生态经济区和产业项目，创造就业机会，在此基础上，迁移一部分贫困人口，并帮助他们掌握一些实用的致富技术。这即是生态移民。在这个过程中，我们必须坚持群众自愿、就近安置、量力而行、适当补助的原则。

总之，生态式开发脱贫致富战略首先要求严防贫困地区生态环境的进一步恶化，防止森林、草原、水面、湿地等从现有水平上缩小和退化，防止荒漠化进一步蔓延，改善大气、植被、土壤、水资源质量和数量，从而不仅实现贫困地区的可持续发展，而且为全国的可持续发展作出贡献。

（2）生产发展是生活富裕和生态良好的经济物质基础。

生产力是决定一切的基础，因此，贫困地区必须始终坚持以经济建设为中心，要走开发式扶贫的道路。但是，不能按照机械发展观的方式来理解开发式扶贫，而应该将"生态——发展——反贫困"的立体系统作为开发式扶贫的坐标。

其一，要在生态学的基础上重建经济，使之成为生态式的经济，即以生态化为原则和要求的经济。

第一，从生产力系统来看，必须将生态化的原则内化到整个生产力系统中。一是在劳动对象上，要避免使用不可再生的资源和原料，大力开发和利用可再生的低污染的资源和原料；二是在劳动资料上，要避免使用造成污染和破坏的生产工具和劳动机械，大力开发和利用低消耗和低污染的生产工具和劳动机械；三是在劳动者方面，要在大力提高劳动者的科技文化素质的同时，提高其生态文明意识。这样，才能在降低自然生态系统负荷的同时提高经济效益和社会效益。为此，我们要在贫困地区大力发展生态农业、环保农业。

第二，从生产关系系统来看，要将生态化原则渗透到生产关系的各个环节上。一是在生产环节上，要选择那些资源能源消耗少、环境污染轻、经济效益好、科技水平高、劳动力优势可以得到充分发挥的生产方式和产业结构；二是在流通环节上，必须避免化工产品尤其是危险产品在流通中造成的农业环境污染问题，要避免工业产品的过度包装，选择绿色物流的方式促进产品的流通；三是在交换环节上，要开发绿色产品，不仅在国际贸易中要遵循绿色规则，而且在国内贸易方面也应该注意有关的问题，尤其是要防止淘汰产品向贫困地区的流通；四是在消费环节上，引导贫困群体克服不科学不文明的生活方式和消费方式，同时要选择绿色的生活方式和消费方式。在这个方面，我们必须要加强贫困地区的生态管理。

其二，要在生态学的基础上重建开发式扶贫，使之成为生态式的开发扶贫，即以生态化为原则和要求的开发扶贫方式。这里关键的问题是要注意在贫困地区建设的扶贫工程的综合效益。

第一，整个工程建设在构成上必须坚持系统性的原则。系统性应作为现代工程尤其是特大型工程建设的基本原则，为此，要综合考虑工程项目与自然环境、工程子项目与整体工程、工程的各项功能的关系等一系列复杂的关系网络，通过工程构成的各种类型的元件的最佳匹配，实现工程建设和运作的最优化。

第二，整个工程建设在规模上必须坚持适度性的原则。长期以来，人们受机械发展观和虚荣心的驱使，致使工程规模向大型化和超大型化方向发展，越大越好成为人们普遍认同的价值观念，好心做成了坏事。针对这种情况，舒马赫提出了"小的是美好的"口号，但是，他没有看到，小型工程和技术难以发挥出规模效应。在这个问题上，我们应抱一种实事求是的态度，"普遍的原则是：**尽可能小，大要大得有必要**"[①]。

---

① ［德］汉斯·萨克塞：《生态哲学》，83页，北京，东方出版社，1991。

这就是工程建设的规模适度性原则，在贫困地区建设项目中也必须坚持这一原则。

第三，整个工程建设在风险上必须坚持预警性的原则。任何一项工程建设尤其是大型工程建设都要冒一定的风险，风险来自移民、资金、生态等方面，一项成功的工程必须要对这些风险能够作出预警，并尽可能地将风险降低到最低限度。我们尤其是要注意生态风险。生态风险不同于经济风险，一旦遇有经济风险可以通过保险手段来解决，而生态风险一旦发生则很难挽回。

总之，将生态化作为生产发展和开发式扶贫的原则和要求，就是要将生产和开发的基础定位在生态良好上，要将生产和开发的目标定位在生活富裕上。同时，要通过产业结构的调整和增长方式的转变，大力提高生产力发展的水平，使生产和开发能够对生活富裕和生态良好作出贡献。

（3）生活富裕是生产发展和生态良好的最终价值目标。

生产发展和生态良好都应该围绕着生活富裕而展开。

第一，实现生活富裕必须提高贫困群体的收入水平。收入的提高可以使贫困者有能力考虑更多的选择来使用能源资源，以期获得更好的收益。因此，我们必须确保旨在通过稳定的、基础广泛的收入增长来减轻贫困的宏观经济政策不会歧视农业。同时，政策还应当推动农村基础设施的发展，从而鼓励人们因地制宜地进行集约式的耕作。这样，才能使贫困人口在收入稳步增加的基础上逐步走向富裕。当然，这里的富裕是共同富裕。根据国际经验，解决贫困问题必须解决分配不当的问题。增加贫困者获得各种服务和基础设施的机会，可以减轻贫困者（特别是贫困妇女）所面临的环境问题。对于我们来说，必须从维护社会主义本质的高度来看待这一问题，必须从维护社会稳定的高度来看待这一问题。维护社会稳定就是既要防止贫困地区区域内贫富差距过大，又要防止与其他地区差距过大，同时又要避免发展过程经常会出现的社会治安变差的现象，从而为维护民族团结、边境安定，保持全社会的长治久安作出贡献。

第二，必须大力发展贫困地区的其他社会建设事业。大力发展教育、卫生和保健事业，大力推行计划生育工作，是大多数反贫困战略的中心任务。如果考虑到生态环境问题，那么，增加贫困人口获得教育、保健和计划生育的机会就显得更为重要了。获得良好教育机会可以提升人力资本的实力，这样就会改善人们对自然资源的使用，并且促使更多的人不再直接从自然资源中赚取收入。获得公共保健服务和信息，可以使贫困者采取预防性措施，从而减少环境对健康造成的风险。最后，增加计划生育工作的投入以满足尚未满足的需求，这样就可以使人口增长加剧环境恶化的程度有所减轻。因此，我们必须要在尽快全面提高贫困地区农民收入的基础上，提高贫困地区人口的吃、穿、用、住、文化娱乐、健康卫生水平，使贫困地区的人口普遍享受基础设施和基本的社会服务，改善人口的身体素质和文化素质，提高贫困人口的参与能力和抵抗风险的能力，使贫困人口不仅能过上温饱生活，而且具备持久维持温饱生活的能力，从而确保我国的小康建设真正成为一项"惠及十几亿人"的伟大事业。

从总体上来看，实施生态式开发脱贫致富战略就是要将生态化作为开发式扶贫的基本原则和要求，实现"生态——发展——反贫困"的良性循环（负反馈）。显然，这种类型的反贫困模式具有生态效益、经济效益和社会效益相统一的特征，必须成为我国反贫困工作的战略选择。

四、生态小康的现实选择

建设生态文明是一项复杂的社会系统工程。目前，我们应按照党的十七大的要求，着重从产业结构、发展方式、消费模式和思想观念等几个方面推进生态文明的建设。这是建设生态文明的基础工程和现实选择。

（一）建立生态化的产业结构

产业结构不合理是影响和制约我国经济社会可持续发展的重大障碍，因此，在产业结构优化的过程中，既要考虑能源资源产出总量的增加，也要考虑能源资源消耗量的减少，还要顾及对生态环境的影响。这样，就要求我们要形成节约能源资源和保护生态环境的产业结构，即生态化的产业结构。

1. 建立生态化产业结构的基本任务

根据基本的产业结构分类，我们推进产业结构的生态化，就是要在整个产业结构中实现生态化的要求。

（1）发展生态化的农业产业。我国农业产业面临的突出问题是耕地、水等资源相对短缺和劳动力严重过剩的矛盾，这样，就需要在合理有序转移剩余劳动力的同时，要严格保护耕地和水资源，大力发展生态农业和可持续农业。同时，要按照生产发展、生活宽裕、乡风文明、村容整洁、管理民主的原则和要求推进社会主义新农村建设，建设生态文明村。

（2）发展生态化的工业产业。高消耗、高污染和低效益是制约我国工业可持续发展的重大障碍，因此，我们要坚决抑制并依法关闭高消耗、高污染和低效益的企业，支持和鼓励发展低消耗、低污染和高效益的产业。在这个过程中，我们要谋求工业化和信息化的良性互动，坚持走科技含量高、经济效益好、资源消耗低、环境污染少、人力资源优势得到充分发挥的新型工业化道路。

（3）发展生态化的第三产业。在我国，消耗资源较少、污染较轻的第三产业比重明显偏低，因此，在大力发展第三产业并且提高其水平的过程中，要加强基础产业基础设施建设，大力发展清洁能源和可再生能源；在大力发展信息产业等高科技产业的过程中，要大力发展生态产业、环保产业，加大它们在第三产业中的比重。总之，我们必须把生态化作为产业结构优化升级的基本原则和发展方向。

2. 建立生态化产业结构的主要突破点

在建立生态化的产业结构的过程中，我们应该大力培植环保产业。环保产业是生态科技知识密集型的产业。环保产业具有十分复杂的科学技术结构，几乎集中了一切科学技术。从其领域来看，主要有：

（1）降低环境负荷的设备。主要包括公害防治设备、节能装置或技术系统、节约资源型装置和可再生能源发电系统等。

（2）减少环境负荷的产品。主要包括低污染交通运输工具、废弃物的循环与再生系统、家庭节能器件和能进一步减少环境负荷的产品。

（3）提供有助于环境保护的服务。主要包括环境评价、废弃物处理、再生资源回收利用、土壤和地下水污染净化、环境维护管理、环境咨询、环境信息业和金融（例如，有关环境信托、环境卡、与环境有关的存款、环境污染赔偿责任保险业）。

（4）改善社会基础设施。主要包括废弃物的处理设施、节能和降耗系统、林业、下水道、创造接近自然环境的事业、恢复水域环境的事业等。

可见，环保产业主要具有以下特点：

（1）技术门类多、范围广。从环境监测技术到污染防治技术，从综合利用技术到生态工程技术，都属于环保产业的范围。

（2）技术层次多、差别大。既包括一般的"三废"治理常规技术，又包括 CFC（氟利昂）替代技术、信息技术、生物工程等新技术。事实上，环保产业是一个复杂的技术体系。因此，在产业结构调整中，我们必须将环保产业列入优先发展领域，建立环保产业的生产流通秩序和适用合理的产品结构，开展和推广先进实用的环保设备，积极发展绿色产品生产，建立产品质量标准体系，提高环保产品质量。这样，通过环保产业的发展就可以带动整个产业的生态化。

总之，建立生态化的产业结构，就是要将产业结构优化的目标，转向经济发展、社会进步和生态协调三者的动态平衡上，实现生态效益、经济效益和社会效益的高度有机的统一。

（二）转向生态化的发展方式

为了实现可持续发展，建立和维护人与自然的动态平衡关系，我们必须实现由主要依靠增加物质资源消耗向主要依靠科技进步、劳动者素质提高、管理创新转变，将生态化作为建立集约型发展方式的基本原则和主要方向。

1. 转向生态化发展方式的主要路径

生态化的发展方式事实上是集约型发展方式的一个基本的方面。其基本要求是：

（1）加快科技进步。科技水平相对落后和产业化水平低是影响经济增长的重要因素，所以，我们必须坚持科学技术是第一生产力的思想，建设创新型国家。为此，必须抓住新科技革命的生态化趋势，将其成果运用于发展方式的转变中，更加关注能源、水资源、环境保护、全球气候变化问题，大力开发和推广节约、替代、循环利用和治理污染的先进适用技术，将科技创新作为实现生态文明的第一动力。

（2）提高劳动者素质。劳动者受教育程度低是形成粗放型发展方式的重要原因，所以，我们必须按照促进人的全面发展的要求，全面推动教育事业的发展和劳动者素质的提高。为此，要将人的生态素质（参与生态文明建设的能力和水平）作为人的全面发展的基本要求之一，在国民教育中要加大生态学和环境科学等知识教育的比重，在全社会要大力进行生态文明教育，注重提高劳动者掌握先进适用技术和参与生态文明建设的实际能力，将人力资源作为实现生态文明的第一资源。

（3）创新管理机制和方式。管理机制不健全和管理方式落后是影响发展方式转变的重要因素，这样，就需要我们向管理要效益，建立生态文明方面的长效管理机制。为此，我们要研究绿色国民经济核算方法，完善反映市场供求关系、资源稀缺程度、环境损害成本的生产要素和资源价格形成机制，建立健全资源有偿使用制度和生态环境补偿机制，将生态效益原则作为实现生态文明的第一效益原则。显然，只要人类按照生态化的发展方式进行发展，那么，就可以通过生产率的提高，降低对稀缺要素的要求，减少物耗和能耗，减少废物的产生，以支持经济的可持续增长。

2. 确立生态化发展方式的关键领域

在转向生态化发展方式的过程中，关键是要确立生态化的科学技术在整个科技体系和产业体系中的地位。为此，必须明确判断科学技术生态化的标准。为了有效地推动生态化进程，必须在总结科学技术生态化成果的基础上，形成推动生态化的标准。判断一种科学技术是否符合生态化的标准或是否具有可持续性，可以通过以下四个标准进行判断[①]：

（1）它们的应用可以导致生态环境风险的大规模减少。这里的风险包括人类健康、公共福利以及生态等。

（2）它们体现了一种显著的科技进步。这包括两种情况：一是指前所未有的科学发现和技术发明；二是指已有的先进的科技成果在应用方面获得了巨大的新进展。

（3）它们在预竞争阶段是普遍适用的。这种科技成果可以为解决其他一系列科技问题提供基础或可能性。

（4）采纳这些科学技术后的社会效益高于个别效益，同时比值应该合理。

这四个标准是判断一项科技成果是否属于生态化的科学技术的重要

---

① 参见［美］乔治·R·希顿等：《未来的支柱——美国政府对环境重大技术的政策》，9页，北京，中国环境科学出版社，1993。

参考依据。当然，在实际中，并不是要求每一项科技成果都同时具备这四点要求。在此基础上，要大力推进科学技术自身的生态化，形成生态化的科学技术。科学技术生态化就是在环保技术和生态技术基础上做出的一种努力，它是科学技术结构、体制、模式和功能的全面转换，是作为一种科学技术形态出现的。这既是生态层面的可持续科学技术的一种类型，又是未来的可持续生态科学技术的发展方向。只有真正确立生态化科学技术的战略地位，才能真正实现发展方式的转变，这样，才能真正形成支持生态文明的发展方式。

生态化科学技术的形态如表9—1所示。

表 9—1　　　　　　　　　生态化科学技术的形态

	环保技术	生态技术	科学技术生态化
基本原理	工程学和其他自然科学	生态学和系统科学	以生态学为基础的多学科
控制对象	生产和生活污染物	有机体及其生态系统	复合系统
控制方式	被动控制（末端控制）	积极控制（事先控制）	综合控制（全程控制）
设计原理	人工设计	伴有人为因素的自我设计	综合设计（人工——自我设计）
能源基础	不可再生能源	可再生能源	多来源的可再生能源
经济特征	经济费用可能昂贵	经济上可行	具有直接经济效益
技术结构	以工程技术为主	以生物技术为主	整个技术结构和体制

总之，只有从根本上改变人均劳动生产率低、产品附加值低以及经济增长物耗高、能耗高、生态环境代价高的状况，我们才能实现可持续发展，走上生态文明的发展道路。

（三）倡导生态化的消费模式

人类的需要及需要的满足都是依赖于自然的。但是，在现实中，人们往往追求的是炫耀性、过度性、挥霍性、攀比性和一次性的消费，这不仅助长了不良的社会风气，而且造成了严重的生态环境问题。因此，从社会主义初级阶段的基本国情出发，吸收国外绿色消费潮流所形成的有益成果，我们必须形成生态化的消费模式。

1. 生态化消费模式的基本要求

根据我们的实际，生态化消费模式的基本要求应该是：

（1）合理消费。消费不能脱离经济社会发展的实际整体水平，尤其是不能脱离社会主义初级阶段的基本国情，必须量力而行，将生产、积累和消费统筹起来考虑，使消费和经济社会发展实现合理的互动。

（2）适度消费。消费有其质和量两个方面的规定，这样，就应该使消费的质的规定和量的规定统一起来。其中，最重要的是要改变表达需要和满足需要的方式，使人类能够在创造性活动中来满足自己的需要并锻造出满足自己需要的手段。

（3）节约消费。自然界的能源资源及其污染容量是有限的，因此，要大力弘扬中华民族的"取之有节、用之有度"的传统美德，把消费限制在自然生态环境可以承受的范围内以降低消耗，减少废弃物的排放以减少污染。

（4）协调消费。人具有多方面的需要，因此，在满足基本需要的基础上，应将人的生存需要和发展需要、物质需要和其他方面的需要、当前需要和未来需要统筹起来考虑，最终应该促进人的全面发展。在总体上，生态化的消费模式，就是要"在消费领域，大力倡导合理消费、适度消费的消费观念和消费行为，特别是在服务行业、公用设施、公务活动、住房、汽车及日常生活消费中，要大力倡导节约风尚，使节能、节水、节材、节粮、垃圾分类回收、减少使用一次性用品成为全社会的自觉行动，逐步形成与国情相适应的节约型消费模式"①。这就是，我们不能采用以能源资源的高消耗、环境的重污染来换取高增长的经济发展和高消费的生活方式，而只能逐步形成一套适度消耗的生产体系和适度消费的生活体系，使人民群众的生活以一种积极、合理的消费方式步入全面小康和比较富裕的阶段。

2. 生态化消费模式的正义追求

由于人的需要总是一种社会性的需要，而作为满足人的需要的资源的自然物质条件总是有限的，这样，就需要将正义性的原则引入到生态化的消费模式中来。在社会主义建设的过程中，必须要注意的是：一方面，要反对普遍的贫穷。在普遍贫穷的基础上，只能导致生态环境的日益恶化。因此，只有满足人的基本需要尤其是穷人的基本需要，才能打破贫穷和环境的恶性循环。这样，就必须将满足人的基本需要尤其是穷人的基本需要作为生态化消费模式的社会底线。另一方面，要反

---

① 温家宝：《高度重视　加强领导　加快建设节约型社会》，载《人民日报》（海外版），2005-07-04。

对用量的假象来掩盖质的差异的做法。假如贫富差距的比较值日益拉大，那么，即使贫困者的收入再提高，社会也实现不了基本的稳定。在资本逻辑的支配下，消费上的量的增长往往掩盖了消费上的质的差距，这样，就在一定程度上消解了工人阶级的阶级意识。在这个问题上，"自然、空间、新鲜空气和宁静：这就是我们在两个社会极端等级的支出差别指数中所发现的、所寻求到的稀有财富和昂贵价值的结果"，"这里，我们不应看到同质居住空间上量的递增，而应透过这些数据，看到与所寻求的财富的质相联系的**社会差别**"①。因此，我们必须将共同富裕引入到生态化消费模式中，让大家共享经济社会发展的成果，这样，才能避免在资本主义条件下出现的异化消费问题，最终才能确保在生态化消费模式的基础上实现人与自然的和谐发展。

总之，只有建立生态化的消费模式，才能为解决生态环境问题提供良好的社会基础，最终才能更好地保障人们的幸福生活。

（四）树立生态化的思想观念

长期以来，盲目的"人定胜天"的思想观念加剧了人对自然的征服和破坏，结果招来了自然界对人的报复和惩罚。因此，我们要按照党的十七大报告提出的"生态文明观念在全社会牢固树立"的要求，大力弘扬生态化的思想观念。生态化的思想观念的核心是要确立人与自然和谐发展的理念。

1. 坚持生态化思想观念的正确导向

在西方生态现代化理论中，将社会主义、自由主义和保守主义都看作是旧的政治意识形态，希望通过"绿色的意识形态"和"绿色的信仰"来实现生态变革。对于我们来说，在马克思主义的指导下推进在全社会牢固树立生态文明观念，不仅是推进文化领域生态变革的科学选择，而且是整个生态文明建设的基本取向。在当代中国，先进文化就是中国特色社会主义文化，就是社会主义精神文明。从其内容来看，就是以马克思主义为指导，以培育有理想、有道德、有文化、有纪律的公民为目标，发展面向现代化、面向世界、面向未来的，民族的科学的大众的社会主义文化。包括唯物史观在内的整个马克思主义理论体系都是追

---

① ［法］让·波德里亚：《消费社会》，44 页，南京，南京大学出版社，2001。

求人与自然和谐的。在此基础上，科学发展观明确提出："自然界是包括人类在内的一切生物的摇篮，是人类赖以生存和发展的基本条件。保护自然就是保护人类，建设自然就是造福人类。要倍加爱护和保护自然，尊重自然规律。"① 因此，我们必须通过加强社会主义精神文明建设来推进生态文明建设。目前，就是要大力加强社会主义核心价值体系建设，增强社会主义意识形态的吸引力和凝聚力。这样，才能确保人们树立起科学的生态化的思想观念，而不是盲目地跟着一些时髦的理论和思潮跑。

2. 拓展生态化思想观念的培育途径

培育人们的生态化的思想观念同样需要多管齐下。

（1）加强生态文明教育工作。教育是塑造人的全面发展的手段，也是帮助人们树立正确的生态化思想观念的基本途径。在这个问题上，"教育尤其是早期教育在帮助人们形成正确的环境观方面具有重要的影响，因而，它是至关重要的。通过采用一切可用的实际的方法，被用于提高公众环境意识和环境伦理意识的教育纲要，必须在社会的各个层次中得到开发和应用。政府应该对这样的环境教育项目给予特殊的财政支持"②。这就是，将生态教育、环境教育纳入到国民教育和社会教育的全过程中，可以使生态学、环境科学等知识转化为受教育者的生存意识和生命意识，从而会使受教育者养成生态文明意识。生态文明教育是由正规的基础教育、专业教育和专业培训构成的一个整体，加强生态文明教育是教育未来发展的重要的方向。在充分发挥正规学校教育的作用的同时，要大力发挥社会力量尤其是环境非政府组织在生态教育和环境教育中的作用。这样，通过生态教育和环境教育，在提升受教育者的综合素质的同时，就可以使他们树立起人与自然和谐的意识，最终能够提升他们的建设生态文明的实际能力。

（2）加强生态文明宣传工作。宣传是提高公众的生态文明意识和价值观念的重要的手段。我们要善于利用大众传播媒介和娱乐手段尤其是新兴媒介，采用为大众所喜闻乐见的形式，通过以情动人的方式，向人民群众普及生态文明基本知识、宣传生态文明价值要求，增强他们与生

① 《十六大以来重要文献选编》（上），853 页，北京，中央文献出版社，2005。

② UNEP, 1997 Seoul Declaration on Environmental Ethics, http://www.nyo.unep.org/wed_eth.htm.

态文明相容的态度、价值和行动。这样，才能使广大的公众自觉地投身于建设生态文明的事业中来。

（3）加强生态文明研究工作。哲学社会科学在培育人们树立正确的生态化的思想观念方面具有责无旁贷的责任和义务，因此，必须推进面向生态文明的哲学社会科学创新，建设支持生态文明的哲学社会科学学科。这样，在推进自身创新发展的同时，可以为生态文明教育和生态文明宣传提供学科支持。在总体上，我们必须将生态文明和生态文明观念纳入到国民教育的全过程，纳入到社会主义精神文明建设的全过程，充分发挥哲学社会科学在建设生态文明中的作用，这样，才能逐步把我国建设成为人民富裕程度普遍提高、生活质量明显改善、生态环境良好的国家。

总之，必须将建设生态化思想观念的活动与建设社会主义精神文明统一起来，将生态化思想观念作为社会主义精神文明的一个重要的构成部分来建设。只有这样，才能为生态文明建设提供科学的智力支持和正确的价值导向。

当然，在建设生态文明的过程中，我们仍然需要从其他方面努力。只有将重点突破和全面推进有机地结合起来，才能保证我们顺利实现生态小康的目标。

五、全面小康的永续愿景

小康不仅是我国社会主义现代化的阶段目标，也是中国特色社会主义现代化的发展过程。在这个过程中，我们既要遵循现代化的一般规律，按照"农业现代化——工业化——信息化"（农业文明——工业文明——智能文明）的发展顺序有序地推进我国现代化，又要避免和防范西方现代化造成的人和自然的双重异化。这里，一个重要的方面就是要将生态化的原则和要求贯穿到农业现代化、工业化和信息化的各个方面，实现跨越式的发展。所谓生态化，在一般的哲学理念上就是要实现人与自然的和谐；在产业上，就是要实现节约化、清洁化、循环化的要求。在此意义上，中国式现代化道路的一个基本要求就是要将生态化融入到农业现代化、工业化、信息化而实现中国社会整体变迁和发展的过程。因此，建设生态文明不仅是全面建设小康社会的阶段任务，而且是贯穿整个社会主义现代化始终的历史任务。

（一）大力推进农业现代化和生态化的统一

在实现社会主义农业现代化的过程中，我们面临的机遇和挑战要比西方社会当时的情况复杂得多。在生产力方面，我们不仅要实现农业机械化，还要提高农业的电气化、化学化和信息化的水平。在这个过程中，在运用科学技术尤其是现代科技成果提升农业生产力水平的同时，要警惕这种运用可能造成的各种问题，尤其是要避免"石油农业"造成的生态环境方面的问题。在生产关系方面，我们不仅要进一步完善农村的土地承包经营责任制度，而且要根据市场的需求组织农业生产，实现农业的产业化。在实现农业产业化的过程中，不仅要根据国内市场情况进行经营，而且要考虑国际市场情况的变动对农业生产的影响。这样，在发挥市场对资源优化配置过程中的作用的同时，也要防止市场的"失效"以及其他问题。在总体上，我们不仅要克服城乡"二元结构"的问题，而且要统筹城乡协调发展。在坚持工业反哺农业、城市支持农村的同时，我们既要防范农民、农业和农村成为转移工业污染和城市污染的受害者的问题，也要避免市民、工业和城市由于消费不符合环境标准的农副产品而受害的问题。显然，无论是推进农业现代化的哪一个方面的工作，都要求我们走中国特色农业现代化道路。这样，就要求中国特色的农业现代化必须成为生态式的农业现代化。目前，重点应该解决好以下问题：

1. 土地保护是实现生态式农业现代化的基础工程

土地不仅是农业生产的劳动对象，而且是农业生产的劳动资料。从其生物、物理、化学性质来看，土地尤其是耕地事实上是一种很难再生的珍贵资源。从我国的国情来看，人多地少的矛盾将一直伴随着我国整个现代化的历史进程。但是，在发展市场经济的过程中，尤其是在经营城市、发展土地要素市场和房地产业的过程中，我国的土地尤其是农田被大量侵占甚至是非法侵占的现象时有发生，这不仅进一步加剧了我国人多地少的矛盾从而引发了社会稳定问题，而且破坏了农业生产的可持续基础从而影响到整个国民经济发展的基础。为此，我们必须要落实最严格的耕地保护制度，坚决遏制乱占耕地现象。在这个过程中，我们要谨慎发展土地要素市场，国家必须划定永久性的耕地保护区，要保证18亿亩耕地的底线；同时，要在严格执行生态学原则和方法的前提下，采用生态恢复和重建的途径来增加耕地的存量。当然，目前最为要紧的是，国家必须加强这方面的制度建设，要有效地防范这个领域中消极腐败的现象并要加大打击的力度，这样，我们才能真正维护最广大人民群众的根本利益，赢得人民群众的拥护和支持。

2. 生态农业是实现生态式农业现代化的产业支撑

生态农业是农业未来发展的出路和方向。这在于，生态农业是生态科技知识密集型的农业。它运用的技术手段包括：

（1）一般的先进的农业技术以及农业经营、农业管理和农业服务技术等。主要包括品种改良和优良品种选育技术、合理施用化肥和植保农药技术、适用的农业机械技术和水利技术等。

（2）生态技术。主要包括可更新资源和能源利用技术、复合和立体农业的生产体系的设计和建设技术、废弃物的再生和利用技术等。

（3）新技术革命的最新成果。例如，利用遗传工程和酶工程等生物技术来改良作物品种、防治病虫害，利用计算机来指导人们合理安排种植结构和规模，运用系统工程的方法来合理安排农业生产，进行农业管理等。显然，生态农业真正使作为第一生产力的科学技术的生态功能在农业产业中发挥了出来。因此，我们必须将生态农业作为农业产业发展的方向。发展生态农业，当然也是一靠政策、二靠投入、三靠科技，因此，这方面的成功将主要取决于政府部门、科技部门、农民群众和有关部门形成的社会合力。

3. 集约方式是实现生态式农业现代化的发展方式

在推进农业产业化的同时，还必须实现农业发展方式从粗放型到集约型的转变。

（1）农业生产的循环选择。现代的生态农业和可持续农业是建立在自然资源的循环使用的基础上的。在以农牧结合为中心的复合生态系统建设中，运用生态位原理发展草食畜牧业，促进秸秆还田，开发厌氧发酵、氨化秸秆、粪便高效腐熟等技术，可以使农副产品及秸秆、粪便作为其他动植物的营养成分，并可以提高生物质能的利用效率。

（2）农业生产的清洁选择。在农业科技进步的过程中，应该采用以下清洁生产措施：发展有机农业、生态农业，尽量减少农药、化肥等农用化学物质的使用；改进种植和养殖技术，科学、高效地使用农药、化肥和饲料添加剂，消除有害物质的流失和残留；对农业生产中产生的废料进行综合利用，使土壤中宝贵的有机质能够得到最大限度的利用，直至循环利用，防止农业废料不合理处理造成污染；在造地、灌溉以及土壤改良等农业生产建设活动中杜绝有毒有害物质的介入。当然，随着技术进步和经济发展，清洁的标准是不断提高的。

4. 绿化乡镇企业是实现生态式农业现代化的主要支点

由于粗放型的生产方式，乡镇企业发展的外部不经济性问题也逐步显现了出来，对乡镇企业的生产经营和农村居民的生活带来了严重的影响，这样，就要探讨一条乡镇企业可持续发展之路。

（1）在产品开发上，已经形成规模的尤其是外向型的乡镇企业要瞄准国内外市场，提升产品的科技含量，尤其是要提升产品的环境标准，这样，才能提升企业的竞争力。对于其他企业尤其是广大的中西部不发达地区来说，乡镇企业的发展要与整个农业的产业化联系起来考虑，应该在农产品的深加工上下功夫，以提高农产品的附加值。同时，要避免将资源优势变为经济优势的同时加剧资源的掠夺性开发和利用。

（2）在生产方式上，乡镇企业不得采用或者使用国家明令禁止的严重污染环境的生产工艺和设备，要积极发展低消耗、少污染的技术工艺；要在企业和农业之间、企业和企业之间建立起物质循环的仿生圈，减少能源和资源的消耗，循环利用企业的废弃物；通过适当的规模化经营，乡镇企业要推广和实施清洁生产工艺，发展循环经济。为此，国家必须通过一系列制度支持的方式鼓励和引导乡镇企业进行产业技术创新。

（3）在环境影响问题上，乡镇企业必须遵守国家关于环境保护的法律、法规，要注重环境影响评价；乡镇企业建设项目中防治污染的设施，必须与主体工程同时设计、同时施工、同时投产使用；防治污染的设施必须经环境保护行政主管部门验收合格后，才可投入生产或者使用。在这个过程中，对排放污染物超过国家或者地方规定标准，造成严重环境污染的企业，必须限期治理，逾期未完成治理任务的，必须依法关闭、停产或者转产。显然，只有坚持生态化的原则，才能保证乡镇企业的可持续未来，才能促进农业现代化和工业现代化的良性互动。

总之，全面建设小康社会，重点在农村，难点也在农村；走生态式的农业现代化之路，能够成为这个问题上的突破口。显然，生态式的农业现代化既是中国特色农业现代化的重要发展方向，也是中国特色生态现代化的重要构成内容。

（二）大力推进工业化和生态化的统一

在反思传统工业化道路的基础上，根据我国基本国情和世界新科技革命的发展趋势，我们提出了新型工业化道路的设想。这就是要在坚持社会主义工业化道路的前提下，必须走出一条科技含量高、经济效益好、资源消耗低、环境污染少、人力资源优势得到充分发挥的新型工业化道路。新型工业化道路的要求很多，其中一个重要的方面就是要求我们把工业化和生态化统一起来，使我国的新型工业化成为生态现代化的典范，即生态式的工业化。

1. 资源代替是实现生态式工业化的资源基础

为了降低对矿石、木材等原材料的依赖，保证不至于出现不可再生性资源的耗竭，在节约资源和提高资源利用效率的基础上，必须要大力发展资源的替代技术，加大新材料的研发并提升其产业化水平。据估计，我国主要原材料的物耗比发达国家高 5～10 倍，有的甚至高达百倍。这样，在替代传统资源尤其是原材料方面，我们有两个方面的工作要做：

（1）在基础原材料方面，要重点研究开发满足国民经济基础产业发展需求的高性能复合材料及大型、超大型复合结构部件的制备技术，高性能工程塑料，轻质高强金属和无机非金属结构材料，高纯材料，稀土材料，石油化工、精细化工及催化、分离材料，轻纺材料及应用技术，具有环保和健康功能的绿色材料。

（2）在新材料技术方面，由于新材料技术将向材料的结构功能复合化、功能材料智能化、材料与器件集成化、制备和使用过程绿色化的方向发展，因此，要突破现代材料设计、评价、表征与先进制备加工技术，在纳米科学研究的基础上发展纳米材料与器件，开发超导材料、智能材料、能源材料等特种功能材料，开发超级结构材料、新一代光电信息材料等新材料。显然，新材料技术的开发及其产业化，不仅会带动工业的可持续发展，而且会形成新的经济增长点。

2. 能源代替是实现生态式工业化的能源基础

目前，我国的能源结构同样是建立在不可再生的化石燃料的基础上的，必将导致能源耗竭，影响国民经济和人民生活的可持续性。因此，在节约能源和提高能源利用效率的同时，必须将发展清洁能源和可再生能源作为重点。这样，在降低对煤炭和石油依赖的同时可以实现包括能源工业在内的整个工业的可持续发展。我国具有丰富的可再生能源，但是，开发力度和产业化水平还不能满足经济和社会发展的需要。除了制度安排方面的支持外，必须加强这方面的科技创新并提升其产业化水平。所以，在建设创新型国家的过程中，必须在能源开发、节能技术和清洁能源技术等方面取得突破，促进能源结构优化。其中，要特别注意可再生能源低成本规模化开发利用。为此，必须要重点研究开发大型风力发电设备、沿海与陆地风电场和西部风能资源密集区建设技术与装备、高性价比太阳光伏电池及利用技术、太阳能热发电技术、太阳能建筑一体化技术、生物质能和地热能开发利用技术等。在这个问题上，太阳能是最重要的清洁能源和可再生能源，它的直接转化很有可能成为生态文明的能源基础。因此，可以将生态文明看作是"太阳能文明"。

3. 生态工业是实现生态式工业化的产业基础

由于在宏观上促进了工业经济系统和生态系统的耦合，在微观上实现了工业生态经济系统的各种要素的合理运转和系统的稳定、有序、协调发展，因此，必须将生态工业作为工业产业的发展方向。生态工业不是简单地节约能源资源、提高能源资源的利用效率的问题，也不是单纯地实施清洁生产、发展循环经济的问题，而是要在通过科技创新的方式代替传统工业化道路的基础上，开辟工业化的新道路和新方向。可以将生态工业的原则概括为"5R"原则：

（1）研究（research）。工业企业应该将生态化作为企业"研究和发展"（R&D）的重点，要重视开展研究企业和消费品的生态环境对策。

（2）削减（reduce）。工业企业必须减少和消除任何废物的排放，要加强对工业"三废"的管理和治理。

（3）循环（recycle）。企业必须对废旧产品进行回收利用，避免一次性使用所造成的浪费。

（4）再开发（rediscover）。企业要增加产品的附加值，将普通产品转变为可生态化使用的产品。

（5）保护（reserve）。企业在加强生产环节中的生态环境管理的同时，要将人与自然的和谐作为企业文化的基本理念，将企业的生产发展、员工的素质提高和社会的生态良好有机地统一起来。在这个框架中，新能源、新材料的发现和应用，新工艺的发明和新产品的开发，不仅将成为企业生产发展的内在动力，而且会成为新经济增长的主要源泉。

4. 集约方式是实现生态式工业化的发展方式

按照"环境污染少"的原则，在实现发展方式转变的过程中，新型工业化道路要求采用清洁生产的工艺，发展循环经济，发展绿色产业、生态产业、环保产业，形成低投入、低消耗、低排放和高效率的发展方式。

（1）工业企业的循环选择。从能量守恒和转换的规律来看，工业生产过程产生的"三废"（废水、废气、废渣）其实是生态系统中放错位置和地点的"原料"。如果采用适当的回收技术，那么，不但能减轻环境污染，而且可以获得有价值的工业原料，重新应用于工业生产。以后，在拥有稳定人口的成熟的工业社会中，工业将主要依靠已经在该系统之内的东西供给原料，只是在未来替代使用中和再生中需要耗材时，才会转向原始的原材料。

（2）工业企业的清洁选择。企业在进行技术改造的过程中，应当采取以下清洁生产措施：采用无毒、无害或者低毒、低害的原料，替代毒性大、危害严重的原料；采用资源利用率高、污染物产生量少的工艺和设备，替代资源利用率低、污染物产生量多的工艺和设备；对生产过程中产生的废物、废水和余热等进行综合利用或者循环使用；采用能够达到国家或者地方规定的污染物排放标准和污染物排放总量控制指标的污染防治技术。这样，在促进实现工业生态化的同时，可以促进整个发展方式向集约型的转变。

显然，在这个问题上，从资本主义工业化道路到社会主义工业化道路、从中国特色的工业化道路（农业、轻工业和重工业的比例关系）到新型工业化道路，就反映出了我们的不懈努力和科学探求。这一历程不仅反映出我们对现代化规律的科学认识水平在不断提高，而且科学地规定着我国工业化道路的先进性质和永续方向。这样，对于绝对地怀疑和否定工业化的人们来说，"最好的方法是对抗资本主义的工业主义的扩大，而不是作为多头兽的工业主义本身"①。这样，我们就要以代际优

---

① ［英］安德鲁·多布森：《绿色政治思想》，242 页，济南，山东大学出版社，2005。

化为目标，稳步合理地推进工业化的历史进程，努力实现工业化和生态化的良性互动、相互促进，使新型工业化道路成为中国特色的生态现代化道路的基础和核心。

（三）大力推进信息化和生态化的统一

随着信息科技、信息经济（信息产业）的发展，如何有效地处理和解决农业现代化、工业化和信息化的先后顺序、轻重缓急的关系，已经成为了发展中国家实现现代化的关键环节和重大障碍。对于我国来说，更是如此。新型工业化道路就是对这个问题的科学解答。同时，还存在着一个如何处理信息化和生态化的关系问题。

1. 信息化是实现生态化的必由之路和高级阶段

信息化不仅是现代化未来发展的新阶段，而且是消除工业文明造成的生态异化的必由之路。在一般的意义上，信息化就是一个通过大力发展信息科学、广泛采用信息技术、普遍装备信息设置，更有效地开发和利用信息资源，从而优化经济社会发展的过程。信息化和信息文明之所以能够成为工业化之后的新的文明形态就在于，它们将在很大程度上减少不可再生能源资源的消耗，并使自己建立在信息的基础上。现在，由于用信息资源取代或者置换了物料和能量的部分功能，在经济流程中注入了智力因素，这样，信息化就可以实现生态化所追求的物质能源资源的减量化和清洁化的目标。由于在人与自然之间建立起了信息反馈和信息控制的机制，会及时发现问题并提前做出预警，这样，在迅速处理危机、不断推动创新的过程中，信息化就会有效地推进可持续发展。由于创造了先进的智能工具，提高了物质能量的开发利用水平，可协助开发出可再生的能源资源，这样，信息化就会改善产业结构、提高社会效率。可见，信息化是生态化的根本出路，信息化程度是生态化的重要标志。

2. 生态化是实现信息化的根本目标和首要原则

信息化仍然存在着重蹈工业化覆辙的可能性。这在于，根据耗散结构理论，某一处熵逆转是以环境熵增加为代价而实现的。即系统内部有序性或组织性的加强，是以一定的物质为载体，通过消耗一定的有效能量来实现的，这样，势必会增加总系统的熵，从而产生环境污染。因此，信息化必须将生态化作为自己的原则和要求。在实现信息化的过程中，如果缺乏理性和价值的平衡，那么，也会产生某些危机，如信息污染、信息犯罪、信息异化等，甚至会出现威胁国家安全的问题。可以将这类问题简单地称为信息危机。信息危机具有极大的滞后性、隐蔽性和危害性。如果处理不当的话，会给人类社会造成更为严重的灾难。信息危机也会出现在生态环境领域，形成信息生态危机。例如，在世界上信息产业最为发达的地区——美国硅谷，就曾多次发生过造成严重后果的环境污染事故。这就提醒人们应该重视以下问题：

（1）信息产品同样需要以一定的物质作为载体，这样，随着产品的整个生命周期尤其产品更新换代的加快，就面临着如何回收这些物质材料的问题。尽管电子产品消耗的物质资源比较少，但是，这些淘汰、报废的产品一般比较难以降解和回收。在降解和回收的过程中，容易产生新的环境污染。

（2）信息产品同样需要一定的能量作为动力，这样，随着产品的普及和广泛使用，就面临着如何节约能源的问题。尽管电子产品消耗的能源比较少，但是，在待机、存电的过程中会产生能源浪费。同时，在办公场所集中使用电子产品，会产生热岛效应。

（3）信息是通过一定的媒介进行传播的，这样，为了保证信息传播的广泛性和有效性，在加大传播频率的过程中，就会产生像电磁波污染这样的新的环境污染。因此，在推进信息化的同时，必须对信息化进行人道化的生态化的反思和追问，必须考虑信息化对人和自然的双重影响。

3. 生态化的信息化是信息化发展的基本方向

为了有效地预防、避免和治理信息危机尤其是信息生态危机，必须将生态学作为信息化的科学基础，深入研究信息的内在规律及其社会的生态的后果，研究信息化过程中人与自然关系变化的各种趋势，走物料能量信息相结合的道路，采用生态化的信息化战略。生态化的信息化战略是按照生态化原则和要求对信息化进行系统安排、动态管理、综合评价的方式和方法。即信息化也要考虑到自然生态系统自身的运行规律和机制，将人与自然的和谐作为信息化的一个内在标尺和制约机制，建立"人——信息——自然"的良性循环。因此，我们在推进信息化的过程中，必须注意以下问题：

（1）实现物料能量信息的统一。信息不能脱离物质能量单独存在，信息经济与实物经济是相辅相成的。因此，我们不能将发展信息产业独立于传统产业之外，过分超越现实水平，单纯追求高起点、高速度，而必须从我国的基本国情出发，制定可行的发展战略。当然，我们也应该从实物方面支持信息化，为信息化创造良好的外部环境。同时，我们还必须清醒地看到，我国目前仍处于工业化中期阶段，生产力发展又很不平衡，在一个相当长的时期内，传统产业特别是工业制造业，仍然有广阔的市场需求和发展前景。因此，我们必须将信息产业和传统产业统筹起来考虑，既要加快发展信息产业，又绝对不能忽视传统产业。这里，关键是要用信息产业提升传统产业的科技含量。这样，在促进传统产业的提升和发展的过程中，信息产业（信息经济）才可以开辟自身发展的广阔空间。

（2）实现人与自然的和谐。信息产业同样处在"人—自然"这个复合系统中，因此，必须按照人与自然和谐的原则推进信息化。这就是要看到："社会地控制自然力，从而节约地利用自然力，用人力兴建大规模的工程占有或驯服自然力，——这种必要性在产业史上起着最有决定性的作用。"① 为此，必须将信息经济纳入到生态经济的视野中，必须用生态经济的原则来规范信息经济的发展，使信息经济的发展能够在遵循生态化原则和要求的基础上实现可持续发展。第一，在信息产品的物料的选择上，不仅要遵循减量化和清洁化的原则，而且要遵循可循环的原则。这就是，随着产品生命周期的结束，淘汰的信息产品能够以一种易降解的方式回收和再利用。第二，在信息产品的能源的选择上，不仅要遵循节约和集约的原则，而且要遵循绿色化的原则。这就是，应该考虑电子信息产品能源的新来源（如太阳能电池等）。第三，在信息产品的传播媒介的选择上，不仅要遵循安全快捷的原则，而且要遵循低辐射的原则。这就是，在传统的传播媒介之外，要开辟新的传播途径（例如，采用生物仿生学的方法寻求突破）。显然，将信息化和生态化起来，就可以保证信息化成为发展的新的持续的动力。

其实，根据物质不灭与能量守恒定律，整个人类文明进化过程其实就是克服熵增、积累信息的过程。因此，我们必须将信息化和生态化作为实现现代化的相辅相成的原则和要求，必须按照信息化和生态化相统

---

① 《马克思恩格斯全集》，中文 2 版，第 44 卷，587～588 页，北京，人民出版社，2001。

一的方式推进我国的社会主义现代化，使全面建设小康社会和社会主义现代化能够在信息化和生态化相统一的基础上阔步前进。

在总体上，在市场经济和"世界历史"的背景中，作为现代化发展阶段和过程的"农业现代化——工业化——信息化"的模式存在着可跨越和不可跨越的辩证矛盾。因此，"我们必须始终保持清醒头脑，立足社会主义初级阶段这个最大的实际，科学分析我国全面参与经济全球化的新机遇新挑战，全面认识工业化、信息化、城镇化、市场化、国际化深入发展的新形势新任务，深刻把握我国发展面临的新课题新矛盾，更加自觉地走科学发展道路，奋力开拓中国特色社会主义更为广阔的发展前景"[①]。唯有如此，到全面建设小康社会目标实现之时，我们这个历史悠久的文明古国和发展中社会主义大国，将成为工业化基本实现、综合国力显著增强、国内市场总体规模位居世界前列的国家，成为人民富裕程度普遍提高、生活质量明显改善、生态环境良好的国家，成为人民享有更加充分民主权利、具有更高文明素质和精神追求的国家，成为各方面制度更加完善、社会更加充满活力而又安定团结的国家，成为对外更加开放、更加具有亲和力、为人类文明作出更大贡献的国家。

---

① 胡锦涛：《高举中国特色社会主义伟大旗帜　为夺取全面建设小康社会新胜利而奋斗》，14～15 页，北京，人民出版社，2007。

第十章　生态文明的发展支柱

　　建设生态文明需要强大的经济基础和发展支撑，但是，如果继续沿用西方工业化以来占主导地位的发展道路、发展方式和发展理念，那么，不仅无助于发展问题的解决，而且会使生态环境问题更为严重，这样，就迫切需要发展观上的革命变革，谋求环境和发展的辩证统一。在当代中国，发展观上的革命变革与开拓现代化的综合创新之路是相一致的。以人为本、全面协调可持续、统筹兼顾的科学发展观，就是我们在发展观上的革命变革的重大成果。只有在科学发展观的指导下，按照生态化的原则和要求推进经济建设，才能促进经济又好又快发展，才能为生态文明提供坚实的经济基础和强大的发展支撑。同时，生态文明就是在这个过程中体现出自己对经济建设的价值的。

一、科学发展的生态建构

　　从根本上来看，科学发展观是在辩证发展观的指导下自觉地建构起来的。在科学地回答发展观的基本问题的过程中，科学发展观也科学地回答了生态观的基本问题，因此，科学发展观同时也是科学的生态文明观。

（一）机械发展观是科学发展观的批判对象

机械发展观是在西方现代化过程中形成并占支配地位的发展观。与传统的有机发展观不同，机械发展观具有典型的双重性：一方面，极大地推进了社会生产力的发展，在西方社会实现了工业化，使现代化成为了整个世界历史的潮流；另一方面，也带来了一系列的危机。在应对资本主义挑战的过程中，社会主义建设在一定程度上也受到了这种单纯追求增长的发展观的影响，这样，清除机械发展观的消极影响就成为了科学发展观的重要任务。

机械发展观的典型特征是将"发展"简化为"增长"，从而造成了人和自然的双重异化。在机械发展观中，增长成为了发展的轴心，单纯的经济指标成为了衡量发展的准绳。这样，盲目追求经济增长不仅会引发经济危机，而且还会诱发其他问题。一方面，片面的增长是不关心人自身的，带来了人的异化。经济增长不仅没有解决人的基本的生存问题，而且使问题越来越严重。另一方面，片面的经济增长也不关心自然，由此造成了生态异化。生态危机成为了经济危机的表现和结果。现在，盲目的增长不仅超出了地球的可能限度，而且加剧了资源储量的下降和环境的污染，使一系列的问题联结、放大为了全球性问题。全球性问题的出现和加剧不仅显示出了机械发展观的弊病，而且预示着机械发展观的彻底破产。现在，在国际的范围内，一方面是南北差距在不断地拉大，广大的发展中国家按照机械发展观的模式进行发展，不仅没有使自己摆脱贫困，反而背上了沉重的债务负担，同时破坏了发展的宝贵基础——自然资源和生态系统；另一方面是发达国家的人民也没有真正达到整体的发展，相对贫困不仅依然存在，而且比例在陡增，同时人的精神异化日趋严重。在这种情况下，"我们需要的是一个根据直接生产者的需求民主地组织起来的、强调满足人类整体需求（超越霍布斯的个体概念）的生产体制。这一切必须理解为与自然的可持续性相联系，也就是与我们所了解的生活条件相联系。如果生产能以促进全人类福利的方式促进个体福利，并且以可持续性即非掠夺性的方式对待自然、满足人类需求的话，那么这种生产就可以说没有发生异化"①。这样，就提出

---

① ［美］约翰·贝拉米·福斯特：《生态危机与资本主义》，34 页，上海，上海译文出版社，2006。

了发展观的转变的问题。

在建设中国特色社会主义的过程中，科学发展观就是在批判和超越机械发展观的过程中形成和发展起来的。

（二）辩证发展观是科学发展观的理论基础

作为科学思想中的最伟大的成果，唯物史观是科学的社会历史观和科学的社会发展观的高度的有机的统一。在理论认知的层次上，它科学地解决了社会历史观的基本问题，成为了科学思想中最伟大的成果，从而为我们认识世界和改造世界提供了科学的世界观和方法论。在实践运行的层次上，它科学地回答了社会发展进程中的一系列重大问题，成为了唯一科学的社会发展理论，从而为我们解决社会发展问题提供了科学的选择和方案。事实上，这两个方面的内容是相互设定的。在强调生产力发展的最终决定作用的基础上，在克服机械发展观的弊端和局限的过程中，唯物史观的发展观突出强调的是发展的辩证特征，因此，我们可以将之简单地称为辩证发展观。

作为辩证发展观的唯物史观同时就是科学的生态观，科学地揭示出了人与自然、社会发展与自然生态系统的辩证的生态关联。在唯物史观看来，社会发展与自然物质条件是处在辩证的关联之中的，二者关系的本质是一种生态学的关联，但是，社会发展同自然物质条件的这种生态关联，决不同于生物与自然生态系统的关系，因为社会发展同自然物质条件之间的物质变换是通过劳动实现的，以劳动为基础的人与自然之间的物质变换构成了社会发展的基础。这样，在社会发展的整个过程中，就必须注意协调社会发展同自然物质条件的关系。但是，在资本主义条件下，却造成了"物质变换的裂缝"。物质变换的裂缝就是指对"人类生活的永恒的自然条件"的破坏。这样，针对机械发展观的生态弊端和资本主义的生态破坏性，就显示出了可持续性的重要性。在唯物史观看来，可持续性问题就是要确保现在的条件能够传承下去，使未来世代的条件等于或者优于当代的条件，就是要超越资本主义社会及其造成的人和自然之间的物质变换裂缝的不断加剧和扩大的态势。这样，"从一个较高级的经济的社会形态的角度来看，个别人对土地的私有权，和一个人对另一个人的私有权一样，是十分荒谬的。甚至整个社会，一个民族，以至一切同时存在的社会加在一起，都不是土地的所有者。他们只是土地的占有者，土地的受益者，并且他们应当作为好家长把经过改良的土地传给后代"①。同时，为了实现新的更高级的综合，未来的共产主义社会，将合理地调节人与自然之间的物质变换，形成人道主义和自然主义的高度的有机的统一。

可见，唯物史观的发展观科学而全面地揭示了社会发展与自然物质条件的辩证关系。这样，这种发展观就奠定了科学发展观的理论基础，从而为生态文明观的核心理论——人和自然的和谐理论、社会发展同自然物质条件的和谐理论奠定了科学的世界观和方法论的基础。科学发展观就是在继承和发展唯物史观的发展观的基础上形成科学的生态文明观的。

（三）生态发展观是科学发展观的参照对象

在西方社会从工业文明向"后工业文明"的过渡过程中，在西方发展理论中也日益意识到了机械发展观的危害性，对西方资本主义的机械发展观进行了哲学—生态学的批评；他们在不触动资本主义制度的前提下，力求将人与自然的协调、社会发展与自然环境和资源的协调纳入到其理论中，使发展观日益转向了环境污染、资源耗竭等实际的问题，这种转向的实质是生态上的转向，因此，可以将这种发展观称为生态发展观。

在生态发展观中蕴涵着生态文明的思想内容。在西方发展观的演变过程中，除了出现整体的、内生的、综合的趋势外，也出现了生态的转向。

（1）对传统工业化弊端的批评。一些批评者对传统的工业化进行了批评，认为正是工业化导致了全球性的生态环境灾难，危及了人的生存和发展。这样，"生态学派对工业化的批评揭示了资源储备下降、环境遭受破坏和文化上的异化等问题。他们呼吁开发利用新的资源，保护非再生的资源，减少污染和将技术置于人的控制之下"②。事实上，对工业化的生态学批评就是对机械发展观的生态弊端的批评，从而提出了发展观的生态转向的问题。

（2）对人类对待自然态度的区分。马尔库塞已经看到了资本主义条

---

① 《马克思恩格斯全集》，中文2版，第46卷，878页，北京，人民出版社，2003。
② ［英］安德鲁·韦伯斯特：《发展社会学》，134页，北京，华夏出版社，1987。

件下的生态异化现象，区分了对待自然的两种方式：一是用作为损害手段的科技方式去对待自然，把自然当作无价值的原料和物质，企图控制自然，而不是将自然作为一种"保留物"来进行保护并让它独立发展，这种方式属于一种特殊的社会形式；另一种方式是运用科技手段保护自然并重建人类生活环境，让自然自由发展，这种方式属于一种自由的生活形式。他要求人们放弃前者，转向后者。其实，这正是对机械发展观和生态发展观做出的区分。

（3）代替传统发展观的选择方案的提出。以 1972 年罗马俱乐部的《增长的极限》和联合国人类环境会议的准备文件《只有一个地球》的出版为标志，"绿化"现代化过程（发展过程）和"绿化"发展观成为了发展观和发展理论的一个重要的发展趋向，人们相继提出了"没有破坏的发展""生态发展""协调发展"等全新的发展理念，也提出了"生态现代化"和"可持续发展"等全新的发展模式。可见，在西方发展观发生生态转向的过程中，确实揭开了发展观变革的一角。

尽管生态发展观有其固有的局限，但是，其深化了对现代化和社会发展一般问题的认识，尤其是揭示了环境和发展的内在关联，因此，理应成为我们建设生态文明的重要参照系。科学发展观就是在辩证地借鉴和吸收这些成果的过程中形成的。

（四）科学发展观是唯物史观的理论创新成果

唯物史观的发展观是与时俱进的开放的科学的整体。在着眼于丰富发展内涵、创新发展观念、开拓发展思路、破解发展难题的过程中，科学发展观在发展道路、发展模式、发展战略、发展动力、发展目的和发展要求等一系列方面丰富和发展了唯物史观的发展观，明确地将生态文明确立为唯物史观的基本内容。

科学发展观初步形成了马克思主义关于社会主义发展的系统理论。科学发展观，第一要义是发展，核心是以人为本，基本要求是全面协调可持续，根本方法是统筹兼顾。一方面，科学发展观坚持了唯物史观的基本观点。科学发展观强调坚持以经济建设为中心，体现了唯物史观关于生产力是人类社会发展的基础的观点。它坚持以人为本，体现了唯物史观关于人民群众是历史发展主体和人的全面发展的观点。它坚持全面发展和协调发展，注重统筹城乡发展、区域发展、经济社会发展、人与自然和谐发展、国内发展和对外开放，体现了唯物辩证法关于事物之间普遍联系、辩证统一的基本原理。它坚持可持续发展，体现了自然辩证法和历史唯物论关于人与自然辩证关系的思想。它坚持统筹兼顾，体现了唯物辩证法关于重点论和两点论相统一的方法论原则。它把社会主义物质文明、政治文明、精神文明、和谐社会建设和人的全面发展看成相互联系的整体，把社会的各个部类、地域、方面等看作是相互联系、相互促进、不可分割的过程，进一步丰富和深化了马克思主义对发展问题的科学认识。另一方面，科学发展观丰富和发展了唯物史观的发展观。科学发展观揭示了发展的本质和内涵，揭示了我国经济社会发展的正确道路，是对经济社会发展一般规律认识的深化，是指导我们认识发展和推进发展的根本观点。在唯物史观的发展观的框架中，以经济建设为中心，以人为本，全面协调可持续发展，统筹兼顾，都是早已存在的基本观点，但是，将这几个方面明确统一起来作为一个整体，将发展作为第一要义，将以人为本作为核心，将全面协调可持续发展作为基本要求，将统筹兼顾作为根本方法，却是由科学发展观完成的。这样，科学发展观不仅进一步明确了新世纪新阶段我国要发展、为什么发展和怎样发展等一系列重大问题，标志着我们对人类社会发展的规律、社会主义建设的规律和共产党执政的规律的认识达到了一个新的科学高度，而且初步形成了马克思主义关于社会主义发展的系统理论。当然，这一理论也是需要在实践中尤其是在社会主义建设中不断丰富、发展和完善的理论。

生态文明观是科学发展观的重要理论创新成果。按照科学发展观来审视人和自然、环境和发展的关系，谋求可持续发展，就形成了科学的生态文明的思想。

（1）生态文明的科学含义。在科学发展观看来，可持续发展、人与自然的和谐以及生态文明是统一的。"可持续发展，就是要促进人与自然的和谐，实现经济发展和人口、资源、环境相协调，坚持走生产发展、生活富裕、生态良好的文明发展道路，保证一代接一代地永续发展。"① 这样，在贯彻和落实可持续发展战略的过程中经过人为的努力而形成的人和自然的良好状况就是生态文明。

（2）建设生态文明的必要性和重要性。我国人口众多，资源相对不

---

① 《十六大以来重要文献选编》（上），850页，北京，中央文献出版社，2005。

足，生态环境承载能力弱，这是基本国情。特别是随着经济快速增长和人口的不断增加，能源、水、土地、矿产等资源不足的矛盾越来越尖锐，生态环境的形势十分严峻。这些问题不仅会威胁到经济社会的可持续发展，而且会威胁到人民群众的生命财产安全，因此，从基本国情出发，坚持以人为本，就必须高度重视和加强生态文明建设。

（3）建设生态文明的途径和方法。科学发展观认为，我们不仅要从自然中获取各种资源和能源，而且要有步骤地进行环境治理和建设，这就融入了建设生态文明的理论自觉。在这个过程中，建设生态文明必须服从和服务于经济建设的中心，实现环境和发展的统一；必须着眼于人的全面发展，将以人为本作为建设生态文明的价值目标和原则；必须按照全面协调可持续的要求，实现生态文明与物质文明、政治文明、精神文明和社会文明的全面协调发展；必须坚持统筹兼顾的方法，统筹人与自然的和谐发展；等等。

这样，在科学地回答什么是生态文明、为什么要建设生态文明、怎样建设生态文明等一系列的重大问题的基础上，科学发展观就成为了科学的生态文明观，从而在扩展唯物史观的理论边界的同时，进一步实现了历史唯物论和自然辩证法的科学的有机的统一。

总之，科学发展观，是对党的三代中央领导集体关于发展的重要思想的继承和发展，是马克思主义关于发展的世界观和方法论的集中体现，是同马克思列宁主义、毛泽东思想、邓小平理论和"三个代表"重要思想既一脉相承又与时俱进的科学理论，是我国经济社会发展的重要指导方针，是发展中国特色社会主义必须坚持和贯彻的重大战略思想，是建设社会主义生态文明的指导思想。

显然，贯彻和落实科学发展观，不仅会促进经济社会的又好又快发展，而且会促进人与自然的和谐发展。因此，只有将建设生态文明和发展观上的革命变革统一起来，生态文明才是真正可能的，才能在社会发展的实际进程中发挥其重要作用。

二、发展主题的生态创新

根据我国的国情和世界现代化的经验，经济建设只能走可持续发展之路，实现环境和发展的具体的历史的统一。在贯彻和落实可持续发展战略的过程中，必须要考虑能源资源的禀赋和是否可再生的属性，必须考虑经济发展对环境状况的影响，必须考虑经济发展对人民群众生命财产安全和生态稳定的影响。正是根据这些情况，我们按照科学发展观的要求，在"十二五"规划中明确提出，要"加快构建资源节约、环境友好的生产方式和消费模式，增强可持续发展能力"。这里，节约发展、清洁发展和安全发展就开拓了可持续发展的理论内涵，从而为经济建设和经济发展指明了生态化的目标和方向。

（一）大力促进节约发展

节约发展是科学发展观在发展问题上尤其是可持续发展方面提出的新的战略思想，要求通过集约利用能源资源的方式来促进经济发展。

1. 节约发展是贯彻和落实可持续发展战略的基本要求

节约发展既是适应解决现实问题的要求而产生的，也有自己的科学依据。

（1）坚持节约发展的现实依据。

从实际来看，我国存在的能源资源自然禀赋的限制性和能源资源利用后果的浪费性并存的局面，迫切要求节约发展。相对于人的生存发展和经济社会的需要，能源资源本来就存在着可用性与极限性、稀缺性的矛盾。这种矛盾在我国的表现更为突出。例如，我国人均资源占有量远远低于世界平均水平。随着人口和经济的增长，这种矛盾进一步加剧。在这种情况下，本来应该按照节约的方式来利用能源资源。但是，由于粗放型发展方式仍然主导着我国的经济发展，因此，就造成了严重的能源资源的浪费问题。我国单位产值能耗是发达国家的3～4倍。这种情况进一步加剧了环境污染。可见，坚持节约发展是缓解资源紧张，实现经济社会可持续发展的重要保证。

（2）坚持节约发展的科学依据。

从理论上来看，节约发展是有其科学依据的。熵理论揭示出，能源资源消耗得越多，环境污染就越突出，生态恶化就越严重，熵就增加得越快。这里，"熵是无秩序的量度，信息是有秩序的量度"①。一方面，

---

① ［美］诺伯特·维纳：《维纳著作选》，104页，上海，上海译文出版社，1978。

地球上的能源资源是存在极限的，因此，会出现能源资源危机。虽然人类可以回收利用资源能源，但要做到完全回收是不可能的，而且回收本身也都要消耗额外的能源资源。另一方面，每当自然界发生任何事情，一定的能量就会被转化成不能再做功的无效能量，这就会形成环境污染。显然，当宇宙的有效能量资源耗尽时，就不会有任何可以做功的能量，就会出现严重的环境污染，因此，生命就不会存在。可见，解决这个问题的科学办法，就是要减少能源资源的消耗，减少环境污染，这样，就突出了走节约发展之路的重要性。

总之，在当代中国，走节约发展的道路具有重大的战略意义。

2. 节约发展是集约利用一切要素尤其是经济要素的发展方式

在任何特定的时空条件下，任何要素尤其是经济要素都是有限的，这样，就要求人类要以集约的方式来开发和利用要素。

（1）节约发展的含义和要求。

节约发展是指在能源资源投入不变的情况下而生产出更多的产品和提供更多的服务的科学的发展方式，或是在产出不变和服务不变的条件下减少资源能源消耗的科学的发展方式。节约不仅是一种美德，而且是一种生产行为和消费行为，甚至是一种社会行为。在中国传统文化中，是将节约作为一种美德看待的，而且主要把它作为一种消费行为或消费模式。在生态学马克思主义中，由于其认为由异化消费引起的生态危机已经取代经济危机成为了社会中的主要问题，因此，其强调的节约也同样局限在消费领域。科学发展观则从社会有机体的总体性出发来看待节约，在提出建立节约型社会的同时，提出了坚持节约发展的要求。

（2）节约发展和节约型社会和关系。

节约发展和节约型社会是既有联系又有区别的概念。一方面，它们是有区别的。从领域来看，前者主要是就生产的环节而言的；后者至少包括生产和消费两个环节，甚至包括整个生产关系系统（生产、交换、分配和消费）。从对象来看，前者主要是指经济要素尤其是能源资源的节约，后者包括一切要素的节约。从主体来看，前者主要是针对企业的生产行为讲的；后者是面向全社会的，包括政府、企业、社会和个体等各个方面。另一方面，它们是有联系的。由于生产决定消费和其他环节，因此，只有在节约发展的基础上，才可能有节约消费和节约社会。在这个意义上，节约发展是节约型社会的基础和核心。同时，对其他要素的节约可以减少能源资源的投入或能够促进能源资源的集约利用，因此，节约消费和节约社会有助于节约生产。在这个意义上，节约型社会是节约发展的社会条件和环境。

在总体上，节约发展就是要在生产领域推行节约型增长方式，着力构建节约型产业结构。因此，我们要注重发展服务业和高新技术产业，加速国民经济信息化，用先进适用技术改造提升传统产业，严格控制高耗能、高耗材、高耗水产业的发展，坚决淘汰严重耗费资源和污染环境的落后生产能力。总之，节约发展的最一般最直接的含义就是通过减少消耗也能达到发展目的的发展。

3. 实现节约发展事实上是整个企业的整个生产行为的集约转型。

目前，主要应该做好以下工作：

（1）大力推行节约型增长方式。

节约型增长方式不仅要求低投入、低消耗、低排放和高效益，而且要求通过集约化的生产来实现节约。发展规模化经济是实现集约化生产的重要选择。在生产的过程中，"生产资料的集中，可以节省各种建筑物，这不仅指真正的工场，而且也指仓库等等。燃料、照明等等的支出，也是这样"[①]。在我国目前，重点是要解决遍地开花的小作坊、小工厂、小煤矿等造成的浪费和污染问题。在总体上，大规模的集约化生产，可以实现经济要素的节约。

（2）大力构建节约型产业结构。

重点是要做好两方面的工作：一方面，要严格控制高投入、高消耗、高排放、重污染、低效益的产业和企业，要坚决淘汰严重耗费能源资源和污染环境的落后生产能力和设备，重点是要解决"煤老虎""电老虎""油老虎"等问题。另一方面，要大力发展节约能源资源的产业和企业，包括节能、节材、节时和高效益的节约型工业，节地、节水、节能、节时的节约型农业，同时，要实现由主要依靠工业带动增长向工业、服务业和农业共同带动增长的转变。

（3）大力开发人力资本和技术资本。

人力资本和技术资本存在着能源资源消耗低、环境污染轻、经济效

---

① 《马克思恩格斯全集》，中文2版，第46卷，93页，北京，人民出版社，2003。

益高的优点，并且是可不断增殖的，这样，实现节约发展，就是要在要素资源的投入上实现由主要依靠货币资本和自然资本支撑增长向依靠人力资本和技术资本支撑增长的转变。例如，在生产中，"铁、煤、机器的生产或建筑业等等的劳动生产力的发展，——这种发展部分地又可以和精神生产领域内的进步，特别是和自然科学及其应用方面的进步联系在一起，——在这里表现为**另一些**产业部门（例如纺织工业或农业）的生产资料的价值减少，从而费用减少的条件"①。这样，就要通过贯彻和落实人才强国战略、科教兴国战略，切实改变我国人力资本和技术资本投入不够和储备不足的问题，促进节约发展。

（4）大力采用反馈式循环的能源资源利用方式。

在能源资源的开发利用上，要采用"能源资源——产品——废弃物——再生资源"的反馈式循环方式，来促进节约发展。这事实上是要大力发展循环经济。在这个问题上，"所谓的生产废料再转化为同一个产业部门或另一个产业部门的新的生产要素；这是这样一个过程，通过这个过程，这种所谓的排泄物就再回到生产从而消费（生产消费或个人消费）的循环中"②。目前，我们要按照"减量化、再利用、资源化"的原则，切实推进我国循环经济的发展。

当然，推进节约发展还需要其他方面的配套措施。

总之，作为可持续发展重要组成部分的节约发展，在如何节约能源资源、集约利用能源资源的问题上，丰富和发展了可持续发展的内容，是促进经济可持续发展的重要保证。

（二）大力促进清洁发展

清洁发展是科学发展观在拓展经济发展内涵尤其是可持续发展内涵方面提出的新的思想，要求采用全程控制污染的方式来促进经济发展。

1. 清洁发展是经济社会可持续发展的重要保障

清洁发展的提出，既有强烈的现实针对性，也有其科学依据。

（1）清洁发展是针对末端治理环境污染的弊端提出来的。

末端治理的主要问题是：从生态效益上来看，它只是将工业废弃物作为废物来处理，没有认识到废物只是一种放错了位置的资源，因此，

---

① 《马克思恩格斯全集》，中文2版，第46卷，96页，北京，人民出版社，2003。
② 同上书，94页。

它不仅不能使资源得到有效的利用，还会造成二次污染。从经济效益上来看，由于从末端进行治理的投资和运行的费用较高，企业见到的经济效益很小，有时会增加企业的经济负担，因此，企业治理污染的积极性很低，从而影响到了环境污染的治理。从社会效益上来看，由于在末端进行污染治理，防治污染的工作与企业的生产脱节，这样，就不能使环境管理内化到企业的生产和管理的整体过程中。在这种情况下，就需要实现对污染的全程控制。清洁发展就是这样应运而生的。

（2）清洁生产是建立在科学的理论基础上的。

这里，有两个理论问题：一是物质转化理论。从整个物质世界的发展来看，"整个自然界被证明是在永恒的流动和循环中运动着"①。这里的循环是指自然生态系统中的物质循环，包括营养物质循环和生物地球化学循环。正是由于存在着循环，才保证了生命的存在和发展。同样，在生产过程中，物质是按照平衡的关系流转的，生产过程中产生的废物越多，则消耗的物料就越多，即废物是由于不清洁、不节约造成的资源的浪费，同时，废物只不过是放错了位置的资源，是可以转化为资源的。显然，通过对污染的全程控制，可以在集约利用资源的同时将污染降低到最低限度。二是最优化理论。在人类经济活动中，在求解满足生产特定条件下，如何使原料消耗最少而保证产品产出率最高，就是数学上的最优化理论在生产中的应用和体现。在这个过程中，"应该把这种通过生产排泄物的再利用而造成的节约和由于废料的减少而造成的节约区别开来，后一种节约是把生产排泄物减少到最低限度和把一切进入生产中去的原料和辅助材料的直接利用提到最高限度"②。清洁发展的实质和目标就是实现废物的最小化和产出的最大化，这实质是一个最优化的问题。

显然，对于处于全面建设小康社会进程中的中国来说，坚持清洁发展更具有重大的意义。

2. 清洁发展是对污染进行全程控制而实现可持续发展的一种方式

在促进清洁发展的过程中，需要正确把握和科学处理以下关系：

（1）清洁发展和清洁生产的关系。

最早，"清洁生产"是在解决工业污染的过程中提出来的。这里，

---

① 《马克思恩格斯选集》，2 版，第 4 卷，270 页，北京，人民出版社，1995。
② 《马克思恩格斯全集》，中文 2 版，第 46 卷，117 页，北京，人民出版社，2003。

"清洁生产，是指不断采取改进设计、使用清洁的能源和原料、采用先进的工艺技术与设备、改善管理、综合利用等措施，从源头削减污染，提高资源利用效率，减少或者避免生产、服务和产品使用过程中污染物的产生和排放，以减轻或者消除对人类健康和环境的危害"。后来，清洁生产的思想和方法也扩展到了整个国民经济领域，甚至是社会发展领域。可见，清洁发展是从清洁生产发展而来的，清洁生产构成了清洁发展的基础和核心。但是，清洁发展涵盖的范围更加广泛，既包括清洁生产，也包括与生产和发展相关的其他环节。

（2）清洁发展和清洁发展机制的关系。

为了落实控制全球温室气体排放的《京都议定书》，国际社会提出了一种解决境外减排的灵活机制——"清洁发展机制"（clean development mechanism，CDM）。由于发达国家的减排量成本比发展中国家高5～20倍，而发展中国家具有比较大的温室气体减排潜力和比较低的各项成本，因此，发达国家愿意以资金援助和技术转让的方式，在没有减排指标的发展中国家实施环保项目。经过认证后，如果这些项目确实能够达到减少温室气体排放的目标，那么，发达国家就可获得相应的减排额度。这就是CDM。显然，CDM是发达国家企业获取排放权的最经济途径，是发展中国家促进能源结构优化和技术进步的可行选择，还有助于经济社会发展目标和可持续发展战略的实现。可见，清洁发展主要是针对国内如何贯彻和落实可持续发展战略、实现经济又好又快发展提出来的，清洁发展机制主要是解决全球温室气体排放而做出的一种先进的适用技术国际转移的制度安排。当然，通过运用CDM，也会促进国内的清洁生产。

简言之，清洁发展是通过对污染进行全程控制，从而把环境代价降低到最低限度，进而谋求经济又好又快发展的一种科学的发展方式。

3. 清洁发展是一项涉及全社会的系统工程

目前，主要应该做好以下工作：

（1）坚决淘汰落后的技术、工艺、设备和产品。

资源浪费、环境污染的问题之所以在我国非常突出，很大程度上在于企业至今仍在使用落后的生产技术、工艺、设备和产品，因此，我们必须对浪费资源和严重污染环境的落后生产技术、工艺、设备和产品制定并发布限期淘汰的名录，并要规定它们在规定的期限内不得再生产、销售、进口、使用和转让。

（2）大力推行清洁生产，建立清洁产业结构。

在现代化建设的过程中，我们要以清洁生产为产业结构调整的基本要求。在工业产业中，要继续抓好冶金、有色金属、煤炭、电力、石化、化工、轻工、建材等重点行业的结构调整工作，坚决依法关闭浪费资源、产品质量低劣、污染环境、不具备安全生产条件的厂矿，解决好结构性污染问题。同时，要采用清洁生产措施。在农业产业中，应当科学地使用化肥、农药、农用薄膜和饲料添加剂，改进种植和养殖技术，实现农产品的优质、无害和农业生产废物的资源化，防止农业环境污染。同时，要禁止将有毒、有害废物用作肥料或者用于造田。在餐饮、娱乐、宾馆等服务业中，应当采用节能、节水和其他有利于环境保护的技术和设备，减少使用或者不使用浪费资源、污染环境的消费品。显然，清洁生产是推动我国可持续发展的重要措施和必然要求。

（3）加强清洁生产审核。

清洁生产审核（清洁生产审计）是一套对正在运行的生产过程进行系统分析和评价的程序：通过对企业的具体生产工艺、设备和操作的诊断，找出能耗高、物耗高、污染重的原因，提出如何减少有毒和有害物料的使用、产生以及减少废物产生的方案。目前的重点：一是企业应当对生产和服务过程中的资源消耗以及废物的产生情况进行监测，并根据需要对生产和服务实施清洁生产审核。二是对污染物排放超过国家和地方规定的排放标准或者超过经有关地方人民政府核定的污染物排放总量控制指标的企业，应当强制实施清洁生产审核。三是对使用有毒、有害原料进行生产或者在生产中排放有毒、有害物质的企业，应当定期强制实施清洁生产审核。

（4）通过技术创新促进清洁发展。

为了全面持久地推动清洁发展，我们要总结、提高、创造新型清洁生产手段，开发出在实际工作层面上落实清洁发展的有效手段。同时，要制定各种优惠政策，投资建立各种创新型科研基地，来开辟更深更广的清洁生产领域。此外，还要运用已生效的《京都议定书》确定的清洁发展机制，积极开展国际合作，引进国外先进技术。目前，要在《清洁生产促进法》的框架下，在建设创新型国家的过程中，建立起支持清洁发展的技术创新体系。

可见，清洁发展既要在产业整体上模仿自然生态系统的结构和功能，又要将生态学的原理和方法运用到经济建设中。

总之，作为可持续发展的创新成果的清洁发展，在如何全程控制污染、实现经济可持续发展的问题上，丰富和发展了生态文明的内容。

（三）大力促进安全发展

安全发展是科学发展观在深化发展内涵尤其是可持续发展的内涵和要求的过程中形成的战略思想，要求发展应该以预防和控制风险和事故为前提、以保障人民群众生命财产安全和身体健康为保障。这样，安全发展就为经济可持续发展指明了新的方向。

1. 安全是人类社会共同的愿望和不懈的追求

安全发展是人类赖以生存和发展的保障，反映了经济发展和社会进步的客观要求。

（1）安全是人类正常生存和发展的前提。

机械发展观的最大弊端就是草菅人命。事实上，对于作为生产力中最活跃因素的人来说，生命是最宝贵的财富，生命安全是最基本的需要和最重要的权益，这样，就要求把安全作为人类一切活动的前提。因此，我们必须彻底抛弃以物为本的价值理念，理直气壮地高扬起以人为本的旗帜，把保障人的生命财产安全和身体健康作为社会主义建设的基本价值目标。以人为本，首先要以人的生命和健康为本。

（2）安全是社会经济正常发展的保障。

发展还要考虑到各种风险和事故发生的可能性及其后果的严重性。在"风险社会"论者看来，"风险是预测和控制人类活动的未来结果，即激进现代化的各种各样、不可预料的后果的现代手段，是一种拓殖未来（制度化）的企图，一种认识的图谱。"① 而科学发展观在深刻地意识到风险和事故的严重后果的同时，强调决不能以损害人的生命和健康为代价来换取短期的局部的经济增长，要求把安全和发展联系起来考虑。这就是要坚持经济工作与安全工作的有机结合，既突出生产发展，也确保生产安全。因此，科学发展，必然包括安全发展。

---

① ［德］乌尔里希·贝克：《世界风险社会》，4 页，南京，南京大学出版社，2004。

（3）安全是维护社会稳定的保证。

由于历史欠账和管理漏洞较多等一系列的原因，我国还存在着一系列的安全隐患和安全问题。随着人口大量流动、经济快速发展和社会急剧变迁，这些问题被凝聚成为社会风险的因素，进而导致了严重的安全事故。这些问题给人民群众的生命财产和身体健康造成了严重损失，也给社会和谐带来了严重的负面影响。因此，在现代化建设的过程中，我们必须牢固树立安全第一的思想，坚持安全发展。

显然，安全发展是有其牢固的理论基础和强烈的现实针对性的。

2. 安全发展的科学内涵和战略要求

安全发展要求经济社会发展应该以预防和控制风险和事故为前提、以保障人民群众生命财产安全和身体健康为保障，走可持续发展之路。在社会发展的过程中，安全是指经济社会各个要素和环节处于相互协调的状态中，整个社会系统处于良性有序运行的过程中。与之相应，就必须坚持安全发展。

（1）安全发展和安全生产的关系。

安全生产是指企事业单位在劳动生产过程中的人身安全、设备和产品安全，以及交通运输安全等。由于安全生产要受一系列社会因素的制约，因此，必须将安全生产上升扩展为安全发展。安全发展是在安全生产的基础上产生的，但是，比安全生产的含义更广泛、要求更全面。它更强调社会发展过程中的安全性，要求人类健康不受损害、自然环境不遭破坏、社会秩序不受威胁。可见，安全生产是一项具体的、事务性的工作。安全发展则是经济发展方式和路径的一种选择，是从宏观管理的高度对安全生产的统领和指导。

（2）安全发展和生态安全的关系。

在一般的意义上，生态安全是一种包括维护国土安全、抵御自然灾害、防范外来物种入侵等方面内容在内的以满足人们的基本生态需要的活动和安排；在具体的意义上，生态安全主要指稳定耕地面积、防止水土流失和维护生物多样性等方面的内容。显然，无论是哪种意义上的生态安全都是安全发展的自然物质条件和基础，都是安全发展的重要组成部分。只有在生活和生产中尊重客观自然规律，才能有效防范风险和事故的发生。当然，没有安全发展提供的整体的安全环境和条件，生态安全也是不可能搞好的。

一般来讲，安全发展是指经济发展和社会进步必须以安全为前提和保障，把国民经济和区域经济、各个行业和领域、各类生产经营单位的发展，建立在安全保障能力不断增强、安全生产状况持续改善、劳动者生命安全和身体健康得到切实保证的基础上，促进安全保障与经济社会发展的良性互动。

3. 坚持安全发展的关键是要抓好安全生产

安全发展既包括生产安全、交通安全、市场安全、生态安全和社会安全等"硬件"，也包括安全制度、安全管理、安全法律、安全意识、安全文化和安全科学等"软件"。但是，安全生产是其核心和基础。目前，坚持安全生产关键是要落实国家"十二五"规划纲要提出的以下约束性指标："单位国内生产总值生产安全事故死亡率下降36％，工矿商贸就业人员生产安全事故死亡率下降26％"[①]。为此，必须做好以下工作。

（1）大力优化产业结构。

现在，发达国家经过长期的产业结构调整，普遍形成了服务业比重很高、工业和制造业比重较低、高风险行业从业人员较少的产业格局。但是，在我国，第二产业比重较大，采矿业、重化工业、建筑业和运输业等高风险行业发展势头不减，从而加大了事故风险。因此，在坚持安全第一、预防为主、综合治理的方针的同时，我们要坚决关闭不具备安全生产条件的企业，加大产业结构调整的力度。在走新型工业化道路的同时，要看到现代服务业、信息产业等高科技产业在现代经济发展中的重大贡献。

（2）大力转变发展方式。

在粗放型发展方式下，经济总量的扩大有可能导致事故增加。这是导致事故多发的一个重要原因。因此，除了落实安全生产责任制、强化企业安全生产责任、健全安全生产监管体制和严格安全执法外，我们必须在切实转变发展方式的过程中，依靠人力资本和技术资本来促进经济增长，走内涵式的扩大再生产之路。

（3）大力提高劳动者素质。

据有关方面估计，近几年高危行业发生的伤亡事故，约80％发生在农民工较集中的小煤矿、小矿山、小化工、烟花爆竹小作坊和建筑施工包工队。这样，除了加强管理和监督外，当务之急是要对农民工进行

---

① 《中华人民共和国国民经济和社会发展第十二个五年规划纲要》，112页，北京，人民出版社，2011。

安全教育，同时要搞好转产培训。从长远来看，国家必须加大对人力资源尤其是农村人力资源的开发，在帮助他们掌握先进的适用的技术和工艺的同时，要提高他们的安全意识和安全知识水平。

（4）大力促进科技进步。

国家必须根据经济发展和科技进步的情况，制定高危产业相关的科技导向政策，搞好隐患治理和安全技术改造，鼓励和引导企业采用新技术、新设备和新材料，同时，要针对安全发展中亟待解决的关键性技术难题，加强国际合作和交流，推动国内产学研的结合，开展重大科技攻关，搞好安全科技成果转化、安全新产品的研发和安全新技术的推广应用。

总之，在实现现代化的过程中，我们必须坚持安全发展，强化安全生产管理和监督，加大相关的立法和执法力度，有效遏制重特大安全事故。这样，才能保证经济又好又快发展。

显然，把安全发展作为一个重要理念纳入我国社会主义现代化建设的总体战略，既是我们对科学发展观认识的深化，也是对可持续发展和生态文明认识的丰富和发展。

在总体上，节约发展、清洁发展和安全发展的提出，标志着科学发展观对可持续发展的认识达到了一个新的科学高度，不仅拓展了可持续发展的思想内容，而且开辟了生态文明发展的新境界。

三、生态建设的辩证要求

正是从唯物史观的社会辩证法出发，科学发展观提出，我们谋求的发展必须是全面、协调和可持续的发展，而不是片面的、不计代价的和竭泽而渔式的发展。这样，全面协调可持续发展就成为科学发展观的基本要求。由于环境和发展是统一整体中的两个不可分割的部分，因此，全面协调可持续发展同样是生态建设必须坚持的基本原则。

（一）生态建设必须坚持全面发展的原则和要求

全面发展就是要从社会有机体的整体性（系统性）出发来认识和处理发展问题。这是发展问题上的全面性的要求。作为生态建设原则的全面发展，就是要谋求和谐共存。

1. 全面发展是对社会系统性的科学把握

人类社会是由各种要素构成的一个整体。

（1）社会结构的各种要素是一个整体。例如，每一个社会中的生产力都形成一个统一的整体。劳动对象、劳动资料和劳动者三个方面是相互联系、相互作用的，由此构成了生产力系统。在生产力系统中，实体性要素和渗透性要素（科学、教育、管理等）也是密不可分的。

（2）各种要素之间的关系是一个整体。例如，"世界历史"是一个建立在大工业和普遍交往基础上的整体，而各个民族是它的"器官"。

（3）社会基本矛盾的构成及其运动是一个整体。正是在生产力和生产关系、经济基础和上层建筑的矛盾作用不可分割的过程中，人类社会才构成了一个系统。

正是根据这些情况，唯物史观将社会系统称为"社会有机体"。

2. 全面发展规定了发展内容的系统性

根据社会的系统性特征，科学发展观在规定中国特色社会主义现代化的目标时，不仅将中国特色社会主义现代化看作是一个包括经济、政治、文化、社会和生态等方面的内容在内的整体过程，而且明确提出了全面发展的思想。全面发展，就是要以经济建设为中心，全面推进经济、政治、文化、社会和生态建设，实现经济发展和社会全面进步，促进人的全面发展。当然，这并不意味着要同等发展、平均发展。一方面，经济始终是一切领域的基础和一切工作的核心。只有坚持以经济建设为中心，不断增强综合国力，才能为抓好发展这个党执政兴国的第一要务、为全面协调发展打下坚实的物质基础。只有坚持以经济建设为中心，不断增强综合国力，才能更好地解决前进道路上的矛盾和问题，胜利实现全面建设小康社会和社会主义现代化的宏伟目标。另一方面，经济和政治、文化、社会生活、生态是相互联系、相互作用、有机统一、不可分割的。没有这些因素提供的相应的作用，就不能有经济的正常发展；没有这些方面的发展，单纯追求经济发展，不仅经济发展难以持续，而且经济发展也难以最终搞上去。因此，我们必须时刻警惕出现因发展不平衡而制约发展的局面。

总之，只有将"中心论"和"全面性"统一起来，才能真正实现又好又快发展。

3. 全面发展规定了生态建设内容的系统性

在一般的意义上，认识和实践中的全面性是对事物普遍联系的自觉把握。我们"要真正地认识事物，就必须把握住、研究清楚它的一切方面、一切联系和'中介'。我们永远也不会完全做到这一点，但是，全面性这一要求可以使我们防止犯错误和防止僵化"①。这样，坚持全面发展，就是要在生态建设的过程中注意以下问题：

（1）要用系统方式把握生态文明的构成。

作为人化自然和人工自然的积极进步的成果，生态文明本身是由多个要素构成的复杂系统。从其发生的领域来看，生态文明是在人与自然的相互作用的过程中所形成的"人—自然"这个复合系统领域中发生和发展的。这样，按照全面发展的方式建设生态文明，事实上就是要确认人和自然的系统关联，就是要促进人与自然的和谐共存。从其具体的构成来看，生态文明是由自然物质条件的基础要素、社会控制的调节要素、可持续发展的战略要素、人的发展的价值要素和科技进步的支撑要素等方面构成的整体。没有这几个方面的内在关联、相互作用所形成的系统结构，就不可能有生态文明。这样，按照全面发展的方式建设生态文明，就是要促进生态文明的这些构成方面共同发展、同时发展。事实上，生态文明是"人—自然"复合系统优化的产物。

（2）要用系统视野确定生态文明的位置。

社会有机体不仅具有自我更新的功能，而且具有自我创新的能力。生态文明就是这种机制的反映和表现。从时间发展来看，生态文明的概念是在反思工业文明的过程中提出来的，但是，这一概念是建立在洞悉人类文明发展规律的基础上，集中体现了从渔猎文化、农业文明、工业文明到智能文明（知识文明、信息文明）转换过程中的社会自我控制能力的发展。从空间构成来看，生态文明体现了自然生态物质要素在社会有机体中的内生性及其对社会存在和社会发展的制约性，这样，就在传统的"经济—政治—文化"三维社会结构的基础上，突出了生态文明相对于物质文明、政治文明和精神文明的独特性和制约性。在构建社会主义和谐社会的过程中，全面发展，就是要实现社会主义物质文明、政治文明、精神文明、社会文明和生态文明的同时发展、共同发展。可见，

---

① 《列宁选集》，3 版，第 4 卷，419 页，北京，人民出版社，1995。

生态文明是纵向文明发展的优化和横向文明构成的优化的结果。

（3）要用系统方法推进生态文明的建设。

实现社会主义现代化，贯彻和落实全面发展的要求，就是要不断完善中国特色社会主义总体布局，将社会主义现代化作为一项复杂的社会系统工程来建设，不断促进人的全面发展和社会的全面进步。这就是要将生态文明建设纳入到中国特色社会主义总体布局中来，在建设全面小康社会的过程中，通过经济建设、政治建设、文化建设、社会建设和生态建设齐头并举的方法来推进生态文明建设。同样，生态文明的系统构成和系统位置决定了只能用系统工程的方法来推进生态文明的建设。

可见，生态文明是中国特色社会主义总体布局不断优化的结晶。显然，我们不能就生态文明来论生态文明。

在总体上，全面发展是马克思社会有机体理论的总体意识和方法的集中体现，为统筹人与自然的和谐发展提供了一种系统科学的方法。在这个过程中，"落实科学发展观，是一项系统工程，不仅涉及经济社会发展的方方面面，而且涉及经济活动、社会活动和自然界的复杂关系，涉及人与经济社会环境、自然环境的相互作用。这就需要我们采用系统科学的方法来分析、解决问题，从多因素、多层次、多方面入手研究经济社会发展和社会形态、自然形态的大系统"①。显然，按照全面发展的要求来进行生态建设，就是要优化"人—自然"系统，按照系统方法来实现人与自然的和谐共存。

（二）生态建设必须坚持协调发展的原则和要求

协调发展就是要从社会有机体的协同性出发来认识和处理发展问题。事实上，这是发展问题上的协调观点。作为生态建设原则的协调发展，就是要谋求和谐共荣。

1. 协调发展是对社会协同性的科学把握

社会有机体同样具有协同的属性。有机性要求协同性，协同性促进有机性。协同即协调，与协作、均衡和平衡大约属于同一层次或同一序列的范畴。协同或协调的实质是，"许多力量融合为一个总的力量而产生的新力量"②。显然，协同是指系统中的诸要素之间或矛盾着的诸方

---

① 《十六大以来重要文献选编》（中），115 页，北京，中央文献出版社，2006。

② 《马克思恩格斯全集》，中文 2 版，第 44 卷，379 页，北京，人民出版社，2001。

面之间的相互依存、相互补充、相互匹配、相互促进而形成的系统的良好态势、稳定状态和有序过程。在社会这个矛盾统一体中，矛盾着的诸方面既吸引又排斥、既同一又斗争。正是在这种作用所形成的历史合力中，人类社会才得以向前发展。因此，历史是这样创造的：最终的结果总是从许多单个的意志的相互冲突中产生出来的，而其中每一个意志，又是由于许多特殊的生活条件才成为它所成为的那样。这样就有无数互相交错的力量，有无数个力的平行四边形，由此就产生出一个合力，即历史结果。当然，这种历史结果又可以看作是一个作为整体的、不自觉的和不自主地发挥着作用的力量的产物。

正是从社会的协同性出发，科学发展观明确提出了协调发展的思想。

2. 协调发展规定了发展方式的协同性

根据社会有机体的协同的辩证属性，科学发展观明确地将协调发展确立为发展的机制或方式。协调发展，就是要按照中国特色社会主义总体布局，促进现代化建设的各个环节、方面相协调，促进生产关系与生产力、上层建筑与经济基础相协调。

一方面，要注重现代化建设的各个环节和方面的协调。现代化是由一系列的环节和方面构成的总体。如果听任非均衡发展长期持续下去并呈扩大的态势，那么，不仅现代化是跛足的现代化，而且会丧失社会主义本质。因此，必须从现代化建设全局的高度，准确认识发展中新出现的矛盾和问题，促进现代化的各个环节和方面相协调。

另一方面，协调发展要求生产关系要适应生产力的发展、上层建筑要适应经济基础的发展。坚持协调发展，就是要科学认识、处理和解决社会主义社会的基本矛盾，通过改革促进生产关系适应生产力的发展、上层建筑适应经济基础的发展。因此，我们要统筹各项改革，努力实现宏观经济改革和微观经济改革相协调，经济领域改革和社会领域改革相协调，城市改革和农村改革相协调，经济体制改革与政治体制改革、文化体制改革、社会体制改革相协调，扎扎实实推进各项改革。

可见，"搞社会主义建设，很重要的一个问题是综合平衡"①。这里

---

① 《毛泽东文集》，第8卷，73页，北京，人民出版社，1999。

的综合平衡就是协调发展的意思。

3. 协调发展规定了生态建设方式的协同性

系统所具有的制约性和反馈式的影响表明，必须要注意系统行为的关联性、综合性和配套性，搞好协调发展。将协调发展的原则运用到生态文明的建设过程中，必须注意以下问题：

（1）必须促进人的发展和自然发展的协调。

人的发展和自然发展是自然进化的两个基本系列。在人类实践的基础上，它们被纳入到社会发展进程中，成为人类生存要解决的基本问题。只有二者协调发展，才能保证人的发展的正常进行。现在人类面临的生态危机的生态学实质是，由于人的发展干扰和破坏了自然的发展，从而引发了自然对人的"报复"和"惩罚"。建设生态文明的目的就是要在促进人与自然和谐相处的过程中实现人的发展。为此：一是必须保持自然生态环境系统的稳定；二是必须加强自然生态环境系统的调节；三是必须注重自然生态环境系统的开放。建设生态文明的根本目的就是要为全人类提供一个适宜生存发展的良好的外部自然环境。归结到一点，这就是要统筹人与自然和谐发展，实现人与自然的和谐共荣。

（2）必须促进生态文明的各个构成要素的协调发展。

既然生态文明本身是由各个环节和方面构成的系统，那么，在生态文明建设的过程中就应该注意这些环节和方面的协调。第一，必须促进生态文明各构成要素的协调。在现实中，既要注意由于这些方面的不匹配引起的生态文明结构发展的不平衡问题，也要注意在优化这些方面的结构的同时来增强生态文明的功能。第二，必须促进生态文明与其他文明形式的协调。在现实中，既要注意文明形式与社会结构层次的匹配，也要注意各种文明形式之间的匹配，还要注意文明形式和文明系统的匹配。第三，必须促进建设生态文明的具体途径之间的协调。这就是要立足于中国特色社会主义总体布局，既要从经济建设、政治建设、文化建设和社会建设等几个方面来促进生态文明，也要通过生态文明建设不断完善中国特色社会主义事业总体布局。

显然，这些方面的协调其实是要促进生态文明走上自组织的道路。

在总体上，协调发展是唯物史观的社会合力论的具体体现，为统筹人与自然的和谐发展提供了一种协同学的方法。"协同学是研究由完全不同性质的大量子系统"，"是通过怎样的合作才在宏观尺度上产生空间、时间或功能结构的"①。显然，按照协调发展的要求来进行生态建设，就是要通过合作和匹配的方式来促进人与自然的和谐共荣。

（三）生态建设必须坚持可持续发展的原则和要求

可持续发展就是要从人和自然的整体协调发展的规律出发来认识和处理发展问题。这是发展问题上的永续性的要求。作为生态建设原则的可持续发展，就是要谋求和谐共生。

1. 可持续发展是对社会永续性的科学把握

人（社会）和自然的整体协调发展规律（社会生态运动规律）是社会发展的基本规律。人类社会是由我们自己创造的，但是，我们是在十分确定的前提和条件下创造的。在这些条件中，最基本的是自然规律。事实上，人和自然服从同样的规律，自然规律和社会规律存在着辩证的关联。对于"人定胜天"这样的单纯的绝对的虚妄的主体性的胜利，自然界都会对人类进行"报复"和"惩罚"。只有人与自然和谐相处，社会才可能正常存在和发展。正是在人和自然的斗争与和解的过程中，自然规律和社会规律才产生了协作和融合。人（社会）和自然的整体协调发展规律就是在这个过程中产生和发挥作用的。但是，以人对自然的支配和控制为特征的资本主义社会，造成了人（社会）和自然之间的物质变换的严重"断裂"，从而引发了生态危机。这不仅暴露出了人和人之间的社会关系对人和自然之间的生态关系的制约和影响，而且暴露出了生态危机的社会制度方面的原因。因此，唯物史观要求我们必须将自然规律和社会规律统一起来，承认人（社会）的自然的整体协调发展规律是人类社会存在和发展的基本规律。

总之，可持续发展就是要维护人类社会存在条件的永续性。

2. 可持续发展规定了发展条件的永续性

从社会的永续性出发，唯物史观在强调人类变革自然的同时，也十分重视人和自然关系的和谐发展，即可持续发展。在整个社会进步的过程中，共产主义不仅要实现社会和谐，而且要实现生态和谐。作为共产主义第一阶段的社会主义同样应该具有生态和谐的特征。但是，由于我们在建设社会主义方面经验不足，粗放型的经济发展方式等一系列的原

---

① ［德］H.哈肯：《高等协同学》，1页，北京，科学出版社，1989。

因已经造成了严重的生态环境问题。如果不能有效地保护生态环境，不但不能实现经济社会的可持续发展，还可能引发严重的经济社会问题。在此基础上，科学发展观明确地将可持续发展作为经济社会发展的条件。在我们实施可持续发展战略的过程中，要把人与自然的和谐发展作为核心，要把生态文明作为目标。

可见，贯彻和落实可持续发展战略，统筹人与自然和谐发展，走生态文明之路，是我们总结现代化经验、科学审视人口资源环境和社会经济关系之后作出的理性选择，是中国特色社会主义理论体系的重要组成部分。

3. 可持续发展规定了生态建设条件的永续性

没有人与自然的和谐相处，就不可能有社会经济发展的永续性。因此，"从广义来说，可持续发展战略旨在促进人类之间以及人类与自然之间的和谐"①。这样，将可持续发展原则运用到生态文明建设中，必须注意以下问题：

（1）既要考虑人的需要和目的，又要考虑资源和环境的承受力。

人类需要的满足和目的的实现是发展的基本动力和主要目标。在这个问题上，假如突出自然的优先性，那么，就是违反人性的，就是对基本人权的剥夺。对处于社会主义初级阶段的中国来说，发展仍然是第一位的任务。同时，人类需要的满足和目的的实现只能也只能是一种对象化的活动。这个对象只能也只能是外部自然界。但是，自然并不能无限地满足人类需要、无条件地实现人类的目的。事实上，在特定的时空条件下，自然本身确实存在着一个"极限"。如果人类的发展行为不考虑自然的承载能力、涵容能力和净化能力，那么，结果必然是舟毁人亡。对于人口众多、人均能源资源占有量低、污染加剧的当代中国来说，不能将环境从发展中剥离出去。

（2）既要考虑经济增长的指标，又要考虑自然物质条件的情况。

发展必须追求经济效益，必须重视经济增长的指标。但是，如果不考虑作为劳动对象和生产资料的自然物质条件的具体情况，那么，这种发展行为就是难以为继的。显然，"可持续发展包括比增长更多的内容。它要求改变增长的内涵、降低原料和能源的密集程度以及更公平地分配

---

① 世界环境与发展委员会：《我们共同的未来》，80 页，长春，吉林人民出版社，1997。

发展所带来的影响。各国都要求把这些变化作为其整套措施的一部分以保持生态资源的储备、改进收入分配和减少对经济危机的脆弱性。"①对于我们来说，关键的问题是要避免对 GDP 或 GNP 的盲目崇拜，要按照科学发展观的要求建立综合的指标体系，把经济增长指标同其他指标有机地结合起来。

（3）既考虑当前发展的需要，又考虑未来发展的多样要求。

事实上，现在是过去的延续，未来是通过现在开辟自己的道路的。这样，就需要人类在谋求当前发展的时候，要考虑当前发展对未来发展的各种可能的影响，要考虑到实现眼前利益对实现长远利益的各种可能的影响。同时，单纯的线性进化的方式是不存在的，未来是不确定的，具有多种多样的可能性。当然，这种偶然性是由人类现在的行为后果决定的。这样，就需要人类未雨绸缪，要从考虑未来发展方向和实现长远利益的角度来反观当前发展和眼前利益。显然，发展应该是经济社会的循序渐进的变革。

显然，按照可持续发展的要求进行生态建设，需要人类收敛自己在自然中盲目扩张的行为，通过理性的建设性的姿态积极地投身到自然的保护、养育和修复的过程中，实现自我发展。

可见，可持续发展是唯物史观关于人（社会）和自然整体协调发展规律的具体体现，科学发展观将之与生态文明建设结合了起来，要求统筹人与自然和谐发展。因此，作为生态文明建设的原则，可持续发展就是要通过人的建设性行为来实现人与自然的和谐共生。

在总体上，作为科学发展观基本要求的全面协调可持续发展，就是"要按照中国特色社会主义事业总体布局，全面推进经济建设、政治建设、文化建设、社会建设，促进现代化建设各个环节、各个方面相协调，促进生产关系与生产力、上层建筑与经济基础相协调。坚持生产发展、生活富裕、生态良好的文明发展道路，建设资源节约型、环境友好型社会，实现速度和结构质量效益相统一、经济发展与人口资源环境相协调，使人民在良好生态环境中生产生活，实现经济社会永续发展"②。按照这些要求来进行的生态建设就是要建设新型的生态

---

① 世界环境与发展委员会：《我们共同的未来》，64 页，长春，吉林人民出版社，1997。
② 胡锦涛：《高举中国特色社会主义伟大旗帜　为夺取全面建设小康社会新胜利而奋斗》，15～16 页，北京，人民出版社，2007。

文明。

四、生态建设的战略思维

科学发展观的根本方法是统筹兼顾，深刻地反映了坚持全面协调可持续发展的必然要求，深刻地揭示了实现科学发展、促进社会和谐的基本途径。在建设生态文明的过程中，只有坚持运用统筹兼顾的根本方法，善于从战略思维的高度来处理好各方面的重大关系，才能真正促进我们走上生产发展、生活富裕、生态良好的文明发展道路。

（一）统筹兼顾的科学根据

作为科学发展观的根本方法的统筹兼顾，既有科学的理论依据，又有坚实的实践基础，是事物所具有的整体和局部、均衡（平衡）和非均衡（非平衡）的辩证法在发展问题上的具体运用和在方法论上的创造性发展。

1. 统筹兼顾的理论依据

将唯物辩证法的总特征（普遍联系、永恒发展）用通俗的语言表述出来就是统筹兼顾。统筹兼顾就是通盘筹划、全面照顾的意思。统筹强调的是重点，兼顾突出的是全面。

（1）整体和部分的辩证关系。

无论是客观世界还是主观世界，无论是实体还是关系，都是由整体和部分构成的有机整体。就事物的辩证本性来看，"不同要素之间存在着相互作用。每一个有机整体都是这样"①。于是，人们在认识世界和改造世界的过程中就要正确处理好整体和部分的辩证关系，必须坚持统筹兼顾。一方面，统筹就是要抓住整体对部分的制约，要有全局性的视野，这样，才能不迷失大的方向。另一方面，兼顾就是要看到部分对整体的影响，要照顾到方方面面，这样，才能避免孤军作战。因此，统筹兼顾事实上就是唯物辩证法的系统方法。

（2）均衡和非均衡的辩证关系。

就矛盾的发展状况来看，事物总是处在均衡和非均衡的此消彼长的

---

① 《马克思恩格斯全集》，中文 2 版，第 30 卷，41 页，北京，人民出版社，1995。

过程中的。例如，"社会主义国家的经济能够有计划按比例地发展，使不平衡得到调节，但是不平衡并不消失。'物之不齐，物之情也。'因为消灭了私有制，可以有计划地组织经济，所以就有可能自觉地掌握和利用不平衡是绝对的、平衡是相对的这个客观规律，以造成许多相对的平衡"①。这样，就要求人类在认识世界和改造世界的过程中，要坚持统筹兼顾。一方面，只有保持均衡状态，事物才能维持自己的规定性；另一方面，均衡是相对的，只有不断地打破均衡状态，事物才能向前发展。因此，统筹兼顾就是既要在非均衡的过程中实现均衡，又要在均衡的过程中促进非均衡的形成。在这个意义上，统筹兼顾就是唯物辩证法的协同方法。

从总体上来看，统筹兼顾就是重点论和两点论的统一。统筹就是要求人们要看到整体、长远和根本，要抓住主要矛盾或矛盾的主要方面，这样，才能保证总体方向的正确性。即"吕端大事不糊涂"。兼顾就是要看到局部、眼前和具体，要注意其他矛盾对主要矛盾的影响、矛盾的其他方面对主要方面的影响，这样，才能保证行动的有效性。即"诸葛一生唯谨慎"。在认识世界和改造世界的过程中，如果没有统筹，那么，就会被枝节所困扰。如果没有兼顾，那么，重点不仅不能解决，而且会产生新的问题。只有既突出重点又照顾其他，才能保证认识和实践的正常有序进行。当然，坚持统筹兼顾，还必须将反对一点论和反对均衡论统一起来，这样，才能避免形而上学

2. 统筹兼顾的实践依据

统筹兼顾是我们社会主义革命、建设和改革实践的重要经验，是正确处理各方面矛盾和问题的战略方针，是我们一贯坚持的科学有效的工作方法。

（1）统筹兼顾方法的初步提出。

社会主义建设必须调动各方面的能动性、积极性和创造性，这样，就要求我们必须在各项工作中都要坚持统筹兼顾的方针。毛泽东在1957年1月指出，"统筹兼顾，各得其所。这是我们历来的方针"；统筹兼顾"就是调动一切积极力量，为了建设社会主义。这是一个战略方针。实行这样一个方针比较好，乱子出得比较少。这种统筹兼顾的思想，

---

① 《毛泽东文集》，第8卷，119页，北京，人民出版社，1999。

要向大家说清楚"①。

（2）统筹兼顾方法的丰富发展。

在开辟中国特色社会主义道路的新时期，我们看到，现代化建设的任务是多方面的，存在着相互依存的关系，不能顾此失彼，不能单打一，这样，就要求各个方面的综合平衡，就要求统筹兼顾。根据这种考虑，我们形成了一系列"两手抓"的方针政策。例如，一手抓经济建设，一手抓精神文明。其实，两手抓就是统筹兼顾。同时，邓小平提出，我们必须按照统筹兼顾的原则来调整各种利益的相互关系。例如，要按照"两个大局"的设想来推进区域协调发展。同样，在推进社会主义现代化建设的过程中，必须处理好各种关系，特别是若干带有全局性的重大关系。因此，"三个代表"重要思想提出，我们所有的政策措施和工作，都应该正确反映并有利于妥善处理各种利益关系，都应认真考虑和兼顾不同阶层、不同方面群众的利益。只有这样，我们的改革和建设才能始终获得最广泛、最可靠的群众基础和力量源泉。

（3）统筹兼顾方法的科学概括。

正是在此基础上，科学发展观明确把统筹兼顾方法从总体上或全局上确立为指导整个经济社会发展的方法论："必须坚持统筹兼顾。要正确认识和妥善处理中国特色社会主义事业中的重大关系，统筹城乡发展、区域发展、经济社会发展、人与自然和谐发展、国内发展和对外开放，统筹中央和地方关系，统筹个人利益和集体利益、局部利益和整体利益、当前利益和长远利益，充分调动各方面积极性。统筹国内国际两个大局，树立世界眼光，加强战略思维，善于从国际形势发展变化中把握发展机遇、应对风险挑战，营造良好国际环境。既要总揽全局、统筹规划，又要抓住牵动全局的主要工作、事关群众利益的突出问题，着力推进、重点突破。"② 在这个意义上，统筹兼顾不仅是科学发展观的根本方法，而且是整个社会主义现代化建设必须坚持的基本方法。

显然，统筹兼顾既是我国社会主义革命、建设和改革的重要经验总结，也是中国化马克思主义的科学方法的高度概括。

---

① 《毛泽东文集》，第7卷，186、187页，北京，人民出版社，1999。

② 胡锦涛：《高举中国特色社会主义伟大旗帜　为夺取全面建设小康社会新胜利而奋斗》，16页，北京，人民出版社，2007。

总之，统筹兼顾是一个典型的马克思主义中国化的科学概念，是中国化马克思主义的思想方法、工作方法和价值方法的高度的有机的统一。

（二）统筹兼顾的基本要求

统筹兼顾总的要求是：总揽全局，统筹规划；立足当前，着眼长远；全面推进，重点突破；兼顾各方，综合平衡。无论在哪一个意义上，统筹兼顾都适用于人与自然的关系领域。

1. 统筹兼顾是正确处理人与自然关系的科学方法

统筹兼顾不仅在人和人（社会）的关系领域中是适用的，而且在人和自然的关系领域中也是有效的。

（1）统筹兼顾是正确处理人与自然之间理论关系的科学的认识方法。

人与自然的关系在总体上是世界系统中的部分之间的关系。这样，当人类运用符号化对象化活动把握人与自然的关系的时候，就面临着一个如何处理整体和部分的关系的问题。机械思维割裂了二者的关系，最终导致了生态危机。随着科技进步向辩证思维的复归，"人们就越是不仅再次地感觉到，而且也认识到自身和自然界的一体性，而那种关于精神和物质、人类和自然、灵魂和肉体之间的对立的荒谬的、反自然的观点，也就越不可能成立了"[1]。其实，这种向辩证思维复归的过程就是用统筹兼顾方法处理人与自然关系的过程。作为一种认识方法，统筹兼顾要求，既要从全局出发，通盘考虑，又要照顾对立统一的双方，兼顾其他。具体到人与自然的关系来看，就是要将之看作是系统中的部分之间的关系，要维护人与自然之间的相互联系、相互作用和相互推进的不可分割性。

（2）统筹兼顾是正确处理人与自然之间实践关系的科学的工作方法。

人类是通过劳动实现人与自然的物质变换关系的。这样，如何处理人与自然的关系就成为工作方法的一个重要方面。例如，减灾救灾既是民政工作的一项重要内容，也是生态建设工作的一个基本方面。由于这

---

① 《马克思恩格斯选集》，2版，第4卷，384页，北京，人民出版社，1995。

个问题涉及方方面面一系列的因素，因此，只能采用统筹兼顾的方法。"任何矛盾不但应当解决，也是完全可以解决的。我们的方针是统筹兼顾、适当安排。无论粮食问题，灾荒问题，就业问题，教育问题，知识分子问题，各种爱国力量的统一战线问题，少数民族问题，以及其他各项问题，都要从对全体人民的统筹兼顾这个观点出发，就当时当地的实际可能条件，同各方面的人协商，作出各种适当的安排。"① 作为一种工作方法，统筹兼顾要求既要抓住中心工作，同时又要做好其他方面的工作。在总体上，只有坚持统筹兼顾，才能将生态和谐与社会和谐有机地统一起来。

（3）统筹兼顾是正确处理人与自然之间价值关系的科学的价值方法。

协调人与自然的关系事实上是一个利益调整的问题。这样看来，在人类的创价性对象化活动的过程中，就必须把作为价值方法的统筹兼顾作为科学处理人与自然关系的重要原则。在人与自然的多重的利益关系中，尽管人们可以根据自己的偏好做出各种选择，但是，对于我们来说，"人口资源环境工作，都是涉及人民群众切身利益的工作，一定要把最广大人民的根本利益作为出发点和落脚点"②。在这个问题上，引导人们在正确处理个人利益和集体利益、局部利益和整体利益、眼前利益和长远利益、具体利益和根本利益的过程中来实现自身的需要和利益，是统筹兼顾要解决的核心问题。尤其是统筹兼顾所要求的眼前利益和长远利益相统一的原则，与可持续发展的原则是相一致的。这正是统筹兼顾方法对于生态文明建设的价值意义。

总之，只有坚持统筹兼顾，才能协调好人与自然的关系。

2. 统筹兼顾是我国生态建设实践经验的科学提升

在我国的现代化起飞的过程中，我们就对统筹人与自然的和谐发展给予了高度的关注，形成了"三同时""三同步"的环境管理制度。

（1）"三同时"制度。

1972 年 6 月，在国务院批转的《国家计委、国家建委关于官厅水库污染情况和解决意见的报告》中第一次提出了"工厂建设和三废利用工程要同时设计、同时施工、同时投产"的要求。1979 年，《中华人民

---

① 《毛泽东文集》，第 7 卷，228 页，北京，人民出版社，1999。

② 《十六大以来重要文献选编》（上），852 页，北京，中央文献出版社，2005。

共和国环境保护法（试行）》对"三同时"制度从法律上加以确认：在进行新建、改建和扩建工程时，必须提出对环境影响的报告书，经环境保护部门和其他有关部门审查批准后才能进行设计；其中防止污染和其他公害的设施，必须与主体工程同时设计、同时施工、同时投产；各项有害物质的排放必须遵守国家规定的标准。可见，"三同时"实质就是要求将经济建设与生态建设在时间安排上统筹起来考虑。

（2）"三同步"制度。

在 1983 年召开的第二次全国环境保护会议上，我们提出经济建设、城乡建设和环境建设要同步规划、同步实施、同步发展的方针。在 1996 年第四次全国环境保护会议上，我们把这一方针与国家的发展战略紧密联系起来阐述为：推行可持续发展战略，贯彻"三同步"方针，推进两个根本性转变，实现"三个效益"的统一。第一，同步规划是前提。这就是要求在规划阶段就要将"三个建设"作为一个整体同时考虑，通过规划实现三者之间的合理布局。第二，同步实施是关键。这就是要将"三个建设"作为一个系统整体纳入到实施过程中，协调推进。第三，同步发展是归宿。这就是要在经济建设、城乡建设和环境建设之间实现"三赢"。其实，这已包含有物质文明、社会文明和生态文明共同发展的意思。

在总体上，"三同时"和"三同步"落脚于生态效益、经济效益和社会效益的统一上。它们不仅是我国最早的环境管理制度，而且是统筹兼顾方法在环境管理上的具体运用和发展。显然，将统筹兼顾作为生态文明建设的根本方法也有其稳固的实践基础。

在总体上，统筹兼顾就包括统筹人与自然和谐发展的原则和要求。统筹人与自然的和谐发展，既是统筹兼顾方法的具体运用，又丰富了统筹兼顾原则的思想内容。

（三）统筹兼顾的生态价值

将统筹兼顾的方法运用在统筹人与自然和谐发展上来，就是要在生态文明问题上自觉树立和运用科学的战略思维，从总体上来看待和处理生态建设中的相关问题。

1. 在生态文明建设中坚持统筹兼顾的理论要求

从理论上来看，统筹兼顾就是要用生态总体视野来观察人与自然的系统关联。在人类实践的基础上，社会和自然已经构成了一个巨复合生态系统。这样，当我们采用生态总体性的视野来观察人和自然的关系时，就要面向系统性和复杂性。我们要看到，"现代技术和社会很复杂，传统的方法和手段已经不够用了，需要整体或系统的方法、需要通才或具有多学科知识的人。很多问题属于这种情况。各级系统都要求施以科学的控制：若被破坏会发生严重污染问题的生态系统；国家机关、教育机构或军队等正式组织；社会经济系统、国际关系、政治和威慑中产生的重大问题"①。在现实中，人与自然的系统关联是通过可持续发展表现出来的。可持续发展具有以下辩证特征：

（1）整体性和非线性的统一。

作为系统的人和自然的关系的最基本的属性是其整体性。但是，人和自然的相互作用不是预先形成的，系统行为是由存在的条件的非线性相互作用决定的，行为可能性的实现在某种偶然情况下带有某种偶然性。这样，关键问题就取决于人类在自己活动的过程中究竟做出什么样的选择。因此，生态文明所要求的可持续性只能在系统内部的选择过程中实现，可持续性并不是要限制甚至是取消人的活动，而是要促使人通过自主性的选择达到系统的均衡和发展的持续。

（2）持续性和自主性的统一。

自然生态系统构成了可持续发展的基础，同时也是其基本的限制系统，这就使整个社会发展系统必须具有持续性的特征。但是，发展系统本身又具有增长的趋向，具有自主性的属性。可持续发展的自主性主要是系统内部的自主选择，是人类利用制度、社会和技术的选择方式在维持系统的可持续性和整体性的同时，扩展系统的容量和承载力，从而增强发展自身的可持续性的过程。

（3）竞争性和有序性的统一。

"人（社会）—自然"系统的竞争性源于发展的差异性，是差异性的一种强化的表达。它有可能激活系统的行为，使发展系统的行为具有可持续性，但是，也有可能使整个系统导向无序和熵增。这就要求发展系统的行为要在整个系统中得到有效的传播，在竞争中走向协调和合作，使整个系统趋向有序。为了克服系统的熵增的趋向，避免无序性的

---

① ［奥］L. 贝塔兰菲：《一般系统论（基础·发展·应用）》，修订版前言9页，北京，社会科学文献出版社，1987。

出现，人类必须自觉调整自己的行为，这样，才能保证信息在系统中的增加，使整个系统趋向有序。这就是要通过定向控制的方式，使发展的行为得以有效传播，最终实现人与自然的和谐以及人与社会的和谐。

（4）层次性和公平性的统一。

层次性是一种客观存在的事实，从而为发展系统内部的物质变换提供了可能。但是，长期的不均衡性必然会引起发展系统内部的无序，这就要求发展系统在自己的内部进行调整，使现有的利益格局趋于全面的公正，使发展的差异性的绝对比值逐步缩小。为了防止这种层次性成为发展的无序之源，公平就成为了一种重要的调节原则。这里，层次性是发展的效率性的体现，公平性就是发展的人道性的体现，可持续发展是公平与效率相统一的发展模式，生态文明是自然主义和人道主义的相统一的文明形式。

在总体上，生态思维其实就是用生态总体性视野来观察问题、分析问题和解决问题的方法，其实就是统筹兼顾的方法在人与自然关系领域中的运用和发展。

2. 在生态文明建设中坚持统筹兼顾的实践要求

从实践上来看，统筹兼顾就是要实现生态效益、经济效益和社会效益的统一。"三同时"和"三同步"最终要体现在三个效益的统一上。这样，如何妥善处理三个效益的关系，不仅影响和制约着经济增长的质量，而且影响和制约着整个社会发展的质量。

（1）"三个效益"的划分。

人类任何活动尤其是经济活动都必须追求效益。效益一般是指生产中投入和产出的比率。同样的投入获得较高的产出，或者用较少的投入获得同样的产出，都是效益好的表现。可见，"真正的财富在于用尽量少的价值创造出尽量多的使用价值，换句话说，就是在尽量少的劳动时间里创造出尽量丰富的物质财富"①。效益一般有经济效益、生态效益和社会效益三种形式。经济效益是指通过商品和劳动的对外交换所取得的社会劳动节约，一般表现为资金占用少、成本支出少、有用产品和有效服务多。生态效益在环境保护工作中也被称为环境效益，反映的是人类活动尤其是经济建设中能源资源的集约利用程度以及生活和生产对环

---

① 《马克思恩格斯全集》，中文1版，第26卷Ⅲ册，281页，北京，人民出版社，1974。

境和生态的损益情况。一是用同样的能源资源消耗获得更多的产出，或者用较少的能源资源消耗获得同样的产出；二是在同样产出的情况下产生较少的废弃物，或在提高产量的情况下保持同样的废弃物的排放的水平。这两者都是生态效益好的表现。社会效益是指人类活动促进人的发展和社会进步的情况。在经济建设中，社会效益是指产品和服务对社会所产生的增益情况。

（2）"三个效益"的统一。

就三个效益的关系来看，在一般的抽象的意义上，生态效益是实现经济效益和社会效益的条件和基础，经济效益是实现生态效益和社会效益的中介和手段，社会效益是生态效益和经济效益的目的和方向。但是，在现实中，这三者往往是不一致的，甚至是冲突的。关键的问题是取决于经济增长的目的，即是为了增长而增长还是为了发展而增长，归结到一点，这就是是否将保证和提高人民的福祉作为经济建设的最终目标。在资本主义条件下，生产的目的是为了保证资本家获得剩余价值，这样，在所谓的提高经济效益过程中，一切进步都成为了榨取工人血汗技巧的提高，同时也成为了剥削和掠夺自然的技术的进步。显然，在经济效益背离生态效益和社会效益的过程中，其实折射出的是严重的社会问题。在社会主义条件下，生产的目的是为了满足人民群众日益增长的物质文化需要。这样，就为实现三个效益的统一提供了现实的制度上的保障。但是，即使在社会主义的条件下，三个效益也不可能自发地实现，这样，就需要我们去自觉地调控三个效益的关系。

可见，统筹兼顾就是实现三个效益统一的科学方法。

总之，为了促进人与自然的和谐发展，必须牢牢掌握统筹兼顾的科学方法，努力提高辩证思维能力，这样，才能推动生态文明建设以又好又快的方式进行。

五、环发问题的科学解答

人和自然的关系问题在发展的进程中具体表现为环境和发展的关系问题，构成了国际社会普遍关注的可持续发展的核心。在我国社会主义现代化建设的过程中，这就是要在贯彻和落实可持续发展战略的过程中，处理好经济增长与自然物质条件的关系，即经济建设和生态建设的关系。这既是社会主义现代化过程中的一个基本矛盾，也是建设生态文明过程中需要解决的基本问题。科学发展观为我们正确处理这个问题指明了科学的方向，因此，在建设生态文明的过程中，我们必须始终坚持走科学发展的道路。

（一）谋求经济建设和生态建设的统一

经济建设和生态建设是密不可分的，经济建设不仅在于生产财富，而且要考虑保护自然；生态建设不仅在于保护自然，而且要考虑促进经济发展。这样，在经济建设中开展生态建设，在生态建设中促进经济建设，就成为实现环境和发展双赢的战略选择。

1. 经济建设是生态建设的经济物质基础

搞好生态建设，一靠投入，二靠技术。无论哪一个方面，离开经济建设都是不可能的。一方面，经济建设为生态建设提供投入条件。生态建设需要有雄厚的经济基础，人口控制、资源保护、环境治理、生态恢复、防灾减灾等工作都是需要一定的物质投入的。如果没有坚实的经济物质基础，那么，生态建设工作是不可能搞上去的；即使搞上去了，也是难以持续的。这方面的投入是受国家的整体经济发展水平制约的。因此，只有在经济建设的过程中不断累积国民财富，才能保证生态建设的投入。另一方面，经济建设为生态建设提供技术装备。生态建设突出了技术创新的重要性，尤其是随着现在环境保护等方面的标准不断提高，迫切要求采用先进的技术和设备来推进生态建设。技术创新对经济投入尤其是"研究与开发"（R&D）方面的投入有极高的要求。因此，只有把经济建设搞上去了，国家的整体经济实力提高了，才能保证"研究与开发"方面的投入，才能提高技术创新水平，才能把先进适用的技术成果运用到生态建设中。可见，生产力不仅是经济建设的"中轴"，而且是生态建设的"中轴"。

2. 生态建设是经济建设的自然物质条件

在整个社会存在和发展的过程中，事实上始终存在着两种物质。一种是自然界中原本存在的自然物质，如矿藏、森林和河流等。无论是劳动对象、劳动资料还是劳动者，最早都是由自然界提供的。没有自然界就不可能有生产力的构成要素。同样，生产力的发展过程无非是人与自然之间的物质变换过程。另一种是经济建设活动中所产生的经济物质，主要是指生产力创造的各种物质财富，如工农业产品等。显然，经济物质是在自然物质的基础上通过物质变换而产生的。因此，生态建设自然地构成了经济建设的自然物质条件。现在，随着人类经济活动强度的增大，随着人化自然和人工自然的不断涌现，经济物质对自然物质的依赖不仅没有被削弱，而且有进一步加强的趋势。在经济建设的过程中，肯定会引起自然生态环境的变化。这种变化利弊兼有。如果高度重视生态建设，那么，就可以化害为利，促进经济建设的发展。例如，提高能源资源的利用效率，既可以节约能源资源，实现生态文明的目标，又可以节约经济成本，实现物质文明的目标。如果忽视生态建设，那么，就会放大有害的方面，影响经济建设。例如，如果在经济建设中听任破坏资源和污染环境的行为肆意扩展，那么，必然会拖经济建设的后腿。这一切都表明，"良好的生态环境是实现社会生产力持续发展和提高人们生存质量的重要基础"①。这样，就需要将经济建设置于生态建设的基础上。事实上，加强生态建设可以为经济建设提供厚实的自然物质条件。

3. 经济建设和生态建设的辩证统一关系

经济建设追求的是物质文明，生态建设追求的是生态文明，二者并不是矛盾的。在社会主义现代化建设的过程中，以下几点是值得我们深思和铭记的：

（1）自然生态环境是经济建设和经济发展的基础和条件，但是，在一定的时空条件下，自然生态环境确实存在着一个"极限"，因此，经济建设不能简单地超越这个极限，物质文明发展不能以失去生态文明为代价，而是应该寻求合理的人道的超越。

（2）经济建设和经济发展对于自然生态环境的影响和改变是不可避免的，但是，这种影响和改变必将反过来影响到经济发展和人的发展。在这个意义上，生态环境问题事实上是一个现代化过程中的发展的反省式问题，是一个发展问题（"反省式现代化"）。因此，关键的问题是如何将负面的影响和改变降低到最低限度，这样，就突出了生态建设的重要性。

（3）生态建设并不是要使自然生态环境恢复到完全原初的天然的状

---

① 《十六大以来重要文献选编》（中），70～71 页，北京，中央文献出版社，2006。

态，并不是要冲击和阻止经济建设，而是要将经济建设对自然生态环境的影响和改变维持在自然可承受的范围内，并且要化害为利，这样，才能在维持自然生态环境相对平衡的过程中维持经济建设的平稳发展。

（4）经济建设和生态建设的冲突和矛盾是客观存在的，解决这种冲突和矛盾的前提是要辩证地认识环境和发展的关系。在协调二者关系的过程中，人们已经认识到，"对发展和环境这两个关键问题的战略，必须设想是一个共同的战略"①。可持续发展就是人们在这个过程中形成的共识。总之，在我国社会主义现代化建设的过程中，谋求经济建设和生态建设的相互协调和相互促进，是我国经济社会发展战略的一条重要方针。

目前，我们要在科学发展观的指导下，努力实现经济建设和生态建设的双赢，大力促进物质文明和生态文明的相互协调、统一发展。这也就是社会主义物质文明建设和社会主义生态文明建设的共同方向和共同追求。

（二）努力实现经济又好又快发展

谋求经济建设和生态建设的良性互动和辩证统一，还要求在经济建设中要实现经济增长的数量和质量的统一、经济增长的速度和效益的统一。在这个过程中，必须要把生态化的要求真正内化到经济发展的过程中，成为其内在的规定。

1. 要谋求经济增长的数量和质量的统一

任何事物都有数量和质量的双重规定和特征。经济发展需要数量的增长，但不能把经济发展简单地等同于数量的增长，而应该在提高经济发展的质量上下功夫。在这个过程中，应该注意以下问题：

（1）要注意增长和发展的区分。

增长（growth）和发展（development）是不同的。西方发展理论在应对发展问题的过程中也意识到了这种区别的重要性。"正如在人类身上一样，强调增长着眼于身高和体重（或者说国民生产总值）；而强调发展则注重于机能上——素质协调的改变，例如，指学习能力（或者

---

① ［美］丹尼斯·米都斯等：《增长的极限》，148～149 页，长春，吉林人民出版社，1997。

说经济上的适应能力)。"① 显然，经济增长的数量并不等同于经济增长的质量。我们提出科学发展观的目的就是要在破除 GDP 或 GNP 崇拜的过程中实现经济又好（质量）又快（数量）的发展。科学发展观不仅关心经济增长的数量，而且更加关心经济发展的质量。它要求形成人与自然和谐协调、共生共荣、共同发展的外部推力，以实现从数量型增长到质量型发展的转变。

（2）要处理好自然资源和其他资源的关系。

在实现经济增长和经济发展的过程中，自然资源、人力资源、资本资源、技术资源、体制资源以及国外资源都是能够对经济增长作出贡献的要素。但是，我们过去在很大的程度上是通过开发和利用自然资源来谋求经济增长的，形成了以资源密集型为主的产业结构。这样，不仅加快了能源资源等自然资源的消耗，而且造成了严重的环境污染。随着国内能源资源供应的紧张，为了维持现有的经济增长局面，又迫使我们提高了能源资源的对外依存度，这样，不仅增加了经济风险，而且对国家的总体安全造成了不利的影响。其实，在经济资源中，只有自然资源的可再生性和可增殖性是最低的。其他资源尤其是人力资源和技术资源则可以在经济增长的过程中实现最大的增殖，而它们自身不存在不可再生的问题。根据这种考虑，科学发展观要求我们充分运用我国的体制资源、人力资源、自然资源、资本资源、技术资源以及国外资源等方面的有利条件和有利因素，推动经济发展不断迈上新台阶。这样，通过促进人们采用集约利用自然资源的方式和方法，就可以推动从数量型增长到质量型发展的转变。

（3）要处理好经济指标和其他指标的关系。

粗放经营造成的能源资源浪费和环境污染等负面问题在 GDP 或 GNP 统计中是无法得到反映的，而这些问题确实对总体国民财富造成了比较严重的损耗。这样，单纯用 GDP 或 GNP 等经济指标来衡量经济增长就不能真实地反映出经济增长和经济发展的质量。其实，物质资料的增长只是一种手段。如果人们不注重经济增长的综合后果，虽然可以实现 GDP 或 GNP 的增长，但是，国民财富会被"补偿性劳动成本"抵消掉。这些成本包括资源耗竭、环境污染、延误了的环境保护与资源回

① ［美］查尔斯·P·金德尔伯格等：《经济发展》，5～6 页，上海，上海译文出版社，1986。

收利用以及社会秩序混乱等。正是看到了问题的严重性，科学发展观提出，要坚持把经济增长指标同其他指标结合起来。这样，通过采用能源资源和环境等方面的指标，就可以在真实衡量国民财富的过程中，推动从数量型增长到质量型发展的转变。

显然，经济发展不仅要讲数量，而且要讲质量，尤其是要看到人口、资源、能源、环境、生态和灾害等自然物质因素对经济发展质量的影响。事实上，生态文明是提高发展质量的重要保证。

2. 要谋求经济发展的速度和效益的统一

在经济建设的过程中，速度和效益同等重要。没有效益约束的速度是盲目的，而没有速度支撑的效益是空洞的。科学发展观强调指出，在我国社会主义现代化建设过程中，经济发展需要一定的速度，特别是作为一个发展中的大国更需要长期保持较快的发展速度，但不能片面追求经济发展的速度。我们所讲的高速度应该具有高效益。由于经济建设只是"人（社会）—自然"复合系统的一个构成部分，因此，这里的效益不仅包括经济效益，也包括生态效益和社会效益。只有将三个效益统一起来，我们才能在促进人与自然和谐发展的过程中，促进经济又好又快发展。

（1）经济建设必须追求生态效益、经济效益和社会效益的统一。

第一，提高经济效益是经济建设的直接目的。在我国社会主义现代化建设的过程中，发展经济必须注重提高经济增长的效益。事实证明，只有经济效益提高了，生产出更多更好的产品和提供更多更好的服务，才能促进社会主义生产力的发展，才能增强我国的经济实力，才能不断满足人民群众日益增长的物质文化生活需要。因此，坚持以经济建设为中心，关键是坚持以经济效益为中心。在微观上，经济建设的经济效益主要是指经济建设对物质文明的贡献情况。

第二，在提高经济效益的同时，我们还必须努力提高生态效益。经济建设的生态效益是指经济建设对生态文明的贡献情况。如果经济建设忽视或者不重视生态效益，那么，不仅会增加社会的整个外部成本，影响到国家的整体经济的发展，而且会增加企业的内部成本，会影响到企业的经济效益。据世界银行估算，在 20 世纪 90 年代中期，我国每年因环境污染造成的损失大约为 GDP 的 5％～7％；现在，已经到了 10％左右。我国每年环境污染导致 GDP 损失 2 830 亿元，在一定程度上抵消了经济发展的部分成果。其实，在企业的经济成本中就直接包括生态成本。企业的成本大体上包括经济利益和物质效果两个方面。前者主要是价值的实现情况，表现为经济效益中的经济利益；后者主要是使用价值的实现情况，表现为经济效益中的物质效果。能源资源的消耗数量和消耗效益就属于经济效益中的物质效果。尽管传统的经济价值论不承认能源资源自身的价值和价格，认为它们是不需要消耗资本分文的天赋财富，但是，随着这种观念导致的粗放式能源资源利用方式的发展，引发了能源资源的严重匮乏，这样，就进一步加剧了能源资源供应紧张的局面，并致使能源资源价格不断上涨。在这种情况下，不仅会使企业成本上升，而且会加重国家能源资源方面的风险甚至是经济风险。例如，2008 年上半年，我国工业品出厂价格（PPI）同比上涨 7.6%。从 3 月的 8%、4 月的 8.1%、5 月的 8.2%到 6 月的 8.8%，连续四个月处于8%的涨幅平台。究其原因，主要是国际原材料、石油价格大幅上涨形成的输入型通胀压力向国内传导的结果。

第三，经济建设也要注重提高自己的社会效益。经济建设的社会效益是指经济建设对人的全面发展和社会的全面进步贡献的情况。在这个问题上，用经济学上的投入产出方法来衡量社会效益，是评价标准的错位。在经济建设的过程中，必须给企业减负，但是，企业也需要承担一定的社会责任。

在现实中，之所以会出现三个效益的分离，忽视生态效益和社会效益，一个重要的原因是我们的工作作风仍然存在问题，还没有自觉地树立起科学发展观。因此，"追求表面文章，不讲实际效果、实际效率、实际速度、实际质量、实际成本的形式主义必须制止。说空话、说大话、说假话的恶习必须杜绝"[①]。目前，只有用科学发展观来统领经济社会发展，才能真正实现生态效益、经济效益和社会效益的统一。

（2）生态建设必须追求生态效益、经济效益和社会效益的统一。

第一，提高生态效益是生态建设的直接目的。除了一般的生态效益外，生态建设还有自己的专门的生态效益方面的要求和指标。例如，林业的生态效益是指发挥利用树木的净化空气、调节小气候、涵养水源、保持水土等功能来达到改善生态环境的目的。在生态建设的过程中，应

---

① 《邓小平文选》，2 版，第 2 卷，100 页，北京，人民出版社，1994。

该将这两个方面的要求统一起来，既注重提高整个社会经济发展的生态效益，也应该注重提高生态建设自身的生态效益。例如，如何防止年年种树不见树的情况，就成为林业建设中必须引起高度重视的问题。

第二，生态建设也要追求经济效益。尽管生态效益是实现其他效益的基础和条件，但是，它不是也不可能是生态建设的唯一的目的和方向。但是，在西方社会中，尤其是在一些受解构性后现代主义和生态中心主义影响的人士中，将追求生态效益作为了环境保护甚至是整个社会发展的唯一的最终的目的。事实上，这不是要追求生态效益，而是渴望回归远古时代的浪漫主义的诉求。显然，这种诉求是与发展的主题相矛盾的。对于广大的发展中国家来说，第一位的任务仍然是发展。因此，生态建设也要注意经济效益。在一般的意义上，生态建设不能影响甚至是冲击经济建设的主题，而应该自觉地服从和服务于经济建设的大局。在具体的意义上，生态建设在提高自身生态效益的基础上，也应该注意提高自身的经济效益。生态建设的经济效益是指采用控制人口、节约能源资源、保护环境、治理生态、防灾减灾等生态建设的具体措施后，自然生态环境质量得到改善所带来的经济效益。它可分为直接经济效益和间接经济效益两种。直接经济效益是指通过生态建设活动直接取得的经济利益。间接经济效益是指通过生态建设使自然生态环境得到改善而带来的效益，即减少的环境污染或破坏等负面作用造成的经济损失。例如，在林业中，其直接经济效益是指对林木本身的直接开发利用，如采伐树木、采摘果实、利用树的药用价值、培植食用菌等；其间接经济效益是指对林木的间接利用，如利用树木的生态作用来降低沙尘暴的发生频率以减轻自然灾害带来的经济损失。现在，人民群众生态建设的积极性之所以不高，一个重要的原因是他们没有从生态建设中得到切实的直接的经济利益。因此，只有把经济效益和生态效益统一起来，才能充分调动人民群众生态建设的积极性、能动性和创造性。事实上，提高经济效益，可以提高投资效益和资源利用效益，从而有利于缓解我国人口多与资源相对不足、资金短缺的矛盾。

第三，生态建设也有自己的社会效益。除了要关注一般的社会效益外，生态建设还应追求自身的社会效益。生态建设的社会效益是指生态建设活动所取得的直接的社会效果。在这个问题上，生态建设在增加社会就业岗位、改善人们生产和生活的环境、陶冶人们热爱自然的情操等方面，都有其固有的社会效益。

总之，不能将生态建设看作是一个单纯的保护环境、建设生态的活动，而应该看作是一个促进生态效益、经济效益和社会效益相统一的过程。

显然，在实现经济增长的速度和效益统一的过程中，生态建设和生态文明是提高发展效益的重要保证。

（三）用科学发展促进生态文明建设

生态文明的产生和发展经历了一个从自发到自觉的飞跃过程。科学发展观就是实现这种飞跃的思想中介和理论基础。这不仅表现在生态文明是在科学发展观的思想语境中提出来的，而且表现在科学发展观为生态文明建设指明了正确的方向。在当代中国，建设生态文明必须贯彻和落实科学发展观。

1. 节约发展、清洁发展和安全发展，从可持续发展体系的内部进一步强化了环境和发展的辩证关联

作为可持续发展的新的科学内涵和实际要求，节约发展、清洁发展和安全发展从不同的方面扩展了可持续发展的理论内涵和实践要求。只有坚持节约发展，合理利用资源能源，提高其利用率，才能减少废弃物的排放，这样，才能实现清洁发展和安全发展。只有坚持清洁发展，对污染进行全程控制，才能促进能源资源的集约利用，实现节约发展，才能创造清洁、健康、良好、安全的环境，实现安全发展。只有坚持安全发展，切实保障人民群众的生命安全和自身健康，才能在开发人力资源的同时，节约物质资源，实现节约发展，才能在保障人民群众生态安全的同时，注重污染治理，实现清洁发展。可见，节约发展、清洁发展和安全发展三者之间存在着相互影响、相互作用。这种辩证关系进一步彰显了可持续发展的本质要求，从而加强了环境和发展的辩证关联。在发展观的层次上，这是科学发展观在生态文明问题上的第一个贡献。

2. 全面发展、协调发展和可持续发展，从可持续发展体系的外部进一步强化了环境和发展的辩证关联

作为科学发展观的基本要求，全面发展强调的是社会系统（社会有机体）的整体性，突出了生态建设在整个社会主义建设事业中的地位、

生态文明在整个社会主义文明系统中的地位；协调发展强调的是社会系统的协同性，突出了只有在与其他建设事业保持协调的过程中才能进行生态建设，只有在与其他文明形式保持协调的过程中才能搞好生态文明；可持续发展强调的是社会系统的永续性，强调只有在保持人与自然和谐的过程中才能保证发展的代际传递，实现代际正义。显然，只有把这三个方面统一起来，才可能实现又好又快的发展。将之运用在生态文明建设的过程中来，就是要实现人与自然的和谐共存、和谐共荣、和谐共生。这样，全面协调可持续发展就成为了建设生态文明的基本要求。在发展观的层次上，这是科学发展观在生态文明问题上的第二个贡献。

3. 统筹兼顾从方法论的高度，为贯彻和落实可持续发展战略提供了战略思维

统筹人与自然和谐发展，既是统筹兼顾方法的具体运用，又是统筹兼顾方法的丰富发展。从可持续发展战略的核心问题来看，这其实是一个如何辩证地处理人与自然之间系统关联的问题。统筹兼顾要求将人与自然的关系看作是一个系统性的问题。从可持续发展战略的外部效果来看，这是一个如何实现生态效益、经济效益和社会效益统一的问题。统筹兼顾，就是要将生态效益作为发展的基础，将经济效益作为发展的手段，将社会效益作为发展的目的。在总体上，统筹人与自然和谐发展的过程，其实就是一个自觉地建构生态文明的过程。因此，统筹兼顾是建设生态文明必须坚持的根本方法。在发展观的层次上，这是科学发展观对生态文明的第三个贡献。

4. 发展的质量要求和效益要求，从经济建设和经济发展的内部进一步强化了环境和发展的辩证关联

经济建设和经济发展必须遵循社会生态运动规律。只有把经济建设和经济发展融入自然生态环境大系统中，根据自然生态系统功能结构原理，遵循物质循环运动和能量梯级利用的生态链（网）等规律来安排经济建设和经济发展的各个环节和方面，才能有效、科学、合理而人道地实现人与自然之间的物质变换，才能保证经济自身的可持续发展。发展的质量要求和效益要求就是对自然生态环境大系统运动规律、社会生态运动规律的自觉而科学的把握。这样，通过经济建设和经济发展自身机制的完善、结构的优化和功能的强化，才能在促进人与社会、人与自身的和谐协调、共生共荣、共同发展的过程中，形成人与自然的和谐协

调、共生共荣、共同发展的局面。在发展观的层次上，这是科学发展观在生态文明问题上的第四个贡献。

总之，在科学发展观的指导下进行生态文明建设，就是要把人与自然统一起来、环境和发展统一起来、经济建设和生态建设统一起来、物质文明和生态文明统一起来。

在总体上，建设生态文明不仅需要自己的经济基础和发展支柱，而且要求经济建设、经济发展和物质文明要按照生态化的方向发展。这事实上既是物质文明发展的规律，也是生态文明发展的规律。可以将这一规律表述为经济建设和生态建设协调发展的规律，或经济发展和生态发展协调发展的规律，或物质文明和生态文明协调发展的规律。其内容就是：经济建设和生态建设、经济发展和生态发展、物质文明和生态文明之间存在着互换物质、互补能量、互通信息的关系，通过统筹规划、同步实施、协调发展，不仅可以实现生态效益、经济效益和社会效益的统一，促进环境与发展的整体关联，而且可以实现人与自然的协调发展，实现人与自然的共生共荣、共同发展。这样，才能保证人类真正走上生产发展、生活富裕、生态良好的文明发展道路。

第十一章　生态文明的价值诉求

作为科学发展观之本质和核心的以人为本，也是社会主义生态文明的本质和核心。只有坚持以人为本，才能充分调动人民群众在生态文明建设中的能动性、积极性和创造性，才能促使他们自觉追求人与自然的和谐发展。坚持以人为本，不是要复活传统的人类中心主义，而是要在生态维度上重建人的主体性、在社会维度上提升人道主义的境界，在超越人类中心主义和生态中心主义的抽象争论的同时，要通过人的全面发展、和谐发展走向人与自然的和谐，要走向人道主义和自然主义的科学的有机的统一。因此，在建设生态文明的过程中，我们必须始终坚持以人为本，将以人为本作为建设生态文明的价值原则，这样，才能保证人们在适宜的自然生态环境中生存和发展，才能实现人们追求幸福生活的权利。

一、以人为本的价值取向

以人为本，突出强调的是人文发展或人本发展。它既具有一般世界观的意义也具有一般方法论的价值，既是一种科学的事实认识也是一种普遍的价值判断，是合规律性和合目的性的高度的有机的统一，在整个社会主义建设中都具有普遍的指导意义。

（一）深刻领会以人为本的战略依据

以人为本，不仅是在批判和超越以物为本的发展观的过程中提出的关于发展（现代化）的方向和目的的科学原则，而且是建立在对社会发展规律尤其是人民群众的历史创造作用的深刻哲学洞悉的基础上的，集中反映出了社会发展的客观性和主体性相统一的辩证要求。

1. 坚持以人为本就是要确立社会发展的人文方向和目的

现代化是由物的现代化和人的现代化构成的统一的整体的历史过程，物的现代化是实现人的现代化的基础和手段，人的现代化是实现物的现代化的方向和目的。

（1）见物不见人的现代化的弊端。

在西方资本主义现代化的过程中，虽然人的本质力量在物化的过程中得到了发挥，但是，"在资产阶级经济以及与之相适应的生产时代中，人的内在本质的这种充分发挥，表现为完全的空虚化；这种普遍的对象化过程，表现为全面的异化，而一切既定的片面目的的废弃，则表现为为了某种纯粹外在的目的而牺牲自己的目的本身"①。（这里，"对象化"原译为"物化"。事实上，对象化不一定产生异化；在对象化的过程中产生的物化，才可能导致异化。当然，在追根究底的意义上，只有私有制才是产生异化的最终根源。）在此基础上，就产生了物的逻辑对人的逻辑的支配。在战后第三世界谋求发展的过程中，也受到了这种发展观的影响。由于忽视人的现代化（人的发展）在现代化过程中的地位和作用，尤其是忽视人民群众的基本需要的满足和基本素质的提高，发展中国家现代化不仅存在着发展普遍缓慢的问题，而且出现了一系列野蛮性"发展"的问题。

（2）发展观的人文关怀和转向。

在反思物化弊端的过程中，就出现了重视发展的人文关怀的趋势，进而提出了以人为中心的发展观。例如，罗马俱乐部就提出了自己的"新人文主义"。这种新人文主义就是要确立以人为中心的发展观。它不仅要协调人与人（社会）之间的关系，而且要协调人与自然之间的关系。在后一个方面，"如果全部人类体制准备与自然建立较高层次的友

---

① 《马克思恩格斯全集》，中文 2 版，第 30 卷，480 页，北京，人民出版社，1995。

好关系和以稳定的内部平衡为基础的组织结构并进行幸福的交流，那么全人类就必须经历一个深刻的文化进化，从根本上改善人的素质和能力。只有这样，人类统治的时代才不会是灾难的年代，才能最终并真正变成一个社会的成熟时代"①。尽管这种看法没有触及问题的深层原因，缺乏社会的历史的阶级的分析，但是，它确实揭示出了人文发展的必要性和重要性，并提出了人文发展之生态要求的问题。

在批评物本发展观弊端的过程中，科学发展观抓住了发展进程中从物本转向人本的新趋势，鲜明地提出了以人为本的原则和要求。

2. 坚持以人为本就是要尊重人民群众的历史主体地位

在一般的意义上，社会发展的人文方向和目的是指：社会发展的客观规律是通过人的实践活动表现出来的，同时也是一个满足人的需要、实现人的目的、促进人的发展的过程。

（1）人民群众的历史主体作用。

在具体的意义上，由于抽象的一般的人是不存在的，因此，社会历史主体只能也只能是人民群众。人民群众是指推动社会历史向前的进步力量。"自从阶级产生以来，从来没有过一个时期社会上可以没有劳动阶级而存在的。这个阶级的名称、社会地位改变了，农奴代替了奴隶，而他自己又被自由工人所代替"，"但是有一件事是很明显的，无论不从事生产的社会上层发生什么变化，没有一个生产者阶级，社会就不能生存。因此，这个阶级在任何情况下都是必要的"②。这样，在唯物史观看来，人民，只有人民，才是创造世界历史的动力。

（2）尊重社会发展规律与尊重人民群众主体作用的统一。

在社会进步的过程中，尊重社会发展规律与尊重人民群众历史主体地位是高度一致的。在社会发展的过程中，既然社会发展的过程首先是物质生产发展的过程，那么也必然是从事物质生产的劳动者即广大人民群众实践发展的过程；既然物质生活是制约整个社会生活、政治生活和精神生活的决定力量，那么社会发展史就是人民群众的实践活动的发展史。由于生产实践是人民群众的最基本的实践活动形式，因此，生产力就成为创造世界历史的根本动力。在生产力系统中，人是最积极、最革命、最具有决定性的因素，人民群众是物质生产的主体，因此，社会发

---

① ［意］奥雷利奥·佩西：《人的素质》，145 页，沈阳，辽宁大学出版社，1988。

② 《马克思恩格斯全集》，中文 1 版，第 19 卷，315 页，北京，人民出版社，1963。

展史也就是物质资料生产者本身的历史，即作为生产过程的基本力量、生产社会生存所必需的物质资料的劳动群众的历史。这样，以人民群众为主体的社会实践活动，自然就成为推动社会发展的决定性力量。

可见，人民群众的历史主体地位决定了人文（人本）发展的真实含义和要求只能也只能是：发展为了人民、发展依靠人民、发展的成果由人民共享。科学发展观所讲的以人为本，就是在唯物史观的群众史观的基础上提出来的，同时进一步丰富和发展了唯物史观的群众史观。

总之，以人为本就是要在唯物史观的群众史观的基础上确立发展的人文（人本）方向和目的，使我们的发展成为人文发展或人本发展，即体现发展目的的人民性。在这个过程中，我们必须努力实现物的现代化和人的现代化的良性互动。

（二）全面把握以人为本的科学要求

在科学发展观的语境中，以人为本是有其特殊的含义和要求的。以人为本的"人"是指所有正在从事建设中国特色社会主义的劳动者、建设者和参与者，主要是指广大的工人、农民、知识分子、干部和解放军指战员，即包括社会各阶层在内的最广大人民群众。以人为本的"本"就是根本或本位，就是一切工作的出发点和落脚点，就是最广大人民的根本利益。因此，坚持"以人为本"，就是要坚持全国各族人民在建设中国特色社会主义事业中的主体地位，就是要充分发挥人民群众的能动性、积极性和创造性，就是要坚持发展为了人民、发展依靠人民、发展成果由人民共享，就是要坚持不断实现好、维护好、发展好最广大人民的根本利益。显然，坚持以人为本，既是我们党全部奋斗的最高目的，也是中国特色社会主义现代化的最高目的。

1. 坚持以人为本就是要努力实现人本（人文）发展

针对发展过程中见物不见人的失误和弊端，科学发展观突出强调了社会发展的人文方向和目的，将不断满足人民群众日益增长的物质文化需求、实现人的全面发展作为我国社会主义现代化的目的和方向。这就是，"坚持以人为本，就是要以实现人的全面发展为目标，从人民群众的根本利益出发谋发展、促发展，不断满足人民群众日益增长的物质文化需要，切实保障人民群众的经济、政治和文化权益，让发展的成果惠及全体人民"①。具体来看：

（1）促进人的全面发展是以人为本的本质要求。

实现物质财富极大丰富、人民精神境界极大提高、每个人自由而全面发展的共产主义社会，是马克思主义最崇高的社会理想。在作为共产主义低级阶段的社会主义社会，也必须坚持人的全面发展，以便向未来的共产主义过渡做准备。因此，促进人的全面发展是建设社会主义新社会的本质要求。这样，在社会主义现代化建设的过程中，坚持以人为本就是要促进社会主义物质文明、政治文明、精神文明、社会文明和生态文明的全面发展、协调发展，最终促进人的全面发展和社会的全面发展和全面进步。

（2）实现人民群众的根本利益是以人为本的最终目的。

在社会发展的进程中，最大多数人的利益是最紧要和最具有决定性的因素。因此，能否代表绝大多数人的利益是无产阶级运动同过去一切运动区分的一个根本标志："过去的一切运动都是少数人的或者为少数人谋利益的运动。无产阶级的运动是绝大多数人的、为绝大多数人谋利益的独立的运动。"② 显然，为绝大多数人谋利益，是马克思主义阶级性和先进性的集中体现，是实现共产主义崇高理想的集中体现。所以，我们一切工作的出发点和最终目的就是要实现人民群众的根本利益。只有这样，我们才能始终保持与人民群众的血肉联系，才能无往而不胜。

（3）惠及全体是以人为本的根本原则。

社会主义的本质，是解放生产力，发展生产力，消灭剥削，消除两极分化，最终达到共同富裕。因此，我们必须使全体人民都能够从发展中普遍受益，让发展的成果惠及全体人民，而不是两极分化。在社会主义现代化建设的过程中，只有努力使广大人民群众共同享受到经济社会发展的成果，使他们不断获得切实的物质文化利益，才能使他们愈来愈深刻地认识到实行改革开放和实现社会主义现代化既是祖国的富强之道，也是自己的富裕之路。这样，才能使他们更加自觉地为之共同奋斗。

总之，以人为本，不仅超越了物本主义发展观的弊端和抽象的人文发展的局限，而且要在社会主义条件下通过人的现代化和物的现代化的良性互动来促进人的全面发展。

---

① 《十六大以来重要文献选编》（上），850 页，北京，中央文献出版社，2005。

② 《马克思恩格斯选集》，2 版，第 1 卷，283 页，北京，人民出版社，1995。

2. 以人为本是马克思主义政治立场的鲜明体现

在以人为本的问题上，必须坚持具体的历史的阶级的分析。

（1）必须划清以人为本与"以民为本"的思想界线。

以人为本是中华文明的优良传统。管子曾说："夫霸王之所始也，以人为本，本理则国固，本乱则国危。"（《管子·霸言》）与此相对，传统文化更多强调的是"以民为本"。在中国古代，民本思想是在小农经济的基础上形成和发展起来的，在一定的程度上看到了从事物质生产的劳动人民的作用。但是，"人"与"民"是存在着严格界限的，"上智"与"下愚"是不可"移"的。同时，这种思想强调"民贵""君轻"，在一定程度上具有抑制君权无限膨胀的作用。但是，它是在缺乏"民治"的基础上提出来的，只不过是一种"南面之术"而已。在科学发展观中，以人为本坚持把人民的利益放在首位，体现了人民当家作主的历史地位，体现了我们党立党为公、执政为民的执政理念。

（2）必须划清以人为本与西方人本主义的思想界线。

西方人本主义是在反对中世纪封建神学的过程中产生的，在神性面前高扬起了人性，在神本面前突出的是人本，不仅促进了思想解放，而且促进了工业化的发展。但是，它不能深入到社会阶级利益对立的深度上来看待异化问题，把异化看作是一个单纯的人性丧失和扭曲的问题，因此，最终成为了维护异化的一种手段和工具。坚持以人为本，既承认了人本主义的一般价值，又具有鲜明的阶级立场。

（3）必须划清以人为本与民主的人道的社会主义的思想界线。

面对全球性问题这样的"全人类利益"问题，民主的人道的社会主义放弃了马克思主义关于阶级和阶级斗争的观点、阶级分析的方法，认为全人类利益高于一切，而他们所讲的人是没有阶级规定性的。同时，这种思潮不是在科学社会主义的基础上来审视社会主义具体实践的成败得失，而是忽视客观规律的作用，漠视无产阶级和广大劳动人民根本利益，事实上成为颠覆社会主义的一种手段。科学发展观在看到生态环境问题所具有的全球性特点的同时，更为关注的是其背后的社会的历史的阶级的原因。

从总体上来看，中国古代的民本思想、西方人本主义思想和民主的人道的社会主义，都是建立在抽象的人性论的基础上的，其实质都是唯心史观。以人为本是建立在对人的本质的科学理解的基础上的，将始终代表中国最广大人民的根本利益作为其内在规定和基本要求，因此，它是建立在唯物史观尤其是群众史观基础上的。正因为这样，科学发展观旗帜鲜明地提出："相信谁、依靠谁、为了谁，是否始终站在最广大人民的立场上，是区分唯物史观和唯心史观的分水岭，也是判断马克思主义政党的试金石。"① 这样，就使以人为本获得了真正的科学规定。

可见，以人为本，是把人的全面发展、保障人民群众的根本利益、让发展的成果惠及全体人民作为自己的内在规定和要求的，鲜明地体现了马克思主义的政治立场，是社会主义事业不断发展并取得最终成功的根本保证，对一切工作都具有统率作用。

（三）大力贯彻以人为本的科学理念

在实践上，科学发展观在突出强调社会发展的人文方向和目的的基础上，将不断满足人民群众日益增长的物质文化需求、实现人的全面发展作为我国社会主义现代化的目的。围绕着这一目的，科学发展观提出了一系列落实以人为本的具体要求，也就是要求我们将群众史观贯穿到我们的全部工作中去。

1. 必须将以人为本的原则贯彻于社会主义建设各个领域

坚持以人为本，既是经济社会发展的长远指导方针，也是实际工作中必须坚持的重要原则。目前，坚持以人为本，就是要在经济社会发展的各个环节、各项工作中体现和保障人民群众的利益。

（1）经济建设的人本原则。

在经济建设领域，要着眼于创造更丰富的社会物质财富，改善人民生活和提高人民生活水平，来建设社会主义物质文明。我们要正确反映和兼顾不同地区、不同部门、不同方面群众的利益，妥善协调各方面的利益关系；要坚持在全国人民根本利益一致的基础上关心每个人的利益要求，满足人们的发展愿望和多样性的需求。在这个过程中，必须将社会主义物质文明建设成为以人民为本位的物质文明。

（2）政治建设的人本原则。

在政治建设领域，要着眼于保障人民当家作主的权利和合法权益，不断发展社会主义民主和健全社会主义法制，来建设社会主义政治文

---

① 《十六大以来重要文献选编》（上），369 页，北京，中央文献出版社，2005。

明。我们要保持和发扬党的密切联系群众的优良传统，坚持用人民拥护不拥护、赞成不赞成、高兴不高兴、答应不答应作为衡量我们一切决策的最高标准，关心群众生产和生活，充分调动广大人民群众建设中国特色社会主义的能动性、积极性和创造性。同时，要尊重和保障人权。在这个过程中，必须将社会主义政治文明建设成为以人民为本位的政治文明。

（3）文化建设的人本原则。

在文化建设领域，要着眼于满足人民精神文化需求，提高人民精神生活质量，不断丰富人们的精神世界、增强人们的精神力量，来建设社会主义精神文明。我们要体现社会主义的人道主义和人文关怀，努力培养和造就有理想、有道德、有文化、有纪律的社会主义新人。在这个过程中，必须将社会主义精神文明建设成为以人民为本位的精神文明。

（4）社会建设的人本原则。

在社会建设领域，要着眼于协调好各方面的利益关系、增强全社会的创造活力，不断建设全体人民各尽其能、各得其所而又和谐相处的社会，最终搞好社会主义的社会文明。我们要切实解决民生问题，关注人的价值、权益和自由，关注人的生活质量、发展潜能和幸福指数，最终实现人的全面发展。在这个过程中，必须将社会主义的社会文明建设成为以人民为本位的社会文明。

（5）生态建设的人本原则。

在生态建设领域，要着眼于生产发展、生活富裕和生态良好的文明发展要求，来建设社会主义生态文明。事实上，人与自然之间关系的好坏，全在人类的一抬手一投足之间，尤其是在人民群众的主体作用的发挥程度上。同时，生态环境问题是直接关系到人民群众的生活安全和身心健康的大事。如果生态建设工作搞不上去，人民群众的正常生活就会受到影响，甚至会造成一些突发事件甚至是不幸事件。因此，从维护人民群众的切身利益出发，我们必须将社会主义生态文明建设成为以人民为本位的生态文明。显然，作为建设生态文明的基本原则，坚持以人为本，就是要充分发挥人民群众在生态文明建设中的主体作用。

总之，必须将以人为本贯彻于社会主义建设的各个领域，而不能简单地将之归结为单纯的价值诉求。

2. 必须科学理解以人为本的原则

坚持以人为本就是要将尊重客观规律和尊重人的主体地位统一起来。在生态文明建设的过程中，将以人为本确立为指导思想，并不是要尊崇绝对的虚妄的主体性，并不会导致传统人类中心主义的复活。

（1）坚持科学的主体性原则。

以人为本是规律的客观性和人的主体性的高度的有机的统一。在任何情况下，客观规律都是存在的，但是，规律自身不能说明自身，它是通过人的实践活动表现出来的。自然规律同样如此。这样，就必须确立解释和说明世界的主体性原则即实践性原则。具体来看，为了满足自己的需要、实现自己的目的，人类通过其感性活动在自己和自然之间建立起了物质变换，这样，就产生了人类的认识活动和实践活动。在认识和改造自然的过程中，人类把其需要、目的和意志积淀、凝聚、外化在自然物中，通过人的自然化，确证自己是认识和实践的主体。同时，人类通过占有、利用其活动成果而把自然的属性、功能和规律吸收、内化、上升为自己的本质力量，通过自然的人化，确立了自然的优先地位。可见，人和自然的关系是一种建立在实践基础上的、以实践为中介的主体和客体的关系。人是主体，自然是客体。这样，在人和自然、人的能动性和客观规律的关系上，坚持以人为本就是要坚持马克思主义的主体性原则即实践性原则。

（2）防范虚妄的主体性。

坚持以人为本并不是要坚持"人为自然立法"。康德是要让"人为自然立法"，而不是让"自然之法反映到人的头脑中来"。这就是他自己颇为得意的"哥白尼式的革命"。在他看来，"自然界的最高立法必须是在我们心中，即在我们的理智中，而且我们必须不是通过经验，在自然界里去寻求自然界的普遍法则；而是反过来，根据自然界的普遍的合乎法则性，在存在于我们的感性和理智里的经验的可能性的条件中去寻求自然界"①。尽管这种思想高扬起了人的主体性，同时也强调理性为人自身立法，但是，由于康德是否认自在之物的可知性的，因此，"人为自然立法"最终成为了一种观念决定论，这样，它就成为通向上帝决定论的桥梁。与之相反，马克思主义同时坚持从客观事物自身去说明事物

---

① ［德］康德：《任何一种能够作为科学出现的未来形而上学导论》，92 页，商务印书馆，1978。

发展的决定力量，始终强调客观规律是根本不能取消的。

所以，坚持以人为本，决不是要在人和自然的关系问题上简单地确认人的开发者和利用者的角色，更不是要维护人的征服者和破坏者的地位，而是要确立人的保护者、养育者和修复者的作用。

在总体上，只有坚持以人为本的生态文明，才是真正有价值和生命的生态文明。

二、生态文明的建设主体

由谁来建设生态文明？为了谁建设生态文明？建设生态文明的成果由谁来享受？这是在生态文明建设的过程中难以回避的重大问题。科学发展观的以人为本的原则对之做出了科学的解答："人口资源环境工作，都是涉及人民群众切身利益的工作，一定要把最广大人民的根本利益作为出发点和落脚点。要着眼于充分调动人民群众的积极性、主动性和创造性，着眼于满足人民群众的需要和促进人的全面发展，着眼于提高人民群众的生活质量和健康素质，切实为人民群众创造良好的生产生活环境，为中华民族的长远发展创造良好的条件。"① 这样，以人为本就成为了建设生态文明的科学的主体性原则。

（一）坚持依靠人民群众建设生态文明

确立生态文明建设的主体，不只是单纯地确定人的主体作用的问题，而是要将这种主体进一步具体化和明确化。在当代中国，我们要将生态文明建设看作是一场新的人民战争。

1. 必须确立人在生态文明建设中的主体地位和作用

在整个自然演化和进化的过程中，人类不仅仅是被动地受制于自然生态环境，而是积极地利用自然生态环境为自己的需要和目的服务。人类有发达的形成概念、交流、控制自然界其他存在物的能力，并由此进化而来。这样，人在创造力方面被看作是优于其他物种的。在这个过程中，人类确实创造了自己的环境，但是，并不是在他们完全自由选择的

---

① 《十六大以来重要文献选编》（上），852～853 页，北京，中央文献出版社，2005。

情况下创造的，而是在自然史和人类史的过程中从地球和人类祖先手中传承下来的既定条件的基础上创造的。如果违背这一点，那么，人类的主体行为即使是创造性的行为，也必然是一种盲目的甚至是破坏性的力量。事实上，现在人类面临的全球性问题证明，人类是唯一破坏自然生态环境以致威胁到自己生存的物种。在这种情况下，当然需要阻止人类的这种虚妄的主体性。但是，如果按照不干涉自然的方式对待问题，听任自然界自动地调节和控制生态平衡，那么，只能使问题越来越严重。这样，主体和主体性不仅不能退场，而且必须在场。当然，这种出场的方式和方法必须作出生态性的变革。这就是，主体和主体性只能在尊重和遵循自然规律的前提下发挥自己的作用。退一步来讲，即使要由自然来调节和控制，也得有一个代理者。这个代理者只能也只能是人类。这在于，自然界即使是高级的物种并不能意识到其"利益"和"权利"的存在，即使它们能够意识到其"利益"和"权利"的存在也不能按照这种利益和权利来思考和行动，即使它们能够按照其"利益"和"权利"进行思考和行动也不能阻止人类的破坏性行为。所谓的自然界对人的"报复"和"惩罚"只是人类自己的一种将自然拟人化的说法而已。

其实，"人类有其独特的和唯一的特征。这些特征包括反映出其自身行为的能力、在行为实施前的预先的概念化的行为方案以及创造性的思维和行动的能力。人类的这种普遍性甚至还包括代表除自己以外的其他物种的利益而思考和行动的能力"。① 假如没有人的设身处地的思考和行动，没有人的这种代理者的角色，那么，自然界在遭受污染和破坏的时候是不可能完全或有效恢复其稳定性、多样性和丰富性的。这样，当人类认识到自己对自然的影响时，就会重新思考人与自然的关系，就会改变自己以及自己的意识和行为。这样，在重新确立主体和主体性的基础上，才能最终解决生态环境问题。

2. 必须确立人民群众在生态文明建设中的主体地位和作用

从根本上来看，人的主体性地位和作用是由人的实践及其发展水平决定的。只有在实践的过程中协调好自然尺度和人的尺度的关系，人的行为就仍然是一种建设性的主体性。这种主体性是以生态性作为自己的

---

① Peter Dickens, Beyond Sociology: Marxism and the Environment, *The International Handbook of Environmental Sociology*, edited by Michael Redclift etc., Edward Elgar, 1997, p. 181.

前提和规定的。在这个问题上，"可以根据意识、宗教或随便别的什么来区别人和动物。一当人开始**生产**自己的生活资料的时候，这一步是由他们的肉体组织所决定的，人本身就开始把自己和动物区别开来。人们生产自己的生活资料，同时间接地生产着自己的物质生活本身"①。而生产和实践的主体，不是一般的抽象的人，而是广大的人民群众。这样，确立人在生态文明建设中的主体地位和作用，其实就是要充分发挥广大的人民群众在生态文明建设中的积极性、主动性和创造性。事实上也是如此。良好的生产生活环境不是在自然演化的过程中自发地生发出来的，也不是通过一般的建设性的主体性展示出来的，而是人民群众在社会实践活动的过程中自觉地创造出来的。在广大的人民群众中就蕴涵着建设生态文明的高深智慧和巨大能量。其实，在西方绿色思潮发展的过程中，也意识到了人民群众在协调人与自然关系中的重要作用。在他们看来，"有关未来问题，要求人类社会所有各方面和各阶层的人士都参加进来，同时欢迎人民发挥重要作用。给人民的重任是首要的，因为虽然中坚人物可以发挥有价值的作用，可以作为先锋队，发起人或是前哨人，但他们也可以滥用特权"，"另外，在一个以教育、交流、信息和通讯联系很普遍的社会体系内，每件事都相互依赖。权力结构正在发生变革；人民正在承担更大的责任。结果，人民就能发现自己必须学会如何治理社会和如何管理他们自己"②。当然，他们是根本不可能站在群众史观的高度来看待人民群众的主体作用的。

无论如何，作为历史创造者的人民群众也是生态文明建设的主力军。因此，在生态文明建设的过程中，我们要善于依靠人民群众来解决贯彻和落实可持续发展战略过程中遇到的矛盾和问题，要充分发挥人民群众中蕴藏着的聪明才智和巨大创造力，要善于依靠人民群众的力量推动统筹人与自然和谐发展事业的发展。今天，建设生态文明是一个综合创新的过程，为此，我们必须为人民群众的创造活动提供一个良好的社会环境和氛围，必须形成建设生态文明的创新机制，要通过制度创新的方式保证人民群众的生态创新活动，要通过生态创新活动来建设高度发达的生态文明。

总之，"社会主义不是按上面的命令创立的。它和官场中的官僚机

---

① 《马克思恩格斯选集》，2版，第1卷，67页，北京，人民出版社，1995。

② ［意］奥雷利奥·佩西：《未来的一百页》，116页，北京，中国展望出版社，1984。

械主义根本不能相容；生气勃勃的创造性的社会主义是由人民群众自己创立的"①。我们必须尊重人民群众在生态文明建设中的主体地位，要充分发挥人民群众在生态文明建设中的首创精神，这样，才能使生态文明建设事业获得最广泛最可靠的群众基础和最深厚的力量源泉。

（二）坚持为了人民群众建设生态文明

人类之所以要保护自然、维持自然界的动态平衡，其根本的目标就是为了维持人类的正常生存和发展。在当代中国，建设生态文明必须着眼于满足人民群众的需要和促进人的发展。

1. 不能将自然的内在价值作为生态文明建设的目的

"内在价值"（intrinsic value）是生态中心主义的理论支点。在其看来："人类的福利和繁荣以及地球上非人类的生命都有自己的价值（同义词：内在价值，固有价值）。这些价值不依赖于非人类世界对于人类目的的有用性。"② 简言之，凡存在的都是有价值的，而这种价值是内在的。因此，人类不能干扰自然，而应该回归自然。在生态中心主义者看来，内在价值是生态伦理学最终存在的合法性的证明，也是人类保护自然的最终意义所在。固然，这种观点是很前卫、很彻底的，也很有诱惑力。但是，内在价值论面临着一系列的理论难题。如果这些难题不能得到有效的解决，那么，它就不能成为环境主义的旗帜，也就根本不能成为生态文明建设的目标。

（1）如何划清"内在价值"与"万物有灵论"和"物活论"的界限，如何看待"内在价值"与"道在屎溺"（庄子）和"无情有性"（湛然）的关系？

其实，关于"内在价值"的思想在人类文明尤其是在中华文明的发展过程中有其悠久的历史，确实反映了人类对外部世界尤其是自然界的价值关注和道德关心。但是，这里存在一个矛盾。"如果我们沉迷于像诗人的那种认为万物皆有情的谬见，把只有在有生命的形体中才出现的那些性质归之于宇宙的话，那么，至少把坏的性质归之于宇宙和把好的

---

① 《列宁全集》，中文2版，第33卷，53页，北京，人民出版社，1985。

② Arne Naess, The Deep Ecological Movement：Some Philosophical Aspects, *Environmental Philosophy：From Animal Rights to Radical Ecology*, edited by Michael E. Zimmerman etc., New Jersey Prentice-Hall, Inc., 1993, p. 197.

性质归之于宇宙，同样地可以成立"①。更为重要的是，内在价值论的方法不是客观的而是主观的，甚至是神秘的。

（2）价值到底是一个实体范畴还是一个关系范畴，价值的主体是自然还是人？

事实上，价值是一个关系范畴，说明的是在主体和客体之间存在着一种需要和需要的满足、目的和目的的实现的关系。它与实践、认识是属于同一序列的范畴。这样，价值的主体只能也只能是人。具体来看，在整个自然进化的过程中，只有人类才是唯一能够意识到自己的需要和目的的存在物，但是，在人类自身中是难以满足其需要和实现其目的的。这样，在人们通过将其需要和目的对象化的实践过程中，就产生了价值。在这个过程中，作为主体的人不仅与自身、他人和社会发生关系，而且与自然也有关系。因此，即使自然界真的存在内在价值，也是人把价值投射到自然界中去的。

其实，自然价值是不存在的，存在的是生态价值。生态价值是指在人与自然之间存在着一种需要和需要的满足、目的和目的的实现的关系。因此，"人类'利用'自然的意愿将大量地包含道德、精神和审美的价值——但它们是**人类的**价值，而不是从具有它自己神秘而不可接近的目的的一种外在的、被崇拜的自然中解放出来的想象的'内在'价值"②。显然，人们之所以要保护自然就在于自然是满足人的需要、实现人的目的的对象和工具，即最终还是为了人类自身的需要和目的或人类的利益。

2. 必须将满足人民群众的需要作为生态建设的目标

尽管生态文明建设是一个关系到人类生存和发展的问题，在抽象的意义上可以将之看作是一个涉及全人类利益的问题。但是，由于我们仍然处在从必然王国到自由王国飞跃的过程中，因此，必须进行这样的追问：是为了少数人的需要来保护自然呢，还是为了大多数人的需要来进行生态文明建设？"当然，在对'全体人民的利益'的内涵的理解方面的确还是有很普遍的争论的。对环境主义者来说，这一范畴意味着为了现在的人们及子孙后代的利益而保护那些年代久远的森林；而对于木材

---

① ［美］C.拉蒙特：《作为哲学的人道主义》，147 页，北京，商务印书馆，1963。
② ［英］戴维·佩珀：《生态社会主义：从深生态学到社会正义》，168 页，济南，山东大学出版社，2005。

界的业内人士来说，这一范畴的内涵是工作机会、利润、税收以及'经济增长'。于是，有关生产条件的争论几乎都无一例外地转向了对'一般利益'这一范畴的内涵的争论，从归根到底的意义上来说，'一般利益'这一范畴是在占统治地位的意识形态，即20世纪晚期的资本主义、'经济增长'、'自由企业'以及'个人主义式的自由'等语境中被建构起来的。"① 这样，就需要我们旗帜鲜明地表明：必须着眼于满足人民群众的需要和促进人的发展来保护自然、建设生态文明。从广大的人民群众的需要出发来建设生态文明，就是要看到人的需要的无限性和广泛性，就是要以一种全面的方式来满足人的需要。人的需要包括物质需要、精神需要和生态需要等一系列的方面或层次。

（1）必须按照满足人民群众物质需要的要求来建设生态文明。

以吃喝住穿为主要内容的物质需要是人的基本需要。只有在满足物质需要的基础上，人类才可能从事其他活动。人的物质需要只能也只能在人与自然之间的物质变换的过程中得以满足。实践活动尤其是生产实践就是人类凭借自己的力量而利用自然的属性和功能来满足人的需要、实现人的目的的过程。在这个过程中，自然不仅提供了生产资料，而且也提供了生活资料。因此，保护自然就是要保护人民群众自己的物质利益。

（2）按照满足人民群众精神需要的要求来建设生态文明。

在实践的基础上，人类正是凭借其精神需要而意识到了自己的物质需要，同时日益意识到了人与自然和谐发展的重要性。科学和艺术是表征人的精神需要的两种基本的符号，是满足人的精神需要的两种基本的方式。自然不仅是科学认识的对象，而且是艺术欣赏的对象。因此，保护自然就是要保护人民群众自己的精神文化需要。

（3）必须按照满足人民群众的生态需要的要求建设生态文明。

作为一个社会性的感性存在物，人类对生态系统的稳定性、多样性、丰富性、和谐性也具有自己的特殊需要，而这些需要又是不同于一般的物质需要的，这就构成了人的生态需要。在这个意义上，自然生态系统是人的"免疫"系统和"防护"系统。因此，保护自然就是要增强人民群众自己的"免疫力"和"抵抗力"。

显然，自然是维系人民群众的生存和发展的根本利益之所在，因

---

① ［美］詹姆斯·奥康纳：《自然的理由——生态学马克思主义研究》，247页，南京，南京大学出版社，2003。

此，我们必须将满足人民群众的需要作为生态文明建设的出发点和落脚点。

总之，我们必须着眼于代表中国最广大人民群众的根本利益、着眼于人的全面发展来建设生态文明。如果放弃这一最终价值取向的话，那么，生态文明就会成为自然野蛮性的复辟和人民群众创造的文明果实的颠覆。在这个问题上，同样需要阶级分析方法的介入。

（三）坚持建设生态文明的成果由人民群众共享

以人民群众为主体的生态文明建设活动在放大、强化和优化人化自然和人工自然的正面成果的同时，将极大地提高人类生存和发展的质量，能够造福人类自身尤其是最广大的人民群众。在当代中国，我们要着眼于提高人民群众的生活质量和健康素质来建设生态文明。

1. 必须将"生态需要"作为建设生态文明的基本考量

自然物质条件是直接关系到人们的生活质量和健康素质的重要因素。生活质量是反映人们生活水平和福利程度的一种标志，包括自然和社会两个方面的规定（指标）。就自然的情况来看，只有在健康、持续、稳定、美好的自然生态环境系统中获取物质、能量和信息，人们才能保证自己的正常生存和生活。因此，追求生活质量必须认真处理和解决环境污染、城市交通拥挤不堪和人口过密等问题。如果这些问题得不到解决，生活质量就无从谈起。这事实上就提出了如何满足人的生态需要的问题。

（1）生态需要的界定。

生态需要是人们对自然生态环境系统的完善、稳定、和谐、优美的一种依赖和渴求，其满足程度是影响生活质量和健康素质的重要指标。事实上，生态需要并不是纯粹的自然需要或物质需要，而是在经济发展和社会进步的过程中，在通过实践建构的复合的"自然需要—社会需要"的需要系统中产生的一种综合性的需要。这种需要是通过满足人民群众的"物质需要—政治需要—文化需要—社会需要"等全面性需要的途径来满足的。因此，满足生态需要，就是要追求人类生活系统和自然物质条件的和谐，这样，才能保证人民群众的生活质量和福利水平的提高。

（2）生态需要的构成。

人类的生态需要也是全面的。一般来看，它包括洁净的空气、清洁的淡水、绿色的食品；无污染、无噪声的生活空间；生机盎然的人工或自然植被环境，数量充足、质量精良的能源资源，令人心旷神怡的生态景观；人们在心理上对自然生态环境质量的认同和态度；等等。人类生态需要的全面性，不仅不会影响经济社会的发展，而且会为经济社会发展提供新的动力。开发绿色食品、发展循环经济和环保产业等绿色经济活动，都是以满足人民群众的生态需要为前提的，同时成为了带动经济的新的增长点。

显然，满足人的生态需要与可持续发展是相互联系的有机整体。所以，我们要着眼于提高人民群众的生活质量和健康素质来建设生态文明。

2. 必须将"惠及全体"作为建设生态文明的价值原则

生态文明建设的成果应该为广大的人民群众共同占有和共同享受，而不能成为少数人的特权和专利，这样，就需要我们将作为科学发展观的本质和核心的以人为本的基本规定和要求的"惠及全体"贯彻到生态文明建设中来。

"惠及全体"是作为社会主义本质的"共同富裕"的具体体现。中国特色社会主义理论坚持人民利益至上标准与社会主义价值标准的统一，把提高人民的生活水平作为社会主义的应有之义，把共同富裕作为社会主义的本质。我们党领导人民进行改革开放和现代化建设的根本目的，就是要通过发展社会生产力，努力满足人民群众日益增长的物质文化等方面的需要。第一，贫穷不是社会主义，社会主义要消灭贫穷，实现富裕。生态环境问题和贫困问题存在着一种正相关的态势，因此，消灭贫穷就必须解决生态环境问题。如果不解决生态环境问题，那么，只能使贫困问题日益加剧，给人民群众的生产和生活造成极大的危害，从而会丧失社会主义的本质。在这个问题上，环境和生存是直接同一的，二者同样重要。第二，社会主义的富裕是全体人民的共同富裕，不是少数人的富裕，不能搞两极分化。生态环境问题的出现和加剧在一定程度上是由于利益的分化造成的，强势群体有可能将自己造成的生态环境问题转嫁给弱势群体。这样，有可能加剧后者的生活成本，甚至导致返贫，因此，必须伸张道德公平和法律正义。在这个问题上，不能以发展的名义来牺牲环境。第三，共同富裕是社会主义的奋斗目标，需要一个逐步实现的过程，要通过一部分人、一部分地区先富起来，最终达到共同富裕，不能搞平均主义。因此，在建设生态文明的过程中，先富裕起来的地区和群体就不能回避自己建设生态文明的责任和义务，而应该勇于奉献社会。这同样是一个大局问题。同时，弱势群体在生态环境问题上的维权行动需要正确的引导，要在法律的框架中得到表达和解决。第四，实现共同富裕的基础是生产力的持续发展与发达，其途径就是壮大和发展社会主义公有制，消灭剥削，消除两极分化。在生态文明建设的过程中，这就是要在物质文明不断发达的基础上，在不断满足人们日益增长的物质文化需要的同时，来极大地满足人民群众的生态需要。

更为重要的是，在实现现代化的过程中，我们必须坚持发展成果由人民共享，要把改革发展取得的各方面成果，体现在不断提高人民的生活质量和健康水平上，体现在不断提高人民的思想道德素质和科学文化素质上，体现在充分保障人民享有的经济、政治、文化、社会和生态等各方面的权益上，让改革发展的成果惠及全体人民。这样，才能切实保障人民群众生活质量和健康素质的提高，为实现人的全面发展做准备。

总之，在整个生态文明建设的过程中，我们都必须努力使广大工人、农民、知识分子和其他群众共享生态建设的成果，使他们在"成物"的同时"成己"，实现人与自然的和谐发展。

在总体上，只有坚持以人为本，坚持依靠人民群众建设生态文明、为了人民群众建设生态文明、生态文明建设的成果由人民群众共享，才能保证社会主义生态文明历久弥新、充满生机和活力。

三、中心之争的科学超越

在生态伦理学的发展过程中曾产生过人类中心主义和生态中心主义的争论。争论的核心问题是，到底是应该以人还是以自然为价值的轴心。在痛打人类中心主义这条"落水狗"的过程中，马克思主义也难以幸免于难。在一些论者看来，由于马克思思想中存在的"人类中心主义"，"使他在超越西方传统的致命的反生态的二元论方面是失败的"[1]。

---

[1]　John Clark, Marx's Inorganic Body, *Environmental Philosophy*: *From Animal Rights to Radical Ecology*, edited by Michael E. Zimmerman etc., New Jersey Prentice-Hall, Inc., 1993, p. 402.

那么，一般的人类中心主义到底在什么问题上出现了错误？马克思主义人道主义是人类中心主义吗？

（一）必须注意人类中心主义的具体含义

随着主体性的弘扬，当人们试图统治自然并且大肆颂扬这种统治时，就产生了人类中心主义。这样，"在新时代的历史里，并且作为新时代人性的历史，人随时随地试图从自身出发，把自身作为中心和尺度而置于统治地位，即从事于确保统治地位。为此他就必须日益保证他自己的能力和统治手段，并总是使它们成为无条件地可加支配的"①。这大约就是人类中心主义的基本含义。

1. 人类中心主义的多重含义

人类中心主义是一个含义比较复杂的范畴。这样，就需要具体分析。

（1）宇宙论意义上的人类中心主义。

在宇宙论的意义上，人类中心主义肯定是错误的。整个世界是一个无限进化的复杂过程，在这个过程中，是不存在什么中心和外围的区分的。科技进步已经充分证明了这一点。如果现在仍然在宇宙论的意义上坚持人类中心主义的立场，充其量也只是为了人类思维的方便。马克思早在其博士论文中就指出，"地球没有一切事物所趋向的中心，也不存在住在相对的两个半球上的对蹠者"②。在今天，如果仍然坚持宇宙论意义上的人类中心主义，那么，必然会导致人类沙文主义。

（2）生物学意义上的人类中心主义。

在生物学的意义，人类中心主义有其一定的合理性。在生物学上，作为整个进化链条上的一环，人又是进化的最高阶段。为了维持其生存和发展，人类不仅要开发和利用自然，甚至要改造和征服自然。因此，在这个层面上，人将其需要和目的放大的行为是符合进化法则的。但是，即使是在生物学的意义上，人也是双重性的存在物。"从主体上说作为他自身而存在着，从客体上说又存在于自己生存的这些自然无机条

---

① ［德］冈特·绍伊博尔德：《海德格尔分析新时代的科技》，124 页，北京，中国社会科学出版社，1993。

② 《马克思恩格斯全集》，中文 2 版，第 1 卷，43～44 页，北京，人民出版社，1995。

件之中。"① 这样，人类要维持自己在进化中的特殊位置，就必须以尊重自然规律为前提。

（3）认识论意义上的人类中心主义。

在认识论的意义上，人类中心主义的效用是多重的。在认识的过程中，认识的主体只能也只能是人，人们都是根据自身的切实需要和利益进行认识的。但是，"物自体"在人类认识之外始终是存在的。当然，这个"物自体"是可知的。因此，为了保证人类认识的真理性，人们在认识的过程中必须要将人的尺度和自然尺度统一起来。显然，马克思主义认识论已经科学地揭示出了人和自然的统一对于认识的重要意义。

（4）价值论意义上的人类中心主义。

在价值论的意义上，人类中心主义是一个容易引起争议的问题。作为一个感性存在物，人类按照自己的需要、目的、意志和利益与自然界发生关系，本来是无可非议的。在这个意义上，人类中心主义是有其固有的价值的。但是，这并不是要将人的需要、目的、意志和利益从自然界中脱离出去。脱离自然界来实现人的价值，就会造成生态异化。显然，这种做法不是人类中心主义，而是人类沙文主义。马克思主义追求的是人类活动的合规律性和合目的性的统一。

在总体上，马克思主义人道主义不仅看出了各种意义上的人类中心主义的不足，而且提出了补充和完善的方法。因此，不能简单地将马克思主义看作是人类中心主义。

2. 必须反对人类沙文主义

人类沙文主义是一种典型的人种自大狂。从其含义来看，"人类沙文主义是一种将人看作为最高等级的沙文主义"；从其作用来看，"它会以一种带有偏见和无根据的方式来歧视非人类的存在物"②。其弊端主要有：第一，狭隘性。它把人这个具体的物种看作是自然界至高无上的统治者，具有支配和利用自然界的万事万物的绝对权力。第二，短视性。它既不关心整个生态系统也不关心人的长远利益，只关注和自己有直接关系的有用事物。第三，盲目性。它要求最大限度地谋取和占有物

---

① 《马克思恩格斯全集》，中文 2 版，第 30 卷，484 页，北京，人民出版社，1995。

② Richard and Val Routley, Human Canberra Chauvinism and Environmental Ethics, *Environmental Philosophy*, edited by D. S. Mannison etc., Australian National University，1980，pp. 96 - 97.

质财富，采取的是掠夺式的开发和利用自然的方式。

显然，人类沙文主义将人和自然对立了起来，在理论上是站不住脚的，在实践上是有害的。如果要追究生态环境问题的价值原因，那么，人类沙文主义无疑是罪魁祸首。当然，人类沙文主义事实上是作为资产阶级价值观的个人主义和利己主义在人与自然关系方面的具体展开。

可见，人类中心主义和人类沙文主义都是人道主义的另类形态。但是，在对之持批评态度的生态中心主义者那里，往往将三者尤其是人类中心主义和人类沙文主义相混淆了。在现实中，人们之所以不愿意承认以人为本也是生态文明的原则和要求，根源也在于此。

（二）必须注意对人类中心主义批评的误区

生态中心主义主要是在价值论的意义上批评人类中心主义的。其对人类中心主义的批评主要集中在以下问题上：

1. 存在物获得道德关怀的根据是什么？

在生态中心主义看来，人类中心主义只把具有理性的人作为道德关怀的对象，这是狭隘的。其实，这是其自己想象中的人类中心主义，或是在西方近代以来存在的人类中心主义。在中国古代的人文主义传统中，自然万物一直是道德关怀的对象。例如，我们可以给儒家挂上人类中心主义的标签，但是，在儒家的道德阶梯中，"亲亲、仁民、爱物"是浑然一体的。尽管"爱"是有差等的，但是，"爱"的范围和对象与"物"是否具有理性是没有任何直接关系的。同样，马克思主义关于在自然界实现人道主义、按照美的规律创造等方面的思想，也直接包括了对自然界进行道德关怀的要求。这里的自然界同样是没有理性的，但仍然是道德关怀的对象。

2. 自然价值是主观的还是客观的？

在生态中心主义看来，存在的就是有价值的。由此推论下去，必然会得出这样的判断：细菌不仅是有价值的，而且是有内在价值的。事实上，生态中心主义的价值是一种泛价值。其实，被其挂上人类中心主义标签的一些思想流派对价值的看法与之相较更为"绿色"。例如，儒家并没有讲价值是人赋予自然的，反倒认为价值是在效法和模仿自然万物的过程中产生的。作为儒家"五常"之一的"礼"就是这样。"凡礼之大体，体天地，法四时，则阴阳，顺人情，故谓之礼。訾之者，是不知礼之所由生也。"（《礼记·丧服四制》）在马克思看来，价值是指物对人的有用性，但是，"对象**如何**对他来说成为他的对象，这取决于**对象的性质**以及与之相适应的**本质力量**的性质"①。显然，价值这个范畴是人们在对待外界物的关系中产生的，不是一个实体范畴，而是一个关系范畴。

3. 人对自然存在物是否负有直接的道德义务？

在生态中心主义看来，人类中心主义主张人对自然的道德义务只是对人的一种间接的义务，而其认为人对自然负有直接的道德义务。其实，只有在西方"元伦理学"背景下形成的人类中心主义才有这种看法。在儒家看来，人与自然之间的道德关系是无所谓直接或者间接的，因为它们本来是一致的。"乾称父，坤称母，予兹藐焉，乃混然中处。故天地之塞，吾其体；天地之帅，吾其性。民吾同胞，物吾与也。"（《张载集·正蒙·乾称》）这里，"民胞物与"讲的是人对自然的直接的道德义务还是间接的道德义务呢？在马克思主义看来，道德是调节和评价人类行为的规范体系。人类行为既包括人与人（社会）之间的社会关系领域（含个体领域），也包括人与自然之间的生态关系领域。例如，马克思恩格斯认为，人类活动包括两个方面，"人类活动的一个方面——人**改造自然**。另一方面，是**人改造人**"②。这样，在调节和评价人类行为的过程中，必然会产生社会道德（包括个体道德）和生态道德两种基本道德形式。在生态道德中，人对自然确实有直接的道德义务。这是人格完善和道德完善的标志。（正是在这个意义上，我们认为生态伦理学是部门伦理学而不是应用伦理学，而环境伦理学确实是应用伦理学。）

显然，生态中心主义对人类中心主义的批评是对其想象中的人类中心主义的批评。在这个问题上，我们仍然"应该以人为本，尤其是穷人，而不是以生产甚至环境为本，应该强调满足基本需要和长期保障的重要性。这是我们与资本主义生产方式的更高的不道德进行斗争所要坚持的基本道义"③。当然，生态中心主义对我们也有重要的警示作用。

---

① 《马克思恩格斯全集》，中文 2 版，第 3 卷，304～305 页，北京，人民出版社，2002。

② 《马克思恩格斯选集》，2 版，第 1 卷，88 页，北京，人民出版社，1995。

③ ［美］约翰·贝拉米·福斯特：《生态危机与资本主义》，42 页，上海，上海译文出版社，2006。

（三）必须对人类中心主义进行具体分析

在反击生态中心主义批评的过程中，一些论者主张重新走进人类中心主义。但是，如果不对"人"进行具体的历史的分析的话，那么，这必然是一场糊涂的笔墨官司。

传统的人类中心主义并不是无懈可击的。其致命的弊端不是将人确立为价值的中心，而是缺乏对人的具体的历史的阶级的分析。传统的人类中心主义是在资本主义工业文明高度发展的背景下形成的，虽然突出了人在价值中的中心地位，但是，它只考虑到了富裕的白人男性有产者的需要和利益，而忽视了无产者、贫困人口、有色人种和女性的需要和利益。事实上，在存在着严重的阶级对立、贫富差距、人种偏见和性别歧视的情况下，不从社会问题入手解决生态环境问题的生态中心主义，是舍本逐末的。因此，其对人类中心主义的批评事实上是避重就轻。在反击生态中心主义对人类中心主义批评的过程中，现代人类中心主义在看到传统人类中心主义局限的同时，突出强调的是，应该将人类的整体的、长远的、根本的利益作为出发点。这样，就弥补了传统人类中心主义的局限。但是，对于什么是人类的整体的、长远的和根本的利益，现代人类中心主义同样陷入了抽象的思考之中，而缺乏社会历史分析尤其是阶级分析。其实，人的本质在其现实性上是一切社会关系的总和，而社会生活在本质上是实践的。这就是说，脱离人们在社会实践的基础上形成的社会关系，是不可能抓住人的本质的，更不可能找到问题的症结。这里需要注意的是，将人的本质看作是一切社会关系的总和，并不会导致人类中心主义。这在于，作为社会关系的总和的人是双重性的存在物，既是自然存在物也是社会存在物。在这个问题上，"人们在原则上总是想着生物的人，即使生命力被假定为精神或思而精神或思以后又被假定为主体、为人格、为精神，仍然是想着生物的人。这样的假定就是形而上学的方式。但用这种办法人的本质就被注意得太少了，就不是就人的本质的来历着想的，这个人的本质的来历在历史的人类看来总仍然是本质的将来。形而上学想人是从生物性方面想过来而不是想到人的人性或人道方面去"[1]。因此，可

---

① 《海德格尔选集》（上），368页，上海，上海三联书店，1996。

行的方法是，在人类实践的过程中协调好人与自然、人与社会各自关系的同时，应该通过人在一般社会关系上的主体性的提高，来促进人与自然的和谐发展。

同时，生态中心主义本身也是有其特殊的阶级利益的。在这个问题上，"如果他们不是资方或劳方，绿色分子代表的是谁的阶级利益呢？许多社会主义者已经用这种或那种方式阐明，他们保护资产阶级的利益。以一种直接而简单的方式，保存主义的和'不要在我后院'（not-in-my-backyard）的环境主义者，主张保护作为资产阶级核心的风景区和价值观：资产阶级是保护他们的地理和意识形态领域的统治阶级"①。显然，对人的本质进行具体的分析，还必须进行阶级分析。如果不这样的话，很可能被极少数人的利益主宰环境保护以至于整个生态文明的方向。

在这个问题上，科学发展观所讲的以人为本则科学地解决了这一问题。在社会发展的进程中，最广大人民群众的利益就代表着人类的整体利益、长远利益和根本利益，人民群众的需要、利益、意志和目的是我们进行一切工作的出发点和落脚点。在这个意义上，我们仍然需要走进人类中心主义。当然，这里的人类是指广大的人民群众。

（四）必须防止生态中心主义的诱惑

正当人们沉迷于人定胜天的虚妄的主体性的时候，生态中心主义的出现无疑是当头棒喝。但是，我们不能将生态中心主义看作是生态文明及其理论发展的前卫和潮流，甚至将之作为建设生态文明的唯一范式。

生态中心主义对发展中国家的现代化会形成一定的阻力。与后现代主义一样，生态中心主义有助于克服近代以来确立的现代性的弊端，尤其是在人和自然关系问题上造成的各种问题。但是，即使"真理"真的掌握在生态中心主义的手里，对于广大的发展中国家来说，当务之急是发展，是通过实现现代化解决人民群众的温饱问题。在这个问题上，如果一味地坚持生态中心主义，那么，这只能是一种浪漫主义的"生态复辟"，不仅会对解决全球性的发展问题造成一定的障

---

① ［英］戴维·佩珀：《生态社会主义：从深生态学到社会正义》，214～215页，济南，山东大学出版社，2005。

碍，而且会拖延发展中国家现代化的进程。其实，生态中心主义无非是老子和卢梭的后现代翻版。当然，对于广大的发展中国家来说，应该走的是一条不同于西方现代化的发展道路。其中重要的一点就是要避免现代化造成的生态代价。因此，在这个问题上，我们必须警惕生态中心主义成为干涉和阻止发展中国家现代化的借口。在当代中国，我们贯彻和落实科学发展观，就是要实现经济发展和环境保护、经济建设和生态建设的双赢。因此，我们的选择只能是走统筹人与自然和谐发展的科学发展之路。

生态中心主义对正常推进可持续发展会造成一定的障碍。如果生态中心主义提出的"生态至上"和一切物种绝对平等的思想，与其他非人类中心主义思想组成统一战线，那么，不仅不会成为推动全球可持续发展的动力，反而会成为阻力。事实上，"生态至上"、"地球第一"和"动物权利论"等前卫思想，正在被一些激进的绿色团体所利用。它们为了生态上的理由，不惜采用暴力手段。显然，这种"绿色暴力"，不仅会威胁到人类的生存和发展，而且会威胁到自然的存在和演化。况且，这是与西方绿色运动奉行的"非暴力"原则相冲突的。即使这种做法能够矫枉，但是，在目前是难以成正。相反，如果我们承认人类处于普受关注的可持续发展问题的中心，那么，它不仅可以在国内凝聚人心，而且在国际上可以达成广泛的统一战线。显然，当科学发展观从以人为本的高度来要求实现人与自然的和谐发展时，事实上就是要谋求环境和发展的双赢。在这个问题上，不能简单地将现代重构的人类中心主义和以人为本看作是生态领域的道德底线。事实上，它们是具有一般意义的价值准则。

当然，生态中心主义也提出了一些重要的价值问题。虽然生态中心主义对生态危机的价值原因的认识是不准确的，但是，其对人类中心主义的批评仍然是有其固有的价值的。生态环境危机是由一系列的原因造成的，价值因素只是其中的一个方面。就其价值原因来看，关键的问题不是将人作为价值的中心，而是将什么人、哪个人作为价值的中心。事实上，"造成环境危机的深层原因不是现代世界里所谓的人类中心主义，而是现代世界物质至上的自我中心主义和工具主义世界观"[①]。其实，

---

① ［美］丹尼尔·A·科尔曼：《生态政治——建设一个绿色社会》，115页，上海，上海译文出版社，2002。

人类中心主义只是问题的外表，隐藏在其深处的是资产阶级的个人主义、利己主义和人类沙文主义。

当人们深受现代性之苦的时候，一旦生态中心主义和后现代主义结盟，那么，必然是生态中心主义的风行。但是，对于广大的发展中国家和仍然处于社会主义初级阶段的中国来说，追随生态中心主义将使我们的社会发展陷入生态陷阱或绿色泥沼。在总体上，"马克思和恩格斯对乌托邦主义的批评尤其是对乌托邦社会主义的批评，仍然可以应用于现代生态中心主义。马克思恩格斯称赞乌托邦主义者意识到了社会的罪恶，但对他们的原因诊断进行了批判。乌托邦主义者缺少一种唯物主义的历史观点和一种阶级分析。他们把自己想象成'超越所有的阶级对抗'，寻求'同时解放所有的人类'，虔诚地希望所有阶级之间的合作。而且，他们的理论缺少一个自我意识的革命的无产阶级"①。其实，无产阶级的解放只能是无产阶级自身的事情。因此，坚持以人为本，不仅可以克服资本主义发展道路和发展方式的弊端，而且能够促进人的解放和自然解放的同步进行。

在社会主义条件下，同样存在着与这些思潮和行为作斗争的问题。在从必然王国向自由王国飞跃的过程中，我们不能将人定胜天的原则简单地放大，否则，就会犯人类沙文主义的错误，最终要遭受自然对我们的"报复"和"惩罚"。尤其是在与资本主义展开激烈的经济竞争的过程中，我们更应该注意这一点。科学发展观就为我们实现又好又快的发展指明了方向。同时，由于社会主义是从旧社会脱胎而来的，绝对的个人主义和利己主义是不会自动地退出人们的思想意识的；在发展市场经济的条件下，市场经济自身存在的"失效"问题也会进一步引发和强化绝对的个人主义和利己主义。因此，在社会主义社会中仍然难以避免损人利己、竭泽而渔的现象。这样，就需要我们加强社会主义精神文明建设，要把精神文明建设和生态文明建设协调起来、统一起来。在这个过程中，集体主义确实仍然是有其价值的。在一般的意义上，"集体主义就是在整体状态中的人的主观性。集体主义完成了人的主观性的无条件的自己主张。这种无条件的自己主张是撤不回去的"②。这里的"主观

---

① ［英］戴维·佩珀：《生态社会主义：从深生态学到社会正义》，213～214 页，济南，山东大学出版社，2005。

② 《海德格尔选集》（上），385 页，上海，上海三联书店，1996。

性"其实就是"主体性"的意思。

在具体的意义上，社会主义集体主义不仅不会泯灭个性自由和个性发展，而且会促进个体自由和群体自由的统一。在马克思主义看来，共产主义社会就是实现每个人自由而全面发展的社会。在那里，每个人的自由发展将成为其他人自由发展的前提条件。这种自由是双向的。既是人的解放，也是自然的解放；既要实现人与人（社会）的和谐，也要实现人与自然的和谐。因此，它超越了海德格尔所讲的集体主义。在当代中国，在人与自然的关系领域中坚持社会主义集体主义，就是要将人民群众的根本利益作为生态文明建设的出发点和落脚点。因此，当我们真正坚持以人为本的时候，当我们真正将人民群众的根本利益作为我们一切工作的出发点和落脚点的时候，是不会出现由价值危机引发的生态危机的，反倒会成为推动人与自然和谐发展的价值力量。

显然，人类中心主义和生态中心主义的争论没有抓住问题的要害。但是，这种争论对整个生态文明的理论和实践都产生了微妙的影响。这样，就需要我们在科学发展观的基础上正本清源。在总体上，以人为本在对人进行具体的历史的分析的过程中，已经超越了人类中心主义和生态中心主义的抽象之争，因此，以人为本能够成为建设生态文明的价值原则。

四、人的发展的生态选择

促进人的全面发展是建设社会主义新社会的本质的要求，因此，当我们用制度的优势超越人类中心主义和生态中心主义的抽象争论而进一步确立以人为本在生态文明建设中的主导的价值地位的时候，就自然要求我们要通过人的全面发展、和谐发展来促进生态文明建设。只有将社会制度的硬要求和国民素质的软约束统一起来，我们才能真正走上人与自然和谐发展的生态文明发展大道。

（一）坚定坚持马克思主义政治立场

相信谁、依靠谁、为了谁，是否始终站在最广大人民的立场上，是区分唯物史观和唯心史观的分水岭，是判断马克思主义政党的试金石，是马克思主义最鲜明的政治立场。同样，在生态文明问题上也必须坚持这一立场。

1. 致力于实现最广大人民的根本利益是马克思主义的最鲜明的政治立场

马克思主义坚持尊重社会发展规律与尊重人民群众历史主体地位的一致性，从而使对社会历史问题的研究第一次成为了科学。在唯物史观看来，物质资料的生产方式是人类社会存在和发展的基础，社会发展史首先是物质生产的发展史。而这一客观过程是通过作为物质生产的主体的人民群众的实践活动表现出来的。在生产力系统中，人是最积极、最革命、最具有决定性的因素，人民群众是物质生产的主体。因此，社会发展史也就是物质资料生产者本身的历史，即作为生产过程的基本力量、生产社会生存所必需的物质资料的劳动群众的历史。可见，人类社会的客观性问题和社会历史的创造性问题是辩证地联系在一起的。这样，唯物史观就成为了科学思想中的最伟大成果，彻底消除了以往社会历史理论的两个主要缺点：一是以往的社会历史理论，至多是考察了人们历史活动的思想动机，而没有考察这些动机背后的原因，没有摸到社会有机体发展的客观规律，没有看出物质生产的发展程度是这种关系的根源；二是以往的社会历史理论恰恰没有说明人民群众的活动，只有唯物史观才第一次使我们能以自然史的精确性去考察群众生活的社会条件以及这些条件的变更。在这个意义上，唯物史观在实质上就是群众史观，而唯心史观在实质上就是英雄史观。因此，坚持群众观点、致力于实现最广大人民群众的根本利益，就成为了马克思主义最鲜明的政治立场。

2. 建设生态文明的目的就是要充分保障人民群众的生态权益

人口、资源、能源、环境、生态、防灾减灾是关系到广大人民群众切身利益的基本自然物质因素，这样，建设生态文明事实上成为了一种维护人民群众生态权益的政治问题。在建设生态文明的过程中，我们必须采取切实的措施来充分地保障人民群众的生态权益。生态权益至少包括以下内容：

（1）生态享有权。

生态享有权是指人民群众享有在不被破坏和污染的生态环境中生存和发展的权利，同时，具有合法利用资源能源的权利。它具体包括清洁空气权、清洁水权、安静环境权（免受噪声干扰）、景观和风景欣赏权、生态审美权等，也包括能源资源的开采权、利用权等。这些都是基本的不可剥夺的人权。因此，国家有责任和义务通过法治的方式保护人民群众的这种权利，同时也有捍卫国家自身所拥有的生态权益不被未来势力侵犯的权利。

（2）生态建设权。

生态建设权是指人民群众都有参与生态建设的责任和义务。人民群众在依法享有自然生态环境带来的便利的同时，有责任和义务爱护自然、保护自然、养护自然。因此，国家必须通过法治的方式充分保证人民群众的生态建设的知情权、决策权和参与权。在这个过程中，各级党政部门及其工作人员，要大力贯彻和落实科学发展观，"要增强服务意识，规范民主决策程序，为社会公众参与人口资源环境事业创造条件"①。这样，只有充分保障人民群众的生态权益，我们才能使生态建设成为代表中国最广大人民群众根本利益的事业，才能使生态文明成为以人为本的文明形式。

总之，将以人为本作为生态文明的价值原则，首先就是要坚持马克思主义的政治立场，切实维护人民群众的生态权益。

同时，坚持以人为本，将人民群众作为生态文明建设的核心和主体，就对人民群众自身的素质提出了新的更高的要求。人民群众就是人口中的大多数，大多数人素质的提高过程就是人的发展过程，因此，提高人民群众素质与人的发展是一致的。只有在人的发展的过程中，才能为人与自然的和谐发展提供良好的主体方面的支持条件。唯物史观所讲的人的发展是一个科学、有机的整体。人的发展至少包含全面发展与和谐发展两个环节。在此基础上，还要实现人的充分发展和自由发展。

（二）努力促进人的全面发展

人以其需要的无限性和广泛性区别于其他一切动物，这样，就提出了人的全面发展的要求。人的全面发展是指人的各种需要、素质、能力、活动和关系的整体发展，也就是每一个社会成员的全部力量和全部才能的展示过程，是人的本质力量的显示和充实的过程。只有在人自身

---

① 《十六大以来重要文献选编》（上），861 页，北京，中央文献出版社，2005。

的全面发展的过程中，才能增强人民群众统筹人与自然和谐发展的实际能力。

1. 人的全面发展的基本要求

人的全面发展也就是要求人要具备综合性的素质。

（1）控制人口数量和提高人口素质的统一。

人自身的生产也是社会发展的决定因素。人自身的生产有质和量两个方面的规定。质是指人的实践活动能力、思维活动能力、评价活动能力的生产和再生产；量就是指一定时期的人口数量增长及其模式。一般来讲，适度的人口规模、高度的人口素质是实现人自身可持续发展的基本条件和要求，也是实现社会可持续发展的基本条件和要求。人口数量膨胀、人口质量低下一直是困扰我国的重大问题。为此，我们要继续坚定不移地贯彻和落实计划生育基本国策，严格控制人口规模，实现人口的适度增长。同时，我们必须努力提高人口素质。

（2）增强身体素质和提高精神素质的统一。

衡量人口素质有身体和精神两个坐标。从身体素质来看，健康的体格、充裕的营养、协调的动作都是其基本要求。从精神素质来看，就是要实现知情意的全面发展。全面发展的人应该是身心协调发展的人。在我国，除了各种地方病、遗传疾病等问题外，主要存在着人民群众看病难和看病贵、上学难和上学贵等民生问题。这样，就要求我们坚持两手抓，一手抓全民身体素质的提高，一手抓全民精神素质的提高；一手抓身体健康，一手抓心理健康。为此，必须加快推进以改善民生为重点的社会建设，提高整个人口的可持续发展能力。

（3）提高文化素质和提高政治素质的统一。

在人的全面发展的过程中，还必须追求文化素质和政治素质的统一。前者集中体现在人所受的教育、所获得的知识和所拥有的技能上（专），后者就是人参与管理社会的政治事务、维护社会的整体利益的实际能力和水平（红）。一般来讲，又红又专才是全面发展的人。在我国，这方面也存在着比较严重的问题。一方面是仍然存在着相当绝对数值的文盲和半文盲人口，另一方面是极端个人主义、利己主义、拜金主义和享乐主义在"去意识形态化"的过程中大行其道。这样，就必须坚持两手抓，一手抓精神文明建设，一手抓政治文明建设；一手抓智育，一手抓德育。

在总体上，对于我们来讲，促进人的全面发展就是要培养德智体美全面发展的社会主义建设者和接班人。

2. 人的全面发展的主要路径

人的全面发展事实上就是要加强人力资本实力的建设。人力资本是指存在于人体之中的具有经济价值的知识、技能和体力等质量因素的总和。

（1）提升人力资本的教育途径。

教育是促进人的全面发展、增强人力资本实力的主要途径。"未来教育对所有已满一定年龄的儿童来说，就是生产劳动同智育和体育相结合，它不仅是提高社会生产的一种方法，而且是造就全面发展的人的唯一方法。"① 因此，在建设中国特色社会主义的过程中，必须把科教兴国战略和人才强国战略统一起来，要优先发展教育，把人才总量的增长和人才素质的提高统一起来。但是，我国的教育投入还远远不能满足人民群众的需要。教育经费占 GDP 的比重，世界平均水平为 4.9%，发达国家为 5.1%，欠发达国家为 4.1%，我国虽早已提出了 4% 的目标，但时至今日仍未实现。为此，必须加大教育投入，尤其是国家教育投入和财政转移支付要向不发达地区倾斜，努力实现教育的均衡发展和公平发展。

（2）提升人力资本的卫生途径。

改善和提高人类的身体健康所产生的效果会提高劳动力的素质，从而能够增强人的可持续发展能力。保健支出包括影响一个人的健康、寿命、力量强度、耐力、精力和生命力的所有投入。在建立基本医疗卫生制度、提高全民健康水平的过程中，我们必须坚持这样几条基本的底线：必须坚持走适合中国国情的卫生事业发展道路不能变，不能盲目照搬外国的发展模式；必须坚持卫生事业为人民健康服务的宗旨和公益性质不能变，医疗卫生机构不能变成追求经济利益的场所；政府承担公共卫生和维护居民健康权益的责任不能变，增加卫生投入、提供公共服务、加强医疗卫生监管依然是各级政府的重要职责。但是，从政府卫生支出占卫生总费用的比重看，1978 年为 32.16%，1998 年为 16%，2000 年为 15.47%。虽然近年来略有回升，还是难以满足建立基本医疗

① 《马克思恩格斯全集》，中文 2 版，第 44 卷，556～557 页，北京，人民出版社，2001。

卫生制度的需要。为此，必须要确保政府对卫生事业的投入，尤其是要将投入向不发达地区倾斜，实现医疗卫生事业的均衡发展和公平发展。

此外，劳动力转移的支出、为提高劳动生产率而支出的科研和技术推广的费用，也是人力资本的投资和积累的主要来源。

这样，通过人的全面的发展，就为实现人与自然的和谐发展提供了适宜的主体条件。

（三）努力促进人的和谐发展

作为社会存在物的人总是处在一定的关系网中的，因此，人的发展自然要求人的和谐发展。人的和谐发展是指人的各种关系从对抗走向了和谐与协调，具体表现为人和自然、人和社会、人和他人以及个性各方面的关系都处在了协同发展的过程中。这种和谐的要求和状况在生态文明建设中的体现，就是要将立体的全方位的生态正义的要求内化为人的素质。

大量的事实清楚地表明，一些人对能源资源的滥用在导致环境污染和生态恶化的同时，将导致或加剧另一些人的贫困。这些贫困人口不仅要承受社会经济发展的不合理压力，而且是生态环境问题上的最大受害者，而现有的政治、法律和伦理等制度安排并没有对之给予应有的关注。由此可以推断，"社会正义和环境保护的议题必须同时受到关注。缺少环境保护，我们的自然环境可能变得不适宜居住。缺少正义，我们的社会环境可能同样变得充满敌意。因此，生态学关注并不能主宰或总是凌驾于对正义的关切之上，而且追求正义也必定不能忽视其对环境的影响"①。生态正义就是在这样的情况下提出来的。这里，我们用生态正义来统称生态（环境）公正、生态（环境）公平、生态（环境）平等所要求的总和，因此，可以将之与环境正义互换或交替使用。美国国家环境保护局对"环境正义"（environmental justice）所下的定义是：在制订、实施、执行环境法律、规章与政策时，确保人人享受公正的待遇并且能够有意义地参与，而不分种族、肤色、原国籍或收入水平。这里所说的环境包括生物性、物理性、社会性、政治性、美学性和经济性的环境。因此，此即生态正义的定义。但是，这是在法律的意义上讲的，

---

① ［美］彼得·S·温茨：《环境正义论》，2页，上海，上海人民出版社，2007。

而且没有看到社会制度对生态正义的制约和影响。在一般的意义上，可以将生态正义看作是所有人在能源资源配置上的平等的权利，在环境、生态治理上的平等的权利。由于人总是处在生态关系和社会关系这样两种关系之中的，总是在自然尺度和社会尺度的双重的支配下进行自己的活动的，同时，社会关系又存在着时间和空间这样两个维度，因此，生态正义应该是一个包括种际正义、代际正义、代内正义（包括国内正义、国际正义）构成的多维的立体的系统。

1. 种际生态正义突出的是人与自然的和谐

在自然尺度上强调生态正义，主要是要强调人对自然的责任和义务，确立种际正义的原则。种际正义不是指在不同的物种之间存在着正义。事实上，"动物实际生活中表现出来的唯一的平等，是特定种的动物和同种的其他动物之间的平等；这是特定的种本身的平等，但不是类的平等。动物的类本身只在不同种动物的敌对关系中表现出来，这些不同种的动物在相互的斗争中显露出各自特殊的**不同特性**。自然界在**猛兽的胃**里为不同种的动物准备了一个结合的场所、彻底融合的熔炉和互相联系的器官"①。即物竞天择、适者生存是自然界进化的一般法则，这里是无所谓正义不正义的。在我们看来，种际正义是指人与自然之间所保持的和谐的价值关系和伦理关系。在这个问题上，我们应该确立这样的价值准则：既不能为了人的利益而威胁自然的存在，也不能由于保护自然而断绝人的生计，而应该追求人和自然的和谐与统一。用马克思的话来说，这就是要在自然界实现人道主义。这种正义体现在国民素质上，就是要求人们形成人与自然的和谐素质，即形成促进人与自然和谐发展的自觉意识和有效能力。

2. 代际生态正义突出的是不同代人之间的和谐

在社会尺度的时间坐标上强调生态正义，主要是要强调当代人对待后代人的责任和义务，确立代际正义的原则。生态危机是由于人们急功近利的价值观造成的。为此，必须将眼前利益和长远利益统一起来，走向代际正义。代际正义是当代人与后代人在利用自然问题上保持恰当的比例，既不能为了当代人的利益过度利用自然而断绝后代人的生存，也不能为了后代人的需要而限制当代人为了生存而利用自然的权利。事实

---

① 《马克思恩格斯全集》，中文2版，第1卷，249页，北京，人民出版社，1995。

上，"人离开动物越远，他们对自然界的影响就越带有经过事先思考的、有计划的、以事先知道的一定目标为取向的行为的特征"①。现在，可持续发展理论的出现，为确立代际正义原则提供了理论基础。其实，这种正义也是建立在对资源的再生与否、环境容量是否有限等生态指标的认识的基础上的。这种正义体现在国民素质上，就是要形成代际和谐的素质，即形成促进可持续发展的自觉的意识和实际的能力。

3. 国内生态正义突出的是一国范围内的人际和谐、社会和谐

在社会尺度的国内空间坐标上强调生态正义，就是要在人和自然关系领域中关注绝大多数人的根本利益以及特殊群体和弱势群体的利益，确立国内生态正义的原则。生态危机是由不公正的社会制度造成的。正义是一个涉及整个社会结构和社会形态的问题。但是，"在资产阶级思想中，'正义'是指事物的平等分配，而不是指事物的**平等**生产，例如，法律面前人人平等，并不是指人人都平等地制定法律（事实上，法律是由精英制定出来的）。因此，资产阶级的正义是'分配性正义'，不是'生产性正义'。而且，分配性正义首先关涉的是**个体的**权利/要求而不是社会的权利/要求"②。因此，我们必须将自己的视野转向社会中的绝大多数人以及特殊群体和弱势群体，妥善处理局部利益和整体利益的关系。只有在社会范围中彻底实现社会正义的前提下，才可能真正实现生态正义。从整个人类文明的发展来看，主要突出强调的问题是：必须关注无产者的需要和利益，将人类解放作为社会发展的最高理想；必须关注贫穷者的需要和利益，将共同富裕作为社会发展的重要价值取向；必须关注女性以及其他特殊和弱势群体的需要和利益，实现包括男女平等在内的完全的社会平等。

对于当代中国来说，就是要坚持统筹兼顾的工作方法和价值准则。作为一种认识方法、工作方法和价值方法，统筹兼顾就是要在把握集体的整体的长远的和根本的问题的过程中，同时又能顾及个人的局部的眼前的和具体的问题，能够在辩证地处理这些矛盾的过程中维护整体的稳固格局、达成总体的动态平衡。因此，坚持统筹兼顾，是我们建立国内生态正义必须要始终坚持的方法和准则。这种正义体现在国民素质上，

---

① 《马克思恩格斯选集》，2版，第4卷，382页，北京，人民出版社，1995。
② ［美］詹姆斯·奥康纳：《自然的理由——生态学马克思主义研究》，535页，南京，南京大学出版社，2003。

就是要形成人际和谐、社会关系和谐的素质，即促进人与人、人与社会和谐发展的自觉意识和实际能力。

4. 国际生态正义突出的是世界交往中的国家和谐关系

在社会尺度的国际空间坐标中强调生态正义，就是要确立起关系到人和自然关系领域中的国际生态正义原则，按照"共同但是有区别"的原则确立国家之间的生态责任和生态义务。在国际生态正义方面，必须关注不发达问题，将建立国际政治经济新秩序作为解决全球性生态环境问题的努力方向。在这个过程中，"应该遵循联合国宪章宗旨和原则，恪守国际法和公认的国际关系准则，在国际关系中弘扬民主、和睦、协作、共赢精神"；其中，要在"环保上相互帮助、协力推进，共同呵护人类赖以生存的地球家园"[①]。在此基础上，我们还必须通过不同文明之间的对话和交流来建构生态文明。文明的多样性并不一定导致文明的冲突。只有承认和尊重文明多样性的生态文明，才可能真正凝聚人心、赢得人心、振奋人心。当然，在这个过程中，国家主权尤其是发展中国家的主权是不能让渡的。这种正义体现在国民素质上，就是要形成国际和谐的素质，即促进国家与国家、国家与世界和谐的自觉意识和实际能力。

正义是一种制度安排和制度追求（制度即规则，或是法律的或是伦理的），只有在内化为人自身的素质的时候才能发挥作用。政治教育、道德教育和环境教育就可以发挥这样的作用。在此基础上，生态正义就成为促进人的和谐发展的一种机制。在处理人与自然关系的过程中，种际生态正义追求的人与其他存在物的和谐，代际生态正义追求的当代人与未来人的和谐，国内生态正义追求的一国范围内人与人、人与社会的和谐，国际生态正义追求的本国与他国、本国与世界的和谐，加上个体自身的身心和谐，就可以形成关系到人的生存和发展的各要素的相互生成、相互促进并产生整体均衡发展效应的良好态势。因此，生态正义要求和体现的恰好就是国民素质的整体均衡发展，即人的和谐发展。显然，通过生态正义的诉求，使人的和谐发展尤其是国民素质的整体均衡发展成为了一个实现生态文明的过程。同样，生态文明也需要人的和谐发展尤其是国民素质的整体均衡发展。最终，这不仅可以避免绝对人类

---

① 胡锦涛：《高举中国特色社会主义伟大旗帜　为夺取全面建设小康社会新胜利而奋斗》，46～47 页，北京，人民出版社，2007。

中心主义的虚妄性，而且可以提升人类中心主义，走向人与自然的和谐发展。当然，只有在共产主义条件下才可能真正实现公平和正义，将公平正义作为其内在规定和特征的社会主义和谐社会，正在为实现这样的价值创造着现实条件。

只有将人的和谐发展与人的全面发展协调起来，进而实现人的充分发展和自由发展，才能真正实现人的发展。这里，人的充分发展是从程度性上所讲的人的发展，人的自由发展是从自主性上所讲的人的发展，人的全面发展是从广度性上所讲的人的发展，人的和谐发展是从方向性上所讲的人的发展。显然，唯物史观所讲的人的发展是一个科学、有机的整体。

人的发展是一个整体的历史的进步过程，人的发展和社会发展是同一个历史发展过程的统一的两个方面。因此，我们还应该在用社会发展促进人的发展的过程中，实现人与自然的和谐发展。这同样是建设生态文明的要求和任务。

五、生态文明的价值目标

在唯物史观的视野中，共产主义是人道主义和自然主义的科学的高度的有机的统一。在建设中国特色社会主义的伟大实践中，我们按照以人为本的原则建设生态文明，就是要走向人道主义和自然主义的统一。这既是在生态文明建设领域中贯彻和落实以人为本的最终价值要求，也是生态文明自身的最终价值目标。

（一）人道主义和自然主义的统一是共产主义的重要理想

在马克思主义看来，共产主义既是一个人与社会和谐的社会，也是一个人与自然和谐的社会，因此，必须将人道主义和自然主义的统一作为共产主义理想的重要方面。

在理论上，人道主义和自然主义的统一反映了哲学革命变革的需要。在人类理论思维的发展过程中，出现过人道主义和自然主义的分离。当然，这种分离反映了人类理论思维发展过程中唯物主义和唯心主义斗争的具体形势。例如，费尔巴哈不满意英法唯物主义的哲学形式，将自己的哲学称为自然主义和人道主义。马克思同样不满意旧唯物主义的形式。因此，"我们在这里看到，彻底的自然主义或人道主义，既不同于唯心主义，也不同于唯物主义，同时又是把这二者结合起来的真理。我们同时也看到，只有自然主义能够理解世界历史的行动"①。这里，自然主义是 18 世纪、19 世纪前半期的哲学词语。它隶属于唯物主义的思想体系，强调自然科学的客观规律对人类社会的支配作用，在与"精神主宰自然"的唯灵论斗争中曾经起过积极进步的作用。但是，它过于片面地强调自然，忽视人的作用，不重视实践。在一般的意义上，"自然主义这几个字很好地表达了这样一种世界观，在这种世界观看来，一切存在着的东西都是自然和自然规律；但是这个字眼儿有几分冷淡和抽象，它本身并不具有对人类事务的任何巨大关怀的含义"②。这样，正像需要用自然主义补充和完善人道主义一样，也需要用人道主义来补充和完善自然主义。这就表明，在马克思主义实现的哲学革命变革（唯物史观）中，应该将人和自然、人道主义和自然主义统一起来，这样的唯物主义不仅在内容上是完善的，而且在形式上是完善的。唯物史观应该是一个科学的艺术的整体。但是，理论的对立本身的解决，只有通过实践的方式，只有借助于人的实践力量，才是可能的。

在实践上，人道主义和自然主义的统一反映了变革资本制度的革命要求。在资本主导的社会中，不仅人与人（社会）之间的关系是以斗争为特征的，而且人与自然的关系也是以冲突为特征的。马克思不仅意识到了人道主义和自然主义分离的理论局限，而且意识到了这种分离的实践危害。因此，他在提出扬弃人的异化的历史使命的同时，也提出了扬弃生态异化的历史任务。在历史大转变的过程中，无产阶级革命不仅要实现人的解放，而且要实现自然的解放，这样，才能实现人与社会的和谐、人与自然的和谐。因此，在共产主义社会中，人的实现了的自然主义和自然界的实现了的人道主义才是一致和可能的。在马克思看来，"共产主义，作为完成了的自然主义＝人道主义，而作为完成了的人道主义＝自然主义，它是人和自然界之间、人和人之间的矛盾的**真正解决**"③。这里，完成了即彻底的意思。彻底的自然主义，扬弃了单纯自

① 《马克思恩格斯全集》，中文 2 版，第 3 卷，324 页，北京，人民出版社，2002。
② ［美］C. 拉蒙特：《作为哲学的人道主义》，39 页，北京，商务印书馆，1963。
③ 《马克思恩格斯全集》，中文 2 版，第 3 卷，297 页，北京，人民出版社，2002。

然主义的局限性，将人道主义包括在了其规定中，因此，它成为了人道主义。彻底的人道主义，扬弃了单纯的人道主义的局限性，将自然主义包括在了其规定中，因此，它成为了自然主义。在这个意义上，共产主义不仅有自己的人道价值目标（人的解放），而且有自己的生态价值目标（自然解放）。当然，这两个方面是统一的，最终表现为人与人（社会）的和谐、人与自然的和谐以及这两个方面的良性互动。

总之，人道主义和自然主义的统一是共产主义的重要特征和规定，因此，在社会主义建设的过程中，我们也应该追求这种统一，并要为实现这种统一创造条件。

（二）必须提升人道主义的思想境界和道德境界

马克思主义人道主义在对人性进行具体的分析的基础上，将人与人（社会）、人与自然的统一与和谐不仅作为了人生的理想境界，而且作为了社会发展目标的重要规定，因此，马克思主义人道主义同样是建设生态文明的价值准则。

在西方社会，对人道主义存在着诸多的怀疑和指责。在生态领域，批评主要集中在以下几个方面：（1）人道主义是一种只关心人类自己命运的哲学，结果导致了人对自然的漠视甚至是破坏。（2）人道主义盲目信仰科学技术，但是，科学技术使人失去了人性，使自然界受到了损害。（3）人道主义存在着反自然的成分，不会有对大自然的真正保护。"这样的批评同样指向马克思主义的人道主义。这种人道主义把人的本质看作是社会关系的总和，而这种社会关系是随着自然的变化，随着人类生产力的发展而产生和发展的。此外，生态灾难的事例刺痛了社会主义者或前社会主义者，因为世界本身似乎证实了这样一种信念：强调社会和社会生产的极端重要性的'社会主义'，是不能解决人类与自然界关系的。"① 这样看来，包括马克思主义人道主义在内的所有人道主义都是造成生态危机的价值原因，解决生态环境问题同样需要解除人道主义的影响。

其实，这种批评是难以站得住脚的。

（1）人道主义在呼吁人们从天国回到人间的同时，也要求人们要回

---

① ［美］大卫·戈伊科奇等：《人道主义问题》，213页，北京，东方出版社，1997。

到自然，因此，它关心的不只是人类的命运，也关心自然的命运。关心自然同样是马克思主义人道主义的议题和追求。

（2）尽管科学技术的发展带来了复杂的负面问题，但是，这是由科学技术背后的社会体制等一系列复杂的原因造成的，况且，解决日益复杂的生态环境问题最终还得依靠科技创新。简单地拒斥理性，无助于问题的解决。当然，我们现在需要的是生态理性，即要将生态化的原则和要求作为理性的重要补充和内在规定。

（3）强调社会关系不一定是反自然的，因为人与自然的关系也是一种社会关系。在实践的基础上，人与自然的关系、人与社会的关系是相互制约、相互作用的。今天，生态环境问题在表面上似乎是人与自然之间的矛盾的反映，在实质上却是人与人之间的社会冲突的体现。

（4）物质生产力的发展不一定是破坏性的，它本身是实现人与自然之间物质变换的过程，今天生产力的发展也出现了生态化的趋势。没有强大的物质支撑，人类不可能解决生态环境问题。

可见，人道主义不仅不是形成生态环境问题的价值原因，而且有助于问题的解决。当然，我们需要提升人道主义的思想境界和道德境界，即在对人性进行社会的历史的阶级的分析的同时，要将人与自然的关系问题明确地作为人道主义的重要议题和重大事务。

在人道主义的发展过程中，马克思主义人道主义是提升人道主义的科学基础。自然主义的人道主义是人道主义中的重要的思想流派。这种人道主义具有这样一种世界观的含义："自然"就是一切，在这个世界上不存在超自然的东西；人是"自然"的不可分割的部分，不能以任何形式从自然中分离出去。可见，"对自然主义的人道主义来说，自然的宇宙就是存在着的一切；人在这个自然里的更大的善就是人的最大的本分和最后的归宿。人在这个世界上的成就，它的本身就是一个有价值的目标，而不是一个来世得救的手段。人所能发现的任何避免灾祸的拯救法都必然是在这个世界上"①。显然，这种人道主义是有其独特的生态价值的。在一些论者看来，由于在马克思主义理论体系中，"物质而不是精神，成了宇宙的基本质料"，因此，"马克思主义者的动力的唯物主义……乃是一种自然主义的人道主义"②。这种看法有一定道理，但是，

_____

① ［美］C. 拉蒙特：《作为哲学的人道主义》，177 页，北京，商务印书馆，1963。
② 同上书，145~146 页。

没有反映出马克思主义人道主义的实质。

马克思主义人道主义在实践的基础上改造和提升了自然主义的人道主义，使之成为了"实践的人道主义"，进而在无产阶级反对和改变旧世界的伟大实践的基础上，将"实践的人道主义"提升为了"实践的唯物主义"："对**实践的**唯物主义者即**共产主义者**来说，全部问题都在于使现存世界革命化，实际地反对并改变现存的事物。"① 这里，有几个问题必须引起高度注意。

（1）实践的唯物主义不是要在世界观的层面上超越唯物主义和唯心主义的对立，而是要在实践的基础上提升唯物主义，使之成为彻底的唯物主义，即历史唯物主义。实际上，实践的唯物主义与作为科学思想文化中的最伟大成果的唯物史观（历史唯物主义）是直接统一的，是这一成果的理论基础和具体表现。因此，将实践的唯物主义简化为实践本体论是对实践的唯物主义真精神的背离，而拒斥实践的唯物主义同样是与历史唯物主义的真谛背道而驰的。

（2）实践的唯物主义就是要克服费尔巴哈直观的唯物主义的局限，要在实践的基础上吸收唯心主义的能动的方面，要确立革命的实践批判活动的意义。在认识论中，这就是要确立实践在革命的能动的反映论中的首要的基本的地位。在社会历史观中，就是要确立物质生产在人类社会存在和发展中的基础地位和动力作用。更为重要的是，这就是要在实践中埋葬资本主义旧世界、建设社会主义和共产主义新世界，也就是使现存世界革命化。这样，马克思主义就确立了实践论的解释世界和改造世界的哲学图式。

（3）实践的唯物主义就是要克服费尔巴哈的人道主义的局限，要在现实中通过实践来确立人与自然的统一与和谐。费尔巴哈的人道主义其实就是一种自然主义的人道主义。由于他设定的人是一般的人，而不是现实的历史的人，因此，当现实扰乱了他所追求的人与自然的和谐时，他对现实就显得束手无策。而马克思恩格斯看到"历史的自然"和"自然的历史"是在实践的基础上统一的，这样，马克思主义人道主义就超越了一般的自然主义的人道主义。

可见，唯物史观是在科学实践观的基础上将自然主义吸收到了人道

---

① 《马克思恩格斯选集》，2版，第1卷，75页，北京，人民出版社，1995。

主义中并作为其内在规定的，这样，就提升了自然主义的人道主义的境界，使其人道主义成为了彻底的人道主义，使人与自然的统一与和谐成为了其内在的规定和追求。

在当代中国，作为马克思主义人道主义的现实表现和具体运用的以人为本的原则和要求，同样强调人与自然的和谐，因此，在生态文明建设的过程中，我们应该理直气壮地高举起以人为本的马克思主义人道主义的大旗。

（三）人道主义和自然主义相统一的内在根据和客观逻辑

作为理论理想和实践理想的人道主义和自然主义的统一，不是在理论上构想出来的，而是建立在对人和自然关系的现实的矛盾运动的历史的具体把握基础上的。

1. 人的自然的本质和自然界的人的本质的统一要求实现人道主义和自然主义的统一

劳动是实现人与自然之间物质变换的过程。这样，以劳动为基础和中介，人和自然都成为了社会的建制，即社会运动和社会发展的构成和规定。在这个过程中，人通过自己的对象化的活动尤其是实践，将自然界的属性和功能纳入到了自己的生命活动中，从而确认了自己生命存在对自然存在的直接依赖和系统关联，这样，就确认了处于社会关系总和中的人的自然的本质。同时，自然的结构、属性和功能不仅成为了劳动的前提、要素和成果，而且成为了人类生命的内在的规定，原初自然日益成为人化自然和人工自然，从而确认了从自然发展到人的发展的内在逻辑，这样，就确认了自然的人的本质。人的自然的本质和自然的人的本质事实上是同一过程的两个相互影响、相互促进的方面，是人类实践尤其是劳动的内在要求和实际规定。这样，人与自然的关系就成为了一种社会关系。在社会关系的总和中，就包括人与自然关系这样一种特殊的社会关系。显然，"如果把工业看成人的**本质力量**的公开的展示，那么自然界的**人的**本质，或者人的**自然的**本质，也就可以理解了"①。可见，人和自然都不是抽象的概念，而是在人类实践的过程中历史地建构起来的具体的概念。生态价值（人与自然之间的价值关系）就是在这种

---

① 《马克思恩格斯全集》，中文2版，第3卷，307页，北京，人民出版社，2002。

社会化了的人和自然的物质变换的实际过程中产生的。当然，自然界的优先性是始终存在的。

2. 克服生态危机的现实要求提出了实现人道主义和自然主义统一的历史任务

在异化劳动基础上，资本逻辑成为了支配一切的原则和法则。它既是资本主义社会的经济基础，也是资本主义社会的上层建筑。这样，随着资本逻辑的生成、展开和扩张，资本主义社会就成为了一种总体异化的社会，劳动异化就扩展成了一种总体异化。自然异化和生态异化不过是总体异化的表现形式。作为这种现实的理论反映，"在私有财产和金钱的统治下形成的自然观，是对自然界的真正的蔑视和实际的贬低"①。绝对的人类中心主义和人类沙文主义就是这种自然观的具体体现。在严格的意义上，自然异化和生态异化是不尽相同的，前者是自然界本身的异化，后者是人与自然关系的异化。现代资本主义社会面临的生态危机就是由自然异化和生态异化构成的。生态危机表征着经济危机，同时也加剧了经济危机，从而使资本主义社会处于总体危机当中。这里，马克思所讲的异化绝不是费尔巴哈的抽象的人本主义的简单延续或复活，更不是对人性进行了形而上学的玄思或主观主义的预设，而是对一系列的客观存在的经济事实的理论确认。这些经济事实就是在私有制社会尤其是资本主义社会中普遍存在着的异化劳动、货币、资本和商品等一系列日常生活现实。异化分析事实上是作为唯物史观基本方法的经济分析方法的体现和运用，坚持的是从社会存在到社会意识的历史唯物主义认识路线。显然，"马克思在体会到异化的时候深入到历史的本质性的一度中去了，所以马克思主义关于历史的观点比其余的历史学优越"②。现在，随着金融资本成了资本主义社会的主导逻辑并进而实现了全球性的扩张（所谓的经济全球化），异化就同样成了一种世界历史性的现象，生态异化和生态危机就演变成了一种全球性的问题。显然，在生态危机价值原因（所谓的人类中心主义）的背后其实存在着的是事实原因（货币、资本、商品；异化、拜物教；等等）。总之，只有在克服生态危机的事实原因的基础上，才能实现人道主义和自然主义的统一。

---

① 《马克思恩格斯全集》，中文 2 版，第 3 卷，195 页，北京，人民出版社，2002。
② 《海德格尔选集》上，383 页，上海，上海三联书店，1996。

3. 共产主义是实现人道主义和自然主义统一的必然选择

铲除异化就是要铲除异化存在的经济基础。这样，就必须用自由劳动代替异化劳动、必须用公有制代替私有制、必须用产品经济代替商品经济。同时，也要铲除为异化辩护的上层建筑，必须铲除商品拜物教等一切拜物教。因此，共产主义是无产阶级的总体实践。在实现共产主义的过程中，不仅人与社会之间的关系不再以异化劳动、私有制和资本为基础和中介，而且人与自然之间的关系也如此；不仅人与社会之间的关系是以自由劳动、公有制和产品经济为基础和中介的，而且人与自然之间的关系也如此。这样，一旦自由劳动、公有制、产品经济等新社会的因素介入到人与自然关系中时，那么，不仅人的自然的本质、自然的人的本质可以完全实现，而且将使人与自然的关系按照合理的人道的和谐的方式向前发展。这样看来，共产主义"是人同自然界的完成了的本质的统一，是自然界的真正复活，是人的实现了的自然主义和自然界的实现了的人道主义"①。显然，人道主义和自然主义的统一是随着共产主义的发展而历史地生成的过程。没有共产主义的事实逻辑，就不可能有人道主义和自然主义相统一的价值逻辑。在这个问题上，"人们可以以各种不同的方式来对待共产主义的学说及其论据，但从存在的历史的意义看来，确定不移的是，一种对有世界历史意义的东西的基本经验在共产主义中自行道出来了。谁若把'共产主义'认为只是'党'或只是'世界观'，他就是……想得太短浅了"②。当然，在我们看来，共产主义是基于经济必然性的科学学说、现实运动、人类理想和社会制度等方面的高度的有机的统一，是无产阶级的总体实践的历史的具体的展开。

在总体上，人道主义和自然主义的统一不是一种单纯的价值理想，而是社会进步的总体要求。只有在这个基础上，人与自然的和谐发展才是真正可能的。

（四）以人为本是实现人道主义和自然主义相统一的新的现实形式

资本逻辑不可能顷刻消除，共产之花也不可能即刻绽放。因此，需要的是现实的不断的奋斗。这样，对于社会主义国家来说，要真正彻底消除资本逻辑就必须不断消除滋生异化和剥削的一切土壤。因此，在坚

---

① 《马克思恩格斯全集》，中文 2 版，第 3 卷，301 页，北京，人民出版社，2002。
② 《海德格尔选集》上，384 页，上海，上海三联书店，1996。

持始终以经济建设为中心的同时，我们不仅要追求人与社会关系的和谐、消灭剥削、消除两极分化，实现共同富裕，而且要追求人与自然关系的和谐，走生产发展、生活富裕，生态良好的文明发展之路。就后者来看，这就是要确保经济建设的自然物质保障条件的良性运行，同时要确立支持这种良性运行的价值机制。在坚持物质财富极大丰富、人们精神境界极大提高、人的自由而全面发展的共产主义远大理想的同时，我们必须立足于社会主义初级阶段的具体实际，将以人为本确立为一切工作的中心。

在生态领域中，坚持以人为本，就是要致力于实现人与自然的和谐发展。

（1）维持人的存在要求人与自然的和谐。在社会实践的基础上，人事实上是具有双重性规定的存在物。一方面，他（她）是自然性的存在物，必须要尊重自然规律。另一方面，他（她）又是社会性的存在物，必须尊重社会规律。只有这两个方面相协调，人才可能正常地生存和发展。所以，当看到自然的中心地位时，不能把人排除在外，因为人就是自然的一部分；当看到人的中心地位时，也不能去除自然，因为自然就是人的身体。因此，我们在强调以人为本的同时，始终强调自然是人类的摇篮和物质条件。可见，坚持以人为本，突出了人的存在的自然规定性。

（2）发挥人的作用要求人与自然的和谐。作为一种能动的存在物，人不仅能够认识自然，而且能够改造自然。但是，人的这种作用具有二重性。一方面，它增加了自然演化的有序性，开启了自然进化的新方向。另一方面，它干扰了自然的正常秩序，增加了自然的无序性。生态环境问题就是在这个过程中产生的。但是，没有人类对自然生态环境的保护、养育和修复，生态环境问题肯定会越来越严重。因此，我们在强调以人为本的过程中，始终强调要保护自然、建设自然、修复自然。可见，坚持以人为本，突出了人对自然的建设性作用。

（3）实现人的发展要求人与自然的和谐。人的发展是依赖于一系列的条件的，其中包括自然物质条件。人的发展和自然的发展又是相互促进的。一方面，通过保护、养育和修复自然生态环境，可以起到建设自然的作用，这样，就会进一步完善人的发展的条件。另一方面，人自身的发展，要求正确认识和把握自然规律，这样，就能够使人更好地保护、养育和修复自然，从而促进自然的发展。因此，我们在强调以人为本的时候，始终强调要学会按照自然规律、人与自然和谐发展规律（社会生态运动规律）办事。

可见，坚持以人为本，就是要牢固树立人与自然相和谐的观念。这样，在追求人与自然和谐发展的过程中就实现了人道主义和自然主义的统一，而这种统一反过来会进一步促进人与自然的和谐发展。

在总体上，以人为本，是社会法则和生态法则的统一，是政治原则和哲学原则的统一。追求人与自然和谐发展的以人为本，实现了人道主义和自然主义的新的科学的统一。显然，以人为本，不仅是当代中国生态文明建设的科学理念，而且是社会主义生态文明的本质和核心，因此，我们进行生态文明建设必须始终坚持以人为本的原则和要求。

第十二章　生态文明的制度依托

　　尽管生态文明是贯穿于所有社会形态始终的一个基本要求和发展方向，但是，并不是任何社会形态都能为生态文明的发展提供适宜的制度环境和社会条件。事实上，生态文明的确立和发展都是与社会形态的变迁紧密联系在一起的。社会主义的本质属性决定了，只有社会主义与生态文明在本质上是相互融合的。无论是马克思主义基本原理还是当代中国的现实情况都说明，社会和谐是中国特色社会主义的本质属性。社会主义和谐社会追求的是包括人与自然的和谐（生态和谐）在内的全方位的和谐。生态和谐就是要实现生态文明的要求和目标。这样看来，尽管生态文明为构建社会主义和谐社会增添了全新的理想目标，然而，更为根本的是，社会主义和谐社会为建设高度的生态文明提供了现实的制度支持。

一、唯物史观的社会理想

　　从人类文明发展史来看，尽管追求社会和谐、建设美好社会始终是人类孜孜以求的一个社会理想，但是，只有在唯物史观科学地阐明了其社会条件、物质基础、全面构成和辩证本性等问题的基础上，关于和谐社会的理想才成为了现实的科学。

（一）和谐社会是社会发展的具体过程

和谐社会是一个依赖于社会经济条件尤其是生产资料公有制的具体的历史过程，只有在共产主义条件下才是可能的。社会主义制度则是走向和谐社会的现实的社会制度选择。

1. 和谐社会是从社会结构意义上的和谐走向社会形态意义上的和谐的历史过程

社会有机体是在社会基本矛盾的推动下，通过经济、政治、文化、社会和生态等层次结构的优化，不断地在开放的过程中建构自身的，从而使人类社会的发展展现为一个进步的、上升的过程。在这个过程中，社会有机体的发展依赖于两个方面的和谐。

（1）社会结构意义上的和谐。

从社会结构的角度来看，只有社会有机体的各种构成要素处于共生的、均衡的和协调的状态中，社会的正常运转才能获得保证。在社会发展的过程中，任何一种具体的社会形态的存在和发展都需要这种意义上的和谐。但是，这种和谐是浅层意义上的，是某一特定社会形态中由于社会基本矛盾的暂时或局部的解决而形成的社会结构的有序、优化和安定的状态，可以将之称为"社会和谐"（结构和谐）。

（2）社会形态意义上的和谐。

从社会形态的角度来看，只有社会基本矛盾各方面的冲突或对抗得到最终解决并实现了从必然王国向自由王国的飞跃的时候，社会基本矛盾的各个方面才能在性质上相互适应，社会才能获得向上或者向前发展的动力。显然，这种和谐是深层意义上的和谐，可以将之称为"和谐社会"（形态和谐）。和谐社会事实上是共产主义社会的同义语。显然，只有在形态和谐的基础上才可能真正形成结构和谐。今天，我们所讲的构建社会主义和谐社会，实质上是共产主义远大理想和社会主义初级阶段具体任务的高度统一的具体体现和现实要求。

2. 无产阶级革命是实现和谐社会的必由之路

和谐社会的实质是要通过化解社会利益的对抗和斗争，在实现共同富裕的基础上实现人的自由而全面的发展。尽管实现结构和谐与形态和谐都具有其客观必然性，但是，掌握生产资料的剥削阶级不会自动地放弃其既得利益，而总是想方设法地维护自己的阶级特权，因此，即使结构和谐的目标也必须通过被压迫阶级的革命斗争才能实现，而和谐社会的目标只能也只能通过无产阶级革命的方式才能成为现实。在社会发展的过程中，"各阶级的平等，照字面上理解，就是资产阶级社会主义者所拼命鼓吹的'**资本和劳动的协调**'。不是**各阶级的平等**——这是谬论，实际上是做不到的——相反地是**消灭阶级**，这才是无产阶级运动的真正秘密"①。因此，在铲除私有制的基础上消灭阶级的要求构成了无产阶级革命的实质内容。无产阶级必须摆脱地主和资本家，用掌握了一切生产资料和生活资料的农业工人和工业工人的联合阶级来代替他们的地位，并且促进这个阶级的发展，这样，不平等必将消灭。在这个意义上，唯物史观、阶级斗争和无产阶级专政学说、社会生产方式和人的解放理论（人的自由而全面的发展）是阐述作为社会理想的和谐社会的更精确的方法。

总之，和谐社会的建构过程和社会形态的更替过程是统一的。社会主义和谐社会是社会主义初级阶段和整个社会主义的具体衔接、是社会主义和共产主义的历史衔接。在这个意义上，和谐社会不是一个普遍的永恒范畴，而是一个具体的历史范畴。

（二）和谐社会是生产方式的整体变革

和谐社会不是建立在对资本主义的道义批判的基础上的，而是建立在社会物质财富极其丰富的基础上的。在实质上，和谐社会既是物质生产力高度发展的产物，也是社会的经济关系（经济结构）极其合理的产物。

1. 和谐社会是生产力高度发展的社会

社会发展首先是物质生产的发展，因此，生产力的发展对于和谐社会具有决定性的意义。在一般的意义上，生产力的发展是任何一种社会历史领域中的和谐的物质基础。离开生产力的发展，不仅结构和谐、形态和谐是无望的，而且整个社会的正常运行都是不可能的。在物质生产力不发达甚至是发展极其有限的基础上追求分配问题上的公平，只能导致普遍的贫穷；普遍的贫穷不但不是和谐，反而是一切社会冲突、利益对抗和阶级斗争的最终的经济根源。因此，无论哪种和谐都是与由生产

---

① 《马克思恩格斯全集》，中文 1 版，第 16 卷，394 页，北京，人民出版社，1964。

力的发展带来的物质财富的丰富紧密联系在一起的。在具体的意义上，先进生产力是和谐社会的物质基础。社会主义要最终战胜资本主义，必须创造出一种比资本主义生产力更为先进的生产力才是可能的。这样，在社会主义的条件下不仅需要大力发展生产力，而且需要大力发展先进生产力。这就是要实现以社会主义工业化为核心内容的社会主义现代化。这样，随着工业化和现代化的发展，才能增强社会主义的物质基础，从而在战胜资本主义的同时实现和谐社会的理想和目标。显然，"生产力的这种发展……之所以是绝对必需的实际前提，还因为如果没有这种发展，那就只会有**贫穷**、极端贫困的普遍化；而在**极端贫困**的情况下，必须重新开始争取必需品的斗争，全部陈腐污浊的东西又要死灰复燃"①。因此，我们必须把大力发展物质生产力作为构建社会主义和谐社会的中心任务。

2. 和谐社会是社会的经济关系（经济结构）极其合理的产物

为了保证在生产力高度发展的基础上实现和谐社会的理想和目标，还必须对生产关系进行调整，使之向合理的方向发展。

（1）和谐社会是实现了生产资料公有制的社会。

只有在扬弃私有制、建立公有制的基础上，人类才可能真正克服社会利益主体之间的对抗，从而才可能在根本利益一致的基础上建立和谐社会。在这个过程中，**生产资料的全国性的集中**将成为由自由平等的生产者的各联合体所构成的社会的全国性的基础，这些生产者将按照共同的合理的计划进行社会劳动。这就是19世纪的伟大经济运动所追求的人道目标"②。当然，在现实的社会主义社会中，不能脱离实际片面地追求"一大二公"。

（2）和谐社会是合理进行分配的社会。

尽管我们不能将争取分配问题上的公平作为无产阶级斗争的口号，但是，必须在现实中力求实现分配公平。"而最能促进生产的是能使**一切**社会成员尽可能全面地发展、保持和施展自己能力的那种分配方式。"③ 当然，在现实的社会主义社会中，只能实行按劳分配的原则。总之，只有立足于生产关系的合理化的高度，我们才可能准确地把握和

---

① 《马克思恩格斯选集》，2版，第1卷，86页，北京，人民出版社，1995。
② 《马克思恩格斯选集》，2版，第3卷，130页，北京，人民出版社，1995。
③ 同上书，544～545页。

谐社会的内在要求，公平地处理各种利益主体的关系，保证社会建设沿着健康正确的方向发展。

总之，和谐社会事实上是要将先进的生产力和合理的生产关系统一起来形成新的生产方式。在这个意义上，和谐社会不是一个单纯的道义范畴，而是一个复杂的经济范畴。

（三）和谐社会是社会关系的全面优化

围绕着在实践基础上展开的人的各种关系和人的各种活动，可以把社会有机体的结构层次划分为人和自然的关系、人和人（社会）的关系、人和自身的关系等几种类型。这些关系的总和就构成了社会关系总体。这样，一个完全意义上的和谐社会就是由人和自然之间的和谐（生态和谐）、人和人（社会）之间的和谐（人际和谐）和每个人的和谐（个体和谐）所构成的系统。

1. 和谐社会是人与自然关系和谐发展的社会

只有人与自然和谐相处，社会才可能正常存在和发展。在一般的意义上，生态和谐包括两个方面的要求。在理论上，必须科学把握人和自然的辩证统一的关系，认识和尊重自然规律尤其是人与自然和谐发展的规律（社会生态运动规律）；在实践上，必须把人对自然的开发、利用和改造与保护、修复和完善有机地统一起来，按自然规律办事。这个层次上的和谐是一切和谐的自然物质条件方面的保证。

2. 和谐社会是人与人（社会）关系和谐发展的社会

在社会主义革命的过程中，在消除阶级对抗的同时，还必须努力消除"三大差别"。

（1）和谐社会是消灭了工农差别的社会。

随着生产的发展，必然会形成社会的分工。但是，在资本主义生产方式发展的过程中，却使这种分工向畸形的方向发展。因此，"由整个社会共同地和有计划地来经营的工业，更加需要才能得到全面发展、能够通晓整个生产系统的人。因此，现在已被机器破坏了的分工，即把一个人变成农民、把另一个人变成鞋匠、把第三个人变成工厂工人、把第四个人变成交易所投机者，将完全消失"，"这样一来，根据共产主义原则组织起来的社会，将使自己的成员能够全面发挥他们的得到全面发展的才能"①。在现实的社会主义社会中，必须在消除工农差别的对抗性的同时使二者协调发展。

（2）和谐社会是消灭了城乡差别的社会。

资本主义生产方式也造成了严重的城乡差别和对立。随着社会主义生产方式的建立，"城市和乡村之间的对立也将消失。从事农业和工业的将是同一些人，而不再是两个不同的阶级，单从纯粹物质方面的原因来看，这也是共产主义联合体的必要条件"②。在现实的社会主义社会中，必须消除城乡差别的对抗性质，并努力实现城乡的协调发展。

（3）和谐社会是消灭了脑体差别的社会。

私有制社会尤其是资本主义社会，造成了脑力劳动和体力劳动的差别向对抗的方向发展。"而在共产主义社会里，任何人都没有特殊的活动范围，而是都可以在任何部门内发展，社会调节着整个生产，因而使我有可能随自己的兴趣今天干这事，明天干那事，上午打猎，下午捕鱼，傍晚从事畜牧，晚饭后从事批判，这样就不会使我老是一个猎人、渔夫、牧人或批判者。"③ 在现实的社会主义社会中，需要在消除脑体差别的对抗性的过程中使二者协调发展。

总之，只有在彻底消除了私有制之后，才能彻底消除"三大差别"，进而才能实现和谐社会的理想和目标。这个层次上的和谐是一切和谐的核心。

3. 和谐社会是人自身和谐发展的社会

除了个体的身心协调外，人自身的和谐其实也就是要实现人的自由而全面的发展。随着人类社会实践在广度与深度方面的不断拓展，人类就能够逐步限制、克服、消除外在的盲目的自然界和不合理的私有制社会对人自身发展的制约，并且能够将之置于自己的有效掌握控制之下，实现人的自由而全面的发展。这个层次上的和谐是一切和谐的最终的价值目标。

在总体上，和谐社会是人的所有社会关系（社会关系总体，或总体社会关系）的合理化的过程。在这个意义上，和谐社会不是一个线性的平面范畴，而是一个立体的多面范畴。

①② 《马克思恩格斯选集》，2版，第1卷，243页，北京，人民出版社，1995。
③ 同上书，85页。

（四）和谐社会是社会矛盾的辩证解决

在唯物史观看来，和谐社会不是一个无矛盾的社会，也不是一个对矛盾进行调和的社会，而是一个各种矛盾得到积极而妥善解决的社会。

1. 和谐社会是对立同一的一种特定的过程或状态

和谐是与冲突相对立的一个范畴。

（1）一般意义上的社会和谐是相对于社会冲突和社会斗争而存在的。

无论是在客观世界中还是在主观世界中，既不存在单纯的和谐，也不存在单纯的冲突；在总体上，和谐与冲突是处于对立统一的关系当中的。其中，和谐是目的，斗争是手段；手段是为目的服务的，目的是凭借手段实现的。这样，既不允许把片面的"冲突"也不允许把片面的"和谐"写在旗帜上。

（2）一般意义上的社会和谐是在解决社会冲突和社会斗争的过程中而演进的。

事物由于相互联系而形成的相互作用，同样是事物演化和发展的动力。在事物的相互作用的过程中，"对抗因素的斗争，形成辩证运动"，"对立面互相均衡，互相中和，互相抵销"①。对立面的这种相互均衡、相互中和与相互抵销的过程就是事物的演化过程，这种过程就是和谐。在社会和谐的过程和状态中，由于矛盾着的双方实现了相互均衡、相互中和与相互抵销，这样，才能在保证社会有机体的相对稳定的状态的同时促进社会的演化。

（3）一般意义上的社会和谐是在克服和解决社会冲突和社会斗争的过程中形成新事物（新力量）的过程或状态。

在事物的相互作用的过程中，对立面的同一不仅表现在其相互依存、相互转换上，也表现在其相互融合上。在这个意义上，不包括新事物而形成的对立面的同一是矛盾的调和，而包括新事物形成的对立面的同一是矛盾的解决即和谐。

总之，社会结构和谐、社会形态和谐都是存在矛盾的，关键是它们解决矛盾的方式和后果不同。

---

① 《马克思恩格斯选集》，2版，第1卷，140页，北京，人民出版社，1995。

2. 和谐社会是对立面在实现同一的过程中融合成为一个新事物的过程

和谐社会是矛盾的有效的克服和恰当的解决。一方面，和谐社会必须通过矛盾斗争性为自己开辟道路。在私有制社会中，社会矛盾一般是对抗性的矛盾，因此，只有运用矛盾斗争性的方式才能解决这种矛盾。但是，只有新事物反对旧事物的斗争才能推动事物的发展。这就是要进行社会革命。无产阶级革命不仅要消除不公平，而且要在消除不公平的经济根源（私有制）的同时消灭无产阶级自身。这样，人民的根本利益才能实现一致。当然，在对抗性矛盾占主导地位的情况下，也存在着非对抗性的矛盾。这样，就要求必须采取灵活的社会革命的策略。另一方面，和谐社会应该通过矛盾同一性来巩固自己的地位。在社会主义条件下仍然存在着矛盾，存在着一个由各种社会矛盾构成的矛盾体系。但是，社会主义矛盾是成长和发展中的矛盾，绝大部分属于非对抗性的矛盾。这些矛盾的解决就是整个社会主义的自我完善和自我发展的过程。当然，解决非对抗性矛盾需要采用一种不同于解决对抗性矛盾的手段和方式。同时，要防止非对抗性矛盾向对抗性的方向发展。在上述过程中，矛盾双方融合成为了一个新事物。在总体上，"所有的两极对立，都以对立的两极的相互作用为条件；这两极的分离和对立，只存在于它们的相互依存和联结之中，反过来说，它们的联结，只存在于它们的分离之中，它们的相互依存，只存在于它们的对立之中"①。显然，和谐是在解决对立面的既对立又同一的过程中产生的反映辩证运动客观趋势的新事物或新力量的过程或状态。

总之，和谐社会是社会领域中的矛盾的一种解决方式，是对立面的融合。因此，和谐社会不是一个折中主义的范畴，而是一个辩证逻辑（唯物辩证法）的范畴。

综上，"按照马克思、恩格斯的设想，未来社会将在打碎旧的国家机器、消灭私有制的基础上，消除阶级之间、城乡之间、脑力劳动和体力劳动之间的对立和差别，极大地调动全体劳动者的积极性，使社会物质财富极大丰富、人民精神境界极大提高，实行各尽所能、各取所需，实现每个人自由而全面的发展，在人与人之间、人与自然之间都形成和

---

① 《马克思恩格斯选集》，2版，第4卷，349页，北京，人民出版社，1995。

谐的关系"①。这样看来，既然作为社会理想的共产主义是一个全面发展、全面和谐的社会，是人类文明高度全面发展的社会，因此，我们必须坚持和谐社会的社会主义制度规定性，将社会主义和谐社会作为生态文明建设的现实的制度选择，同时要通过社会主义生态文明来极大地推进社会主义和谐社会的构建。

二、资本逻辑的生态批判

生态和谐既是社会和谐的基本规定，也是和谐社会的重要目标。但是，资本主义制度将人与自然的关系发展到了对立的程度，造成了严重的生态异化（生态危机），因此，马克思恩格斯在对资本主义制度进行革命批判的过程中，也对之进行了科学的革命的生态批判。在整个马克思主义理论体系中，生态批判是整个社会历史批判的重要组成部分，革命批判是社会历史批判的辩证本性的体现。通过这种批判，我们不仅发现社会制度（社会形态）是影响人与自然关系的最深层的原因，而且发现只有实现从资本主义到社会主义和共产主义的过渡才能真正实现人与自然的和谐。

（一）资本主义生态危机的历史表现

在资本逻辑的支配下，资本主义社会的一切现象都是颠倒的，人与自然之间的物质变换就这样被割裂了。生态危机既是资本主义总危机的组成部分，又加剧了资本主义总危机。

1. 生态异化是资本主义条件下人和自然关系的根本特征

资本主义制度是一种建立在资本家私人占有制基础上的剥削制度，绝对地追求剩余价值成为了资本主义一切活动和价值的目的和轴心，资产阶级的利益成为了唯一的至高无上的利益。因此，在资本主义社会中，社会的一切关系都是以支配、控制和统治为特征的，形成了社会的全面异化，从而使自己成为了一个异化了的社会。在资本家看来，只要生产能为自己带来剩余价值，一切问题都是可以忽略不计的。什么工人的持久健康、什么环境的持续清洁、什么资源的永久存在，都是不需要

---

① 《十六大以来重要文献选编》（中），702页，北京，中央文献出版社，2006。

自己花费分文的，都不会对价值的形成产生任何影响。"在西欧现今占统治地位的资本主义生产方式中，这一点表现得最为充分。支配着生产和交换的一个个资本家所能关心的，只是他们的行为的最直接的效益。不仅如此，甚至连这种效益——就所制造的或交换的产品的效用而言——也完全退居次要地位了；销售时可获得的利润成了唯一的动力。"① 这样，资本主义条件下的劳动就成为了异化劳动。异化劳动在造成严重的人的异化的同时也造成了严重的生态异化。正是资本主义制度将一切污染和破坏人（社会）与自然之间物质变换的力量按照自己的阶级利益集合了起来，从而加剧了今天的生态环境问题。这样，生态环境问题不仅成为严重的社会问题，而且开始成为全球性问题。震惊世界的"八大公害事件"就是典型的案例。

从人类文明的发展来看，正是在资本主义制度中，在使生产力获得空前发展的同时，也使生态环境问题的规模和危害超过了以往一切世代的总和。究其原因来看，"人同自身和自然界的任何自我异化，都表现在他使自身和自然界跟另一些与他不同的人所发生的关系上"②。因此，不是生态异化引起了人的异化，而是人的异化造成了生态异化；不是生态危机引起了经济危机，而是经济危机造成了生态危机。在这个问题上，"资本主义的积累和危机会导致生态问题，而生态问题（包括环境及社会运动对这种问题所作出的反应）反过来又会导致经济问题。这是一种——在生产、市场关系、社会运动以及政治的维度上——存在于经济危机和生态危机的趋势和倾向性之间的相互决定的关系"③。在其实质上，异化劳动是在资本主义私有制的基础上产生的，同时又成为了巩固资本主义私有制的手段。而生态异化就是资本主义总体异化和总体危机的一个方面，在表征着资本主义总体异化和总体危机的同时，加剧了资本主义总体异化和总体危机。

2. 以资本主义为主导的全球化是生态环境问题扩展为全球性问题的重要原因

随着资本逻辑尤其是金融资本向全世界的扩展和扩张，全球化成了

---

① 《马克思恩格斯选集》，2 版，第 4 卷，385 页，北京，人民出版社，1995。
② 《马克思恩格斯全集》，中文 2 版，第 3 卷，276 页，北京，人民出版社，2002。
③ ［美］詹姆斯·奥康纳：《自然的理由——生态学马克思主义研究》，294 页，南京，南京大学出版社，2003。

历史趋势和现实存在。毋庸置疑，全球化是生产力和普遍交往发展的结果，是一种自然历史过程。但是，全球化是在资本逻辑主导下进行的，因此，必然具有鲜明的资本主义的色彩。这种情况也影响到了全球的自然生态环境。

（1）全球性的物质短缺。

资本主义国家主要从广大的落后国家获得其战略性和稀缺性的物质，从而维持了其高消耗的生产方式和生活方式，结果造成了全球性的资源枯竭和能源短缺。以今天的美国为例，其人口占全世界人口的 4％左右，其本土所蕴藏的能源占全球总能源的 2％，但是，其消耗能源的比率却高达全世界的 26％，仅其原油进口量就占了全国总能源的 57％。

（2）全球性的污染加剧。

资本主义高消耗的生产方式和生活方式必然进一步造成高污染的严重后果。例如，在过去的 100 多年里，特别是最近 50 年中，大气中 CO_2 的浓度比过去几十万年任何时间都高，直接导致了温室效应的发生以及全球温度不断的升高。其中，美国排放的 CO_2 占全球的 1/4 左右。

（3）全球性的公害扩散。

随着资本主义国家内部绿色意识的提高，污染产业在其国内已经丧失了生存的基础，而资本家的阶级本性又不会让污染产业自动退出历史舞台，这样，他们就利用落后国家急于实现工业化的愿望，以各种名义向外转嫁公害。据估计，美国 39％左右的污染产业、日本 69％以上的污染产业已经被转移到落后国家。因此，"从全球的角度说，自由放任的资本主义正在产生诸如全球变暖、生物多样性减少、水资源短缺和造成严重污染的大量废弃物等不利后果。不仅如此，这些难题显然并不是不分阶级的——它们不平等地影响每一个人。富人比穷人更容易免除这些影响，而且更能够在面临危险时采取减缓策略以确保他们自己的生存"[1]。显然，正是随着全球化的发展，由资本主义制度造成的生态环境问题被放大成为了一种全球性的问题。

显然，生态环境问题之所以成为全球性问题是以全球化为"座驾"而成为现实的。

在总体上，资本主义造成了人（社会）与自然之间的物质变换的严

---

① ［英］戴维·佩珀：《生态社会主义：从深生态学到社会正义》，中译本前言 2 页，济南，山东大学出版社，2005。

重"断裂",使人和自然的关系同样陷入到了严重的对抗当中（生态异化）。因此，生态环境问题其实就是资本逻辑扩展和扩张的过程中所造成的社会冲突和社会矛盾在自然生态环境问题上的具体体现。因此，我们必须避免资本主义现代化造成的生态异化。

（二）资本主义生态危机的社会根源

生态危机之所以能够发生并成为全球性问题，在实质上是由资本主义制度造成的。在资本逻辑的支配下，社会结构的一切要素都成为了资本的仆役，都成为了支配工人和支配自然的工具。在这个过程中，商品拜物教、货币拜物教、资本拜物教联起手来，使社会生活中的一切都异化了。这样，就必须走向对生态危机深层根源的社会解剖。

1. 资本主义生态危机的生产方式根源

绝对地攫取剩余价值是资本主义生产方式的绝对的唯一的目的。资本主义生产方式是一种急功近利的生产方式。它考虑的只是生产的最近的、最直接的经济效果，完全忽视了那些只是在以后才显示出来的，由于逐渐的重复和积累才发生影响和作用的进一步后果，即对同样是作为财富源泉的工人和自然的污染和破坏。在资本主义的生产方式中，对自然的污染和破坏是与对工人的污染和破坏交织在一起的。在这个过程中，"资本主义生产使它汇集在各大中心的城市人口越来越占优势，这样一来，它一方面聚集着社会的历史动力，另一方面又破坏着人和土地之间的物质变换，也就是使人以衣食形式消费掉的土地的组成部分不能回归土地，从而破坏土地持久肥力的永恒的自然条件。这样，它同时就破坏城市工人的身体健康和农村工人的精神生活"①。这就是说，资本主义造成了人（社会）和自然之间物质变换的严重的"断裂"，形成了严重的生态异化。生态异化不仅进一步加剧了人和自然的矛盾，而且进一步强化了人的异化。在这个意义上，消灭生态异化可以为消灭人的异化、劳动异化和社会异化创造条件。

2. 资本主义生态危机的经济体制根源

生态环境问题是由市场经济的"外部不经济性"问题造成的。在资本主义市场经济的条件下，"生产上利用的自然物质，如土地、海洋、

---

① 《马克思恩格斯全集》，中文 2 版，第 44 卷，579 页，北京，人民出版社，2001。

矿山、森林等等，不是资本的价值要素。只要提高同样数量劳动力的紧张程度，不增加预付货币资本，就可以从外延方面或内涵方面，加强对这种自然物质的利用。这样，生产资本的现实要素增加了，而无须追加货币资本。如果由于追加辅助材料而必须追加货币资本，那么，资本价值借以预付的货币资本，也不是和生产资本效能的扩大成比例地增加的，因而，根本不是相应地增加的"①。在这样的情况下，人们必然会粗放地利用资源和能源，严重地浪费资源和能源。同时，环境污染是在工业化的过程中产生的另一种"外部不经济性"问题。企业排放的污染损害了居民的健康，社会为治理污染付出了代价。但是，在市场经济体制中，价值规律没有反映这些问题，这些成本不可能出现在企业的账目中。这样，就出现了外部的不经济性问题，造成了市场经济失效的状况。

3. 资本主义生态危机的科学技术根源

资本主义生产方式是建立在机械论科学技术基础上的。机械论科学技术是建立在人对自然支配的观念基础上的，并且通过自身的力量进一步强化了这种支配关系。一方面，它把自然作为了无穷无尽的功能物质，作为理论和实践的纯粹材料来看待，这样，自然的诗意的感性光辉就被泯灭了。另一方面，作为满足人的需要、实现人的目的之手段的科学技术本身成为了目的，而最终的目的被消解了。资本逻辑进一步强化了科学技术的这种支配功能和功利目的。例如，"资本主义农业的任何进步，都不仅是掠夺劳动者的技巧的进步，而且是掠夺土地的技巧的进步，在一定时期内提高土地肥力的任何进步，同时也是破坏土地肥力持久源泉的进步。一个国家，例如北美合众国，越是以大工业作为自己发展的基础，这个破坏过程就越迅速。因此，资本主义生产发展了社会生产过程的技术和结合，只是由于它同时破坏了一切财富的源泉——土地和工人"②。因此，不能简单地将全球性问题看作是科学技术的负效应。事实上，只有在异化劳动居于主导地位的社会形态中，机械论科学技术才成为了污染和破坏自然的力量。

4. 资本主义生态危机的思维方式根源

作为思维方式的形而上学是在机械论科学技术的基础上形成的。

---

① 《马克思恩格斯全集》，中文 2 版，第 45 卷，394 页，北京，人民出版社，2003。

② 《马克思恩格斯全集》，中文 2 版，第 44 卷，579～580 页，北京，人民出版社，2001。

"形而上学的思维方式，虽然在依对象的性质而展开的各个领域中是合理的，甚至必要的，可是它每一次迟早都要达到一个界限，一超过这个界限，它就会变成片面的、狭隘的、抽象的，并且陷入无法解决的矛盾，因为它看到一个一个的事物，忘记它们互相间的联系；看到它们的存在，忘记它们的生成和消逝；看到它们的静止，忘记它们的运动；因为它只见树木，不见森林。"① 资本主义以制度的方式将之确立为了社会生活占主导地位的思维方式。这种思维方式反过来进一步强化了资本支配的逻辑。在这两种力量形成的联合逼迫和双重压榨下，不仅自然的客观性、价值性被肢解了，而且人类的整体利益、长远利益和根本利益被击碎了。人们看待这些行为的自然影响也是这样。例如，西欧资本主义农场主曾在古巴焚烧山坡上的森林，以为木灰作为肥料足够最能赢利的咖啡树施用一个世代之久，至于后来热带的倾盆大雨造成的水土严重流失，怎么能够成为他们关心的问题呢？显然，以邻为壑的价值观和形而上学的思维方式是互为因果的，共同成为了资本逻辑的帮凶。

总之，生态危机不仅是资本主义总体危机的组成部分，而且加剧了资本主义总体危机。这里，"**资本**的限制就在于：这一切发展都是对立地进行的，生产力，一般财富等等，知识等等的创造，表现为从事劳动的个人本身的**外化**；他不是把他自己创造出来的东西当作**他自己的财富**的条件，而是当作**他人财富**和自身贫穷的条件。但是这种对立的形式本身是暂时的，它产生出消灭它自身的现实条件"②。显然，这里存在着"自然异化⇔生态异化⇔人的异化⇔劳动异化⇔私有制度⇔资本支配"的深层逻辑。这样，对资本主义的批判就必须在生态—社会的维度上展开。这恰好是包括唯物史观马克思主义的革命的批判的辩证本性的体现。

（三）资本主义生态危机的革命扬弃

资本主义的总体危机只能通过无产阶级的总体革命才能解决，但是，无产阶级的总体革命指向的不是单纯的无产阶级阶级意识的提高，而是人的自由而全面的发展。

---

① 《马克思恩格斯选集》，2 版，第 3 卷，360 页，北京，人民出版社，1995。
② 《马克思恩格斯全集》，中文 2 版，第 30 卷，540～541 页，北京，人民出版社，1995。

1. 无产者革命是实现人与自然和谐的基本条件

资产阶级的生产关系是社会生产过程的最后一个对抗形式。但是，这个过程不是一个单纯的自发过程，只有通过无产阶级革命这个助产婆才能使新社会降临。无产阶级革命是一种总体革命。在这个过程中，"无产阶级将取得公共权力，并且利用这个权力把脱离资产阶级掌握的社会生产资料变为公共财产。通过这个行动，无产阶级使生产资料摆脱了它们迄今具有的资本属性，使它们的社会性有充分的自由得以实现。从此按照预定计划进行的社会生产就成为可能的了。生产的发展使不同社会阶级的继续存在成为时代的错误。随着社会生产的无政府状态的消失，国家的政治权威也将消失。人终于成为自己的社会结合的主人，从而也就成为自然界的主人，成为自身的主人——自由的人"①。当然，这里的主人不是支配意义上的主人，而是指克服了盲目的必然性的主人。

显然，在无产阶级意识中，必须包括生态意识。生态意识不仅体现了无产阶级对外部自然规律科学认识而形成的科学意识，而且体现了无产阶级由于意识到了自身的生产和生活环境恶化而形成的争取自身权益的阶级意识。在这个意义上，无产阶级的生态意识是联系其科学意识和阶级意识的桥梁。

同时，在无产阶级的斗争中，必须包括生态斗争。生态斗争不仅是无产阶级争取自身经济利益的经济斗争的重要内容，而且是无产阶级争取自身政治、文化权益的政治斗争、理论斗争的重要内容。在这个意义上，无产阶级的生态斗争是贯穿在无产阶级总体实践中的一个重大问题。在这个过程中，"开展广泛的生态转化运动和创造可持续发展的社会，同样也意味着作为整个社会与环境革命的一部分，必须大力削弱国家与资本的合作关系，因为这始终是构成资本主义制度的最重要的环节。这种合作关系通过一场激进的社会变革，必须由一种崭新的民主化的国家政权与民众权力之间的合作关系所取代。这种转化需要革命性的变革，而不仅仅是摈弃资本主义的积累方式及其对人类和环境的影响"②。可见，只有在阶级解放的基础上，人的解放和自然解放才是真

---

① 《马克思恩格斯选集》，2 版，第 3 卷，759～760 页，北京，人民出版社，1995。

② ［美］约翰·贝拉米·福斯特：《生态危机与资本主义》，128 页，上海，上海译文出版社，2006。

正可能的。

2. 消除私有制是实现人与自然和谐的直接动力

自然异化和生态异化的产生的最终根源也应该在私有制中去寻找。私有者的阶级本性决定了他们是不可能以可持续的方式对待自然的,自然只是他们获得自身私利的一种手段。即使他们出于维持其自身生产的需要会以可持续的方式对待作为生产条件的自然,但是,他们不会去关心作为劳动者生存环境的自然;即使他们出于维持其自身生产的需要会关心作为劳动者生存环境的自然,但是,他们根本不会去关心生产条件和生存环境之外的自然;即使他们出于维持其自身生产的需要能够以可持续的方式对待全部的自然,但是,这里的自然已经被整合成为剥削和压榨劳动者的工具。显然,私有制不仅使人和人之间的关系以异化的方式呈现了出来,而且使人和自然的关系以异化的方式表现了出来。因此,在无产阶级革命的过程中,必须毫不隐讳自己的观点:彻底消灭私有制。

消灭私有制就是要建立生产资料的公有制。"土地国有化将彻底改变劳动和资本的关系,并最终完全消灭工业和农业中的资本主义的生产。只有到那时,阶级差别和各种特权才会随着它们赖以存在的经济基础一同消失。靠他人的劳动而生活将成为往事。与社会相对立的政府或国家将不复存在!农业、矿业、工业,总之,一切生产部门将用最合理的方式逐渐组织起来。"① 在这个问题上,不能由于中国社会主义初级阶段所采取的具体措施而否认整个无产阶级革命的目标,也不能由于彻底消灭生产资料私有制的最终要求而否认社会主义初级阶段的具体选择。

同样,面对"公地悲剧",不能简单地将产权明晰的概念运用在人和自然的关系领域中,主张只有私有制才能调动人们的生态环境保护的积极性。如果将作为人类共同资产的自然进行私有化,那么,将是对整个人类生存和发展条件的剥夺。当然,在社会主义初级阶段,通过承包性经营不失一种现实的选择。

在这个问题上,"自然的异化是与**我们自己**的部分的分离。通过生产资料共同所有制实现的重新占有对我们与自然关系的集体控制,异化

———————

① 《马克思恩格斯选集》,2版,第3卷,129～130页,北京,人民出版社,1995。

可以被克服：因为生产是我们与自然关系的中心，即使它不是那种关系的全部内容。我们不应该在试图超越自然限制和规律的意义上支配或剥削自然，但是，为了集体的利益，我们应该集体地支配（即计划和控制）我们与自然的关系"①。其实，对待作为人类母亲和机体的自然，是绝对不能采取经济工具主义的方法的。在这个问题上，共产主义就是要在自然界中实现人道主义。

这样，在消灭资本主义私有制、走向共产主义的过程中，人们不仅会合理地调节人际关系，而且会合理地调节人和自然的关系。对于现实的社会主义社会来说，就是要将人与自然的和谐作为自己内在的规定和追求。社会主义和谐社会就是对之的自觉实践。

三、和谐社会的生态选择

作为共产主义远大理想在社会主义初级阶段的具体体现和现实要求，社会主义和谐社会自觉地把人与自然的和谐相处（生态和谐）作为了自己的内在规定和基本要求，反映出我们对自然规律尤其是人与自然和谐相处的规律的认识达到了一个新的科学高度，从而开辟了生态文明发展的新境界。

（一）追求生态和谐是对现实的生态难题的科学应答

在中国建设社会主义同样必须处理好人和自然的关系。在我国的现代化建设的过程中，对可持续发展问题给予了高度的关注并且取得了很大的成就，但是，由于一系列复杂原因引发的生态环境问题依然存在并且有日益严重的态势。因此，在构建和谐社会的过程中，不仅要高度重视生态环境问题而且要形成科学的应对之策，保证社会有机体的正常运行。

1. 生态和谐是整个社会和谐的自然基础

从唯物史观的社会有机体理论来看，尽管生态和谐要将其他和谐作为实现自身要求的中介和环节，但是，它构成了其他和谐的基础和前

---

① ［英］戴维·佩珀：《生态社会主义：从深生态学到社会正义》，355 页，济南，山东大学出版社，2005。

提。从微观方面来看，生态和谐是个体和谐的自然物质基础。社会是由一个个活生生的人构成的，个体的和谐状况影响着整个社会和谐。个体和谐决不仅仅意味着个体的身心和谐，而是要追求个体的自由而全面的发展。但是，这种发展是以个体的物质生活和精神生活的充分发展为前提的。而人的物质生活和精神生活都是同自然界相联系的。自然界事实上是人的无机的身体，是另外一个"我"。可见，没有生态和谐就不可能有个体和谐。当然，这里还要把个体自由和群体自由、个体发展和群体发展协调统一起来。从宏观方面来看，生态和谐是人际和谐的自然物质基础。人是通过群体的社会方式与自然界发生物质变换的，而人们所从事的一切活动都是围绕着物质利益展开的，这样，人际和谐的基本要求就是要协调人的各种利益关系。这只能通过大力发展生产力来加以协调和解决。自然界构成了作为社会存在和进化的经济物质基础的生产力的自然前提，甚至进入了生产力系统成为了生产力的构成要素。显然，没有生态和谐就不可能保证人和自然之间的正常的物质变换，就不会有社会物质财富的丰富。当然，实现利益关系和谐关键取决于合理的生产关系和社会制度。

在总体上，生态和谐既是人的自由而全面发展的内在要求和规定，也是社会全面发展的内在要求和规定。在上述意义上，生态和谐是整个社会系统正常运行的自然物质基础。这样，社会主义和谐社会就必须成为一个人与自然和谐相处的社会。

2. 必须重视生态环境问题对社会和谐的重大影响

人和自然之间的冲突和矛盾会引发一系列的社会问题，终将会影响到社会的稳定和安全。目前，我国遇到的突出问题有：

（1）由土地征用而引发的社会问题。

随着我国的经济增长和社会发展，对土地尤其是耕地的征用的力度和速度在不断加大。1998—2005 年，全国耕地面积共减少了 760 万公顷，其中建设占用耕地 141.78 万公顷；2005 年全国共有耕地 12 208.27 万公顷，比上年净减少 36.16 万公顷，其中仅建设占用耕地就达 13.87 万公顷。在这个过程中，不可持续的土地开发和利用的方式，加剧了土地紧张的局面，严重地影响到了农民群众的正常的生产和生活，成为引发群体事件的重要原因。据调查，目前因征地引发的农村群体性事件已占全国农村群体性事件的 65% 以上。

（2）由环境污染引发的社会问题。

在我国，由于忽视环境保护，环境污染导致居民和企业之间、区域之间、流域之间的矛盾不断加深，从而造成了信访等群体性事件的急剧上升。自 20 世纪 90 年代以来，环境信访数量迅猛增加。"八五"期间，全国环保系统共受理来信 28.3 万封，其中 1995 年为 5.8 万多封；而 2001 年一年即达到 36.7 万多封，超过上述 5 年的总和，为 1995 年的 6.3 倍；到 2005 年，环境来信数量更进一步超过 60 万封，为"八五"期间的 2 倍多和 1995 年的 10 倍以上。同时，因环境污染和生态破坏造成的纠纷急速上升。在过去的 10 年间，全国因环境问题引发的群体性事件上升 11.6 倍，年均递增 28.8％。进入 21 世纪以来，环境污染引发的群体性事件以年均 29％的速度递增。2005 年，全国发生环境污染纠纷 5 万余起，对抗程度明显高于其他群体性事件。据有关方面对 1999—2005 年环境纠纷和污染诉讼问题的分类，涉及的问题依次是噪声污染、大气污染、水污染、固体废弃物污染等。

（3）由各类建设引发的社会问题。

为了促进先进生产力的发展、提高国家的综合国力和满足人民群众日益增长的物质文化需要，在现代化的进程中上马一批大型项目是必要的和可行的。但是，由于由这些项目引发的生态环境问题与生态环境危害之间的因果关系具有复杂性和滞后性，有些问题在科学上难以准确地定性，这样，就增加了向人民群众尤其是潜在受害者进行说服教育的难度。如果我们处理问题的方式不当，或者外部势力对此加以渲染甚至是妖魔化，就可能加剧社会的不和谐，甚至会威胁到社会的稳定。这些问题在生态脆弱地区极易发生，但是，经济发达地区遇到的问题和挑战也越来越多。

可见，生态环境问题事实上也是一个民生问题、社会问题，是影响社会稳定和社会安全的重大因素。"大量事实表明，人与自然的关系不和谐，往往会影响人与人的关系、人与社会的关系。如果生态环境受到严重破坏、人们的生产生活环境恶化，如果资源能源供应高度紧张、经济发展与资源能源矛盾尖锐，人与人的和谐、人与社会的和谐是难以实现的。"[1] 这样，就要求我们必须科学认识和正确处理生态和谐与其他

---

[1] 《十六大以来重要文献选编》（中），715 页，北京，中央文献出版社，2006。

和谐的辩证关系，全力避免由生态冲突和生态矛盾引发的社会问题，为构建社会主义和谐社会提供自然物质条件方面的保障。

3. 必须高度认识社会主义生态文明建设的长期性、艰巨性和复杂性

生态文明建设是整个社会主义建设系统工程中的重要的组成部分，因此，生态文明建设的程度和水平是由社会主义建设的整体程度和整体水平决定的。

（1）急功近利在社会主义社会中存在的历史缘由。

从社会主义的产生来看，"我们这里所说的是这样的共产主义社会，它不是在它自身基础上已经**发展了的**，恰好相反，是刚刚从资本主义社会中**产生出来的**，因此它在各方面，在经济、道德和精神方面都还带着它脱胎出来的那个旧社会的痕迹"①。在这样的社会主义条件下，由于生产力发展水平的限制，各种差别的存在，只能实行按劳分配的原则，因而，"资产阶级的权利"是仍然存在的。尽管这种权利存在着各种弊端，掩盖了事实上的不平等，但在社会主义的条件下，不仅不能放弃这一权利，而且应该很好地利用这一权利，因为这种权利是基于一定的社会经济条件的，是不可避免。正因为这样，在社会主义阶段，国家还不会消亡，但已不是资产阶级的国家，而是正在走向消亡的国家。因此，在这样的基础上进行社会主义建设面临着一系列的复杂难题，尤其是可能会犯急躁冒进的错误。其实，社会主义条件下的生态环境问题往往是由于急功近利的行为造成的。

（2）违背规律在社会主义社会中存在的复杂原因。

从社会主义的现实来看，始终面对着一个庞大而复杂的必然王国。一方面，除了要正确地把握和运用人类社会发展的规律、社会主义建设的规律和共产党执政的规律之外，还必须正确把握和运用自然规律。在整个社会发展的过程中，自然规律是始终存在的，是根本不能取消的。事实证明，那种"人有多大胆、地有多大产"的虚妄的忽视自然规律的行为是造成社会主义条件下生态环境问题的重要的认识论原因和生态学原因，这种行为也影响到了社会主义建设的整体进程。另一方面，客观规律的暴露有一个过程，是通过人的活动尤其是人的实践表现出来的。

---

① 《马克思恩格斯选集》，2版，第3卷，304页，北京，人民出版社，1995。

这样，就需要人类不断地深化对客观规律的认识，对自己行为后果及其滞后性必须要有科学的认识。同时，规律是通过人的活动体现出来的。这样，规律的实现就难免带上主体的印记。因此，必须处理好尊重客观规律和发挥主观能动性的关系。如果人的活动违背了客观规律，那么，人们不仅难以实现自己的计划和目的，而且会受到客观规律的"报复"和"惩罚"。全球性的生态环境问题是人们在发挥自己的主观能动性的过程中忽视或者违背客观规律造成的。此外，尊重客观规律也就是要看到客观事物的系统关联。这样，实施可持续发展战略、统筹人与自然和谐发展、建设高度的生态文明的前提条件都是，必须要尊重自然规律尤其是社会生态运动规律。显然，在社会主义条件下同样会出现生态环境问题。当然，这不是不可避免的。

正因为这样，在社会主义条件下，建设生态文明只能也只能是一种历史过程。

由于生态环境问题不仅直接制约着国民经济的可持续发展，而且严重影响着人民群众的正常的日常生活，因此，我们在提出构建社会主义和谐社会战略构想的过程中，将人与自然的和谐相处作为了社会主义和谐社会的内在规定和基本要求。

（二）追求生态和谐是对社会生态运动规律的科学把握

尽管自然生态环境条件不能直接决定社会的存在和发展，但是，社会有机体是建立在通过劳动而实现的人和自然的物质变换的基础上的。这样，通过劳动而实现的人与自然的和谐关系（生态和谐）就进入到了社会有机体中，成为了整个社会有机体的自然物质基础。社会生态运动规律就是指"人（社会）—自然"这一复合生态系统所具有的整体协调（和谐）的规律。这样，在现实的社会主义建设的过程中，就必须要统筹人与自然的和谐发展。

1. 社会生态运动规律是在生态和谐的基础上进化而成的

从整个世界的演化来看，大体上可以区分为自然运动和社会运动两种演化形式。尽管社会运动处于现有的世界进化链条的顶端，但是，它是在自然运动的基础上通过人类实践尤其生产实践（劳动）而在整个世界系统中突显出来的，从而开辟了整个世界进化的新方向。社会有机体就是在这个过程中建构起来的。这样看来，社会有机体的演化和进化事实上依赖于两种物质基础：一种是自然界提供的自然物质基础，另一种是生产力提供的经济物质基础。社会演化和社会进化的过程就是一个不断地将自然物质转化为经济物质的过程。这样，就突出了和谐的重要性。"什么是和谐？它是地球上许多事物——用中国的话来说就是'万物'——积聚在一起成为了一个有规则的整体：它被看作是包括生物和非生物在内的所有事物构成的一个复合的宇宙"；显然，"和谐不能被划入到人类中心主义的范畴当中"①。在这个意义上，和谐同样具有自然观的意义和生态学的意义。社会运动就是建立在多重和谐的基础上的。

（1）人与自然和谐的自然演化基础。

从作为社会运动基础的自然运动来看，自然演化和进化是在自然系统内部的矛盾方面的对立统一的过程中进行的。社会有机体不是外在于自然生态环境的，而是在自然生态环境演化的基础上将自然生态环境作为自己的自然物质基础的。在自然进化的过程中，尽管弱肉强食是生存竞争的基本法则，但是，"自然界中无生命的物体的相互作用既有和谐也有冲突；有生命的物体的相互作用则既有有意识的和无意识的合作，也有有意识的和无意识的斗争。因此，在自然界中决不允许单单把片面的'斗争'写在旗帜上"②。当然，也不允许单单把片面的"和谐"写在旗帜上。例如，在生物种群之间除了竞争和捕食的相互作用外，也存在着互惠共生的相互作用。在互惠共生方面，生态学家发现：许多互惠共生现象已经进化到了这样的程度，即至少一个共生者不仅从另一个共生者身上受益，而且它的生存也完全依赖于另一个共生者。这样看来，自然界本身的和谐成为了生命的产生、人的产生和社会的产生的必要前提之一。因此，生态系统各种因素的相互作用协调发展的规律，社会有机体在一个适宜的自然生态环境中才能保持其存在和发展的规律，都是基本的生态学规律，即客观的自然规律。因此，在社会发展的任何情况下都必须遵循这些规律。

（2）人与自然和谐的社会进化机制。

从社会运动自身的发展来看，进化法则要求作为社会主体的人必须要与作为自己母体的自然保持一种和谐关系。社会进化是直接建立在生

---

① Hwa Yol Jung, The Harmony of Man and Nature: A Philosophic Manifesto, *Philosophical Inquiry*, 1986, Vol. Ⅷ, No. 1-2.

② 《马克思恩格斯选集》，2 版，第 4 卷，372 页，北京，人民出版社，1995。

产力的巨大发展的基础上的，但是，生产力不是凭空产生和凭空创造的，而是一个将自然物质不断地转化为经济物质的过程。没有外部世界，没有外部感性的自然界，人们在物质生产的过程中什么也生产不出来，什么也创造不出来。在这个过程中，尽管人类需要通过开发、利用、改造甚至是征服自然才能保证作为社会进化的经济物质基础的物质生产的进行，但是，这种能动作用是以遵循生态和谐的规律作为前提和基础的。"我们统治自然界，决不像征服者统治异族人那样，决不是像站在自然界之外的人似的，——相反地，我们连同我们的肉、血和头脑都是属于自然界和存在于自然之中的；我们对自然界的全部统治力量，就在于我们比其他一切生物强，能够认识和正确运用自然规律"[①]。可见，没有生态和谐作为保障，物质生产力同样不可能发生和发展，社会进化更不可能成为现实。

显然，人与自然和谐是客观的规律，是必然的选译。

2. 社会生态运动规律是在对象化活动的基础上成为现实的

从人类对象化活动的后果来看，对象化活动确证了人与自然的和谐。在以人的对象化活动为基础和中介而实现的自然的人化和人的自然化的统一的基础上，人与自然的有机的和谐才成为了可能和现实。

（1）自然的人化就是自然向人的生成过程。

自然的人化就是要促使自然进入人的生活、进入人的历史，从而使自然成为确证人的生命和本质的物质手段。"于是，就要探索整个自然界，以便发现物的新的有用属性；普遍地交换各种不同气候条件下的产品和各种不同国家的产品；采用新的方式（人工的）加工自然物，以便赋予它们以新的使用价值"；因而，"要从一切方面去探索地球，以便发现新的有用物体和原有物体的新的使用属性，如原有物体作为原料等等的新的属性；因此，要把自然科学发展到它的最高点；同样要发现、创造和满足由社会本身产生的新的需要"[②]。这样，在实现人与自然价值关系的基础上，就产生了人对待自然的实践态度和理论态度。正是通过人的实践力量和理论力量，自然的封闭性才被打破了，这样，就开始了自然的新进化。自然的新进化是在人的参与下的有序、和谐、鲜活的维护生命、创造价值的过程。

---

① 《马克思恩格斯选集》，2版，第4卷，383～384页，北京，人民出版社，1995。

② 《马克思恩格斯全集》，中文2版，第30卷，389页，北京，人民出版社，1995。

（2）人的自然化是将自然作为人的生命和本质的内在规定的过程。

自然向人的生成过程，其实就是人把握、吸纳和同化自然的过程。通过这一过程，人不仅将自然的物质转化成为了人的生命，而且将自然的丰富性转化成为了人的全面性。在这个问题上，"只是由于人的本质客观地展开的丰富性，主体的、**人的**感性的丰富性，如有音乐感的耳朵、能感受形式美的眼睛，总之，那些能成为人的享受的感觉，即确证自己是**人的**本质力量的**感觉**，才一部分发展起来，一部分产生出来。因为，不仅五官感觉，而且连所谓精神感觉、实践感觉（意志、爱等等），一句话，**人的**感觉、感觉的人性，都是由于**它的**对象的存在，由于**人化的**自然界，才产生出来的"①。显然，人的对象化活动尤其是生产劳动体现出了人的活动的超越性和创造性，而且要求形成与之相适应的主体结构。这样，人的封闭性就被打破了，人的新进化就开始了自己的历史进程。

（3）自然的人化和人的自然化的统一形成了人与自然交往的现实领域。

自然的人化和人的自然化的统一就表明社会有机体必须建立在人与自然之间的物质变换的基础上。只有不断地与自然进行物料、能量和信息的交换，社会才能持续地存在和发展下去。如果脱离了人与自然之间的物质变换，社会不仅会成为一个孤立的封闭的系统，而且会丧失自己存在的自然物质基础。这样，社会就在作为人与自然之间物质变换形式的劳动的作用下开始了真正的属于自己的进化。在这个过程中，劳动"只是指人借以实现人和自然之间的物质变换的人类一般的生产活动，它不仅已经脱掉一切社会形式和性质规定，而且甚至在它的单纯的自然存在上，不以社会为转移，超越一切社会之上，并且作为生命的表现和证实，是尚属非社会的人和已经有某种社会规定的人所共同具有的"②。显然，通过劳动实现的物质变换的过程，就表明社会存在和社会发展的过程是一个遵循自然规律和利用自然规律的过程。

总之，正是在对象化活动形成的人化自然和人工自然的基础上，才使人与自然的和谐成为可理解的人的现实的关系领域。

在总体上，社会生态运动规律是一种客观的物质运动规律，社会主

---

① 《马克思恩格斯全集》，中文2版，第3卷，305页，北京，人民出版社，2002。

② 《马克思恩格斯全集》，中文2版，第46卷，923页，北京，人民出版社，2003。

义社会同样是隶属于"人（社会）—自然"系统的，是以"人（社会）—自然"系统作为自己的自然物质基础的，这样，就要求我们在社会主义建设的过程中必须将社会生态运动规律内化到社会主义社会中，追求人与自然的和谐。

正是从实践和理论的综合考虑出发（总体意识），我们所追求的社会主义和谐社会必须是一个人与自然的和谐相处的社会。生态文明是在社会主义制度框架中形成的，是生态和谐的集中体现和最终成果，是一种全面的系统的总体的文明，代表着人类生态文明的前进方向。在这个意义上，生态文明只能也只能是社会主义的。因此，在社会主义现代化建设的过程中，我们不仅要建设高度发达的物质文明、政治文明、精神文明和社会文明，而且要建设高度发达的生态文明，促进社会主义的全面发展和全面进步。

四、和谐社会的生态特征

从作为社会主义和谐社会的内在规定和基本追求的生态和谐的内涵和要求来看，人与自然和谐相处，就是要走生产发展、生活富裕、生态良好的文明发展道路。这里，之所以将生产发展、生活富裕、生态良好同时纳入到生态和谐的范畴中，就在于：作为社会主体的人是一种感性存在物，保证人的正常生活是社会发展的基本目标和追求；生产使人的生活成为了可能，是人类维持其正常生活的基本手段，是社会存在和发展的基础；无论是生产还是生活都是高度依赖于自然生态环境的，又对之有重大的影响。这样，生产发展、生活富裕、生态良好就成为影响生态和谐的三个基本的"变量"。人与自然的和谐就是在这三个方面形成的动态网络结构中体现出来的。同时，这种整体结构对生产、生活和生态都提出了新的要求，尤其是要求生产和生活都要定位在生态化上。在总体上，人与自然的和谐是随着这个动态网络结构的嬗变而变迁和完善的，从而表征着社会和谐、推动着文明进步。

（一）生态化的生产是生态和谐的物质基础

社会要和谐首先要发展，同样，人与自然的和谐也必须建立在生产发展的基础上，但是，并不是任何生产都能够实现人与自然的和谐相处，只有定位在生态化方向上的生产发展才是实现生态和谐物质基础。

1. 生产力的生态负效益是限制甚至破坏生态和谐的重要原因

在现实中，往往是盲目的生产尤其是"黑色"的生产，造成了严重的人和自然的矛盾和冲突。之所以发生这种情况，从生产自身来看，至少存在着两个方面的原因：

（1）资本主义工业文明加剧了人对自然的破坏。

大工业在推进社会生产力巨大发展的同时，也造成了严重的异化。在资本主义的条件下，不顾生产的生态后果而盲目追求增长的生产力观首先在工业中得到确立，然后又扩展到了农业等生产部门。"大工业和按工业方式经营的大农业共同发生作用。如果说它们原来的区别在于，前者更多地滥用和破坏劳动力，即人类的自然力，而后者更直接地滥用和破坏土地的自然力，那么，在以后的发展进程中，二者会携手并进，因为产业制度在农村也使劳动者精力衰竭，而工业和商业则为农业提供使土地贫瘠的各种手段。"① 显然，在资本主义的条件下，不可持续的生产方式在人和自然之间造成了严重的物质变换的"断裂"，引发出了严重的生态环境问题。

（2）传统的生产力观片面强调人对自然的征服和改造。

人们对生产力的认识状况往往影响着现实的生产力的发展。近代以来，关于生产力的传统观念轻视或忽视了一个事实，即这些生产力既具有社会的特征，又具有自然的特征。这就是，人们只是突出人对自然的改造和征服的方面，没有看到人对自然的保护、养育和修复对于生产力发展的重要性。因此，生产力被狭隘地定义为人们改造自然和征服自然的能力。这种情况事实上反映出了机械思维方式对生产力观的重大影响。当这种生产力观被运用到现实中时，生产力就有可能成为破坏自然的力量，从而会破坏人与自然的和谐。这种生产力观对现实的社会主义也具有一定的影响。不可持续的生产方式在一定程度上是这种机械生产力观的具体体现。这样，就要求我们必须重新审视生产力概念和生产发展的方式。

---

① 《马克思恩格斯全集》，中文2版，第46卷，919页，北京，人民出版社，2003。

总之，生态环境问题的形成确实有生产力方面的原因。

2. 生态化是先进生产力的重要趋势和基本特征

从生产力发展的生态负效应暴露出的问题来看，"生产力的可持续发展受到广泛的关注和重视。随着生产力的发展，人类对自然资源的利用和对环境产生的影响大幅度增加，资源浪费、环境破坏严重影响经济发展和人类的正常生活，可持续发展成为世界各国迫切需要解决的问题。在推进生产力发展的同时，人们越来越重视合理利用和节约资源，保护生态环境和美化生活环境，促进人与自然的和谐与协调"①。即生态化已经成为了先进生产力发展的重要趋势和基本特征。

（1）从生产力的前提来看，需要定位在生态化的发展上来。

生产力的发展过程决不是一个从无到有的生成过程，"生产实际上有它的条件和前提，这些条件和前提构成生产的要素。这些要素最初可能表现为自然发生的东西"②。自然界提供了最初的劳动对象、劳动资料和劳动者，构成了生产力甚至是整个社会有机体的自然物质基础和前提。没有自然界，人们什么也不可能生产出来。这样，为了保证生产力的可持续发展，不仅要保护作为劳动对象、劳动资料和劳动者来源的自然，而且要以建设性的态度对待自然。

（2）从生产力的尺度来看，需要定位在生态化的发展上来。

生产力是在解决人和自然的矛盾的过程中产生的。一方面，人有自己的需要和目的，要求将之诉诸外部的自然界来克服自身的有限性；另一方面，自然界走着自己的道路，并不会自动地满足人的需要、实现人的目的。这样，人的尺度（合目的性）和自然尺度（合规律性）就成为生产力发展的必须遵循的两个尺度。只有将两个尺度统一起来，才可能有生产力的发生和发展。这就是要把人的需要和目的与自然的属性和功能统筹起来考虑。这种统一就是人与自然的和谐。

（3）从生产力的运行来看，需要定位在生态化的发展上来。

生产力的运行过程其实也是一个消费的过程。这种消费是双重的，既是主体的消费，也是客体的消费。一方面，人在这个过程中既发展自己的生产能力，也支出和消耗这种能力，这同自然的生殖是生命力的一种消费完全一样。另一方面，劳动对象（包括原料）和劳动资料不再保

---

① 温家宝：《共同促进世界生产力的新发展》，载《人民日报》，2001-11-10。
② 《马克思恩格斯全集》，中文 2 版，第 30 卷，38 页，北京，人民出版社，1995。

持自己的自然形状和自然特性，而是被消耗、被使用，在转化为经济物质的同时也有一部分分解为一般的自然元素。这样，无论从哪一个方面来看，都需要用自然生产力来不断地补充物质生产力。因此，自然生产力和物质生产力的协调就成为生产力正常发展的一般机制。这种协调事实上就是人与自然的和谐。

（4）从生产力的效益来看，需要定位在生态化的发展上来。

生产力是在人和自然的框架中进行的，因此，除了自身的效益外（经济效益），社会效益和生态效益也是衡量生产力发展的重要标准。在现实的生产发展中之所以会出现生态异化和生态困境，就在于忽视了生产力的生态效益。事实上，"三个效益"是能够统一起来的。现在，追求生态效益、经济效益和社会效益的统一，就是要实现人和自然的和谐。

总之，在唯物史观看来，生产力事实上是人们实现人和自然之间的物质变换的实际能力，是人类利用、改造和征服自然的能力与人类保护、养育和修复自然的能力的具体的历史的统一过程。

可见，只有定位在生态化基础上的并且包括生态化要求的生产发展，才能真正成为实现生态和谐的物质基础。因此，我们必须树立这样一种生产力观：破坏自然生态环境就是破坏生产力，保护自然生态环境就是保护生产力，建设自然生态环境就是发展生产力。这事实上就是形成先进生产力的过程，就是整个文明的转型，就是要走向生态文明。在生态文明的视野中，生产发展既是物质财富的增加和生活水平的提高，也是人与自然的和谐相处，是能源资源得到合理而集约的利用、生态环境得到保护和优化。

（二）生态化生活是生态和谐的价值目标

和谐社会是以实现人的自由而全面的发展为终极目标的。人的自由而全面的发展只有在人们物质文化生活水平极大提高的情况下才是可能的，因此，可以将社会发展的价值目标简化为生活富裕。在这个意义上，民生问题是构建和谐社会要解决的核心问题。现在，非理性的生活方式和消费方式加剧了人和自然的矛盾和冲突，严重地影响到了民生，这样，就需要将生活富裕定位在生态化的基础上，要求人们以生态和谐的方式而生活和消费。

1. 不可持续的生活方式尤其是不可持续的消费模式是破坏生态和谐的重要原因

人的物质生活和精神生活都是依赖自然界的。在这个问题上，"吃、喝、生殖等等，固然也是真正的人的机能。但是，如果加以抽象，使这些机能脱离人的其他活动领域并成为最后的和唯一的终极的目的，那它们就是动物的机能"①。随着这种动物般的机能的扩展，必然会造成严重的生态环境问题，进而会限制人的正常需要的满足。

（1）资本主义生态危机的消费原因。

在资本主义社会中，消费危机是导致生态危机的重要的社会原因。一方面，资本积累导致了无产阶级的贫困化。今天，资本主义国家内部的绝对贫困出现了降低的趋势，但是，相对贫困依然存在。同时，在全球化带来的贸易和投资增长的机会中，受益最大的是发达国家，而给广大的发展中国家造成了普遍的贫困。"贫困与环境退化密切相关。虽然贫困导致某些种类的环境压力，但全球环境不断退化的主要原因是非持续消费和生产模式，尤其是工业化国家的这类模式。这是一个严重的问题，它加剧了贫困和失调。"② 现在，环境问题是富国使穷国殖民化的新的浪潮。另一方面，资本主义国家内部的高消费造成了严重的"异化消费"。所谓"异化消费是指人们为补偿自己那种单调乏味的、非创造性的且常常是报酬不足的劳动而致力于获得商品的一种现象。这种获得商品的过程并不是直接使需求与商品的通常外观对上号"③，而是以大肆地浪费资源和能源、严重地污染环境和破坏生态为特征。当然，不能据此认为资本主义已经用生态危机取代了经济危机。

（2）我国生态环境问题的消费成因。

在我国现实中，消费不足和消费过度是同时存在的。一方面，我国仍然处在社会主义初级阶段，依然存在一定数量的贫困人口。贫困问题往往是由"穷山恶水——贫困——人口膨胀——生态恶化——贫困加剧"的恶性循环造成的，因此，消除贫困与生态良好是密切联系在一起的。另一方面，生态环境问题往往是由炫耀性的过度性的挥霍性的攀比

---

① 《马克思恩格斯全集》，中文2版，第3卷，271页，北京，人民出版社，2002。
② 联合国环境与发展大会：《21世纪议程》，16页，北京，中国环境科学出版社，1993。
③ ［加］本·阿格尔：《西方马克思主义概论》，494页，北京，中国人民大学出版社，1991。

性的一次性的消费造成的。现在，"一些城市建设贪大求洋，汽车消费追求豪华型、大排量，住房消费追求大面积、高标准，有的产品过分包装，一些活动讲究排场、大吃大喝。这样，不仅造成资源供求矛盾日趋尖锐，煤电油运紧张，环境污染加重，导致一些重要矿产资源对外依存度不断上升，而且助长了不良的社会风气。"① 这样，就要求我们必须确立并身体力行生态化的生活方式和消费模式，过生态化的生活。

显然，生活方式尤其是消费模式是影响生态和谐的重要变量。

2. 确立生态化的生活是生活富裕的题中之意

生活富裕是一个动态的整体的过程，依赖于人的全面发展和社会的全面进步。"当人们还不能使自己的吃喝住穿在质和量方面得到充分保证的时候，人们就根本不能获得解放。'解放'是一种历史活动，不是思想活动，'解放'是由历史的关系，是由工业状况、商业状况、农业状况、交往状况促成的"② 。目前，主要应该注意以下问题：

（1）坚持生活富裕就是要努力消除贫困。

贫穷不是社会主义，社会主义必须要实现富裕。在我国，贫困的存在和生态的恶化在很大程度上是由于生产力水平落后造成的。这样，从社会主义初级阶段的基本国情和当前社会的主要矛盾出发，我们就必须把消除贫困、发展先进生产力和建设生态文明统筹起来考虑，以保障广大人民群众追求幸福生活的权利。为此，必须要大力发展生产力，加大反贫困的力度，努力提高人民群众的综合素质，努力消除贫困和生态恶化的社会经济根源。同时，必须有效地改善贫困地区的基础设施条件，加大相关的投入，改善自然生态环境，形成可持续的开发、利用资源和能源的生产方式和生活方式。

（2）坚持生活富裕就是要将生态良好作为基本的生活质量指标。

自然界是满足人类生命需要的自然物质条件，是人类生活资料的最基本的来源。正是凭借着自己的劳动在自身和自然界之间展开以物料、能量和信息为主要内容的物质变换，人才可能满足自己的生命需要，才可能成为自由自觉的能动的存在物。"人的普遍性正是表现为这样的普遍性，它把整个自然界——首先作为人的直接的生活资料，其次作为人

---

① 温家宝：《高度重视　加强领导　加快建设节约型社会》，载《人民日报》（海外版），2005-07-04。

② 《马克思恩格斯选集》，2版，第1卷，74～75页，北京，人民出版社，1995。

的生命活动的对象（材料）和工具——变成人的**无机的**身体"，因此，"人靠自然界**生活**"①。显然，人和自然的统一保证着人的生命活动的正常进行，同时，人的生命活动成为确证人和自然的统一的一种特定的方式。因此，衡量生活质量必须要考虑人口的密度和结构、资源（能源）的丰裕程度和集约利用程度、环境的净化程度、生态的美化程度、灾害的防减程度等。现在，在衡量人们的幸福程度时，经济指标、环境指标都非常重要，生态福利直接影响着人们的幸福感。这样，就要求我们必须把科学发展观也贯彻到生活领域。

（3）坚持生活富裕就是要形成绿色的消费模式。

生态化的消费模式就是要在全社会形成崇尚生态和谐的文明意识，建构"基本需求→清洁生产→适度消费→减少排污→废物利用→和谐共生"的良性循环的消费模式。

（4）坚持生活富裕就是要实现共同富裕。

私人利益与公共利益的矛盾是引发和加剧生态环境问题的重要的社会原因。在资本主义条件下，"自然界是资本的出发之点，但往往并不是其归宿之点。自然界对经济来说既是一个水龙头，又是一个污水池，不过，这个水龙头里的水是有可能被放干的，这个污水池也是有可能被塞满的。自然界作为一个水龙头已经或多或少地被资本化了；而作为污水池的自然界则或多或少地被非资本化了。水龙头成了私人财产；污水池则成了公共之物"②。这种状况充分暴露出了资本主义的反动本质。因此，在构建社会主义和谐社会的过程中，就不能对那些由强势群体凭借其特权而枉顾公共利益造成的生态环境问题听之任之，就不能将之简单地看作是一个增长方式和发展方式的问题。否则，就会背离社会主义的本质。

在总体上，只有把人与自然的和谐以及与之相关的其他和谐纳入到日常生活中的生活，才是科学、健康而富有成果的生活（生态化生活）。这种生态化生活才能真正促进人的全面发展、社会的全面和谐与全面进步。

总之，确立生态化的生活，就是要在节约资源、保护环境的前提

---

① 《马克思恩格斯全集》，中文2版，第3卷，272页，北京，人民出版社，2002。

② ［美］詹姆斯·奥康纳：《自然的理由——生态学马克思主义研究》，295～296页，南京，南京大学出版社，2003。

下实现经济较快发展，促进人与自然和谐相处，提高人民生活水平和生活质量。这就是生态文明所追求的生活观。在生态文明的视野中，生活富裕是一个以生态良好为自然物质基础、以生产发展为经济物质动力、以人的全面发展为最终目标的整体的历史进步过程。必须把人的需要和需要的满足放置到人和自然的统一体中，实现人类生活系统、社会经济系统和自然生态系统之间的良性循环，确保人的正常生存和永续发展。

（三）生态良好是生态和谐的体现和要求

社会和谐与社会文明都是建立在生态良好的基础上的。在构建和谐社会的过程中，尽管生产发展、生活富裕、生态良好是社会文明发展所要求的三个基本特征，但是，它们在构建和谐社会中的地位和作用是不尽相同的。生态良好既是保证生产发展、生活富裕的前提，又是实现生产发展、生活富裕所要追求的目标。在总体上，生态良好是和谐社会的基础和保障。

1. 由社会原因引发的生态恶化是影响社会和谐的重大障碍

人和自然的关系（生态关系）与人和人（社会）的关系（社会关系）是相互影响和相互制约的。在这个问题上，社会关系的恶化会导致生态关系的恶化，而恶化的生态关系会进一步强化恶化了的社会关系。这样，就使生态环境问题具有生态和社会的双重性质。

（1）资本主义条件下的生态恶化的社会原因。

今天，在由生产资料的私人占有制和社会化大生产的矛盾所造成的整个资本主义社会关系的总体异化中，自然只是被简单地看作是人类支配和统治的对象，看作是资本家实现剩余价值过程中无须花费资本分文的外在的东西，这样，人和自然的关系就随着劳动异化也异化了。显然，"资本主义生产方式以人对自然的支配为前提"①。在这个意义上，资本主义制度是造成目前全球性生态环境问题的最终的社会根源，资本主义制度在本质上是一种反生态文明的社会制度。因此，在资本主义制度中是根本不可能实现和谐社会的。可能有的论者会以西方国家在生态环境治理方面所取得的巨大成就来对我们的看法提出质疑。但是，只要

---

① 《马克思恩格斯全集》，中文 2 版，第 44 卷，587 页，北京，人民出版社，2001。

我们看看冷战结束后世界上唯一的超级大国在伊拉克战争和控制全球气候变暖等问题上的所思所想和所作所为，问题的本质就昭然若揭了。这样，社会的大转变，即人类与自然的和解以及人类本身的和解就成为社会发展的重要方向。

（2）社会主义条件下生态恶化的社会原因。

社会主义社会的和谐本性决定了社会主义的和谐必须是全方位的和谐。在这个意义上，只有在社会主义条件下，生态和谐和生态良好才是真正可能的。但是，在现实的社会主义建设过程中，不仅同样遇到了生态环境问题的挑战，而且这些问题的严重程度与当今的资本主义国家比起来有过之而无不及。但是，这决不是社会主义制度本身的问题。社会主义社会中的生态环境问题的出现及其加剧有其复杂的社会历史原因。"对社会主义国家环境问题的任何真正的理解都必须被置放在自 20 世纪早期以来主要的西方国家对社会主义所发动的政治——经济——军事——意识形态斗争的语境之中，同时，还必须被置放在第二次世界大战结束以来的冷战的语境之中。"① 这样，我们才能抓住问题的本质，走向真正的深层生态学。当然，这个问题的形成还与我们体制上的不完善是有关的，与我们在社会主义建设的过程中对自然规律尤其是社会生态运动规律的认识不足是直接联系在一起的。这样，就突出了生态环境建设在形成生态和谐和生态良好中的重大作用。

总之，不能将生态恶化看作是单纯的生态学问题，而必须同时将之看作是一个政治学问题、社会学问题。

2. 生态环境建设是形成生态良好局面的重要途径

从社会有机体的构成和运行来看，人与自然的和谐相处是和谐社会的基本要求和重大特征，具体表现为生态良好。这里的生态表明的是在人与自然之间存在着一种以物质变换为主要内容的系统关系，在二者之间存在着一种动态的整体的协调和平衡。因此，说人和自然的关系具有典型的生态学的特征，即指的是人（社会，历史）和自然之间存在着一种辩证的结构。这种生态学特征和辩证结构同样构成了社会主义建设的自然物质前提和基础。其实，在整个社会主义建设的过程中，自然规律尤其是社会生态运动规律都始终发挥着其固有的重大作用，始终是人类

---

① ［美］詹姆斯·奥康纳：《自然的理由——生态学马克思主义研究》，419 页，南京，南京大学出版社，2003。

要面对的必然王国。我们必须看到，尽管整个物质世界是无限的，但是，由于一系列复杂的原因，迄今为止直至未来的相当漫长的时间内，只有地球是唯一适合人类生产和生活的场所，是唯一的人类学的自然界。地球不是无限的，她承载人类生产和生活的规模和能力是有"极限"的。当人类对资源和能源的索取超过自然生态环境的承载能力，当人类的生产和生活造成的废弃物的排放的数量和种类超过自然生态环境的涵容能力，就会导致自然生态环境的结构和功能的破坏。这样，自然生态环境就难以很好地支持生产的发展，就难以满足人们生活对自然生态环境的资源性和质量性的需求。这种情况发展到极点，就是地球和人类的双重毁灭。这就是我们目前面临的生态环境问题的认识论实质和生态学实质。这样，就突出了人与自然和谐相处的重要性。但是，生态和谐并不是要终止社会进步的步履，并不是要限制文明发展的步伐，而是要通过主体的积极能动的努力，将人对自然的开发、利用和改造与人对自然的保护、修复和完善统一起来，实现人和自然之间的良性的动态的协调和平衡。这就是要求人类以一种建设性的态度处理好自己和自然的关系。生态环境建设就是人类按照客观规律来积极主动地调节人和自然的关系并使之向良性的动态的协调的状态发展的过程。

（1）人对自然的建设性作用的构成层面。

从人对自然的建设性作用的层面来看，生态良好就是要通过生态环境技术来形成一个人口适度型的社会、资源和能源节约型的社会、环境友好型的社会、生态安全型的社会和灾害防减型的社会，为社会主义和谐社会提供良好的自然生态环境基础和条件。从这种建设性作用的社会环境和社会条件来看，就是要通过生态环境建设来建构一个可持续的或生态化的经济结构、政治结构、文化结构和社会结构，为社会主义和谐社会提供良好的社会环境，为生态良好提供强有力的社会保障。

（2）人对自然的建设性作用的社会后果。

从这种建设性作用的社会后果来看，这就是要通过生态环境治理来实现马克思提出的自然主义和人道主义相统一的社会理想。在马克思看来，"只有在社会中，自然界才是人自己的**人的**存在的**基础**，才是人的现实的生活要素。只有在社会中，人的**自然的**存在对他来说才是自己的**人的**存在，并且自然界对他来说才成为人。因此，**社会**是人同自然界的完成了的本质的统一，是自然界的真正复活，是人的实现了的自然主义和自然界的实现了的人道主义"①。这里的社会不是泛指任何社会，而是特指共产主义社会。显然，只有在这种良好的自然生态环境的基础上，才能保证生产发展、生活富裕。

这样，将生态和谐与生态良好作为和谐社会的内在要求和基本特征，才能把社会主义初级阶段和社会主义衔接起来、把社会主义和共产主义衔接起来，实现手段和目标、现实和理想的统一。

可见，没有生态良好，就没有生产发展和生活富裕；没有生态良好，就没有民主法治、公平正义、诚信友爱、充满活力、安定有序。显然，生态和谐是和谐社会的前提和基础。

总之，生产发展、生活富裕和生态良好的相互作用，不仅显示出了人与自然和谐相处的基本要求，而且构成了生态文明的基本内容。这在于，这里的生态和谐与生态良好并不是原始的自然的自发状态，而是在实践中形成的积极进步的成果，体现了社会的素质。在总体上，将生态和谐和生态良好统一于生态文明，更深刻地体现出了社会主义社会的和谐本质。

五、社会进步的生态未来

社会主义制度尤其是社会主义和谐社会为生态文明的发展开辟了无限广阔的前景，但是，在社会主义条件下不可能自发地形成新的科学的生态文明，这样，就需要我们立足于社会形态的变革来科学地建构生态文明，这样，才能为社会进步开辟一个光明的生态未来。

（一）必须在超越资本主义的过程中来建设生态文明

资本主义的灭亡和社会主义的胜利都是不可避免的。尽管中国没有经历过完整的资本主义社会形态，但是，由于从1840年以后就处于资本主义"世界历史"的包围当中，成为了半封建半殖民地的社会，因此，中国进行无产阶级的社会主义革命是有历史必然性的。这样，在中国进行社会主义建设始终面临着一个如何对待资本主义的问题。社会主

---

① 《马克思恩格斯全集》，中文2版，第3卷，301页，北京，人民出版社，2002。

义必须在学习资本主义的过程中才能超越资本主义。在生态文明问题上同样如此。

消灭资本主义生态异化是社会主义生态文明产生的政治前提。在资本主义发展的过程中，人（社会）和自然的关系同样具有二重性。一方面，随着生产力的发展而形成的人和自然之间的普遍的物质变换的全面展开，在一定程度上促进了人和自然的统一。另一方面，这种过程将人对自然必然性的慑服转变成为人对自然的普遍的全面占有，并将这种分离和对立进一步凝固化和扩大化，成为了一种普遍的社会关系。在总体上，"资本主义制度本身所具有的强大的创造力和破坏力是相互联结的。就其正面来看，其创造力与人类为了自身的用途向自然索取相联系；就其负面来看，为了满足自身的需要，其破坏力对自然生产力造成了极其沉重的压力。当然，这两股力量迟早要发生矛盾和冲突"①。这种矛盾和冲突就表明，资本主义制度在本质上是一种反生态文明的制度，它走的是一条先污染后治理、先破坏后保护的路子。因此，要真正协调人和自然的关系，仅仅有认识是远远不够的。为此，需要对直到目前为止的生产方式，以及现今的整个社会制度实行完全的变革。对于处于"世界历史"（全球化）格局中的落后国家来说，超越资本主义是有可能性的。但是，这要以大胆吸收和利用资本主义的文明成果为前提和补充。这里充满着可跨越和不可跨越的矛盾。这样，瓦解私人利益只不过是要替人类与自然的和解以及人类本身的和解开辟道路。

社会主义必须实事求是地对待资本主义社会中的生态文明。为了缓和自身的矛盾和危机，随着全球化和新科技革命的发展，当代资本主义对自己的生产方式也进行了一定程度的调整。在这个过程中，在资本主义社会中也形成了生态文明。但是，这种生态文明也具有二重性。一方面，资本主义社会中的生态文明是在资本主义制度的基础上形成的，是对资本主义生产方式弊端的一种补救，因此，这只是一种片面的局部的个别的文明。资本主义社会中的生态文明不能也不可能改变资本主义剥削自然的本性。面对这种情况，承认自然的内在价值、承认全球利益（全人类利益）只是一种无声的叹息而已。所以，我们必须对资本主义社会中的生态文明进行历史的社会的和阶级的分析。假如我们脱离中国

---

① Paul M. Sweezy, Capitalism and the Environment, *Monthly Review*, 2004, Vol. 56, No. 5.

处于社会主义初级阶段的基本国情，盲目地跟着解构性的后现代主义和生态中心主义跑的话，那么，既不可能有益于社会主义生态文明建设，也不可能有益于社会主义现代化建设。另一方面，资本主义社会中的生态文明也在一定的程度上反映和表达了人（社会）和自然关系的一般社会性的要求，反映了维持和促进人（社会）和自然之间的正常物质变换的一般要求和规律。在这个意义上，我们完全可以对资本主义社会中的生态文明奉行拿来主义。例如，当今西方国家在发展循环经济、清洁生产方面的先进的技术标准、严格的操作规则等经验就值得我们大力借鉴和吸收。在这个问题上，"要弄清楚什么是资本主义。资本主义要比封建主义优越。有些东西并不能说是资本主义的。比如说，技术问题是科学，生产管理是科学，在任何社会，对任何国家都是有用的。我们学习先进的技术、先进的科学、先进的管理来为社会主义服务，而这些东西本身并没有阶级性"①。因此，假如在这个问题上也奉行关门主义，那么，必然会拖延社会主义生态文明建设的历史进程，最终会影响到社会主义现代化的整体进程。即使在最低的程度上来看，资本主义国家的教训也应该成为社会主义建设的财富。

显然，在建设生态文明的过程中，我们应该在区分资本主义社会中的生态文明的二重性的过程中来推进社会主义生态文明建设的历史进程。

（二）必须在建设社会主义的过程中来建设生态文明

在社会主义条件下并不能自动地形成生态文明，这样，就必须在社会主义建设的过程中大力推进生态文明的建设。建设生态文明依赖于人的两个方面的提升。"只有一个有计划地从事生产和分配的自觉的社会生产组织，才能在社会方面把人从其余的动物中提升出来，正像生产一般曾经在物种方面把人从其余的动物中提升出来一样。历史的发展使这种社会生产组织日益成为必要，也日益成为可能。一个新的历史时期将从这种社会生产组织开始"②。只有将"两个提升"统一起来，才能为生态文明提供适宜而良好的社会环境。在此前提下，必须加强社会主义和谐社会建设。

---

① 《邓小平文选》，2版，第2卷，351页，北京，人民出版社，1994。
② 《马克思恩格斯选集》，2版，第4卷，275页，北京，人民出版社，1995。

1. 构建社会主义和谐社会为生态文明提供了现实的社会条件

社会主义和谐社会是一个全体人民各尽其能、各得其所而又和谐相处的社会。"根据马克思主义基本原理和我国社会主义建设的实践经验，根据新世纪新阶段我国经济社会发展的新要求和我国社会出现的新趋势新特点，我们所要建设的社会主义和谐社会，应该是民主法治、公平正义、诚信友爱、充满活力、安定有序、人与自然和谐相处的社会。"①在这六个特征和要求中，人与自然和谐相处（生态和谐）是为其他五个要求和特征提供自然物质条件和保障的，而其他五个要求和特征是为生态和谐即生态文明提供现实的社会条件的。

（1）民主法治是生态和谐即生态文明的制度保障。

建设生态文明在政治上需要生态环境治理的介入，这样，没有民主就不可能有生态和谐。只有在民主的条件下，才可能保证每个人在生态环境问题这一具有公共性的问题上的各种权利。同时，民主必须制度化和法律化。总之，只有在民主法治的制度框架中，才可能形成生态文明。

（2）公平正义是生态和谐即生态文明的价值理想。

生态文明突出了生态正义的重要性。但是，没有整个社会的公平正义是不可能实现这一价值理想的。目前，围绕着人和自然关系形成和展开的各种矛盾，其实是社会矛盾的具体体现。而国际生态正义（国际环境正义）不仅仅是一个依赖世界和谐的问题。因此，只有在全面的立体的公平正义的系统中，生态正义才是真正可能的。

（3）诚信友爱是生态和谐即生态文明的道德追求。

生态文明要求人类有博大的友爱的胸怀，将爱心从人和人（社会）的关系扩展到人和自然的关系上，形成生态道德。友爱和诚信是相辅相成的。只有在普遍诚信的基础上，人们才可能形成爱护自然的规则并身体力行，才可能避免自欺欺人、自欺欺"物"的问题。

（4）充满活力是生态和谐即生态文明的动力源泉。

建设生态文明需要彻底的社会动员和广泛的大众参与，这样，就需要有充满活力的社会环境。只有在形成普遍尊重创造的社会氛围中，人们才可能全面地科学地反思社会主义建设的经验，才可能突破传统文明

———————

① 《十六大以来重要文献选编》（中），706页，北京，中央文献出版社，2006。

观的局限，最终确立生态文明的独立地位。

（5）安定有序是生态和谐即生态文明的社会目标。

建设生态文明突出了生态安全的重要性。现在，"国家的安全不再仅仅涉及军事力量和武器。它愈来愈涉及水流、耕地、森林、遗传资源、气候和其他军事专家和政治领导人很少考虑的因素。但是，把这些环境因素一同联系起来加以审视对于国家安全来说如同军事威力一样，极端重要"①。但是，没有整体的社会安全和社会稳定，不可能有生态安全。在总体上，国家的统一，民族的团结，社会的稳定，是我们事业胜利的必要保证，也是生态文明的必要保证。

显然，在构建社会主义和谐社会的过程中，上述基本特征是相互联系、相互作用的，需要我们在建设中国特色社会主义的进程中全面把握和具体落实。

2. 构建社会主义和谐社会为生态文明提供了现实的可行的建设途径

在一般的意义上，和谐社会是社会有机体的诸方面、诸要素之间处于一种相互协调、相互依存、相互贯通和彼此共生的相对稳定的状态。这样，就突出了社会的系统性和协同性。"我们党明确提出构建社会主义和谐社会的重大任务，就是要求全党同志在建设中国特色社会主义的伟大实践中更加自觉地加强社会主义和谐社会建设，使社会主义物质文明、政治文明、精神文明建设与和谐社会建设全面发展。这表明，随着我国经济社会的不断发展，中国特色社会主义事业的总体布局，更加明确地由社会主义经济建设、政治建设、文化建设三位一体发展为社会主义经济建设、政治建设、文化建设、社会建设四位一体。"② 其实，站在唯物史观的社会有机体思想和总体性方法论的高度来看，科学发展与和谐社会的统一就表明，社会主义建设是由经济建设、政治建设、文化建设、社会建设和生态建设构成的复杂的系统工程，社会主义文明是由物质文明、政治文明、精神文明、社会文明和生态文明构成的立体系统。

"五大建设"的积极进步的成果就构成了"五大文明"。"五大建设"

①　［美］诺曼·迈尔斯：《最终的安全——政治稳定的环境基础》，20页，上海，上海译文出版社，2001。

②　《十六大以来重要文献选编》（中），696页，北京，中央文献出版社，2006。

和"五大文明"既有各自的特殊领域和规律，又有不可分割的紧密联系。其中，生态建设和生态文明是为其他建设和其他文明提供自然物质基础和生态环境保障的，而其他建设和其他文明是为生态建设和生态文明提供相应的社会支持的。这样，将生态建设和生态文明渗透、贯穿于其他建设和其他文明中，就成为建设生态文明的具体选择和现实路径。在建设中国特色社会主义的过程中，我们要通过大力进行社会主义的经济建设来不断发展社会主义的物质文明，以增强生态文明的物质基础；要通过大力进行社会主义的政治建设来不断发展社会主义的政治文明，以加强生态文明的政治保障；要通过大力进行社会主义的文化建设来不断发展社会主义的精神文明，以巩固生态文明的精神支撑；要通过大力进行社会主义的社会建设来不断发展社会主义的社会文明，以夯实生态文明的社会基础。

最后，只有把构建和谐社会与追求生态和谐统一起来，才能保证整个社会走上生产发展、生活富裕、生态良好的文明发展大道。这里，生态建设、生态和谐与生态文明是辩证统一的，生态建设是生态和谐与生态文明的手段，生态和谐是生态建设和生态文明的灵魂，生态文明是生态建设与生态和谐的结晶。

可见，构建社会主义和谐社会和建设社会主义生态文明具有内在的关联，是相辅相成、相互推进的。一方面，社会主义和谐社会为生态和谐提供了强大的社会制度依托，从而使生态文明建立在了坚实的社会基础之上。另一方面，人与自然的和谐发展丰富和扩展了社会主义和谐社会的内涵和规定，从而使和谐社会建立在了持续的自然物质的基础上。最后，二者统一于建设中国特色社会主义的伟大实践中。

（三）必须在朝向共产主义的过程中来建设生态文明

从社会形态演变发展的规律来看，只有在未来的共产主义社会中才能真正实现人和人（社会）、人和自然的双重和解与和谐，建立起高度发达的生态文明。在唯物史观看来，共产主义是一个在物质财富极其丰富、人们的精神境界极大提高基础上的人的自由而全面发展的社会。这就是说，生态文明最终应该体现在人的自由而全面的发展上。当然，这是以生产力的高度发展为前提的。

1. 先进生产力是建设生态文明的根本动力

只有在先进生产力发展的基础上，才能形成先进的生态文明，因此，社会主义生产力必须成为先进的生产力。只有大力发展先进生产力，才能增强社会主义的经济物质实力，才能为人民群众追求幸福生活的权利提供经济物质保证，才能为人与自然的和谐发展提供经济物质基础，最终才能走向共产主义。先进生产力的形成同样是有条件的。从生产力发展的前提条件和物质内容来说，需要将人与自然和谐的要求直接包括在生产力发展的要求中，要自觉地调整人与自然的关系。生态化是先进生产力的重要特征和要求。

（1）生产力自身必须成为自由劳动。

尽管生态化是先进生产力的重要要求和特征，但是，"物质生产的劳动只有在下列情况下才能获得这种性质：（1）劳动具有社会性；（2）这种劳动具有科学性，同时又是一般的劳动，这种劳动不是作为用一定方式刻板训练出来的自然力的人的紧张活动，而是作为一个主体的人的紧张活动，这个主体不是以单纯自然的，自然形成的形式出现在生产过程中，而是作为支配一切自然力的活动出现在生产过程中"①。这样看来，自由劳动、人的全面发展是互为因果的，这构成了先进生产力的重要特征和基本要求。只有在这样的基础上，才能使生态化成为先进生产力的内在要求和特征。

（2）生态化的科学技术必须成为生产力的支撑。

先进生产力的形成依赖于科技进步。随着科技进步，人们会进一步合理地调整自己的行为，建立起完整的物质循环体系和废物资源化体系。在这个过程中，"机器的改良，使那些在原有形式上本来不能利用的物质，获得一种在新的生产中可以利用的形态；科学的进步，特别是化学的进步，发现了那些废物的有用性质"②。这就是要最大限度地利用一切进入生产体系中的原料和辅助材料。一方面，要不断地发现物质的多种多样的用途，不仅使自然资源能够在生产中得到复合的多重的利用，而且要进一步发现那些按照惯常的看法不能利用的物质的可利用方面，使资源利用达到最大化；另一方面，要使废物资源化，不仅在生产的过程中就要将废物问题解决掉，而且要发现废物的其他用途，使废弃

① 《马克思恩格斯全集》，中文2版，第30卷，616页，北京，人民出版社，1995。
② 《马克思恩格斯全集》，中文2版，第46卷，115页，北京，人民出版社，2003。

物和垃圾减少到最小化。这里，关键是必须将生态化作为科技进步的方向，在此基础上进一步引领具有生态化特征的生产力的发展。

（3）生态总体性思维方法必须成为生产力发展的思维保证。

在克服机械思维造成的人和自然的分离的过程中，必须向辩证思维复归。在这个过程中，要将生态学思维和方法引入到辩证思维中，提升生态学思维和方法的理论思维水平，建构生态总体性思维方法。生态总体性思维方法是作为唯物辩证法的马克思主义总体性方法将生态学思维和方法包括在自身中而形成的辩证思维的生态学形态。这就是要求人们应该认识到，人和自然、社会发展和自然生态系统其实是处在系统关联之中的，绝不能割裂它们之间的这种整体性和关联性。现在的问题就是要认识到这种辩证关系，学会按照辩证思维来思考和处理问题，要考虑自己行为的长远的生态后果和可能对自然界造成的危害，将隐患消灭于未然状态之中。生态总体性思维方法是用总体性视野观察人与自然关系的方法，是科学的生态思维的具体运用。先进生产力同样必须要有这样的思维。

这样，随着先进生产力尤其是包括生态化原则和要求的先进生产力的发展，就会为人的解放和自然解放、人与自然的和谐发展奠定强大的经济物质基础。

2. 生态文明是随着人的自由而全面的发展成为可能的

按照作为社会主体的人的发展程度，唯物史观将人类社会的发展划分为人对人的依赖、人对物的依赖和人的自由而全面发展三个阶段。社会发展的"三形态"和"五形态"是统一的。第一个阶段大体上相当于前资本主义的私有制社会，人的生产能力只是在狭小的范围内和孤立的地点上发展着；第二个阶段就是资本主义社会，形成了普遍的社会物质变换、全面的关系、多方面的需求以及全面的能力的体系；第三个阶段就是未来的共产主义社会，形成了建立在个人全面发展和他们共同的社会生产能力成为从属于他们的社会财富这一基础上的自由个性。

（1）人对物的依赖造成的生态异化。

在这个过程中，尽管第二阶段为人的解放进行了一定的准备，但是，"就自然环境来说，资本主义只是把它当作追逐作为自己最终目的的利润和积累更多资本的一种手段，而并没有将之作为值得珍惜和享受的东西。这就是资本主义经济制度的内在本性，是造成当今环境危机的最基本的原因"①。这样，资本主义生产方式就造成了人和自然的双重异化，人的异化和生态异化的相互作用进一步强化了资本主义的剥削本性，从而将资本主义自身推进到了总体危机当中。

（2）人的自由而全面发展预示的生态和谐。

随着异化劳动被自由劳动所代替、私有制被公有制所代替、商品经济被产品经济所代替，在克服资本主义危机的过程中，在生产力高度发展的基础上，每个人的自由而全面的发展才是真正可能的。这样，人类才可能真正地进入自由王国——共产主义社会。"在共产主义社会高级阶段，在迫使个人奴隶般地服从分工的情形已经消失，从而脑力劳动和体力劳动的对立也随之消失之后；在劳动已经不仅仅是谋生的手段，而且本身成了生活的第一需要之后；在随着个人的全面发展，他们的生产力也增长起来，而集体财富的一切源泉都充分涌流之后，——只有在那个时候，才能完全超出资产阶级权利的狭隘眼界，社会才能在自己的旗帜上写上：各尽所能，按需分配！"② 这样，当每一个人的自由而全面的发展成为其他人自由而全面发展的条件时，才可能形成各种合理的人道的关系。随着人的自由而全面的发展，人们将彻底消除急功近利地对待自然的生产方式、生活方式、思维方式和价值观念，将在最无愧于和最适合于人类本性的条件下来进行人和自然之间的物质变换。共产主义社会是一个包括生态和谐在内的完全意义上的和谐社会。真正意义上的科学的完整的生态文明只有在这个阶段才是真正可能的。

（3）人与自然和谐的社会愿景。

当中国特色社会主义理论认为社会主义社会是一个全面发展和全面进步的社会，把促进人的全面发展看作是建设社会主义新社会的本质要求时，就表明的是，我们要在坚持走中国特色社会主义道路的基础上最终迈向共产主义。当然，实现共产主义是一个相当漫长的历史过程，我们要立足于我国正处于并将长期处于社会主义初级阶段的实际，经过长时间的努力，不断使经济更加发展、民主更加健全、科教更加进步、文化更加繁荣、社会更加和谐、人民生活更加殷实，不断促进人的全面发展，不断向共产主义目标前进。这就是说，通过构建社会主义和谐社

---

① Paul M. Sweezy, Capitalism and the Environment, *Monthly Review*, 2004, Vol. 56, No. 5.

② 《马克思恩格斯选集》，2版，第3卷，305～306页，北京，人民出版社，1995。

会，我们就能够把社会主义初级阶段和整个社会主义社会、把社会主义社会和共产主义社会有机地衔接起来。

在这个意义上，构建社会主义和谐就是为人的自由而全面的发展创造现实的社会条件。当然，也就是为生态文明创造现实的社会条件。

事实上，真正的自由王国只是在必要性和外在目的规定要做的劳动终止的地方才开始，因而按照事物的本性来说，它存在于真正物质生产领域的彼岸。但是，社会主义社会正是这个自由王国的首要的发展阶段和内在的组成部分，因此，通过加强社会主义建设，我们就可以更快地迈向这个自由王国，实现人和人（社会）、人和自然的双重和解与和谐。

这样，在立足现实而不懈奋斗的基础上，随着人类崇高的社会理想的实现，生态文明将集中体现在人的自由全面发展的过程中。到共产主义社会实现的时候，"社会化的人，联合起来的生产者，将合理地调节他们和自然之间的物质变换，把它置于他们的共同控制之下，而不让它作为一种盲目的力量来统治自己；靠消耗最小的力量，在最无愧于和最适合于他们的人类本性的条件下来进行这种物质变换。但是，这个领域始终是一个必然王国。在这个必然王国的彼岸，作为目的本身的人类能力的发挥，真正的自由王国，就开始了。但是，这个自由王国只有建立在必然王国的基础上，才能繁荣起来"。① 这样，通过构建社会主义和谐社会来建设高度发达的社会主义生态文明，我们就把手段和目的、现实和理想统一了起来。最终，从社会主义生态文明发展到共产主义生态文明，就是生态文明的未来和方向！

---

① 《马克思恩格斯全集》，中文 2 版，第 46 卷，928～929 页，北京，人民出版社，2003。

主要参考文献

[马克思主义文献和中央文件]

1. 马克思恩格斯选集. 中文 2 版. 第 1～4 卷. 北京：人民出版社，1995

2. 马克思恩格斯全集. 中文 2 版. 第 3、30、31、32、33、44、45、46 卷. 北京：人民出版社，2002、1995、1998、1998、2004、2001、2003、2003

3. 马克思恩格斯全集. 中文 1 版. 第 2、4、9、16、19、27 卷，第 26 卷Ⅰ、Ⅲ册，第 39、42、45、47 卷. 北京：人民出版社，1957、1958、1961、1964、1963、1972、1972、1974、1974、1979、1985、1979

4. 恩格斯. 自然辩证法. 北京：人民出版社，1984

5. 列宁选集. 中文 3 版. 第 1～4 卷. 北京：人民出版社，1995

6. 列宁全集. 第 55 卷. 中文 2 版. 北京：人民出版社，1990

7. 毛泽东文集. 第 6、7、8 卷. 北京：人民出版社，1999

8. 邓小平文选. 2 版. 第 2 卷. 北京：人民出版社，1994

9. 邓小平文选. 第 3 卷. 北京：人民出版社，1993

10. 江泽民文选. 第 1、2、3 卷. 北京：人民出版社，2006

11. 十六大以来重要文献选编（上、中、下）. 北京：中央文献出版社，2005、2006、2008

12. 胡锦涛. 高举中国特色社会主义伟大旗帜　为夺取全面建设小

康社会新胜利而奋斗. 北京：人民出版社，2007

13. 胡锦涛. 在纪念党的十一届三中全会召开 30 周年大会上的讲话. 人民日报，2008-12-19

14. 温家宝. 共同促进世界生产力的新发展. 人民日报，2001-11-10

15. 温家宝. 高度重视　加强领导　加快建设节约型社会. 人民日报，2005-07-04

16. 中华人民共和国国民经济和社会发展第十一个五年规划纲要. 北京，人民出版社，2006

17. 新时期环境保护重要文献选编. 北京：中央文献出版社、中国环境科学出版社，2001

18. 中华人民共和国国务院新闻办公室. 中国的农村扶贫开发. 人民日报，2001-10-16

19. 中华人民共和国清洁生产促进法. 中华人民共和国国务院公报. 2002 年第 22 号

20. 中华人民共和国国民经济和社会发展第十二个五年规划纲要. 北京：人民出版社，2011

[可持续发展暨社会发展研究报告]

1. ［美］芭芭拉·沃德等. 只有一个地球——对一个小小行星的关怀和维护. 长春：吉林人民出版社，1997

2. 世界自然保护同盟等. 保护地球——可持续生存战略. 北京：中国环境科学出版社，1992

3. 世界环境与发展委员会. 我们共同的未来. 长春：吉林人民出版社，1997

4. 联合国环境与发展大会. 21 世纪议程. 北京：中国环境科学出版社，1993

5. 迈向 21 世纪——联合国环境与发展大会文献汇编. 北京：中国环境科学出版社，1992

6. 中国 21 世纪议程——中国 21 世纪人口、环境与发展白皮书. 北京：中国环境科学出版社，1994

7. 国家环境保护局. 中国环境保护 21 世纪议程. 北京：中国环境科学出版社，1995

8. 中国科学院可持续发展战略研究组. 2006 中国可持续发展战略报告——建设资源节约型和环境友好型社会. 北京：科学出版社，2006

9. 中国科学院可持续发展战略研究组. 2008 中国可持续发展战略报告——政策回顾与展望. 北京：科学出版社，2008

10. 中国现代化战略研究课题组、中国科学院中国现代化研究中心. 中国现代化报告 2007——生态现代化研究. 北京：北京大学出版社，2007

［科学技术与生态文明］

1. ［美］E. P. 奥德姆. 生态学基础. 北京：人民教育出版社，1981

2. ［比］P. 迪维诺. 生态学概论. 北京：科学出版社，1987

3. ［英］克莱夫·庞廷. 绿色世界史——环境与伟大文明的衰落. 上海：上海人民出版社，2002

4. ［德］约阿希姆·拉德卡. 自然与权力——世界环境史. 保定：河北大学出版社，2004

5. ［美］路易斯·亨利·摩尔根. 古代社会. 北京：商务印书馆，1977

6. ［奥］L. 贝塔兰菲. 一般系统论（基础·发展·应用）. 北京：社会科学文献出版社，1987

7. ［美］诺伯特·维纳. 维纳著作选. 上海：上海译文出版社，1978

8. ［美］E. 拉兹洛. 用系统论的观点看世界. 北京：中国社会科学出版社，1985

9. ［德］H. 哈肯. 高等协同学. 北京：科学出版社，1989

10. ［美］欧文·拉兹洛. 人类的内在限度. 北京：社会科学文献出版社，2004

［国外马克思主义暨社会主义思潮与生态文明］

1. ［匈］卢卡奇. 历史与阶级意识. 北京：商务印书馆，1999

2. ［美］赫伯特·马尔库塞. 单面人. 长沙：湖南人民出版社，1988

3. 弗洛姆著作精选——人性·社会·拯救. 上海：上海人民出版社，1989

4. ［德］A. 施密特. 马克思的自然概念. 北京：商务印书馆，1988

5.〔加〕本·阿格尔. 西方马克思主义概论. 北京：中国人民大学出版社，1991

6.〔加〕威廉·莱斯. 自然的控制. 重庆：重庆出版社，1993

7.〔美〕约翰·贝拉米·福斯特. 马克思的生态学——唯物主义与自然. 北京：高等教育出版社，2006

8.〔美〕约翰·贝拉米·福斯特. 生态危机与资本主义. 上海：上海译文出版社，2006

9.〔美〕詹姆斯·奥康纳. 自然的理由——生态学马克思主义研究. 南京：南京大学出版社，2003

10.〔英〕戴维·佩珀. 生态社会主义：从深生态学到社会正义. 济南：山东大学出版社，2005

11. *Marx and Engels on Ecology*，edited and Compiled by Howard L. Parson，London Greenwood Press，1977

12. André Gorz，*Ecology As Politics*，Boston South End Press，1980

13. *The Greening of Marxism*，edited by Ted Benton，New York and London：The Guilford Press，1996

14. Martin Ryle，*Ecology and Socialism*，London Radius，1988

［关于文明与生态文明的论著］

1.〔德〕黑格尔. 自然哲学. 北京：商务印书馆，1980

2. 海德格尔选集. 上海：上海三联书店，1996

3.〔美〕丹尼斯·米都斯等. 增长的极限——罗马俱乐部关于人类困境的报告. 长春：吉林人民出版社，1997

4.〔意〕奥雷利奥·佩西. 人的素质. 沈阳：辽宁大学出版社，1988

5.〔意〕奥雷利奥·佩西. 未来的一百页. 北京：中国展望出版社，1984

6.〔美〕弗·卡普拉. 转折点——科学·社会·兴起中的新文化. 北京：中国人民大学出版社，1989

7.〔德〕汉斯·萨克塞. 生态哲学. 北京：东方出版社，1991

8.〔法〕阿尔贝特·施韦泽. 敬畏生命. 上海：上海社会科学院出版社，2003

9.〔美〕奥尔多·利奥波德. 沙乡年鉴. 长春：吉林人民出版

社，1997

10. 〔美〕C. 拉蒙特. 作为哲学的人道主义. 北京：商务印书馆，1963

11. 〔美〕戴维·埃伦费尔德. 人道主义的僭妄. 北京：国际文化出版公司，1988

12. 〔美〕大卫·戈伊科奇等. 人道主义问题. 北京：东方出版社，1997

13. 〔英〕安德鲁·多布森. 绿色政治思想. 济南：山东大学出版社，2005

14. 〔美〕丹尼尔·A·科尔曼. 生态政治——建设一个绿色社会. 上海：上海译文出版社，2002

15. 〔美〕诺曼·迈尔斯. 最终的安全——政治稳定的环境基础. 上海：上海译文出版社，2001

16. 〔英〕E.戈德史密斯. 生存的蓝图. 北京：中国环境科学出版社，1987

17. 〔美〕P.伊金斯. 生存经济学. 合肥：中国科学技术大学出版社，1991

18. 〔法〕塞尔日·莫斯科维奇. 还自然之魅——对生态运动的思考. 北京：三联书店，2005

19. 〔英〕克里斯托弗·卢茨主编. 西方环境运动：地方、国家和全球向度. 济南：山东大学出版社，2005

20. 〔英〕安德鲁·韦伯斯特. 发展社会学. 北京：华夏出版社，1987

21. 〔德〕乌尔里希·贝克. 世界风险社会. 南京：南京大学出版社，2004

22. 〔美〕大卫·雷·格里芬. 后现代科学——科学魅力的再现. 北京：中央编译出版社，1998

23. 〔美〕小约翰·B·科布、大卫·R·格里芬. 过程神学. 北京：中央编译出版社，1999

24. 〔美〕查伦·斯普瑞特奈克. 真实之复兴：极度现代的世界中的身体、自然和地方. 北京：中央编译出版社，2001

25. *Environmental Philosophy*：*From Animal Rights to Radical*

Ecology，edited by Michael E. Zimmerman etc.，New Jersey Prentice-Hall，Inc.，1993

26. Murray Bookchin，*The Philosophy of Social Ecology*，Montreal Black Rose Books Ltd.，1995

27. *The International Handbook of Environmental Sociology*，edited by Michael Redclift and Graham Woodgate，Northampton Edward Elgar，1997

28. *Earth Ethics*（Second Edition），edited by James P. Sterba，New Jersey Prentice-Hall，Inc.，2000

29. *Ecological Modernization Around the World*，edited by Arthur P. J. Mol etc.，London and New York Routledge，2000

30. *Nature in Asian Traditions of Thought：Essays in Environmental Philosophy*，edited by J. Baird Callicott and Roger T. Ames，New York Press，1989

31. *Confucianism and Ecology*，edited by Mary Evelyn Tucker etc.，Cambridge Harvard University Press，1998

32. *Buddhism and Ecology*，edited by Mary Evelyn Tucker etc.，Cambridge Harvard University Press，1997

33. *Daoism and Ecology*，edited by N. J. Girardot etc.，Cambridge Harvard University Press，2001

34. Michel F. Sarda，*Mind Garden：Conservations with Paolo Soleri*，Phoenix Bridgewood Press，2007

35. 刘思华. 生态马克思主义经济学原理. 北京：人民出版社，2006

36. 余谋昌. 生态学哲学. 昆明：云南人民出版社，1991

37. 徐嵩龄主编. 环境伦理学进展：评论与阐释. 北京：社会科学文献出版社，1999

38. 周穗明. 智力圈——人与自然关系新论. 北京：科学出版社，1991

39. 黄顺基自选集. 北京：中国人民大学出版社，2007

40. 黄顺基. 新科技革命与中国现代化. 广州：广东教育出版社，2007

41. 李惠斌等主编. 生态文明与马克思主义. 北京：中央编译出版

社，2008

42. 傅治平. 第四文明：天人合一的时代交响. 北京：红旗出版社，2007

［主要相关国外学者论文］

1. John Bellamy Foster，Marx's Ecology in Historical Perspective，*International Socialism Journal*，Issue 96，Winter 2002

2. Alain Lipietz，Political Ecology and the Future of Marxism，*Capitalism，Nature，Socialism*，Vol. 11，No. 1，（Issue 41），March 2000

3. Paul M. Sweezy，Capitalism and the Environment，*Monthly Review*，2004，Vol. 56，No. 5

4. UNEP，1997 *Seoul Declaration on Environmental Ethics*，http://www. nyo. unep. org/wed_eth. htm

5. Hwa Yol Jung，The Harmony of Man and Nature：A Philosophic Manifesto，*Philosophical Inquiry*，1986，Vol. Ⅷ，No. 1-2

6. Arthur P. J. Mol and David A. Sonnenfeld，Ecological Modernization around the World：An Introduction，*Environmental Politics*，Vol. 9，No. 1，Spring 2000

7. Arthur P. J. Mol，Environment and Modernity in Transitional China：Frontiers of Ecological Modernization，*Development and Change*，Vol. 37，No. 1，2006

8. Don E. Marietta，Jr.，Environmental Holism and Individuals，*Environmental ethics*，Volume 10，Number 3（Fall 1988）

9. ［德］霍斯特·保尔. 马克思、恩格斯和生态学. 国外社会科学动态，1986（1）

10. ［英］N. 帕森斯. 自然生态与社会经济的相互关系——马克思和恩格斯的有关论述. 生态经济，1991（2）

11. ［日］岩佐茂. 实践唯物论与生态思想. 马克思主义与现实，2001（2）

12. ［加］杰夫·尚茨. 激进生态学与阶级理论. 国外理论动态，2006（1）

13. ［美］约翰·贝拉米·福斯特. 马克思主义生态学与资本主义.

当代世界与社会主义，2005（3）

14.〔美〕约翰·贝拉米·福斯特. 社会主义的复兴. 当代世界与社会主义，2006（1）

15.〔美〕默里·布克金. 社会生态学导论. 南京林业大学学报（人文社会科学版），2007（1）

16.〔美〕斯普瑞特奈克. 生态女权主义建设性的重大贡献. 国外社会科学，1997（6）

17.〔美〕斯普瑞特奈克. 生态女权主义哲学中的彻底的非二元论. 国外社会科学，1997（6）

18.〔美〕查伦·斯普瑞特奈克. 生态后现代主义对中国现代化的意义. 马克思主义与现实，2007（2）

19.〔荷〕沃特·阿赫特贝格. 民主、正义与风险社会：生态民主政治的形态与意义. 马克思主义与现实，2003（3）

［主要相关国内学者论文］

1. 弓克. 五个文明论. 今日中国论坛，2008（5）

2. 潘岳. 生态文明的前夜. 今日中国论坛，2008（2～3）

3. 俞可平. 科学发展观与生态文明. 马克思主义与现实，2005（4）

4. 余谋昌. 生态文明：人类文明的新形态. 长白学刊，2007（2）

5. 马永志等. 文明的前提、文明动力的历史脉络与发展前景. 节能技术，2005（2）

6. 侯文蕙. 20世纪90年代的美国环境保护运动和环境保护主义. 世界历史，2000（6）

7. 何传启. 世界生态现代化的历史事实. 高科技与产业化，2007年9月

8. 方世南. 马克思关于人类文明多样性思想初探. 马克思主义研究，2003（4）

9. 方世南. 马克思文明多样性思想的研究方法. 哲学研究，2004（7）

10. 郝庆云等. 北方渔猎民族物候历的人类学阐释. 黑龙江民族丛刊，2004（3）

11. 樊宝敏等. 夏商周时期的森林生态思想简析. 林业科学，2005（5）

12. 山石. 论马克思的实践对象化理论（上下）. 人文杂志，1990（6）、1991（1）

13. 王贵友. 人与自然的对象性关系与实践辩证法. 武汉大学学报（人文科学版），2002（2）

14. 姚顺良等. 自在自然、人化自然与历史自然. 河北学刊，2007（5）

15. 廖福霖. 生态生产力发展的基本规律. 东南学术，2007（3）

16. 黄顺基. 建设生态文明的战略思考——论生态化生产方式. 教学与研究，2007（11）

17. 陈德敏. 节约型社会基本内涵的初步研究. 中国人口·资源与环境，2005（2）

18. 王卫权等. 浅析清洁发展. 前线，2007（7）

19. 靳云汇等. 清洁发展机制与中国环境技术引进. 数量经济技术经济研究，2001（2）

20. 李艳芳. 我国生态安全的现状与法律保障. 法商研究，2004（2）

21. 金磊夫. 对安全发展的几点认识. 安全，2005（6）

22. 陈家刚. 生态文明与协商民主. 当代世界与社会主义，2006（2）

23. 赛明明等. 论当代中国生态政治建设. 中州学刊，2006（5）

24. 蔡守秋. 以生态文明观为指导，实现环境法律的生态化. 中州学刊，2008（2）

25. 潘岳. 建设环境文化 倡导生态文明. 求是，2004（3）

26. 陈寿朋. 牢固树立生态文明观念. 北京大学学报（哲学社会科学版），2008（1）

27. 曾繁仁. 马克思、恩格斯与生态审美观. 陕西师范大学学报（哲学社会科学版），2004（5）

28. 廖福霖. 生态文明建设与构建和谐社会. 福建师范大学学报（哲学社会科学版），2006（2）

29. 方世南. 生态现代化与和谐社会的构建. 学术研究，2005（3）

30. 夏甄陶. 略论人类的新型进化发展方式. 南京政治学院学报，1999（3）

图书在版编目（CIP）数据

唯物史观视野中的生态文明/张云飞著. —北京：中国人民大学出版社，2018.10

（马克思主义研究丛书）

ISBN 978-7-300-26375-5

Ⅰ.①唯… Ⅱ.①张… Ⅲ.①马克思主义-生态文明-研究 Ⅳ.①A811.63

中国版本图书馆 CIP 数据核字（2018）第 235950 号

北京市社会科学理论著作出版基金重点资助项目

马克思主义研究丛书

唯物史观视野中的生态文明

张云飞 著

出版发行	中国人民大学出版社			
社　　址	北京中关村大街 31 号		邮政编码	100080
电　　话	010－62511242（总编室）		010－62511770（质管部）	
	010－82501766（邮购部）		010－62514148（门市部）	
	010－62515195（发行公司）		010－62515275（盗版举报）	
网　　址	http://www.crup.com.cn			
经　　销	新华书店			
印　　刷	唐山玺诚印务有限公司			
规　　格	160 mm×235 mm　16 开本		版　　次	2018 年 10 月第 1 版
印　　张	35.75 插页 2		印　　次	2022 年 7 月第 2 次印刷
字　　数	553 000		定　　价	138.00 元